普通高等教育"十一五"国家级规划教材

全国高等学校自动化专业系列教材
教育部高等学校自动化专业教学指导分委员会牵头规划

Modern Control Theory (Second Edition)

现代控制理论
(第2版)

张嗣瀛 高立群 编著
Zhang Siying Gao Liqun

清华大学出版社
北京

内容简介

本书主要介绍现代控制理论的基础知识，内容包括系统的状态方程建立及解法，系统的能控性、能观测性和稳定性等定性理论，极点配置、反馈解耦、观测器设计等综合理论，以及最优控制理论和状态估计理论；同时，适当地介绍了鲁棒控制、时滞系统反馈控制等比较前沿的知识以开阔学生视野；特别是将MATLAB语言的知识穿插到内容中，有利于培养学生利用计算机解决实际问题的能力。

本书是高等学校自动化专业本科生教材，同时也适合一般工程技术人员自学所用。

图书在版编目(CIP)数据

现代控制理论/张嗣瀛，高立群编著. —2版. —北京：清华大学出版社，2017(2024.12重印)
(全国高等学校自动化专业系列教材)
ISBN 978-7-302-45035-1

Ⅰ. ①现… Ⅱ. ①张… ②高… Ⅲ. ①现代控制理论－高等学校－教材 Ⅳ. ①O231

中国版本图书馆CIP数据核字(2016)第218498号

责任编辑：王一玲
封面设计：傅瑞学
责任校对：时翠兰
责任印制：沈　露

出版发行：清华大学出版社
网　　址：https://www.tup.com.cn，https://www.wqxuetang.com
地　　址：北京清华大学学研大厦A座　　**邮　　编**：100084
社 总 机：010-83470000　　**邮　　购**：010-62786544
投稿与读者服务：010-62776969，c-service@tup.tsinghua.edu.cn
质量反馈：010-62772015，zhiliang@tup.tsinghua.edu.cn
课件下载：https://www.tup.com.cn，010-62795954
印 装 者：北京同文印刷有限责任公司
经　　销：全国新华书店
开　　本：175mm×245mm　　**印　张**：24　　**字　　数**：477千字
版　　次：2006年9月第1版　2017年2月第2版　　**印　　次**：2024年12月第12次印刷
定　　价：69.00元

产品编号：068074-02

出版说明

《全国高等学校自动化专业系列教材》

为适应我国对高等学校自动化专业人才培养的需要，配合各高校教学改革的进程，创建一套符合自动化专业培养目标和教学改革要求的新型自动化专业系列教材，“教育部高等学校自动化专业教学指导分委员会”（简称“教指委”）联合了“中国自动化学会教育工作委员会”、“中国电工技术学会高校工业自动化教育专业委员会”、“中国系统仿真学会教育工作委员会”和“中国机械工业教育协会电气工程及自动化学科委员会”四个委员会，以教学创新为指导思想，以教材带动教学改革为方针，设立专项资助基金，采用全国公开招标方式，组织编写出版了一套自动化专业系列教材——《全国高等学校自动化专业系列教材》。

本系列教材主要面向本科生，同时兼顾研究生；覆盖面包括专业基础课、专业核心课、专业选修课、实践环节课和专业综合训练课；重点突出自动化专业基础理论和前沿技术；以文字教材为主，适当包括多媒体教材；以主教材为主，适当包括习题集、实验指导书、教师参考书、多媒体课件、网络课程脚本等辅助教材；力求做到符合自动化专业培养目标、反映自动化专业教育改革方向、满足自动化专业教学需要；努力创造使之成为具有先进性、创新性、适用性和系统性的特色品牌教材。

本系列教材在“教指委”的领导下，从 2004 年起，通过招标机制，计划用 3～4 年时间出版 50 本左右教材，2006 年开始陆续出版问世。为满足多层面、多类型的教学需求，同类教材可能出版多种版本。

本系列教材的主要读者群是自动化专业及相关专业的大学生和研究生，以及相关领域和部门的科学工作者和工程技术人员。我们希望本系列教材既能为在校大学生和研究生的学习提供内容先进、论述系统和适于教学的教材或参考书，也能为广大科学工作者和工程技术人员的知识更新与继续学习提供适合的参考资料。感谢使用本系列教材的广大教师、学生和科技工作者的热情支持，并欢迎提出批评和意见。

《全国高等学校自动化专业系列教材》编审委员会

2005 年 10 月于北京

序

FOREWORD

自动化学科有着光荣的历史和重要的地位，20 世纪 50 年代我国政府就十分重视自动化学科的发展和自动化专业人才的培养。五十多年来，自动化科学技术在众多领域发挥了重大作用，如航空、航天等，两弹一星的伟大工程就包含了许多自动化科学技术的成果。自动化科学技术也改变了我国工业整体的面貌，不论是石油化工、电力、钢铁，还是轻工、建材、医药等领域都要用到自动化手段，在国防工业中自动化的作用更是巨大的。现在，世界上有很多非常活跃的领域都离不开自动化技术，比如机器人、月球车等。另外，自动化学科对一些交叉学科的发展同样起到了积极的促进作用，例如网络控制、量子控制、流媒体控制、生物信息学、系统生物学等学科就是在系统论、控制论、信息论的影响下得到不断的发展。在整个世界已经进入信息时代的背景下，中国要完成工业化的任务还很重，或者说我们正处在后工业化的阶段。因此，国家提出走新型工业化的道路和“信息化带动工业化，工业化促进信息化”的科学发展观，这对自动化科学技术的发展是一个前所未有的战略机遇。

机遇难得，人才更难得。要发展自动化学科，人才是基础、是关键。高等学校是人才培养的基地，或者说人才培养是高等学校的根本。作为高等学校的领导和教师始终要把人才培养放在第一位，具体对自动化系或自动化学院的领导和教师来说，要时刻想着为国家关键行业和战线培养和输送优秀的自动化技术人才。

影响人才培养的因素很多，涉及教学改革的方方面面，包括如何拓宽专业口径、优化教学计划、增强教学柔性、强化通识教育、提高知识起点、降低专业重心、加强基础知识、强调专业实践等，其中构建融会贯通、紧密配合、有机联系的课程体系，编写有利于促进学生个性发展、培养学生创新能力的教材尤为重要。清华大学吴澄院士领导的《全国高等学校自动化专业系列教材》编审委员会，根据自动化学科对自动化技术人才素质与能力的需求，充分吸取国外自动化教材的优势与特点，在全国范围内，以招标方式，组织编写了这套自动化专业系列教材，这对推动高等学校自动化专业发展与人才培养具有重要的意义。这套系列教材的建设有新思路、新机制，适应了高等学校教学改革与发展的新形势，立足创建精品教材,重视实践性环节在人才培养中的作用,采用了竞争机制,以激励和推动教材建设。在此,我谨向参与本系列教材规划、组织、编写的老师致以诚挚的感谢,并希望该系列教材在全国高等学校自动化专业人才培养中发挥应有的作用。

吴启迪教授

2005年10月于教育部

序

FOREWORD

《全国高等学校自动化专业系列教材》编审委员会在对国内外部分大学有关自动化专业的教材做深入调研的基础上，广泛听取了各方面的意见，以招标方式，组织编写了一套面向全国本科生（兼顾研究生）、体现自动化专业教材整体规划和课程体系、强调专业基础和理论联系实际的系列教材，自 2006 年起陆续面世。全套系列教材共五十多本，涵盖了自动化学科的主要知识领域，大部分教材都配置了包括电子教案、多媒体课件、习题辅导、课程实验指导书等立体化教材配件。此外，为强调落实"加强实践教育，培养创新人才"的教学改革思想，还特别规划了一组专业实验教程，包括《自动控制原理实验教程》、《运动控制实验教程》、《过程控制实验教程》、《检测技术实验教程》和《计算机控制系统实验教程》等。

自动化科学技术是一门应用性很强的学科，面对的是各种各样错综复杂的系统，控制对象可能是确定性的，也可能是随机性的；控制方法可能是常规控制，也可能需要优化控制。这样的学科专业人才应该具有什么样的知识结构，又应该如何通过专业教材来体现，这正是"系列教材编审委员会"规划系列教材时所面临的问题。为此，设立了《自动化专业课程体系结构研究》专项研究课题，成立了由清华大学萧德云教授负责，包括清华大学、上海交通大学、西安交通大学和东北大学等多所院校参与的联合研究小组，对自动化专业课程体系结构进行了深入的研究，提出了按"控制理论与工程、控制系统与技术、系统理论与工程、信息处理与分析、计算机与网络、软件基础与工程、专业课程实验"等知识板块构建的课程体系结构。以此为基础，组织规划了一套涵盖几十门自动化专业基础课程和专业课程的系列教材。从基础理论到控制技术，从系统理论到工程实践，从计算机技术到信号处理，从设计分析到课程实验，涉及的知识单元多达数百个、知识点几千个，介入的学校五十多所，参与的教授一百二十多人，是一项庞大的系统工程。从编制招标要求、公布招标公告，到组织投标和评审，最后商定教材大纲，凝聚着全国百余名教授的心血，为的是编写出版一套具有一定规模、富有特色的、既考虑研究型大学又考虑应用型大学的自动化专业创新型系列教材。

然而，如何进一步构建完善的自动化专业教材体系结构？如何建设基础知识与最新知识有机融合的教材？如何充分利用现代技术，适应现代大学生的接受习惯，改变教材单一形态，建设数字化、电子化、网络化等多元形态、开放性的“广义教材”？等等，这些都还有待我们进行更深入的研究。

本套系列教材的出版，对更新自动化专业的知识体系、改善教学条件、创造个性化的教学环境，一定会起到积极的作用。但是由于受各方面条件所限，本套教材从整体结构到每本书的知识组成都可能存在许多不当甚至谬误之处，还望使用本套教材的广大教师、学生及各界人士不吝批评指正。

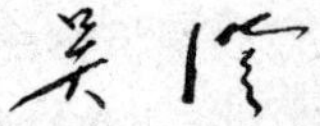 院士

2005年10月于清华大学

前言

PREFACE

本书2006年9月出版以来已印刷了12次，并作为普通高等教育“十一五”国家级规划教材被许多所院校采用为自动化及相关专业现代控制理论课程的教材。读者普遍反映本书内容全面、体系清楚、严谨易懂，不仅适合课堂教学，也适合自学。本书受到广大读者的关爱和支持，被评为辽宁省精品教材。根据读者对本书的反馈意见，我们在第1版的基础上做了一定程度的修改和补充，以第2版的形式出版。

清华大学出版社王一玲及东北大学相关同事对于本书的再版提供了不可缺少的鼓励和帮助，在此深表谢意。

编著者

2016年10月

第1版前言

PREFACE

本书的前身是由原冶金部组织、张嗣瀛院士主编，由冶金部部属院校自动化专业教师共同编写的规划教材，该教材总结了多所高校教师多年的教学经验。本书是编者结合自己长期从事现代控制理论教学的经验，参阅并吸取了国内外优秀教材的内容，进一步修订、完善原有教材而完成。书中将MATLAB软件引入课堂教学，有利于培养学生利用计算机进行科学研究及解决实际问题的能力。书中还适当地介绍了有关鲁棒控制的知识，可以帮助学生扩大视野，接触到较新的知识和技术，为今后从事先进理论和技术的研究开发提供支持。

在内容上，本书主要讲述状态空间法的基本概念和基本方法，其中包括系统的状态方程建立及解法，能控性、能观测性和稳定性等定性理论，极点配置、反馈解耦、观测器设计等综合理论，以及最优控制理论和状态估计理论。

在结构上，本书如下安排：首先给出控制系统的数学描述，提出状态变量和状态方程概念；然后对系统进行运动分析和基本性质（能控性、能观测性和稳定性）分析；进而给出系统的综合与设计方法；最后介绍了系统状态的最优估计（卡尔曼滤波）。

东北大学高立群教授编写了第1、5、6、8章和附录，井元伟教授编写了第4、7章，郑艳副教授编写了第2、3章。张嗣瀛院士进行了总体构思和总纂。

鉴于本书是在原冶金部统一教材基础上进一步完成的，这里向原教材的编者朱祖兹、董木森、王景才、王贞祥表示谢意。同时也向支持和参与编写工作的所有老师和同学们表示谢意。

由于编者水平有限，书中难免存在错误和不当之处，敬请各界同仁和广大读者给予批评指正，编者将不胜感激。

编　者

2006年1月

目录

CONTENTS

第1章 绪论

1.1 控制理论的发展历程简介

人类利用自动控制技术的历史，可以追溯到几千年前。但是，把自动控制技术在工程实践中的一些规律加以总结提高，以此去指导和推进工程实践，形成所谓的自动控制理论，并作为一门独立的学科而存在和发展，则是20世纪中叶的事情。在20世纪三四十年代，奈奎斯特(H. Nyquist)、伯德(H. W. Bode)、维纳(N. Wiener)等人的著作为自动控制理论的初步形成奠定了基础；二次大战后，经众多学者的努力，在总结了以往的实践和关于反馈理论、频率响应理论并加以发展的基础上，形成了较为完善的自动控制系统设计的频率法理论。1948年又出现了根轨迹法，至此，自动控制理论发展的第一阶段基本形成。这种建立在频率法和根轨迹法基础上的理论，通常被称为经典(古典)控制理论。

经典控制理论以拉普拉斯变换(以下简称拉氏变换)为数学工具，以单输入单输出的线性定常系统为主要的研究对象，将描述系统的微分方程或差分方程变换到复数域中，得到系统的传递函数，并以此为基础在频率域中对系统进行分析与设计，确定控制器的结构和参数。通常是采用反馈控制，构成所谓闭环控制系统。经典控制理论具有明显的局限性，特别是难以有效地应用于时变系统、多变量系统，也难以揭示系统更为深刻的特性。

在20世纪50年代蓬勃兴起的航空航天技术的推动和计算机技术飞速发展的支持下，控制理论在1960年前后有了重大的突破和创新。在此期间，贝尔曼(R. Bellman)提出寻求最优控制的动态规划法，庞特里亚金(Понтрягин Л. С.)证明了极大值原理，使得最优控制理论得到了极大的发展。卡尔曼(R. E. Kalman)系统地把状态空间法引入到系统与控制理论中来，并提出了能控性、能观测性的概念和新的滤波理论。这些就构成了后来被称为现代控制理论的起点和基础。

现代控制理论以线性代数和微分方程为主要的数学工具,以状态空间法为基础来分析与设计控制系统。状态空间法本质上是一种时域的方法,它不仅描述了系统的外部特性,而且描述和揭示了系统的内部状态和性能。它分析和综合的目标是在揭示系统内在规律的基础上,实现系统在一定意义下的最优化。它的构成带有更高的仿生特点,即不限于单纯的闭环,而扩展为适应环、学习环等。较之经典控制理论,现代控制理论的研究对象要广泛得多,原则上讲,它既可以是单变量的、线性的、定常的、连续的,也可以是多变量的、非线性的、时变的、离散的。

在20世纪60年代末和70年代,可以说控制理论进入了一个多样化发展的时期,在广度和深度上进入了新的阶段,出现了大系统理论和智能控制理论等。所谓大系统是指规模庞大、结构复杂、变量众多的信息与控制系统,涉及生产过程、交通运输、生物控制、计划管理、环境保护、空间技术等方面的控制与信息化处理问题。而智能控制是具有某些仿人智能的工程控制与信息处理问题,其中最为典型的就是智能机器人。

20世纪70年代以后,出现了其他一些新的控制思想和新的理论。罗森布劳克(H. H. Rosenbroek)等人提出的多变量频率域控制理论和查德(L. A. Zadeh)等人提出的模糊控制理论是其中最重要的两大分支,给出了新的控制理念。

近几年来,随着经济和科学技术的飞速发展,自动控制理论及其应用的范围在继续深化与扩大,由实际工程的需要而导致产生的新问题、新思想、新方法发展迅速,各学科相互渗透融合的趋势进一步加强,理论结果的应用也显著地加快。对于这些,就不一一叙述了。

1.2 现代控制理论的主要内容

概括地说,现代控制理论有下列主要分支:

(1) **线性系统理论** 它是现代控制理论的基础,主要研究线性系统状态的运动规律和改变这些规律的可能性与实施方法;建立和揭示系统结构、参数、行为和性能之间的关系。它除了包括系统的能控性、能观测性、稳定性分析之外,还包括状态反馈、状态估计及补偿器的理论和设计方法等内容。

(2) **最优滤波理论** 它所研究的对象是由随机微分方程或随机差分方程所描述的随机系统。由于这类系统除了具有描述系统与外部联系的输入、输出之外,还承受不确定因素(随机噪声)的作用,本分支就是研究利用被噪声污染的量测数据,按照某种判别准则,获得有用信号的最优估计。卡尔曼滤波理论用状态空间法设计的最佳滤波器,实用性强且可适用于非平稳过程,是滤波理论的一大突破。

(3) **系统辨识** 要研究系统的状态,建立系统在状态空间的数学模型是一件基本的工作。但是,由于系统的复杂性,并不总是可以通过解析的方法来直接建立起数学模型的。所谓系统辨识就是在系统的输入输出的试验数据的基础上,从一组给定的模型类中确定一个与所测系统本质特征相等价的模型。当模型的结构已经确定，只需用输入输出的量测值来确定其参数的，叫作参数估计；而同时确定模型结构和参数的则泛称系统辨识。

(4) **最优控制**　最优控制就是在给定限制条件和性能指标下，寻找使系统性能在一定意义下为最优的控制规律。这里所说的“限制条件”是指物理上对系统所施加的一些限制，而“性能指标”是为评价系统的优劣人为规定的标准，它是以系统在整个工作期间的性能作为一个整体而出现的。寻找控制规律也就是综合出所需控制器。在解决最优控制问题中，庞特里亚金的极大值原理和贝尔曼动态规划法是两种最重要的方法，它们以不同的形式给出了最优控制所必须满足的条件，并推出许多定性的性质。

(5) **自适应控制**　自适应控制是指随时辨识系统的数学模型并按此模型去调整最优控制律。其基本思想是，当被控对象内部的结构和参数以及外部的环境干扰存在不确定性时，在系统运行期间，系统自身能对有关信息实现在线测量和处理，从而不断地修正系统结构的有关参数和控制作用，使之处于所要求的最优状态，得到人们所期望的控制结果。常用的自适应控制器方案有编程控制、模型参考自适应和自校正控制。自适应控制理论的发展是自学习、自组织系统理论。

(6) **非线性系统理论**　主要研究非线性系统状态的运动规律和改变这些规律的可能性与实施方法，建立和揭示系统结构、参数、行为和性能之间的关系。主要包括能控性、能观测性、稳定性、线性化、解耦以及反馈控制、状态估计等理论。

1.3　本书的内容和特点

如前所述，现代控制理论所包括的内容很多，范围很广，有的还相当艰深。根据教学大纲的要求，考虑到本书读者在大学本科阶段先修和后续课程的实际可能和需要，本书只拟介绍现代控制理论的一些最基本的内容和方法，为读者日后深入学习打下必要的基础。

在编写本书时，编者们始终遵循这样的原则：在不损害必要的系统性和理论的严谨性的条件下，尽可能做到“实用”。所谓“实用”，一方面是指所学内容在读者以后的工作或进入更高层次的学习中是必需的和有用的，另一方面是指适合学生所具有的基础知识的现实情况。在内容上，按照教学大纲的要求，根据研究型工科控制专业的需要，本书主要介绍线性系统的状态空间理论，适当地介绍了最优控制理论和状态估计理论。对于教学计划为40学时的院校，可按6、5、7、5、5、7、4学时，分别安排2～8章，留出1学时机动。安排中，可能要对内容进行适当的合并和删改。本书作者开发的电子教案，可供教师安排教学时参考。对于教学计划为52学时的院校，则应基本讲完本书。建议可按6、5、8、6、9、11、6学时，分别安排2～8章，留出1学时机动。

本书是编者们在张嗣瀛院士主编的教材《现代控制理论》的基础上，结合多年来教学实践中的讲稿整理加工而成。本书具有下面几个特点：本书内容的选择、学时的分配、详略的安排、难点的分布，以及例题和习题的组成上，都是在长期的教学实践中不断修正、增删而确定的；本书将 MATLAB 软件引入课堂教学，有利于培养学习者利用计算机进行科学研究及理论与实际的结合，提高解决实际问题的能力；书中还适当地介绍了有关鲁棒控制的知识，可以帮助学生扩大视野，接触到较新知识和技术，为今后从事先进理论和技术的研究开发提供支持。可以预料本书将能较好地适应高等院校工科控制专业的教学之用。

在本书编写时，尽可能做到论述由浅入深，理论联系实际，即在考虑了现代控制理论的先进性与系统性的同时，又兼顾工程技术人员掌握现代控制理论必要的知识要求，在文字上尽可能做到通俗易懂、便于工程技术人员的知识更新和自学。

第2章 控制系统的状态空间描述

系统是由一些既相互关联又相互制约的环节或元件组成的一个整体，可用图2.0.1表示。图中方框表示系统，方框外的部分表示系统的环境。环境对系统的作用为系统输入，用 $u_1, u_2, \cdots, u_p$ 表示输入，其中 p 为输入变量的个数；系统对环境的作用为输出，用 $y_1, y_2, \cdots, y_q$ 表示，其中 q 为输出变量的个数。输入和输出称为系统的外部变量，仅仅外部变量不足以刻画出系统的全部特征，用以刻画系统在每个时刻所处状态的变量是系统的内部变量，用 $x_1, x_2, \cdots, x_n$ 表示。这些变量决定了系统的运动状况。要想分析和综合控制系统，首先要建立它的数学模型，系统的数学描述就是反映系统中各变量间因果关系和变换关系的一种数学模型。

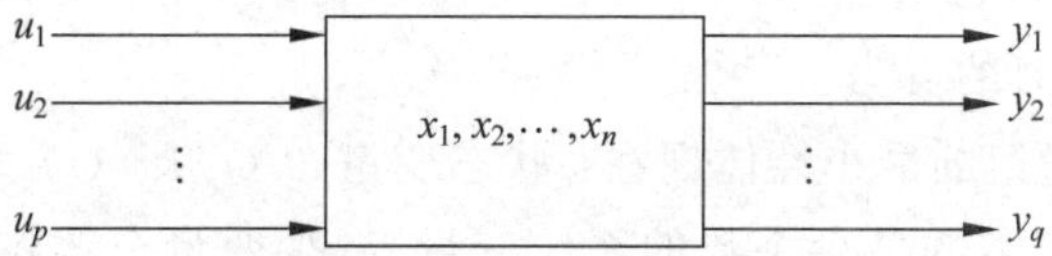

图2.0.1 系统的方框图表示

选取不同的变量组间的因果关系来表征系统的动态过程可得到两种不同模式的系统数学模型，即输入输出模式的数学模型和状态变量模式的数学模型。在古典控制理论中，常采用线性高阶微分方程和传递函数这两种输入输出模式的数学模型来描述线性定常动态系统。这种描述是把系统视为一个“黑箱子”，不去表征系统内部的结构和内部变量，只反映外部变量即输入输出变量间的因果关系，因此输入输出模式的数学模型对系统的描述是不完整的，它不能反映黑箱子内部的某些特性。在现代控制理论中采用另一类内部描述的数学模型即状态空间描述。内部描述是基于系统内部结构分析的一类数学模型，它既用到外部变量又用到内部变量，由两个数学表达式组成，一个是反映系统内部状态的变量组 $x_1, x_2, \cdots, x_n$ 和输入变量组 $u_1, u_2, \cdots, u_p$ 间因果关系的数学表达式，可以是微分方程或差分方程形式，称为状态方程；另一个是表征系统内部状态的变量组 $x_1, x_2, \cdots, x_n$ 与输入变量组 $u_1, u_2, \cdots, u_p$ 和输出变量组 $y_1, y_2, \cdots, y_q$ 之间关系的数学表达式称为输出方程。它们具有代数方程的形式。这种描述表示了系统输入输出与内部状态之间的关系，是一种完整的数学描述，能完全表征系统的一切动力学特性。

现代控制理论是以状态空间法为基础，用时域法(也有用频域方法的)来研究系统的动态特性，并以状态空间描述作为数学模型。本章将具体讨论系统状态空间描述的建立方法。

2.1 基本概念

2.1.1 几个定义

(1) **状态** 控制系统的状态是指系统过去、现在和将来的状况。例如，由做直线运动的质点所构成的系统，它的状态就是质点的位置和速度。

(2) **状态变量** 系统的状态变量是指能完全表征系统运动状态的最小一组变量。所谓完全表征是指：

① 在任何时刻 $t=t_0$，这组状态变量的值 $x_1(t_0), x_2(t_0), \cdots, x_n(t_0)$ 就表示系统在该时刻的状态；

② 当 $t \geqslant t_0$ 时的输入 $\boldsymbol{u}(t)$ 给定，且上述初始状态确定时，状态变量能完全确定系统在 $t \geqslant t_0$ 时的行为。

状态变量组的最小性体现在：状态变量 $x_1(t), x_2(t), \cdots, x_n(t)$ 是为完全表征系统行为所必需的最少个数的系统变量，减少变量个数将破坏表征的完整性，而增加变量个数将是完整表征系统行为所不需要的。

很显然，做直线运动的质点，其位置和速度这两个变量可用来完全地表征该质点的运动状态，因而可选作为状态变量。

(3) **状态向量** 若一个系统有 n 个彼此独立的状态变量 $x_1(t), x_2(t), \cdots, x_n(t)$，用它们作为分量所构成的向量 $\boldsymbol{x}(t)$，就称为状态向量，即

$$\boldsymbol{x}(t) = \begin{bmatrix} x_1(t) \\ x_2(t) \\ \vdots \\ x_n(t) \end{bmatrix} \tag{2.1.1}$$

状态向量的选取不是唯一的，由于系统中变量的个数必大于 n，而其中仅有 n 个是线性无关的，这就决定了状态向量选取上的不唯一性。设 $\boldsymbol{x}(t)$ 和 $\bar{\boldsymbol{x}}(t)$ 为任意选取的两个状态向量：

$$\boldsymbol{x}(t)=\begin{bmatrix}x_1(t)\\x_2(t)\\\vdots\\x_n(t)\end{bmatrix},\quad \bar{\boldsymbol{x}}(t)=\begin{bmatrix}\bar{x}_1(t)\\\bar{x}_2(t)\\\vdots\\\bar{x}_n(t)\end{bmatrix}\tag{2.1.2}$$

则根据状态的定义可知，$\bar{x}_1,\bar{x}_2,\cdots,\bar{x}_n$ 为线性无关，因此可将 $x_1,x_2,\cdots,x_n$ 的每一个变量表示为$\bar{x}_1,\bar{x}_2,\cdots,\bar{x}_n$ 的线性组合，且这种表示是唯一的。

$$\begin{cases}x_1=p_{11}\bar{x}_1+p_{12}\bar{x}_2+\cdots+p_{1n}\bar{x}_n\\x_2=p_{21}\bar{x}_1+p_{22}\bar{x}_2+\cdots+p_{2n}\bar{x}_n\\\vdots\\x_n=p_{n1}\bar{x}_1+p_{n2}\bar{x}_2+\cdots+p_{nn}\bar{x}_n\end{cases}\tag{2.1.3}$$

引入系数矩阵，则上式可表示为

$$\boldsymbol{x}=\boldsymbol{P}\bar{\boldsymbol{x}}\tag{2.1.4}$$

式中

$$\boldsymbol{P}=\begin{bmatrix}p_{11}&p_{12}&\cdots&p_{1n}\\p_{21}&p_{22}&\cdots&p_{2n}\\\vdots&\vdots&\ddots&\vdots\\p_{n1}&p_{n2}&\cdots&p_{nn}\end{bmatrix}\tag{2.1.5}$$

同理，由于 $x_1,x_2,\cdots,x_n$ 也为线性无关，因此又有

$$\bar{\boldsymbol{x}}=\boldsymbol{Q}\boldsymbol{x}\tag{2.1.6}$$

从而由式(2.1.4)和式(2.1.6)可导出

$$\boldsymbol{PQ}=\boldsymbol{QP}=\boldsymbol{I}\tag{2.1.7}$$

表明 $\boldsymbol{P}$ 和 $\boldsymbol{Q}$ 互为逆，也即任意选取的两个状态向量 $\boldsymbol{x}$ 和$\bar{\boldsymbol{x}}$ 为线性非奇异变换关系。

(4) **状态空间**　以状态变量 $x_1(t),x_2(t),\cdots,x_n(t)$为坐标轴构成的 n 维空间称为状态空间。系统在任何时刻的状态，都可以用状态空间中一个点来表示。如果给定了初始时刻 t_0 时的状态 $\boldsymbol{x}(t_0)$，就得到状态空间中的一个初始点，随着时间的推移，$\boldsymbol{x}(t)$将在状态空间中描绘出一条轨迹，称为状态轨迹。

(5) **状态方程**　把系统的状态变量与输入之间的关系用一组一阶微分方程来描述的数学模型称之为状态方程。

(6) **状态空间表达式**　状态方程和输出方程组合起来，构成对一个系统动态行为的完整描述，称为系统的状态空间表达式。

2.1.2　状态空间表达式的一般形式

1. 状态空间描述

在引入了状态变量和状态空间概念的基础之上，就可以来建立动力学系统的

状态空间描述。从结构的角度，一个动力学系统可以用图 2.1.1 所示的方框图来表示，其中 $x_1,x_2,\cdots,x_n$ 是表征系统行为的状态变量组，$u_1,u_2,\cdots,u_p$ 和 $y_1,y_2,\cdots,y_q$ 分别为系统的输入变量组和输出变量组，箭头表示信号作用方向和部件变量组间的关系。

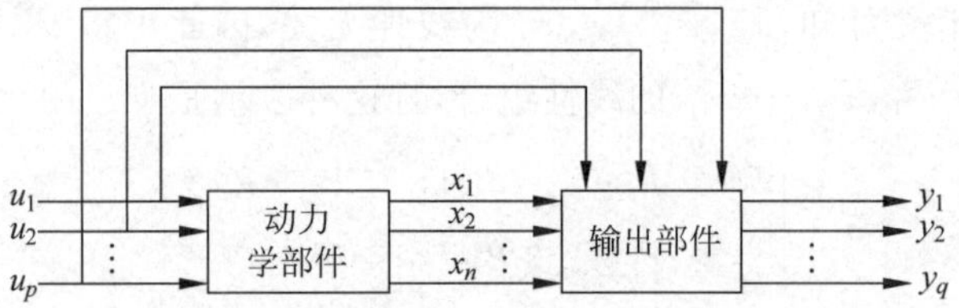

图 2.1.1 动态系统结构示意图

与输入输出描述不同，状态空间描述中把系统动态过程的描述考虑为一个更为细致的过程，输入引起系统状态的变化，而状态和输入的变化则决定了输出的变化。

输入引起状态的变化是一个动态的过程，数学上需采用微分方程或差分方程来表征，并且称这个数学方程为系统的状态方程。就连续系统而言，考虑最为一般的情况，则其状态方程为如下的一个非线性时变微分方程组：

$$\begin{cases} \dot{x}_1 = f_1(x_1,x_2,\cdots,x_n;\ u_1,u_2,\cdots,u_p,t), \\ \dot{x}_2 = f_2(x_1,x_2,\cdots,x_n;\ u_1,u_2,\cdots,u_p,t), \\ \vdots \\ \dot{x}_n = f_n(x_1,x_2,\cdots,x_n;\ u_1,u_2,\cdots,u_p,t), \end{cases} \quad t \geqslant t_0 \tag{2.1.8}$$

进而，在引入向量表示的基础上，还可将状态方程简洁地表示为向量方程的形式：

$$\dot{\boldsymbol{x}} = \boldsymbol{f}(\boldsymbol{x},\boldsymbol{u},t), \quad t \geqslant t_0 \tag{2.1.9}$$

式中

$$\boldsymbol{x} = \begin{bmatrix} x_1 \\ x_2 \\ \vdots \\ x_n \end{bmatrix}, \quad \boldsymbol{u} = \begin{bmatrix} u_1 \\ u_2 \\ \vdots \\ u_p \end{bmatrix}, \quad \boldsymbol{f}(\boldsymbol{x},\boldsymbol{u},t) = \begin{bmatrix} f_1(\boldsymbol{x},\boldsymbol{u},t) \\ f_2(\boldsymbol{x},\boldsymbol{u},t) \\ \vdots \\ f_n(\boldsymbol{x},\boldsymbol{u},t) \end{bmatrix} \tag{2.1.10}$$

状态和输入决定输出的变化是一个变量间的转换过程，描述这种转换关系的数学表达式称为系统的输出方程或量测方程。最为一般的情况下，一个连续动力学系统的输出方程具有如下形式：

$$\begin{cases} y_1 = g_1(x_1,x_2,\cdots,x_n;u_1,u_2,\cdots,u_p;t) \\ y_2 = g_2(x_1,x_2,\cdots,x_n;u_1,u_2,\cdots,u_p;t) \\ \vdots \\ y_q = g_q(x_1,x_2,\cdots,x_n;u_1,u_2,\cdots,u_p;t) \end{cases} \tag{2.1.11}$$

或表为向量方程的形式

$$\boldsymbol{y} = \boldsymbol{g}(\boldsymbol{x},\boldsymbol{u},t) \tag{2.1.12}$$

式中

$$\boldsymbol{y}=\begin{bmatrix}y_1\\y_2\\\vdots\\y_q\end{bmatrix},\quad \boldsymbol{g}(\boldsymbol{x},\boldsymbol{u},t)=\begin{bmatrix}g_1(\boldsymbol{x},\boldsymbol{u},t)\\g_2(\boldsymbol{x},\boldsymbol{u},t)\\\vdots\\g_q(\boldsymbol{x},\boldsymbol{u},t)\end{bmatrix}\tag{2.1.13}$$

系统的状态空间描述由状态方程和输出方程组成，又称为系统的动态方程。当状态变量、输入变量和输出变量的个数增加时，并不增加状态空间描述在表达式上的复杂性。

(1) **非线性系统的状态空间描述**　在选定的一组状态变量下，称一个系统为非线性系统，当且仅当其状态空间描述为

$$\begin{cases}\dot{\boldsymbol{x}}=\boldsymbol{f}(\boldsymbol{x},\boldsymbol{u},t)\\ \boldsymbol{y}=\boldsymbol{g}(\boldsymbol{x},\boldsymbol{u},t)\end{cases}\tag{2.1.14}$$

式中，向量函数$\dot{\boldsymbol{x}}=\boldsymbol{f}(\boldsymbol{x},\boldsymbol{u},t)$和 $\boldsymbol{y}=\boldsymbol{g}(\boldsymbol{x},\boldsymbol{u},t)$的全部或至少一个组成元为状态变量 $x_1,x_2,\cdots,x_n$ 和 $u_1,u_2,\cdots,u_p$ 的非线性函数。

(2) **线性系统的状态空间描述**　若向量方程中$\dot{\boldsymbol{x}}=\boldsymbol{f}(\boldsymbol{x},\boldsymbol{u},t)$和 $\boldsymbol{y}=\boldsymbol{g}(\boldsymbol{x},\boldsymbol{u},t)$的所有组成元都是变量 $x_1,x_2,\cdots,x_n$ 和 $u_1,u_2,\cdots,u_p$ 的线性函数，则称相应的系统为线性系统。而线性系统的状态空间描述可表示为如下形式：

$$\begin{cases}\dot{\boldsymbol{x}}=\boldsymbol{A}(t)\boldsymbol{x}+\boldsymbol{B}(t)\boldsymbol{u}\\ \boldsymbol{y}=\boldsymbol{C}(t)\boldsymbol{x}+\boldsymbol{D}(t)\boldsymbol{u}\end{cases}\tag{2.1.15}$$

式中，各个系数矩阵分别为

$$\boldsymbol{A}(t)=\begin{bmatrix}a_{11}(t)&a_{12}(t)&\cdots&a_{1n}(t)\\a_{21}(t)&a_{22}(t)&\cdots&a_{2n}(t)\\\vdots&\vdots&\ddots&\vdots\\a_{n1}(t)&a_{n2}(t)&\cdots&a_{nn}(t)\end{bmatrix},\quad \boldsymbol{B}(t)=\begin{bmatrix}b_{11}(t)&b_{12}(t)&\cdots&b_{1p}(t)\\b_{21}(t)&b_{22}(t)&\cdots&b_{2p}(t)\\\vdots&\vdots&\ddots&\vdots\\b_{n1}(t)&b_{n2}(t)&\cdots&b_{np}(t)\end{bmatrix}$$

$$\boldsymbol{C}(t)=\begin{bmatrix}c_{11}(t)&c_{12}(t)&\cdots&c_{1n}(t)\\c_{21}(t)&c_{22}(t)&\cdots&c_{2n}(t)\\\vdots&\vdots&\ddots&\vdots\\c_{q1}(t)&c_{q2}(t)&\cdots&c_{qn}(t)\end{bmatrix},\quad \boldsymbol{D}(t)=\begin{bmatrix}d_{11}(t)&d_{12}(t)&\cdots&d_{1p}(t)\\d_{21}(t)&d_{22}(t)&\cdots&d_{2p}(t)\\\vdots&\vdots&\ddots&\vdots\\d_{q1}(t)&d_{q2}(t)&\cdots&d_{qp}(t)\end{bmatrix}$$

可见，系数矩阵 $\boldsymbol{A}(t)$，$\boldsymbol{B}(t)$，$\boldsymbol{C}(t)$和 $\boldsymbol{D}(t)$均为不依赖于状态 $\boldsymbol{x}$ 和输入 $\boldsymbol{u}$ 的矩阵。矩阵 $\boldsymbol{A}(t)$表示了系统内部状态变量之间的联系，取决于被控系统的作用机理、结构和各项参数，称之为系统矩阵；输入矩阵 $\boldsymbol{B}(t)$表示各个输入变量如何控制状态变量，故亦称为控制矩阵；矩阵 $\boldsymbol{C}(t)$表示输出变量如何反映状态变量，称为输出矩阵或观测矩阵；矩阵 $\boldsymbol{D}(t)$则表示输入对输出的直接作用，称为直接传递矩阵。

(3) **线性时变系统的状态空间描述**　在状态空间表达式(2.1.15)中，一个动态系统的状态向量、输入向量和输出向量自然是时间 t 的函数，而矩阵 $\boldsymbol{A}(t)$，$\boldsymbol{B}(t)$，$\boldsymbol{C}(t)$和 $\boldsymbol{D}(t)$的各个元素如果与时间 t 有关，则称这种系统是线性时变系统，

其状态空间描述即为式(2.1.15)。

(4) **线性定常系统的状态空间描述** 在系统状态空间表达式(2.1.15)中,如果矩阵 $\boldsymbol{A}(t)$,$\boldsymbol{B}(t)$,$\boldsymbol{C}(t)$和 $\boldsymbol{D}(t)$的各个元素都是与时间 t 无关的常数,则称该系统为线性时不变系统(linear time invariant,LTI) 或线性定常系统,这时,状态空间表达式为

$$\begin{cases}\dot{\boldsymbol{x}} = \boldsymbol{A}\boldsymbol{x} + \boldsymbol{B}\boldsymbol{u} \\ \boldsymbol{y} = \boldsymbol{C}\boldsymbol{x} + \boldsymbol{D}\boldsymbol{u}\end{cases} \tag{2.1.16}$$

式中,各个系数矩阵为常数矩阵。

当系统的输出与输入无直接关系(即 $\boldsymbol{D}=\boldsymbol{0}$)时,称为惯性系统;相反,系统的输出与输入有直接关系(即 $\boldsymbol{D}\neq\boldsymbol{0}$)时,称为非惯性系统。大多数控制系统为惯性系统,所以,它们的动态方程为

$$\begin{cases}\dot{\boldsymbol{x}} = \boldsymbol{A}\boldsymbol{x} + \boldsymbol{B}\boldsymbol{u} \\ \boldsymbol{y} = \boldsymbol{C}\boldsymbol{x}\end{cases} \tag{2.1.17}$$

(5) **离散系统的状态空间描述** 以上所讨论的系统中,不管是作用于系统的变量,还是表征系统状态的变量,都是时间 t 的连续变化过程。当系统的各个变量只在离散的时刻取值时,这种系统称为离散时间系统简称离散系统。其状态空间描述只反映离散时刻的变量组之间的因果关系和转换关系。用 $k=0,1,2,\cdots$表示离散的时刻,那么离散系统状态空间描述的最一般形式为

$$\begin{cases}\boldsymbol{x}(k+1) = \boldsymbol{f}(\boldsymbol{x}(k),\boldsymbol{u}(k),k), \\ \boldsymbol{y}(k) = \boldsymbol{g}(\boldsymbol{x}(k),\boldsymbol{u}(k),k),\end{cases} \quad k = 0,1,2,\cdots \tag{2.1.18}$$

对于线性离散时间系统,则上述状态空间描述还可进一步化为如下形式:

$$\begin{cases}\boldsymbol{x}(k+1) = \boldsymbol{G}(k)\boldsymbol{x}(k) + \boldsymbol{H}(k)\boldsymbol{u}(k), \\ \boldsymbol{y}(k) = \boldsymbol{C}(k)\boldsymbol{x}(k) + \boldsymbol{D}(k)\boldsymbol{u}(k),\end{cases} \quad k = 0,1,2,\cdots \tag{2.1.19}$$

(6) **单输入单输出系统** 在系统状态空间表达式(2.1.15)中,当 $p=q=1$ 时,系统为单输入单输出系统(single input and single output,SISO)。输入变量 u 和输出变量 y 都是标量,$\boldsymbol{x}(t)$为 n 维状态向量,所以各个矩阵相应的维数为 $\boldsymbol{A}(t)$是 $n\times n$方阵,$\boldsymbol{B}(t)$是 $n\times 1$ 列阵,$\boldsymbol{C}(t)$是 $1\times n$ 行阵,而 $D(t)$是一个标量。

(7) **多输入多输出系统** 在系统状态空间表达式(2.1.15)中,当 $p>1,q>1$ 时,系统为多输入多输出系统(multi-input and multi-output,MIMO),这种系统也称为多变量系统。它有 p 个输入变量和 q 个输出变量,输入变量 $\boldsymbol{u}$ 和输出变量 $\boldsymbol{y}$ 都是向量,$\boldsymbol{x}(t)$为 n 维状态向量,所以各个矩阵相应的维数为 $\boldsymbol{A}(t)$是 $n\times n$ 方阵,$\boldsymbol{B}(t)$是 $n\times p$ 矩阵,$\boldsymbol{C}(t)$是 $q\times n$ 矩阵,而 $\boldsymbol{D}(t)$是一个 $q\times p$ 矩阵。

2. 系统的状态空间描述列写举例

建立在状态概念基础上的状态空间描述是现代控制理论的基础,它使控制系

统的研究从以传递函数为基础的频域法又回到时域法，状态空间描述除了能完整地描述系统性能外，还具有自身的性质。下面就一些简单的系统讨论其状态空间描述的列写问题，意在阐明状态空间描述的性质及列写系统状态方程和输出方程的一般步骤。

例 2.1.1　如图 2.1.2 所示 RLC 电路，输入变量取为电源电压 u，输出变量取为电容两端电压 u_C，可以用两种状态变量列写其状态方程。

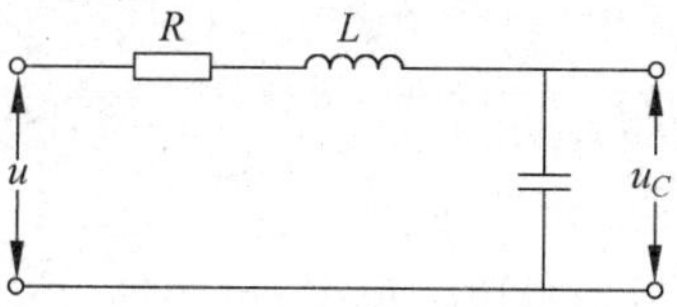

图 2.1.2　RLC 电路

解　首先确定状态变量：此电路为二阶系统，有两个储能元件，根据电路理论可知，此电路最多有两个线性无关的变量，可选独立储能元件的变量作为状态变量。

首先取电感电流 i 和电容电压 u_C 作为状态变量，根据电路原理，有下列微分方程组：

$$L\frac{\mathrm{d}i}{\mathrm{d}t}+Ri+u_C=u \tag{2.1.20}$$

$$C\frac{\mathrm{d}u_C}{\mathrm{d}t}=i \tag{2.1.21}$$

令 $x_1=u_C$，$x_2=i$，则可导出状态方程

$$\begin{cases}\dot{x}_1=\dfrac{1}{C}x_2\\ \dot{x}_2=-\dfrac{1}{L}x_1-\dfrac{R}{L}x_2+\dfrac{1}{L}u\end{cases} \tag{2.1.22}$$

如取电容电压 u_C 作为输出变量 y，则导出输出方程

$$y=u_C=x_1 \tag{2.1.23}$$

写成向量方程形式，则此电路的状态空间描述为

$$\begin{cases}\begin{bmatrix}\dot{x}_1\\ \dot{x}_2\end{bmatrix}=\begin{bmatrix}0 & \dfrac{1}{C}\\ -\dfrac{1}{L} & -\dfrac{R}{L}\end{bmatrix}\begin{bmatrix}x_1\\ x_2\end{bmatrix}+\begin{bmatrix}0\\ \dfrac{1}{L}\end{bmatrix}u\\ y=\begin{bmatrix}1 & 0\end{bmatrix}\begin{bmatrix}x_1\\ x_2\end{bmatrix}\end{cases} \tag{2.1.24}$$

然后取状态变量 $\bar{x}_1=L\dot{q}+Rq$，$\bar{x}_2=q$，q 为电容的电荷量。由于 $q=Cu_C$，故有 $\dot{q}=C\dot{u}_C=i$。根据电路原理，有下列状态方程

$$\begin{cases}\dot{\bar{x}}_1=L\ddot{q}+R\dot{q}=-u_C+u=-\dfrac{1}{C}q+u=-\dfrac{1}{C}\bar{x}_2+u\\ \dot{\bar{x}}_2=\dot{q}=\dfrac{1}{L}\bar{x}_1-\dfrac{R}{L}\bar{x}_2\end{cases} \tag{2.1.25}$$

取电容电压 u_C 为输出变量 y，则导出输出方程为

$$y = u_C = \frac{1}{C}q = \frac{1}{C}\bar{x}_2 \tag{2.1.26}$$

写成向量方程形式,则此电路的状态空间描述为

$$\begin{bmatrix} \dot{\bar{x}}_1 \\ \dot{\bar{x}}_2 \end{bmatrix} = \begin{bmatrix} 0 & -\frac{1}{C} \\ \frac{1}{L} & -\frac{R}{L} \end{bmatrix} \begin{bmatrix} \bar{x}_1 \\ \bar{x}_2 \end{bmatrix} + \begin{bmatrix} 1 \\ 0 \end{bmatrix} u \tag{2.1.27a}$$

$$y = \begin{bmatrix} 0 & \frac{1}{C} \end{bmatrix} \begin{bmatrix} \bar{x}_1 \\ \bar{x}_2 \end{bmatrix} \tag{2.1.27b}$$

通过以上例子,可归纳出几点结论:

(1) 状态变量的选取具有非唯一性。从上例可明显地看出,对同一个系统可以选择不同组的状态变量。这在以后的叙述中,读者将会更深刻地领会到。但是不管如何选择,状态变量的个数总是相同的。

(2) 动态方程或状态空间描述具有非唯一性。从上例可见,式(2.1.24)和式(2.1.27)两个动态方程不一样,但都是描写同一个RLC电路的性能。由于状态变量选择的不同,则动态方程表示也不同,所以,在状态变量模式中,同一系统可以用不同的动态方程来描述,即系统的动态方程不是唯一的。如果将线性代数中坐标变换的概念用于动态方程的状态变换(相当于状态变量的选择),就可以把问题一般化。

假设状态变量为 $\boldsymbol{x}$,系统的动态方程为

$$\dot{\boldsymbol{x}} = \boldsymbol{A}\boldsymbol{x} + \boldsymbol{B}\boldsymbol{u}$$
$$\boldsymbol{y} = \boldsymbol{C}\boldsymbol{x}$$

选择非奇异的 $n\times n$ 矩阵 $\boldsymbol{P}$ 作为坐标变换阵,并有

$$\boldsymbol{x} = \boldsymbol{P}\bar{\boldsymbol{x}} \quad 或 \quad \bar{\boldsymbol{x}} = \boldsymbol{P}^{-1}\boldsymbol{x}$$

即$\bar{\boldsymbol{x}}$同样是系统的状态变量,它与 $\boldsymbol{x}$ 之间具有线性变换的关系,与此相应的系统的动态方程为

$$\begin{aligned} \dot{\bar{\boldsymbol{x}}} &= \boldsymbol{P}^{-1}\dot{\boldsymbol{x}} = \boldsymbol{P}^{-1}[\boldsymbol{A}\boldsymbol{x} + \boldsymbol{B}\boldsymbol{u}] \\ &= \boldsymbol{P}^{-1}\boldsymbol{A}\boldsymbol{P}\bar{\boldsymbol{x}} + \boldsymbol{P}^{-1}\boldsymbol{B}\boldsymbol{u} = \bar{\boldsymbol{A}}\bar{\boldsymbol{x}} + \bar{\boldsymbol{B}}\boldsymbol{u} \end{aligned} \tag{2.1.28a}$$

$$\boldsymbol{y} = \boldsymbol{C}\boldsymbol{x} = \boldsymbol{C}\boldsymbol{P}\bar{\boldsymbol{x}} = \bar{\boldsymbol{C}}\bar{\boldsymbol{x}} \tag{2.1.28b}$$

式中

$$\bar{\boldsymbol{A}} = \boldsymbol{P}^{-1}\boldsymbol{A}\boldsymbol{P}, \quad \bar{\boldsymbol{B}} = \boldsymbol{P}^{-1}\boldsymbol{B}, \quad \bar{\boldsymbol{C}} = \boldsymbol{C}\boldsymbol{P}$$

因为非奇异变换矩阵 $\boldsymbol{P}$ 的选择不是唯一的,因此可以有无限多个状态向量及其相应的动态方程,也就是说动态方程不是唯一的,但它们都是描述同一系统的运动行为的。

(3) 完全描述一个动态系统所需状态变量的个数由系统的阶次决定,状态变量必须是相互独立的。一个 n 阶系统具有 n 个独立变量,它的状态变量的个数应是 n 个,等于系统的阶次。

(4) 一般来说，状态变量不一定是有实际物理意义或可以测量的量，但是从工程实际的角度出发，总是选择物理上有意义或可测量的量作为状态变量，如电感中的电流、电容上的电压、电机的转速等。

从上例还可以总结出列写状态空间表达式的一般步骤：

① 确定输入变量和输出变量；

② 将系统划分为若干子系统，列写各子系统的微分方程；

③ 根据各子系统微分方程的阶次，选择状态变量写成向量微分方程的形式，即可得到系统的状态方程

$$\dot{\boldsymbol{x}} = \boldsymbol{A}\boldsymbol{x} + \boldsymbol{B}\boldsymbol{u} \tag{2.1.29}$$

④ 按照输出变量是状态变量的线性组合，写成向量代数方程的形式，即可得到输出方程为

$$\boldsymbol{y} = \boldsymbol{C}\boldsymbol{x} + \boldsymbol{D}\boldsymbol{u} \tag{2.1.30}$$

2.1.3 状态空间表达式的系统方框图

式(2.1.29)和式(2.1.30)为线性定常系统状态空间表达式的一般形式，它不仅适用于多输入多输出系统，当然也适用于单输入单输出系统。这种表示法的实质是把系统分成两部分，如图 2.1.1 所示。与古典控制理论类似，状态空间表达式也可用图 2.1.3 所示的方框结构图表示。值得注意的是：图中的信号传输线一般是表示列向量，方框中的字母代表矩阵，每一方框的输入输出关系规定为

输出向量 =（方框所示传递矩阵）×（输入向量）

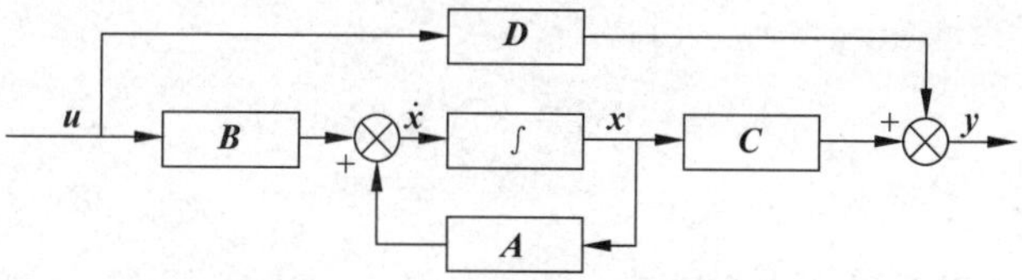

图 2.1.3　线性系统的方框图

在向量矩阵的乘法运算中，顺序是不能颠倒的。

2.1.4 状态空间表达式的状态变量图

在状态空间分析中，常以状态变量图来表示系统各变量之间的关系，其来源出自模拟计算机的模拟结构图，这种图为系统提供了一种物理图像，有助于加深对状态空间概念的理解。状态变量图又称为模拟结构图（在以后的叙述中，两种名称同时并用）。

所谓状态变量图是由积分器、加法器和放大器构成的图形。加法器、积分器和放大器的常用符号如图 2.1.4 所示。

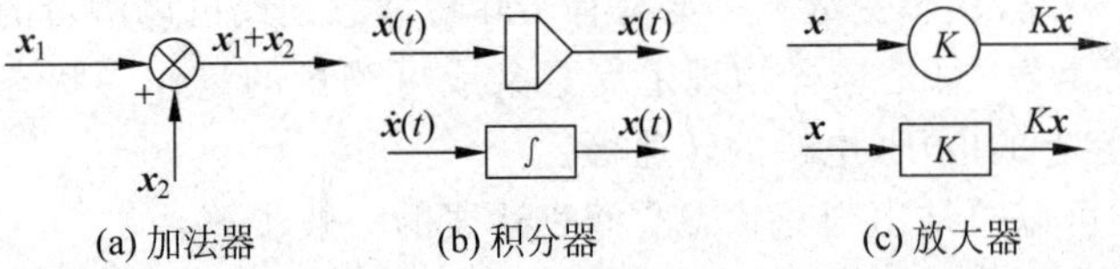

图 2.1.4 状态变量图的基本元素的常用表示符号

状态变量图的绘制步骤 在适当的位置上画出积分器,它的数目应等于状态变量数,每个积分器的输出表示对应的状态变量,在其上注明编号,然后根据所给状态方程和输出方程画上加法器和放大器,最后用直线把这些元件连接起来,并用箭头表示出信号的传递方向。

例 2.1.2 设一阶系统的状态方程是$\dot{x}=ax+bu$,则它的状态变量图如图 2.1.5 所示。

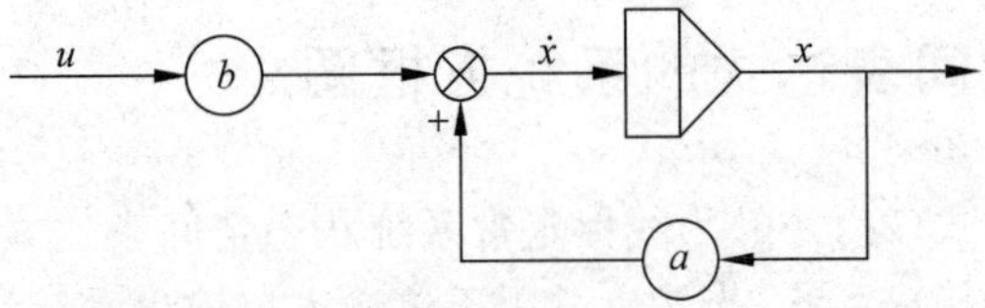

图 2.1.5 一阶系统的状态变量图

例 2.1.3 设有三阶系统的状态空间表达式为

$$\dot{x}_1 = x_2$$

$$\dot{x}_2 = x_3$$

$$\dot{x}_3 = -6x_1 - 3x_2 - 2x_3 + u$$

$$y = x_1 + x_2$$

则它的状态变量图如图 2.1.6 所示。

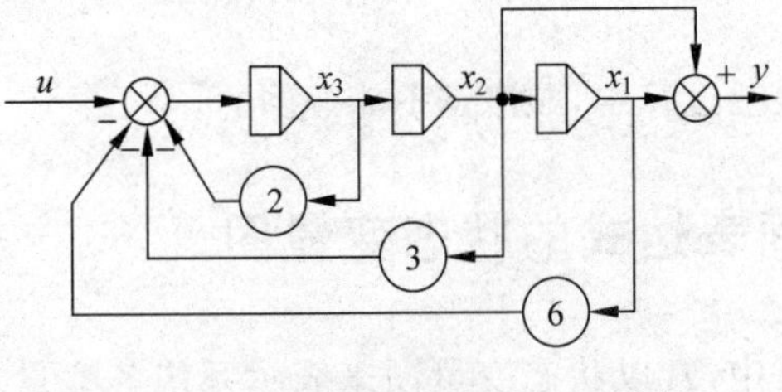

图 2.1.6 三阶系统的状态变量图

例 2.1.4 双输入双输出系统的状态空间表达式为

$$\begin{cases}\dot{x}_1 = a_{11}x_1 + a_{12}x_2 + b_{11}u_1 + b_{12}u_2 \\ \dot{x}_2 = a_{21}x_1 + a_{22}x_2 + b_{21}u_1 + b_{22}u_2\end{cases}$$

$$\begin{cases} y_1 = c_{11}x_1 + c_{12}x_2 \\ y_2 = c_{21}x_1 + c_{22}x_2 \end{cases}$$

则它的状态变量图如图2.1.7所示。

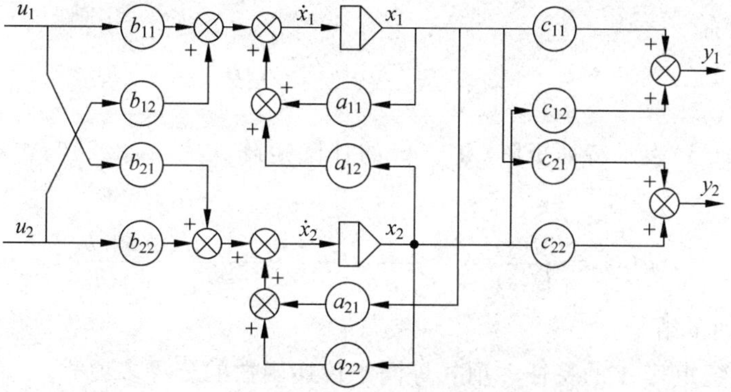

图2.1.7 双输入双输出系统的状态变量图

2.2 传递函数与传递函数矩阵

前面已经介绍数学模型具有两种模式，一种是输入输出模式的数学模型，它包括微分方程和传递函数；另一类是状态变量模式的数学模型，即状态空间描述又称为动态方程。同一系统的两种不同模式的数学模型之间存在着内在的联系，并且可以互相转换。

2.2.1 单输入单输出系统

单输入单输出线性定常系统的状态空间表达式为

$$\begin{cases} \dot{\boldsymbol{x}} = \boldsymbol{A}\boldsymbol{x} + \boldsymbol{B}u \\ y = \boldsymbol{C}\boldsymbol{x} + Du \end{cases} \tag{2.2.1}$$

式中符号意义同前。为了由系统的状态空间表达式得到系统传递函数，首先把式(2.2.1)的状态变量模式转换到频域中去，对上式进行拉氏变换，有

$$s\boldsymbol{X}(s) - \boldsymbol{x}(0) = \boldsymbol{A}\boldsymbol{X}(s) + \boldsymbol{B}U(s)$$
$$Y(s) = \boldsymbol{C}\boldsymbol{X}(s) + DU(s)$$

经整理得

$$\boldsymbol{X}(s) = (s\boldsymbol{I} - \boldsymbol{A})^{-1}[\boldsymbol{x}(0) + \boldsymbol{B}U(s)]$$
$$Y(s) = \boldsymbol{C}(s\boldsymbol{I} - \boldsymbol{A})^{-1}[\boldsymbol{x}(0) + \boldsymbol{B}U(s)] + DU(s)$$

式中 $\boldsymbol{I}$ 代表 $n \times n$ 单位矩阵。令初始状态 $x(0)=0$，解上式可得

$$Y(s)=[\boldsymbol{C}(s\boldsymbol{I}-\boldsymbol{A})^{-1}\boldsymbol{B}+D]U(s)$$

可以得到系统输入输出之间的传递函数：

$$g(s)=\frac{Y(s)}{U(s)}=\boldsymbol{C}(s\boldsymbol{I}-\boldsymbol{A})^{-1}\boldsymbol{B}+D \tag{2.2.2}$$

若 $D=0$,则有

$$g(s)=\frac{\boldsymbol{C}\mathrm{adj}(s\boldsymbol{I}-\boldsymbol{A})\boldsymbol{B}}{|s\boldsymbol{I}-\boldsymbol{A}|} \tag{2.2.3}$$

式中 $\mathrm{adj}(s\boldsymbol{I}-\boldsymbol{A})$表示特征矩阵$(s\boldsymbol{I}-\boldsymbol{A})$的伴随矩阵。式(2.2.2)与古典控制理论中的

$$g(s)=\frac{N(s)}{D(s)}=\frac{b_0s^n+b_1s^{n-1}+\cdots+b_{n-1}s+b_n}{s^n+a_1s^{n-1}+\cdots+a_{n-1}s+a_n} \tag{2.2.4}$$

比较,可得如下结论：

(1) 系统矩阵 $\boldsymbol{A}$ 的特征多项式等同于传递函数的分母多项式。

(2) 传递函数的极点就是系统矩阵 $\boldsymbol{A}$ 的特征值。

(3) 多项式 $\boldsymbol{C}\mathrm{adj}(s\boldsymbol{I}-\boldsymbol{A})\boldsymbol{B}$ 与 $D|s\boldsymbol{I}-\boldsymbol{A}|$ 之和即为传递函数的分子多项式$N(s)$。

(4) 由于状态变量选择的不同,同一系统的状态空间描述不是唯一的,但从表征系统状态空间描述的不同的 $\boldsymbol{A}$、$\boldsymbol{B}$、$\boldsymbol{C}$ 和 D 变换到表征系统输入输出描述的传递函数 $g(s)$是唯一的。如例 2.1.1 中,同一 RLC 电路,选择不同的状态变量可得到两个不同的动态方程式(2.1.24)和式(2.1.27),所求得的传递函数却是相同的。当

$$\boldsymbol{A}=\begin{bmatrix}0 & \frac{1}{C}\\ -\frac{1}{L} & -\frac{R}{L}\end{bmatrix},\quad \boldsymbol{B}=\begin{bmatrix}0\\ \frac{1}{L}\end{bmatrix},\quad \boldsymbol{C}=[1\quad 0],\quad D=0$$

时,有

$$g(s)=\frac{Y(s)}{U(s)}=\boldsymbol{C}(s\boldsymbol{I}-\boldsymbol{A})^{-1}\boldsymbol{B}+D$$

$$=[1\quad 0]\begin{bmatrix}s & -\frac{1}{C}\\ \frac{1}{L} & s+\frac{R}{L}\end{bmatrix}^{-1}\begin{bmatrix}0\\ \frac{1}{L}\end{bmatrix}=\frac{1}{LCs^2+RCs+1}$$

当

$$\boldsymbol{A}=\begin{bmatrix}0 & -\frac{1}{C}\\ \frac{1}{L} & -\frac{R}{L}\end{bmatrix},\quad \boldsymbol{B}=\begin{bmatrix}1\\ 0\end{bmatrix},\quad \boldsymbol{C}=\begin{bmatrix}0 & \frac{1}{C}\end{bmatrix},\quad D=0$$

时,则有

$$g(s)=\frac{Y(s)}{U(s)}=\boldsymbol{C}(s\boldsymbol{I}-\boldsymbol{A})^{-1}\boldsymbol{B}+D$$

$$=\begin{bmatrix}0 & \frac{1}{C}\end{bmatrix}\begin{bmatrix}s & \frac{1}{C}\\ -\frac{1}{L} & s+\frac{R}{L}\end{bmatrix}^{-1}\begin{bmatrix}1\\0\end{bmatrix}=\frac{1}{LCs^2+RCs+1}$$

由此可见，对于同一系统，尽管系统的状态向量和状态空间描述是不同的，但最终由式(2.2.2)计算出的系统传递函数是相同的，这称为**传递函数的不变性**。

2.2.2　多输入多输出系统

对于多输入多输出线性定常系统，可以扩充传递函数的概念，运用传递函数矩阵研究。设系统有 p 个输入和 q 个输出，如图 2.2.1 所示。

图 2.2.1　多输入多输出系统示意图

定义第 i 个输出 y_i 和第 j 个输入 u_j 之间的传递函数为

$$g_{ij}(s)=\frac{Y_i(s)}{U_j(s)},\quad i=1,2,\cdots,q,\quad j=1,2,\cdots,p \tag{2.2.5}$$

式中 $Y_i(s)$是指输出 $y_i(t)$的拉氏变换，$U_j(s)$是输入 $u_j(t)$的拉氏变换。需要指出，这样定义表示除了第 j 个输入外，其余输入都是假定为零。因为线性系统满足叠加原理，所以当 $U_1,U_2,\cdots,U_p$ 都加入时，则第 i 个输出的拉氏变换为

$$Y_i(s)=g_{i1}U_1(s)+g_{i2}U_2(s)+\cdots+g_{ip}(s)U_p(s) \tag{2.2.6}$$

取 $i=1,2,\cdots,q$，将上式展开并写成矩阵形式，有

$$\boldsymbol{Y}(s)=\boldsymbol{G}(s)\boldsymbol{U}(s) \tag{2.2.7}$$

式中

$$\boldsymbol{Y}(s)=\begin{bmatrix}Y_1(s)\\Y_2(s)\\\vdots\\Y_q(s)\end{bmatrix},\quad \boldsymbol{U}(s)=\begin{bmatrix}U_1(s)\\U_2(s)\\\vdots\\U_p(s)\end{bmatrix},\quad \boldsymbol{G}(s)=\begin{bmatrix}g_{11}(s) & g_{12}(s) & \cdots & g_{1p}(s)\\g_{21}(s) & g_{22}(s) & \cdots & g_{2p}(s)\\\vdots & \vdots & \ddots & \vdots\\g_{q1}(s) & g_{q2}(s) & \cdots & g_{qp}(s)\end{bmatrix}$$

矩阵 $\boldsymbol{G}(s)$称为传递函数矩阵，显然 $\boldsymbol{G}(s)$是 $q\times p$ 的一个有理分式矩阵，其元素由各个传递函数 $g_{ij}(s)$构成。因此 $\boldsymbol{G}(s)$反映了输入向量 $\boldsymbol{U}(s)$与输出向量 $\boldsymbol{Y}(s)$之间的传递关系。

多输入多输出线性定常系统的状态空间表达式为

$$\begin{cases}\dot{\boldsymbol{x}} = \boldsymbol{A}\boldsymbol{x} + \boldsymbol{B}\boldsymbol{u} \\ \boldsymbol{y} = \boldsymbol{C}\boldsymbol{x} + \boldsymbol{D}\boldsymbol{u}\end{cases} \tag{2.2.8}$$

式中,$\boldsymbol{u}$ 与 $\boldsymbol{y}$ 分别为 p 维输入向量和 q 维输出向量,$\boldsymbol{A}$ 为 $n\times n$ 方阵,$\boldsymbol{B}$ 为 $n\times p$ 阵,$\boldsymbol{C}$ 为 $q\times n$ 阵,$\boldsymbol{D}$ 为 $q\times p$ 阵。与单输入单输出系统一样,可推导出传递函数矩阵为

$$\boldsymbol{G}(s) = \boldsymbol{C}(s\boldsymbol{I}-\boldsymbol{A})^{-1}\boldsymbol{B} + \boldsymbol{D} = \frac{\boldsymbol{C}\mathrm{adj}(s\boldsymbol{I}-\boldsymbol{A})\boldsymbol{B} + \boldsymbol{D}\mid s\boldsymbol{I}-\boldsymbol{A}\mid}{\mid s\boldsymbol{I}-\boldsymbol{A}\mid} \tag{2.2.9}$$

它的形式与式(2.2.3)完全相同,实际上传递函数只是传递函数矩阵的一种特例。

2.3 状态空间表达式的建立

2.3.1 由物理系统的机理直接建立状态空间表达式

控制系统按其属性有许多类型,如工程控制系统、社会控制系统等。以工程控制系统来说,又有电气、机械、液压、热力等系统之分。我们可以对不同的控制系统,根据其机理,即相应的物理定律来建立系统的状态方程;当指定系统的输出后,可以很容易写出系统的输出方程。这种根据系统内部的运动规律,直接推导其输入输出关系的建模方法称为机理分析法。现举例说明状态空间表达式的列写方法。

例 2.3.1 有 RLC 网络如图 2.3.1 所示,图中电源电压 u 为输入,电容电压 u_C 为输出,试写出此网络的状态空间表达式。

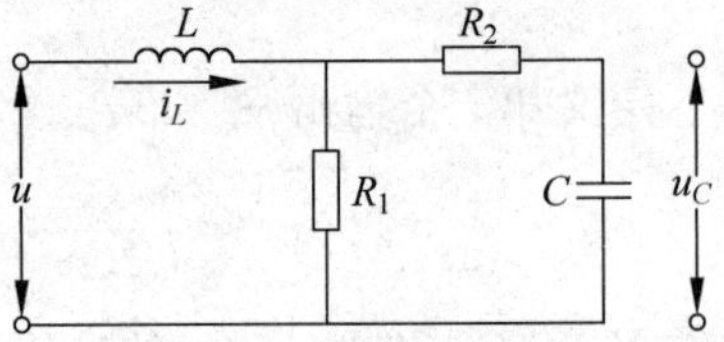

图 2.3.1 RLC电路

解 该网络是一个二阶系统,有两个储能元件,按电路理论选择电感 L 中的电流 i_L 和电容 C 上的电压 u_C 作为状态变量,即 $x_1=i_L$,$x_2=u_C$。根据基尔霍夫定律有下列两个方程

$$i_L = \left(u - L\frac{\mathrm{d}i_L}{\mathrm{d}t}\right)\frac{1}{R_1} + C\frac{\mathrm{d}u_C}{\mathrm{d}t}$$

$$L\frac{\mathrm{d}i_L}{\mathrm{d}t} + u_C + C\frac{\mathrm{d}u_C}{\mathrm{d}t}R_2 = u$$

经整理得

$$\frac{\mathrm{d}i_L}{\mathrm{d}t} = \frac{u}{L} - \frac{i_L}{L}\left(\frac{R_1R_2}{R_1+R_2}\right) - \frac{u_C}{L}\frac{R_1}{R_1+R_2}$$

$$\frac{\mathrm{d}u_C}{\mathrm{d}t} = \frac{R_1}{C(R_1+R_2)}i_L - \frac{1}{C(R_1+R_2)}u_C$$

以状态变量表示的状态方程有

$$\frac{\mathrm{d}x_1}{\mathrm{d}t} = -\frac{1}{L}\left(\frac{R_1R_2}{R_1+R_2}\right)x_1 - \frac{R_1}{R_1+R_2}\frac{x_2}{L} + \frac{u}{L}$$

$$\frac{\mathrm{d}x_2}{\mathrm{d}t} = \frac{R_1}{C(R_1+R_2)}x_1 - \frac{1}{C(R_1+R_2)}x_2$$

而输出方程为

$$y = u_C = x_2$$

写成向量方程形式的状态空间表达式为

$$\begin{bmatrix} \dot{x}_1 \\ \dot{x}_2 \end{bmatrix} = \begin{bmatrix} -\dfrac{1}{L}\dfrac{R_1R_2}{R_1+R_2} & -\dfrac{R_1}{L(R_1+R_2)} \\ \dfrac{R_1}{C(R_1+R_2)} & -\dfrac{1}{C(R_1+R_2)} \end{bmatrix} \begin{bmatrix} x_1 \\ x_2 \end{bmatrix} + \begin{bmatrix} \dfrac{1}{L} \\ 0 \end{bmatrix} u$$

$$y = \begin{bmatrix} 0 & 1 \end{bmatrix} \begin{bmatrix} x_1 \\ x_2 \end{bmatrix}$$

例 2.3.2　如图 2.3.2 所示，试求电枢电压控制的他励电动机的状态空间表达式。

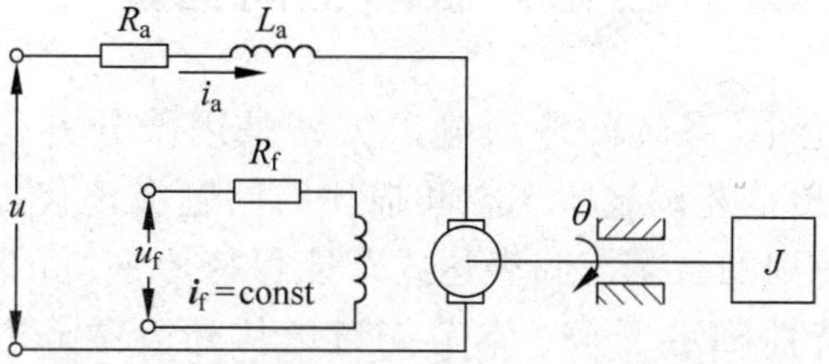

图 2.3.2　他励电动机原理图

解　本例包括电气系统及机械系统。假设选择 3 个状态变量，电机转轴角 θ 和转速 $\dot{\theta}$ 及电枢电流 i_a，令 $x_1=\theta, x_2=\dot{\theta}, x_3=i_a$，根据该系统的物理规律列写运动方程。

由电压定律得

$$u = R_a i_a + L_a \frac{\mathrm{d}i_a}{\mathrm{d}t} + C_e \frac{\mathrm{d}\theta}{\mathrm{d}t}$$

由机械转矩平衡定律得

$$C_m i_a = J \frac{\mathrm{d}^2\theta}{\mathrm{d}t^2} + f \frac{\mathrm{d}\theta}{\mathrm{d}t}$$

此外还有

$$\frac{\mathrm{d}\theta}{\mathrm{d}t} = \dot{\theta}$$

在以上式子中，C_e 和 C_m 是电动机电势常数和电磁转矩常数，f 为黏渍摩擦系数。把这 3 个式子加以整理并代入状态变量，即可得

$$\begin{cases} \dot{x}_1 = x_2 \\ \dot{x}_2 = -\dfrac{f}{J}x_2 + \dfrac{C_m}{J}x_3 \\ \dot{x}_3 = -\dfrac{C_e}{L_a}x_2 - \dfrac{R_a}{L_a}x_3 + \dfrac{u}{L_a} \end{cases}$$

系统的输出方程为

$$y = \theta = x_1$$

写成向量方程形式的状态空间表达式为

$$\begin{bmatrix} \dot{x}_1 \\ \dot{x}_2 \\ \dot{x}_3 \end{bmatrix} = \begin{bmatrix} 0 & 1 & 0 \\ 0 & -\dfrac{f}{J} & \dfrac{C_m}{J} \\ 0 & -\dfrac{C_e}{L_a} & -\dfrac{R_a}{L_a} \end{bmatrix} \begin{bmatrix} x_1 \\ x_2 \\ x_3 \end{bmatrix} + \begin{bmatrix} 0 \\ 0 \\ \dfrac{1}{L_a} \end{bmatrix} u$$

$$y = \begin{bmatrix} 1 & 0 & 0 \end{bmatrix} \begin{bmatrix} x_1 \\ x_2 \\ x_3 \end{bmatrix}$$

2.3.2 由高阶微分方程化为状态空间描述

在古典控制理论中,系统的输入输出关系是用微分方程或传递函数来描述的,由系统的输入输出描述确定状态空间描述的问题在现代控制理论中称为实现问题。我们要求所得到的状态空间表达式既能保持原系统的输入输出关系,又能将系统的内部结构特性确定下来。本节先讨论从高阶微分方程建立状态空间描述的方法。

1. 问题的提出

考虑一个单输入单输出线性定常系统,系统的输出 y 和输入 u 均为标量变量,则表征系统输出和输入间的因果关系,可以用如下的高阶微分方程来描述:

$$\begin{aligned} & y^{(n)} + a_1 y^{(n-1)} + a_2 y^{(n-2)} + \cdots + a_{n-1}\dot{y} + a_n y \\ & = b_0 u^{(m)} + b_1 u^{(m-1)} + \cdots + b_{m-1}\dot{u} + b_m u \end{aligned} \tag{2.3.1}$$

式中,$m \leqslant n$。如前面指出过的,线性定常系统的状态空间描述为如下形式:

$$\begin{cases} \dot{\boldsymbol{x}} = \boldsymbol{A}\boldsymbol{x} + \boldsymbol{B}u \\ y = \boldsymbol{C}\boldsymbol{x} + Du \end{cases} \tag{2.3.2}$$

由于考虑的是单输入单输出系统,所以这里 $\boldsymbol{B}$ 为 $n\times 1$ 阵,$\boldsymbol{C}$ 为 $1\times n$ 阵,D 为标量。于是由输入输出描述方程式(2.3.1)导出状态空间描述方程式(2.3.2)的问题就归结为选取适当的状态变量组与确定各个系数矩阵 $\boldsymbol{A}$,$\boldsymbol{B}$,$\boldsymbol{C}$ 和 D。并且,随着状态变量选择的不同,状态空间描述中的系数矩阵组($\boldsymbol{A}$,$\boldsymbol{B}$,$\boldsymbol{C}$,D)也不同。下面将针对不同情况分别进行讨论。

2. 微分方程右边不含有输入函数导数的情况(即 $m=0$)

直接选取状态变量,将高阶微分方程化为一阶微分方程组。

当 $m=0$ 且 $b_m=1$ 时,系统的微分方程式(2.3.1)变为

$$y^{(n)} + a_1 y^{(n-1)} + a_2 y^{(n-2)} + \cdots + a_{n-1}\dot{y} + a_n y = u \tag{2.3.3}$$

根据微分方程理论，如 $y(0),\dot{y}(0),\cdots,y^{(n-1)}(0)$ 及 $t\geqslant 0$ 的输入 $u(t)$ 给定，则上述方程的解存在且唯一，亦即系统的运动状态完全确定。因而可将其状态变量作如下选取：

$$\begin{cases} x_1 = y \\ x_2 = \dot{y} \\ \quad\vdots \\ x_n = y^{(n-1)} \end{cases} \tag{2.3.4}$$

它们是输出变量 y 及其各阶导数。满足此条件的变量称为相变量。很容易由式(2.3.4)得到

$$\begin{cases} \dot{x}_1 = x_2 \\ \dot{x}_2 = x_3 \\ \quad\vdots \\ \dot{x}_n = -a_n x_1 - a_{n-1} x_2 - \cdots - a_1 x_n + u \end{cases} \tag{2.3.5}$$

这就是系统的状态方程，而输出方程为

$$y = x_1 \tag{2.3.6}$$

把它们写成向量方程形式，就导出了此种情况下对应于输入输出描述(2.2.3)的状态空间描述为

$$\dot{\boldsymbol{x}} = \begin{bmatrix} 0 & 1 & \cdots & 0 \\ \vdots & \vdots & \ddots & \vdots \\ 0 & 0 & \cdots & 1 \\ -a_n & -a_{n-1} & \cdots & -a_1 \end{bmatrix} \boldsymbol{x} + \begin{bmatrix} 0 \\ \vdots \\ 0 \\ 1 \end{bmatrix} u \tag{2.3.7a}$$

$$y = [1,0,\cdots,0]\boldsymbol{x} \tag{2.3.7b}$$

例 2.3.3 设系统的运动方程为

$$\dddot{y} + 5\ddot{y} + 8\dot{y} + 6y = 3u$$

试列写其状态空间表达式。

解 选择状态变量为 $x_1=y,x_2=\dot{y},x_3=\ddot{y}$，则有系统状态方程

$$\begin{cases} \dot{x}_1 = x_2 \\ \dot{x}_2 = x_3 \\ \dot{x}_3 = -6x_1 - 8x_2 - 5x_3 + 3u \end{cases}$$

系统输出方程为

$$y = x_1$$

将它们写成矩阵形式，则系统的状态空间表达式为

$$\begin{bmatrix} \dot{x}_1 \\ \dot{x}_2 \\ \dot{x}_3 \end{bmatrix} = \begin{bmatrix} 0 & 1 & 0 \\ 0 & 0 & 1 \\ -6 & -8 & -5 \end{bmatrix} \begin{bmatrix} x_1 \\ x_2 \\ x_3 \end{bmatrix} + \begin{bmatrix} 0 \\ 0 \\ 3 \end{bmatrix} u$$

$$y=\begin{bmatrix}1 & 0 & 0\end{bmatrix}\begin{bmatrix}x_1\\x_2\\x_3\end{bmatrix}$$

对于系统的运动方程式(2.3.3),如果选择如下的 n 个状态变量

$$\begin{cases}x_1=y^{(n-1)}+a_1y^{(n-2)}+\cdots+a_{n-1}y\\x_2=y^{(n-2)}+a_1y^{(n-3)}+\cdots+a_{n-2}y\\\quad\vdots\\x_{n-1}=\dot{y}+a_1y\\x_n=y\end{cases}\tag{2.3.8}$$

则可以得到系统状态方程为

$$\begin{cases}\dot{x}_1=y^{(n)}+a_1y^{(n-1)}+a_2y^{(n-2)}+\cdots+a_{n-1}\dot{y}=u-a_ny=u-a_nx_n\\\dot{x}_2=y^{(n-1)}+a_1y^{(n-2)}+a_2y^{(n-3)}+\cdots+a_{n-2}\dot{y}=x_1-a_{n-1}y=x_1-a_{n-1}x_n\\\quad\vdots\\\dot{x}_{n-1}=\ddot{y}+a_1\dot{y}=x_{n-2}-a_2y=x_{n-2}-a_2x_n\\\dot{x}_n=\dot{y}=x_{n-1}-a_1y=x_{n-1}-a_1x_n\end{cases}\tag{2.3.9}$$

系统的输出方程为

$$y=x_n\tag{2.3.10}$$

将式(2.3.9)和式(2.3.10)写成矩阵形式,即得如下状态空间描述:

$$\begin{bmatrix}\dot{x}_1\\\dot{x}_2\\\vdots\\\dot{x}_n\end{bmatrix}=\begin{bmatrix}0 & 0 & \cdots & 0 & -a_n\\1 & 0 & \cdots & 0 & -a_{n-1}\\0 & 1 & \cdots & 0 & -a_{n-2}\\\vdots & \vdots & \ddots & \vdots & \vdots\\0 & 0 & \cdots & 1 & -a_1\end{bmatrix}\begin{bmatrix}x_1\\x_2\\\vdots\\x_n\end{bmatrix}+\begin{bmatrix}1\\0\\\vdots\\0\\0\end{bmatrix}u\tag{2.3.11a}$$

$$y=\begin{bmatrix}0 & 0 & \cdots & 1\end{bmatrix}\begin{bmatrix}x_1\\x_2\\\vdots\\x_n\end{bmatrix}\tag{2.3.11b}$$

这里再次看到对于同一系统式(2.3.3)由于状态变量的选择不同,而得到了不同的状态空间描述方程式(2.3.7)和式(2.3.11)。

3. 微分方程右边含有输入函数导数项的情况(即 $m\neq 0$)

对于这种情况,输入输出描述具有如下形式:

$$\begin{aligned}&y^{(n)}+a_1y^{(n-1)}+a_2y^{(n-2)}+\cdots+a_{n-1}\dot{y}+a_ny\\&=b_0u^{(m)}+b_1u^{(m-1)}+\cdots+b_{m-1}\dot{u}+b_mu\end{aligned}\tag{2.3.12}$$

若仍然选择 $y,\dot{y},\cdots,y^{(n-1)}$ 作为一组状态变量，则所得状态方程将为

$$\begin{bmatrix}\dot{x}_1\\ \dot{x}_2\\ \vdots\\ \dot{x}_n\end{bmatrix}=\begin{bmatrix}0 & 1 & 0 & \cdots & 0\\ 0 & 0 & 1 & \cdots & 0\\ \vdots & \vdots & \vdots & \ddots & \vdots\\ 0 & 0 & 0 & \cdots & 1\\ -a_n & -a_{n-1} & -a_{n-2} & \cdots & -a_1\end{bmatrix}\begin{bmatrix}x_1\\ x_2\\ \vdots\\ x_n\end{bmatrix}+\begin{bmatrix}0 & 0 & \cdots & 0\\ \vdots & \vdots & \ddots & \vdots\\ 0 & 0 & \cdots & 0\\ b_0 & b_1 & \cdots & b_m\end{bmatrix}\begin{bmatrix}u^{(m)}\\ u^{(m-1)}\\ \vdots\\ u\end{bmatrix}$$

在此方程组中，最后的一个方程包含了 u 的导数项，这可能使系统在状态空间中的运动出现无穷大的跳变，方程的解的存在性和唯一性被破坏，这是我们所不希望的。因此，必须适当地选择状态变量，使状态方程中不包含 u 的导数项。这里介绍两种类型的算法。

(1) **算法 1**　为便于讨论，引入算子符号 $p=\dfrac{\mathrm{d}}{\mathrm{d}t}$，则可把式(2.3.12)的输入输出描述表示为如下形式：

$$y=\frac{b_0p^m+b_1p^{m-1}+\cdots+b_{m-1}p+b_m}{p^n+a_1p^{n-1}+\cdots+a_{n-1}p+a_n}u \tag{2.3.13}$$

很容易看出，当 $m=n$ 时，式(2.3.13)中的有理分式是真的，而当 $m<n$ 时，这个有理分式是严格真的。考虑到对于这两种情况下的状态空间描述有着不同形式，所以下面分别加以讨论。

① 当 $m<n$ 时：首先将式(2.2.13)进一步写为

$$\begin{cases}\tilde{y}=\dfrac{1}{p^n+a_1p^{n-1}+\cdots+a_{n-1}p+a_n}u\\ y=(b_0p^m+b_1p^{m-1}+\cdots+b_{m-1}p+b_m)\,\tilde{y}\end{cases} \tag{2.3.14}$$

或将其表示为如下形式：

$$\begin{cases}\tilde{y}^{(n)}+a_1\,\tilde{y}^{(n-1)}+a_2\,\tilde{y}^{(n-2)}+\cdots+a_{n-1}y^{(1)}+a_n\,\tilde{y}=u\\ y=b_0\,\tilde{y}^{(m)}+b_1\,\tilde{y}^{(m-1)}+\cdots+b_{m-1}\,\tilde{y}^{(1)}+b_m\,\tilde{y}\end{cases} \tag{2.3.15}$$

能控标准形：对上式若选取状态变量组为

$$x_1=\tilde{y},x_2=\tilde{y}^{(1)},\cdots,x_n=\tilde{y}^{(n-1)} \tag{2.3.16}$$

则可得到系统状态方程

$$\begin{cases}\dot{x}_1=\tilde{y}^{(1)}=x_2\\ \dot{x}_2=\tilde{y}^{(2)}=x_3\\ \quad\vdots\\ \dot{x}_{n-1}=\tilde{y}^{(n-1)}=x_n\\ \dot{x}_n=-a_nx_1-a_{n-1}x_2-\cdots-a_1x_n+u\end{cases} \tag{2.3.17}$$

和输出方程

$$y=b_mx_1+b_{m-1}x_2+\cdots+b_0x_{m+1} \tag{2.3.18}$$

将上式转换成向量方程的形式，就导出了此种情况下对应于输入输出描述式(2.3.12)

的状态空间描述为

$$\dot{\boldsymbol{x}} = \boldsymbol{A}\boldsymbol{x} + \boldsymbol{B}u = \begin{bmatrix} 0 & 1 & \cdots & 0 \\ \vdots & \vdots & \ddots & \vdots \\ 0 & 0 & \cdots & 1 \\ -a_n & -a_{n-1} & \cdots & -a_1 \end{bmatrix}\boldsymbol{x} + \begin{bmatrix} 0 \\ \vdots \\ 0 \\ 1 \end{bmatrix}u \tag{2.3.19a}$$

$$y = \boldsymbol{C}\boldsymbol{x} = [b_m, \cdots, b_0, 0, \cdots, 0]\boldsymbol{x} \tag{2.3.19b}$$

注意,按式(2.3.16)选择状态变量,可得到上面形式的状态空间描述。它代表一种标准形式,称为相变量正则形式。其中矩阵 $\boldsymbol{A}$ 称为友矩阵,其特点是在主对角线上方的元素均为1,最下一行的各元素是微分方程系数 $a_i(i=1,2,\cdots,n)$ 取负号组成,其余各元素都为0。控制矩阵 $\boldsymbol{B}$ 的特点是最后一个元素为1其余都是0。这种形式的状态空间表达式又称为**能控标准形**。这样称呼它的原因,读者在学到第4章时就会明白。

例 2.3.4 给定系统的输入输出描述为

$$y^{(3)} + 16y^{(2)} + 194y^{(1)} + 640y = 160u^{(1)} + 720u$$

则利用式(2.3.19)即可给出相应的能控标准形状态空间描述为

$$\begin{bmatrix} \dot{x}_1 \\ \dot{x}_2 \\ \dot{x}_3 \end{bmatrix} = \begin{bmatrix} 0 & 1 & 0 \\ 0 & 0 & 1 \\ -640 & -194 & -16 \end{bmatrix}\boldsymbol{x} + \begin{bmatrix} 0 \\ 0 \\ 1 \end{bmatrix}u$$

$$y = [720 \quad 160 \quad 0]\begin{bmatrix} x_1 \\ x_2 \\ x_3 \end{bmatrix}$$

能观测标准形:对式(2.3.12)若选取状态变量组为

$$\begin{cases} x_1 = y^{(n-1)} + a_1 y^{(n-2)} + \cdots + a_{n-1}y - b_0 u^{(m-1)} - b_1 u^{(m-2)} - \cdots - b_{m-1}u \\ x_2 = y^{(n-2)} + a_1 y^{(n-3)} + \cdots + a_{n-2}y - b_0 u^{(m-2)} - b_1 u^{(m-3)} - \cdots - b_{m-2}u \\ \vdots \\ x_{n-1} = \dot{y} + a_1 y \\ x_n = y \end{cases} \tag{2.3.20}$$

则可以得到系统运动的状态方程为

$$\begin{cases} \dot{x}_1 = y^{(n)} + a_1 y^{(n-1)} + \cdots + a_{n-1}\dot{y} - b_0 u^{(m)} - b_1 u^{(m-1)} - \cdots - b_{m-1}\dot{u} \\ \quad = b_m u - a_n y = b_m u - a_n x_n \\ \dot{x}_2 = y^{(n-1)} + a_1 y^{(n-2)} + \cdots + a_{n-2}\dot{y} - b_0 u^{(m-1)} - b_1 u^{(m-2)} - \cdots - b_{m-2}\dot{u} \\ \quad = x_1 + b_{m-1}u - a_{n-1}y = x_1 + b_{m-1}u - a_{n-1}x_n \\ \vdots \\ \dot{x}_{n-1} = \ddot{y} + a_1\dot{y} = x_{n-2} - a_2 y = x_{n-2} - a_2 x_n \\ \dot{x}_n = \dot{y} = x_{n-1} - a_1 y = x_{n-1} - a_1 x_n \end{cases} \tag{2.3.21}$$

系统的输出方程为

$$y = x_n \tag{2.3.22}$$

将式(2.3.21)和式(2.3.22)写成向量方程形式,即得如下状态空间描述:

$$\dot{\boldsymbol{x}} = \boldsymbol{A}\boldsymbol{x} + \boldsymbol{B}u = \begin{bmatrix} 0 & 0 & \cdots & 0 & -a_n \\ 1 & 0 & \cdots & 0 & -a_{n-1} \\ 0 & 1 & \cdots & 0 & -a_{n-2} \\ \vdots & \vdots & \ddots & \vdots & \vdots \\ 0 & 0 & \cdots & 1 & -a_1 \end{bmatrix} \boldsymbol{x} + \begin{bmatrix} b_m \\ b_{m-1} \\ \vdots \\ b_0 \\ 0 \\ \vdots \\ 0 \end{bmatrix} u \tag{2.3.23a}$$

$$\boldsymbol{y} = \boldsymbol{C}\boldsymbol{x} = [0 \quad 0 \quad \cdots \quad 1]\boldsymbol{x} \tag{2.3.23b}$$

这种形式的状态空间表达式常称为**能观测标准形**,与前面能控标准形一样,学完第 4 章自然就明白了其命名的原因。

这种形式的系统矩阵 **A** 正好是前面讲的能控标准形的系统矩阵 **A** 的转置,输出矩阵 **C** 是能控标准形的控制矩阵 **B** 的转置。如果将能控标准形加下标为 c,能观测标准形加下标为 o,则有如下关系

$$\boldsymbol{A}_c^{\mathrm{T}} = \boldsymbol{A}_o \tag{2.3.24}$$

$$\boldsymbol{B}_c^{\mathrm{T}} = \boldsymbol{C}_o \tag{2.3.25}$$

② 当 $m=n$ 时:先将式(2.3.13)中的有理分式进一步严格真化为

$$y = \left[b_0 + \frac{(b_1 - b_0 a_1)p^{n-1} + \cdots + (b_n - b_0 a_n)}{p^n + a_1 p^{n-1} + \cdots + a_{n-1}p + a_n} \right] u \tag{2.3.26}$$

进而表示为

$$\begin{cases} \tilde{y}^{(n)} + a_1 \tilde{y}^{(n-1)} + a_2 \tilde{y}^{(n-2)} + \cdots + a_{n-1} y^{(1)} + a_n \tilde{y} = u \\ y = (b_1 - b_0 a_1) \tilde{y}^{(n-1)} + \cdots + (b_n - b_0 a_n) \tilde{y} + b_0 u \end{cases} \tag{2.3.27}$$

注意到式(2.3.15)的第一个方程与式(2.3.27)的第一个方程相同,所以再按式(2.3.16)选取状态变量组,将得到与 $m<n$ 情况相同的状态方程。但由于式(2.3.27)的第二个方程不相同,则可得到

$$y = (b_n - b_0 a_n)x_1 + \cdots + (b_1 - b_0 a_1)x_n + b_0 u \tag{2.3.28}$$

由此可导出这种情况下对应于输入输出描述方程式(2.3.12)的状态空间描述为

$$\dot{\boldsymbol{x}} = \begin{bmatrix} 0 & 1 & 0 & \cdots & 0 \\ 0 & 0 & 1 & \cdots & 0 \\ \vdots & \vdots & \vdots & \ddots & \vdots \\ 0 & 0 & 0 & \cdots & 1 \\ -a_n & -a_{n-1} & -a_{n-2} & \cdots & -a_1 \end{bmatrix} \boldsymbol{x} + \begin{bmatrix} 0 \\ \vdots \\ 0 \\ 1 \end{bmatrix} u \tag{2.3.29a}$$

$$y = [(b_n - b_0 a_n) \quad \cdots \quad (b_1 - b_0 a_1)]\boldsymbol{x} + b_0 u \tag{2.3.29b}$$

可见,状态方程中没有包含 u 的导数项。

例 2.3.5 给定系统的输入输出描述为

$$y^{(3)}+16y^{(2)}+194y^{(1)}+640y=4u^{(3)}+160u^{(1)}+720u$$

解 此例中 $n=m=3$，则可利用式(2.3.29)求取状态空间描述。首先计算

$$b_3-b_0a_3=720-4\times 640=-1840$$

$$b_2-b_0a_2=160-4\times 194=-616$$

$$b_1-b_0a_1=0-4\times 16=-64$$

$$b_0=4$$

即可给出相应的状态空间描述为

$$\begin{bmatrix}\dot{x}_1\\ \dot{x}_2\\ \dot{x}_3\end{bmatrix}=\begin{bmatrix}0&1&0\\0&0&1\\-640&-194&-16\end{bmatrix}x+\begin{bmatrix}0\\0\\1\end{bmatrix}u$$

$$y=\begin{bmatrix}-1840&-616&-64\end{bmatrix}\begin{bmatrix}x_1\\x_2\\x_3\end{bmatrix}+4u$$

(2) **算法 2** 不失一般性，设输入输出描述具有如下形式：

$$\begin{aligned}&y^{(n)}+a_1y^{(n-1)}+a_2y^{(n-2)}+\cdots+a_{n-1}\dot{y}+a_ny\\&=b_0u^{(n)}+b_1u^{(n-1)}+\cdots+b_{n-1}\dot{u}+b_nu\end{aligned}\tag{2.3.30}$$

把状态变量组取为 y 和 u 及它们的各阶导数的适当组合：

$$\begin{cases}x_1=y-\beta_0u\\x_2=\dot{x}_1-\beta_1u=\dot{y}-\beta_0\dot{u}-\beta_1u\\x_3=\dot{x}_2-\beta_2u=\ddot{y}-\beta_0\ddot{u}-\beta_1\dot{u}-\beta_2u\\\vdots\\x_n=\dot{x}_{n-1}-\beta_{n-1}u=y^{(n-1)}-\beta_0u^{(n-1)}-\beta_1u^{(n-2)}-\cdots-\beta_{n-2}\dot{u}-\beta_{n-1}u\end{cases}\tag{2.3.31}$$

式中待定系数 $\beta_i(i=0,1,2,\cdots,n)$ 的推导过程如下，由式(2.3.31)可得

$$\begin{cases}y=x_1+\beta_0u\\\dot{y}=x_2+\beta_0\dot{u}+\beta_1u\\\ddot{y}=x_3+\beta_0\ddot{u}+\beta_1\dot{u}+\beta_2u\\\vdots\\y^{(n-1)}=x_n+\beta_0u^{(n-1)}+\beta_1u^{(n-2)}+\cdots+\beta_{n-2}\dot{u}+\beta_{n-1}u\end{cases}\tag{2.3.32}$$

再引入中间变量

$$\begin{aligned}x_{n+1}&=\dot{x}_n-\beta_nu\\&=y^{(n)}-\beta_0u^{(n)}-\beta_1u^{(n-1)}-\cdots-\beta_{n-1}\dot{u}-\beta_nu\end{aligned}\tag{2.3.33}$$

从而有

$$y^{(n)}=x_{n+1}+\beta_0 u^{(n)}+\beta_1 u^{(n-1)}+\cdots+\beta_{n-1}\dot{u}+\beta_n u \tag{2.3.34}$$

把 $y,\dot{y},\cdots,y^{(n-1)},y^{(n)}$ 带入微分方程式(2.3.30)，并经整理可得

$$\begin{aligned}&(x_{n+1}+a_1x_n+\cdots+a_{n-1}x_2+a_nx_1)+\beta_0u^{(n)}+(\beta_1+a_1\beta_0)u^{(n-1)}\\&+(\beta_2+a_1\beta_1+a_2\beta_0)u^{(n-2)}+\cdots+(\beta_n+a_1\beta_{n-1}+\cdots+a_{n-1}\beta_1+a_n\beta_0)u\\=\ &b_0u^{(n)}+b_1u^{(n-1)}+\cdots+b_{n-1}\dot{u}+b_nu\end{aligned} \tag{2.3.35}$$

比较上式左右两边 u 的同次幂的系数，有

$$\begin{cases}(x_{n+1}+a_1x_n+\cdots+a_{n-1}x_2+a_nx_1)=0\\ \beta_0=b_0\\ \beta_1=b_1-a_1\beta_0\\ \beta_2=b_2-a_1\beta_1-a_2\beta_0\\ \quad\vdots\\ \beta_n=b_n-a_1\beta_{n-1}-\cdots-a_{n-1}\beta_1-a_n\beta_0\end{cases} \tag{2.3.36}$$

为便于记忆，将待定系数 $\beta_i(i=0,1,2,\cdots,n)$ 的计算式写成如下矩阵形式：

$$\begin{bmatrix}b_0\\b_1\\\vdots\\b_{n-1}\\b_n\end{bmatrix}=\begin{bmatrix}1&0&\cdots&0&0\\a_1&1&\cdots&0&0\\\vdots&\vdots&\ddots&\vdots&\vdots\\a_{n-1}&a_{n-2}&\cdots&1&0\\a_n&a_{n-1}&\cdots&a_1&1\end{bmatrix}\begin{bmatrix}\beta_0\\\beta_1\\\vdots\\\beta_{n-1}\\\beta_n\end{bmatrix} \tag{2.3.37}$$

进而由式(2.3.30)、式(2.3.31)和式(2.3.35)又可得到状态方程

$$\begin{cases}\dot{x}_1=\dot{y}-\beta_0\dot{u}=x_2+\beta_1u\\ \dot{x}_2=\ddot{y}-\beta_0\ddot{u}-\beta_1\dot{u}=x_3+\beta_2u\\ \quad\vdots\\ \dot{x}_{n-1}=y^{(n-1)}-\beta_0u^{(n-1)}-\cdots-\beta_{n-2}\dot{u}=x_n+\beta_{n-1}u\\ \dot{x}_n=y^{(n)}-\beta_0u^{(n)}-\beta_1u^{(n-1)}-\cdots-\beta_{n-2}\ddot{u}-\beta_{n-1}\dot{u}\\ \quad=-a_nx_1-a_{n-1}x_2-\cdots-a_1x_n+\beta_nu\end{cases} \tag{2.3.38}$$

和输出方程

$$y=x_1+\beta_0u \tag{2.3.39}$$

注意到 $\beta_0=b_0$，则将式(2.3.38)和式(2.3.39)写成向量方程的形式，就可得到此种情况下的状态空间描述为

$$\begin{bmatrix}\dot{x}_1\\\dot{x}_2\\\vdots\\\dot{x}_n\end{bmatrix}=\begin{bmatrix}0&1&0&\cdots&0\\0&0&1&\cdots&0\\\vdots&\vdots&\vdots&\ddots&\vdots\\0&0&0&\cdots&1\\-a_n&-a_{n-1}&-a_{n-2}&\cdots&-a_1\end{bmatrix}\begin{bmatrix}x_1\\x_2\\\vdots\\x_n\end{bmatrix}+\begin{bmatrix}\beta_1\\\beta_2\\\vdots\\\beta_n\end{bmatrix}u \tag{2.3.40a}$$

$$y=\begin{bmatrix}1 & 0 & \cdots & 0\end{bmatrix}\begin{bmatrix}x_1\\x_2\\\vdots\\x_n\end{bmatrix}+b_0u \tag{2.3.40b}$$

这样，状态方程中便不包含 u 的导数项。

例 2.3.6 已知系统输入输出的微分方程为

$$\dddot{y}+4\ddot{y}+2\dot{y}+y=\ddot{u}+\dot{u}+3u$$

试列写其状态空间表达式。

解 对照式(2.3.30)微分方程有

$a_1=4,a_2=2,a_3=1,b_0=0,b_1=1,b_2=1,b_3=3$ 代入 $\beta_i(i=0,1,2,\cdots,n)$ 的计算公式(2.3.36)，有

$$\begin{aligned}&\beta_0=b_0=0\\&\beta_1=b_1-a_1\beta_0=1\\&\beta_2=b_2-a_1\beta_1-a_2\beta_0=-3\\&\beta_3=b_3-a_1\beta_2-a_2\beta_1-a_3\beta_0=13\end{aligned}$$

按照式(2.3.40)直接写出状态空间描述为

$$\begin{bmatrix}\dot{x}_1\\\dot{x}_2\\\dot{x}_3\end{bmatrix}=\begin{bmatrix}0 & 1 & 0\\0 & 0 & 1\\-1 & -2 & -4\end{bmatrix}\begin{bmatrix}x_1\\x_2\\x_3\end{bmatrix}+\begin{bmatrix}1\\-3\\13\end{bmatrix}u$$

$$y=\begin{bmatrix}1 & 0 & 0\end{bmatrix}\begin{bmatrix}x_1\\x_2\\x_3\end{bmatrix}$$

2.3.3 由传递函数建立状态空间表达式

从传递函数建立状态空间表达式的方法之一是把传递函数转化为微分方程，然后再采用前面所介绍的方法来求得状态空间表达式。当然也可由传递函数直接求写出来，这是属于现代控制理论中的实现问题，将在第3章讨论。这里介绍3种简单的方法：直接分解、串联分解和并联分解。介绍之前先讨论下面一个问题。

对于实际物理系统，传递函数的分子多项式的次数总是要小于或等于分母多项式的次数的，即

$$\bar{g}(s)=\frac{\bar{b}_0s^m+\bar{b}_1s^{m-1}+\cdots+\bar{b}_{m-1}s+\bar{b}_m}{s^n+a_1s^{n-1}+\cdots+a_{n-1}s+a_n} \tag{2.3.41}$$

式中 $m\leqslant n$。当 $m=n$ 时，可以用长除法将上式改写为

$$\bar{g}(s)=\frac{b_1s^{n-1}+\cdots+b_{n-1}s+b_n}{s^n+a_1s^{n-1}+\cdots+a_{n-1}s+a_n}+\bar{b}_0=g(s)+d \tag{2.3.42}$$

式中 $g(s)$的分子次数低于分母的次数，称为严格真分式传递函数，而 $d=\bar{b}_0$。由此可以看出，只有当传递函数的分子次数等于分母次数时，才会有输入与输出间的直接传递项，在一般情况下，d 将等于零。

1. 直接分解

设 n 阶系统的传递函数为

$$g(s)=\frac{Y(s)}{U(s)}=\frac{b_1 s^{n-1}+\cdots+b_{n-1}s+b_n}{s^n+a_1 s^{n-1}+\cdots+a_{n-1}s+a_n} \tag{2.3.43}$$

将上式的分子分母同除以 s^n，可得输出函数 $Y(s)$为

$$Y(s)=U(s)\frac{b_1 s^{-1}+\cdots+b_{n-1}s^{-(n-1)}+b_n s^{-n}}{1+a_1 s^{-1}+\cdots+a_{n-1}s^{-(n-1)}+a_n s^{-n}} \tag{2.3.44}$$

令中间变量

$$E(s)=U(s)\frac{1}{1+a_1 s^{-1}+\cdots+a_{n-1}s^{-(n-1)}+a_n s^{-n}}$$

或

$$E(s)=U(s)-a_1 s^{-1}E(s)-a_2 s^{-2}E(s)-\cdots-a_n s^{-n}E(s) \tag{2.3.45}$$

可得

$$Y(s)=b_1 s^{-1}E(s)+b_2 s^{-2}E(s)+\cdots+b_{n-1}s^{-(n-1)}E(s)+b_n s^{-n}E(s) \tag{2.3.46}$$

根据式(2.3.45)和式(2.3.46)可画出系统模拟结构图(见图 2.3.3)。

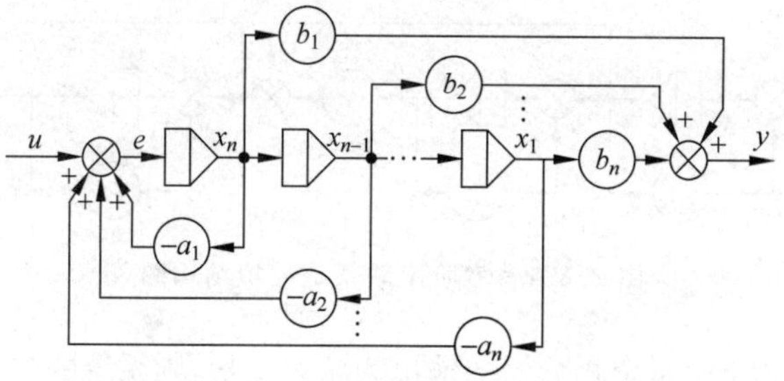

图 2.3.3　直接分解时系统模拟结构图

今选择各个积分器的输出作为系统的状态变量 $x_1,x_2,\cdots,x_n$，于是状态空间表达式为

$$\begin{bmatrix}\dot{x}_1\\ \dot{x}_2\\ \vdots\\ \dot{x}_n\end{bmatrix}=\begin{bmatrix}0 & 1 & 0 & \cdots & 0\\ 0 & 0 & 1 & \cdots & 0\\ \vdots & \vdots & \vdots & \ddots & \vdots\\ 0 & 0 & 0 & \cdots & 1\\ -a_n & -a_{n-1} & -a_{n-2} & \cdots & -a_1\end{bmatrix}\begin{bmatrix}x_1\\ x_2\\ \vdots\\ x_n\end{bmatrix}+\begin{bmatrix}0\\ \vdots\\ 0\\ 1\end{bmatrix}u \tag{2.3.47a}$$

$$y=\begin{bmatrix} b_n & b_{n-1} & \cdots & b_1 \end{bmatrix}\begin{bmatrix} x_1 \\ x_2 \\ \vdots \\ x_n \end{bmatrix} \tag{2.3.47b}$$

2. 串联分解

串联分解适用于传递函数已被分解为因式相乘的形式,如

$$g(s)=\frac{b_1(s-z_1)(s-z_2)\cdots(s-z_{n-1})}{(s-p_1)(s-p_2)\cdots(s-p_n)} \tag{2.3.48}$$

式中 $p_1,p_2,\cdots,p_n$ 和 $z_1,z_2,\cdots,z_{n-1}$ 分别为系统的极点和零点。

今以一个三阶传递函数为例予以说明。设

$$\begin{aligned} g(s)=\frac{Y(s)}{U(s)}&=\frac{b_1(s-z_2)(s-z_3)}{(s-p_1)(s-p_2)(s-p_3)} \\ &=\frac{b_1}{(s-p_1)}\frac{(s-z_2)}{(s-p_2)}\frac{(s-z_3)}{(s-p_3)} \end{aligned} \tag{2.3.49}$$

式中

$$\frac{s-z}{s-p}=\frac{s-p+p-z}{s-p}=1+\frac{p-z}{s-p}=1+(p-z)\frac{\frac{1}{s}}{1-\frac{1}{s}p}$$

显然,这个系统可以视为3个一阶系统串联而成,其模拟结构图如图2.3.4所示。

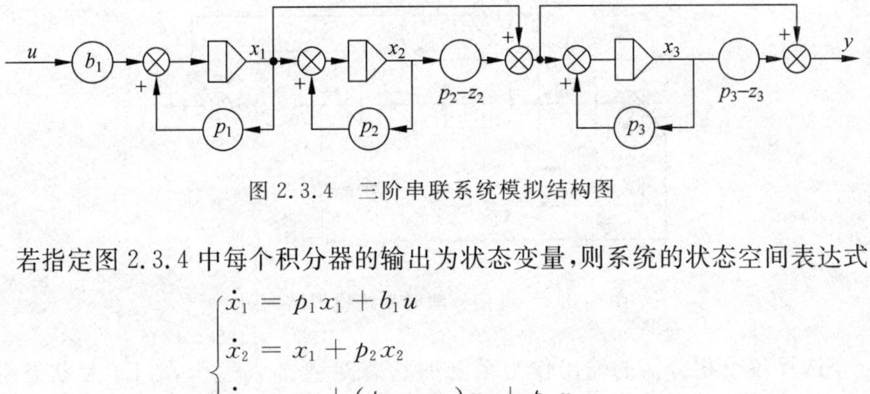

图 2.3.4 三阶串联系统模拟结构图

若指定图2.3.4中每个积分器的输出为状态变量,则系统的状态空间表达式为

$$\begin{cases} \dot{x}_1=p_1x_1+b_1u \\ \dot{x}_2=x_1+p_2x_2 \\ \dot{x}_3=x_1+(p_2-z_2)x_2+p_3x_3 \\ y=x_1+(p_2-z_2)x_2+(p_3-z_3)x_3 \end{cases}$$

写成向量方程形式,则有状态空间描述:

$$\begin{bmatrix} \dot{x}_1 \\ \dot{x}_2 \\ \dot{x}_3 \end{bmatrix}=\begin{bmatrix} p_1 & 0 & 0 \\ 1 & p_2 & 0 \\ 1 & p_2-z_2 & p_3 \end{bmatrix}\begin{bmatrix} x_1 \\ x_2 \\ x_3 \end{bmatrix}+\begin{bmatrix} b_1 \\ 0 \\ 0 \end{bmatrix}u$$

$$y = [1 \quad p_2 - z_2 \quad p_3 - z_3] \begin{bmatrix} x_1 \\ x_2 \\ x_3 \end{bmatrix}$$

3. 并联分解

把传递函数展成部分分式也是求取状态空间表达式的常用方法，现分两种情况讨论。

(1) **传递函数的极点两两相异的情况**　假设传递函数为

$$g(s) = \frac{Y(s)}{U(s)} = \frac{N(s)}{D(s)} \tag{2.3.50}$$

式中，$Y(s)$为系统输出，$U(s)$为系统输入，$N(s)$为分子多项式，$D(s)$为分母多项式。$D(s)$可以分解为

$$D(s) = (s - p_1)(s - p_2)\cdots(s - p_n) \tag{2.3.51}$$

在 $p_i(i=1,2,\cdots,n)$互不相同的情况下，传递函数可以展成

$$g(s) = \frac{c_1}{s - p_1} + \frac{c_2}{s - p_2} + \cdots + \frac{c_n}{s - p_n} \tag{2.3.52}$$

式中

$$c_i = \lim_{s \to p_i}(s - p_i)g(s), \quad i = 1,2,\cdots,n \tag{2.3.53}$$

所以有

$$Y(s) = \frac{c_1}{s - p_1}U(s) + \frac{c_2}{s - p_2}U(s) + \cdots + \frac{c_n}{s - p_n}U(s) \tag{2.3.54}$$

今选择状态变量的拉氏变换式为

$$X_i(s) = \frac{1}{s - p_i}U(s), \quad i = 1,2,\cdots,n \tag{2.3.55}$$

将上式整理，并进行拉氏反变换，可得状态方程为

$$\dot{x}_i(t) = p_i x_i(t) + u(t), \quad i = 1,2,\cdots,n \tag{2.3.56}$$

在将式(2.3.55)代入式(2.3.54)，有

$$Y(s) = c_1 X_1(s) + c_2 X_2(s) + \cdots + c_n X_n(s) \tag{2.3.57}$$

对上式整理，并求拉氏反变换可得输出方程

$$y(t) = c_1 x_1(t) + c_2 x_2(t) + \cdots + c_n x_n(t) \tag{2.3.58}$$

将状态方程式(2.3.56)和输出方程式(2.3.58)写成向量方程形式，有

$$\begin{bmatrix} \dot{x}_1 \\ \dot{x}_2 \\ \vdots \\ \dot{x}_n \end{bmatrix} = \begin{bmatrix} p_1 & 0 & \cdots & 0 \\ 0 & p_2 & \cdots & 0 \\ \vdots & \vdots & \ddots & \vdots \\ 0 & 0 & \cdots & p_n \end{bmatrix} \begin{bmatrix} x_1 \\ x_2 \\ \vdots \\ x_n \end{bmatrix} + \begin{bmatrix} 1 \\ 1 \\ \vdots \\ 1 \end{bmatrix} u \tag{2.3.59a}$$

$$y = \begin{bmatrix} c_1 & c_2 & \cdots & c_n \end{bmatrix} \begin{bmatrix} x_1 \\ x_2 \\ \vdots \\ x_n \end{bmatrix} \tag{2.3.59b}$$

它的模拟结构图如图2.3.5所示,由图可见,显然是并联结构。

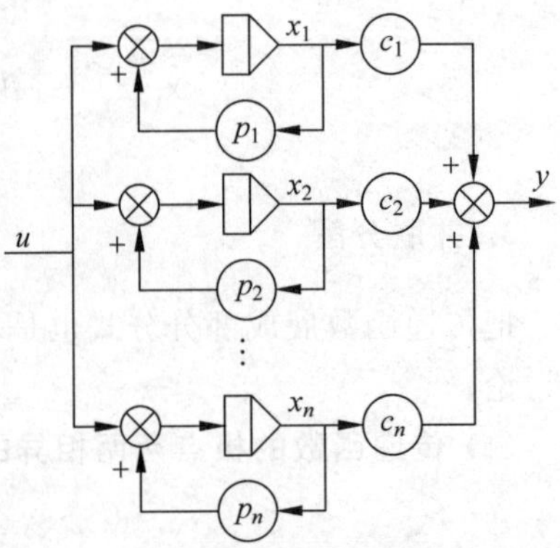

图2.3.5 并联分解系统模拟结构图

在这种表达式中,状态方程的系统矩阵**A**是对角矩阵,对角线上各元素是它的特征值,也就是系统传递函数的极点。也称这种形式为对角标准形。

(2) **传递函数具有重极点的情况** 为简单起见,先只设一个重根,重数为r,则其传递函数的部分分式展开式为

$$g(s) = \frac{c_{11}}{(s-p_1)^r} + \frac{c_{12}}{(s-p_1)^{r-1}} + \cdots + \frac{c_{1r}}{s-p_1} + \frac{c_{r+1}}{s-p_{r+1}} + \cdots + \frac{c_n}{s-p_n} \tag{2.3.60}$$

式中,单极点对应的系数$c_i(i=r+1,r+2,\cdots,n)$仍按照式(2.3.53)计算,而γ重极点对应的系数$c_{1j}(j=1,2,\cdots,r)$则按下式计算

$$c_{1j} = \frac{1}{(j-1)!}\lim_{s\to p_1}\frac{\mathrm{d}^{j-1}}{\mathrm{d}s^{j-1}}\{(s-p_1)^r g(s)\}, \quad j=1,2,\cdots,r \tag{2.3.61}$$

选择状态变量的拉氏变换为

$$\begin{cases} X_1(s) = \dfrac{U(s)}{(s-p_1)^r} \\ X_2(s) = \dfrac{U(s)}{(s-p_1)^{r-1}} \\ \quad\vdots \\ X_r(s) = \dfrac{U(s)}{s-p_1} \\ X_{r+1}(s) = \dfrac{U(s)}{s-p_{r+1}} \\ \quad\vdots \\ X_n(s) = \dfrac{U(s)}{s-p_n} \end{cases} \tag{2.3.62}$$

由此可得

$$
\begin{cases}
X_1(s)=\dfrac{1}{s-p_1}X_2(s)\\
X_2(s)=\dfrac{1}{s-p_1}X_3(s)\\
\quad\vdots\\
X_{r-1}(s)=\dfrac{1}{s-p_1}X_r(s)\\
X_r(s)=\dfrac{1}{s-p_1}U(s)\\
X_{r+1}(s)=\dfrac{1}{s-p_{r+1}}U(s)\\
\quad\vdots\\
X_n(s)=\dfrac{1}{s-p_n}U(s)
\end{cases}
\tag{2.3.63}
$$

将以上各式化成状态变量的一阶方程组，则状态方程为

$$
\begin{cases}
\dot{x}_1=p_1x_1+x_2\\
\dot{x}_2=p_1x_2+x_3\\
\quad\vdots\\
\dot{x}_r=p_1x_r+u\\
\dot{x}_{r+1}=p_{r+1}x_{r+1}+u\\
\quad\vdots\\
\dot{x}_n=p_nx_n+u
\end{cases}
\tag{2.3.64}
$$

输出方程的拉氏变换为

$$
Y(s)=c_{11}X_1(s)+c_{12}X_2(s)+\cdots+c_{1r}X_r(s)+c_{r+1}X_{r+1}(s)+\cdots+c_nX_n(s)
\tag{2.3.65}
$$

对上式进行拉氏反变换就得到输出方程为

$$
y(t)=c_{11}x_1(t)+c_{12}x_2(t)+\cdots+c_{1r}x_r(t)+c_{r+1}x_{r+1}(t)+\cdots+c_nx_n(t)
\tag{2.3.66}
$$

将状态方程和输出方程写成向量方程的形式，则有

$$
\begin{bmatrix}\dot{x}_1\\ \dot{x}_2\\ \vdots\\ \dot{x}_r\\ \dot{x}_{r+1}\\ \vdots\\ \dot{x}_n\end{bmatrix}
=
\left[\begin{array}{cccc|ccc}
p_1 & 1 & & & & & \\
 & p_1 & \ddots & & & \mathbf{0} & \\
 & & \ddots & 1 & & & \\
 & & & p_1 & & & \\
\hline
 & & & & p_{r+1} & & \\
 & \mathbf{0} & & & & \ddots & \\
 & & & & & & p_n
\end{array}\right]
\begin{bmatrix}x_1\\ x_2\\ \vdots\\ x_r\\ \hline x_{r+1}\\ \vdots\\ x_n\end{bmatrix}
+
\begin{bmatrix}0\\ 0\\ \vdots\\ 1\\ \hline 1\\ \vdots\\ 1\end{bmatrix}u
\tag{2.3.67}
$$

$$y = \begin{bmatrix} c_{11} & c_{12} & \cdots & c_{1r} & c_{r+1} & \cdots & c_n \end{bmatrix} \begin{bmatrix} x_1 \\ x_2 \\ \vdots \\ x_r \\ x_{r+1} \\ \vdots \\ x_n \end{bmatrix} \tag{2.3.68}$$

可以看出,状态空间表达式中,**A** 阵具有若尔当型,称为若尔当(Jordan)标准形。至于它的模拟结构图,读者可自行画出。

例 2.3.7 设系统传递函数为 $g(s)=\dfrac{2s^2+5s+1}{s^3-6s^2+12s-8}$,试求其状态空间表达式。

解 因为分母为三重根 $D(s)=s^3-6s^2+12s-8=(s-2)^3$,于是部分分式展开为

$$g(s) = \frac{c_{11}}{(s-2)^3} + \frac{c_{12}}{(s-2)^2} + \frac{c_{13}}{(s-2)}$$

由计算公式(2.3.61)得

$$c_{11} = \lim_{s\to 2}(s-p_i)^3 g(s) = \lim_{s\to 2}(2s^2+5s+1) = 19$$

$$c_{12} = \lim_{s\to 2}\frac{\mathrm{d}}{\mathrm{d}s}[(s-p_i)^3 g(s)] = \lim_{s\to 2}(4s+5) = 13$$

$$c_{13} = \frac{1}{2!}\lim_{s\to 2}\frac{\mathrm{d}^2}{\mathrm{d}s^2}[(s-p_i)^3 g(s)] = \lim_{s\to 2}\frac{4}{2!} = 2$$

因此,系统的状态空间描述为

$$\begin{bmatrix} \dot{x}_1 \\ \dot{x}_2 \\ \dot{x}_3 \end{bmatrix} = \begin{bmatrix} 2 & 1 & 0 \\ 0 & 2 & 1 \\ 0 & 0 & 2 \end{bmatrix}\begin{bmatrix} x_1 \\ x_2 \\ x_3 \end{bmatrix} + \begin{bmatrix} 0 \\ 0 \\ 1 \end{bmatrix} u$$

$$y = \begin{bmatrix} 19 & 13 & 2 \end{bmatrix}\begin{bmatrix} x_1 \\ x_2 \\ x_3 \end{bmatrix}$$

至于系统传递函数同时具有单极点和重极点的情况,若假定 $p_1,p_2,\cdots,p_k$ 为单极点,p_{k+1} 为 l_1 重极点,p_{k+m} 为 l_m 重极点,且 $k+l_1+\cdots+l_m=n$ 成立,则可直接列写出若尔当标准形的状态空间表达式:

$$
\begin{bmatrix} \dot{x}_1 \\ \vdots \\ \dot{x}_k \\ \dot{x}_{k+1} \\ \vdots \\ \dot{x}_{k+l_1} \\ \vdots \\ \dot{x}_{n-l_m+1} \\ \vdots \\ \dot{x}_n \end{bmatrix}
=
\begin{bmatrix}
p_1 & & & & & & & & & \\
& p_2 & & & & & & \mathbf{0} & & \\
& & \ddots & & & & & & & \\
& & & p_k & & & & & & \\
& & & & p_{k+1} & 1 & & & & \\
& & & & & \ddots & \ddots & & & \\
& & & & & & 1 & & & \\
& & & & & & p_{k+1} & \ddots & & \\
& & & & & & & \ddots & & \\
& & & & & & & p_{k+m} & 1 & \\
& & & & & & & & \ddots & \ddots \\
& \mathbf{0} & & & & & & & & 1 \\
& & & & & & & & & p_{k+m}
\end{bmatrix}
\begin{bmatrix} x_1 \\ \vdots \\ x_k \\ x_{k+1} \\ \vdots \\ x_{k+l_1} \\ \vdots \\ x_{n-l_m+1} \\ \vdots \\ x_n \end{bmatrix}
+
\begin{bmatrix} 1 \\ \vdots \\ 1 \\ 0 \\ \vdots \\ 1 \\ \vdots \\ 0 \\ \vdots \\ 1 \end{bmatrix} u
\tag{2.3.69}
$$

$$
y = \begin{bmatrix} c_1 & \cdots & c_k & c_{k+1,1} & \cdots & c_{k+1,l_1} & \cdots & c_{k+m,1} & \cdots & c_{k+m,l_m} \end{bmatrix}
\begin{bmatrix} x_1 \\ x_2 \\ \vdots \\ x_n \end{bmatrix}
\tag{2.3.70}
$$

2.4　组合系统的状态空间表达式

一个系统往往是由许多子系统联结而成的。这些子系统串联、并联或是反馈联结而组成的系统称为组合系统。组合系统的状态空间表达式可以按照前面所述方法列写，但在本节将介绍另一种方法：从子系统的状态空间表达式出发，按照子系统的联结方式来建立整个系统的状态空间表达式。

2.4.1　并联联结

考虑由两个子系统 Σ_1 和 Σ_2，其状态空间表达式和传递函数矩阵分别为

$$
\Sigma_i: \begin{matrix} \dot{\boldsymbol{x}}_i = \boldsymbol{A}_i\boldsymbol{x}_i + \boldsymbol{B}_i\boldsymbol{u}_i \\ \boldsymbol{y}_i = \boldsymbol{C}_i\boldsymbol{x}_i + \boldsymbol{D}_i\boldsymbol{u}_i \end{matrix}, \quad i = 1,2 \tag{2.4.1}
$$

和

$$
\boldsymbol{G}_i(s), \quad i = 1,2 \tag{2.4.2}
$$

并联组成组合系统 Σ_p，如图 2.4.1 所示。Σ_1 系统的状态向量的维数是 n_1，Σ_2 系统的状态向量的维数是 n_2。

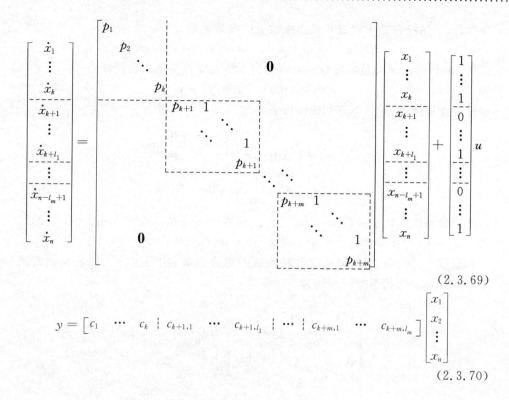

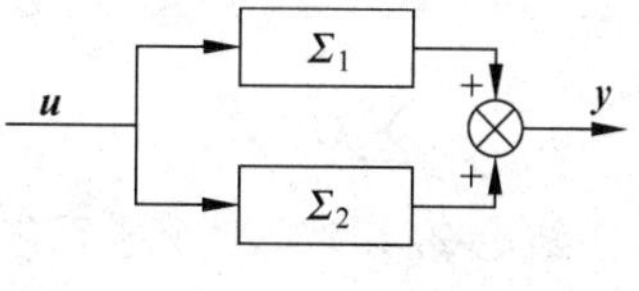

图 2.4.1　并联联结组合系统 Σ_p 示意图

可以看出，两个子系统可以实现并联联结的

条件是,子系统在输入维数和输出维数上应满足关系式

$$\dim(\boldsymbol{u}_1)=\dim(\boldsymbol{u}_2),\quad \dim(\boldsymbol{y}_1)=\dim(\boldsymbol{y}_2) \tag{2.4.3}$$

式中 $\dim(\cdot)$表示向量的维数。并联组合系统在变量关系上的特征为

$$\boldsymbol{u}=\boldsymbol{u}_1=\boldsymbol{u}_2,\quad \boldsymbol{y}=\boldsymbol{y}_1+\boldsymbol{y}_2 \tag{2.4.4}$$

于是组合系统 Σ_{p} 的状态空间描述可表示为

$$\Sigma_{\mathrm{p}}:\ \begin{bmatrix}\dot{\boldsymbol{x}}_1\\ \dot{\boldsymbol{x}}_2\end{bmatrix}=\begin{bmatrix}\boldsymbol{A}_1 & \boldsymbol{0}\\ \boldsymbol{0} & \boldsymbol{A}_2\end{bmatrix}\begin{bmatrix}\boldsymbol{x}_1\\ \boldsymbol{x}_2\end{bmatrix}+\begin{bmatrix}\boldsymbol{B}_1\\ \boldsymbol{B}_2\end{bmatrix}\boldsymbol{u}$$

$$\boldsymbol{y}=[\boldsymbol{C}_1\quad \boldsymbol{C}_2]\begin{bmatrix}\boldsymbol{x}_1\\ \boldsymbol{x}_2\end{bmatrix}+[\boldsymbol{D}_1+\boldsymbol{D}_2]\boldsymbol{u} \tag{2.4.5}$$

显然组合系统的状态向量 $\boldsymbol{x}=[\boldsymbol{x}_1\quad \boldsymbol{x}_2]^{\mathrm{T}}$ 是两个子系统状态向量的合成,它的维数是 n_1+n_2(这在数学上称向量 $\boldsymbol{x}$ 是 $\boldsymbol{x}_1$ 和 $\boldsymbol{x}_2$ 的直接和)。

现推广讨论由 N 个子系统并联构成的组合系统,则通过与上述相类同的推导,可得出 Σ_{p} 的状态空间描述为

$$\begin{bmatrix}\dot{\boldsymbol{x}}_1\\ \dot{\boldsymbol{x}}_2\\ \vdots\\ \dot{\boldsymbol{x}}_N\end{bmatrix}=\begin{bmatrix}\boldsymbol{A}_1 & & \boldsymbol{0}\\ & \ddots & \\ \boldsymbol{0} & & \boldsymbol{A}_N\end{bmatrix}\begin{bmatrix}\boldsymbol{x}_1\\ \boldsymbol{x}_2\\ \vdots\\ \boldsymbol{x}_N\end{bmatrix}+\begin{bmatrix}\boldsymbol{B}_1\\ \boldsymbol{B}_2\\ \vdots\\ \boldsymbol{B}_N\end{bmatrix}\boldsymbol{u} \tag{2.4.6}$$

$$\boldsymbol{y}=[\boldsymbol{C}_1\quad \boldsymbol{C}_2\quad \cdots\quad \boldsymbol{C}_N]\begin{bmatrix}\boldsymbol{x}_1\\ \boldsymbol{x}_2\\ \vdots\\ \boldsymbol{x}_N\end{bmatrix}+[\boldsymbol{D}_1+\boldsymbol{D}_2+\cdots+\boldsymbol{D}_N]\boldsymbol{u}$$

进一步,表示子系统的传递函数矩阵为

$$\boldsymbol{G}_i(s)=\boldsymbol{C}_i(s\boldsymbol{I}-\boldsymbol{A}_i)^{-1}+\boldsymbol{D}_i,\quad i=1,2,\cdots,N \tag{2.4.7}$$

那么,利用并联组合系统在变量关系上的特征 $\boldsymbol{u}_1=\boldsymbol{u}_2=\cdots=\boldsymbol{u}_N$ 和 $\boldsymbol{y}=\boldsymbol{y}_1+\boldsymbol{y}_2+\cdots+\boldsymbol{y}_N$,就可导出并联组合系统 Σ_{p} 的传递函数矩阵为

$$\begin{aligned}\boldsymbol{G}(s)&=\left\{s\begin{bmatrix}\boldsymbol{I}_1 & & \boldsymbol{0}\\ & \ddots & \\ \boldsymbol{0} & & \boldsymbol{I}_N\end{bmatrix}-\begin{bmatrix}\boldsymbol{A}_1 & & \boldsymbol{0}\\ & \ddots & \\ \boldsymbol{0} & & \boldsymbol{A}_N\end{bmatrix}\right\}^{-1}\begin{bmatrix}\boldsymbol{B}_1\\ \boldsymbol{B}_2\\ \vdots\\ \boldsymbol{B}_N\end{bmatrix}+(\boldsymbol{D}_1+\boldsymbol{D}_2+\cdots+\boldsymbol{D}_N)\\ &=\boldsymbol{C}_1(s\boldsymbol{I}_1-\boldsymbol{A}_1)^{-1}\boldsymbol{B}_1+\boldsymbol{D}_1+\boldsymbol{C}_2(s\boldsymbol{I}_2-\boldsymbol{A}_2)^{-1}\boldsymbol{B}_2+\boldsymbol{D}_2+\cdots+\\ &\quad\ \boldsymbol{C}_N(s\boldsymbol{I}_N-\boldsymbol{A}_N)^{-1}\boldsymbol{B}_N+\boldsymbol{D}_N\\ &=\sum_{i=1}^{N}\boldsymbol{G}_i(s)\end{aligned} \tag{2.4.8}$$

结论 2.4.1 N 个子系统并联时,组合系统的传递函数矩阵等于 N 个子系统传递函数矩阵之和。

2.4.2 串联联结

串联是组合系统中另一类重要且简单的组合方式。考虑两个子系统 Σ_1 和 Σ_2 的状态空间表达式仍为式(2.4.1)和式(2.4.2),经串联联结构成的组合系统 Σ_T 如图 2.4.2 所示。

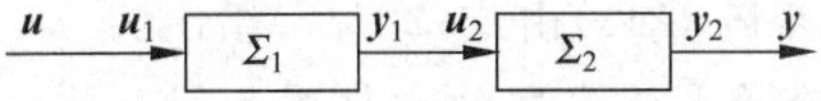

图 2.4.2　串联联结组合系统 Σ_T 示意图

可以看出,两个子系统可以实现串联联结的条件是,子系统在输入维数和输出维数上应满足关系式:

$$\dim(\boldsymbol{y}_1)=\dim(\boldsymbol{u}_2) \tag{2.4.9}$$

式中,dim(・)表示向量的维数。串联组合系统在变量关系上的特征为

$$\boldsymbol{u}=\boldsymbol{u}_1,\quad \boldsymbol{u}_2=\boldsymbol{y}_1,\quad \boldsymbol{y}_2=\boldsymbol{y} \tag{2.4.10}$$

在此基础上可导出串联组合系统的状态空间描述为

$$\dot{\boldsymbol{x}}_1=\boldsymbol{A}_1\boldsymbol{x}_1+\boldsymbol{B}_1\boldsymbol{u}_1=\boldsymbol{A}_1\boldsymbol{x}_1+\boldsymbol{B}_1\boldsymbol{u} \tag{2.4.11a}$$

$$\begin{aligned}\dot{\boldsymbol{x}}_2&=\boldsymbol{A}_2\boldsymbol{x}_2+\boldsymbol{B}_2\boldsymbol{u}_2=\boldsymbol{A}_2\boldsymbol{x}_2+\boldsymbol{B}_2\boldsymbol{y}_1\\&=\boldsymbol{A}_2\boldsymbol{x}_2+\boldsymbol{B}_2(\boldsymbol{C}_1\boldsymbol{x}_1+\boldsymbol{D}_1\boldsymbol{u})\\&=\boldsymbol{B}_2\boldsymbol{C}_1\boldsymbol{x}_1+\boldsymbol{A}_2\boldsymbol{x}_2+\boldsymbol{B}_2\boldsymbol{D}_1\boldsymbol{u}\end{aligned} \tag{2.4.11b}$$

$$\begin{aligned}\boldsymbol{y}&=\boldsymbol{y}_2=\boldsymbol{C}_2\boldsymbol{x}_2+\boldsymbol{D}_2\boldsymbol{u}_2=\boldsymbol{C}_2\boldsymbol{x}_2+\boldsymbol{D}_2\boldsymbol{y}_1\\&=\boldsymbol{C}_2\boldsymbol{x}_2+\boldsymbol{D}_2(\boldsymbol{C}_1\boldsymbol{x}_1+\boldsymbol{D}_1\boldsymbol{u})\\&=\boldsymbol{D}_2\boldsymbol{C}_1\boldsymbol{x}_1+\boldsymbol{C}_2\boldsymbol{x}_2+\boldsymbol{D}_2\boldsymbol{D}_1\boldsymbol{u}\end{aligned} \tag{2.4.11c}$$

写成矩阵形式为

$$\begin{aligned}\Sigma_T:\ \begin{bmatrix}\dot{\boldsymbol{x}}_1\\\dot{\boldsymbol{x}}_2\end{bmatrix}&=\begin{bmatrix}\boldsymbol{A}_1&\boldsymbol{0}\\\boldsymbol{B}_2\boldsymbol{C}_1&\boldsymbol{A}_2\end{bmatrix}\begin{bmatrix}\boldsymbol{x}_1\\\boldsymbol{x}_2\end{bmatrix}+\begin{bmatrix}\boldsymbol{B}_1\\\boldsymbol{B}_2\boldsymbol{D}_1\end{bmatrix}\boldsymbol{u}\\\boldsymbol{y}&=[\boldsymbol{D}_2\boldsymbol{C}_1\quad\boldsymbol{C}_2]\begin{bmatrix}\boldsymbol{x}_1\\\boldsymbol{x}_2\end{bmatrix}+\boldsymbol{D}_2\boldsymbol{D}_1\boldsymbol{u}\end{aligned} \tag{2.4.12}$$

类似地,也可导出由 N 个子系统顺序串联构成的组合系统的状态空间描述,但其形式相当复杂。因此,不再对此类情形进行讨论。

对于两个子系统串联,可求得对应组合系统的传递函数矩阵为

$$\begin{aligned}\boldsymbol{G}(s)&=[\boldsymbol{D}_2\boldsymbol{C}_1\quad\boldsymbol{C}_2]\begin{bmatrix}s\boldsymbol{I}_1-\boldsymbol{A}_1&\boldsymbol{0}\\-\boldsymbol{B}_2\boldsymbol{C}_1&s\boldsymbol{I}_2-\boldsymbol{A}_2\end{bmatrix}^{-1}\begin{bmatrix}\boldsymbol{B}_1\\\boldsymbol{B}_2\boldsymbol{D}_1\end{bmatrix}+\boldsymbol{D}_2\boldsymbol{D}_1\\&=[\boldsymbol{D}_2\boldsymbol{C}_1\quad\boldsymbol{C}_2]\begin{bmatrix}(s\boldsymbol{I}_1-\boldsymbol{A}_1)^{-1}&\boldsymbol{0}\\(s\boldsymbol{I}_2-\boldsymbol{A}_2)^{-1}\boldsymbol{B}_2\boldsymbol{C}_1(s\boldsymbol{I}_1-\boldsymbol{A}_1)^{-1}&(s\boldsymbol{I}_2-\boldsymbol{A}_2)^{-1}\end{bmatrix}\begin{bmatrix}\boldsymbol{B}_1\\\boldsymbol{B}_2\boldsymbol{D}_1\end{bmatrix}+\boldsymbol{D}_2\boldsymbol{D}_1\\&=[\boldsymbol{C}_2(s\boldsymbol{I}_2-\boldsymbol{A}_2)^{-1}\boldsymbol{B}_2+\boldsymbol{D}_2][\boldsymbol{C}_1(s\boldsymbol{I}_1-\boldsymbol{A}_1)^{-1}\boldsymbol{B}_1+\boldsymbol{D}_1]\\&=\boldsymbol{G}_2(s)\boldsymbol{G}_1(s)\end{aligned} \tag{2.4.13}$$

结论 2.4.2 两个子系统串联时，组合系统的传递函数矩阵等于子系统传递函数矩阵的乘积。应注意传递函数矩阵相乘时，先后次序不能颠倒。

进而，推广讨论由 N 个子系统串联构成的组合系统，利用

$$\boldsymbol{u}=\boldsymbol{u}_1,\quad \boldsymbol{u}_2=\boldsymbol{y}_1,\boldsymbol{y}_2,\cdots,\boldsymbol{u}_N=\boldsymbol{y}_{N-1},\quad \boldsymbol{y}_N=\boldsymbol{y} \tag{2.4.14}$$

又可导出串联组合系统的传递函数矩阵为

$$\boldsymbol{G}(s)=\boldsymbol{G}_N(s)\boldsymbol{G}_{N-1}(s)\cdots\boldsymbol{G}_1(s) \tag{2.4.15}$$

式中子系统的传递函数矩阵 $\boldsymbol{G}_i(s)$ 由式(2.4.7)给出。

例 2.4.1 设有两个子系统串联的方框图如图 2.4.3 所示，试列写其组合系统的状态空间描述。

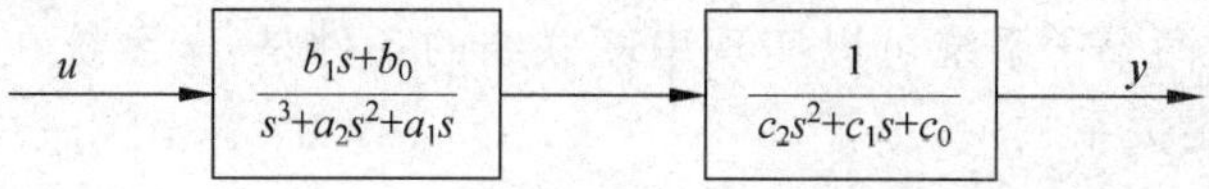

图 2.4.3 两个子系统串联的方框图

解 对于子系统 Σ_1，其状态空间表达式为

$$\dot{\boldsymbol{x}}=\begin{bmatrix}0 & 1 & 0\\ 0 & 0 & 1\\ 0 & -a_1 & -a_2\end{bmatrix}\boldsymbol{x}+\begin{bmatrix}0\\0\\1\end{bmatrix}u$$

$$y=\begin{bmatrix}b_0 & b_1 & 0\end{bmatrix}\boldsymbol{x}$$

对于子系统 Σ_2，其状态空间表达式为

$$\dot{\boldsymbol{x}}=\begin{bmatrix}0 & 1\\ -\frac{c_0}{c_2} & -\frac{c_1}{c_2}\end{bmatrix}\boldsymbol{x}+\begin{bmatrix}0\\ \frac{1}{c_2}\end{bmatrix}u$$

$$y=\begin{bmatrix}1 & 0\end{bmatrix}\boldsymbol{x}$$

按照式(2.4.12)计算

$$\boldsymbol{B}_2\boldsymbol{C}_1=\begin{bmatrix}0 & 0 & 0\\ \frac{b_0}{c_2} & \frac{b_1}{c_2} & 0\end{bmatrix},\quad \boldsymbol{B}_2\boldsymbol{D}_1=\boldsymbol{D}_2\boldsymbol{C}_1=\boldsymbol{D}_2\boldsymbol{D}_1=\boldsymbol{0}$$

于是组合系统的状态空间表达式为

$$\begin{bmatrix}\dot{x}_1\\ \dot{x}_2\\ \dot{x}_3\\ \dot{x}_4\\ \dot{x}_5\end{bmatrix}=\begin{bmatrix}0 & 1 & 0 & 0 & 0\\ 0 & 0 & 1 & 0 & 0\\ 0 & -a_1 & -a_2 & 0 & 0\\ 0 & 0 & 0 & 0 & 1\\ \frac{b_0}{c_2} & \frac{b_1}{c_2} & 0 & -\frac{c_0}{c_2} & -\frac{c_1}{c_2}\end{bmatrix}\begin{bmatrix}x_1\\ x_2\\ x_3\\ x_4\\ x_5\end{bmatrix}+\begin{bmatrix}0\\0\\1\\0\\0\end{bmatrix}u$$

$$y=\begin{bmatrix}0 & 0 & 0 & 1 & 0\end{bmatrix}\begin{bmatrix}x_1\\x_2\\x_3\\x_4\\x_5\end{bmatrix}$$

2.4.3 反馈联结

反馈组合系统是最为重要的一类控制系统。这里只考虑输出反馈联结组合系统。考虑由两个子系统 Σ_1 和 Σ_2 构成的反馈联结的组合系统 Σ_F 如图 2.4.4 所示。其状态空间描述和传递函数矩阵为

$$\Sigma_i:\begin{cases}\dot{\boldsymbol{x}}_i=\boldsymbol{A}_i\boldsymbol{x}_i+\boldsymbol{B}_i\boldsymbol{u}_i\\ \boldsymbol{y}_i=\boldsymbol{C}_i\boldsymbol{x}_i\end{cases},\quad i=1,2 \tag{2.4.16}$$

$$\boldsymbol{G}_i(s),\quad i=1,2 \tag{2.4.17}$$

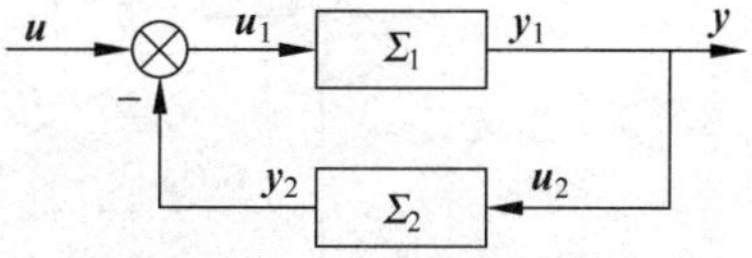

图 2.4.4　子系统的反馈联结

可以看出，两个子系统可以实现反馈联结的条件是，子系统在输入维数和输出维数上应满足关系式：

$$\dim(\boldsymbol{u}_1)=\dim(\boldsymbol{y}_2),\quad \dim(\boldsymbol{u}_2)=\dim(\boldsymbol{y}_1) \tag{2.4.18}$$

式中，dim(·)表示向量的维数。输出反馈组合系统在变量关系上的特征为

$$\boldsymbol{u}_1=\boldsymbol{u}-\boldsymbol{y}_2,\quad \boldsymbol{y}_1=\boldsymbol{y}=\boldsymbol{u}_2 \tag{2.4.19}$$

现分两种情况对图 2.4.4 所示的输出反馈组合系统进行讨论。

(1) **动态反馈**　反馈的子系统是动态系统，由式(2.4.19)可导出输出反馈联结组合系统 Σ_F 的状态空间描述为

$$\begin{aligned}&\dot{\boldsymbol{x}}_1=\boldsymbol{A}_1\boldsymbol{x}_1+\boldsymbol{B}_1(\boldsymbol{u}-\boldsymbol{y}_2)=\boldsymbol{A}_1\boldsymbol{x}_1-\boldsymbol{B}_1\boldsymbol{C}_2\boldsymbol{x}_2+\boldsymbol{B}_1\boldsymbol{u}\\&\dot{\boldsymbol{x}}_2=\boldsymbol{A}_2\boldsymbol{x}_2+\boldsymbol{B}_2\boldsymbol{u}_2=\boldsymbol{A}_2\boldsymbol{x}_2+\boldsymbol{B}_2\boldsymbol{y}=\boldsymbol{A}_2\boldsymbol{x}_2+\boldsymbol{B}_2\boldsymbol{C}_1\boldsymbol{x}_1\\&\boldsymbol{y}=\boldsymbol{C}_1\boldsymbol{x}_1\end{aligned} \tag{2.4.20}$$

写成向量方程形式为

$$\begin{bmatrix}\dot{\boldsymbol{x}}_1\\\dot{\boldsymbol{x}}_2\end{bmatrix}=\begin{bmatrix}\boldsymbol{A}_1 & -\boldsymbol{B}_1\boldsymbol{C}_2\\\boldsymbol{B}_2\boldsymbol{C}_1 & \boldsymbol{A}_2\end{bmatrix}\begin{bmatrix}\boldsymbol{x}_1\\\boldsymbol{x}_2\end{bmatrix}+\begin{bmatrix}\boldsymbol{B}_1\\\boldsymbol{0}\end{bmatrix}\boldsymbol{u} \tag{2.4.21a}$$

$$\boldsymbol{y}=\begin{bmatrix}\boldsymbol{C}_1 & \boldsymbol{0}\end{bmatrix}\begin{bmatrix}\boldsymbol{x}_1\\\boldsymbol{x}_2\end{bmatrix} \tag{2.4.21b}$$

则输出反馈联结组合系统 Σ_F 的传递函数矩阵为

$$\boldsymbol{G}(s)=\begin{bmatrix}\boldsymbol{C}_1 & \boldsymbol{0}\end{bmatrix}\begin{bmatrix}s\boldsymbol{I}-\boldsymbol{A}_1 & \boldsymbol{B}_1\boldsymbol{C}_2\\-\boldsymbol{B}_2\boldsymbol{C}_1 & s\boldsymbol{I}-\boldsymbol{A}_2\end{bmatrix}^{-1}\begin{bmatrix}\boldsymbol{B}_1\\\boldsymbol{0}\end{bmatrix}$$

这里又遇到分块矩阵求逆的问题，读者可以自己证明下列关系式

$$\boldsymbol{G}(s)=\boldsymbol{G}_1(s)-\boldsymbol{G}(s)\boldsymbol{G}_2(s)\boldsymbol{G}_1(s) \tag{2.4.22}$$

成立。式中的 $\boldsymbol{G}_1(s)$和 $\boldsymbol{G}_2(s)$分别为 Σ_1 和 Σ_2 的传递函数矩阵,即

$$\boldsymbol{G}_1(s) = \boldsymbol{C}_1(s\boldsymbol{I} - \boldsymbol{A}_1)^{-1}\boldsymbol{B}_1 \tag{2.4.23}$$

$$\boldsymbol{G}_2(s) = \boldsymbol{C}_2(s\boldsymbol{I} - \boldsymbol{A}_2)^{-1}\boldsymbol{B}_2 \tag{2.4.24}$$

假设 $\det[\boldsymbol{I}+\boldsymbol{G}_1(s)\boldsymbol{G}_2(s)]\neq 0$,$\det[\boldsymbol{I}+\boldsymbol{G}_2(s)\boldsymbol{G}_1(s)]\neq 0$,则根据式(2.4.22)有

$$\boldsymbol{G}(s) = \boldsymbol{G}_1(s)[\boldsymbol{I} + \boldsymbol{G}_2(s)\boldsymbol{G}_1(s)]^{-1} \tag{2.4.25a}$$

或

$$\boldsymbol{G}(s) = [\boldsymbol{I} + \boldsymbol{G}_2(s)\boldsymbol{G}_1(s)]^{-1}\boldsymbol{G}_1(s) \tag{2.4.25b}$$

(2) **常数反馈** 当反馈环节是常值矩阵时,就属于这种情况,其方框图如图 2.4.5所示。

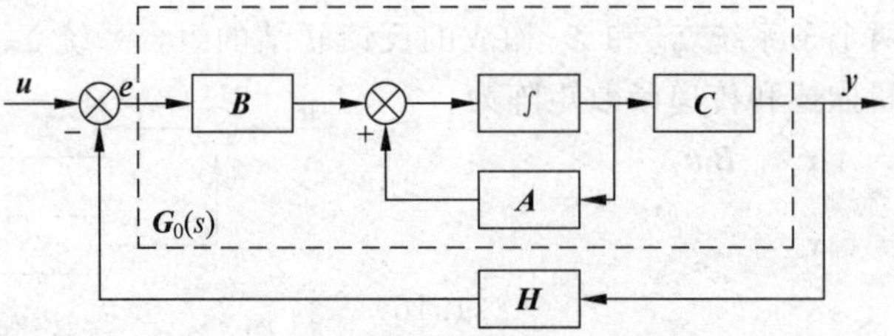

图 2.4.5 常数反馈的组合系统

闭环系统的状态空间描述为

$$\begin{cases} \dot{\boldsymbol{x}} = \boldsymbol{A}\boldsymbol{x} + \boldsymbol{B}(\boldsymbol{u} - \boldsymbol{H}\boldsymbol{y}) \\ \quad = (\boldsymbol{A} - \boldsymbol{B}\boldsymbol{H}\boldsymbol{C})\boldsymbol{x} + \boldsymbol{B}\boldsymbol{u} \\ \boldsymbol{y} = \boldsymbol{C}\boldsymbol{x} \end{cases} \tag{2.4.26}$$

所以闭环传递函数矩阵为

$$\boldsymbol{G}(s) = \boldsymbol{C}(s\boldsymbol{I} - \boldsymbol{A} + \boldsymbol{B}\boldsymbol{H}\boldsymbol{C})^{-1}\boldsymbol{B} \tag{2.4.27}$$

由图 2.4.5 可知系统的前向通道传递函数矩阵应为

$$\boldsymbol{G}_0(s) = \boldsymbol{C}(s\boldsymbol{I} - \boldsymbol{A})^{-1}\boldsymbol{B} \tag{2.4.28}$$

可以利用矩阵运算公式来求闭环传递函数矩阵和开环传递函数矩阵之间的关系。为简便起见,运用古典控制理论的方法推导。由于输出向量 $\boldsymbol{Y}(s)$与误差向量$\boldsymbol{E}(s)$的关系(见图 2.4.5)为

$$\boldsymbol{Y}(s) = \boldsymbol{G}_0(s)\boldsymbol{E}(s) \tag{2.4.29}$$

$$\boldsymbol{E}(s) = \boldsymbol{U}(s) - \boldsymbol{H}\boldsymbol{Y}(s) \tag{2.4.30}$$

于是有

$$\boldsymbol{Y}(s) = \boldsymbol{G}_0(s)\boldsymbol{E}(s) = \boldsymbol{G}_0(s)[\boldsymbol{U}(s) - \boldsymbol{H}\boldsymbol{Y}(s)] \tag{2.4.31}$$

移项得

$$\boldsymbol{G}(s) = [\boldsymbol{I} + \boldsymbol{G}_0(s)\boldsymbol{H}]^{-1}\boldsymbol{G}_0(s) \tag{2.4.32a}$$

如果用其他推导方法推导,可得到闭环传递函数矩阵 $\boldsymbol{G}(s)$的另一种表达式

$$\boldsymbol{G}(s) = \boldsymbol{G}_0(s)[\boldsymbol{I} + \boldsymbol{H}\boldsymbol{G}_0(s)]^{-1} \tag{2.4.32b}$$

比较式(2.4.32)和式(2.4.25)可看出常数反馈只是动态反馈的特例。

例 2.4.2　图 2.4.6 为双输入双输出系统方框图，试写出其开环、闭环传递函数矩阵。

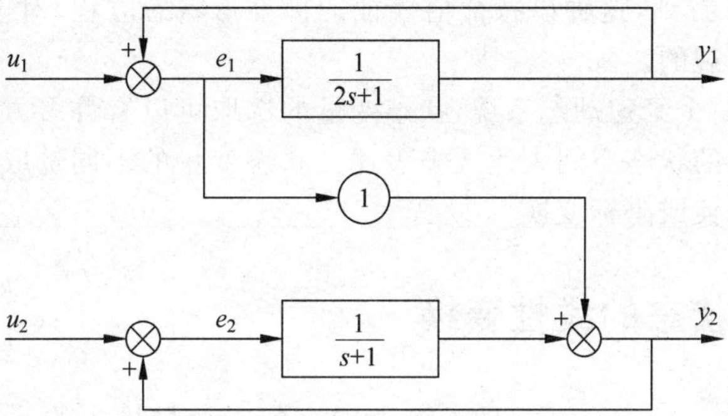

图 2.4.6　双输入双输出系统方框图

解　由系统方框图写出各输出量与误差之间的关系

$$Y_1(s)=\frac{1}{2s+1}E_1(s),\quad Y_2(s)=E_1(s)+\frac{1}{s+1}E_2(s)$$

因而开环传递函数矩阵为

$$\boldsymbol{G}_0(s)=\begin{bmatrix}\frac{1}{2s+1} & 0\\ 1 & \frac{1}{s+1}\end{bmatrix}$$

反馈环节的传递函数矩阵为

$$\boldsymbol{H}(s)=\begin{bmatrix}1 & 0\\ 0 & 1\end{bmatrix}$$

根据式(2.4.32)计算系统的闭环传递函数矩阵有

$$\begin{aligned}\boldsymbol{G}(s)&=[\boldsymbol{I}+\boldsymbol{G}_0(s)\boldsymbol{H}]^{-1}\boldsymbol{G}_0(s)\\&=\left\{\begin{bmatrix}1 & 0\\ 0 & 1\end{bmatrix}+\begin{bmatrix}\frac{1}{2s+1} & 0\\ 1 & \frac{1}{s+1}\end{bmatrix}\begin{bmatrix}1 & 0\\ 0 & 1\end{bmatrix}\right\}^{-1}\begin{bmatrix}\frac{1}{2s+1} & 0\\ 1 & \frac{1}{s+1}\end{bmatrix}\\&=\begin{bmatrix}\frac{1}{2(s+1)} & 0\\ \frac{2s+1}{2(s+2)} & \frac{1}{s+2}\end{bmatrix}\end{aligned}$$

2.5　线性变换

本节只限于讨论线性定常系统。线性定常系统的系统矩阵 **A** 的特征值是表征系统的动力学特性的一个重要参量。系统的状态方程将通过适当的线性非奇异变换而化为由特征值表征的标准形。并且,当特征值为两两相异时,标准形具有对角线标准形的形式;而特征值为非互异时,标准形将为若尔当标准形。在后面的章节中将可看到,这种以特征值表征的标准形状态方程,对于分析系统的结构特性是非常直观的。

前已指出,一个给定动态系统,状态变量的选取可以有许多方法,因此一个系统可用许多不同的状态空间表达式来表述。状态变量的不同选取,其实是状态变量的一种线性变换或坐标变换。

2.5.1 系统状态的线性变换

如果 $\boldsymbol{x}=[x_1,x_2,\cdots,x_n]^{\mathrm{T}}$ 是一组由 n 个状态变量构成的 n 维状态向量,则 $x_1,x_2,\cdots,x_n$ 的线性组合 $\bar{x}_1,\bar{x}_2,\cdots,\bar{x}_n$ 也完全可以作为一组新的状态变量,构成新的状态向量 $\bar{\boldsymbol{x}}$,只要这种组合是一一对应的关系,即这两组状态变量之间存在着非奇异线性变换关系

$$\boldsymbol{x} = \boldsymbol{P}\bar{\boldsymbol{x}} \tag{2.5.1a}$$

或

$$\bar{\boldsymbol{x}} = \boldsymbol{P}^{-1}\boldsymbol{x} \tag{2.5.1b}$$

式中 $\boldsymbol{P}$ 是 $n\times n$ 非奇异变换矩阵:

$$\boldsymbol{P} = \begin{bmatrix} p_{11} & p_{12} & \cdots & p_{1n} \\ p_{21} & p_{22} & \cdots & p_{2n} \\ \vdots & \vdots & \ddots & \vdots \\ p_{n1} & p_{n2} & \cdots & p_{nn} \end{bmatrix} \tag{2.5.2}$$

于是有

$$\begin{cases} x_1 = p_{11}\bar{x}_1 + p_{12}\bar{x}_2 + \cdots + p_{1n}\bar{x}_n \\ x_2 = p_{21}\bar{x}_1 + p_{22}\bar{x}_2 + \cdots + p_{2n}\bar{x}_n \\ \vdots \\ x_n = p_{n1}\bar{x}_1 + p_{n2}\bar{x}_2 + \cdots + p_{nn}\bar{x}_n \end{cases} \tag{2.5.3}$$

这种唯一的对应关系,说明尽管状态变量选取不同,所得的状态空间表达式也不同,但状态向量 $\boldsymbol{x}$ 和 $\bar{\boldsymbol{x}}$ 都是同一系统动态行为的描述。

状态向量 $\boldsymbol{x}$ 和 $\bar{\boldsymbol{x}}$ 之间的这种变换,称为状态的**线性变换**或等价变换,实质上是状态空间的基底变换。

下面讨论状态线性变换后,其状态空间表达式的变化。设线性定常系统的状态空间表达式为

$$\dot{\boldsymbol{x}} = \boldsymbol{A}\boldsymbol{x} + \boldsymbol{B}\boldsymbol{u} \tag{2.5.4a}$$

$$\boldsymbol{y} = \boldsymbol{C}\boldsymbol{x} + \boldsymbol{D}\boldsymbol{u} \tag{2.5.4b}$$

现另取一状态向量 $\bar{\boldsymbol{x}}$,它与原状态向量 $\boldsymbol{x}$ 之间满足式(2.5.1),则对所列写的状态空间表达式为

$$\dot{\bar{\boldsymbol{x}}} = \boldsymbol{P}^{-1}\boldsymbol{A}\boldsymbol{P}\,\bar{\boldsymbol{x}} + \boldsymbol{P}^{-1}\boldsymbol{B}\boldsymbol{u} \tag{2.5.5a}$$

$$\boldsymbol{y} = \boldsymbol{C}\boldsymbol{P}\,\bar{\boldsymbol{x}} + \boldsymbol{D}\boldsymbol{u} \tag{2.5.5b}$$

若将以上两式表示为

$$\dot{\bar{\boldsymbol{x}}} = \bar{\boldsymbol{A}}\,\bar{\boldsymbol{x}} + \bar{\boldsymbol{B}}\boldsymbol{u} \tag{2.5.6a}$$

$$\boldsymbol{y} = \bar{\boldsymbol{C}}\,\bar{\boldsymbol{x}} + \bar{\boldsymbol{D}}\boldsymbol{u} \tag{2.5.6b}$$

则得出对应关系为

$$\bar{\boldsymbol{A}} = \boldsymbol{P}^{-1}\boldsymbol{A}\boldsymbol{P} \tag{2.5.7}$$

$$\bar{\boldsymbol{B}} = \boldsymbol{P}^{-1}\boldsymbol{B} \tag{2.5.8}$$

$$\bar{\boldsymbol{C}} = \boldsymbol{C}\boldsymbol{P} \tag{2.5.9}$$

$$\bar{\boldsymbol{D}} = \boldsymbol{D} \tag{2.5.10}$$

例 2.5.1　设系统的状态空间表达式为

$$\begin{bmatrix} \dot{x}_1 \\ \dot{x}_2 \end{bmatrix} = \begin{bmatrix} 0 & 1 \\ -2 & -3 \end{bmatrix}\begin{bmatrix} x_1 \\ x_2 \end{bmatrix} + \begin{bmatrix} 0 \\ 1 \end{bmatrix} u$$

$$y = \begin{bmatrix} 6 & 0 \end{bmatrix}\begin{bmatrix} x_1 \\ x_2 \end{bmatrix}$$

取变换矩阵

$$\boldsymbol{P} = \begin{bmatrix} 0 & \frac{1}{2} \\ \frac{1}{2} & -\frac{3}{2} \end{bmatrix}$$

则有

$$\boldsymbol{P}^{-1} = \begin{bmatrix} 6 & 2 \\ 2 & 0 \end{bmatrix}$$

新的状态变量为

$$\bar{\boldsymbol{x}} = \boldsymbol{P}^{-1}\boldsymbol{x} = \begin{bmatrix} 6 & 2 \\ 2 & 0 \end{bmatrix}\begin{bmatrix} x_1 \\ x_2 \end{bmatrix} = \begin{bmatrix} 6x_1 + 2x_2 \\ 2x_1 \end{bmatrix}$$

在如此选定的状态变量的情况下,新的状态空间表达式为

$$\begin{aligned} \dot{\bar{\boldsymbol{x}}} &= \begin{bmatrix} 6 & 2 \\ 2 & 0 \end{bmatrix}\begin{bmatrix} 0 & 1 \\ -2 & -3 \end{bmatrix}\begin{bmatrix} 0 & \frac{1}{2} \\ \frac{1}{2} & -\frac{3}{2} \end{bmatrix}\bar{\boldsymbol{x}} + \begin{bmatrix} 6 & 2 \\ 2 & 0 \end{bmatrix}\begin{bmatrix} 0 \\ 1 \end{bmatrix} u \\ &= \begin{bmatrix} 0 & -2 \\ 1 & -3 \end{bmatrix}\bar{\boldsymbol{x}} + \begin{bmatrix} 2 \\ 0 \end{bmatrix} u \end{aligned}$$

$$y = \begin{bmatrix} 6 & 0 \end{bmatrix}\begin{bmatrix} 0 & \frac{1}{2} \\ \frac{1}{2} & -\frac{3}{2} \end{bmatrix}\bar{\boldsymbol{x}} = \begin{bmatrix} 0 & 3 \end{bmatrix}\bar{\boldsymbol{x}}$$

如另外选取变换矩阵

$$P=\begin{bmatrix}1 & 1\\ -1 & -2\end{bmatrix}$$

则有

$$P^{-1}=\begin{bmatrix}2 & 1\\ -1 & -1\end{bmatrix},\quad \tilde{x}=P^{-1}x=\begin{bmatrix}2 & 1\\ -1 & -1\end{bmatrix}x$$

以新的状态向量$\tilde{x}$所描述的状态空间表达式为

$$\begin{aligned}\dot{\tilde{x}}&=\begin{bmatrix}2 & 1\\ -1 & -1\end{bmatrix}\begin{bmatrix}0 & 1\\ -2 & -3\end{bmatrix}\begin{bmatrix}1 & 1\\ -1 & -2\end{bmatrix}\tilde{x}+\begin{bmatrix}2 & 1\\ -1 & -1\end{bmatrix}\begin{bmatrix}0\\ 1\end{bmatrix}u\\ &=\begin{bmatrix}-1 & 0\\ 0 & -2\end{bmatrix}\bar{x}+\begin{bmatrix}1\\ -1\end{bmatrix}u\end{aligned}$$

$$y=[6\quad 0]\begin{bmatrix}1 & 1\\ -1 & -2\end{bmatrix}\tilde{x}=[6\quad 6]\,\tilde{x}$$

这样便得到一个对角形的系统矩阵$\widetilde{A}$,使状态变量之间的耦合解除,为研究系统的状态解耦问题提供了一个途径。

本节只限于讨论线性定常系统的线性变换。线性定常系统的系统矩阵 A 的特征值是表征系统的动力学特性的一个重要参量。系统的状态方程将可通过适当的线性非奇异变换而化为由特征值表征的标准形。并且,当特征值为两两相异时,标准形具有对角线标准形的形式(如例 2.5.1)。而特征值为非互异时,标准形一般为若尔当标准形。在后面的章节中将可看到,这种以特征值表征的标准形状态方程,对于分析系统的结构特性是非常直观的。

2.5.2 把状态方程变换为对角标准形

给定系统状态方程

$$\dot{x}=Ax+Bu \tag{2.5.11}$$

系统的特征值定义为如下特征方程

$$\det(\lambda I-A)=0 \tag{2.5.12}$$

的根。一个阶数为 n 的系统,必有且仅有 n 个特征值,它们可以是实数或以共轭对出现的复数。称一个非零列向量v_i 为矩阵 A 的属于特征值λ_i 的特征向量,如果成立$(A-\lambda_i I)v_i=0$。特征向量是不唯一的,但是,当 n 个特征值$\lambda_1,\lambda_2,\cdots,\lambda_n$ 为两两相异时,任取的 n 个特征向量$v_1,v_2,\cdots,v_n$ 必是线性无关的。利用这一事实,可以导出下面的结论。

结论 2.5.1 对于系统(2.5.11),设其特征值 $\lambda_1,\lambda_2,\cdots,\lambda_n$ 为两两相异,并利用它们的特征向量组成变换阵 $P=[v_1,v_2,\cdots,v_n]$,那么系统的状态方程在变换 $\bar{x}=P^{-1}x$ 下必可化简为如下的对角标准形:

$$\dot{\bar{x}} = \begin{bmatrix} \lambda_1 & 0 & \cdots & 0 \\ 0 & \lambda_2 & \cdots & 0 \\ \vdots & \vdots & \ddots & \vdots \\ 0 & 0 & \cdots & \lambda_n \end{bmatrix} \bar{x} + \bar{B}u \tag{2.5.13}$$

式中 $\bar{B}=P^{-1}B$。

证　由$\bar{x}=P^{-1}x$，可导出

$$\dot{\bar{x}} = P^{-1}\dot{x} = P^{-1}AP\bar{x} + P^{-1}Bu = \bar{A}\bar{x} + \bar{B}u \tag{2.5.14}$$

式中 $\bar{A}=P^{-1}AP$。由 $P=[v_1, v_2, \cdots, v_n]$和 $\lambda_i v_i = Av_i$，可得到

$$\begin{aligned} AP &= [Av_1, Av_2, \cdots, Av_n] = [\lambda_1 v_1, \lambda_2 v_2, \cdots, \lambda_n v_n] \\ &= [v_1, v_2, \cdots, v_n]\begin{bmatrix} \lambda_1 & 0 & \cdots & 0 \\ 0 & \lambda_2 & \cdots & 0 \\ \vdots & \vdots & \ddots & \vdots \\ 0 & 0 & \cdots & \lambda_n \end{bmatrix} = P\begin{bmatrix} \lambda_1 & 0 & \cdots & 0 \\ 0 & \lambda_2 & \cdots & 0 \\ \vdots & \vdots & \ddots & \vdots \\ 0 & 0 & \cdots & \lambda_n \end{bmatrix} \end{aligned} \tag{2.5.15}$$

从而，将式(2.5.15)左乘 P^{-1}，即得

$$\bar{A} = P^{-1}AP = \begin{bmatrix} \lambda_1 & 0 & \cdots & 0 \\ 0 & \lambda_2 & \cdots & 0 \\ \vdots & \vdots & \ddots & \vdots \\ 0 & 0 & \cdots & \lambda_n \end{bmatrix} \tag{2.5.16}$$

将式(2.5.16)代入式(2.5.14)就可导出式(2.5.13)。证毕。

例 2.5.2　给定线性定常系统状态方程为

$$\dot{x} = \begin{bmatrix} 2 & -1 & -1 \\ 0 & -1 & 0 \\ 0 & 2 & 1 \end{bmatrix} x + \begin{bmatrix} 7 \\ 2 \\ 3 \end{bmatrix} u$$

试将其变换为对角标准形。

解　首先求系统的特征值

$$|\lambda I - A| = \begin{vmatrix} \lambda-2 & 1 & 1 \\ 0 & \lambda+1 & 0 \\ 0 & -2 & \lambda-1 \end{vmatrix} = (\lambda-2)(\lambda+1)(\lambda-1) = 0$$

由此得特征值为

$$\lambda_1 = 2,\quad \lambda_2 = 1,\quad \lambda_3 = -1$$

其次求特征向量，对应于 $\lambda_1=2$ 的特征向量v_1 满足 $Av_1=\lambda_1 v_1$，即

$$\begin{bmatrix} 2 & -1 & -1 \\ 0 & -1 & 0 \\ 0 & 2 & 1 \end{bmatrix} \begin{bmatrix} v_{11} \\ v_{12} \\ v_{13} \end{bmatrix} = 2\begin{bmatrix} v_{11} \\ v_{12} \\ v_{13} \end{bmatrix}$$

式中 v_{11}, v_{12}, v_{13} 分别是向量v_1 的各个元素。将上式展开得

$$v_{12} + v_{13} = 0$$

$$3v_{12} = 0$$

$$-2v_{12} + v_{13} = 0$$

取基本解

$$\boldsymbol{v}_1 = \begin{bmatrix} 1 \\ 0 \\ 0 \end{bmatrix}$$

同理,可求得对应于 λ_2 的特征向量 $\boldsymbol{v}_2$ 和对应于 λ_3 的特征向量 $\boldsymbol{v}_3$

$$\boldsymbol{v}_2 = \begin{bmatrix} 1 \\ 0 \\ 1 \end{bmatrix}, \quad \boldsymbol{v}_3 = \begin{bmatrix} 0 \\ 1 \\ -1 \end{bmatrix}$$

于是,可得变换矩阵 $\boldsymbol{P}$ 和其逆 $\boldsymbol{P}^{-1}$ 为

$$\boldsymbol{P} = [\boldsymbol{v}_1 \ \boldsymbol{v}_2 \ \boldsymbol{v}_3] = \begin{bmatrix} 1 & 1 & 0 \\ 0 & 0 & 1 \\ 0 & 1 & -1 \end{bmatrix}, \quad \boldsymbol{P}^{-1} = \begin{bmatrix} 1 & -1 & -1 \\ 0 & 1 & 1 \\ 0 & 1 & 0 \end{bmatrix}$$

从而,可定出

$$\bar{\boldsymbol{A}} = \boldsymbol{P}^{-1}\boldsymbol{A}\boldsymbol{P} = \begin{bmatrix} 2 & 0 & 0 \\ 0 & 1 & 0 \\ 0 & 0 & -1 \end{bmatrix}, \quad \bar{\boldsymbol{B}} = \boldsymbol{P}^{-1}\boldsymbol{B} = \begin{bmatrix} 2 \\ 5 \\ 2 \end{bmatrix}$$

状态方程的对角标准形为

$$\dot{\bar{\boldsymbol{x}}} = \bar{\boldsymbol{A}}\bar{\boldsymbol{x}} + \bar{\boldsymbol{B}}u = \begin{bmatrix} 2 & 0 & 0 \\ 0 & 1 & 0 \\ 0 & 0 & -1 \end{bmatrix}\bar{\boldsymbol{x}} + \begin{bmatrix} 2 \\ 5 \\ 2 \end{bmatrix}u$$

下面,对上述结论作几点讨论:

(1) 由式(2.5.13)可以看出,对角标准形下,各状态变量间实现了完全解耦,可表示为 n 个独立的状态变量方程。

(2) 如果式(2.5.11)中,系统矩阵 $\boldsymbol{A}$ 具有友阵形式

$$\boldsymbol{A} = \begin{bmatrix} 0 & 1 & 0 & \cdots & 0 \\ 0 & 0 & 1 & \cdots & 0 \\ \vdots & \vdots & \vdots & \ddots & \vdots \\ 0 & 0 & 0 & \cdots & 1 \\ -a_n & -a_{n-1} & -a_{n-2} & \cdots & -a_1 \end{bmatrix} \tag{2.5.17}$$

且特征值 $\lambda_1,\lambda_2,\cdots,\lambda_n$ 两两互异,则此时化状态方程为对角标准形的变换矩阵可选为范德蒙德(Vandermonde)矩阵

$$\boldsymbol{P}=\begin{bmatrix}1 & 1 & \cdots & 1\\ \lambda_1 & \lambda_2 & \cdots & \lambda_n\\ \lambda_1^2 & \lambda_2^2 & \cdots & \lambda_n^2\\ \vdots & \vdots & \ddots & \vdots\\ \lambda_1^{n-1} & \lambda_2^{n-1} & \cdots & \lambda_n^{n-1}\end{bmatrix} \tag{2.5.18}$$

这一推论的正确性可直接利用关系式 $\boldsymbol{A}\boldsymbol{v}_i=\lambda_i\boldsymbol{v}_i$ 证明，具体推证过程略。

例 2.5.3　将下列状态方程

$$\dot{\boldsymbol{x}}=\begin{bmatrix}0 & 1 & 0\\ 0 & 0 & 1\\ -24 & -26 & -9\end{bmatrix}\boldsymbol{x}+\begin{bmatrix}0\\0\\1\end{bmatrix}u$$

化为对角标准形。

解

① 计算矩阵 $\boldsymbol{A}$ 的特征值：

$$|\lambda\boldsymbol{I}-\boldsymbol{A}|=\begin{vmatrix}\lambda & -1 & 0\\ 0 & \lambda & -1\\ 24 & 26 & \lambda+9\end{vmatrix}=\lambda^3+9\lambda^2+26\lambda+24=(\lambda+2)(\lambda+3)(\lambda+4)=0$$

所以 3 个特征值分别为 $\lambda_1=-2,\lambda_2=-3,\lambda_3=-4$。

② 计算变换矩阵，因 $\boldsymbol{A}$ 为友阵形式，故可用范德蒙德矩阵作为变换矩阵

$$\boldsymbol{P}=\begin{bmatrix}1 & 1 & 1\\ \lambda_1 & \lambda_2 & \lambda_3\\ \lambda_1^2 & \lambda_2^2 & \lambda_3^2\end{bmatrix}=\begin{bmatrix}1 & 1 & 1\\ -2 & -3 & -4\\ 4 & 9 & 16\end{bmatrix}$$

③ 计算 $\boldsymbol{P}^{-1}$

$$\boldsymbol{P}^{-1}=\begin{bmatrix}6 & \frac{7}{2} & \frac{1}{2}\\ -8 & -6 & -1\\ 3 & \frac{5}{2} & \frac{1}{2}\end{bmatrix}$$

④ 计算变换后的矩阵 $\bar{\boldsymbol{A}}$ 和 $\bar{\boldsymbol{B}}$

$$\bar{\boldsymbol{A}}=\boldsymbol{P}^{-1}\boldsymbol{A}\boldsymbol{P}=\begin{bmatrix}6 & \frac{7}{2} & \frac{1}{2}\\ -8 & -6 & -1\\ 3 & \frac{5}{2} & \frac{1}{2}\end{bmatrix}\begin{bmatrix}0 & 1 & 0\\ 0 & 0 & 1\\ -24 & -26 & -9\end{bmatrix}\begin{bmatrix}1 & 1 & 1\\ -2 & -3 & -4\\ 4 & 9 & 16\end{bmatrix}$$

$$=\begin{bmatrix}-2 & 0 & 0\\ 0 & -3 & 0\\ 0 & 0 & -4\end{bmatrix}$$

$$\bar{\boldsymbol{B}} = \boldsymbol{P}^{-1}\boldsymbol{B} = \begin{bmatrix} 6 & \frac{7}{2} & \frac{1}{2} \\ -8 & -6 & -1 \\ 3 & \frac{5}{2} & \frac{1}{2} \end{bmatrix} \begin{bmatrix} 0 \\ 0 \\ 1 \end{bmatrix} = \begin{bmatrix} \frac{1}{2} \\ -1 \\ \frac{1}{2} \end{bmatrix}$$

⑤ 变换后状态方程的对角标准形为

$$\dot{\bar{\boldsymbol{x}}} = \begin{bmatrix} -2 & 0 & 0 \\ 0 & -3 & 0 \\ 0 & 0 & -4 \end{bmatrix} \bar{\boldsymbol{x}} + \begin{bmatrix} \frac{1}{2} \\ -1 \\ \frac{1}{2} \end{bmatrix} u$$

(3) 当特征值 $\lambda_1, \lambda_2, \cdots, \lambda_n$ 中包含复数特征值时，上述变换阵 $\boldsymbol{P}$ 和对角标准形(2.5.13)中的系数矩阵 $\bar{A}$ 及 $\bar{\boldsymbol{B}}$ 都将为复数矩阵。尽管这种处理和形式是没有实际物理含义的，但它不会影响对系统结构特性的分析。

2.5.3 把状态方程化为若尔当标准形

矩阵 $\boldsymbol{A}$ 能否通过线性变换化成对角矩阵(即对角化)的关键在于能否找到 n 个线性无关的特征向量。若矩阵 $\boldsymbol{A}$ 有 n 个互不相同的特征值，则必存在 n 个线性无关的特征向量(在有关数学书中已有证明)，一定能通过线性变换将 $\boldsymbol{A}$ 阵对角化。若矩阵 $\boldsymbol{A}$ 含有相同的特征值，则可分两种情况讨论。

(1) 矩阵 $\boldsymbol{A}$ 有 m 重特征值，譬如说 $\lambda_1 = \lambda_2 = \cdots = \lambda_m (m \leqslant n)$，且仍然存在 n 个线性无关的特征向量，那么矩阵 $\boldsymbol{A}$ 仍可以化为对角标准形。

例 2.5.4 矩阵 $\boldsymbol{A}$ 为

$$\boldsymbol{A} = \begin{bmatrix} 1 & 0 & -1 \\ 0 & 1 & 0 \\ 0 & 0 & 2 \end{bmatrix}$$

其特征值为 $\lambda_1 = 1, \lambda_2 = 1, \lambda_3 = 2$，有两个重特征值，对应于 λ_1 的特征向量可由下列方程求得

$$(\lambda_1 \boldsymbol{I} - \boldsymbol{A})\boldsymbol{v}_1 = \begin{bmatrix} 0 & 0 & 1 \\ 0 & 0 & 0 \\ 0 & 0 & -1 \end{bmatrix} \begin{bmatrix} v_{11} \\ v_{12} \\ v_{13} \end{bmatrix} = 0$$

易见，$(\lambda_1 \boldsymbol{I} - \boldsymbol{A})$ 的秩是 1，它是三维的，因而其基础解系中向量数为 $3-1=2$，方程组有两个线性无关解，故求得

$$\boldsymbol{v}_1 = \begin{bmatrix} 1 \\ 0 \\ 0 \end{bmatrix}, \quad \boldsymbol{v}_2 = \begin{bmatrix} 0 \\ 1 \\ 0 \end{bmatrix}$$

对应于特征值 $\lambda_3=2$ 的特征向量 $\boldsymbol{v}_3$ 可由下列方程求得

$$(\lambda_3\boldsymbol{I}-\boldsymbol{A})\boldsymbol{v}_3=\begin{bmatrix}1&0&1\\0&1&0\\0&0&0\end{bmatrix}\begin{bmatrix}v_{31}\\v_{32}\\v_{33}\end{bmatrix}=\boldsymbol{0}$$

$$\boldsymbol{v}_3=\begin{bmatrix}-1\\0\\1\end{bmatrix}$$

由于对应于重特征值的线性无关的特征向量数等于重特征值数，所以仍然有 3 个独立的特征向量可构成变换矩阵

$$\boldsymbol{P}=[\boldsymbol{v}_1\boldsymbol{v}_2\boldsymbol{v}_3]=\begin{bmatrix}1&0&-1\\0&1&0\\0&0&1\end{bmatrix}$$

变换后的系统矩阵 $\bar{\boldsymbol{A}}$ 为

$$\bar{\boldsymbol{A}}=\boldsymbol{P}^{-1}\boldsymbol{A}\boldsymbol{P}=\begin{bmatrix}1&0&0\\0&1&0\\0&0&2\end{bmatrix}$$

这种情况，$\boldsymbol{A}$ 虽有重特征值，但仍能变换为对角标准形。不过这只是少数特殊情况，通常并非如此。

(2) 矩阵 $\boldsymbol{A}$ 的 m 重特征值只有一个相应的特征向量，即线性无关的特征向量数少于 n，则矩阵 $\boldsymbol{A}$ 不能对角化，只能化成准对角标准形，即若尔当标准形。

设给定系统状态方程为式(2.5.11)，设其特征值为 $\lambda_1(\sigma_1$ 重)，$\lambda_2(\sigma_2$ 重)，…，$\lambda_l(\sigma_l$ 重)，$(\sigma_1+\sigma_2+\cdots+\sigma_l)=n$，则存在可逆变换阵 $\boldsymbol{P}$，通过引入变换 $\hat{\boldsymbol{x}}=\boldsymbol{P}^{-1}\boldsymbol{x}$，可使状态方程式(2.5.11)化为如下的若尔当标准形：

$$\dot{\hat{\boldsymbol{x}}}=\boldsymbol{P}^{-1}\boldsymbol{A}\boldsymbol{P}\hat{\boldsymbol{x}}+\boldsymbol{P}^{-1}\boldsymbol{B}\boldsymbol{u}=\begin{bmatrix}\boldsymbol{J}_1&\boldsymbol{0}&\cdots&\boldsymbol{0}\\\boldsymbol{0}&\boldsymbol{J}_2&\cdots&\boldsymbol{0}\\\vdots&\vdots&\ddots&\vdots\\\boldsymbol{0}&\boldsymbol{0}&\cdots&\boldsymbol{J}_l\end{bmatrix}\hat{\boldsymbol{x}}+\hat{\boldsymbol{B}}\boldsymbol{u}\tag{2.5.19}$$

式中 $\hat{\boldsymbol{B}}=\boldsymbol{P}^{-1}\boldsymbol{B}$，

$$\boldsymbol{J}_i=\begin{bmatrix}\lambda_i&1&0&\cdots&0\\0&\lambda_i&1&\cdots&0\\\vdots&\vdots&\vdots&\ddots&\vdots\\0&0&0&\cdots&1\\0&0&0&\cdots&\lambda_i\end{bmatrix}_{\sigma_i\times\sigma_i},\quad i=1,2,\cdots,l$$

称为若尔当块。

这个结论表明，当系统矩阵 $\boldsymbol{A}$ 具有重特征值，且线性无关的特征向量数少于 n 时，通常不能通过变换实现状态变量间的完全解耦，若尔当标准形是可能达到的最简耦合形式。

线性无关的特征向量数少于 n 的原因是相应于 λ_i 的重特征值数为 σ_i，但所对应的线性无关的特征向量数少于 σ_i 个。此时必须引入广义特征向量来补充不足之数，最后才能构成 $n\times n$ 的非奇异变换阵 $\boldsymbol{P}$。根据重特征值产生若尔当块的原则，广义特征向量的求解算法如下。

对于重特征值 λ_i，根据特征向量定义 $\lambda_i\boldsymbol{v}_i=\boldsymbol{A}\boldsymbol{v}_i$，可以得到

$$[\boldsymbol{v}_i' \quad \boldsymbol{v}_i'' \quad \cdots \quad \boldsymbol{v}_i^{\sigma_i}]\begin{bmatrix}\lambda_i & 1 & & & 0\\ & \lambda_i & \ddots & & \\ & & \ddots & & \\ & & & \lambda_i & 1\\ 0 & & & & \lambda_i\end{bmatrix}=\boldsymbol{A}[\boldsymbol{v}_i' \quad \boldsymbol{v}_i'' \quad \cdots \quad \boldsymbol{v}_i^{\sigma_i}]$$

式中，$\boldsymbol{v}_i'$ 为与 λ_i 相对应的特征向量，而 $\boldsymbol{v}_i''$，$\boldsymbol{v}_i'''$，…，$\boldsymbol{v}_i^{\sigma_i}$ 则为与 λ_i 相对应的广义特征向量，可由下列式子确定

$$\begin{cases}(\lambda_i\boldsymbol{I}-\boldsymbol{A})\,\boldsymbol{v}_i'=\boldsymbol{0}\\ (\lambda_i\boldsymbol{I}-\boldsymbol{A})\,\boldsymbol{v}_i''=-\boldsymbol{v}_i'\\ (\lambda_i\boldsymbol{I}-\boldsymbol{A})\,\boldsymbol{v}_i'''=-\boldsymbol{v}_i''\\ \quad\vdots\\ (\lambda_i\boldsymbol{I}-\boldsymbol{A})\,\boldsymbol{v}_i^{\sigma_i}=-\boldsymbol{v}_i^{\sigma_i-1}\end{cases}\tag{2.5.20}$$

例 2.5.5　试将下列状态方程化为若尔当标准形

$$\dot{\boldsymbol{x}}=\begin{bmatrix}0 & 1 & 0\\ 0 & 0 & 1\\ 2 & 3 & 0\end{bmatrix}\boldsymbol{x}+\begin{bmatrix}0\\ 0\\ 1\end{bmatrix}u$$

解

① 求矩阵 $\boldsymbol{A}$ 的特征值。

$$|\lambda\boldsymbol{I}-\boldsymbol{A}|=\lambda^3-3\lambda-2=(\lambda+1)^2(\lambda-2)=0$$

因此 $\boldsymbol{A}$ 有二重特征值 $\lambda_1=-1$，$\lambda_2=-1$ 和一个单特征值 $\lambda_3=2$。

② 求对应于 $\lambda_1=-1$ 的特征向量 $\boldsymbol{v}_1'$，由下列方程求得

$$(\lambda_1\boldsymbol{I}-\boldsymbol{A})\,\boldsymbol{v}_1'=\begin{bmatrix}-1 & -1 & 0\\ 0 & -1 & -1\\ -2 & -3 & -1\end{bmatrix}\begin{bmatrix}v_{11}'\\ v_{12}'\\ v_{13}'\end{bmatrix}=\boldsymbol{0}$$

此线性方程组的系数矩阵秩为 2，基础解系中向量数为 3－2＝1，解得

$$\boldsymbol{v}_1'=\begin{bmatrix}1\\ -1\\ 1\end{bmatrix}$$

对应重特征值的特征向量数少于重特征值数，因此必须寻找广义特征向量。

③ 对应于 $\lambda_1=-1$ 的广义特征向量 $\boldsymbol{v}_1''$ 可通过下式求得

$$(\lambda_1\boldsymbol{I}-\boldsymbol{A})\,\boldsymbol{v}_1''=-\boldsymbol{v}_1' \quad 即 \quad \begin{bmatrix}-1 & -1 & 0\\ 0 & -1 & -1\\ -2 & -3 & -1\end{bmatrix}\boldsymbol{v}_1''=\begin{bmatrix}-1\\ 1\\ -1\end{bmatrix}$$

解得

$$\boldsymbol{v}_1'' = \begin{bmatrix} 1 \\ 0 \\ -1 \end{bmatrix}$$

④ 确定对应于 $\lambda_3=2$ 的特征向量 $\boldsymbol{v}_3$。

由

$$(\lambda_3 \boldsymbol{I} - \boldsymbol{A})\boldsymbol{v}_3 = \begin{bmatrix} 2 & -1 & 0 \\ 0 & 2 & -1 \\ -2 & -3 & 2 \end{bmatrix} \boldsymbol{v}_3 = \boldsymbol{0}$$

可得

$$\boldsymbol{v}_3 = \begin{bmatrix} 1 \\ 2 \\ 4 \end{bmatrix}$$

于是变换矩阵 $\boldsymbol{P}$ 为

$$\boldsymbol{P} = \begin{bmatrix} 1 & 1 & 1 \\ -1 & 0 & 2 \\ 1 & -1 & 4 \end{bmatrix}$$

$\boldsymbol{P}^{-1}$ 为

$$\boldsymbol{P}^{-1} = \frac{1}{9}\begin{bmatrix} 2 & -5 & 2 \\ 6 & 3 & -3 \\ 1 & 2 & 1 \end{bmatrix}$$

⑤ 求经变换后的系统矩阵 $\overline{\boldsymbol{A}}$ 和控制矩阵 $\overline{\boldsymbol{B}}$。

$$\overline{\boldsymbol{A}} = \boldsymbol{P}^{-1}\boldsymbol{A}\boldsymbol{P} = \begin{bmatrix} -1 & 1 & 0 \\ 0 & -1 & 0 \\ 0 & 0 & 2 \end{bmatrix}, \quad \overline{\boldsymbol{B}} = \boldsymbol{P}^{-1}\boldsymbol{B} = \begin{bmatrix} \frac{2}{9} \\ -\frac{1}{3} \\ \frac{1}{9} \end{bmatrix}$$

2.5.4　系统经状态变换后特征值及传递函数矩阵的不变性

系统的状态变换既然是状态空间的坐标变换，选择不同的状态变量去描述系统的行为，其状态空间表达式是不同的，但这只不过是数学描述形式的不同，系统的本质及其基本特性不会因描述形式的不同而有所改变。下面论述两个方面的不变性。

1. 系统特征方程和特征值的不变性

设系统的状态空间表达式为

$$\begin{cases} \dot{\boldsymbol{x}} = \boldsymbol{A}\boldsymbol{x} + \boldsymbol{B}\boldsymbol{u} \\ \boldsymbol{y} = \boldsymbol{C}\boldsymbol{x} + \boldsymbol{D}\boldsymbol{u} \end{cases} \tag{2.5.21}$$

系统的特征方程为

$$|\lambda \boldsymbol{I} - \boldsymbol{A}| = 0 \tag{2.5.22}$$

该式的根就是系统的特征值。而同一系统经线性非奇异变换之后为

$$\begin{cases} \dot{\bar{\boldsymbol{x}}} = \boldsymbol{P}^{-1}\boldsymbol{A}\boldsymbol{P}\,\bar{\boldsymbol{x}} + \boldsymbol{P}^{-1}\boldsymbol{B}\boldsymbol{u} \\ \boldsymbol{y} = \boldsymbol{C}\boldsymbol{P}\,\bar{\boldsymbol{x}} + \boldsymbol{D}\boldsymbol{u} \end{cases} \tag{2.5.23}$$

它的特征方程为

$$|\lambda \boldsymbol{I} - \boldsymbol{P}^{-1}\boldsymbol{A}\boldsymbol{P}| = 0 \tag{2.5.24}$$

而

$$\begin{aligned} |\lambda \boldsymbol{I} - \boldsymbol{P}^{-1}\boldsymbol{A}\boldsymbol{P}| &= |\lambda \boldsymbol{P}^{-1}\boldsymbol{P} - \boldsymbol{P}^{-1}\boldsymbol{A}\boldsymbol{P}| = |\boldsymbol{P}^{-1}(\lambda \boldsymbol{I} - \boldsymbol{A})\boldsymbol{P}| \\ &= |\boldsymbol{P}^{-1}|\,|(\lambda \boldsymbol{I} - \boldsymbol{A})|\,|\boldsymbol{P}| = |\boldsymbol{P}^{-1}|\,|\boldsymbol{P}|\,|(\lambda \boldsymbol{I} - \boldsymbol{A})| \\ &= |\boldsymbol{P}^{-1}\boldsymbol{P}|\,|(\lambda \boldsymbol{I} - \boldsymbol{A})| = |(\lambda \boldsymbol{I} - \boldsymbol{A})| \end{aligned}$$

可见式(2.5.22)与式(2.5.24)是相同的,因而其根也是相同的。

由此可见,线性非奇异变换不改变系统的特征值。

2. 传递函数矩阵的不变性

传递函数矩阵是系统的输入输出描述,系统状态空间的坐标变换,即内部描述的改变显然不会影响传递函数矩阵。对此,上一节已通过举例进行了说明,这里还可以给出数学证明如下。

原系统(2.5.21)的传递函数矩阵为

$$\boldsymbol{G}(s) = \boldsymbol{C}(s\boldsymbol{I} - \boldsymbol{A})^{-1}\boldsymbol{B} + \boldsymbol{D}$$

坐标变换后的系统(2.5.23)的传递函数矩阵为

$$\bar{\boldsymbol{G}}(s) = \bar{\boldsymbol{C}}(s\boldsymbol{I} - \bar{\boldsymbol{A}})^{-1}\bar{\boldsymbol{B}} + \bar{\boldsymbol{D}}$$

因为 $\boldsymbol{D} = \bar{\boldsymbol{D}}$,所以有

$$\begin{aligned} \bar{\boldsymbol{G}}(s) &= \bar{\boldsymbol{C}}(s\boldsymbol{I} - \bar{\boldsymbol{A}})^{-1}\bar{\boldsymbol{B}} + \bar{\boldsymbol{D}} \\ &= \boldsymbol{C}\boldsymbol{P}(s\boldsymbol{I} - \boldsymbol{P}^{-1}\boldsymbol{A}\boldsymbol{P})^{-1}\boldsymbol{P}^{-1}\boldsymbol{B} + \boldsymbol{D} \\ &= \boldsymbol{C}\boldsymbol{P}(s\boldsymbol{P}^{-1}\boldsymbol{P} - \boldsymbol{P}^{-1}\boldsymbol{A}\boldsymbol{P})^{-1}\boldsymbol{P}^{-1}\boldsymbol{B} + \boldsymbol{D} \\ &= \boldsymbol{C}\boldsymbol{P}[\boldsymbol{P}^{-1}(s\boldsymbol{I} - \boldsymbol{A})\boldsymbol{P}]^{-1}\boldsymbol{P}^{-1}\boldsymbol{B} + \boldsymbol{D} \\ &= \boldsymbol{C}\boldsymbol{P}\boldsymbol{P}^{-1}(s\boldsymbol{I} - \boldsymbol{A})^{-1}\boldsymbol{P}\boldsymbol{P}^{-1}\boldsymbol{B} + \boldsymbol{D} \\ &= \boldsymbol{C}(s\boldsymbol{I} - \boldsymbol{A})^{-1}\boldsymbol{B} + \boldsymbol{D} \\ &= \boldsymbol{G}(s) \end{aligned}$$

这就证明了传递函数矩阵的不变性,也说明在输入输出特性保持不变的情况下,一个传递函数矩阵可以有多种形式的状态空间表达式与之对应。

2.6 离散时间系统的状态空间表达式

离散时间系统与连续时间系统的区别是,在连续系统中,系统各处的信号都是时间 t 的连续函数,而在离散系统中,系统至少有一处或多处的信号是离散的,

它可以是脉冲序列或数字序列。

在古典控制理论中，离散时间系统通常由高阶差分方程描述输出变量和输入变量采样值之间的特性关系，如

$$\begin{aligned} & y(k+n)+a_1 y(k+n-1)+\cdots+a_{n-1} y(k+1)+a_n y(k) \\ & =b_0 u(k+n)+b_1 u(k+n-1)+\cdots+b_{n-1} u(k+1)+b_n u(k) \end{aligned} \tag{2.6.1}$$

式中 k 表示第 k 个采样时刻。也可以用 z 变换法，将输入输出关系用脉冲传递函数表示为

$$\frac{Y(z)}{U(z)}=\frac{b_0 z^n+b_1 z^{n-1}+\cdots+b_{n-1} z+b_n}{z^n+a_1 z^{n-1}+\cdots+a_{n-1} z+a_n} \tag{2.6.2}$$

在现代控制理论中，对离散系统进行状态空间分析需要建立状态空间离散系统表达式，在本节中将要讨论它的形式和建立方法。

下面介绍差分方程化为状态空间表达式的方法。

把差分方程化为状态空间表达式的过程和将微分方程化为状态空间描述的过程类同。

(1) 差分方程中不包含输入函数的差分的情况，这类方程具有如下形式：

$$y(k+n)+a_1 y(k+n-1)+\cdots+a_{n-1} y(k+1)+a_n y(k)=b_n u(k) \tag{2.6.3}$$

① 选择状态变量

$$\begin{cases} x_1(k)=y(k) \\ x_2(k)=y(k+1) \\ x_3(k)=y(k+2) \\ \quad\vdots \\ x_n(k)=y(k+n-1) \end{cases} \tag{2.6.4}$$

② 把高阶差分方程化为一阶差分方程组

$$\begin{cases} x_1(k+1)=y(k+1)=x_2(k) \\ x_2(k+1)=y(k+2)=x_3(k) \\ \quad\vdots \\ x_{n-1}(k+1)=y(k+n-1)=x_n(k) \\ x_n(k+1)=y(k+n)=-a_n x_1(k)-a_{n-1} x_2(k)-\cdots-a_1 x_n(k)+b_n u(k) \\ y(k)=x_1(k) \end{cases} \tag{2.6.5}$$

③ 将式(2.6.5)写成向量方程形式，即

$$\begin{cases} \boldsymbol{x}(k+1)=\boldsymbol{G}\boldsymbol{x}(k)+\boldsymbol{H}u(k) \\ y(k)=\boldsymbol{C}\boldsymbol{x}(k) \end{cases} \tag{2.6.6}$$

式中，$\boldsymbol{G}$ 为系统矩阵，$\boldsymbol{H}$ 为控制矩阵，$\boldsymbol{C}$ 为输出矩阵，并有

$$G=\begin{bmatrix}0&1&0&\cdots&0\\0&0&1&\cdots&0\\\vdots&\vdots&\vdots&\ddots&\vdots\\0&0&0&\cdots&1\\-a_n&-a_{n-1}&-a_{n-2}&\cdots&-a_1\end{bmatrix},\quad H=\begin{bmatrix}0\\\vdots\\0\\1\end{bmatrix},\quad C=[1\ \ 0\ \ \cdots\ \ 0]$$

(2) 差分方程中包含输入函数的差分的情况，此时差分方程为

$$\begin{aligned}&y(k+n)+a_1y(k+n-1)+\cdots+a_{n-1}y(k+1)+a_ny(k)\\&=b_0u(k+n)+b_1u(k+n-1)+\cdots+b_{n-1}u(k+1)+b_nu(k)\end{aligned}\tag{2.6.7}$$

仿照连续时间函数取拉氏变换的方法，对式(2.6.7)两边在零初始条件下取 z 变换，根据 z 变换的法则并考虑初始条件，得到

$$\begin{aligned}&z^ny(z)+a_1z^{n-1}y(z)+\cdots+a_{n-1}zy(z)+a_ny(z)\\&=b_0z^nu(z)+b_1z^{n-1}u(z)+\cdots+b_{n-1}zu(z)+b_nu(z)\end{aligned}\tag{2.6.8}$$

由此得脉冲传递函数

$$\begin{aligned}g(z)&=\frac{Y(z)}{U(z)}=\frac{b_0z^n+b_1z^{n-1}+\cdots+b_{n-1}z+b_n}{z^n+a_1z^{n-1}+\cdots+a_{n-1}z+a_n}\\&=b_0+\frac{\beta_1z^{n-1}+\beta_2z^{n-2}+\cdots+\beta_{n-1}z+\beta_n}{z^n+a_1z^{n-1}+\cdots+a_{n-1}z+a_n}\end{aligned}\tag{2.6.9}$$

可见，式(2.6.9)与式(2.3.26)很相似。因此，连续系统状态空间表达式的建立方法完全适用于离散系统。现令中间变量 $Q(z)$ 为

$$Q(z)=\frac{1}{z^n+a_1z^{n-1}+\cdots+a_{n-1}z+a_n}U(z)\tag{2.6.10}$$

并进行 z 反变换得到

$$Q(k+n)+a_1Q(k+n-1)+\cdots+a_{n-1}Q(k+1)+a_nQ(k)=u(k)\tag{2.6.11}$$

如选状态变量

$$\begin{cases}x_1(k)=Q(k)\\x_2(k)=Q(k+1)=x_1(k+1)\\x_3(k)=Q(k+2)=x_2(k+1)\\\quad\vdots\\x_n(k)=Q(k+n-1)=x_{n-1}(k+1)\end{cases}\tag{2.6.12}$$

则式(2.6.11)可写成

$$\begin{aligned}x_n(k+1)&=Q(k+n)\\&=-a_1x_n(k)-\cdots-a_{n-1}x_2(k)-a_nx_1(k)+u(k)\end{aligned}\tag{2.6.13}$$

而将状态变量代入式(2.6.9)进行 z 反变换，有

$$y(k)=\beta_nx_1(k)+\beta_{n-1}x_2(k)+\cdots+\beta_1x_n(k)+b_0u(k)\tag{2.6.14}$$

于是，可得离散系统状态空间描述为

$$\begin{bmatrix} x_1(k+1) \\ x_2(k+1) \\ \vdots \\ x_{n-1}(k+1) \\ x_n(k+1) \end{bmatrix} = \begin{bmatrix} 0 & 1 & 0 & \cdots & 0 \\ 0 & 0 & 1 & \cdots & 0 \\ \vdots & \vdots & \vdots & \ddots & \vdots \\ 0 & 0 & 0 & \cdots & 1 \\ -a_n & -a_{n-1} & -a_{n-2} & \cdots & -a_1 \end{bmatrix} \begin{bmatrix} x_1(k) \\ x_2(k) \\ \vdots \\ x_{n-1}(k) \\ x_n(k) \end{bmatrix} + \begin{bmatrix} 0 \\ 0 \\ \vdots \\ 0 \\ 1 \end{bmatrix} u(k) \tag{2.6.15a}$$

$$y(k) = [\beta_n \quad \beta_{n-1} \quad \cdots \quad \beta_1] \begin{bmatrix} x_1(k) \\ x_2(k) \\ \vdots \\ x_n(k) \end{bmatrix} + b_0 u(k) \tag{2.6.15b}$$

也可简化为

$$\begin{cases} \boldsymbol{x}(k+1) = \boldsymbol{G}\boldsymbol{x}(k) + \boldsymbol{H}u(k) \\ y(k) = \boldsymbol{C}\boldsymbol{x}(k) + Du(k) \end{cases} \tag{2.6.16}$$

式中 $\boldsymbol{G},\boldsymbol{H},\boldsymbol{C},D$ 所具有的形式与连续系统能控标准形对应相同，在此则为离散系统的能控标准形。从这里也可看出离散系统的状态方程描述了$(k+1)$采样时刻的状态与第 k 采样时刻的状态及输入量之间的关系。

例 2.6.1　设某线性离散系统的差分方程为

$$y(k+2) + y(k+1) + 0.16y(k) = u(k+1) + 2u(k)$$

试写出系统的状态空间表达式。

解　先作 z 变换得

$$\frac{Y(z)}{U(z)} = \frac{z+2}{z^2+z+0.16}$$

由此可得 $n=2, a_1=1, a_2=0.16, \beta_1=1, \beta_2=2$，于是状态空间表达式为

$$\begin{bmatrix} x_1(k+1) \\ x_2(k+1) \end{bmatrix} = \begin{bmatrix} 0 & 1 \\ -0.16 & -1 \end{bmatrix} \begin{bmatrix} x_1(k) \\ x_2(k) \end{bmatrix} + \begin{bmatrix} 0 \\ 1 \end{bmatrix} u(k)$$

$$y(k) = [2 \quad 1] \begin{bmatrix} x_1(k) \\ x_2(k) \end{bmatrix}$$

对于多变量离散系统，状态空间描述为

$$\begin{cases} \boldsymbol{x}(k+1) = \boldsymbol{G}\boldsymbol{x}(k) + \boldsymbol{H}\boldsymbol{u}(k) \\ \boldsymbol{y}(k) = \boldsymbol{C}\boldsymbol{x}(k) + \boldsymbol{D}\boldsymbol{u}(k) \end{cases} \tag{2.6.17}$$

式中 $\boldsymbol{G},\boldsymbol{H},\boldsymbol{C},\boldsymbol{D}$ 为相应维数的矩阵。与连续系统一样，离散系统状态空间表达式的结构图如图 2.6.1 所示。图中单位延迟器的输入为$(k+1)T$ 时刻的状态，输出为延时一个采样周期 kT 时刻的状态。

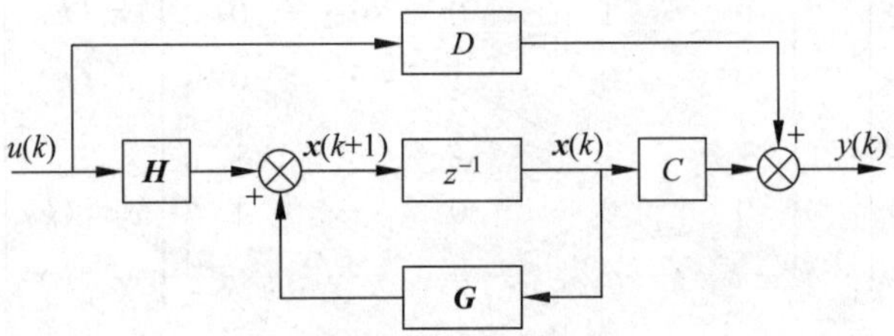

图 2.6.1　离散系统状态空间表达式的结构图

2.7　用 MATLAB 分析状态空间模型

前面已介绍了线性系统数学模型的两种形式,即输入输出模式数学模型(传递函数和微分方程)和状态空间模式数学模型(状态空间表达式或动态方程)。

线性系统的微分方程一般可表示为

$$\begin{aligned} & y^{(n)} + a_1(t)y^{(n-1)} + a_2(t)y^{(n-2)} + \cdots + a_{n-1}(t)\dot{y} + a_n(t)y \\ &= b_0(t)u^{(m)} + b_1(t)u^{(m-1)} + \cdots + b_{m-1}(t)\dot{u} + b_m(t)u \end{aligned}$$

对应的传递函数模型一般可表示为

$$g(s) = \frac{b_0(t)s^m + b_1(t)s^{m-1} + \cdots + b_{m-1}(t)s + b_m(t)}{s^n + a_1(t)s^{n-1} + \cdots + a_{n-1}(t)s + a_n(t)}$$

若系数 $a_i(t)(i=1,2,\cdots,n)$ 和 $b_i(t)(i=0,1,2,\cdots,m)$ 为常数,则系统称为线性定常系统(linear time invariant,LTI)

1. 传递函数的输入

利用下列命令可轻易地将传递函数模型输入到 MATLAB 环境中。

```
>> num = [b0,b1,b2,…,bm];
>> den = [1,a1,a2,…,an];
```

在当前 MATLAB 版本中,调用 tf()函数可构造出对应传递函数对象。调用格式:

```
>> G = tf(num,den);
```

其中(num,den)分别为系统的分子和分母多项式系数的向量。返回变量 G 为系统传递函数对象。

例 2.7.1　已知传递函数模型

$$g(s) = \frac{s+5}{s^4 + 2s^3 + 3s^2 + 4s + 5}$$

可由下列命令输入到 MATLAB 工作空间。

```
>> num = [1,5];den = [1,2,3,4,5];G = tf(num,den)
```

```
Transfer function:
              s + 5
-----------------------------
s^4 + 2 s^3 + 3 s^2 + 4 s + 5
```

2. 状态空间模型的输入

线性定常系统的状态空间模型可表示为

$$\dot{\boldsymbol{x}} = \boldsymbol{A}\boldsymbol{x} + \boldsymbol{B}\boldsymbol{u}$$
$$\boldsymbol{y} = \boldsymbol{C}\boldsymbol{x} + \boldsymbol{D}\boldsymbol{u}$$

式中，$\boldsymbol{x}=[x_1, x_2, \cdots, x_n]^{\mathrm{T}}$ 为状态向量，$\boldsymbol{A}$ 为 $n\times n$ 常值矩阵，$\boldsymbol{B}$ 为 $n\times p$ 常值输入矩阵，$\boldsymbol{C}$ 为 $q\times n$ 常值输出矩阵，$\boldsymbol{D}$ 为 $q\times p$ 常值矩阵。对单输入单输出系统输入个数 p 和输出个数 q 均为 1。

表示状态空间模型的基本要素是状态向量和常数矩阵 $\boldsymbol{A}, \boldsymbol{B}, \boldsymbol{C}, \boldsymbol{D}$。由于 MATLAB 本来就是为矩阵运算而设计的，因而特别适合于处理状态空间模型，只需将各系数矩阵按常规矩阵方式输入到工作空间即可。

```
>> A = [a11, a12, …, a1n; a21, a22, …, a2n; …, an1, …, ann];
>> B = [b0, b1, …, bm];
>> C = [c1, c2, …, cn];
>> D = d;
```

类似于前面介绍的传递函数对象，在当前 MATLAB 版本中可调用状态方程对象 ss()构造状态方程模型。调用格式如下：

```
>> ss(A,B,C,D)
```

该函数同样适用于多变量系统。

例 2.7.2　双输入双输出系统

$$\dot{\boldsymbol{x}} = \begin{bmatrix} 2.25 & -5 & -1.25 & -0.5 \\ 2.25 & -4.25 & -1.25 & -0.25 \\ 0.25 & -0.5 & -1.25 & -1 \\ 1.25 & -1.75 & -0.25 & -0.75 \end{bmatrix}\boldsymbol{x} + \begin{bmatrix} 4 & 6 \\ 2 & 4 \\ 2 & 2 \\ 0 & 2 \end{bmatrix}\boldsymbol{u}$$

$$\boldsymbol{y} = \begin{bmatrix} 0 & 0 & 0 & 1 \\ 0 & 2 & 0 & 2 \end{bmatrix}\boldsymbol{x}$$

该方程可由下列语句输入到 MATLAB 工作空间。

```
>> A = [2.25, -5, -1.25, -0.5;2.25, -4.25, -1.25, -0.25;0.25, -0.5, -1.25, -1;
1.25, -1.75, -0.25, -0.75];
>> B = [4,6;2,4;2,2;0,2];
>> C = [0,0,0,1;0,2,0,2];
>> D = zeros(2,2);G = ss(A,B,C,D)
```

```
a =
              x1        x2        x3        x4
     x1     2.25        -5     -1.25      -0.5
     x2     2.25     -4.25     -1.25     -0.25
     x3     0.25      -0.5     -1.25        -1
     x4     1.25     -1.75     -0.25     -0.75
b =
          u1   u2
     x1    4    6
     x2    2    4
     x3    2    2
     x4    0    2
c =
          x1   x2   x3   x4
     y1    0    0    0    1
     y2    0    2    0    2
d =
          u1   u2
     y1    0    0
     y2    0    0
Continuous-time model.
```

3. 两种模型间的转换

在 MATLAB 中还可以方便地进行传递函数模型与状态空间模型的转换，若状态方程模型用 G 表示，则可用下面直观命令得出等效传递函数 G1。

```
>> G1 = tf(G)
```

例 2.7.3 已知系统状态方程

$$\dot{\boldsymbol{x}} = \begin{bmatrix} 0 & 1 & 0 & 0 \\ 0 & 0 & -1 & 0 \\ 0 & 0 & 0 & 1 \\ 0 & 0 & 5 & 0 \end{bmatrix} \boldsymbol{x} + \begin{bmatrix} 0 \\ 1 \\ 0 \\ -2 \end{bmatrix} u$$

$$y = \begin{bmatrix} 1 & 0 & 0 & 0 \end{bmatrix} \boldsymbol{x}$$

由下面 MATLAB 语句可得出系统相应的传递函数模型。

```
>> A = [0,1,0,0;0,0, -1,0;0,0,0,1;0,0,5,0];
>> B = [0;1;0; -2];C = [1,0,0,0];D = 0;
>> G = ss(A,B,C,D);G1 = tf(G)
```

```
Transfer function:
  s^2 + 6.573e - 0.14s - 3
------------------------
  s^4 - 5 s^2
```

同理，由 ss()函数可立即给出相应的状态空间模型。

例 2.7.4　考虑下面给定的单变量系统传递函数

$$g(s) = \frac{s^3 + 7s^2 + 24s + 24}{s^4 + 10s^3 + 35s^2 + 50s + 24}$$

由下面的 MATLAB 语句将直接获得系统的状态空间模型。

```
>> num = [1,7,24,24];den = [1,10,35,50,24];G = tf(num,den);G1 = ss(G)

a =
              x1         x2         x3         x4
      x1     - 10     - 4.375    - 3.125      - 1.5
      x2        8          0          0          0
      x3        0          2          0          0
      x4        0          0          1          0
b =
          u1
      x1   2
      x2   0
      x3   0
      x4   0
c =
            x1     x2      x3    x4
      y1    0.5  0.4375   0.75  0.75
d =
            u1
      y1    0
Continuous-time model.
```

小结

本章讲述了用状态空间法分析研究控制系统的基本概念、理论和方法。首先介绍了系统在状态空间中的数学模型(状态空间描述)及其建立，包括由系统物理机理的直接求取和由系统的微分方程、传递函数、结构图等求取状态空间描述的一般方法；其次介绍了从状态空间描述求取传递函数，引进了多变量系统的传递函数矩阵的概念，分析了由子系统组合而成大系统的状态空间描述，并介绍了离散系统的状态空间描述；最后介绍了控制系统数学模型到 MATLAB 工作空间的输入方法,为后面应用 MATLAB 仿真软件进行控制系统的分析与设计打下基础。

习题

2.1 有电路图如图 P2.1 所示,设输入为 u_1,输出为 u_2,试自选状态变量并写出其状态空间表达式。

2.2 建立图 P2.2 所示系统的状态空间表达式。

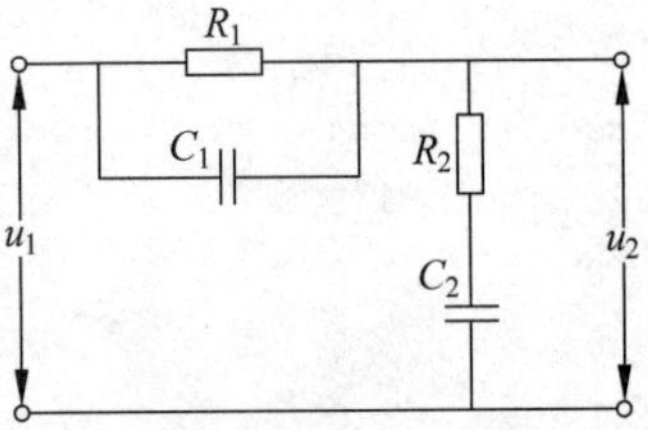

图 P2.1

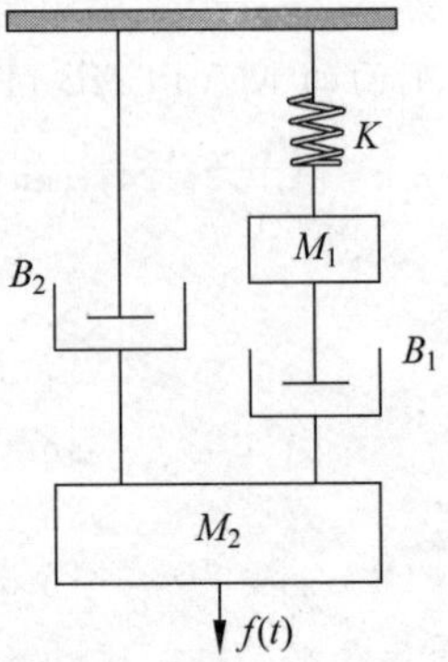

图 P2.2

2.3 对图 2.3.2 所示电枢控制直流电动机在电枢控制电压 u 和外力矩同时作用下,以转角为输出的状态空间表达式。

2.4 如图 P2.3 所示的水槽系统。设水槽 1 的横截面积为 c_1,水位为 x_1;水槽 2 的横截面积为 c_2,水位为 x_2;设 R_1、R_2、R_3 为各水管的阻抗时,推导以水位 x_1,x_2 作为状态变量的系统微分方程式。但是,输入 u 是单位时间的流入量,y_1,y_2 为输出,是单位时间由水槽的流出量。

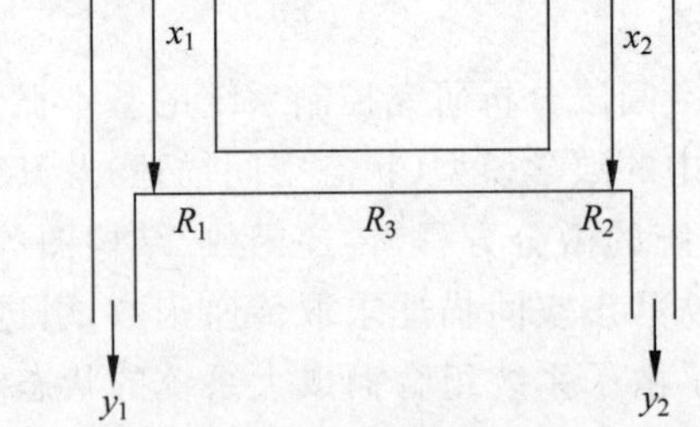

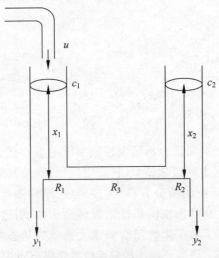

图 P2.3 水槽系统示意图

2.5　如图 P2.4 所示系统的结构图。以图中所标记的 x_1、x_2、x_3 作为状态变量，推导其状态空间表达式。u、y 分别为输入、输出，α_1、α_2、α_3 是标量。

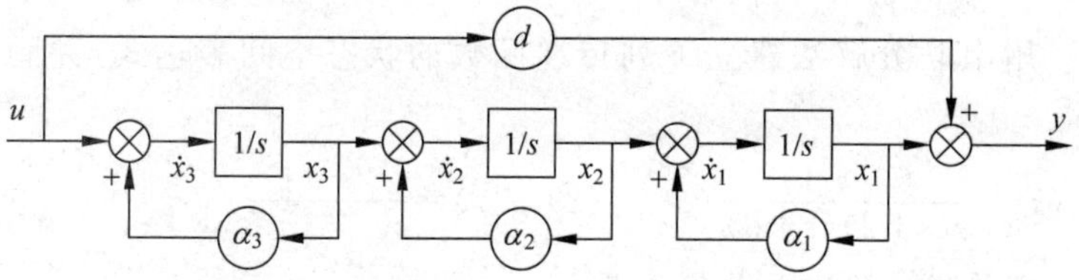

图 P2.4　系统结构图

2.6　以恒压源 u 驱动的如图 P2.5 所示的电网络。选择电感 L 上的支电流 x_1，电容 C 上的分电压 x_2 作为状态变量时，求它的状态空间表达式。输出是图中所示电容 C 的分电压 y_1 和电阻 R_1 的分电压 y_2。

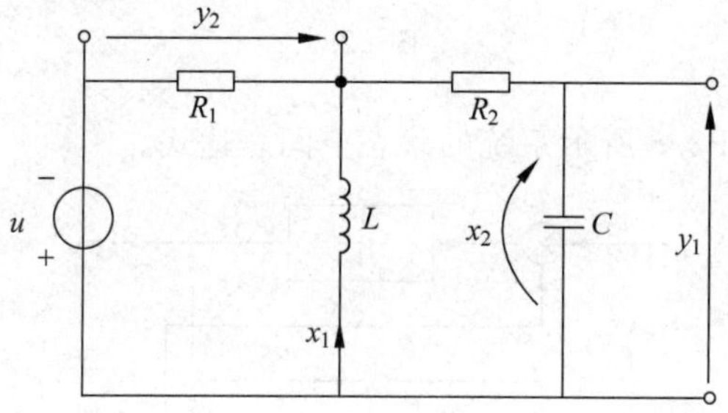

图 P2.5

2.7　试求图 P2.6 中所示的电网络中，以电感 L_1、L_2 上的支电流 x_1、x_2 作为状态变量的状态空间表达式。这里 u 是恒流源的电流值，输出 y 是 R_3 的分电压。

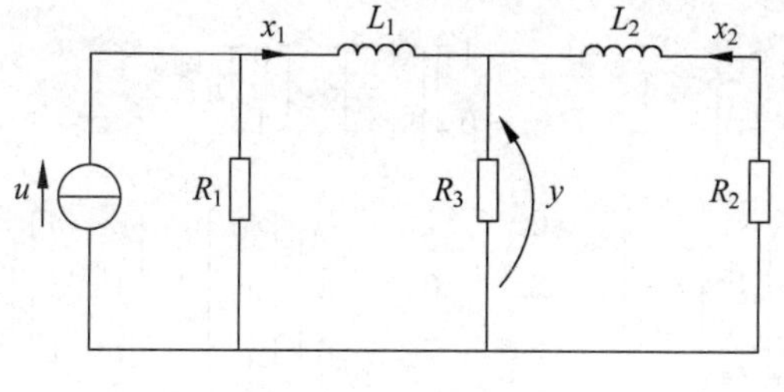

图 P2.6　RL 电网络

2.8　已知系统的微分方程

(1) $\dddot{y}+\ddot{y}+4\dot{y}+5y=3u$；

(2) $2\dddot{y}+3\dot{y}=\ddot{u}-u$；

(3) $\dddot{y}+2\ddot{y}+3\dot{y}+5y=5\ddot{u}+7u$。

试列写出它们的状态空间表达式。

2.9　已知下列传递函数，试用直接分解法建立其状态空间表达式，并画出状态变量图。

(1) $g(s)=\dfrac{s^3+s+1}{s^3+6s^2+11s+6}$；　　(2) $g(s)=\dfrac{s^2+2s+3}{s^3+2s^2+3s+1}$。

2.10　用串联分解法建立下列传递函数的状态空间表达式,并画出状态变量图。

(1) $g(s)=\dfrac{6(s+1)}{s(s+2)(s+3)}$；　　(2) $g(s)=\dfrac{2s+1}{s^2+6s+5}$。

2.11　用并联分解法重做题2.10。

2.12　某随动系统的方框图如图P2.7所示,列写其状态空间表达式。

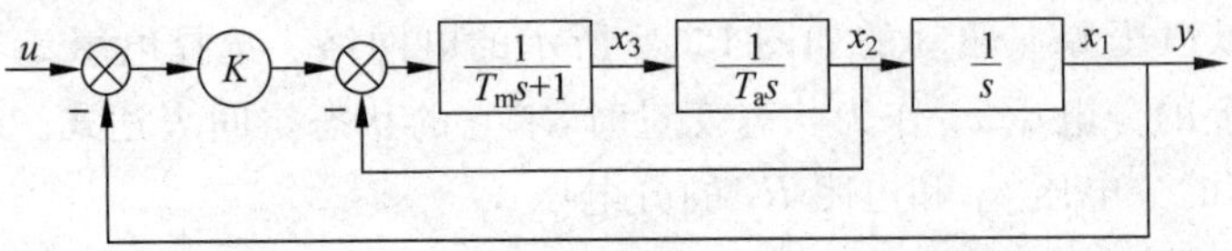

图 P2.7

2.13　列写图P2.8所示系统的状态空间表达式。

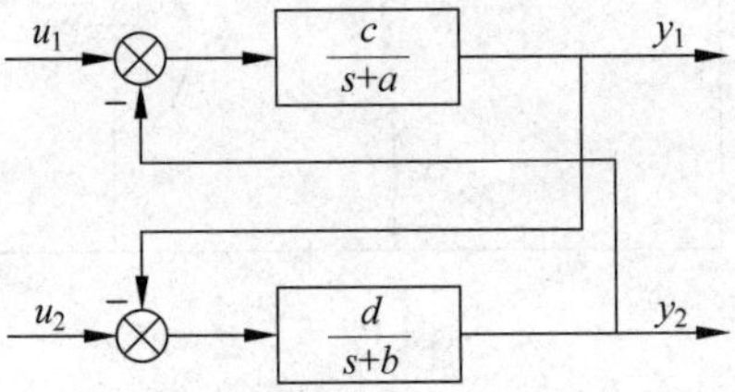

图 P2.8

2.14　试将下列状态方程化为对角标准形。

(1) $\begin{bmatrix}\dot{x}_1\\ \dot{x}_2\end{bmatrix}=\begin{bmatrix}0 & 1\\ -5 & -6\end{bmatrix}\begin{bmatrix}x_1\\ x_2\end{bmatrix}+\begin{bmatrix}0\\ 1\end{bmatrix}u$；

(2) $\begin{bmatrix}\dot{x}_1\\ \dot{x}_2\\ \dot{x}_3\end{bmatrix}=\begin{bmatrix}0 & 1 & 0\\ 3 & 0 & 2\\ -12 & -7 & -6\end{bmatrix}\begin{bmatrix}x_1\\ x_2\\ x_3\end{bmatrix}+\begin{bmatrix}2 & 3\\ 1 & 5\\ 7 & 1\end{bmatrix}\begin{bmatrix}u_1\\ u_2\end{bmatrix}$。

2.15　试将下列状态方程化为若尔当标准形。

$$\begin{bmatrix}\dot{x}_1\\ \dot{x}_2\\ \dot{x}_3\end{bmatrix}=\begin{bmatrix}4 & 1 & -2\\ 1 & 0 & 2\\ 1 & -1 & 3\end{bmatrix}\begin{bmatrix}x_1\\ x_2\\ x_3\end{bmatrix}+\begin{bmatrix}3 & 1\\ 2 & 7\\ 5 & 3\end{bmatrix}\begin{bmatrix}u_1\\ u_2\end{bmatrix}$$

2.16　已知系统的状态空间表达式为

$$\dot{\boldsymbol{x}} = \begin{bmatrix} -5 & -1 \\ 3 & -1 \end{bmatrix}\boldsymbol{x} + \begin{bmatrix} 2 \\ 5 \end{bmatrix}u$$

$$y = \begin{bmatrix} 1 & 2 \end{bmatrix}\boldsymbol{x} + 4u$$

求其对应的传递函数。

2.17　已知系统的状态空间表达式为

$$\begin{bmatrix} \dot{x}_1 \\ \dot{x}_2 \\ \dot{x}_3 \end{bmatrix} = \begin{bmatrix} -2 & 1 & 0 \\ 0 & -3 & 0 \\ 0 & 1 & -4 \end{bmatrix}\begin{bmatrix} x_1 \\ x_2 \\ x_3 \end{bmatrix} + \begin{bmatrix} -1 & -1 \\ 1 & 4 \\ 2 & -3 \end{bmatrix}\begin{bmatrix} u_1 \\ u_2 \end{bmatrix}$$

$$\begin{bmatrix} y_1 \\ y_2 \end{bmatrix} = \begin{bmatrix} 1 & 1 & 1 \\ -2 & -1 & 0 \end{bmatrix}\begin{bmatrix} x_1 \\ x_2 \\ x_3 \end{bmatrix}$$

求其对应的传递函数矩阵。

2.18　设系统的前向通道传递函数矩阵和反馈通道传递函数矩阵分别为

$$\boldsymbol{G}(s) = \begin{bmatrix} \dfrac{1}{s+1} & -\dfrac{1}{s} \\ 2 & \dfrac{1}{s+2} \end{bmatrix},\quad \boldsymbol{H}(s) = \begin{bmatrix} 1 & 0 \\ 0 & 1 \end{bmatrix}$$

求其闭环传递函数矩阵。

2.19　设离散系统的差分方程为

$$y(k+2) + 5y(k+1) + 3y(k) = u(k+1) + 2u(k)$$

求系统的状态空间表达式。

2.20　已知离散系统的状态空间表达式为

$$x_1(k+1) = x_2(k)$$

$$x_2(k+1) = x_1(k) + 3x_2(k) + 2u(k)$$

$$y(k) = x_1(k) + x_2(k)$$

求对应的脉冲传递函数。

第3章 状态方程的解

第 2 章讨论了系统的状态空间模式数学模型的建立。一旦得到了系统的数学模型，下一步就是分析系统模型。对系统进行分析的目的，就是要揭示系统状态的运动规律和基本特性。通常对系统的分析有定性分析和定量分析两种。在定性分析中，重点介绍对决定系统行为和特性具有重要意义的几个关键性质，而能控性、能观测性和稳定性的研究将在第 4 章和第 5 章中讨论。在定量分析中，则要对系统的运动规律进行精确的研究，即定量地确定系统由外部激励作用所引起的响应。本章将讨论线性系统的定量分析问题，即状态方程的求解问题。

3.1 线性定常系统齐次状态方程的解

考虑 n 维线性定常系统状态方程

$$\dot{\boldsymbol{x}}(t) = \boldsymbol{A}\boldsymbol{x}(t) + \boldsymbol{B}\boldsymbol{u}(t), \quad \boldsymbol{x}(t_0) = \boldsymbol{x}_0, \quad t \geqslant t_0 \tag{3.1.1}$$

齐次状态方程是指输入为零的状态方程，即

$$\dot{\boldsymbol{x}}(t) = \boldsymbol{A}\boldsymbol{x}(t) \tag{3.1.2}$$

式中，$\boldsymbol{x}(t)$为 n 维列向量，$\boldsymbol{x}(t_0)$为初始状态，$\boldsymbol{A}$ 为 $n\times n$ 定常矩阵。要求确定状态变量未来的变化，即系统的状态响应 $\boldsymbol{x}(t)$。状态方程是一个向量微分方程，它的求解方法与标量一阶微分方程的求解方法相类似。大家知道，标量一阶微分方程的齐次方程为

$$\dot{x}(t) = ax(t), \quad x(t_0) = x_0, \quad t \geqslant t_0$$

它的解为

$$x(t) = \mathrm{e}^{a(t-t_0)}x(t_0)$$

式中指数函数可展开为一无穷级数

$$\begin{aligned}\mathrm{e}^{a(t-t_0)} &= 1 + a(t-t_0) + \frac{1}{2!}a^2(t-t_0)^2 + \cdots + \frac{1}{n!}a^n(t-t_0)^n + \cdots \\ &= \sum_{n=0}^{+\infty}\frac{1}{n!}a^n(t-t_0)^n\end{aligned}$$

与此类似，一阶向量微分方程的齐次方程$\dot{\boldsymbol{x}}(t)=\boldsymbol{A}\boldsymbol{x}(t)$的解有如下

形式

$$x(t)=e^{A(t-t_0)}x(t_0)$$

式中

$$\begin{aligned} e^{A(t-t_0)} &= I+A(t-t_0)+\frac{1}{2!}A^2(t-t_0)^2+\cdots+\frac{1}{n!}A^n(t-t_0)^n+\cdots \\ &= \sum_{n=0}^{+\infty}\frac{1}{n!}A^n(t-t_0)^n \end{aligned} \tag{3.1.3}$$

经过数学证明,如 A 为实数阵,则该级数是绝对收敛且一致收敛的。式(3.1.3)中的无穷矩阵级数的收敛式 $e^{A(t-t_0)}$ 叫作**矩阵指数**。

综上所述,得出下面的结论。

结论 3.1.1 方程式(3.1.2)满足初始条件 $x(t)|_{t=t_0}=x(t_0)$ 的解为

$$x(t)=e^{A(t-t_0)}x(t_0) \tag{3.1.4}$$

当 $t_0=0$ 时,有

$$x(t)=e^{At}x(0) \tag{3.1.5}$$

该解是系统输入 $u=0$ 时的解,故又称为**零输入解或零输入响应**。

例 3.1.1 已知 $A=\begin{bmatrix}0 & 1\\ -1 & 0\end{bmatrix}$,求 e^{At}。

解 根据定义

$$\begin{aligned} e^{At} &= I+At+\frac{1}{2!}A^2t^2+\frac{1}{3!}A^3t^3+\cdots \\ &= \begin{bmatrix}1 & 0\\ 0 & 1\end{bmatrix}+\begin{bmatrix}0 & t\\ -t & 0\end{bmatrix}+\frac{1}{2!}\begin{bmatrix}-t^2 & 0\\ 0 & -t^2\end{bmatrix}+\frac{1}{3!}\begin{bmatrix}0 & -t^3\\ t^3 & 0\end{bmatrix}+\cdots \\ &= \begin{bmatrix}1-\frac{t^2}{2!}+\frac{t^4}{4!}-\cdots & t-\frac{t^3}{3!}+\frac{t^5}{5!}-\cdots \\ -t+\frac{t^3}{3!}-\frac{t^5}{5!}+\cdots & 1-\frac{t^2}{2!}+\frac{t^4}{4!}-\cdots\end{bmatrix} \\ &= \begin{bmatrix}\cos t & \sin t\\ -\sin t & \cos t\end{bmatrix} \end{aligned}$$

从上式可以看出,若 A 为 $n\times n$ 的方阵,则矩阵指数 e^{At} 也是一个 $n\times n$ 的方阵,它包含着 $n\times n$ 个级数,只有当其中的每个级数都收敛时,矩阵指数才是收敛的。前已涉及,如 A 为实数阵,e^{At} 对任何 t 绝对收敛且一致收敛。

3.2 矩阵指数

考虑到矩阵指数函数 e^{At} 在线性定常系统运动分析中的重要性,因此这里对其性质和计算方法作一比较系统和细致的讨论。

3.2.1 矩阵指数的性质

从矩阵指数函数的定义式(3.1.3)出发，可导出矩阵指数函数具有如下基本性质。

(1) 矩阵指数 e^{At} 对时间 t 的导数为

$$\frac{d}{dt}e^{At} = Ae^{At} = e^{At}A \tag{3.2.1}$$

证 根据定义

$$e^{At} = I + At + \frac{1}{2!}A^2t^2 + \cdots + \frac{1}{n!}A^nt^n + \cdots$$

由于此无穷级数对任何有限 t 收敛，所以可将上式逐项对 t 求导，有

$$\begin{aligned}\frac{d}{dt}e^{At} &= A + A^2t + \frac{1}{2!}A^3t^2 + \cdots + \frac{1}{(n-1)!}A^nt^{(n-1)} + \cdots \\ &= A\left(I + At + \frac{1}{2!}A^2t^2 + \cdots + \frac{1}{(n-1)!}A^{(n-1)}t^{(n-1)} + \cdots\right) \\ &= A \cdot e^{At} \\ &= e^{At} \cdot A\end{aligned}$$

这一结论表明，矩阵 A 和与其对应的矩阵指数 e^{At} 是可以交换的。

(2) 设 t_1 和 t_2 为独立的自变量，则有

$$e^{A(t_1+t_2)} = e^{At_1}e^{At_2} \tag{3.2.2}$$

证 根据定义

$$\begin{aligned}e^{At_1}e^{At_2} &= \left(I + At_1 + \frac{1}{2!}A^2t_1^2 + \cdots\right)\left(I + At_2 + \frac{1}{2!}A^2t_2^2 + \cdots\right) \\ &= I + A(t_1 + t_2) + A^2\left(\frac{t_1^2}{2!} + t_1t_2 + \frac{t_2^2}{2!}\right) + A^3\left(\frac{t_1^3}{3!} + \frac{1}{2!}t_1^2t_2 + \frac{1}{2!}t_1t_2^2 + \frac{t_2^3}{3!}\right) + \cdots \\ &= I + A(t_1 + t_2) + \frac{1}{2!}A^2(t_1 + t_2)^2 + \frac{1}{3!}A^3(t_1 + t_2)^3 \cdots \\ &= e^{A(t_1+t_2)}\end{aligned}$$

(3) $\lim\limits_{t\to 0} e^{At} = I$ (3.2.3)

证 在式(3.1.3)中，令 $\lim\limits_{t\to t_0}(t - t_0) = 0$，即可得证。

(4) $(e^{At})^{-1} = e^{-At}$ (3.2.4)

证 由性质(2)，令 $t_2 = -t_1$，得

$$e^{At_1}e^{-At_1} = e^{A(t_1-t_1)} = e^{A\cdot 0} = I$$

同理也可证明 $e^{-At}e^{At} = I$。

从这两个式子可以看出 e^{At} 和 e^{-At} 是互为逆阵，从而性质(4)成立。

(5) 对于 $n\times n$ 阶方阵 $\boldsymbol{A}$ 和 $\boldsymbol{B}$，如果 $\boldsymbol{A}$ 和 $\boldsymbol{B}$ 是可交换的，即

$$\boldsymbol{AB}=\boldsymbol{BA} \tag{3.2.5}$$

则有

$$\mathrm{e}^{(\boldsymbol{A}+\boldsymbol{B})t}=\mathrm{e}^{\boldsymbol{A}t}\mathrm{e}^{\boldsymbol{B}t} \tag{3.2.6}$$

证　根据定义

$$\begin{aligned}\mathrm{e}^{(\boldsymbol{A}+\boldsymbol{B})t}&=\boldsymbol{I}+(\boldsymbol{A}+\boldsymbol{B})t+\frac{1}{2!}(\boldsymbol{A}+\boldsymbol{B})^2t^2+\frac{1}{3!}(\boldsymbol{A}+\boldsymbol{B})^3t^3+\cdots\\&=\boldsymbol{I}+(\boldsymbol{A}+\boldsymbol{B})t+\frac{1}{2!}(\boldsymbol{A}^2+\boldsymbol{AB}+\boldsymbol{BA}+\boldsymbol{B}^2)\\&\quad+\frac{1}{3!}(\boldsymbol{A}^3+\boldsymbol{A}^2\boldsymbol{B}+\boldsymbol{ABA}+\boldsymbol{AB}^2+\boldsymbol{BA}^2+\boldsymbol{BAB}+\boldsymbol{B}^2\boldsymbol{A}+\boldsymbol{B}^3)t^3+\cdots\end{aligned}$$

而

$$\begin{aligned}\mathrm{e}^{\boldsymbol{A}t}\cdot\mathrm{e}^{\boldsymbol{B}t}&=\left(\boldsymbol{I}+\boldsymbol{A}t+\frac{1}{2!}\boldsymbol{A}^2t^2+\frac{1}{3!}\boldsymbol{A}^3t^3+\cdots\right)\times\left(\boldsymbol{I}+\boldsymbol{B}t+\frac{1}{2!}\boldsymbol{B}^2t^2+\frac{1}{3!}\boldsymbol{B}^3t^3+\cdots\right)\\&=\boldsymbol{I}+(\boldsymbol{A}+\boldsymbol{B})t+\frac{1}{2!}(\boldsymbol{A}^2+2\boldsymbol{AB}+\boldsymbol{B}^2)+\frac{1}{3!}(\boldsymbol{A}^3+3\boldsymbol{A}^2\boldsymbol{B}+3\boldsymbol{AB}^2+\boldsymbol{B}^3)+\cdots\end{aligned}$$

比较以上两式可以看出，仅当 $\boldsymbol{AB}=\boldsymbol{BA}$ 时，才有 $\mathrm{e}^{(\boldsymbol{A}+\boldsymbol{B})t}=\mathrm{e}^{\boldsymbol{A}t}\mathrm{e}^{\boldsymbol{B}t}$。

3.2.2　几个特殊的矩阵指数

(1) 若 $\boldsymbol{A}$ 为对角矩阵，如

$$\boldsymbol{A}=\begin{bmatrix}\lambda_1 & 0 & \cdots & 0\\ 0 & \lambda_2 & \cdots & 0\\ \vdots & \vdots & \ddots & \vdots\\ 0 & 0 & \cdots & \lambda_n\end{bmatrix} \tag{3.2.7}$$

则 $\mathrm{e}^{\boldsymbol{A}t}$ 也为对角矩阵，且有

$$\mathrm{e}^{\boldsymbol{A}t}=\begin{bmatrix}\mathrm{e}^{\lambda_1 t} & 0 & \cdots & 0\\ 0 & \mathrm{e}^{\lambda_2 t} & \cdots & 0\\ \vdots & \vdots & \ddots & \vdots\\ 0 & 0 & \cdots & \mathrm{e}^{\lambda_n t}\end{bmatrix} \tag{3.2.8}$$

证　把对角矩阵 $\boldsymbol{A}$ 代入定义式(3.1.3)，有

$$\begin{aligned}\mathrm{e}^{\boldsymbol{A}t}&=\boldsymbol{I}+\boldsymbol{A}t+\frac{1}{2!}\boldsymbol{A}^2t^2+\cdots\\&=\begin{bmatrix}1 & 0 & \cdots & 0\\ 0 & 1 & \cdots & 0\\ \vdots & \vdots & \ddots & \vdots\\ 0 & 0 & \cdots & 1\end{bmatrix}+\begin{bmatrix}\lambda_1 & 0 & \cdots & 0\\ 0 & \lambda_2 & \cdots & 0\\ \vdots & \vdots & \ddots & \vdots\\ 0 & 0 & \cdots & \lambda_n\end{bmatrix}t+\frac{1}{2!}\begin{bmatrix}\lambda_1^2 & 0 & \cdots & 0\\ 0 & \lambda_2^2 & \cdots & 0\\ \vdots & \vdots & \ddots & \vdots\\ 0 & 0 & \cdots & \lambda_n^2\end{bmatrix}t^2+\cdots\end{aligned}$$

$$
= \begin{bmatrix} \sum_{n=0}^{+\infty} \frac{1}{n!}\lambda_1^n t^n & 0 & \cdots & 0 \\ 0 & \sum_{n=0}^{+\infty} \frac{1}{n!}\lambda_2^n t^n & \cdots & 0 \\ \vdots & \vdots & \ddots & \vdots \\ 0 & 0 & \cdots & \sum_{n=0}^{+\infty} \frac{1}{n!}\lambda_n^n t^n \end{bmatrix}
$$

$$
= \begin{bmatrix} e^{\lambda_1 t} & 0 & \cdots & 0 \\ 0 & e^{\lambda_2 t} & \cdots & 0 \\ \vdots & \vdots & \ddots & \vdots \\ 0 & 0 & \cdots & e^{\lambda_n t} \end{bmatrix}
$$

可见,当 $\boldsymbol{A}$ 为对角矩阵时,$e^{\boldsymbol{A}t}$ 的计算很简单。

(2) 若 $\boldsymbol{A}$ 为一个 $m\times m$ 的若尔当块,即

$$
\boldsymbol{A} = \begin{bmatrix} \lambda & 1 & & & \boldsymbol{0} \\ & \lambda & \ddots & & \\ & & \ddots & & \\ & & & \lambda & 1 \\ \boldsymbol{0} & & & & \lambda \end{bmatrix}_{m\times m} \tag{3.2.9}
$$

则矩阵指数 $e^{\boldsymbol{A}t}$ 为

$$
e^{\boldsymbol{A}t} = e^{\lambda t} \begin{bmatrix} 1 & t & \frac{t^2}{2!} & \cdots & \frac{t^{m-1}}{(m-1)!} \\ & 1 & t & \ddots & \frac{t^{m-2}}{(m-2)!} \\ & & \ddots & \ddots & \vdots \\ & & & & t \\ \boldsymbol{0} & & & & 1 \end{bmatrix}_{m\times m} \tag{3.2.10}
$$

证 把 $\boldsymbol{A}$ 代入定义式(3.1.3),则有

$$
e^{\boldsymbol{A}t} = \boldsymbol{I} + \boldsymbol{A}t + \frac{1}{2!}\boldsymbol{A}^2 t^2 + \cdots
$$

由于

$$
\boldsymbol{A} = \begin{bmatrix} \lambda & 1 & & \boldsymbol{0} \\ & \lambda & \ddots & \\ & & \ddots & 1 \\ \boldsymbol{0} & & & \lambda \end{bmatrix}_{m\times m}, \quad \boldsymbol{A}^2 = \begin{bmatrix} \lambda^2 & 2\lambda & 1 & & \boldsymbol{0} \\ & \lambda^2 & 2\lambda & \ddots & \\ & & \lambda^2 & \ddots & 1 \\ & & & \ddots & 2\lambda \\ \boldsymbol{0} & & & & \lambda^2 \end{bmatrix}_{m\times m}
$$

$$
\boldsymbol{A}^3 = \begin{bmatrix}
\lambda^3 & 3\lambda^2 & 3\lambda & 1 & & \boldsymbol{0} \\
 & \lambda^3 & 3\lambda^2 & 3\lambda & \ddots & \\
 & & \ddots & \ddots & \ddots & 1 \\
 & & & & & 3\lambda \\
 & & & & & 3\lambda^3 \\
 & \boldsymbol{0} & & & & \lambda^3
\end{bmatrix}_{m\times m}
$$

利用归纳法可以证明，如 $\boldsymbol{f(A)}$ 代表任一幂函数，则有

$$
\boldsymbol{f(A)} = \begin{bmatrix}
f(\lambda) & f'(\lambda) & f''(\lambda)/2! & f'''(\lambda)/3! & \cdots & \cdots \\
 & f(\lambda) & f'(\lambda) & f''(\lambda)/2! & \cdots & \cdots \\
 & & & & & \vdots \\
 & & & \ddots & & \\
 & & & & & f'(\lambda) \\
 & & & & \ddots & \\
\boldsymbol{0} & & & & & f(\lambda)
\end{bmatrix}
$$

从而有

$$
\mathrm{e}^{\boldsymbol{A}t} = \begin{bmatrix}
\mathrm{e}^{\lambda t} & t\,\mathrm{e}^{\lambda t} & \frac{1}{2}t^2\mathrm{e}^{\lambda t} & \cdots & \frac{t^{m-1}}{(m-1)!}\mathrm{e}^{\lambda t} \\
 & \mathrm{e}^{\lambda t} & t\,\mathrm{e}^{\lambda t} & \cdots & \frac{t^{m-2}}{(m-2)!}\mathrm{e}^{\lambda t} \\
 & & & & \vdots \\
 & & & \ddots & \\
 & & & \ddots & \\
 & & & & t\,\mathrm{e}^{\lambda t} \\
\boldsymbol{0} & & & & \mathrm{e}^{\lambda t}
\end{bmatrix}
$$

$$
= \mathrm{e}^{\lambda t} \begin{bmatrix}
1 & t & \frac{1}{2}t^2 & \cdots & \frac{t^{m-1}}{(m-1)!} \\
 & 1 & t & \cdots & \frac{t^{m-2}}{(m-2)!} \\
 & & \ddots & \ddots & \vdots \\
 & & & & t \\
 & \boldsymbol{0} & & & 1
\end{bmatrix}
$$

当得到每个若尔当块的矩阵指数后，即可写出有多个若尔当块的若尔当矩阵的矩阵指数。

(3) 设矩阵 $\boldsymbol{A}$ 是一个有多个若尔当块的若尔当矩阵，即

$$\boldsymbol{A}=\begin{bmatrix}\boldsymbol{A}_1 & \boldsymbol{0} & \cdots & \boldsymbol{0}\\ \boldsymbol{0} & \boldsymbol{A}_2 & \cdots & \boldsymbol{0}\\ \vdots & \vdots & \ddots & \vdots\\ \boldsymbol{0} & \boldsymbol{0} & \cdots & \boldsymbol{A}_j\end{bmatrix} \tag{3.2.11}$$

式中 $\boldsymbol{A}_1,\boldsymbol{A}_2,\cdots,\boldsymbol{A}_j$ 代表若尔当块，则

$$\mathrm{e}^{\boldsymbol{A}t}=\begin{bmatrix}\mathrm{e}^{\boldsymbol{A}_1 t} & \boldsymbol{0} & \cdots & \boldsymbol{0}\\ \boldsymbol{0} & \mathrm{e}^{\boldsymbol{A}_2 t} & \cdots & \boldsymbol{0}\\ \vdots & \vdots & \ddots & \vdots\\ \boldsymbol{0} & \boldsymbol{0} & \cdots & \mathrm{e}^{\boldsymbol{A}_j t}\end{bmatrix} \tag{3.2.12}$$

式中 $\mathrm{e}^{\boldsymbol{A}_1 t},\mathrm{e}^{\boldsymbol{A}_2 t},\cdots,\mathrm{e}^{\boldsymbol{A}_j t}$ 是由式(3.2.10)所表示的矩阵。

(4) 若

$$\boldsymbol{A}=\begin{bmatrix}\sigma & \omega\\ -\omega & \sigma\end{bmatrix} \tag{3.2.13}$$

则有

$$\mathrm{e}^{\boldsymbol{A}t}=\mathrm{e}^{\sigma t}\begin{bmatrix}\cos\omega t & \sin\omega t\\ -\sin\omega t & \cos\omega t\end{bmatrix} \tag{3.2.14}$$

这个结论从例 3.1.1 中就可看出，具体的证明步骤从略。

3.2.3 矩阵指数的计算

下面介绍确定矩阵指数函数 $\mathrm{e}^{\boldsymbol{A}t}$ 的常用计算方法，并举例说明它们的应用。

(1) **方法 1** 直接按照定义计算法。这种方法以式(3.1.3)为依据，在例 3.1.1中已经做过，不再举例说明了。此法计算步骤简单，便于编程，适合于计算机计算。但通常只能得到 $\mathrm{e}^{\boldsymbol{A}t}$ 的数值结果，一般难以获得其函数表达式。

(2) **方法 2** 拉氏变换法。这种方法实际上是用拉氏变换法在频域中求齐次状态方程的解。

设线性定常齐次状态方程

$$\dot{\boldsymbol{x}}(t)=\boldsymbol{A}\boldsymbol{x}(t),\quad \boldsymbol{x}(0)=\boldsymbol{x}_0,\quad t\geqslant t_0 \tag{3.2.15}$$

式中，$\boldsymbol{x}(0)$为初始条件。上式两边进行拉氏变换，得

$$s\boldsymbol{X}(s)-\boldsymbol{x}(0)=\boldsymbol{A}\boldsymbol{X}(s)$$

整理得

$$(s\boldsymbol{I}-\boldsymbol{A})\boldsymbol{X}(s)=\boldsymbol{x}(0)$$

由此可解出

$$\boldsymbol{X}(s)=(s\boldsymbol{I}-\boldsymbol{A})^{-1}\boldsymbol{x}(0)$$

再取拉氏反变换，得

$$\begin{aligned}\boldsymbol{x}(t) &= L^{-1}[\boldsymbol{X}(s)] = L^{-1}[(s\boldsymbol{I}-\boldsymbol{A})^{-1}\boldsymbol{x}(0)] \\ &= L^{-1}[(s\boldsymbol{I}-\boldsymbol{A})^{-1}]\boldsymbol{x}(0)\end{aligned} \tag{3.2.16}$$

把它与定义式(3.1.5)比较，根据定常微分方程解的唯一性，则有

$$\mathrm{e}^{\boldsymbol{A}t} = L^{-1}[(s\boldsymbol{I}-\boldsymbol{A})^{-1}] \tag{3.2.17}$$

例 3.2.1　试用拉氏变换法计算矩阵 $\boldsymbol{A}$ 的矩阵指数。

$$\boldsymbol{A} = \begin{bmatrix} 0 & 1 \\ -2 & -3 \end{bmatrix}$$

解

$$(s\boldsymbol{I}-\boldsymbol{A}) = \begin{bmatrix} s & -1 \\ 2 & s+3 \end{bmatrix}$$

$$\begin{aligned}(s\boldsymbol{I}-\boldsymbol{A})^{-1} &= \frac{1}{s(s+3)+2}\begin{bmatrix} s+3 & 1 \\ -2 & s \end{bmatrix} \\ &= \begin{bmatrix} \dfrac{s+3}{(s+1)(s+2)} & \dfrac{1}{(s+1)(s+2)} \\ \dfrac{-2}{(s+1)(s+2)} & \dfrac{s}{(s+1)(s+2)} \end{bmatrix}\end{aligned}$$

由此便得

$$\begin{aligned}\mathrm{e}^{\boldsymbol{A}t} &= L^{-1}\begin{bmatrix} \dfrac{2}{s+1}-\dfrac{1}{s+2} & \dfrac{1}{s+1}-\dfrac{1}{s+2} \\ -\dfrac{2}{s+1}+\dfrac{2}{s+2} & -\dfrac{1}{s+1}+\dfrac{2}{s+2} \end{bmatrix} \\ &= \begin{bmatrix} 2\mathrm{e}^{-t}-\mathrm{e}^{-2t} & \mathrm{e}^{-t}-\mathrm{e}^{-2t} \\ -2\mathrm{e}^{-t}+2\mathrm{e}^{-2t} & -\mathrm{e}^{-t}+2\mathrm{e}^{-2t} \end{bmatrix}\end{aligned}$$

(3) **方法 3**　将矩阵 $\boldsymbol{A}$ 化为对角标准形或若尔当标准形法。

若 $\boldsymbol{A}$ 为对角矩阵，如

$$\boldsymbol{A} = \begin{bmatrix} \lambda_1 & 0 & \cdots & 0 \\ 0 & \lambda_2 & \cdots & 0 \\ \vdots & \vdots & & \vdots \\ 0 & 0 & \cdots & \lambda_n \end{bmatrix}$$

则由式(3.2.8)知 $\mathrm{e}^{\boldsymbol{A}t}$ 也为对角矩阵，且有

$$\mathrm{e}^{\boldsymbol{A}t} = \begin{bmatrix} \mathrm{e}^{\lambda_1 t} & 0 & \cdots & 0 \\ 0 & \mathrm{e}^{\lambda_2 t} & \cdots & 0 \\ \vdots & \vdots & & \vdots \\ 0 & 0 & \cdots & \mathrm{e}^{\lambda_n t} \end{bmatrix}$$

可见，当 $\boldsymbol{A}$ 为对角矩阵时，$\mathrm{e}^{\boldsymbol{A}t}$ 的计算很简单。但是，一般情况下，系数矩阵 $\boldsymbol{A}$ 并非对角矩阵，如果存在线性非奇异变换，能将矩阵 $\boldsymbol{A}$ 化为对角矩阵，则 $\mathrm{e}^{\boldsymbol{A}t}$ 的计算就有办法了。

假若已经求得了矩阵 $\boldsymbol{A}$ 的特征值时,可按以下方法计算矩阵指数 $e^{\boldsymbol{A}t}$。

① 系统矩阵 $\boldsymbol{A}$ 的 n 个特征值 $\lambda_1,\lambda_2,\cdots,\lambda_n$ 为两两互异,则在确定出使 $\boldsymbol{A}$ 实现对角化

$$\boldsymbol{A}=\boldsymbol{P}\begin{bmatrix}\lambda_1 & 0 & \cdots & 0\\ 0 & \lambda_2 & \cdots & 0\\ \vdots & \vdots & \ddots & \vdots\\ 0 & 0 & \cdots & \lambda_n\end{bmatrix}\boldsymbol{P}^{-1}$$

的变换阵 $\boldsymbol{P}$ 及其逆 $\boldsymbol{P}^{-1}$ 后,即有

$$e^{\boldsymbol{A}t}=\boldsymbol{P}\begin{bmatrix}e^{\lambda_1 t} & 0 & \cdots & 0\\ 0 & e^{\lambda_2 t} & \cdots & 0\\ \vdots & \vdots & \ddots & \vdots\\ 0 & 0 & \cdots & e^{\lambda_n t}\end{bmatrix}\boldsymbol{P}^{-1} \tag{3.2.18}$$

式中,$\boldsymbol{P}$ 是使 $\boldsymbol{A}$ 化为对角标准形的变换矩阵。关于 $\boldsymbol{P}$ 的求取,在第2章中已经详细介绍过。

证 因为 $\boldsymbol{A}$ 的特征值互异,则一定存在一个非奇异变换阵 $\boldsymbol{P}$,将 $\boldsymbol{A}$ 化为对角标准形

$$\boldsymbol{P}^{-1}\boldsymbol{A}\boldsymbol{P}=\begin{bmatrix}\lambda_1 & 0 & \cdots & 0\\ 0 & \lambda_2 & \cdots & 0\\ \vdots & \vdots & \ddots & \vdots\\ 0 & 0 & \cdots & \lambda_n\end{bmatrix} \tag{3.2.19}$$

对于对角标准形的矩阵指数已经算得

$$e^{\boldsymbol{P}^{-1}\boldsymbol{A}\boldsymbol{P}t}=\begin{bmatrix}e^{\lambda_1 t} & 0 & \cdots & 0\\ 0 & e^{\lambda_2 t} & \cdots & 0\\ \vdots & \vdots & \ddots & \vdots\\ 0 & 0 & \cdots & e^{\lambda_n t}\end{bmatrix} \tag{3.2.20}$$

且

$$e^{\boldsymbol{P}^{-1}\boldsymbol{A}\boldsymbol{P}t}=\boldsymbol{I}+\boldsymbol{P}^{-1}\boldsymbol{A}\boldsymbol{P}t+\frac{1}{2!}(\boldsymbol{P}^{-1}\boldsymbol{A}\boldsymbol{P})^2t^2+\cdots+\frac{1}{n!}(\boldsymbol{P}^{-1}\boldsymbol{A}\boldsymbol{P})^nt^n+\cdots$$

由于

$$(\boldsymbol{P}^{-1}\boldsymbol{A}\boldsymbol{P})^nt^n=\boldsymbol{P}^{-1}\boldsymbol{A}\boldsymbol{P}\underbrace{t\cdot\boldsymbol{P}^{-1}\boldsymbol{A}\boldsymbol{P}t\cdots\boldsymbol{P}^{-1}}_{n\text{个}}\boldsymbol{A}\boldsymbol{P}t=\boldsymbol{P}^{-1}\boldsymbol{A}^nt^n\boldsymbol{P}$$

故有

$$e^{\boldsymbol{P}^{-1}\boldsymbol{A}\boldsymbol{P}t}=\boldsymbol{P}^{-1}(\boldsymbol{I}+\boldsymbol{A}t+\frac{1}{2!}\boldsymbol{A}^2t^2+\cdots+\frac{1}{n!}\boldsymbol{A}^nt^n+\cdots)\boldsymbol{P}=\boldsymbol{P}^{-1}e^{\boldsymbol{A}t}\boldsymbol{P}$$

因而有

$$e^{At}=Pe^{P^{-1}APt}P^{-1}=P\begin{bmatrix}e^{\lambda_1 t}&0&\cdots&0\\0&e^{\lambda_2 t}&\cdots&0\\\vdots&\vdots&\ddots&\vdots\\0&0&\cdots&e^{\lambda_n t}\end{bmatrix}P^{-1}$$

例 3.2.2　试用化为对角标准形法求矩阵指数 e^{At}。

$$A=\begin{bmatrix}0&1\\-2&-3\end{bmatrix}$$

解　首先求 A 的特征值

$$|\lambda I-A|=\begin{vmatrix}\lambda&-1\\2&\lambda+3\end{vmatrix}=(\lambda+1)(\lambda+2)=0$$

所以,A 的特征值为 $\lambda_1=-1,\lambda_2=-2$。然后求出使 A 实现对角化的变换阵 P 和其逆 P^{-1} 为

$$P=\begin{bmatrix}1&1\\-1&-2\end{bmatrix},\quad P^{-1}=\begin{bmatrix}2&1\\-1&-1\end{bmatrix}$$

所以,矩阵指数 e^{At} 为

$$e^{At}=P\begin{bmatrix}e^{\lambda_1 t}&0\\0&e^{\lambda_2 t}\end{bmatrix}P^{-1}=\begin{bmatrix}1&1\\-1&-2\end{bmatrix}\begin{bmatrix}e^{-t}&0\\0&e^{-2t}\end{bmatrix}\begin{bmatrix}2&1\\-1&-1\end{bmatrix}$$

$$=\begin{bmatrix}2e^{-t}-e^{-2t}&e^{-t}-e^{-2t}\\-2e^{-t}+2e^{-2t}&-e^{-t}+2e^{-2t}\end{bmatrix}$$

例 3.2.3　已知矩阵

$$A=\begin{bmatrix}0&1&-1\\-6&-11&6\\-6&-11&5\end{bmatrix}$$

试用化为对角标准形法求矩阵指数 e^{At}。

解　首先求 A 的特征值

$$|\lambda I-A|=\begin{vmatrix}\lambda&-1&1\\6&\lambda+11&-6\\6&11&\lambda-5\end{vmatrix}=(\lambda+1)(\lambda+2)(\lambda+3)=0$$

所以,A 的特征值为 $\lambda_1=-1,\lambda_2=-2,\lambda_3=-3$。然后求对应的特征向量可得

$$p_1=\begin{bmatrix}1\\0\\1\end{bmatrix},\quad p_2=\begin{bmatrix}1\\2\\4\end{bmatrix},\quad p_3=\begin{bmatrix}1\\6\\9\end{bmatrix}$$

由此求得变换矩阵 P

$$P=\begin{bmatrix}1&1&1\\0&2&6\\1&4&9\end{bmatrix},\quad P^{-1}=\begin{bmatrix}3&\frac{5}{2}&-2\\-3&-4&3\\1&\frac{3}{2}&-1\end{bmatrix}$$

所以,矩阵指数

$$\begin{aligned}e^{At}&=P\begin{bmatrix}e^{-t}&0&0\\0&e^{-2t}&0\\0&0&e^{-3t}\end{bmatrix}P^{-1}\\&=\begin{bmatrix}3e^{-t}-3e^{-2t}+e^{-3t}&\frac{5}{2}e^{-t}-4e^{-2t}+\frac{3}{2}e^{-3t}&-2e^{-t}+3e^{-2t}-e^{-3t}\\-6e^{-t}+6e^{-3t}&-8e^{-2t}+9e^{-3t}&6e^{-2t}-6e^{-3t}\\3e^{-t}-12e^{-2t}+9e^{-3t}&\frac{5}{2}e^{-t}-16e^{-2t}+\frac{27}{2}e^{-3t}&-2e^{-t}+12e^{-2t}-9e^{-3t}\end{bmatrix}\end{aligned}$$

② 矩阵 **A** 有重特征根　设 $n\times n$ 矩阵 **A** 有 n 重特征根 λ,存在线性非奇异变换将 **A** 化为若尔当标准形

$$A=P\begin{bmatrix}\lambda&1&&\mathbf{0}\\&\lambda&\ddots&\\&&\ddots&1\\\mathbf{0}&&&\lambda\end{bmatrix}_{n\times n}P^{-1}\tag{3.2.21}$$

则矩阵指数 e^{At} 为

$$e^{At}=Pe^{\lambda t}\begin{bmatrix}1&t&\frac{t^2}{2!}&\cdots&\frac{t^{n-1}}{(n-1)!}\\&1&t&\ddots&\frac{t^{n-2}}{(n-2)!}\\&&&\ddots&\vdots\\&&&&t\\\mathbf{0}&&&&1\end{bmatrix}_{n\times n}P^{-1}\tag{3.2.22}$$

式中 **P** 为使 **A** 化为若尔当标准形的变换矩阵,它的证明从略。在一般情况下,**A** 阵既有重特征值,又有单特征值。例如有三重特征值 λ_1,二重特征值 λ_2,单特征值 λ_3 的矩阵 **A**,且可找到变换阵 **P** 和 P^{-1},使其化为若尔当标准形即

$$A=P\begin{bmatrix}\lambda_1&1&&&&\mathbf{0}\\&\lambda_1&1&&&\\&&\lambda_1&&&\\&&&\lambda_2&1&\\&&&&\lambda_2&\\\mathbf{0}&&&&&\lambda_3\end{bmatrix}P^{-1}$$

则其矩阵指数 e^{At} 应有如下形式

$$e^{At}=P\left[\begin{array}{ccc|cc|c} e^{\lambda_1 t} & te^{\lambda_1 t} & \frac{1}{2}t^2e^{\lambda_1 t} & 0 & 0 & 0 \\ 0 & e^{\lambda_1 t} & te^{\lambda_1 t} & 0 & 0 & 0 \\ 0 & 0 & e^{\lambda_1 t} & 0 & 0 & 0 \\ \hline 0 & 0 & 0 & e^{\lambda_2 t} & te^{\lambda_2 t} & 0 \\ 0 & 0 & 0 & 0 & e^{\lambda_2 t} & 0 \\ \hline 0 & 0 & 0 & 0 & 0 & e^{\lambda_3 t} \end{array}\right]P^{-1} \tag{3.2.23}$$

例 3.2.4 试求下列矩阵 A 的矩阵指数。

$$A=\begin{bmatrix} 0 & 6 & -5 \\ 1 & 0 & 2 \\ 3 & 2 & 4 \end{bmatrix}$$

解 因为

$$|\lambda I-A|=\begin{bmatrix} \lambda & -6 & 5 \\ -1 & \lambda & -2 \\ -3 & -2 & \lambda-4 \end{bmatrix}=(\lambda-1)^2(\lambda-2)$$

所以,矩阵 A 有二重特征值 $\lambda_{1,2}=1$,一重特征值 $\lambda_3=2$,求与之相应的特征向量和广义特征向量,可得

$$p_1=\begin{bmatrix} 1 \\ -\frac{3}{7} \\ -\frac{5}{7} \end{bmatrix},\quad p_2=\begin{bmatrix} 1 \\ -\frac{22}{49} \\ -\frac{46}{49} \end{bmatrix},\quad p_3=\begin{bmatrix} 2 \\ -1 \\ -2 \end{bmatrix}$$

所以,可得变换矩阵

$$P=\begin{bmatrix} 1 & 1 & 2 \\ -\frac{3}{7} & -\frac{22}{49} & -1 \\ -\frac{5}{7} & -\frac{46}{49} & -2 \end{bmatrix}$$

且得

$$P^{-1}=\begin{bmatrix} 2 & -6 & 5 \\ 7 & 28 & -7 \\ -4 & -11 & +1 \end{bmatrix}$$

由此可得

$$
\begin{aligned}
e^{At} &= \boldsymbol{P} e^{\boldsymbol{P}^{-1}\boldsymbol{A}\boldsymbol{P}t} \boldsymbol{P}^{-1} \\
&= \begin{bmatrix} 1 & 1 & 2 \\ -\dfrac{3}{7} & -\dfrac{22}{49} & -1 \\ -\dfrac{5}{7} & -\dfrac{46}{49} & -2 \end{bmatrix} \begin{bmatrix} e^t & te^t & 0 \\ 0 & e^t & 0 \\ 0 & 0 & e^{2t} \end{bmatrix} \begin{bmatrix} 2 & -6 & 5 \\ 7 & 28 & -7 \\ -4 & -11 & 1 \end{bmatrix} \\
&= \begin{bmatrix} 9e^t + 7te^t - 8e^{2t} & 22e^t + 28te^t - 22e^{2t} & -2e^t - 7te^t + 2e^{2t} \\ -4e^t - 3te^t + 4e^{2t} & -10e^t - 12te^t + 11e^{2t} & e^t + 3te^t - e^{2t} \\ -8e^t - 5te^t + 8e^{2t} & -22e^t - 20te^t + 22e^{2t} & 3e^t + 5te^t - 2e^{2t} \end{bmatrix}
\end{aligned}
$$

(4) **方法 4** 化矩阵指数 e^{At} 为 $\boldsymbol{A}$ 的有限项法。

即把 e^{At} 表示为 $\boldsymbol{A}^k(k=0,1,2,\cdots,n-1)$的一个多项式

$$
e^{At} = a_0(t)\boldsymbol{I} + a_1(t)\boldsymbol{A} + \cdots + a_{n-1}(t)\boldsymbol{A}^{n-1} \tag{3.2.24}
$$

式中,当矩阵 $\boldsymbol{A}$ 的特征值 $\lambda_1,\lambda_2,\cdots,\lambda_n$ 为两两互异时,$a_0(t),a_1(t),\cdots,a_{n-1}(t)$可按下式计算:

$$
\begin{bmatrix} a_0(t) \\ a_1(t) \\ \vdots \\ a_{n-1}(t) \end{bmatrix} = \begin{bmatrix} 1 & \lambda_1 & \cdots & \lambda_1^{n-1} \\ 1 & \lambda_2 & \cdots & \lambda_2^{n-1} \\ \vdots & \vdots & \ddots & \vdots \\ 1 & \lambda_n & \cdots & \lambda_n^{n-1} \end{bmatrix}^{-1} \begin{bmatrix} e^{\lambda_1 t} \\ e^{\lambda_2 t} \\ \vdots \\ e^{\lambda_n t} \end{bmatrix} \tag{3.2.25}
$$

对于 $\boldsymbol{A}$ 包含重特征值的情况,例如其特征值为 λ_1(三重),λ_2(二重),$\lambda_3,\cdots,\lambda_{n-3}$ 时,$a_0(t),a_1(t),\cdots,a_{n-1}(t)$可按下式计算:

$$
\begin{bmatrix} a_0(t) \\ a_1(t) \\ a_2(t) \\ a_3(t) \\ a_4(t) \\ a_5(t) \\ \vdots \\ a_{n-1}(t) \end{bmatrix} = \begin{bmatrix} 0 & 0 & 1 & 3\lambda_1 & \cdots & \dfrac{(n-1)(n-2)}{2!}\lambda_1^{n-3} \\ 0 & 1 & 2\lambda_1 & 3\lambda_1^2 & \cdots & \dfrac{(n-1)}{1!}\lambda_1^{n-2} \\ 1 & \lambda_1 & \lambda_1^2 & \lambda_1^3 & \cdots & \lambda_1^{n-1} \\ \hdashline 0 & 1 & 2\lambda_2 & 3\lambda_2^2 & \cdots & \dfrac{(n-1)}{1!}\lambda_2^{n-2} \\ 1 & \lambda_2 & \lambda_2^2 & \lambda_2^3 & \cdots & \lambda_2^{n-1} \\ \hdashline 1 & \lambda_3 & \lambda_3^2 & \lambda_3^3 & \cdots & \lambda_3^{n-1} \\ \vdots & \vdots & \vdots & \vdots & & \vdots \\ 1 & \lambda_{n-3} & \lambda_{n-3}^2 & \lambda_{n-3}^3 & \cdots & \lambda_{n-3}^{n-1} \end{bmatrix}^{-1} \begin{bmatrix} \dfrac{1}{2!}t^2 e^{\lambda_1 t} \\ \dfrac{1}{1!}te^{\lambda_1 t} \\ e^{\lambda_1 t} \\ \hdashline \dfrac{1}{1!}te^{\lambda_2 t} \\ e^{\lambda_2 t} \\ \hdashline e^{\lambda_3 t} \\ \vdots \\ e^{\lambda_{n-3} t} \end{bmatrix} \tag{3.2.26}
$$

证明关系式(3.2.24)～式(3.2.26)的正确性,要用到凯莱-哈密顿(Cayley-Hamilton)定理。它的叙述如下。

凯莱-哈密顿定理 设矩阵 $\boldsymbol{A}$ 为 $n\times n$ 方阵,则 $\boldsymbol{A}$ 满足其自身的特征方程,即若

$$
f(\lambda) = |\lambda\boldsymbol{I} - \boldsymbol{A}| = \lambda^n + a_1\lambda^{n-1} + \cdots + a_{n-1}\lambda + a_n = 0 \tag{3.2.27}
$$

则

$$f(\boldsymbol{A})=\boldsymbol{A}^n+a_1\boldsymbol{A}^{n-1}+\cdots+a_{n-1}\boldsymbol{A}+a_n\boldsymbol{I}=\boldsymbol{0} \tag{3.2.28}$$

定理的证明从略。从凯莱-哈密顿定理出发,可以导出

$$\boldsymbol{A}^n+a_1\boldsymbol{A}^{n-1}+a_2\boldsymbol{A}^{n-2}+\cdots+a_{n-1}\boldsymbol{A}+a_n\boldsymbol{I}=\boldsymbol{0}$$

这表明 $\boldsymbol{A}^n$ 可表为 $\boldsymbol{A}^{n-1},\cdots,\boldsymbol{A},\boldsymbol{I}$ 的线性组合,即

$$\boldsymbol{A}^n=-a_1\boldsymbol{A}^{n-1}-a_2\boldsymbol{A}^{n-2}-\cdots-a_{n-1}\boldsymbol{A}-a_n\boldsymbol{I}$$

又因

$$\begin{aligned}\boldsymbol{A}^{n+1}&=\boldsymbol{A}\times\boldsymbol{A}^n=\boldsymbol{A}(-a_1\boldsymbol{A}^{n-1}-a_2\boldsymbol{A}^{n-2}-\cdots-a_{n-1}\boldsymbol{A}-a_n\boldsymbol{I})\\&=-a_1\boldsymbol{A}^n-a_2\boldsymbol{A}^{n-1}-\cdots-a_{n-1}\boldsymbol{A}^2-a_n\boldsymbol{A}\\&=-a_1(-a_1\boldsymbol{A}^{n-1}-a_2\boldsymbol{A}^{n-2}-\cdots-a_{n-1}\boldsymbol{A}-a_n\boldsymbol{I})-a_2\boldsymbol{A}^{n-1}-a_3\boldsymbol{A}^{n-2}\cdots\\&\quad-a_{n-2}\boldsymbol{A}^2-a_n\boldsymbol{A}\\&=(a_1^2-a_2)\boldsymbol{A}^{n-1}+(a_1a_2-a_3)\boldsymbol{A}^{n-2}+\cdots+(a_1a_n-a_n)\boldsymbol{A}+a_1a_n\boldsymbol{I}\end{aligned}$$

这表明 $\boldsymbol{A}^{n+1}$ 也可表示为 $\boldsymbol{A}^{n-1},\cdots,\boldsymbol{A},\boldsymbol{I}$ 的线性组合。依此类推,$\boldsymbol{A}^{n+2},\boldsymbol{A}^{n+3},\cdots$ 均可表示为 $\boldsymbol{A}^{n-1},\cdots,\boldsymbol{A},\boldsymbol{I}$ 的线性组合。即

$$\boldsymbol{A}^k=\sum_{i=0}^{n-1}C_i\boldsymbol{A}^i,\quad k\geqslant n \tag{3.2.29}$$

所以,对于矩阵指数

$$\mathrm{e}^{\boldsymbol{A}t}=\boldsymbol{I}+\boldsymbol{A}t+\frac{1}{2!}\boldsymbol{A}^2t^2+\cdots$$

的无穷多项表达式可表示为 $\boldsymbol{A}^{n-1},\cdots,\boldsymbol{A},\boldsymbol{I}$ 的有限项表达式,但其系数为时间 t 的函数,也即式(3.2.24)。

下面证明当 $\boldsymbol{A}$ 的特征值两两互异时式(3.2.25)的正确性。

因为矩阵 $\boldsymbol{A}$ 及其特征值都是满足特征方程的,即 $f(\boldsymbol{A})=\boldsymbol{0}$,$f(\lambda)=0$,所以,既然 $\mathrm{e}^{\boldsymbol{A}t}$ 可以表示为 $\boldsymbol{A}$ 的 $n-1$ 次多项式,则同样方法也可以证明 $\mathrm{e}^{\lambda t}$ 也可以表示为 λ 的 $n-1$ 次多项式,而且两者的系数 $a_i(t)(i=0,1,2,\cdots,n-1)$ 应该是相同的,即有

$$\begin{cases}\mathrm{e}^{\lambda_1t}=a_0(t)+a_1(t)\lambda_1+\cdots+a_{n-1}(t)\lambda_1^{n-1}\\\mathrm{e}^{\lambda_2t}=a_0(t)+a_1(t)\lambda_2+\cdots+a_{n-1}(t)\lambda_2^{n-1}\\\quad\vdots\\\mathrm{e}^{\lambda_nt}=a_0(t)+a_1(t)\lambda_n+\cdots+a_{n-1}(t)\lambda_n^{n-1}\end{cases} \tag{3.2.30}$$

解此方程组,即可求出系数 $a_i(t)(i=0,1,2,\cdots,n-1)$。即

$$\begin{bmatrix}a_0(t)\\a_1(t)\\\vdots\\a_{n-1}(t)\end{bmatrix}=\begin{bmatrix}1&\lambda_1&\lambda_1^2&\cdots&\lambda_1^{n-1}\\1&\lambda_2&\lambda_2^2&\cdots&\lambda_2^{n-1}\\\vdots&\vdots&\vdots&\ddots&\vdots\\1&\lambda_n&\lambda_n^2&\cdots&\lambda_n^{n-1}\end{bmatrix}^{-1}\begin{bmatrix}\mathrm{e}^{\lambda_1t}\\\mathrm{e}^{\lambda_2t}\\\vdots\\\mathrm{e}^{\lambda_nt}\end{bmatrix}$$

当 $\boldsymbol{A}$ 有重特征值时,证明式(3.2.26)的正确性。

设 $\boldsymbol{A}$ 有 n 个重特征值 λ,则显然下式成立。

$$\mathrm{e}^{\lambda t}=a_0(t)+a_1(t)\lambda+\cdots+a_{n-1}(t)\lambda^{n-1} \tag{3.2.31}$$

但是只此一个方程式,为了解出 $a_i(t)(i=0,1,2,\cdots,n-1)$,必须添上 $n-1$ 个方程,办法是将式(3.2.31)依次对 λ 求导,直到 $n-1$ 次,其结果是

$$\begin{cases} te^{\lambda t} = a_1(t) + 2a_2(t)\lambda + \cdots + (n-1)a_{n-1}\lambda^{n-2} \\ t^2 e^{\lambda t} = 2a_2(t) + 6a_3(t)\lambda + \cdots + (n-1)(n-2)a_{n-1}\lambda^{n-3} \\ \vdots \\ t^{n-1}e^{\lambda t} = (n-1)!\,a_{n-1}(t) \end{cases} \tag{3.2.32}$$

由此导出了关于 $a_i(t)(i=0,1,2,\cdots,n-1)$ 的 n 个方程,从而可以解出这些系数来。如果有几个重特征值,则可分别对每个重特征值按上述方法进行,这样,总会有所需个数的独立方程存在,从而求出 n 个系数来,即式(3.2.26)。

式(3.2.26)较为复杂,不易记忆,对于有重特征值的情况可直接由式(3.2.31)和式(3.2.32)构成 n 个线性独立方程,对其求解得出对应系数 $a_i(t)(i=0,1,2,\cdots,n-1)$。

下面给出例子说明上述方法。

例 3.2.5 用化为有限项法求矩阵 $\boldsymbol{A}$ 的矩阵指数。

$$\boldsymbol{A} = \begin{bmatrix} 0 & 1 \\ -2 & -3 \end{bmatrix}$$

解 先求出矩阵 $\boldsymbol{A}$ 的特征值 $\lambda_1=-1,\lambda_2=-2$,则由式(3.2.25)有

$$\begin{bmatrix} a_0(t) \\ a_1(t) \end{bmatrix} = \begin{bmatrix} 1 & \lambda_1 \\ 1 & \lambda_2 \end{bmatrix}^{-1} \begin{bmatrix} e^{\lambda_1 t} \\ e^{\lambda_2 t} \end{bmatrix} = \begin{bmatrix} 1 & -1 \\ 1 & -2 \end{bmatrix}^{-1} \begin{bmatrix} e^{-t} \\ e^{-2t} \end{bmatrix}$$

$$= \begin{bmatrix} 2 & -1 \\ 1 & -1 \end{bmatrix} \begin{bmatrix} e^{-t} \\ e^{-2t} \end{bmatrix} = \begin{bmatrix} 2e^{-t} - e^{-2t} \\ e^{-t} - e^{-2t} \end{bmatrix}$$

带入式(3.2.24)即可得出

$$\begin{aligned} e^{\boldsymbol{A}t} &= a_0(t)\boldsymbol{I} + a_1(t)\boldsymbol{A} \\ &= (2e^{-t} - e^{-2t}) \begin{bmatrix} 1 & 0 \\ 0 & 1 \end{bmatrix} + (e^{-t} - e^{-2t}) \begin{bmatrix} 0 & 1 \\ -2 & -3 \end{bmatrix} \\ &= \begin{bmatrix} 2e^{-t} - e^{-2t} & e^{-t} - e^{-2t} \\ -2e^{-t} + 2e^{-2t} & -e^{-t} + 2e^{-2t} \end{bmatrix} \end{aligned}$$

例 3.2.6 用化为有限项法求矩阵 $\boldsymbol{A}$ 的矩阵指数。

$$\boldsymbol{A} = \begin{bmatrix} 0 & 1 & 0 \\ 0 & 0 & 1 \\ -6 & -11 & -6 \end{bmatrix}$$

解 先求出矩阵 $\boldsymbol{A}$ 的特征值 $\lambda_1=-1,\lambda_2=-2,\lambda_3=-3$,则由式(3.2.25)有

$$\begin{bmatrix} a_0(t) \\ a_1(t) \\ a_2(t) \end{bmatrix} = \begin{bmatrix} 1 & -1 & 1 \\ 1 & -2 & 4 \\ 1 & -3 & 9 \end{bmatrix}^{-1} \begin{bmatrix} e^{-t} \\ e^{-2t} \\ e^{-3t} \end{bmatrix} = \begin{bmatrix} 3e^{-t} - 3e^{-2t} + e^{-3t} \\ \frac{5}{2}e^{-t} - 4e^{-2t} + \frac{3}{2}e^{-3t} \\ \frac{1}{2}e^{-t} - e^{-2t} + \frac{1}{2}e^{-3t} \end{bmatrix}$$

带入式(3.2.24)即可得出

$$
\begin{aligned}
e^{At} &= a_0(t)\boldsymbol{I}+a_1(t)\boldsymbol{A}+a_2(t)\boldsymbol{A}^2\\
&=\begin{bmatrix} 3e^{-t}-3e^{-2t}+e^{-3t} & \frac{5}{2}e^{-t}-4e^{-2t}+\frac{3}{2}e^{-3t} & \frac{1}{2}e^{-t}-e^{-2t}+\frac{1}{2}e^{-3t}\\ -3e^{-t}+6e^{-2t}-3e^{-3t} & -\frac{5}{2}e^{-t}+8e^{-2t}-\frac{9}{2}e^{-3t} & -\frac{1}{2}e^{-t}+2e^{-2t}-\frac{3}{2}e^{-3t}\\ 3e^{-t}-12e^{-2t}+9e^{-3t} & \frac{5}{2}e^{-t}-16e^{-2t}+\frac{27}{2}e^{-3t} & \frac{1}{2}e^{-t}-4e^{-2t}+\frac{9}{2}e^{-3t} \end{bmatrix}
\end{aligned}
$$

例 3.2.7　已知矩阵

$$
\boldsymbol{A}=\begin{bmatrix} 0 & 1 & 0\\ 0 & 0 & 1\\ 2 & 3 & 0 \end{bmatrix}
$$

用化为有限项法求矩阵 $\boldsymbol{A}$ 的矩阵指数 e^{At}。

解　矩阵 $\boldsymbol{A}$ 的特征方程为 $(\lambda+1)^2(\lambda-2)=0$，特征值为 $-1,-1,+2$。

对于 $\lambda_3=2$，有

$$
e^{2t}=a_0(t)+2a_1(t)+4a_2(t)
$$

对于 $\lambda_{1,2}=-1$，有

$$
e^{-t}=a_0(t)-a_1(t)+a_2(t)
$$

因为 -1 是二重特征根，故还需补充方程

$$
te^{-t}=a_1(t)-2a_2(t)
$$

从而可联立求解得

$$
a_0(t)=\frac{1}{9}(e^{2t}+8e^{-t}+6te^{-t})
$$

$$
a_1(t)=\frac{1}{9}(2e^{2t}-2e^{-t}+3te^{-t})
$$

$$
a_2(t)=\frac{1}{9}(e^{2t}-e^{-t}-3te^{-t})
$$

由此可得

$$
\begin{aligned}
e^{At} &= a_0(t)\boldsymbol{I}+a_1(t)\boldsymbol{A}+a_2(t)\boldsymbol{A}^2\\
&=\frac{1}{9}\begin{bmatrix} e^{2t}+(8+6t)e^{-t} & e^{2t}-(2-3t)e^{-t} & e^{2t}-(1+3t)e^{-t}\\ 2e^{2t}-(2+6t)e^{-t} & 4e^{2t}+(5-3t)e^{-t} & 2e^{2t}-(2-3t)e^{-t}\\ 4e^{2t}+(6t-4)e^{-t} & 8e^{2t}+(3t-8)e^{-t} & 4e^{2t}+(5-3t)e^{-t} \end{bmatrix}
\end{aligned}
$$

3.3　线性定常连续系统非齐次状态方程的解

前面讨论了线性连续系统齐次状态方程的解，此解描述了由初始状态所引起的系统自由运动即**零输入响应**的情况，得到了自由运动的统一公式

$$\boldsymbol{x}(t)=\mathrm{e}^{\boldsymbol{A}(t-t_0)}\boldsymbol{x}(t_0)$$

现在在此基础上进一步讨论线性连续系统在控制作用下的受控运动。

线性定常连续系统的状态方程为

$$\dot{\boldsymbol{x}}(t)=\boldsymbol{A}\boldsymbol{x}(t)+\boldsymbol{B}\boldsymbol{u}(t),\quad \boldsymbol{x}(0)=\boldsymbol{x}_0,\quad t\geqslant 0 \tag{3.3.1}$$

式中,$\boldsymbol{x}$ 为 n 维状态向量,$\boldsymbol{u}$ 为 p 维输入向量,$\boldsymbol{A}$ 为 $n\times n$ 维矩阵,$\boldsymbol{B}$ 为 $n\times p$ 维矩阵。

给定状态变量的初值 $\boldsymbol{x}(0)$和控制输入 $\boldsymbol{u}(t)$,要确定状态变量未来的变化,即系统的状态响应 $\boldsymbol{x}(t)$。

将 $\boldsymbol{x}(t)$左乘 $\mathrm{e}^{-\boldsymbol{A}t}$之后再求导,即有

$$\frac{\mathrm{d}}{\mathrm{d}t}[\mathrm{e}^{-\boldsymbol{A}t}\boldsymbol{x}(t)]=\mathrm{e}^{-\boldsymbol{A}t}[\dot{\boldsymbol{x}}(t)-\boldsymbol{A}\boldsymbol{x}(t)]=\mathrm{e}^{-\boldsymbol{A}t}\boldsymbol{B}\boldsymbol{u}(t) \tag{3.3.2}$$

将式(3.3.2)两边积分,积分限从 0 到 t,即

$$\int_0^t\left\{\frac{\mathrm{d}}{\mathrm{d}\tau}[\mathrm{e}^{-\boldsymbol{A}\tau}\boldsymbol{x}(\tau)]\right\}\mathrm{d}\tau=\int_0^t\mathrm{e}^{-\boldsymbol{A}\tau}\boldsymbol{B}\boldsymbol{u}(\tau)\mathrm{d}\tau$$

可以得到

$$\mathrm{e}^{-\boldsymbol{A}t}\boldsymbol{x}(t)-\boldsymbol{x}(0)\boldsymbol{I}=\int_0^t\mathrm{e}^{-\boldsymbol{A}\tau}\boldsymbol{B}\boldsymbol{u}(\tau)\mathrm{d}\tau$$

所以

$$\boldsymbol{x}(t)=\mathrm{e}^{\boldsymbol{A}t}\boldsymbol{x}(0)+\int_0^t\mathrm{e}^{\boldsymbol{A}(t-\tau)}\boldsymbol{B}\boldsymbol{u}(\tau)\mathrm{d}\tau,\quad t\geqslant 0 \tag{3.3.3}$$

更一般的形式为

$$\boldsymbol{x}(t)=\mathrm{e}^{\boldsymbol{A}(t-t_0)}\boldsymbol{x}(t_0)+\int_{t_0}^t\mathrm{e}^{\boldsymbol{A}(t-\tau)}\boldsymbol{B}\boldsymbol{u}(\tau)\mathrm{d}\tau,\quad t\geqslant t_0 \tag{3.3.4}$$

由式(3.3.3)和式(3.3.4)可见,系统的动态响应由两部分组成:一部分是由初始状态引起的系统自由运动,叫作**零输入响应**;另一部分是由控制输入 $\boldsymbol{u}(t)$所产生的受控运动,叫作**零状态响应**。正是由于受控项的存在,提供了通过选取合适的 $\boldsymbol{u}$ 使 $\boldsymbol{x}(t)$的轨线满足期望的要求的可能性。这一思想是分析系统结构特性和对系统进行综合的基本依据。

3.4 线性定常系统的状态转移矩阵

本节引入状态转移矩阵的概念。从本质上看,不管是由初始状态引起的运动,还是由输入引起的运动,都是一种状态转移,其形态可用状态转移矩阵来表征。此外,利用状态转移矩阵,可对线性系统的运动规律,不管系统是定常的还是时变的,建立起统一的表达形式。在状态空间分析中,状态转移矩阵是一个十分重要的概念。采用状态转移矩阵可以对线性系统的运动给出一个清晰的描述。

3.4.1 基本概念

先来回顾一下线性定常状态方程的解。由式(3.3.4)知,对于定常系统,有

$$\boldsymbol{x}(t)=\mathrm{e}^{\boldsymbol{A}(t-t_0)}\boldsymbol{x}(t_0)+\int_{t_0}^{t}\mathrm{e}^{\boldsymbol{A}(t-\tau)}\boldsymbol{Bu}(\tau)\mathrm{d}\tau,\quad t\geqslant t_0$$

这个表达式反映了两个方面的问题:一是 $\boldsymbol{x}(t)$ 是线性定常系统状态方程的解,是由状态初始值所引起的**零输入响应**和控制输入所产生的**零状态响应**的叠加和。二是它反映了从初始状态向量 $\boldsymbol{x}(t_0)$ 到任意 $t>t_0$ 时刻,状态向量 $\boldsymbol{x}(t)$ 的一种向量变换关系。变换矩阵是 $\boldsymbol{x}(t_0)$ 左边的时间函数矩阵。随着时间的推移,它将不断地把系统的状态变换为其他时间的值,从而在状态空间中形成一条轨迹。在这个意义上说,这个变换矩阵起着一种状态转移的作用,所以把它称作**状态转移矩阵**,用符号 $\boldsymbol{\Phi}(t,t_0)$ 表示(对于线性定常系统用符号 $\boldsymbol{\Phi}(t-t_0)$ 表示)。它不仅是时间 t 的函数,而且是初始时刻 t_0 的函数。因此它是一个 $n\times n$ 的二元时变函数矩阵。则状态方程

$$\dot{\boldsymbol{x}}(t)=\boldsymbol{Ax}(t)+\boldsymbol{Bu}(t),\quad \boldsymbol{x}(t_0)=\boldsymbol{x}_0,\quad t\geqslant t_0$$

的解可表示为如下状态转移的形式:

$$\boldsymbol{x}(t)=\boldsymbol{\Phi}(t-t_0)\boldsymbol{x}_0+\int_{t_0}^{t}\boldsymbol{\Phi}(t-t_0)\boldsymbol{Bu}(\tau)\mathrm{d}\tau,\quad t\geqslant t_0 \tag{3.4.1}$$

式(3.4.1)又称为状态转移方程。它的几何意义,若以二维状态向量为例,则可用图 3.4.1 表示。

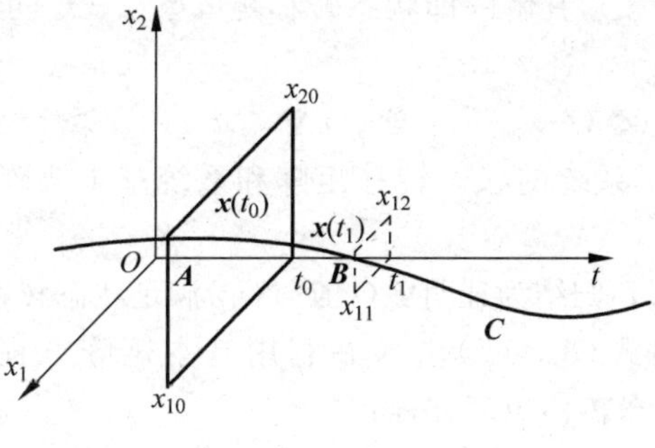

图 3.4.1　状态转移示意图

如图 3.4.1 所示,在 $t=t_0$ 时,$\boldsymbol{x}(t)=\begin{bmatrix}x_{10}\\x_{20}\end{bmatrix}$,依此为初始条件,则 $\widehat{AB}$ 表示状态从 $\boldsymbol{x}(t_0)$ 变化到 $\boldsymbol{x}(t_1)=\begin{bmatrix}x_{11}\\x_{12}\end{bmatrix}$,即

$$\boldsymbol{x}(t_1)=\boldsymbol{\Phi}(t_1,t_0)\boldsymbol{x}(t_0)+\int_{t_0}^{t_1}\boldsymbol{\Phi}(t_1,t_0)\boldsymbol{Bu}(\tau)\mathrm{d}\tau,\quad t_1\geqslant t_0 \tag{3.4.2}$$

在 $t=t_2$ 时的状态将为

$$x(t_2)=\Phi(t_2,t_1)x(t_1)+\int_{t_1}^{t_2}\Phi(t_2,t_1)Bu(\tau)\mathrm{d}\tau,\quad t_2\geqslant t_1 \tag{3.4.3}$$

$\overset{\frown}{BC}$表示了状态从$x(t_1)$转移到$x(t_2)$的过程。系统状态从$x(t_0)$开始,随着时间的推移,它将按$\Phi(t_1,t_0)$和$\Phi(t_2,t_1)$转移到$x(t_1)$,继而转移到$x(t_2)$,在状态空间中描绘出一条运动轨线。

3.4.2 线性定常系统的状态转移矩阵

在前面讨论的基础上,给出如下状态转移矩阵的定义。

定义3.4.1 线性定常连续系统的状态方程为

$$\dot{x}(t)=Ax(t)+Bu(t),\quad x(t_0)=x_0,\quad t\geqslant t_0 \tag{3.4.4}$$

式中x为n维状态向量,称满足如下矩阵方程

$$\dot{\Phi}(t-t_0)=A\Phi(t-t_0),\quad \Phi(0)=I,\quad t\geqslant t_0 \tag{3.4.5}$$

的$n\times n$解阵$\Phi(t-t_0)$为系统的**状态转移矩阵**。

由于系统为n维,所以自由方程$\dot{x}=Ax$有且仅有n个线性无关的解。任意选取n个线性无关的解,并以它们为列构成$n\times n$矩阵函数$\Psi(t)$,则称$\Psi(t)$为$\dot{x}=Ax$的一个**基本解阵**。显然$\Psi(t)$满足如下的矩阵方程

$$\dot{\Psi}(t)=A\Psi(t),\quad \Psi(t_0)=H,\quad t\geqslant t_0 \tag{3.4.6}$$

式中H为非奇异实常值矩阵。

结论3.4.1(状态转移矩阵与基本解阵的关系) 对线性定常连续系统的状态转移矩阵方程式(3.4.5),其解阵即状态转移矩阵$\Phi(t-t_0)$可由基本解阵$\Psi(t)$得出,即

$$\Phi(t-t_0)=\Psi(t)\Psi^{-1}(t_0),\quad t\geqslant t_0 \tag{3.4.7}$$

式(3.4.7)给出了系统的状态转移矩阵和系统基本解阵之间的关系式,其证明如下。

证 证明式(3.4.7)归结为证明$\Psi(t)\Psi^{-1}(t_0)$满足状态转移矩阵方程式(3.4.5)和初始条件。为此对式(3.4.7)求导并利用基本矩阵方程式(3.4.6),可证得$\Psi(t)\Psi^{-1}(t_0)$满足状态转移矩阵方程:

$$\dot{\Phi}(t-t_0)=\dot{\Psi}(t)\Psi^{-1}(t_0)=A\Psi(t)\Psi^{-1}(t_0)=A\Phi(t-t_0)$$

再在式(3.4.7)中令$t=t_0$,可证得$\Psi(t)\Psi^{-1}(t_0)$满足初始条件

$$\Phi(0)=\Phi(t-t_0)=\Psi(t_0)\Psi^{-1}(t_0)=I$$

结论3.4.2(状态转移矩阵的形式) 对线性定常连续系统的状态转移矩阵方程式(3.4.5),其解阵即状态转移矩阵$\Phi(t-t_0)$的形式可按以下两种形式给出:

当$t_0\neq 0$时,有

$$\Phi(t-t_0)=\mathrm{e}^{A(t-t_0)},\quad t\geqslant t_0 \tag{3.4.8}$$

当$t_0=0$时,有

$$\boldsymbol{\Phi}(t)=e^{\boldsymbol{A}t},\quad t\geqslant 0 \tag{3.4.9}$$

证　考虑前面已经证得$\frac{d}{dt}e^{-\boldsymbol{A}t}=\boldsymbol{A}e^{-\boldsymbol{A}t}$，而对任意 t_0，$e^{-\boldsymbol{A}t_0}$ 为非奇异实常值矩阵，因此 $e^{-\boldsymbol{A}t}$ 是$\dot{\boldsymbol{x}}=\boldsymbol{A}\boldsymbol{x}$ 的基本解阵，即有

$$\boldsymbol{\Psi}(t)=e^{\boldsymbol{A}t},\quad t\geqslant t_0 \tag{3.4.10}$$

把式(3.4.10)代入式(3.4.7)，进而导出线性定常系统的状态转移矩阵为

$$\boldsymbol{\Phi}(t-t_0)=e^{\boldsymbol{A}t}e^{-\boldsymbol{A}t_0}=e^{\boldsymbol{A}(t-t_0)},\quad t\geqslant t_0 \tag{3.4.11}$$

而当取 $t_0=0$ 时，则可将其表示为

$$\boldsymbol{\Phi}(t)=e^{\boldsymbol{A}t},\quad t\geqslant 0 \tag{3.4.12}$$

结论 3.4.3(状态转移矩阵的唯一性)　对线性定常连续系统的状态转移矩阵方程式(3.4.5)，其解阵即状态转移矩阵$\boldsymbol{\Phi}(t-t_0)$为唯一。并且，在运用式(3.4.7)确定$\boldsymbol{\Phi}(t-t_0)$时，与所选择基本解阵$\boldsymbol{\Psi}(t)$无关。

证　由常微分方程理论知，定常矩阵方程式(3.4.5)在指定初始条件下解唯一。进而设$\boldsymbol{\Psi}_1(t)$和$\boldsymbol{\Psi}_2(t)$为系统任意两个基本解阵，且知它们必为线性非奇异变换关系，即有$\boldsymbol{\Psi}_2(t)=\boldsymbol{\Psi}_1(t)\boldsymbol{P}$，$\boldsymbol{P}$ 为非奇异常阵。则利用式(3.4.7)，就可导出

$$\boldsymbol{\Phi}(t-t_0)=\boldsymbol{\Psi}_2(t)\boldsymbol{\Psi}_2^{-1}(t_0)=\boldsymbol{\Psi}_1(t)\boldsymbol{P}\boldsymbol{P}^{-1}\boldsymbol{\Psi}_1^{-1}(t_0)=\boldsymbol{\Psi}_1(t)\Psi_1^{-1}(t_0)$$

从而证得$\boldsymbol{\Phi}(t-t_0)$是唯一的，与$\boldsymbol{\Psi}(t)$的选取无关。

利用由式(3.4.11)和式(3.4.12)给出的关系式，可把上节中导出的线性定常系统的零输入响应的表达式(3.1.5)和式(3.1.4)进一步表示为

$$\boldsymbol{x}(t)=\boldsymbol{\phi}(t;t_0;\boldsymbol{x}_0,0)=\boldsymbol{\Phi}(t-t_0)\boldsymbol{x}_0,\quad t\geqslant t_0 \tag{3.4.13}$$

和

$$\boldsymbol{x}(t)=\boldsymbol{\phi}(t;0;\boldsymbol{x}_0,0)=\boldsymbol{\Phi}(t)\boldsymbol{x}_0,\quad t\geqslant 0 \tag{3.4.14}$$

上述关系式为状态转移矩阵提供了清晰的物理意义，$\boldsymbol{\Phi}(t-t_0)$就是将时刻 t_0 的状态 $\boldsymbol{x}_0$ 映射到时刻 t 的状态 $\boldsymbol{x}$ 的一个线性变换，它在定义区间内决定了状态向量的自由运动。

根据式(3.4.11)和式(3.4.12)，可以把 3.3 节中推证得到的线性定常系统运动规律的表达式(3.3.4)和式(3.3.3)改写成以状态转移矩阵表示的形式：

$$\boldsymbol{\phi}(t;t_0;\boldsymbol{x}_0,\boldsymbol{u})=\boldsymbol{\Phi}(t-t_0)\boldsymbol{x}_0+\int_{t_0}^{t}\boldsymbol{\Phi}(t-\tau)\boldsymbol{B}\boldsymbol{u}(\tau)d\tau,\quad t\geqslant t_0 \tag{3.4.15}$$

和

$$\boldsymbol{\phi}(t;0;\boldsymbol{x}_0,\boldsymbol{u})=\boldsymbol{\Phi}(t)\boldsymbol{x}_0+\int_{0}^{t}\boldsymbol{\Phi}(t-\tau)\boldsymbol{B}\boldsymbol{u}(\tau)d\tau\quad t\geqslant 0 \tag{3.4.16}$$

在对线性时变系统的分析中将可以看到，采用上述形式的表达式，有助于把线性定常系统和线性时变系统的运动规律的表达式在形式上统一起来。

应当指出，对于线性定常系统，其状态转移矩阵的数学表达式即是矩阵指数。严格地说，矩阵指数 $e^{\boldsymbol{A}(t-t_0)}$ 和状态转移矩阵$\boldsymbol{\Phi}(t-t_0)$是从两个不同的角度所提出

的概念,矩阵指数是一个数学函数的名称,而状态转移矩阵是表征从初始状态 $\boldsymbol{x}(t_0)$到时刻 t 的状态 $\boldsymbol{x}(t)$之间的转移关系。

3.4.3 状态转移矩阵的性质

从基本关系式(2.4.7)出发,可导出状态转移矩阵的如下一些重要性质:

- $\boldsymbol{\Phi}(0)=\boldsymbol{\Psi}(t_0)\boldsymbol{\Psi}^{-1}(t_0)=\boldsymbol{I}$。
- $\boldsymbol{\Phi}^{-1}(t-t_0)=\boldsymbol{\Psi}(t_0)\boldsymbol{\Psi}^{-1}(t)=\boldsymbol{\Phi}(t_0-t)$。

这一性质说明,状态转移矩阵是可逆的,当系统从 $\boldsymbol{x}(t_0)$转移到 $\boldsymbol{x}(t)$的状态转移矩阵可表示为从 $\boldsymbol{x}(t)$转移到 $\boldsymbol{x}(t_0)$的状态转移矩阵的逆阵。

- $\boldsymbol{\Phi}(t_2-t_0)=\boldsymbol{\Psi}(t_2)\boldsymbol{\Psi}^{-1}(t_0)=\boldsymbol{\Psi}(t_2)\boldsymbol{\Psi}^{-1}(t_1)\boldsymbol{\Psi}(t_1)\boldsymbol{\Psi}^{-1}(t_0)=\boldsymbol{\Phi}(t_2-t_1)\boldsymbol{\Phi}(t_1-t_0)$。
- $\boldsymbol{\Phi}(t_2+t_1)=\boldsymbol{\Phi}(t_2-(-t_1))=\boldsymbol{\Phi}(t_2-0)\boldsymbol{\Phi}(0-(-t_1))=\boldsymbol{\Phi}(t_2)\boldsymbol{\Phi}(t_1)$。
- $\boldsymbol{\Phi}(mt)=\boldsymbol{\Phi}(t+t+\cdots+t)=\boldsymbol{\Phi}(t)\boldsymbol{\Phi}(t)\cdots\boldsymbol{\Phi}(t)=[\boldsymbol{\Phi}(t)]^m$。
- $\boldsymbol{\Phi}(t-t_0)$由 $\boldsymbol{A}$ 唯一决定,与所选择的基本解阵$\boldsymbol{\Psi}(t)$无关。

3.5 线性时变系统状态方程的解

严格地说,一般的系统都是时变系统,因为系统中的某些参数是随时间变化的。如电机的升温会导致导线电阻 R 的变化,火箭燃料的消耗使其质量 m 不断减小等。这些都说明系统参数的可变性,只不过有时变化甚小,在工程上可以忽略不计,才将参数看成是常数。所以线性时变系统比线性定常系统更具有普遍意义。本节,在线性定常系统运动规律的基础上,将进一步讨论线性时变系统的运动规律。下面将看到,线性时变系统运动规律在形式上是十分类似于线性定常系统的,它导致了理解上和理论分析上的简便性,而这正是状态空间法的一个优点。但是,从计算的角度而言,线性时变系统的运动分析则比线性定常系统要复杂得多,通常只能采用计算机进行计算。

3.5.1 线性时变系统齐次状态方程的解

线性时变系统齐次状态方程可以表示为

$$\dot{\boldsymbol{x}}(t)=\boldsymbol{A}(t)\boldsymbol{x}(t),\quad \boldsymbol{x}(t_0)=\boldsymbol{x}_0,\quad t\in[t_0,t_a] \tag{3.5.1}$$

式中,$\boldsymbol{x}$ 为 n 维状态向量,$\boldsymbol{A}(t)$为 $n\times n$ 的时变实值矩阵。设初始时刻 $t=t_0$ 时,初始状态 $\boldsymbol{x}(t_0)$为已知,且在 $t_0\leqslant t\leqslant t_a$ 的时间间隔内,$\boldsymbol{A}(t)$各元素是 t 的分段连续函数。

现在先讨论标量时变系统

$$\frac{\mathrm{d}x(t)}{\mathrm{d}t}=a(t)x(t),\quad x(t)\big|_{t=t_0}=x(t_0) \tag{3.5.2}$$

的解。分离变量后，可得上式的解为

$$x(t)=\mathrm{e}^{\int_{t_0}^{t}a(\tau)\mathrm{d}\tau}x(t_0) \tag{3.5.3}$$

或写成

$$x(t)=\exp\left(\int_{t_0}^{t}a(\tau)\mathrm{d}\tau\right)x(t_0) \tag{3.5.4}$$

与方程式(3.5.2)比较，方程式(3.5.1)的解参照齐次定常状态方程矩阵指数的含义，似应有

$$\boldsymbol{x}(t)=\mathrm{e}^{\int_{t_0}^{t}\boldsymbol{A}(\tau)\mathrm{d}\tau}\boldsymbol{x}(t_0) \tag{3.5.5}$$

但这里情况不同，只有当 $\boldsymbol{A}(t)$ 与 $\int_{t_0}^{t}\boldsymbol{A}(\tau)\mathrm{d}\tau$ 满足矩阵乘法可交换条件时，式(3.5.5)才能成立。对这一结论证明如下。

如果 $\mathrm{e}^{\int_{t_0}^{t}\boldsymbol{A}(\tau)\mathrm{d}\tau}\boldsymbol{x}(t_0)$ 是齐次方程(3.5.1)的解，那么必须有

$$\frac{\mathrm{d}}{\mathrm{d}t}\mathrm{e}^{\int_{t_0}^{t}\boldsymbol{A}(\tau)\mathrm{d}\tau}\boldsymbol{x}(t_0)=\boldsymbol{A}(t)\mathrm{e}^{\int_{t_0}^{t}\boldsymbol{A}(\tau)\mathrm{d}\tau}\boldsymbol{x}(t_0) \tag{3.5.6}$$

把 $\mathrm{e}^{\int_{t_0}^{t}\boldsymbol{A}(\tau)\mathrm{d}\tau}$ 展成幂级数

$$\mathrm{e}^{\int_{t_0}^{t}\boldsymbol{A}(\tau)\mathrm{d}\tau}=\boldsymbol{I}+\int_{t_0}^{t}\boldsymbol{A}(\tau)\mathrm{d}\tau+\frac{1}{2!}\left[\int_{t_0}^{t}\boldsymbol{A}(\tau)\mathrm{d}\tau\right]^2+\cdots \tag{3.5.7}$$

式(3.5.7)两边对时间求导，有

$$\frac{\mathrm{d}}{\mathrm{d}t}\mathrm{e}^{\int_{t_0}^{t}\boldsymbol{A}(\tau)\mathrm{d}\tau}=\boldsymbol{A}(t)+\boldsymbol{A}(t)\int_{t_0}^{t}\boldsymbol{A}(\tau)\mathrm{d}\tau+\frac{1}{2}\left[\int_{t_0}^{t}\boldsymbol{A}(\tau)\mathrm{d}\tau\right]^2\boldsymbol{A}(t)+\cdots \tag{3.5.8}$$

把式(3.5.7)和式(3.5.8)代入方程式(3.5.6)，可得

$$\begin{aligned}&\boldsymbol{A}(t)+\frac{1}{2}\boldsymbol{A}(t)\int_{t_0}^{t}\boldsymbol{A}(\tau)\mathrm{d}\tau+\frac{1}{2}\int_{t_0}^{t}\boldsymbol{A}(\tau)\mathrm{d}\tau\boldsymbol{A}(t)+\cdots\\&=\boldsymbol{A}(t)+\boldsymbol{A}(t)\int_{t_0}^{t}\boldsymbol{A}(\tau)\mathrm{d}\tau+\cdots\end{aligned}$$

要使上述方程两边相等，其充要条件是

$$\boldsymbol{A}(t)\int_{t_0}^{t}\boldsymbol{A}(\tau)\mathrm{d}\tau=\int_{t_0}^{t}\boldsymbol{A}(\tau)\mathrm{d}\tau\boldsymbol{A}(t) \tag{3.5.9}$$

即 $\boldsymbol{A}(t)$ 和 $\int_{t_0}^{t}\boldsymbol{A}(\tau)\mathrm{d}\tau$ 是可交换的，但是这个条件一般是不成立的，因而时变系统的齐次解通常得不到像定常系统解那样的封闭形式。

对于不满足条件式(3.5.9)的时变系统，可求得时变系统齐次状态方程的解为

$$\boldsymbol{x}(t)=\left\{\boldsymbol{I}+\int_{t_0}^{t}\boldsymbol{A}(\tau)\mathrm{d}\tau+\int_{t_0}^{t}\boldsymbol{A}(\tau_1)\int_{t_0}^{\tau_1}\boldsymbol{A}(\tau_2)\mathrm{d}\tau_2\mathrm{d}\tau_1\right.$$

$$\left.+\int_{t_0}^{t}\boldsymbol{A}(\tau_1)\int_{t_0}^{\tau_1}\boldsymbol{A}(\tau_2)\int_{t_0}^{\tau_2}\boldsymbol{A}(\tau_3)\mathrm{d}\tau_3\mathrm{d}\tau_2\mathrm{d}\tau_1+\cdots\right\}\boldsymbol{x}(t_0)\qquad(3.5.10)$$

这个关系式的证明很简单,只需验证它满足时变系统齐次方程式(3.5.1)和初始条件即可。

$$\frac{\mathrm{d}\boldsymbol{x}}{\mathrm{d}t}=\frac{\mathrm{d}}{\mathrm{d}t}\left\{\left[\boldsymbol{I}+\int_{t_0}^{t}\boldsymbol{A}(\tau)\mathrm{d}\tau+\int_{t_0}^{t}\boldsymbol{A}(\tau_1)\int_{t_0}^{\tau_1}\boldsymbol{A}(\tau_2)\mathrm{d}\tau_2\mathrm{d}\tau_1\right.\right.$$

$$\left.\left.+\int_{t_0}^{t}\boldsymbol{A}(\tau_1)\int_{t_0}^{\tau_1}\boldsymbol{A}(\tau_2)\int_{t_0}^{\tau_2}\boldsymbol{A}(\tau_3)\mathrm{d}\tau_3\mathrm{d}\tau_2\mathrm{d}\tau_1+\cdots\right]\boldsymbol{x}(t_0)\right\}$$

$$=\boldsymbol{A}(t)\left[\boldsymbol{I}+\int_{t_0}^{t}\boldsymbol{A}(\tau_2)\mathrm{d}\tau_2+\int_{t_0}^{t}\boldsymbol{A}(\tau_2)\int_{t_0}^{\tau_2}\boldsymbol{A}(\tau_3)\mathrm{d}\tau_3\mathrm{d}\tau_2+\cdots\right]\boldsymbol{x}(t_0)$$

$$=\boldsymbol{A}(t)\boldsymbol{x}(t)$$

且

$$\boldsymbol{x}(t_0)=\left[\boldsymbol{I}+\int_{t_0}^{t_0}\boldsymbol{A}(\tau)\mathrm{d}\tau+\int_{t_0}^{t_0}\boldsymbol{A}(\tau_1)\int_{t_0}^{\tau_1}\boldsymbol{A}(\tau_2)\mathrm{d}\tau_2\mathrm{d}\tau_1+\cdots\right]\boldsymbol{x}(t_0)=\boldsymbol{x}(t_0)$$

当然上式成立的条件必须是无穷级数是收敛的。$\boldsymbol{A}(t)$的元素是有界时,此条件是可以满足的。这就证明了式(3.5.10)确是时变齐次方程式(3.5.1)的解,该级数称为皮亚诺-贝克(Peano-Baker)级数。

例 3.5.1 设线性时变系统的齐次状态方程为

$$\dot{\boldsymbol{x}}(t)=\begin{bmatrix}0 & \dfrac{1}{(t+1)^2}\\ 0 & 0\end{bmatrix}\boldsymbol{x}(t),\quad t\geqslant t_0$$

其初始条件为 $\boldsymbol{x}(t_0)$,试求它的解。

解 首先校核 $\boldsymbol{A}(t)$和$\int_{t_0}^{t}\boldsymbol{A}(\tau)\mathrm{d}\tau$是否为可交换的,也就是说,对任意时刻 t 是否有

$$\boldsymbol{A}(t)\int_{t_0}^{t}\boldsymbol{A}(\tau)\mathrm{d}\tau=\int_{t_0}^{t}\boldsymbol{A}(\tau)\mathrm{d}\tau\boldsymbol{A}(t)$$

上式即为

$$\int_{t_0}^{t}[\boldsymbol{A}(t)\boldsymbol{A}(\tau)-\boldsymbol{A}(\tau)\boldsymbol{A}(t)]\mathrm{d}\tau=\boldsymbol{0}$$

此式即表示对于任意的 t_1 和 t_2,要求校验 $\boldsymbol{A}(t_1)$和 $\boldsymbol{A}(t_2)$是否为可交换的。对于本题,有

$$\boldsymbol{A}(t_1)\boldsymbol{A}(t_2)=\begin{bmatrix}0 & \dfrac{1}{(t_1+1)^2}\\ 0 & 0\end{bmatrix}\begin{bmatrix}0 & \dfrac{1}{(t_2+1)^2}\\ 0 & 0\end{bmatrix}=\boldsymbol{0}$$

$$\boldsymbol{A}(t_2)\boldsymbol{A}(t_1)=\begin{bmatrix}0 & \dfrac{1}{(t_2+1)^2}\\ 0 & 0\end{bmatrix}\begin{bmatrix}0 & \dfrac{1}{(t_1+1)^2}\\ 0 & 0\end{bmatrix}=\boldsymbol{0}$$

满足可交换条件，所以可用式(3.5.5)计算时变系统齐次状态方程的解为

$$\boldsymbol{x}(t)=\mathrm{e}^{\int_{t_0}^{t}\boldsymbol{A}(\tau)\mathrm{d}\tau}\boldsymbol{x}(t_0)=\mathrm{e}^{\begin{bmatrix}0 & \frac{(t-t_0)}{(t+1)(t_0+1)}\\ 0 & 0\end{bmatrix}}\boldsymbol{x}(t_0)$$

$$=\begin{bmatrix}1 & \dfrac{(t-t_0)}{(t+1)(t_0+1)}\\ 0 & 1\end{bmatrix}\boldsymbol{x}(t_0)$$

例 3.5.2 设线性时变系统的齐次状态方程为

$$\dot{\boldsymbol{x}}(t)=\begin{bmatrix}0 & 1\\ 0 & t\end{bmatrix}\boldsymbol{x}(t),\quad t\geqslant t_0$$

其初始条件为 $\boldsymbol{x}(t_0)$，试求它的解。

解 因为

$$\boldsymbol{A}(t_1)\boldsymbol{A}(t_2)=\begin{bmatrix}0 & 1\\ 0 & t_1\end{bmatrix}\begin{bmatrix}0 & 1\\ 0 & t_2\end{bmatrix}=\begin{bmatrix}0 & t_2\\ 0 & t_1t_2\end{bmatrix}$$

$$\boldsymbol{A}(t_2)\boldsymbol{A}(t_1)=\begin{bmatrix}0 & 1\\ 0 & t_2\end{bmatrix}\begin{bmatrix}0 & 1\\ 0 & t_1\end{bmatrix}=\begin{bmatrix}0 & t_1\\ 0 & t_2t_1\end{bmatrix}$$

两式不等，说明 $\boldsymbol{A}(t_1)$和 $\boldsymbol{A}(t_2)$，亦即 $\boldsymbol{A}(t)$和 $\int_{t_0}^{t}\boldsymbol{A}(\tau)\mathrm{d}\tau$ 是不可交换的，此时必须按式(3.5.10)计算 $\boldsymbol{x}(t)$。为此计算

$$\int_{t_0}^{t}\boldsymbol{A}(\tau)\mathrm{d}\tau=\int_{t_0}^{t}\begin{bmatrix}0 & 1\\ 0 & \tau\end{bmatrix}\mathrm{d}\tau=\begin{bmatrix}0 & (t-t_0)\\ 0 & \dfrac{1}{2}(t^2-t_0^2)\end{bmatrix}$$

$$\int_{t_0}^{t}\boldsymbol{A}(\tau_1)\int_{t_0}^{\tau_1}\boldsymbol{A}(\tau_2)\mathrm{d}\tau_2\mathrm{d}\tau_1=\int_{t_0}^{t}\begin{bmatrix}0 & 1\\ 0 & \tau_1\end{bmatrix}\begin{bmatrix}0 & (\tau_1-t_0)\\ 0 & \dfrac{1}{2}(\tau_1^2-t_0^2)\end{bmatrix}\mathrm{d}\tau_1$$

$$=\begin{bmatrix}0 & \dfrac{1}{6}(t-t_0)^2(t+2t_0)\\ 0 & \dfrac{1}{8}(t^2-t_0^2)^2\end{bmatrix}$$

等，最后得

$$\boldsymbol{x}(t)=\left\{\boldsymbol{I}+\begin{bmatrix}0 & (t-t_0)\\ 0 & \dfrac{1}{2}(t^2-t_0^2)\end{bmatrix}+\begin{bmatrix}0 & \dfrac{1}{6}(t-t_0)^2(t+2t_0)\\ 0 & \dfrac{1}{8}(t^2-t_0^2)^2\end{bmatrix}+\cdots\right\}\boldsymbol{x}(t_0)$$

$$
= \begin{bmatrix} 0 & (t-t_0)+\dfrac{1}{6}(t-t_0)^2(t+2t_0)+\cdots \\ 0 & 1+\dfrac{1}{2}(t^2-t_0^2)+\dfrac{1}{8}(t^2-t_0^2)^2+\cdots \end{bmatrix} \boldsymbol{x}(t_0)
$$

3.5.2 线性时变系统的状态转移矩阵

尽管线性时变系统齐次状态方程的解一般不能像定常系统那样写成封闭的解析形式,但如前所述,它仍然能够表示为如下形式:

$$
\boldsymbol{x}(t) = \boldsymbol{\Phi}(t,t_0)\boldsymbol{x}(t_0) \tag{3.5.11}
$$

这与定常系统的表达式是一致的。为区分起见,通常把定常系统的状态转移矩阵写成为$\boldsymbol{\Phi}(t-t_0)$。在以上讨论的基础上,给出如下的定义。

定义 3.5.1 对于连续时间线性时变系统

$$
\begin{aligned} &\dot{\boldsymbol{x}} = \boldsymbol{A}(t)\boldsymbol{x} + \boldsymbol{B}(t)\boldsymbol{u}, \quad \boldsymbol{x}(t_0) = \boldsymbol{x}_0, \quad t \in [t_0, t_a] \\ &\boldsymbol{y} = \boldsymbol{C}(t)\boldsymbol{x} + \boldsymbol{D}(t)\boldsymbol{u} \end{aligned} \tag{3.5.12}
$$

式中,$\boldsymbol{x}$为n维状态向量,$\boldsymbol{u}$为p维输入向量,$\boldsymbol{y}$为q维输出向量,$\boldsymbol{A}(t)$,$\boldsymbol{B}(t)$,$\boldsymbol{C}(t)$和$\boldsymbol{D}(t)$分别为$n\times n$,$n\times p$,$q\times n$和$q\times p$的时变实值矩阵。系统的**状态转移矩阵**是如下矩阵微分方程和初始条件

$$
\dot{\boldsymbol{\Phi}}(t,t_0) = \boldsymbol{A}(t)\boldsymbol{\Phi}(t,t_0), \quad \boldsymbol{\Phi}(t_0,t_0) = \boldsymbol{I} \tag{3.5.13}
$$

的$n\times n$解阵$\boldsymbol{\Phi}(t,t_0)$。

用$\boldsymbol{\Psi}(t)$表示$\dot{\boldsymbol{x}}(t)=\boldsymbol{A}(t)\boldsymbol{x}(t)$的任意基本解阵,它是以$\dot{\boldsymbol{x}}(t)=\boldsymbol{A}(t)\boldsymbol{x}(t)$的$n$个线性无关解为列构成的解阵。

结论 3.5.1(状态转移矩阵与基本解阵的关系) 线性时变系统(3.5.12)的状态转移矩阵即矩阵方程式(3.5.13)的解阵$\boldsymbol{\Phi}(t,t_0)$可表示为

$$
\boldsymbol{\Phi}(t,t_0) = \boldsymbol{\Psi}(t)\boldsymbol{\Psi}(t_0)^{-1}, \quad t \geqslant t_0 \tag{3.5.14}
$$

证 上述关系式的正确性,可由验算其满足式(3.5.13)的方程和初始条件而得到证实,其中还要用到关系式$\dot{\boldsymbol{\Psi}}(t)=\boldsymbol{A}(t)\boldsymbol{\Psi}(t)$。证明过程与定常系统相似,略。

结论 3.5.2(状态转移矩阵的形式) 线性时变系统(3.5.12),其状态转移矩阵即矩阵方程式(3.5.13)的解阵$\boldsymbol{\Phi}(t,t_0)$具有以下的形式。

$$
\boldsymbol{\Phi}(t,t_0) = \boldsymbol{I} + \int_{t_0}^{t}\boldsymbol{A}(\tau)\mathrm{d}\tau + \int_{t_0}^{t}\boldsymbol{A}(\tau_1)\left[\int_{t_0}^{\tau_1}\boldsymbol{A}(\tau_1)\mathrm{d}\tau_2\right]\mathrm{d}\tau_1 + \cdots, \quad t \in [t_0, t_a] \tag{3.5.15}
$$

证 式(3.5.15)的正确性可通过验证其满足(3.5.13)的方程和初始条件而证明。

结论 3.5.3(状态转移矩阵的唯一性) 线性时变系统(3.5.12),其状态转移

矩阵即矩阵方程式(3.5.13)的解阵$\boldsymbol{\Phi}(t,t_0)$为唯一。并且，在运用式(3.5.14)确定$\boldsymbol{\Phi}(t,t_0)$时，与所选择基本解阵$\boldsymbol{\Psi}(t)$无关。

证明过程与定常系统相似，略。

由式(3.5.14)的基本关系式出发，可导出如下的一些有关状态转移矩阵的重要性质：

(1) $\boldsymbol{\Phi}(t,t)=\boldsymbol{I}$。

(2) $\boldsymbol{\Phi}^{-1}(t,t_0)=\boldsymbol{\Psi}(t_0)\boldsymbol{\Psi}^{-1}(t)=\boldsymbol{\Phi}(t_0,t)$。

(3) $\boldsymbol{\Phi}(t_2,t_0)=\boldsymbol{\Psi}(t_2)\boldsymbol{\Psi}^{-1}(t_0)=\boldsymbol{\Psi}(t_2)\boldsymbol{\Psi}^{-1}(t_1)\boldsymbol{\Psi}(t_1)\boldsymbol{\Psi}^{-1}(t_0)=\boldsymbol{\Phi}(t_2,t_1)\boldsymbol{\Phi}(t_1,t_0)$。

(4) 当$\boldsymbol{A}(t)$给定后，$\boldsymbol{\Phi}(t,t_0)$是唯一的。

从上面的分析可以看出，线性时变系统的状态转移矩阵，无论是矩阵方程、基本关系式或是性质，都是和线性定常系统相类似的。但是，两者之间的一个重要区别是，线性定常系统的状态转移矩阵总是可以定出其闭合形式的表达式，而线性时变系统的状态转移矩阵，除了极为简单的情况外，往往难以求得其闭合形式的表达式。

3.5.3　线性时变系统非齐次状态方程的解

在引入状态转移矩阵的基础上，可以给出线性时变系统非齐次状态方程的解，现将其表述为如下的一个结论。

结论 3.5.4　连续时间线性时变系统，由初始状态和输入同时引起的状态响应，即系统状态方程式(3.5.12)的解基于状态转移矩阵的表达式为

$$\boldsymbol{x}(t)=\boldsymbol{\phi}(t,t_0,\boldsymbol{x}_0,\boldsymbol{u})=\boldsymbol{\Phi}(t,t_0)\boldsymbol{x}_0+\int_{t_0}^{t}\boldsymbol{\Phi}(t,\tau)\boldsymbol{B}(\tau)\boldsymbol{u}(\tau)\mathrm{d}\tau,\quad t\in[t_0,t_a] \tag{3.5.16}$$

式中$\boldsymbol{\Phi}(t,\cdot)$为系统的状态转移矩阵。

证　考虑系统为线性，满足叠加原理，所以不妨设解 $\boldsymbol{x}(t)$由两部分组成。一部分是初始状态 $\boldsymbol{x}_0$ 的转移，另一部分是待定向量$\boldsymbol{\xi}(t)$的转移。即设解具有如下形式：

$$\boldsymbol{x}(t)=\boldsymbol{\Phi}(t,t_0)\boldsymbol{x}_0+\boldsymbol{\Phi}(t,t_0)\boldsymbol{\xi}(t)=\boldsymbol{\Phi}(t,t_0)[\boldsymbol{x}_0+\boldsymbol{\xi}(t)] \tag{3.5.17}$$

由此，并利用系统的状态方程和状态转移方程，可得到

$$\begin{aligned}\dot{\boldsymbol{x}}&=\dot{\boldsymbol{\Phi}}(t,t_0)[\boldsymbol{x}_0+\boldsymbol{\xi}(t)]+\boldsymbol{\Phi}(t,t_0)\dot{\boldsymbol{\xi}}(t)\\&=\boldsymbol{A}(t)\boldsymbol{\Phi}(t,t_0)[\boldsymbol{x}_0+\boldsymbol{\xi}(t)]+\boldsymbol{\Phi}(t,t_0)\dot{\boldsymbol{\xi}}(t)\\&=\boldsymbol{A}(t)\boldsymbol{x}(t)+\boldsymbol{\Phi}(t,t_0)\dot{\boldsymbol{\xi}}(t)\\&=\dot{\boldsymbol{x}}-\boldsymbol{B}(t)\boldsymbol{u}+\boldsymbol{\Phi}(t,t_0)\dot{\boldsymbol{\xi}}(t)\end{aligned} \tag{3.5.18}$$

进而可导出

$$\boldsymbol{\Phi}(t,t_0)\dot{\boldsymbol{\xi}}(t)=\boldsymbol{B}(t)\boldsymbol{u} \tag{3.5.19}$$

或

$$\dot{\boldsymbol{\xi}}(t)=\boldsymbol{\Phi}(t_0,t)\boldsymbol{B}(t)\boldsymbol{u} \tag{3.5.20}$$

将式(3.5.20)中 t 换为 τ，再从 t_0 积分到 t，有

$$\boldsymbol{\xi}(t)=\boldsymbol{\xi}(t_0)+\int_{t_0}^{t}\boldsymbol{\Phi}(t_0,\tau)\boldsymbol{B}(\tau)\boldsymbol{u}(\tau)\mathrm{d}\tau \tag{3.5.21}$$

将式(3.5.21)代入式(3.5.17)，则可得

$$\boldsymbol{x}(t)=\boldsymbol{\Phi}(t,t_0)\boldsymbol{x}_0+\int_{t_0}^{t}\boldsymbol{\Phi}(t,t_0)\boldsymbol{B}(\tau)\boldsymbol{u}(\tau)\mathrm{d}\tau+\boldsymbol{\Phi}(t,t_0)\boldsymbol{\xi}(t_0),\quad t\geqslant t_0 \tag{3.5.22}$$

从而，利用 $\boldsymbol{x}(t_0)=\boldsymbol{x}_0$ 可由上式定出 $\boldsymbol{\xi}(t_0)=\boldsymbol{0}$ 的同时，即导出了式(3.5.16)。

下面针对式(3.5.16)所描述的线性时变系统的状态响应，进行几点讨论。

(1) 由式(3.5.16)可以看出，线性时变系统的状态响应由两部分组成，一个是零输入响应

$$\boldsymbol{\phi}(t,t_0,\boldsymbol{x}_0,\boldsymbol{0})=\boldsymbol{\Phi}(t,t_0)\boldsymbol{x}_0,\quad t\in[t_0,t_a] \tag{3.5.23}$$

另一个是零状态响应

$$\boldsymbol{\phi}(t,t_0,\boldsymbol{0},\boldsymbol{u})=\int_{t_0}^{t}\boldsymbol{\Phi}(t,\tau)\boldsymbol{B}(\tau)\boldsymbol{u}(\tau)\mathrm{d}\tau,\quad t\in[t_0,t_a] \tag{3.5.24}$$

(2) 由式(3.5.16)还可以看出，一旦状态转移矩阵 $\boldsymbol{\Phi}(t,\cdot)$ 定出，则 $x(t)$ 就能通过计算得到。但是除了极简单的情况外，状态转移矩阵 $\boldsymbol{\Phi}(t,\cdot)$ 是很难求得的。因此，式(3.5.16)的主要意义不在于计算中的应用，而在于在系统理论研究中的应用。实际上，计算由 $\boldsymbol{x}_0$ 和 $\boldsymbol{u}$ 引起的线性时变系统的状态方程的解的问题常可采用数值方法来解决，并已有专门的计算机求解程序。

(3) 比较式(3.5.16)和式(3.4.14)可看出，线性时变系统和线性定常系统的状态响应具有类同的形式，这种表述上的统一性对理论研究是很有利的。两个表达式的区别仅在于，在时变系统中状态转移矩阵用 $\boldsymbol{\Phi}(t,t_0)$ 表示，其物理上的含义是 $\boldsymbol{\Phi}(t,t_0)$ 依赖于初始时刻 t_0，而在定常系统中状态转移矩阵用 $\boldsymbol{\Phi}(t-t_0)$ 表示，这表明 $\boldsymbol{\Phi}(t-t_0)$ 只依赖于时间差值 $t-t_0$，而和初始时刻 t_0 没有直接关系。当然，上述讨论是只就形式上而言的，从实质上看，线性时变系统的状态响应，无论是在计算上还是在响应的表达式上，都远比线性定常系统的运动规律要复杂得多。

例 3.5.3 给定线性时变系统为

$$\dot{\boldsymbol{x}}=\begin{bmatrix}0&0\\t&0\end{bmatrix}\boldsymbol{x}+\begin{bmatrix}1\\1\end{bmatrix}u,\quad t\in[1,10]$$

式中，u 为单位阶跃函数 $1(t-1)$，初始状态为 $x_1(1)=1$ 和 $x_2(1)=2$，试求状态转移矩阵 $\boldsymbol{\Phi}(t,t_0)$ 和状态响应 $\boldsymbol{x}(t)$。

解　首先求状态转移矩阵$\boldsymbol{\Phi}(t,t_0)$；为此，将 $u=0$ 时的系统状态方程改写为

$$\begin{cases}\dot{x}_1 = 0\\ \dot{x}_2 = tx_1\end{cases}$$

对其求解可得到

$$\begin{cases}x_1(t) = x_1(t_0)\\ x_2(t) = 0.5t^2x_1(t_0) - 0.5t_0^2x_1(t_0) + x_2(t_0)\end{cases}$$

再取 $x_1(t_0)=0, x_2(t_0)=1$ 和 $x_1(t_0)=2, x_2(t_0)=0$，可得到两个线性无关解：

$$\boldsymbol{\Psi}_1 = [0\quad 1]^{\mathrm{T}},\quad \boldsymbol{\Psi}_2 = [2\quad t^2-t_0^2]^{\mathrm{T}}$$

于是，系统的一个基本解阵为

$$\boldsymbol{\Psi}(t) = \begin{bmatrix}0 & 2\\ 1 & t^2-t_0^2\end{bmatrix}$$

现利用式(3.5.14)，就可定出系统的状态转移矩阵$\boldsymbol{\Phi}(t,t_0)$为

$$\begin{aligned}\boldsymbol{\Phi}(t,t_0) &= \boldsymbol{\Psi}(t)\boldsymbol{\Psi}(t_0)^{-1} = \begin{bmatrix}0 & 2\\ 1 & t^2-t_0^2\end{bmatrix}\begin{bmatrix}0 & 2\\ 1 & 0\end{bmatrix}^{-1}\\ &= \begin{bmatrix}1 & 0\\ 0.5t^2-0.5t_0^2 & 1\end{bmatrix}\end{aligned}$$

进而确定系统的状态响应：利用上述得到的状态转移矩阵$\boldsymbol{\Phi}(t,t_0)$和式(3.5.16)，即可定出：

$$\begin{aligned}\boldsymbol{x}(t) &= \boldsymbol{\Phi}(t,t_0)x_0 + \int_{t_0}^{t}\boldsymbol{\Phi}(t,\tau)\boldsymbol{B}(\tau)u(\tau)\mathrm{d}\tau\\ &= \begin{bmatrix}1 & 0\\ 0.5t^2-0.5 & 1\end{bmatrix}\begin{bmatrix}1\\ 2\end{bmatrix} + \int_1^t\begin{bmatrix}1 & 0\\ 0.5t^2-0.5\tau^2 & 1\end{bmatrix}\begin{bmatrix}1\\ 1\end{bmatrix}\mathrm{d}\tau\\ &= \begin{bmatrix}1\\ 0.5t^2+1.5\end{bmatrix} + \begin{bmatrix}t-1\\ \frac{1}{3}t^3-0.5t^2+t-\frac{5}{6}\end{bmatrix}\\ &= \begin{bmatrix}t\\ \frac{1}{3}t^3+t+\frac{2}{3}\end{bmatrix}\end{aligned}$$

3.6　线性连续系统的时间离散化

对于含有采样开关或数字计算机的系统，存在着两种信号：连续时间信号和离散时间信号。为了分析和设计这类系统，有必要将连续时间系统的状态空间表达式化成等价的离散时间系统的状态空间表达式，这便是线性连续系统的时间离散化问题。

线性连续系统的时间离散化问题的数学实质就是在一定的采样方式和保持

方式下,由系统的连续时间状态空间描述来导出其对应的离散时间状态空间描述,并建立起两者的系数矩阵间的关系式。

3.6.1 近似离散化

给定线性连续时变系统的状态方程为

$$\dot{\boldsymbol{x}}(t)=\boldsymbol{A}(t)\boldsymbol{x}(t)+\boldsymbol{B}(t)\boldsymbol{u}(t) \tag{3.6.1}$$

在采样周期 T 较小、且对其精度要求不高时,通过近似离散化,可以把它变成线性离散状态方程,以便求出它的近似解,即在采样时刻的近似值。利用近似等式

$$\dot{\boldsymbol{x}}(t)=\frac{1}{T}\{\boldsymbol{x}((k+1)T)-\boldsymbol{x}(kT)\} \tag{3.6.2}$$

将式(3.6.2)代入式(3.6.1)中,并令 $t=kT$,则得

$$\frac{1}{T}\{\boldsymbol{x}((k+1)T)-\boldsymbol{x}(kT)\}=\boldsymbol{A}(kT)\boldsymbol{x}(kT)+\boldsymbol{B}(kT)\boldsymbol{u}(kT) \tag{3.6.3}$$

或者写为

$$\begin{aligned}\boldsymbol{x}((k+1)T)&=[\boldsymbol{I}+T\boldsymbol{A}(kT)]\boldsymbol{x}(kT)+T\boldsymbol{B}(kT)\boldsymbol{u}(kT)\\&=\boldsymbol{G}(kT)\boldsymbol{x}(kT)+\boldsymbol{H}(kT)\boldsymbol{u}(kT)\end{aligned} \tag{3.6.4}$$

式中

$$\boldsymbol{G}(kT)=\boldsymbol{I}+T\boldsymbol{A}(kT),\quad \boldsymbol{H}(kT)=T\boldsymbol{B}(kT) \tag{3.6.5}$$

方程式(3.6.4)就是方程式(3.6.1)的近似离散化,通常当采样周期为系统最小时间常数的1/10左右,其近似度已是足够满意的了,所以这种方法可以在实际中采用。

例 3.6.1 系统的状态方程为

$$\dot{\boldsymbol{x}}(t)=\boldsymbol{A}(t)\boldsymbol{x}(t)+\boldsymbol{B}(t)\boldsymbol{u}(t)$$

式中

$$\boldsymbol{A}(t)=\begin{bmatrix}0 & 5(1-\mathrm{e}^{-5t})\\0 & 5(\mathrm{e}^{-5t}-1)\end{bmatrix}\quad \boldsymbol{B}(t)=\begin{bmatrix}5 & 5\mathrm{e}^{-5t}\\0 & 5(1-\mathrm{e}^{-5t})\end{bmatrix}$$

试列写采样周期 $T=0.2\mathrm{s}$ 时的离散化状态方程。

解 根据式(3.6.5)可得

$$\boldsymbol{G}(kT)=\boldsymbol{I}+T\boldsymbol{A}(kT)=\begin{bmatrix}1 & 1-\mathrm{e}^{-k}\\0 & \mathrm{e}^{-k}\end{bmatrix}$$

$$\boldsymbol{H}(kT)=T\boldsymbol{B}(kT)=\begin{bmatrix}1 & \mathrm{e}^{-k}\\0 & (1-\mathrm{e}^{-k})\end{bmatrix}$$

于是,离散化状态方程为

$$\boldsymbol{x}((k+1)T)=\boldsymbol{G}(kT)\boldsymbol{x}(kT)+\boldsymbol{H}(kT)\boldsymbol{u}(kT)$$

这种离散化方法的优点是比较简单,但终究是近似解。对于线性连续系统的

时间离散化,往往用下述离散化方法。

3.6.2　线性连续系统状态方程的离散化

线性连续系统的时间离散化问题的数学实质,就是在一定的采样方式和保持方式下,由系统的连续时间状态空间描述来导出其对应的离散时间状态空间描述,并建立起两者的系数矩阵间的关系式。

设线性连续系统的状态方程为

$$\dot{\boldsymbol{x}} = \boldsymbol{A}(t)\boldsymbol{x} + \boldsymbol{B}(t)\boldsymbol{u}, \quad t \in [t_0, t_a] \tag{3.6.6}$$

根据状态方程的求解公式,有

$$\boldsymbol{x}(t) = \boldsymbol{\Phi}(t, t_0)\boldsymbol{x}(t_0) + \int_{t_0}^{t} \boldsymbol{\Phi}(t, \tau)\boldsymbol{B}(\tau)\boldsymbol{u}(\tau)\mathrm{d}\tau, \quad t \in [t_0, t_a] \tag{3.6.7}$$

为使离散化后的描述具有简单的形式,并保证它是可复原的,引入如下假设:

(1) 采样方式取为以常数 T 为周期的等间隔采样。采样时间宽度 Δ 比采样周期 T 要小很多,即 $\Delta \ll T$,因而可将其视为零。用 $\boldsymbol{x}(t)$ 和 $\boldsymbol{x}(k)$ 分别表示采样器的输入信号和输出信号,则在此假设下两者之间有如下关系式

$$\boldsymbol{x}(k) = \begin{cases} \boldsymbol{x}(t), & t = kT \\ 0, & t \neq kT \end{cases} \tag{3.6.8}$$

(2) 采样周期 T 的确定要满足香农(Shannon)采样定理。即

$$T \leqslant \pi/\omega_c \tag{3.6.9}$$

式中 ω_c 为截止频率。

(3) 保持器采用零阶保持器,即把离散信号转换为连续信号是按零阶保持方式来实现的。则认为保持器的输出 $\boldsymbol{u}(t)$ 是只在采样时刻发生变化,在一个采样周期内其值不变,即在每个采样周期内

$$\boldsymbol{u}(t) = \boldsymbol{u}(kT), \quad kT \leqslant t \leqslant (k+1)T \tag{3.6.10}$$

在上述三点基本假设的前提下,现在给出并证明线性连续系统的时间离散化问题的两个基本结论。

结论 3.6.1(时变系统情形)　给定线性连续时间系统

$$\dot{\boldsymbol{x}} = \boldsymbol{A}(t)\boldsymbol{x} + \boldsymbol{B}(t)\boldsymbol{u}, \quad \boldsymbol{x}(t_0) = \boldsymbol{x}_0, \quad t \in [t_0, t_a] \tag{3.6.11}$$

则其在基本假设下的离散化状态方程为

$$\boldsymbol{x}(k+1) = \boldsymbol{G}(k)\boldsymbol{x}(k) + \boldsymbol{H}(k)\boldsymbol{u}(k), \quad \boldsymbol{x}(t_0) = \boldsymbol{x}_0, \quad k = 0,1,2,\cdots,l \tag{3.6.12}$$

并且,两者的变量和系数矩阵之间存在如下关系:

$$\boldsymbol{x}(k) = [\boldsymbol{x}(t)]_{t=kT}, \quad \boldsymbol{u}(k) = [\boldsymbol{u}(t)]_{t=kT}$$

$$\boldsymbol{G}(k) = \boldsymbol{\Phi}[(k+1)T, kT] \triangleq \boldsymbol{\Phi}(k+1, k)$$

$$\boldsymbol{H}(k) = \int_{kT}^{(k+1)T} \boldsymbol{\Phi}[(k+1)T, \tau]\boldsymbol{B}(\tau)\mathrm{d}\tau \tag{3.6.13}$$

式中,T 为采样周期,$l=(t_a-t_0)/T$,$\boldsymbol{\Phi}(\cdot,\cdot)$是连续时间线性时变系统式(3.6.11)的状态转移矩阵。

证 前已导出线性时变系统式(3.6.11)的状态响应为

$$\boldsymbol{x}(t)=\boldsymbol{\Phi}(t,t_0)\boldsymbol{x}_0+\int_{t_0}^{t}\boldsymbol{\Phi}(t,\tau)\boldsymbol{B}(\tau)\boldsymbol{u}(\tau)\mathrm{d}\tau,\quad t\in[t_0,t_a] \tag{3.6.14}$$

上式中,令 $t=(k+1)T$,而 t_0 对应为 $k=0$,可得到

$$\begin{aligned}\boldsymbol{x}(k+1)&=\boldsymbol{\Phi}(k+1,0)\boldsymbol{x}_0+\int_{0}^{(k+1)T}\boldsymbol{\Phi}((k+1)T,\tau)\boldsymbol{B}(\tau)\boldsymbol{u}(\tau)\mathrm{d}\tau\\&=\boldsymbol{\Phi}(k+1,k)\left[\boldsymbol{\Phi}(k,0)\boldsymbol{x}_0+\int_{0}^{kT}\boldsymbol{\Phi}(kT,\tau)\boldsymbol{B}(\tau)\boldsymbol{u}(\tau)\mathrm{d}\tau\right]\\&\quad+\left[\int_{kT}^{(k+1)T}\boldsymbol{\Phi}((k+1)T,\tau)\boldsymbol{B}(\tau)\mathrm{d}\tau\right]\boldsymbol{u}(k)\\&=\boldsymbol{G}(k)\boldsymbol{x}(k)+\boldsymbol{H}(k)\boldsymbol{u}(k)\end{aligned} \tag{3.6.15}$$

式中,基于零阶保持器的约定,在最后等式前的关系式中将 $\boldsymbol{u}(k)$移出积分式,并且,进而基于关系式(3.6.13),导出最后的关系式。

结论 3.6.2(定常系统情形) 给定线性定常连续时间系统

$$\dot{\boldsymbol{x}}=\boldsymbol{A}\boldsymbol{x}+\boldsymbol{B}\boldsymbol{u},\quad \boldsymbol{x}(t_0)=\boldsymbol{x}_0,\quad t\geqslant t_0 \tag{3.6.16}$$

则其在基本假设下的时间离散化状态方程为

$$\boldsymbol{x}(k+1)=\boldsymbol{G}\boldsymbol{x}(k)+\boldsymbol{H}\boldsymbol{u}(k),\quad \boldsymbol{x}(0)=\boldsymbol{x}_0,\quad k=0,1,2,\cdots \tag{3.6.17}$$

两者在变量和系数矩阵上具有如下关系

$$\begin{gathered}\boldsymbol{x}(k)=[\boldsymbol{x}(t)]_{t=kT},\quad \boldsymbol{u}(k)=[\boldsymbol{u}(t)]_{t=kT}\\\boldsymbol{G}=\mathrm{e}^{\boldsymbol{A}T}\\\boldsymbol{H}=\left(\int_0^T\mathrm{e}^{\boldsymbol{A}t}\mathrm{d}t\right)\boldsymbol{B}\end{gathered} \tag{3.6.18}$$

证 考虑定常系统是时变系统的一种特殊情况,因此由式(3.6.12)即可导出式(3.6.17),而由式(3.6.13)则可导出

$$\boldsymbol{G}=\boldsymbol{\Phi}[(k+1)T-kT]=\boldsymbol{\Phi}(T)=\mathrm{e}^{\boldsymbol{A}T} \tag{3.6.19}$$

和

$$\boldsymbol{H}=\int_{kT}^{(k+1)T}\boldsymbol{\Phi}((k+1)T-\tau)\boldsymbol{B}\mathrm{d}\tau \tag{3.6.20}$$

对上式作变量代换 $t=(k+1)T-\tau$,相应地有

$$\mathrm{d}\tau=-\mathrm{d}t,\quad \int_{kT}^{(k+1)T}\mathrm{d}\tau=-\int_T^0\cdot\mathrm{d}t \tag{3.6.21}$$

则利用式(3.6.21)可把式(3.6.20)改写为

$$\boldsymbol{H}=\left(-\int_T^0\boldsymbol{\Phi}(t)\mathrm{d}t\right)\boldsymbol{B}=\left(\int_0^T\mathrm{e}^{\boldsymbol{A}t}\mathrm{d}t\right)\boldsymbol{B}$$

从而式(3.6.18)得证。

上述两个基本结论提供了线性连续系统时间离散化问题的算法。而且,由此

还可导出两点推论：第一，时间离散化不改变系统的时变性或定常性，即时变连续系统离散化后仍为时变系统，而定常连续时间系统离散化后仍为定常系统；第二，考虑到连续系统的状态转移矩阵必须是非奇异的，因此不管连续系统矩阵$\boldsymbol{A}(t)$或$\boldsymbol{A}$是否为非奇异，但离散化系统的矩阵$\boldsymbol{G}(k)$或$\boldsymbol{G}$一定是非奇异的。

例 3.6.2 给定线性连续定常系统

$$\dot{\boldsymbol{x}} = \begin{bmatrix} 0 & 1 \\ 0 & -2 \end{bmatrix}\boldsymbol{x} + \begin{bmatrix} 0 \\ 1 \end{bmatrix}u, \quad t \geqslant 0$$

试列写采样周期 $T=0.1\text{s}$ 的离散化状态方程。

解 首先计算给定连续系统的矩阵指数函数 $\mathrm{e}^{\boldsymbol{A}t}$。为此，采用拉氏变换法先定出

$$[s\boldsymbol{I}-\boldsymbol{A}]^{-1} = \begin{bmatrix} s & -1 \\ 0 & s+2 \end{bmatrix}^{-1} = \begin{bmatrix} \dfrac{1}{s} & \dfrac{1}{s(s+2)} \\ 0 & \dfrac{1}{(s+2)} \end{bmatrix}$$

再将上式取拉氏反变换，即可得到

$$\mathrm{e}^{\boldsymbol{A}t} = L^{-1}[s\boldsymbol{I}-\boldsymbol{A}]^{-1} = \begin{bmatrix} 1 & 0.5(1-\mathrm{e}^{-2t}) \\ 0 & \mathrm{e}^{-2t} \end{bmatrix}$$

进而，根据式(3.6.18)可求出时间离散化系统的系数矩阵

$$\boldsymbol{G} = \mathrm{e}^{\boldsymbol{A}T} = \begin{bmatrix} 1 & 0.5(1-\mathrm{e}^{-2T}) \\ 0 & \mathrm{e}^{-2T} \end{bmatrix} = \begin{bmatrix} 1 & 0.091 \\ 0 & 0.819 \end{bmatrix}$$

$$\boldsymbol{H} = \left(\int_0^T \mathrm{e}^{\boldsymbol{A}t}\,\mathrm{d}t\right)B = \left(\int_0^T \begin{bmatrix} 1 & 0.5(1-\mathrm{e}^{-2t}) \\ 0 & \mathrm{e}^{-2t} \end{bmatrix}\mathrm{d}t\right)\begin{bmatrix} 0 \\ 1 \end{bmatrix}$$

$$= \begin{bmatrix} T & 0.5T+0.25\mathrm{e}^{-2T}-0.25 \\ 0 & -0.5\mathrm{e}^{-2T}+0.5 \end{bmatrix}\begin{bmatrix} 0 \\ 1 \end{bmatrix}$$

$$= \begin{bmatrix} 0.5T+0.25\mathrm{e}^{-2T}-0.25 \\ -0.5\mathrm{e}^{-2T}+0.5 \end{bmatrix} - \begin{bmatrix} 0.005 \\ 0.091 \end{bmatrix}$$

于是时间离散化状态方程为

$$\boldsymbol{x}[(k+1)] = \begin{bmatrix} 1 & 0.091 \\ 0 & 0.819 \end{bmatrix}\boldsymbol{x}(k) + \begin{bmatrix} 0.005 \\ 0.091 \end{bmatrix}u(k)$$

3.7 离散时间系统状态方程的解

随着系统理论研究领域的扩大和计算机的普及，离散时间系统已逐渐成为系统与控制理论中的一类主要研究对象。对离散时间线性系统的运动分析数学上

归结为求解时变或定常线性差分方程。相比于连续时间系统的微分方程形状态方程,离散时间系统的差分方程形状态方程的求解,既在计算上简单得多也更宜于采用计算机进行计算。离散时间系统的差分方程形状态方程有两种解法：递推法(迭代法)和 z 变换法。递推法对于定常系统和时变系统都是适用的,而 z 变换法则只能用于定常系统。

3.7.1 递推法求解线性离散系统的状态方程

考虑离散时间系统,对时变情形系统状态方程为

$$\boldsymbol{x}(k+1)=\boldsymbol{G}(k)\boldsymbol{x}(k)+\boldsymbol{H}(k)\boldsymbol{u}(k),\quad \boldsymbol{x}(0)=\boldsymbol{x}_0,\quad k=0,1,2,\cdots,l \tag{3.7.1}$$

对应定常系统状态方程为

$$\boldsymbol{x}(k+1)=\boldsymbol{G}\boldsymbol{x}(k)+\boldsymbol{H}\boldsymbol{u}(k),\quad \boldsymbol{x}(0)=\boldsymbol{x}_0,\quad k=0,1,2,\cdots \tag{3.7.2}$$

式中,$\boldsymbol{x}(k)$为 n 维状态,$\boldsymbol{u}(k)$为 p 维输入。

可以看出,不论是时变差分方程式(3.7.1),还是定常差分方程式(3.7.2),都可采用递推法容易地求解。

在方程式(3.7.1)中依次令 $k=0,1,2,\cdots,l$ 可递推求得

$$\begin{cases}\boldsymbol{x}(1)=\boldsymbol{G}(0)\boldsymbol{x}(0)+\boldsymbol{H}(0)\boldsymbol{u}(0)\\ \boldsymbol{x}(2)=\boldsymbol{G}(1)\boldsymbol{x}(1)+\boldsymbol{H}(1)\boldsymbol{u}(1)\\ \boldsymbol{x}(3)=\boldsymbol{G}(2)\boldsymbol{x}(2)+\boldsymbol{H}(2)\boldsymbol{u}(2)\\ \quad\vdots\\ \boldsymbol{x}(l)=\boldsymbol{G}(l-1)\boldsymbol{x}(l-1)+\boldsymbol{H}(l-1)\boldsymbol{u}(l-1)\end{cases} \tag{3.7.3}$$

其中 l 是给定问题的时间区间的末时刻,当给定初始状态 $\boldsymbol{x}(0)$和输入信号序列 $\boldsymbol{u}(0),\boldsymbol{u}(1),\cdots,\boldsymbol{u}(l-1)$即可求得 $\boldsymbol{x}(l)$。

这是一种递推算法,因此特别适宜于在计算机上计算,但是,由于后一步的计算依赖于前一步的计算结果,因此计算过程中引入的差错和误差都会造成累计式的差错和误差,这是递推法的一个缺点。

对于定常系统,$\boldsymbol{G}$ 和 $\boldsymbol{H}$ 都是常值矩阵,于是可得以下一系列方程：

$$\begin{cases}k=0,\quad \boldsymbol{x}(1)=\boldsymbol{G}\boldsymbol{x}(0)+\boldsymbol{H}\boldsymbol{u}(0)\\ k=1,\quad \boldsymbol{x}(2)=\boldsymbol{G}\boldsymbol{x}(1)+\boldsymbol{H}\boldsymbol{u}(1)=\boldsymbol{G}^2\boldsymbol{x}(0)+\boldsymbol{G}\boldsymbol{H}\boldsymbol{u}(0)+\boldsymbol{H}\boldsymbol{u}(1)\\ k=2,\quad \boldsymbol{x}(3)=\boldsymbol{G}\boldsymbol{x}(2)+\boldsymbol{H}\boldsymbol{u}(2)=\boldsymbol{G}^3\boldsymbol{x}(0)+\boldsymbol{G}^2\boldsymbol{H}\boldsymbol{u}(0)+\boldsymbol{G}\boldsymbol{H}\boldsymbol{u}(1)+\boldsymbol{H}\boldsymbol{u}(2)\\ \quad\vdots\qquad\quad\ \vdots\end{cases} \tag{3.7.4}$$

继续下去,运用归纳法,可以得到递推求解公式

$$\boldsymbol{x}(k)=\boldsymbol{G}^k\boldsymbol{x}(0)+\sum_{i=0}^{k-1}\boldsymbol{G}^{k-i-1}\boldsymbol{H}\boldsymbol{u}(i) \tag{3.7.5}$$

方程式(3.7.5)称为线性定常离散时间系统的状态转移方程。

在此说明两点：

① 容易看出，离散时间系统状态转移方程与连续系统状态转移方程是相对应的且十分类似的，也是必然的结果。它由两部分组成：第一部分是由初始状态所引起的零输入响应(即所谓自由分量)；第二部分是由控制输入作用所引起的零状态响应(即所谓强制分量)。

② 第 k 个采样时刻的状态只取决于此时刻之前的 $k-1$ 个输入采样值，而与第 k 个输入采样值及以后的采样值无关。

方程式(3.7.5)中的 $\boldsymbol{G}^k$ 称为线性离散时间定常系统的状态转移矩阵，记 $\boldsymbol{G}^k$ 为 $\boldsymbol{\Phi}(k)$，与连续系统状态转移矩阵相对应地有如下性质。

(1) 它满足矩阵差分方程

$$\boldsymbol{\Phi}(k+1)=\boldsymbol{G}\boldsymbol{\Phi}(k) \tag{3.7.6}$$

和初始条件

$$\boldsymbol{\Phi}(0)=\boldsymbol{I} \tag{3.7.7}$$

(2)
$$\boldsymbol{\Phi}(k_2-k_0)=\boldsymbol{\Phi}(k_2-k_1)\boldsymbol{\Phi}(k_1-k_0) \tag{3.7.8}$$

(3)
$$\boldsymbol{\Phi}^{-1}(k)=\boldsymbol{\Phi}(-k) \tag{3.7.9}$$

利用状态转移矩阵 $\boldsymbol{\Phi}(k)$ 可将式(3.7.5)改写为

$$\boldsymbol{x}(k)=\boldsymbol{\Phi}(k)\boldsymbol{x}(0)+\sum_{i=0}^{k-1}\boldsymbol{\Phi}(k-i-1)\boldsymbol{H}\boldsymbol{u}(i) \tag{3.7.10}$$

或

$$\boldsymbol{x}(k)=\boldsymbol{\Phi}(k)\boldsymbol{x}(0)+\sum_{j=0}^{k-1}\boldsymbol{\Phi}(j)\boldsymbol{H}\boldsymbol{u}(k-j-1) \tag{3.7.11}$$

3.7.2 z 变换法

对于线性定常离散时间系统，还可采用 z 变换法来求解状态方程。

设定常离散时间系统的状态方程是

$$\boldsymbol{x}(k+1)=\boldsymbol{G}\boldsymbol{x}(k)+\boldsymbol{H}\boldsymbol{u}(k),\quad \boldsymbol{x}(0)=\boldsymbol{x}_0,\quad k=0,1,2,\cdots \tag{3.7.12}$$

对上式两边进行 z 变换，可得

$$z\boldsymbol{x}(z)-z\boldsymbol{x}(0)=\boldsymbol{G}\boldsymbol{x}(z)+\boldsymbol{H}\boldsymbol{u}(z)$$

整理后则有

$$\boldsymbol{x}(z)=(z\boldsymbol{I}-\boldsymbol{G})^{-1}z\boldsymbol{x}(0)+(z\boldsymbol{I}-\boldsymbol{G})^{-1}\boldsymbol{H}\boldsymbol{u}(z) \tag{3.7.13}$$

作 z 反变换得到 $\boldsymbol{x}$ 的离散序列

$$\boldsymbol{x}(k)=Z^{-1}[(z\boldsymbol{I}-\boldsymbol{G})^{-1}z]\boldsymbol{x}(0)+Z^{-1}[(z\boldsymbol{I}-\boldsymbol{G})^{-1}\boldsymbol{H}\boldsymbol{u}(z)] \tag{3.7.14}$$

由解的唯一性，比较式(3.7.14)和式(3.7.5)，应有

$$Z^{-1}[(z\boldsymbol{I}-\boldsymbol{G})^{-1}z]=\boldsymbol{G}^k \tag{3.7.15}$$

$$Z^{-1}[(z\boldsymbol{I}-\boldsymbol{G})^{-1}\boldsymbol{H}\boldsymbol{u}(z)]=\sum_{i=0}^{k-1}\boldsymbol{G}^{k-i-1}\boldsymbol{H}\boldsymbol{u}(i) \tag{3.7.16}$$

例 3.7.1 系统的状态方程是

$$\boldsymbol{x}(k+1)=\boldsymbol{G}\boldsymbol{x}(k)+\boldsymbol{H}u(k)$$

式中

$$\boldsymbol{G}=\begin{bmatrix}0 & 1\\ -0.16 & -1\end{bmatrix},\quad \boldsymbol{H}=\begin{bmatrix}1\\ 1\end{bmatrix},\quad \text{初始条件为 } \boldsymbol{x}(0)=\begin{bmatrix}1\\ -1\end{bmatrix}$$

试求当 $u(k)=1$ 时,状态方程的解。

解法 1 用递推法,本题的 $u(k)$ 是标量。

$$\boldsymbol{x}(1)=\boldsymbol{G}\boldsymbol{x}(0)+\boldsymbol{H}u(0)=\begin{bmatrix}0 & 1\\ -0.16 & -1\end{bmatrix}\begin{bmatrix}1\\ -1\end{bmatrix}+\begin{bmatrix}1\\ 1\end{bmatrix}$$

$$=\begin{bmatrix}0\\ 1.84\end{bmatrix}$$

$$\boldsymbol{x}(2)=\boldsymbol{G}\boldsymbol{x}(1)+\boldsymbol{H}u(1)=\begin{bmatrix}0 & 1\\ -0.16 & -1\end{bmatrix}\begin{bmatrix}0\\ 1.84\end{bmatrix}+\begin{bmatrix}1\\ 1\end{bmatrix}$$

$$=\begin{bmatrix}2.84\\ -0.84\end{bmatrix}$$

$$\boldsymbol{x}(3)=\boldsymbol{G}\boldsymbol{x}(2)+\boldsymbol{H}u(2)=\begin{bmatrix}0 & 1\\ -0.16 & -1\end{bmatrix}\begin{bmatrix}2.84\\ -0.84\end{bmatrix}+\begin{bmatrix}1\\ 1\end{bmatrix}$$

$$=\begin{bmatrix}0.16\\ 1.386\end{bmatrix}$$

$$\vdots$$

可以继续递推下去,直到所要求计算的时刻为止。所得结果是 $\boldsymbol{x}(k)$ 的离散序列,经过不难,但是比较烦琐的计算,可以得到状态的离散序列表达式为

$$\boldsymbol{x}(k)=\begin{bmatrix}-\dfrac{17}{6}(-0.2)^k+\dfrac{22}{9}(-0.8)^k+\dfrac{25}{18}\\ \dfrac{3.4}{6}(-0.2)^k-\dfrac{17.6}{9}(-0.8)^k+\dfrac{7}{18}\end{bmatrix},\quad k=1,2,\cdots$$

解法 2 用 z 变换法,先计算 $(z\boldsymbol{I}-\boldsymbol{G})^{-1}$,有

$$(z\boldsymbol{I}-\boldsymbol{G})^{-1}=\begin{bmatrix}z & -1\\ 0.16 & z+1\end{bmatrix}^{-1}$$

$$=\frac{1}{(z+0.2)(z+0.8)}\begin{bmatrix}z+1 & 1\\ -0.16 & z\end{bmatrix}$$

$$=\begin{bmatrix}\dfrac{4}{3}\times\dfrac{1}{z+0.2}-\dfrac{1}{3}\times\dfrac{1}{z+0.8} & \dfrac{5}{3}\times\dfrac{1}{z+0.2}-\dfrac{5}{3}\times\dfrac{1}{z+0.8}\\ -\dfrac{0.8}{3}\times\dfrac{1}{z+0.2}+\dfrac{0.8}{3}\times\dfrac{1}{z+0.8} & -\dfrac{1}{3}\times\dfrac{1}{z+0.2}+\dfrac{4}{3}\times\dfrac{1}{z+0.8}\end{bmatrix}$$

所以

$$\boldsymbol{\Phi}(k) = Z^{-1}[(z\boldsymbol{I}-\boldsymbol{G})^{-1}z]$$
$$= \begin{bmatrix} \frac{4}{3}(-0.2)^k - \frac{1}{3}(-0.8)^k & \frac{5}{3}(-0.2)^k - \frac{5}{3}(-0.8)^k \\ -\frac{0.8}{3}(-0.2)^k + \frac{0.8}{3}(-0.8)^k & -\frac{1}{3}(-0.2)^k + \frac{4}{3}(-0.8)^k \end{bmatrix}$$

再计算 $\boldsymbol{x}(k)$，因 $u(k)=1$，所以 $u(z)=z/(z-1)$。

$$z\boldsymbol{x}(0) + \boldsymbol{H}u(z) = \begin{bmatrix} z \\ -z \end{bmatrix} + \begin{bmatrix} \frac{z}{z-1} \\ \frac{z}{z-1} \end{bmatrix} = \begin{bmatrix} \frac{z^2}{z-1} \\ \frac{-z^2+2z}{z-1} \end{bmatrix}$$

将它们代入式(2.7.13)，得

$$\boldsymbol{x}(z) = (z\boldsymbol{I}-\boldsymbol{G})^{-1}[z\boldsymbol{x}(0)+\boldsymbol{H}u(z)]$$
$$= \begin{bmatrix} -\frac{17}{6}\frac{z}{z+0.2} + \frac{22}{9}\frac{z}{z+0.8} + \frac{25}{18}\frac{z}{z-1} \\ \frac{3.4}{6}\frac{z}{z+0.2} - \frac{17.6}{9}\frac{z}{z+0.8} + \frac{7}{18}\frac{z}{z-1} \end{bmatrix}$$

对 $\boldsymbol{x}(z)$ 取 z 反变换，得

$$\boldsymbol{x}(k) = \begin{bmatrix} -\frac{17}{6}(-0.2)^k + \frac{22}{9}(-0.8)^k + \frac{25}{18} \\ \frac{3.4}{6}(-0.2)^k - \frac{17.6}{9}(-0.8)^k + \frac{7}{18} \end{bmatrix}$$

3.8　利用 MATLAB 求解系统的状态方程

对于线性定常连续系统其状态方程为

$$\dot{\boldsymbol{x}} = \boldsymbol{A}\boldsymbol{x} + \boldsymbol{B}\boldsymbol{u}, \quad \boldsymbol{x}(0) = \boldsymbol{x}_0, \quad t \geqslant 0 \tag{3.8.1}$$

式中变量、矩阵及其维数定义同前。由式(2.4.14)知式(3.8.1)的状态响应为

$$\boldsymbol{\phi}(t;0;x_0,\boldsymbol{u}) = \boldsymbol{\Phi}(t)\boldsymbol{x}_0 + \int_0^t \boldsymbol{\Phi}(t-\tau)\boldsymbol{B}\boldsymbol{u}(\tau)\mathrm{d}\tau, \quad t \geqslant 0$$

对于线性定常系统，式中状态转移矩阵 $\boldsymbol{\Phi}(t)=\mathrm{e}^{\boldsymbol{A}t}$。则有

$$\boldsymbol{x}(t) = \mathrm{e}^{\boldsymbol{A}t}\boldsymbol{x}(0) + \int_0^t \mathrm{e}^{\boldsymbol{A}(t-\tau)}\boldsymbol{B}\boldsymbol{u}(\tau)\mathrm{d}\tau, \quad t \geqslant 0 \tag{3.8.2}$$

(1) 可以用 MATLAB 中的 expm 函数来计算给定时刻的状态转移矩阵。请注意 expm(A)函数用来计算矩阵指数函数 $\mathrm{e}^{\boldsymbol{A}}$，而 exp($\boldsymbol{A}$)函数却是对 $\boldsymbol{A}$ 中每个元素 a_{ij} 计算 $\mathrm{e}^{a_{ij}}$。

例 3.8.1　一 RC 网络状态方程为

$$\dot{\boldsymbol{x}} = \begin{bmatrix} 0 & -2 \\ 1 & -3 \end{bmatrix}\boldsymbol{x} + \begin{bmatrix} 2 \\ 0 \end{bmatrix}u, \quad \boldsymbol{x}(0) = \begin{bmatrix} 1 \\ 1 \end{bmatrix}, \quad u = 0$$

试求当 $t=0.2$ 时系统的状态响应。

解 用MATLAB函数来求解状态响应。

① 计算 $t=0.2$ 时的状态转移矩阵(即矩阵指数 $e^{At}|_{t=0.2}$)。

```
>> A = [0 - 2; 1 - 3]; B = [2; 0];
>> expm(A * 0.2)
ans =
     0.9671     - 0.2968
     0.1484     0.5219
```

② 计算 $t=0.2$ 时系统的状态响应。因为 $u=0$,由式(3.8.2)得

$$\begin{bmatrix} x_1 \\ x_2 \end{bmatrix}_{t=0.2} = \begin{bmatrix} 0.9671 & -0.2968 \\ 0.1484 & 0.5219 \end{bmatrix} \begin{bmatrix} x_1 \\ x_2 \end{bmatrix}_{t=0} = \begin{bmatrix} 0.6703 \\ 0.6703 \end{bmatrix}$$

(2) 可以用step()函数求取阶跃输入时系统的状态响应。

在MATLAB控制工具箱中给出了一个函数step()直接求取线性系统的阶跃响应,函数调用格式为

```
>> [y,t,x] = step(G)
```

其中,G为给定系统的LTI对象模型。当该函数被调用后,将同时返回自动生成的时间变量t、系统输出y、系统状态响应向量x。

例3.8.2 系统状态方程为

$$\dot{\boldsymbol{x}}(t) = \begin{bmatrix} -21 & 19 & -20 \\ 19 & -21 & 20 \\ 40 & -40 & -40 \end{bmatrix} \boldsymbol{x}(t) + \begin{bmatrix} 0 \\ 1 \\ 2 \end{bmatrix} u(t), \quad \boldsymbol{y}(t) = \begin{bmatrix} 1 & 0 & 2 \end{bmatrix} \boldsymbol{x}(t)$$

解 该系统在单位阶跃输入作用下的状态响应可由下面的MATLAB语句求得

```
>> A = [ - 21,19, - 20; 19, - 21,20; 40, - 40, - 40]; B = [0; 1; 2]; C = [1,0,2]; D = [0];
>> G = ss(A,B,C,D); [y,t,x] = step(G); plot(t,x)
```

系统状态响应曲线如图3.8.1所示。

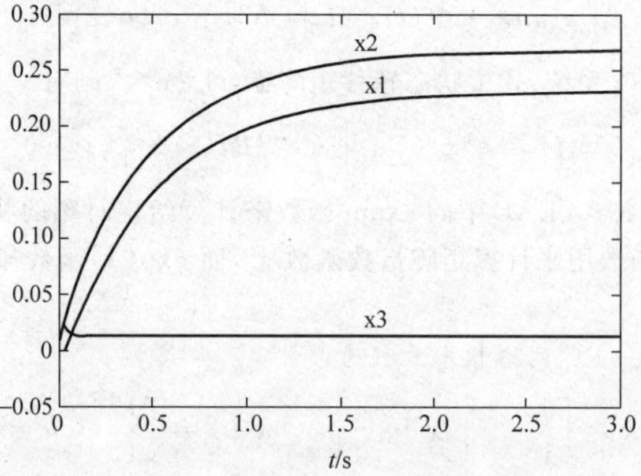

图3.8.1 状态响应曲线(1)

(3) 可以用 MATLAB 控制系统工具箱中提供的 lsim()函数求取任意输入时系统的状态响应。这个函数的调用格式为

```
>> [y,t,x] = lsim(G,u,t)
```

可见这个函数的调用格式与 step()函数是很相似的，只是在这个函数的调用中多了一个向量 u，它是系统输入在各个时刻的值。当系统状态初值为零时的响应(即零状态响应)可用 lsim()函数直接求得。

例 3.8.3　例 3.8.2 系统当状态初值为零，控制输入 $u=1+e^{-t}\cos 5t$ 时系统的零状态响应可用下面的 MATLAB 语句直接求得。

```
>> A = [ - 21,19, - 20; 19, - 21,20; 40, - 40, - 40]; B = [0; 1; 2]; C = [1,0,2]; D = [0];
>> t = [0: .04: 4]; u = 1 + exp( - t). * cos(5 * t); G = ss(A,B,C,D); [y,t,x] = lsim(G,u,t);
>> plot(t,x)
```

系统状态响应曲线如图 3.8.2 所示。

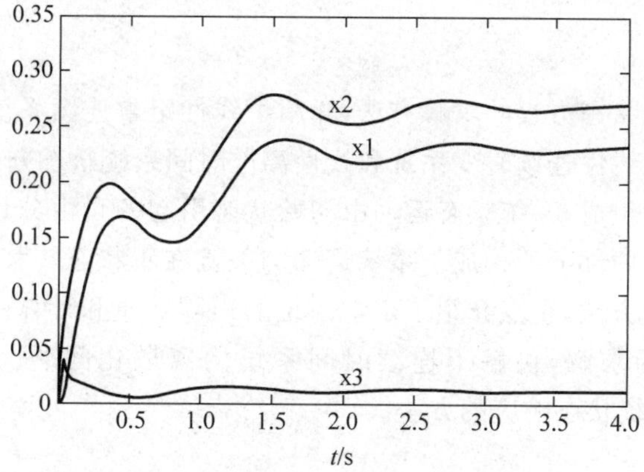

图 3.8.2　状态响应曲线(2)

零输入响应可用控制系统工具箱中提供的 initial()函数求取。该函数的调用格式为

```
>>[y,t,x] = initial(G,x0)
```

其中，x0 为状态初值。

上例系统当控制输入为零，状态初值 x0=[0.2,0.2,0.2]时，系统的零输入响应可用下面的 MATLAB 语句直接求得

```
>> t = [0: .01: 2]; u = 0; G = ss(A,B,C,D); x0 = [0.2,0.2,0.2];
>> [y,t,x] = initial(G,x0,t);
>> plot(t,x)
```

系统状态响应曲线如图 3.8.3 所示。

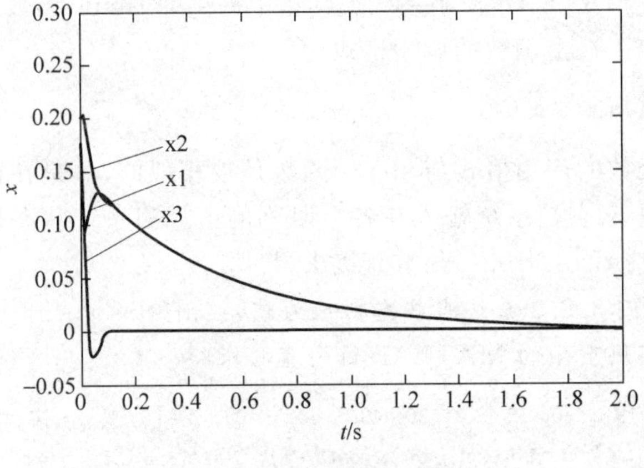

图 3.8.3 状态响应曲线

小结

本章讲述了状态方程的求解方法,介绍了线性定常连续系统齐次和非齐次状态方程的解以及线性连续时变系统和线性离散时间系统状态方程的解;分析了系统状态变量解的组成,系统状态运动由初始状态引起的自由分量和输入控制作用引起的强制分量两部分所构成。系统运动的关键在于状态转移矩阵,本章分析了它的性质及计算方法,重点介绍了定常系统的矩阵性质和计算。本章还结合离散系统状态方程的求解,讲解了连续时间系统的离散化问题。最后介绍了利用MATLAB求系统状态响应的方法。

习题

3.1 计算下列矩阵的矩阵指数 $e^{\boldsymbol{A}t}$。

(1) $\boldsymbol{A}=\begin{bmatrix}-2&0&0\\0&-2&0\\0&0&-2\end{bmatrix}$; (2) $\boldsymbol{A}=\begin{bmatrix}-2&0&0\\0&-3&1\\0&0&-3\end{bmatrix}$;

(3) $\boldsymbol{A}=\begin{bmatrix}0&0\\1&0\end{bmatrix}$; (4) $\boldsymbol{A}=\begin{bmatrix}0&-1\\4&0\end{bmatrix}$。

3.2 已知系统状态方程和初始条件为

$$\dot{\boldsymbol{x}}=\begin{bmatrix}1&0&0\\0&1&0\\0&1&2\end{bmatrix}\boldsymbol{x},\quad \boldsymbol{x}(0)=\begin{bmatrix}1\\0\\1\end{bmatrix}$$

(1) 试用拉氏变换法求其状态转移矩阵。

(2) 试用化对角标准形法求其状态转移矩阵。

(3) 试用化有限项法求其状态转移矩阵。

(4) 根据所给初始条件,求齐次状态方程的解。

3.3　矩阵 $\boldsymbol{A}$ 是 2×2 的常数矩阵,关于系统的状态方程式 $\dot{\boldsymbol{x}}=\boldsymbol{A}\boldsymbol{x}$,有

$$\boldsymbol{x}(0)=\begin{bmatrix}1\\-1\end{bmatrix}\text{时},\boldsymbol{x}=\begin{bmatrix}e^{-2t}\\-e^{-2t}\end{bmatrix}$$

$$\boldsymbol{x}(0)=\begin{bmatrix}2\\-1\end{bmatrix}\text{时},\boldsymbol{x}=\begin{bmatrix}2e^{-t}\\-e^{-t}\end{bmatrix}$$

试确定这个系统的转移矩阵 $\boldsymbol{\Phi}(t,0)$ 和矩阵 $\boldsymbol{A}$。

3.4　现有二阶标量微分方程式

$$\ddot{y}+\omega^2 y=0$$

令 $x_1=y$、$x_2=\dot{y}=\dot{x}_1$,关于 $\boldsymbol{x}=[x_1\quad x_2]^{\mathrm{T}}$ 的系统状态方程式为

$$\dot{\boldsymbol{x}}=\begin{bmatrix}0 & \omega\\-\omega & 0\end{bmatrix}\boldsymbol{x}$$

试证明系统的转移矩阵 $\boldsymbol{\Phi}(t,0)$ 是

$$\boldsymbol{\Phi}(t,0)=\begin{bmatrix}\cos\omega t & \sin\omega t\\-\sin\omega t & \cos\omega t\end{bmatrix}$$

3.5　关于矩阵 $\boldsymbol{A},\boldsymbol{B}$,当 $\boldsymbol{AB}=\boldsymbol{BA}$ 时,利用 $e^{(\boldsymbol{A}+\boldsymbol{B})t}=e^{\boldsymbol{A}t}e^{\boldsymbol{B}t}$ 的性质,试确定系统

$$\dot{\boldsymbol{x}}=\begin{bmatrix}\sigma & \omega\\-\omega & \sigma\end{bmatrix}\boldsymbol{x}$$

的状态转移矩阵 $\boldsymbol{\Phi}(t,0)$。

3.6　矩阵 $\boldsymbol{A}$ 是 2×2 常数矩阵,关于系统的状态方程式 $\dot{\boldsymbol{x}}=\boldsymbol{A}\boldsymbol{x}$,有

$$\boldsymbol{x}(0)=\begin{bmatrix}2\\1\end{bmatrix}\text{时},\quad \boldsymbol{x}=\begin{bmatrix}2e^{-t}\\e^{-t}\end{bmatrix}$$

$$\boldsymbol{x}(0)=\begin{bmatrix}1\\1\end{bmatrix}\text{时},\quad \boldsymbol{x}=\begin{bmatrix}e^{-t}+2te^{-t}\\e^{-t}+te^{-t}\end{bmatrix}$$

试确定系统的转移矩阵 $\boldsymbol{\Phi}(t,0)$ 和矩阵 $\boldsymbol{A}$。

3.7　给定一个二维连续时间线性定常自治系统 $\dot{\boldsymbol{x}}=\boldsymbol{A}\boldsymbol{x}$,$t\geqslant 0$。现知,对应于两个不同初态的状态响应分别为

$$\text{对 }\boldsymbol{x}(0)=\begin{bmatrix}1\\-4\end{bmatrix},\quad \boldsymbol{x}(t)=\begin{bmatrix}e^{-3t}\\-4e^{-3t}\end{bmatrix}$$

$$\text{对 }\boldsymbol{x}(0)=\begin{bmatrix}2\\-1\end{bmatrix},\quad \boldsymbol{x}(t)=\begin{bmatrix}2e^{-2t}\\-e^{-2t}\end{bmatrix}$$

试据此定出系统矩阵 $\boldsymbol{A}$。

3.8　试说明下列矩阵是否满足状态转移矩阵的条件,如果满足,试求与之对应的矩阵 $\boldsymbol{A}$。

(1) $\begin{bmatrix} 1 & 0 & 0 \\ 0 & \sin t & \cos t \\ 0 & -\cos t & \sin t \end{bmatrix}$;

(2) $\begin{bmatrix} 2e^{-t}-e^{-2t} & 2e^{-2t}-2e^{-t} \\ e^{-t}-e^{-2t} & 2e^{-2t}-e^{-t} \end{bmatrix}$。

3.9 已知系统$\dot{\boldsymbol{x}}=\boldsymbol{A}\boldsymbol{x}$ 的转移矩阵$\boldsymbol{\Phi}(t,0)$是

$$\boldsymbol{\Phi}(t,0)=\begin{bmatrix} 2e^{-t}-e^{-2t} & 2(e^{-2t}-e^{-t}) \\ e^{-t}-e^{-2t} & 2e^{-2t}-e^{-t} \end{bmatrix}$$

试确定矩阵 $\boldsymbol{A}$。

3.10 已知系统状态空间表达式为

$$\dot{\boldsymbol{x}}=\begin{bmatrix} 0 & 1 \\ -3 & 4 \end{bmatrix}\boldsymbol{x}+\begin{bmatrix} 1 \\ 1 \end{bmatrix}u$$

$$y=\begin{bmatrix} 1 & 1 \end{bmatrix}\boldsymbol{x}$$

(1) 求系统的单位阶跃响应;(2) 求系统的脉冲响应。

3.11 求下列系统在输入作用为:①脉冲函数;②单位阶跃函数;③单位斜坡函数下的状态响应。

(1) $\dot{\boldsymbol{x}}=\begin{bmatrix} -a & 0 \\ 0 & -b \end{bmatrix}\boldsymbol{x}+\begin{bmatrix} \dfrac{1}{b-a} \\ \dfrac{1}{a-b} \end{bmatrix}u$;

(2) $\dot{\boldsymbol{x}}=\begin{bmatrix} 0 & 1 \\ -ab & -(a+b) \end{bmatrix}\boldsymbol{x}+\begin{bmatrix} 0 \\ 1 \end{bmatrix}u$。

3.12 线性时变系统$\dot{\boldsymbol{x}}(t)=\boldsymbol{A}(t)\boldsymbol{x}(t)$的系数矩阵如下。试求与之对应的状态转移矩阵。

(1) $\boldsymbol{A}(t)=\begin{bmatrix} 0 & 1 \\ 0 & t \end{bmatrix}$; (2) $\boldsymbol{A}(t)=\begin{bmatrix} 0 & 0 \\ t & 0 \end{bmatrix}$

3.13 对连续时间线性定常系统$\dot{\boldsymbol{x}}=\boldsymbol{A}\boldsymbol{x}+\boldsymbol{B}\boldsymbol{u}$,$\boldsymbol{x}(0)=\boldsymbol{x}_0$,试利用拉氏变换证明系统状态运动的表达式为

$$\dot{\boldsymbol{x}}=e^{\boldsymbol{A}t}\boldsymbol{x}_0+\int_0^t e^{\boldsymbol{A}(t-\tau)}\boldsymbol{B}\boldsymbol{u}(\tau)d\tau$$

3.14 已知线性定常离散系统的差分方程如下:

$$y(k+2)+0.5y(k+1)+0.1y(k)=u(k)$$

若设 $u(k)=1, y(0)=1, y(1)=0$,试用递推法求出 $y(k), k=2,3,\cdots,10$。

3.15 设线性定常连续时间系统的状态方程为

$$\begin{bmatrix} \dot{x}_1 \\ \dot{x}_2 \end{bmatrix}=\begin{bmatrix} 0 & 1 \\ 0 & -2 \end{bmatrix}\begin{bmatrix} x_1 \\ x_2 \end{bmatrix}+\begin{bmatrix} 0 \\ 1 \end{bmatrix}u, \quad t\geqslant 0$$

取采样周期 $T=0.1$s,试将该连续系统的状态方程离散化。

3.16　已知线性定常离散时间系统状态方程为

$$\begin{bmatrix} x_1(k+1) \\ x_2(k+1) \end{bmatrix} = \begin{bmatrix} \frac{1}{2} & \frac{1}{8} \\ \frac{1}{8} & \frac{1}{2} \end{bmatrix} \begin{bmatrix} x_1(k) \\ x_2(k) \end{bmatrix} + \begin{bmatrix} 1 & 0 \\ 0 & 1 \end{bmatrix} \begin{bmatrix} u_1(k) \\ u_2(k) \end{bmatrix}$$

$$\begin{bmatrix} x_1(0) \\ x_2(0) \end{bmatrix} = \begin{bmatrix} -1 \\ 3 \end{bmatrix}$$

设 $u_1(k)$与 $u_2(k)$是同步采样，$u_1(k)$是来自斜坡函数 t 的采样，而 $u_2(k)$是由指数函数 e^{-t}采样而来。试求该状态方程的解。

3.17　试证明：若 $\boldsymbol{A}$ 是二阶方阵，其特征值为 λ_1 和 λ_2，特征向量为 $\boldsymbol{p}_1$ 和 $\boldsymbol{p}_2$，则方程 $\dot{\boldsymbol{x}}=\boldsymbol{A}\boldsymbol{x}$ 的解一定能够表示成

$$\boldsymbol{x} = c_1 e^{\lambda_1 t} \boldsymbol{p}_1 + c_2 e^{\lambda_2 t} + \boldsymbol{p}_2$$

式中，常数 c_1 和 c_2 由下式确定

$$\boldsymbol{x}(0) = c_1 \boldsymbol{p}_1 + c_2 \boldsymbol{p}_2$$

利用此结论求解方程 $\dot{\boldsymbol{x}}=\begin{bmatrix} 0 & 1 \\ -5 & -6 \end{bmatrix}\boldsymbol{x}$，$\boldsymbol{x}(0)=\begin{bmatrix} 1 \\ 1 \end{bmatrix}$。

第4章 线性系统的能控性与能观测性

1960年由卡尔曼最先提出的系统的能控性与能观测性，已成为控制系统中的两个基础性概念。对于一个控制系统，特别是多变量控制系统，必须回答的两个基本问题是：

- 在有限时间内，控制作用能否使系统从初始状态转移到要求的状态？
- 在有限时间内，能否通过对系统输出的测定来估计系统的初始状态？

前一个问题是指控制作用对状态变量的支配能力，称之为状态的能控性问题；后一个问题是指系统的输出量(或观测量)能否反映状态变量，称之为状态的能观测性问题。现举两个例子，来说明系统的能控性和能观测性问题的存在。

例 4.0.1 图 4.0.1(a)是一个 RC 桥形电路，这里 $C_1=C_2$，$R_1=R_2$，将电容 C_1 上的电压选为状态变量 x_1，电容 C_2 上的电压为状态变量 x_2，且设电容 C_1，C_2 上的初始电压为零，根据电路理论，有下式成立

$$x_1(t)=x_2(t)$$

它的相平面示于图 4.0.1(b)中，相轨迹为一条直线，电源电压无论如何变化，上式总是成立。因此系统状态只能在 x_1-x_2 相平面的一条直线上移动，不论电源电压如何变动，都不能使系统的状态变量离开这条直线。显然，它是不完全能控的。

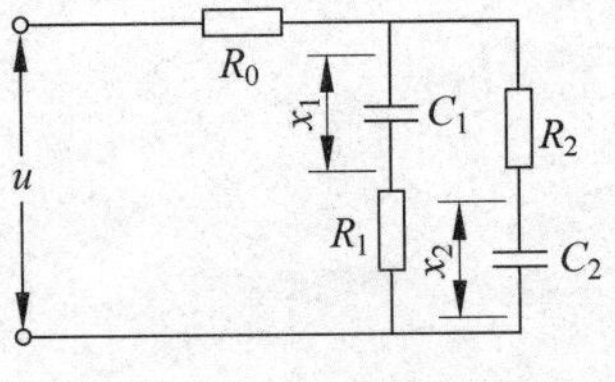

(a) RC桥形电路

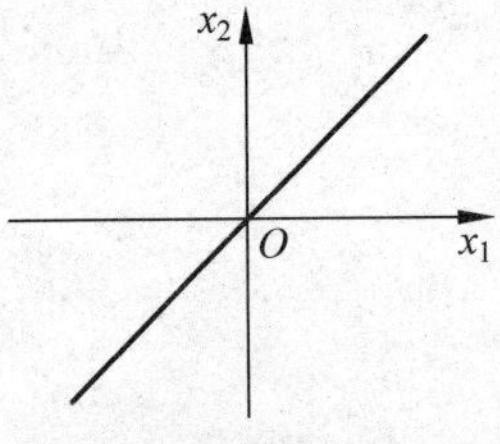

(b) 状态相平面

图 4.0.1 RC 桥形电路及状态相平面

例 4.0.2　在图 4.0.2 中，选择电感中的电流 i_L 以及电容上的电压 u_C 作为状态变量。当电桥平衡时，i_L 作为电路的一个状态是不能由输出变量 u_C 来确定的，所以该电路是不能观测的。

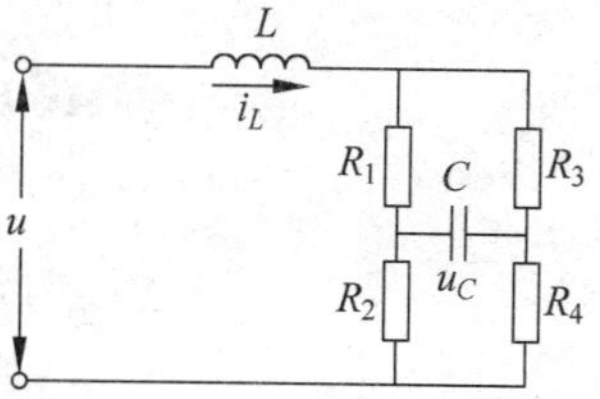

图 4.0.2　LRC 桥形电路

能控性与能观测性是现代控制理论中的两个重要问题。比如在设计最优控制系统时，目的在于通过控制变量的作用，使系统的状态按预期的轨迹运行，如果状态变量不受控制，当然无法实现最优控制。另外，一个系统的状态变量往往难以测取，需要按输出量来估计状态，不能观测的系统就无法实现此目的。

4.1　定常离散系统的能控性

4.1.1　定常离散系统的能控性定义

线性定常离散系统的状态方程为

$$\boldsymbol{x}(k+1)=\boldsymbol{A}\boldsymbol{x}(k)+\boldsymbol{B}\boldsymbol{u}(k) \tag{4.1.1}$$

式中，$\boldsymbol{x}(k)$为 n 维状态向量，$\boldsymbol{u}(k)$为 p 维输入向量，$\boldsymbol{A}$ 为 $n\times n$ 阶系统矩阵（非奇异），$\boldsymbol{B}$ 为 $n\times p$ 阶控制矩阵。

为了研究系统的能控性，有如下定义。

定义 4.1.1　对于式(4.1.1)，如果存在控制向量序列 $\boldsymbol{u}(k),\boldsymbol{u}(k+1),\cdots,\boldsymbol{u}(N-1)$，使系统从第 k 步的状态向量 $\boldsymbol{x}(k)$开始，在第 N 步到达零状态，即 $\boldsymbol{x}(N)=\boldsymbol{0}$，其中 N 是大于 k 的有限数，那么就称此系统在第 k 步上是能控的。如果对每一个 k，系统的所有状态都是能控的，则称系统是状态完全能控的，简称能控。

4.1.2　单输入离散系统能控性的判定条件

在单输入的情况下，控制向量 u 为标量，方程式(4.1.1)中的控制矩阵 $\boldsymbol{B}$ 为 $n\times 1$ 的矩阵，记为 $\boldsymbol{b}$，即

$$\boldsymbol{x}(k+1)=\boldsymbol{A}\boldsymbol{x}(k)+\boldsymbol{b}u \tag{4.1.2}$$

由第 3 章可知，上述方程在第 m 步时的状态为

$$\boldsymbol{x}(m)=\boldsymbol{A}^m\boldsymbol{x}(0)+\sum_{i=0}^{m-1}\boldsymbol{A}^{m-i-1}\boldsymbol{b}u(i) \tag{4.1.3}$$

这里具有一般的假设是，从第 0 步开始，到第 m 步时状态为 $\boldsymbol{0}$（原点或平衡点）。选择控制信号序列 $u(0),u(1),\cdots,u(m-1)$，使系统从初始状态 $\boldsymbol{x}(0)$到达零状态，即 $\boldsymbol{x}(m)=\boldsymbol{0}$。若 $m=n$，则有

$$
\begin{aligned}
\boldsymbol{x}(0) &= -\sum_{i=0}^{n-1}\boldsymbol{A}^{-i-1}\boldsymbol{b}u(i) \\
&= -[\boldsymbol{A}^{-1}\boldsymbol{b}u(0)+\boldsymbol{A}^{-2}\boldsymbol{b}u(1)+\cdots+\boldsymbol{A}^{-n}\boldsymbol{b}u(n-1)] \\
&= -[\boldsymbol{A}^{-1}\boldsymbol{b}\quad \boldsymbol{A}^{-2}\boldsymbol{b}\quad \cdots\quad \boldsymbol{A}^{-n}\boldsymbol{b}]\begin{bmatrix} u(0) \\ u(1) \\ \vdots \\ u(n-1)\end{bmatrix}
\end{aligned} \tag{4.1.4}
$$

由于矩阵 $\boldsymbol{A}^{-1}$ 是一个 $n\times n$ 阵,$\boldsymbol{b}$ 是 $n\times 1$ 阵,所以 $\boldsymbol{A}^{-1}\boldsymbol{b},\boldsymbol{A}^{-2}\boldsymbol{b},\cdots,\boldsymbol{A}^{-n}\boldsymbol{b}$ 都是 $n\times 1$ 阵(即 n 维列向量),式(4.1.4)右边第1个方括号是 $n\times n$ 矩阵,右边第2个方括号是 n 维列向量,所以上述方程是一个非齐次代数方程组,有如下形式:

$$
\begin{bmatrix} x_1(0) \\ x_2(0) \\ \vdots \\ x_n(0)\end{bmatrix}=\begin{bmatrix} a_{11} & a_{12} & \cdots & a_{1n} \\ a_{21} & a_{22} & \cdots & a_{2n} \\ \vdots & \vdots & \ddots & \vdots \\ a_{n1} & a_{n2} & \cdots & a_{nn}\end{bmatrix}\begin{bmatrix} u(0) \\ u(1) \\ \vdots \\ u(n-1)\end{bmatrix}
$$

这组代数方程有解的充分必要条件是 $n\times n$ 系统矩阵$[a_{ij}]$是非奇异的,即$[\boldsymbol{A}^{-1}\boldsymbol{b}\cdots\boldsymbol{A}^{-n}\boldsymbol{b}]$的秩为 n,这个条件也可以表达为矩阵$[\boldsymbol{b}\,\boldsymbol{A}\boldsymbol{b}\cdots\boldsymbol{A}^{n-1}\boldsymbol{b}]$的秩为 n。这表明,满足这个条件就能求出控制序列 $u(0),u(1),\cdots,u(n-1)$。它将把系统从任意初态 $\boldsymbol{x}(0)$开始,到第 n 步时转移到零状态,因而系统是能控的。于是得到线性定常离散系统的状态完全能控的判据,表述如下。

定理 4.1.1 线性定常离散系统(单输入)$\boldsymbol{x}(k+1)=\boldsymbol{A}\boldsymbol{x}(k)+\boldsymbol{b}u(k)$完全能控的充分必要条件是矩阵$[\boldsymbol{b}\,\boldsymbol{A}\boldsymbol{b}\cdots\boldsymbol{A}^{n-1}\boldsymbol{b}]$的秩为 n。

该矩阵称为系统的能控性矩阵,以 $\boldsymbol{U}_c$ 表示,于是此能控性判据可以写成

$$
\operatorname{rank}\boldsymbol{U}_c=\operatorname{rank}[\boldsymbol{b}\quad \boldsymbol{A}\boldsymbol{b}\quad \cdots\quad \boldsymbol{A}^{n-1}\boldsymbol{b}]=n \tag{4.1.5}
$$

例 4.1.1 线性定常离散系统的状态方程为

$$
\boldsymbol{x}(k+1)=\begin{bmatrix} 1 & 0 & 0 \\ 0 & 2 & -2 \\ -1 & 1 & 0\end{bmatrix}\boldsymbol{x}(k)+\begin{bmatrix} 1 \\ 0 \\ 1\end{bmatrix}u(k)
$$

试判断该系统是否能控。

解 由于该系统控制矩阵 $\boldsymbol{b}=\begin{bmatrix} 1 \\ 0 \\ 1\end{bmatrix}$,系统矩阵 $\boldsymbol{A}=\begin{bmatrix} 1 & 0 & 0 \\ 0 & 2 & -2 \\ -1 & 1 & 0\end{bmatrix}$,所以

$$
\boldsymbol{A}\boldsymbol{b}=\begin{bmatrix} 1 \\ -2 \\ -1\end{bmatrix},\quad \boldsymbol{A}^2\boldsymbol{b}=\begin{bmatrix} 1 \\ -2 \\ -3\end{bmatrix}
$$

从而 $\operatorname{rank}[\boldsymbol{b}\quad \boldsymbol{A}\boldsymbol{b}\quad \boldsymbol{A}^2\boldsymbol{b}]=\operatorname{rank}\begin{bmatrix} 1 & 1 & 1 \\ 0 & -2 & -2 \\ 1 & -1 & -3\end{bmatrix}=3$,满足能控性的充分必要条件,

故该系统能控。

实际上，这个系统在第 3 步上的状态转移方程为

$$\begin{aligned}\boldsymbol{x}(3) &= \boldsymbol{A}^3\boldsymbol{x}(0)+\boldsymbol{A}^2\boldsymbol{b}u(0)+\boldsymbol{A}\boldsymbol{b}u(1)+\boldsymbol{b}u(2)\\ &= \begin{bmatrix}1 & 0 & 0\\ 0 & 2 & -2\\ -1 & 1 & 0\end{bmatrix}^3\boldsymbol{x}(0)+\begin{bmatrix}1\\ -2\\ -3\end{bmatrix}u(0)+\begin{bmatrix}1\\ -2\\ -1\end{bmatrix}u(1)+\begin{bmatrix}1\\ 0\\ 1\end{bmatrix}u(2)\end{aligned}$$

如果假设 $\boldsymbol{x}(3)=\boldsymbol{0}$，则有

$$\begin{bmatrix}1 & 1 & 1\\ -2 & -2 & 0\\ -3 & -1 & 1\end{bmatrix}\begin{bmatrix}u(0)\\ u(1)\\ u(2)\end{bmatrix}=-\begin{bmatrix}1 & 0 & 0\\ 0 & 2 & -2\\ -1 & 1 & 0\end{bmatrix}^3\boldsymbol{x}(0)$$

因为矩阵 $\begin{bmatrix}1 & 1 & 1\\ -2 & -2 & 0\\ -3 & -1 & 1\end{bmatrix}$ 的秩为 3，当 $\boldsymbol{x}(0)=\begin{bmatrix}2\\ 1\\ 0\end{bmatrix}$ 时，其解为 $\begin{bmatrix}u(0)\\ u(1)\\ u(2)\end{bmatrix}=\begin{bmatrix}-5\\ 11\\ -8\end{bmatrix}$。

这表明：这个系统不论 $\boldsymbol{x}(0)$ 为何值，都能选择适当的 $u(0)$，$u(1)$，$u(2)$ 使系统转移到零状态，所以系统是能控的。

注意：必须说明的是，n 阶定常离散系统若在第 n 步上不能转移到零状态，则永远不能转移到零状态。

对此可论述如下：如果系统在第 n 步上不能到达零状态，那么能控性矩阵

$$\boldsymbol{U}_c=[\boldsymbol{b}\quad \boldsymbol{A}\boldsymbol{b}\quad \cdots\quad \boldsymbol{A}^{n-1}\boldsymbol{b}]$$

的秩小于 n，这就是说明矩阵 $\boldsymbol{U}_c$ 的 n 个列向量线性相关。可以假设

$$\boldsymbol{A}^{n-1}\boldsymbol{b}=a_0\boldsymbol{b}+a_1\boldsymbol{A}\boldsymbol{b}+\cdots+a_{n-2}\boldsymbol{A}^{n-2}\boldsymbol{b} \tag{4.1.6}$$

于是

$$\begin{aligned}\boldsymbol{A}^n\boldsymbol{b} &= \boldsymbol{A}(\boldsymbol{A}^{n-1}\boldsymbol{b})=\boldsymbol{A}[a_0\boldsymbol{b}+a_1\boldsymbol{A}\boldsymbol{b}+\cdots+a_{n-2}\boldsymbol{A}^{n-2}\boldsymbol{b}]\\ &= a_0\boldsymbol{A}\boldsymbol{b}+a_1\boldsymbol{A}^2\boldsymbol{b}+\cdots+a_{n-2}\boldsymbol{A}^{n-1}\boldsymbol{b}\end{aligned}$$

将式(4.1.6)代入上式，可得

$$\boldsymbol{A}^n\boldsymbol{b}=a_{n-2}a_0\boldsymbol{b}+(a_0+a_{n-2}a_1)\boldsymbol{A}\boldsymbol{b}+\cdots+(a_{n-3}+a_{n-2}^2)\boldsymbol{A}^{n-2}\boldsymbol{b}$$

上式表明，n 维列向量 $\boldsymbol{A}^n\boldsymbol{b}$ 和 $\boldsymbol{A}^{n-1}\boldsymbol{b}$ 一样，两者都是与 $n-1$ 个列向量 $\boldsymbol{b},\boldsymbol{A}\boldsymbol{b},\cdots,\boldsymbol{A}^{n-2}\boldsymbol{b}$ 线性相关。这就是说，若有

$$\mathrm{rank}[\boldsymbol{b}\quad \boldsymbol{A}\boldsymbol{b}\quad \cdots\quad \boldsymbol{A}^{n-1}\boldsymbol{b}]<n \tag{4.1.7}$$

则必有

$$\mathrm{rank}[\boldsymbol{b}\quad \boldsymbol{A}\boldsymbol{b}\quad \cdots\quad \boldsymbol{A}^{n-1}\boldsymbol{b}\quad \boldsymbol{A}^n\boldsymbol{b}]<n \tag{4.1.8}$$

亦即，如果方程式(4.1.4)无解，则方程

$$-\boldsymbol{A}^{n+1}\boldsymbol{x}(0)=[\boldsymbol{A}^n\boldsymbol{b}\ \ \boldsymbol{A}^{n-1}\boldsymbol{b}\ \ \cdots\ \ \boldsymbol{b}]\begin{bmatrix}u(0)\\ u(1)\\ \vdots\\ u(n)\end{bmatrix}$$

必无解。同理可证,对于任何 n 而言,不等式(4.1.8)都成立,所以上面结论得到证实。

4.1.3 多输入离散系统能控性的判定条件

对于方程式(4.1.1)所描写的多输入离散系统,参照定理 4.1.1 的证法和说明,有如下的定理。

定理 4.1.2 线性定常离散多输入系统

$$\boldsymbol{x}(k+1)=\boldsymbol{A}\boldsymbol{x}(k)+\boldsymbol{B}\boldsymbol{u}(k) \tag{4.1.9}$$

完全能控性的充要条件是

$$\text{rank}[\boldsymbol{B}\quad \boldsymbol{AB}\quad \cdots\quad \boldsymbol{A}^{n-1}\boldsymbol{B}]=n \tag{4.1.10}$$

多输入系统的能控性判据与单输入系统的能控性判据在形式上完全相同。但两者比较,多输入系统有以下特点:

- 多输入系统能控性矩阵 $\boldsymbol{U}_c=[\boldsymbol{B}\quad \boldsymbol{AB}\quad \cdots\quad \boldsymbol{A}^{n-1}\boldsymbol{B}]$是一个 $n\times np$ 矩阵。根据判据,只要求它的秩等于 n,所以在计算时不一定需要将能控性矩阵算完,算到发现充要条件已满足那一步就可以停下来,不必再计算下去。
- 为了把系统的某一初始状态转移到零状态,存在着许许多多的方式,因此可以在其中选择最优的控制方式。例如选择控制向量的范数最小。

上述两个特点可通过下面的例子来说明。

例 4.1.2 分析下列离散系统的能控性。

$$\begin{bmatrix}x_1(k+1)\\x_2(k+1)\\x_3(k+1)\end{bmatrix}=\begin{bmatrix}1&2&1\\1&0&2\\0&1&0\end{bmatrix}\begin{bmatrix}x_1(k)\\x_2(k)\\x_3(k)\end{bmatrix}+\begin{bmatrix}1&0\\0&0\\0&1\end{bmatrix}\begin{bmatrix}u_1(k)\\u_2(k)\end{bmatrix}$$

解 首先来看第 1 个特点。因为能控性矩阵

$$[\boldsymbol{B}\quad \boldsymbol{AB}\quad \cdots\quad \boldsymbol{A}^{n-1}\boldsymbol{B}]=\begin{bmatrix}1&0&1&1&3&5\\0&0&1&2&1&1\\0&1&0&0&1&2\end{bmatrix}$$

的秩为 3,满足状态完全能控性的充要条件,所以该离散系统能控。其实,在本例中,只要计算出矩阵$[\boldsymbol{B}\quad \boldsymbol{AB}]$的秩,即

$$\text{rank}[\boldsymbol{B}\quad \boldsymbol{AB}]=\text{rank}\begin{bmatrix}1&0&1&1\\0&0&1&2\\0&1&0&0\end{bmatrix}=3$$

就可以判断该系统能控,而无须再计算下去。

再来看第 2 个特点。根据迭代法计算,在第 3 步时,$\boldsymbol{x}(3)$的解为

$$\begin{bmatrix}x_1(3)\\x_2(3)\\x_3(3)\end{bmatrix}=\begin{bmatrix}1&2&1\\1&0&2\\0&1&0\end{bmatrix}^3\begin{bmatrix}x_1(0)\\x_2(0)\\x_3(0)\end{bmatrix}+\begin{bmatrix}3&5\\1&1\\1&2\end{bmatrix}\begin{bmatrix}u_1(0)\\u_2(0)\end{bmatrix}+\begin{bmatrix}1&1\\1&2\\0&0\end{bmatrix}\begin{bmatrix}u_1(1)\\u_2(1)\end{bmatrix}+\begin{bmatrix}1&0\\0&0\\0&1\end{bmatrix}\begin{bmatrix}u_1(2)\\u_2(2)\end{bmatrix}$$

在已知 $\begin{bmatrix} x_1(0) \\ x_2(0) \\ x_3(0) \end{bmatrix}$ 的条件下，要求出转移到零状态的控制信号序列 $\begin{bmatrix} u_1(0) \\ u_2(0) \end{bmatrix}$，$\begin{bmatrix} u_1(1) \\ u_2(1) \end{bmatrix}$，$\begin{bmatrix} u_1(2) \\ u_2(2) \end{bmatrix}$，上面的矩阵向量方程可以写成如下的代数方程组 $\left(不妨假设 \begin{bmatrix} x_1(0) \\ x_2(0) \\ x_3(0) \end{bmatrix} = \begin{bmatrix} 1 \\ 2 \\ 0 \end{bmatrix} \right)$：

$$\begin{cases} -28 = 3u_1(0) + 5u_2(0) + u_1(1) + u_2(1) + u_1(2) \\ -11 = u_1(0) + u_2(0) + u_1(1) + 2u_2(1) \\ -9 = u_1(0) + 2u_2(0) + u_2(2) \end{cases}$$

上面 3 个方程，有 6 个待求变量 $u_1(0)$，$u_2(0)$，$u_1(1)$，$u_2(1)$，$u_1(2)$，$u_2(2)$。这个方程组有解的充要条件是系数矩阵的秩为 3，但它有无穷多个解。选择范数最小的解，为

$$\boldsymbol{u}^* = -\boldsymbol{S}^{\mathrm{T}}(\boldsymbol{S}\boldsymbol{S}^{\mathrm{T}})^{-1}\boldsymbol{A}^n\boldsymbol{x}(0), \quad \boldsymbol{S} = [\boldsymbol{A}^2\boldsymbol{H} \quad \boldsymbol{A}\boldsymbol{H}\boldsymbol{H}] \tag{4.1.11}$$

值得指出，在讨论能控性问题时，我们所关心的是，是否“存在”一个有限的控制向量序列 $\boldsymbol{u}(0)$，$\boldsymbol{u}(1)$，…，$\boldsymbol{u}(N-1)$，能在第 N 步将系统的初始状态 $\boldsymbol{x}(0)$ 转移到零状态，而对于这个序列取何种形式并不计较。

4.2 定常连续系统的能控性

4.2.1 线性定常连续系统的能控性定义

设线性定常连续系统的状态方程为

$$\dot{\boldsymbol{x}} = \boldsymbol{A}\boldsymbol{x} + \boldsymbol{B}\boldsymbol{u} \tag{4.2.1}$$

式中，$\boldsymbol{x}$ 为 n 维状态向量，$\boldsymbol{u}$ 为 p 维输入向量，$\boldsymbol{A}$ 为 $n \times n$ 系统矩阵，$\boldsymbol{B}$ 为 $n \times p$ 控制矩阵。

定义 4.2.1 对于系统(4.2.1)，若存在一分段连续控制向量 $\boldsymbol{u}(t)$，能在有限时间区间$[t_0, t_1]$内，将系统从初始状态 $\boldsymbol{x}(t_0)$ 转移到任意终端状态 $\boldsymbol{x}(t_1)$，那么就称此状态是能控的。若系统任意 t_0 时刻的所有状态 $\boldsymbol{x}(t_0)$ 都是能控的，就称此系统是状态完全能控的，简称能控。

4.2.2 线性定常连续系统的能控性判据

本节介绍线性定常连续系统能控性的两种形式的判据。

1. 能控性判据的第一种形式

定理 4.2.1 系统(4.2.1)状态完全能控的充分必要条件是能控性矩阵

$$\boldsymbol{U}_{\mathrm{c}} = [\boldsymbol{B} \quad \boldsymbol{A}\boldsymbol{B} \quad \cdots \quad \boldsymbol{A}^{n-1}\boldsymbol{B}] \tag{4.2.2}$$

的秩为 n,即

$$\mathrm{rank}[\boldsymbol{B} \quad \boldsymbol{AB} \quad \cdots \quad \boldsymbol{A}^{n-1}\boldsymbol{B}] = n \tag{4.2.3}$$

证 已知方程式(4.2.1)的解在 t_1 时刻的值可表示为

$$\boldsymbol{x}(t_1) = \mathrm{e}^{\boldsymbol{A}(t_1-t_0)}\boldsymbol{x}(t_0) + \int_{t_0}^{t_1} \mathrm{e}^{\boldsymbol{A}(t_1-\tau)}\boldsymbol{Bu}(\tau)\mathrm{d}\tau$$

不失一般性,假设 $\boldsymbol{x}(t_1)=\boldsymbol{0}$ 且 $t_0=0$。根据能控性的定义,有

$$\boldsymbol{x}(0) = -\int_0^{t_1} \mathrm{e}^{-\boldsymbol{A}\tau}\boldsymbol{Bu}(\tau)\mathrm{d}\tau \tag{4.2.4}$$

利用凯莱-哈密顿定理,可将 $\mathrm{e}^{-\boldsymbol{A}\tau}$ 表示为 $\mathrm{e}^{-\boldsymbol{A}\tau} = \sum_{k=0}^{n-1} \alpha_k(\tau)\boldsymbol{A}^k$,代入式(4.2.4),则有

$$-\boldsymbol{x}(0) = \int_0^{t_1}\sum_{k=0}^{n-1}\alpha_k(\tau)\boldsymbol{A}^k\boldsymbol{Bu}(\tau)\mathrm{d}\tau = \sum_{k=0}^{n-1}\boldsymbol{A}^k\boldsymbol{B}\int_0^{t_1}\alpha_k(\tau)\boldsymbol{u}(\tau)\mathrm{d}\tau$$

式中,$\boldsymbol{A}^k\boldsymbol{B}$ 为 $n\times p$ 矩阵,而 $\int_0^{t_1}\alpha_k(\tau)\boldsymbol{u}(\tau)\mathrm{d}\tau$ 为 p 维向量。令向量 $\boldsymbol{\beta}_k$ 等于

$$\boldsymbol{\beta}_k = \begin{bmatrix} \beta_{k_1} \\ \beta_{k_2} \\ \vdots \\ \beta_{k_p} \end{bmatrix} = \begin{bmatrix} \int_0^{t_1}\alpha_k(\tau)u_1(\tau)\mathrm{d}\tau \\ \int_0^{t_1}\alpha_k(\tau)u_2(\tau)\mathrm{d}\tau \\ \vdots \\ \int_0^{t_1}\alpha_k(\tau)u_p(\tau)\mathrm{d}\tau \end{bmatrix}$$

则 $\boldsymbol{x}(0)$ 可写成

$$-\boldsymbol{x}(0) = \sum_{k=0}^{n-1}\boldsymbol{A}^k\boldsymbol{B}\begin{bmatrix} \beta_{k_1} \\ \beta_{k_2} \\ \vdots \\ \beta_{k_p} \end{bmatrix} = \sum_{k=0}^{n-1}\boldsymbol{A}^k[\boldsymbol{b}_1 \quad \boldsymbol{b}_2 \quad \cdots \quad \boldsymbol{b}_p]\begin{bmatrix} \beta_{k_1} \\ \beta_{k_2} \\ \vdots \\ \beta_{k_p} \end{bmatrix}$$

式中 $\boldsymbol{b}_1,\boldsymbol{b}_2,\cdots,\boldsymbol{b}_p$ 为矩阵 $\boldsymbol{B}$ 中的 p 个 n 维列向量。上式可进一步写为

$$-\boldsymbol{x}(0) = \sum_{k=0}^{n-1}[\beta_{k_1}\boldsymbol{A}^k\boldsymbol{b}_1 + \beta_{k_2}\boldsymbol{A}^k\boldsymbol{b}_2 + \cdots + \beta_{k_p}\boldsymbol{A}^k\boldsymbol{b}_p]$$

$$= [\boldsymbol{b}_1\cdots\boldsymbol{b}_p \quad \boldsymbol{Ab}_1\cdots\boldsymbol{Ab}_p \quad \cdots \quad \boldsymbol{A}^{n-1}\boldsymbol{b}_1\cdots\boldsymbol{A}^{n-1}\boldsymbol{b}_p]\begin{bmatrix} \beta_{0,1} \\ \beta_{0,2} \\ \vdots \\ \beta_{0,p} \\ \vdots \\ \beta_{n-1,1} \\ \beta_{n-1,2} \\ \vdots \\ \beta_{n-1,p} \end{bmatrix}$$

$$
=[\boldsymbol{B}\quad \boldsymbol{AB}\quad \cdots\quad \boldsymbol{A}^{n-1}\boldsymbol{B}]\begin{bmatrix}\beta_{0,1}\\ \beta_{0,2}\\ \vdots\\ \beta_{0,p}\\ \vdots\\ \beta_{n-1,1}\\ \beta_{n-1,2}\\ \vdots\\ \beta_{n-1,p}\end{bmatrix}=\boldsymbol{U}_c\boldsymbol{U}_c^{\mathrm{T}} \tag{4.2.5}
$$

式中，$\boldsymbol{U}_c$ 为 $n\times np$ 能控性矩阵，$\boldsymbol{U}$ 为 $np\times 1$ 矩阵。式(4.2.5)实际上是 n 个代数方程式，有 np 个待求的未知量(由此可以推算出 np 个控制信号)。根据线性代数方程理论，若 $n\times np$ 矩阵 $\boldsymbol{U}_c$ 的秩为 n，则方程有解。所以系统完全能控的充分必要条件是能控性矩阵 $\boldsymbol{U}_c$ 的秩为 n，即

$$
\mathrm{rank}\,\boldsymbol{U}_c=\mathrm{rank}[\boldsymbol{B}\quad \boldsymbol{AB}\quad \cdots\quad \boldsymbol{A}^{n-1}\boldsymbol{B}]=n
$$

定理得证。

如果系统是单输入系统，即控制变量维数 $p=1$，则系统的状态完全能控性的判据为 $\mathrm{rank}\,\boldsymbol{U}_c=\mathrm{rank}[\boldsymbol{b}\quad \boldsymbol{Ab}\quad \cdots\quad \boldsymbol{A}^{n-1}\boldsymbol{b}]=n$。此时，能控性矩阵 $\boldsymbol{U}_c$ 为 $n\times n$ 维，即要求 $\boldsymbol{U}_c$ 阵是非奇异的。

例 4.2.1　考察如下系统的能控性。

$$
\begin{bmatrix}\dot{x}_1\\ \dot{x}_2\\ \dot{x}_3\end{bmatrix}=\begin{bmatrix}1&2&1\\0&1&0\\1&0&3\end{bmatrix}\begin{bmatrix}x_1\\x_2\\x_3\end{bmatrix}+\begin{bmatrix}1&0\\0&1\\0&0\end{bmatrix}\begin{bmatrix}u_1\\u_2\end{bmatrix}
$$

解

$$
\boldsymbol{B}=\begin{bmatrix}1&0\\0&1\\0&0\end{bmatrix},\boldsymbol{AB}=\begin{bmatrix}1&2&1\\0&1&0\\1&0&3\end{bmatrix}\begin{bmatrix}1&0\\0&1\\0&0\end{bmatrix}=\begin{bmatrix}1&2\\0&1\\1&0\end{bmatrix}
$$

$$
\boldsymbol{A}^2\boldsymbol{B}=\begin{bmatrix}1&2&1\\0&1&0\\1&0&3\end{bmatrix}\begin{bmatrix}1&2\\0&1\\1&0\end{bmatrix}=\begin{bmatrix}2&4\\0&1\\4&2\end{bmatrix}
$$

所以

$$
\boldsymbol{U}_c=\begin{bmatrix}1&0&1&2&2&4\\0&1&0&1&0&1\\0&0&1&0&4&2\end{bmatrix}
$$

其秩为 3，即 $\mathrm{rank}\boldsymbol{U}_c=3=n$，该系统能控。

例 4.2.2　判断线性定常系统

$$\begin{bmatrix}\dot{x}_1\\\dot{x}_2\\\dot{x}_3\end{bmatrix}=\begin{bmatrix}1&3&2\\0&2&0\\0&1&3\end{bmatrix}\begin{bmatrix}x_1\\x_2\\x_3\end{bmatrix}+\begin{bmatrix}2&1\\1&1\\-1&-1\end{bmatrix}\begin{bmatrix}u_1\\u_2\end{bmatrix}$$

的能控性。

解 系统的能控性矩阵为

$$\boldsymbol{U}_{\mathrm{c}}=[\boldsymbol{B}\quad \boldsymbol{AB}\quad \boldsymbol{A}^2\boldsymbol{B}]=\begin{bmatrix}2&1&3&2&5&4\\1&1&2&2&4&4\\-1&-1&-2&-2&-4&-4\end{bmatrix}$$

其秩为

$$\operatorname{rank}\begin{bmatrix}2&1&3&2&5&4\\1&1&2&2&4&4\\-1&-1&-2&-2&-4&-4\end{bmatrix}=2$$

所以系统不能控。

顺便指出,在计算行数比列数少的矩阵的秩时,有时可使用下列关系式,即

$$\operatorname{rank}\boldsymbol{U}_{\mathrm{c}}=\operatorname{rank}\boldsymbol{U}_{\mathrm{c}}\boldsymbol{U}_{\mathrm{c}}^{\mathrm{T}}$$

上式右端是一个 $n\times n$ 方阵,计算方阵的秩有时会简单一些。在本例中,

$$\boldsymbol{U}_{\mathrm{c}}\boldsymbol{U}_{\mathrm{c}}^{\mathrm{T}}=\begin{bmatrix}2&1&3&2&5&4\\1&1&2&2&4&4\\-1&-1&-2&-2&-4&-4\end{bmatrix}\begin{bmatrix}2&1&-1\\1&1&-1\\3&2&-2\\2&2&-2\\5&4&-4\\4&4&-4\end{bmatrix}=\begin{bmatrix}59&49&-49\\49&42&-42\\-49&-42&42\end{bmatrix}$$

它的秩显然是 $2<3$。结论完全相同。

这里指出两点请读者注意。

(1) 对照一下定常连续系统与定常离散系统能控性判别条件,发现两者是一致的,这有其内在联系。如果离散系统的系统矩阵和控制矩阵与连续系统的系统矩阵和控制矩阵相同,则它们的能控性相同。

(2) 对于一个线性系统来说,经过线性非奇异状态变换后,其状态能控性不变。这一结论的证明不难,留给读者自己证明。

2. 能控性判据的第二种形式

状态完全能控的判据条件还可以用以下形式表示。

定理 4.2.2 如果线性定常系统

$$\dot{\boldsymbol{x}}=\boldsymbol{Ax}+\boldsymbol{Bu}\tag{4.2.6}$$

的系统矩阵 $\boldsymbol{A}$ 具有互不相同的特征值,则系统状态能控的充要条件是,系统经线性非奇异变换后,$\boldsymbol{A}$ 阵变换成对角标准形,它的状态方程

$$\dot{\hat{x}} = \begin{bmatrix} \lambda_1 & & \mathbf{0} \\ & \ddots & \\ \mathbf{0} & & \lambda_n \end{bmatrix} \hat{x} + \hat{\boldsymbol{B}} \boldsymbol{u} \tag{4.2.7}$$

式中，$\hat{\boldsymbol{B}}$不包含元素全为 0 的行。

证　这个定理是基于上面讲到过的这样一个事实，即经线性等价变换后，系统的能控性保持不变。现在，把式(4.2.7)展开，写成如下形式：

$$\begin{aligned} \dot{\hat{x}}_1 &= \lambda_1 \hat{x}_1 + \hat{b}_{11} u_1 + \hat{b}_{12} u_2 + \cdots + \hat{b}_{1p} u_p \\ \dot{\hat{x}}_2 &= \lambda_2 \hat{x}_2 + \hat{b}_{21} u_1 + \hat{b}_{22} u_2 + \cdots + \hat{b}_{2p} u_p \\ &\vdots \\ \dot{\hat{x}}_n &= \lambda_n \hat{x}_n + \hat{b}_{n1} u_1 + \hat{b}_{n2} u_2 + \cdots + \hat{b}_{np} u_p \end{aligned}$$

显然，上式的状态变量之间是完全解耦的，即状态变量之间彼此无联系，只有通过输入 $\boldsymbol{u}(t)$ 直接控制每一个状态变量。如果矩阵$\hat{\boldsymbol{B}}$中有任何一行的元素全等于零，则对应的状态变量将不受输入 $\boldsymbol{u}(t)$ 的控制，因而系统是不能控的。反之，如果矩阵$\hat{\boldsymbol{B}}$中，没有任何一行的元素全等于零，则系统必然是能控的，故有上述充要条件。

例 4.2.3　下列系统是不能控的。

$$\begin{bmatrix} \dot{x}_1 \\ \dot{x}_2 \\ \dot{x}_3 \end{bmatrix} = \begin{bmatrix} 3 & 0 & 0 \\ 0 & -1 & 0 \\ 0 & 0 & -2 \end{bmatrix} \begin{bmatrix} x_1 \\ x_2 \\ x_3 \end{bmatrix} + \begin{bmatrix} 2 \\ 1 \\ 0 \end{bmatrix} u$$

因为，状态变量 x_3 不受控制。

例 4.2.4　下列系统是能控的。

$$\begin{bmatrix} \dot{x}_1 \\ \dot{x}_2 \\ \dot{x}_3 \end{bmatrix} = \begin{bmatrix} -7 & 0 & 0 \\ 0 & -5 & 0 \\ 0 & 0 & -1 \end{bmatrix} \begin{bmatrix} x_1 \\ x_2 \\ x_3 \end{bmatrix} + \begin{bmatrix} 0 & 1 \\ 4 & 0 \\ 7 & 5 \end{bmatrix} \begin{bmatrix} u_1 \\ u_2 \end{bmatrix}$$

从这两个例子可以看出，此方法的优点在于很容易判断出能控性，并且将不能控的部分确定下来，但它的缺点是要进行等价变换。

当系统矩阵有重特征值时，常可以化为若尔当标准形，这种系统的能控性判据有如下定理。

定理 4.2.3　若线性定常系统

$$\dot{\boldsymbol{x}} = \boldsymbol{A}\boldsymbol{x} + \boldsymbol{B}\boldsymbol{u} \tag{4.2.8}$$

的系统矩阵 **A** 具有重特征值 $\lambda_1(m_1$ 重$)$，$\lambda_2(m_2$ 重$)$，…，$\lambda_k(m_k$ 重$)$，且对应于每一个重特征值只有一个若尔当块，则系统状态完全能控的充要条件是，经线性非奇异变换后，系统化为若尔当标准形

$$\dot{\hat{x}} = \begin{bmatrix} J_1 & 0 & \cdots & 0 \\ 0 & J_2 & \cdots & 0 \\ \vdots & \vdots & \ddots & \vdots \\ 0 & 0 & \cdots & J_k \end{bmatrix} \hat{x} + \hat{B} u \tag{4.2.9}$$

式中，$\hat{B}$矩阵中与每个若尔当块$J_i(i=1,2,\cdots,k)$最后一行相对应的那些行，其各行的元素不全为零。

这个结论的证明同具有互异特征值情形的证明类似，不再重复。

例 4.2.5 下列系统是能控的。

$$\begin{bmatrix} \dot{x}_1 \\ \dot{x}_2 \\ \dot{x}_3 \end{bmatrix} = \begin{bmatrix} -3 & 1 & 0 \\ 0 & -3 & 0 \\ 0 & 0 & 1 \end{bmatrix} \begin{bmatrix} x_1 \\ x_2 \\ x_3 \end{bmatrix} + \begin{bmatrix} 0 & 0 \\ 2 & -1 \\ 0 & 3 \end{bmatrix} \begin{bmatrix} u_1 \\ u_2 \end{bmatrix}$$

例 4.2.6 下列系统是不能控的。

$$\begin{bmatrix} \dot{x}_1 \\ \dot{x}_2 \\ \dot{x}_3 \end{bmatrix} = \begin{bmatrix} 4 & 1 & 0 \\ 0 & 4 & 0 \\ 0 & 0 & -2 \end{bmatrix} \begin{bmatrix} x_1 \\ x_2 \\ x_3 \end{bmatrix} + \begin{bmatrix} 4 & 2 \\ 0 & 0 \\ 3 & 0 \end{bmatrix} \begin{bmatrix} u_1 \\ u_2 \end{bmatrix}$$

这里还需要指出一点：在系统矩阵A为对角形但含有相同的元素（特征值相同但仍能对角化）情况下，定理4.2.2不成立；若矩阵A的若尔当标准形中有两个若尔当块的特征值相同，则定理4.2.2也不成立。

例 4.2.7 考虑系统

$$\dot{x} = \begin{bmatrix} 1 & 0 \\ 0 & 1 \end{bmatrix} x + \begin{bmatrix} 1 \\ 1 \end{bmatrix} u,$$

A为对角阵，但含有相同元素，b阵虽无全零行，仍是不能控的。

例 4.2.8 考虑系统

$$\dot{x} = \begin{bmatrix} -4 & 1 & 0 \\ 0 & -4 & 0 \\ 0 & 0 & -4 \end{bmatrix} x + \begin{bmatrix} 0 \\ 1 \\ 2 \end{bmatrix} u$$

A为若尔当形，具有两个相同特征值的若尔当块。虽然对应于若尔当块最后一行的b阵元素不全为零，但系统仍是不能控的。

4.2.3 线性定常连续系统的输出能控性

在分析和设计控制问题中，许多情况是，系统的被控制量往往不是系统的状态，而是系统的输出，因此有必要研究系统的输出是否能控的问题。

设系统的状态空间表达式为

$$\dot{\boldsymbol{x}} = \boldsymbol{A}\boldsymbol{x} + \boldsymbol{B}\boldsymbol{u}$$
$$\boldsymbol{y} = \boldsymbol{C}\boldsymbol{x} \tag{4.2.10}$$

式中，$\boldsymbol{x}$，$\boldsymbol{u}$，$\boldsymbol{y}$ 分别是 n，p，q 维向量；$\boldsymbol{A}$，$\boldsymbol{B}$，$\boldsymbol{C}$ 是相应维数的矩阵。

定义 4.2.2　如果在一个有限的区间$[t_0, t_1]$内，存在适当的控制向量 $\boldsymbol{u}(t)$，使系统能从任意的初始输出 $\boldsymbol{y}(t_0)$转移到任意指定最终输出 $\boldsymbol{y}(t_1)$，则称系统是输出完全能控的。

系统输出完全能控的充分必要条件是矩阵

$$[\boldsymbol{CB} \quad \boldsymbol{CAB} \quad \boldsymbol{CA}^2\boldsymbol{B} \quad \cdots \quad \boldsymbol{CA}^{n-1}\boldsymbol{B}] \tag{4.2.11}$$

的秩为 q。

例 4.2.9　判断系统

$$\begin{bmatrix} \dot{x}_1 \\ \dot{x}_2 \end{bmatrix} = \begin{bmatrix} -4 & 1 \\ 2 & -3 \end{bmatrix} \begin{bmatrix} x_1 \\ x_2 \end{bmatrix} + \begin{bmatrix} 1 \\ 2 \end{bmatrix} u$$

$$y = \begin{bmatrix} 1 & 0 \end{bmatrix} \begin{bmatrix} x_1 \\ x_2 \end{bmatrix}$$

是否具有状态能控性和输出能控性。

解　系统的状态能控性矩阵$[\boldsymbol{B}\ \boldsymbol{AB}] = \begin{bmatrix} 1 & -2 \\ 2 & -4 \end{bmatrix}$的秩为 1，所以系统是状态不能控的。而矩阵$[\boldsymbol{CB}\ \boldsymbol{CAB}] = [1 \quad -2]$的秩为 1，等于输出变量的个数，因此系统是输出能控的。

在结束本小节所述内容之前，需指出两点：

(1) 从上例可看出，状态能控性与输出能控性之间没有必然联系。

(2) 上述判断输出能控性的准则同样适用于离散系统。

4.2.4　利用 MATLAB 判定系统能控性

可以利用 MATLAB 来进行系统能控性的判断。MATLAB 提供了各种矩阵运算和矩阵各种指标(如矩阵的秩等)的求解，而能控性的判断实际上就是一些矩阵的运算。MATLAB 中的求矩阵 $\boldsymbol{M}$ 的秩是通过一个函数得到的，这个函数是 rank($\boldsymbol{M}$)。如

```
>> M = [1,0,0,1; 0,2,0,0; 0,0,1,0; 0,0,0,5]
>> rank(M)
ans =
    4
```

下面给出两个判断系统能控性的例子。

例 4.2.10　考虑如下的系统

$$\dot{x}=\begin{bmatrix}0&1&0&0\\0&0&-1&0\\0&0&0&1\\0&0&5&0\end{bmatrix}x+\begin{bmatrix}0\\1\\0\\-2\end{bmatrix}u$$

$$y=\begin{bmatrix}1&0&0&0\end{bmatrix}x$$

解　可以用如下的MATLAB命令来判断此系统的能控性。

```
>> A = [0,1,0,0; 0,0,-1,0; 0,0,0,1; 0,0,5,0];
>> B = [0; 1; 0; -2];
>> C = [1,0,0,0];
>> D = 0;
>> Uc = [B,A * B,A^2 * B,A^3 * B];
>> rank(Uc)
ans =
    4
```

由此,可以得到系统能控性矩阵 U_c 的秩是4,等于系统的维数,故系统是能控的。

例4.2.11　考虑如下的系统

$$\dot{x}=\begin{bmatrix}0&1&0&0\\3&0&0&2\\0&0&0&1\\0&-2&0&0\end{bmatrix}x+\begin{bmatrix}0\\1\\0\\0\end{bmatrix}u$$

$$y=\begin{bmatrix}1&0&0&0\end{bmatrix}x$$

解　可以用如下的MATLAB命令来判断此系统的能控性。

```
>> A = [0,1,0,0; 3,0,0,2; 0,0,0,1; 0,-2,0,0];
>> B = [0; 1; 0; 0];
>> C = [1,0,0,0];
>> D = 0;
>> Uc = [B,A * B,A^2 * B,A^3 * B];
>> rank(Uc)
ans =
    3
```

由此,可以得到系统能控性矩阵 U_c 的秩是3,小于系统的维数,故系统是不能控的。

4.3　定常系统的能观测性

在实际工程实践中,往往需要知道状态变量,然而由于各种原因不一定都能直接获取,而输出变量总是可以获得和测量的。能否通过对输出的测量来确定系统的状态变量，即能观测性问题，就成为现代控制理论中的一个重要问题。

4.3.1　定常离散系统的能观测性

考虑离散系统

$$\begin{aligned}\boldsymbol{x}(k+1) &= \boldsymbol{A}\boldsymbol{x}(k)+\boldsymbol{B}\boldsymbol{u}(k)\\ \boldsymbol{y}(k) &= \boldsymbol{C}\boldsymbol{x}(k)\end{aligned} \tag{4.3.1}$$

式中，$\boldsymbol{x}(k)$为 n 维状态向量，$\boldsymbol{y}(k)$为 q 维输出向量，$\boldsymbol{u}(k)$为 p 维输入控制向量，$\boldsymbol{A}$ 为 $n\times n$ 系统矩阵(非奇异)，$\boldsymbol{B}$ 为 $n\times p$ 控制矩阵，$\boldsymbol{C}$ 为 $q\times n$ 观测矩阵。

为了进一步说明系统状态能观测的含义，先举两个例子。

例 4.3.1　考虑系统

$$\begin{aligned}x_1(k+1) &= 2x_1(k)+u(k)\\ x_2(k+1) &= -x_1(k)-3x_2(k)+u(k)\\ y(k) &= x_1(k)\end{aligned}$$

前两个是状态方程，后一个是输出方程。据此，可得出

$$\begin{aligned}y(k) &= x_1(k)\\ y(k+1) &= x_1(k+1)=2x_1(k)+u(k)\\ y(k+2) &= x_1(k+2)=2x_1(k+1)+u(k+1)\\ &= 4x_1(k)+2u(k)+u(k+1)\\ &\vdots\end{aligned}$$

在已知 $u(k)$，$u(k+1)$，…的情况下，通过对 $y(k)$的测定，由以上各式只能把 $x_1(t)$确定出来，但不能确定 $x_2(k)$，因为在 $y(k)$中不包含 $x_2(k)$，即使再多取若干步的观测也是如此，可见该系统是不能观测的。

例 4.3.2　考虑系统

$$\begin{aligned}x_1(k+1) &= 2x_1(k)+u(k)\\ x_2(k+1) &= -x_1(k)+2x_2(k)+u(k)\\ y(k) &= x_1(k)+x_2(k)\end{aligned}$$

根据观测方程，有

$$\begin{aligned}y(k) &= x_1(k)+x_2(k)\\ y(k+1) &= x_1(k+1)+x_2(k+1)=x_1(k)+2x_2(k)+2u(k)\end{aligned}$$

写成矩阵形式

$$\begin{bmatrix} y(k)\\ y(k+1)-2u(k)\end{bmatrix}=\begin{bmatrix}1 & 1\\ 1 & 2\end{bmatrix}\begin{bmatrix}x_1(k)\\ x_2(k)\end{bmatrix}$$

上式中，当 $u(k)$给定时，通过测量 $y(k)$和 $y(k+1)$的数值，可以把 $x_1(k)$和 $x_2(k)$确定出来，所以此系统是能观测的。

定义 4.3.1　对于由式(4.3.1)所描述的系统，在已知输入 $\boldsymbol{u}(k)$的情况下，若

能依据第 i 步及以后 $n-1$ 步的输出观测值 $\boldsymbol{y}(i),\boldsymbol{y}(i+1),\cdots,\boldsymbol{y}(i+n-1)$，唯一地确定出第 i 步上的状态 $\boldsymbol{x}(i)$，则称系统在第 i 步是能观测的。如果系统在任何 i 步上都是能观测的，则称系统是状态完全能观测的，简称能观测。

定理 4.3.1　对于线性定常离散系统

$$\begin{aligned}\boldsymbol{x}(k+1) &= \boldsymbol{A}\boldsymbol{x}(k)+\boldsymbol{B}\boldsymbol{u}(k)\\ \boldsymbol{y}(k) &= \boldsymbol{C}\boldsymbol{x}(k)\end{aligned} \tag{4.3.2}$$

状态完全能观测的充分必要条件是矩阵

$$\begin{bmatrix}\boldsymbol{C}\\ \boldsymbol{CA}\\ \vdots\\ \boldsymbol{CA}^{n-1}\end{bmatrix}$$

的秩为 n。该矩阵称为系统的能观测性矩阵，其维数为 $nq\times n$，以 $\boldsymbol{U}_{\mathrm{o}}$ 表示。

证　由于系统是线性定常的，可以把观测时刻定为从第0步开始。又由于能观测与否和控制无关，可假设控制等于 $\mathbf{0}$，因而有

$$\begin{aligned}\boldsymbol{y}(0) &= \boldsymbol{C}\boldsymbol{x}(0)\\ \boldsymbol{y}(1) &= \boldsymbol{CA}\boldsymbol{x}(0)\\ &\vdots\\ \boldsymbol{y}(n-1) &= \boldsymbol{CA}^{n-1}\boldsymbol{x}(0)\end{aligned} \tag{4.3.3}$$

将上述方程归纳成如下形式

$$\begin{bmatrix}\boldsymbol{y}(0)\\ \boldsymbol{y}(1)\\ \vdots\\ \boldsymbol{y}(N-1)\end{bmatrix}=\begin{bmatrix}\boldsymbol{C}\\ \boldsymbol{CA}\\ \vdots\\ \boldsymbol{CA}^{n-1}\end{bmatrix}\boldsymbol{x}(0) \tag{4.3.4}$$

在已经获取输出量 $\boldsymbol{y}(0),\boldsymbol{y}(1),\boldsymbol{y}(2),\cdots,\boldsymbol{y}(N-1)$ 的数值的前提下，根据线性代数理论中有关解的存在定理，$\boldsymbol{x}(0)$ 有唯一解的必要条件是方程式(4.3.4)的系数矩阵

$$\begin{bmatrix}\boldsymbol{C}\\ \boldsymbol{CA}\\ \vdots\\ \boldsymbol{CA}^{n-1}\end{bmatrix}$$

的秩为 n。定理得证。

判别条件也可以表示为

$$\operatorname{rank}\boldsymbol{U}_{\mathrm{o}}=\operatorname{rank}\begin{bmatrix}\boldsymbol{C}\\ \boldsymbol{CA}\\ \vdots\\ \boldsymbol{CA}^{n-1}\end{bmatrix}=n \tag{4.3.5}$$

例 4.3.3　判断下列系统的能观测性

$$\boldsymbol{x}(k+1)=\begin{bmatrix}1 & 0 & -1\\0 & -2 & 1\\3 & 0 & 2\end{bmatrix}\boldsymbol{x}(k)+\begin{bmatrix}2\\-1\\1\end{bmatrix}u(k)$$

$$y=\begin{bmatrix}0 & 1 & 0\end{bmatrix}\boldsymbol{x}(k)$$

解　系统的观测矩阵 $\boldsymbol{C}=[0\quad 1\quad 0]$，系统矩阵 $\boldsymbol{A}=\begin{bmatrix}1 & 0 & -1\\0 & -2 & 1\\3 & 0 & 2\end{bmatrix}$，则有

$$\boldsymbol{CA}=[0\quad -2\quad 1],\quad \boldsymbol{CA}^2=[3\quad 4\quad 0]$$

于是系统的能观测性矩阵为

$$\boldsymbol{U}_{\mathrm{o}}=\begin{bmatrix}\boldsymbol{C}\\\boldsymbol{CA}\\\boldsymbol{CA}^{n-1}\end{bmatrix}=\begin{bmatrix}0 & 1 & 0\\0 & -2 & 1\\3 & 4 & 0\end{bmatrix}$$

它的秩为 3，所以系统是能观测的。

例 4.3.4　假设系统状态方程仍如上例所述，而观测方程为

$$\boldsymbol{y}(k)=\begin{bmatrix}0 & 0 & 1\\1 & 0 & 0\end{bmatrix}\boldsymbol{x}(k)$$

试问，系统是否仍是能观测的？

解　系统的能观测性矩阵为

$$\boldsymbol{U}_{\mathrm{o}}=\begin{bmatrix}\boldsymbol{C}\\\boldsymbol{CA}\\\boldsymbol{CA}^{2}\end{bmatrix}=\begin{bmatrix}0 & 0 & 1\\1 & 0 & 0\\3 & 0 & 2\\1 & 0 & -1\\9 & 0 & 1\\-2 & 0 & -3\end{bmatrix}$$

它的秩小于 3，所以系统是不能观测的。

将这两个例子比较一下，得到一个有趣的启发：它们状态方程相同，但观测方程不同，观测数据少，系统是能观测的，观测数据多了，反而是不能观测的。这说明，通过观测输出变量来确定系统内部的状态变量时，要正确选择观测量。在这两个例子中，状态变量 x_2 是关键量，若观测量的输出量中包含了关于 x_2 的信息，就能把全部状态变量确定出来，否则，即使增加系统输出的个数，还是得不到 x_2 的信息，系统仍然是不能观测的。

4.3.2　定常连续系统的能观测性

本节介绍线性定常连续系统能观测性的两种形式的判据。

1. 能观测性判据的第一种形式

设线性定常系统的状态空间表达式为

$$\begin{cases}\dot{\boldsymbol{x}} = \boldsymbol{A}\boldsymbol{x} + \boldsymbol{B}\boldsymbol{u} \\ \boldsymbol{y} = \boldsymbol{C}\boldsymbol{x}\end{cases} \tag{4.3.6}$$

式中符号及相应的维数如前所述。

定义 4.3.2 对于线性定常系统(4.3.6),在任意给定的输入 $\boldsymbol{u}(t)$下,能够根据输出量 $\boldsymbol{y}(t)$在有限时间区间$[t_0,t_1]$内的测量值,唯一地确定系统在 t_0 时刻的初始状态 $\boldsymbol{x}(t_0)$,就称系统在 t_0 时刻是能观测的。若在任意初始时刻系统都能观测,则称系统是状态完全能观测的,简称能观测的。

定理 4.3.2 线性定常连续系统(4.3.6)状态完全能观测的充分必要条件是 $nq\times n$ 能观测性矩阵

$$\boldsymbol{U}_{\mathrm{o}} = \begin{bmatrix}\boldsymbol{C} \\ \boldsymbol{C}\boldsymbol{A} \\ \vdots \\ \boldsymbol{C}\boldsymbol{A}^{n-1}\end{bmatrix} \tag{4.3.7}$$

的秩为 n。

证 由第 3 章知道,系统的状态为

$$\boldsymbol{x}(t) = \mathrm{e}^{\boldsymbol{A}t}\boldsymbol{x}(t_0) + \int_{t_0}^{t}\mathrm{e}^{\boldsymbol{A}(t-\tau)}\boldsymbol{B}\boldsymbol{u}(\tau)\mathrm{d}\tau$$

输出向量可表示为

$$\boldsymbol{y}(t) = \boldsymbol{C}\mathrm{e}^{\boldsymbol{A}t}\boldsymbol{x}(t_0) + \boldsymbol{C}\int_{t_0}^{t}\mathrm{e}^{\boldsymbol{A}(t-\tau)}\boldsymbol{B}\boldsymbol{u}(\tau)\mathrm{d}\tau$$

或者写成

$$\boldsymbol{y}(t) - \boldsymbol{C}\int_{t_0}^{t}\mathrm{e}^{\boldsymbol{A}(t-\tau)}\boldsymbol{B}\boldsymbol{u}(\tau)\mathrm{d}\tau = \boldsymbol{C}\mathrm{e}^{\boldsymbol{A}t}\boldsymbol{x}(t_0) \tag{4.3.8}$$

对于线性定常系统,不妨假设 $t_0=0$,则上式可改写为

$$\boldsymbol{y}(t) - \boldsymbol{C}\int_{0}^{t}\mathrm{e}^{\boldsymbol{A}(t-\tau)}\boldsymbol{B}\boldsymbol{u}(\tau)\mathrm{d}\tau = \boldsymbol{C}\mathrm{e}^{\boldsymbol{A}t}\boldsymbol{x}(0)$$

又由于 $\boldsymbol{u}(t)$是已知给定的,因此用上述方程求解 $\boldsymbol{x}(0)$,与通过

$$\boldsymbol{y}(t) = \mathrm{e}^{\boldsymbol{A}t}\boldsymbol{x}(0) \tag{4.3.9}$$

来解 $\boldsymbol{x}(0)$没有本质的区别。故为简单起见,常假定 $\boldsymbol{u}(t)=\boldsymbol{0}$。

利用凯莱-哈密顿定理,可得

$$\mathrm{e}^{\boldsymbol{A}t} = \sum_{k=0}^{n-1}\alpha_k(t)\boldsymbol{A}^k$$

可以证明 $\alpha_k(t)$是线性独立的,将上式带入方程式(4.3.9),则有

$$\begin{aligned}\boldsymbol{y}(t) &= \sum_{k=0}^{n-1}\alpha_k(t)\boldsymbol{A}^k\boldsymbol{x}(0)\\ &= \alpha_0(t)\boldsymbol{Cx}(0)+\alpha_1(t)\boldsymbol{CAx}(0)+\cdots+\alpha_{n-1}(t)\boldsymbol{CA}^{n-1}\boldsymbol{x}(0)\\ &= [\alpha_0(t)\boldsymbol{I}\quad \alpha_1(t)\boldsymbol{I}\quad\cdots\quad \alpha_{n-1}(t)\boldsymbol{I}]\begin{bmatrix}\boldsymbol{C}\\ \boldsymbol{CA}\\ \vdots\\ \boldsymbol{CA}^{n-1}\end{bmatrix}\boldsymbol{x}(0)\end{aligned}\tag{4.3.10}$$

式(4.3.10)表明,根据在$[0,t_1]$时间区间内的输出 $\boldsymbol{y}(t)$的测量值,能将初始状态 $\boldsymbol{x}(0)$唯一地确定下来的充要条件是,能观测性矩阵

$$\boldsymbol{U}_{\mathrm{o}}=\begin{bmatrix}\boldsymbol{C}\\ \boldsymbol{CA}\\ \vdots\\ \boldsymbol{CA}^{n-1}\end{bmatrix}$$

的秩为 n。

例 4.3.5　判断下列系统的能观测性。

$$\begin{bmatrix}\dot{x}_1\\ \dot{x}_2\end{bmatrix}=\begin{bmatrix}2 & -1\\ 1 & -3\end{bmatrix}\begin{bmatrix}x_1\\ x_2\end{bmatrix}+\begin{bmatrix}-1\\ 1\end{bmatrix}u$$

$$\begin{bmatrix}y_1\\ y_2\end{bmatrix}=\begin{bmatrix}1 & 0\\ -1 & 0\end{bmatrix}\begin{bmatrix}x_1\\ x_2\end{bmatrix}$$

解　系统能观测性矩阵为

$$\begin{bmatrix}\boldsymbol{C}\\ \boldsymbol{CA}\end{bmatrix}=\begin{bmatrix}1 & 0\\ -1 & 0\\ 2 & -1\\ -2 & 1\end{bmatrix}$$

它的秩等于 2,所以系统是能观测的。

2. 能观测性判据的第二种形式

定理 4.3.3　若线性定常系统(4.3.6)的系统矩阵 $\boldsymbol{A}$ 有互不相同的特征值,则系统状态能观测的充要条件是,经线性等价变换把矩阵化成对角标准形后,系统的状态空间表达式为

$$\dot{\hat{\boldsymbol{x}}}=\begin{bmatrix}\lambda_1 & & & \boldsymbol{0}\\ & \lambda_2 & & \\ & & \ddots & \\ \boldsymbol{0} & & & \lambda_n\end{bmatrix}\boldsymbol{x}\tag{4.3.11}$$

$$\boldsymbol{y}=\hat{\boldsymbol{C}}\hat{\boldsymbol{x}}$$

式中,矩阵$\hat{C}$不包含元素全为零的列。

定理 4.3.4 设线性定常系统(4.3.6)的系统矩阵$\boldsymbol{A}$有不同的重特征值,即λ_1为m_1重,…,λ_k为m_k重,且对应于每一重特征值只有一个若尔当块。则系统状态完全能观测的充要条件是,经线性等价变换将矩阵$\boldsymbol{A}$化成若尔当标准形后,系统的状态空间表达式为

$$\dot{\hat{\boldsymbol{x}}}=\begin{bmatrix}\boldsymbol{J}_1 & & & \boldsymbol{0}\\ & \boldsymbol{J}_2 & & \\ & & \ddots & \\ \boldsymbol{0} & & & \boldsymbol{J}_k\end{bmatrix}\hat{\boldsymbol{x}} \tag{4.3.12}$$

$$\boldsymbol{y}=\hat{\boldsymbol{C}}\hat{\boldsymbol{x}}$$

式中,与每个若尔当块$\boldsymbol{J}_i(i=1,2,\cdots,k)$第一列相对应的$\hat{\boldsymbol{C}}$矩阵的所有各列,其元素不全为零。

以上两个定理的论证与能控性类似,这里省略。

例 4.3.6 判断下列系统的能观测性。

① 具有对角标准形的系统

$$\dot{\boldsymbol{x}}=\begin{bmatrix}-2 & 0\\ 0 & 5\end{bmatrix}\boldsymbol{x},\quad y=[1\quad 3]\boldsymbol{x}$$

② 具有若尔当标准形的系统

$$\dot{\boldsymbol{x}}=\left[\begin{array}{cc:cc}2 & 1 & 0 & 0\\ 0 & 2 & 0 & 0\\ \hdashline 0 & 0 & 3 & 1\\ 0 & 0 & 0 & 3\end{array}\right]\boldsymbol{x},\quad \boldsymbol{y}=\begin{bmatrix}0 & 1 & 1 & 0\\ 0 & 1 & 1 & 1\end{bmatrix}\boldsymbol{x}$$

③ 具有若尔当标准形的系统

$$\dot{\boldsymbol{x}}=\begin{bmatrix}-3 & 1 & 0\\ 0 & -3 & 0\\ 0 & 0 & 1\end{bmatrix}\boldsymbol{x},\quad \boldsymbol{y}=\begin{bmatrix}1 & 0 & 0\\ 0 & 0 & -1\end{bmatrix}\boldsymbol{x}$$

解 显然①和③是状态完全能观测的,而②是状态不能观测的。

与能控性情况相似,当矩阵$\boldsymbol{A}$为对角形但含有相同元素时以及当矩阵$\boldsymbol{A}$的若尔当标准形中有两个若尔当块的特征值相同,则上述两定理不适用。

4.3.3 利用 MATLAB 判定系统能观测性

可以利用 MATLAB 来进行系统能观测性的判断。下面给出一个判断系统能观测性的例子。

例 4.3.7 考虑如下的系统

$$\dot{x}=\begin{bmatrix}0&1&0&0\\3&0&0&2\\0&0&0&1\\0&-2&0&0\end{bmatrix}x+\begin{bmatrix}0\\1\\0\\0\end{bmatrix}u$$

$$y=[1\quad 0\quad 0\quad 0]x$$

解　可以用如下的 MATLAB 命令来判断此系统的能观测性。

```
>> A = [0,1,0,0; 3,0,0,2; 0,0,0,1; 0, - 2,0,0];
>> B = [0; 1; 0; 0];
>> C = [1,0,0,0];
>> D = 0;
>> Uo = [C; C * A; C * A ^ 2; C * A ^ 3];
>> rank(Uo)
ans =
     3
```

由此，可以得到系统能观测性矩阵 U_o 的秩是 3，小于系统的维数，故系统是不能观测的。

4.4　线性时变系统的能控性及能观测性

前面所讨论的内容，无论是连续情形还是离散情形，都是针对定常系统而言的。对于时变系统，因为 $A(t)$，$B(t)$ 及 $C(t)$ 等都是时变矩阵，就不能像定常系统那样简单地用 A，B 和 C 组成的能控性矩阵和能观测性矩阵来判断系统的能控性和能观测性。

4.4.1　线性时变系统的能控性判据

定理 4.4.1　线性时变系统

$$\dot{x}(t)=A(t)x(t)+B(t)u(t) \tag{4.4.1}$$

在定义时间区间 $[t_0,t_1]$ 内，状态完全能控的充要条件是 Gram 矩阵

$$W_c(t_0,t_1)=\int_{t_0}^{t_1}\Phi(t_0,\tau)B(\tau)B^{\mathrm{T}}(\tau)\Phi^{\mathrm{T}}(t_0,\tau)\mathrm{d}\tau \tag{4.4.2}$$

非奇异。式中 $\Phi(t,t_0)$ 为时变系统状态转移矩阵。

证　Gram 矩阵 $W_c(t_0,t_1)$ 是非奇异的，即 $W_c^{-1}(t_0,t_1)$ 存在。这样，对于任意 $x(t_0)$，可以按下式构造一个控制向量

$$u(t)=-B^{\mathrm{T}}(t)\Phi^{\mathrm{T}}(t_0,t)W_c^{-1}(t_0,t_1)x(t_0) \tag{4.4.3}$$

系统在此控制向量的作用下，经过有限时间 $[t_0,t_1]$ 后，系统状态则从 $x(t_0)$ 转移到

$$\begin{aligned}
\boldsymbol{x}(t_1) &= \boldsymbol{\Phi}(t_1,t_0)\boldsymbol{x}(t_0) + \int_{t_0}^{t_1} \boldsymbol{\Phi}(t_1,\tau)\boldsymbol{B}(\tau)\boldsymbol{u}(\tau)\mathrm{d}\tau \\
&= \boldsymbol{\Phi}(t_1,t_0)\boldsymbol{x}(t_0) - \int_{t_0}^{t_1} \boldsymbol{\Phi}(t_1,\tau)\boldsymbol{B}(\tau)\boldsymbol{B}^{\mathrm{T}}(\tau)\boldsymbol{\Phi}^{\mathrm{T}}(t_0,\tau)\boldsymbol{W}_{\mathrm{c}}^{-1}(t_0,t_1)\boldsymbol{x}(t_0)\mathrm{d}\tau \\
&= \boldsymbol{\Phi}(t_1,t_0)\boldsymbol{x}(t_0) - \boldsymbol{\Phi}(t_1,t_0)\left[\int_{t_0}^{t_1} \boldsymbol{\Phi}(t_0,\tau)\boldsymbol{B}(\tau)\boldsymbol{B}^{\mathrm{T}}(\tau)\boldsymbol{\Phi}^{\mathrm{T}}(t_0,\tau)\mathrm{d}\tau\right]\boldsymbol{W}_{\mathrm{c}}^{-1}(t_0,t_1)\boldsymbol{x}(t_0) \\
&= \boldsymbol{\Phi}(t_1,t_0)\boldsymbol{x}(t_0) - \boldsymbol{\Phi}(t_1,t_0)\boldsymbol{W}_{\mathrm{c}}(t_0,t_1)\boldsymbol{W}_{\mathrm{c}}^{-1}(t_0,t_1)\boldsymbol{x}(t_0) \\
&= \boldsymbol{0}
\end{aligned} \tag{4.4.4}$$

这表明，如果$\boldsymbol{W}_{\mathrm{c}}(t_0,t_1)$非奇异，那么在时间$[t_0,t_1]$内任何初始状态$\boldsymbol{x}(t_0)$都可以被转移到零状态。所以定理的充分性得证。

其次，证明必要性，采用反证法。假定$\boldsymbol{W}_{\mathrm{c}}(t_0,t_1)$是奇异的，则必存在某个非零初始状态$\boldsymbol{x}(t_0)$，使得

$$\boldsymbol{x}(t_0)^{\mathrm{T}}\boldsymbol{W}_{\mathrm{c}}(t_0,t_1)\boldsymbol{x}(t_0) = 0 \tag{4.4.5}$$

又

$$\begin{aligned}
\boldsymbol{x}(t_0)^{\mathrm{T}}\boldsymbol{W}_{\mathrm{c}}(t_0,t_1)\boldsymbol{x}(t_0) &= \int_{t_0}^{t_1} \boldsymbol{x}(t_0)^{\mathrm{T}}\boldsymbol{\Phi}(t_0,\tau)\boldsymbol{B}(\tau)\boldsymbol{B}^{\mathrm{T}}(\tau)\boldsymbol{\Phi}^{\mathrm{T}}(t_0,\tau)\boldsymbol{x}(t_0)\mathrm{d}\tau \\
&= \int_{t_0}^{t_1} [\boldsymbol{B}^{\mathrm{T}}(\tau)\boldsymbol{\Phi}^{\mathrm{T}}(t_0,\tau)\boldsymbol{x}(t_0)]^{\mathrm{T}}[\boldsymbol{B}^{\mathrm{T}}(\tau)\boldsymbol{\Phi}^{\mathrm{T}}(t_0,\tau)\boldsymbol{x}(t_0)]\mathrm{d}\tau
\end{aligned}$$

从而有

$$\boldsymbol{x}(t_0)^{\mathrm{T}}\boldsymbol{W}_{\mathrm{c}}(t_0,t_f)\boldsymbol{x}(t_0) = \int_{t_0}^{t_1} \|\boldsymbol{B}^{\mathrm{T}}(\tau)\boldsymbol{\Phi}^{\mathrm{T}}(t_0,\tau)\boldsymbol{x}(t_0)\|^2\mathrm{d}\tau = 0 \tag{4.4.6}$$

但$\boldsymbol{B}^{\mathrm{T}}(\tau)\boldsymbol{\Phi}^{\mathrm{T}}(t_0,\tau)$在变量定义域内是连续的，所以由式(4.4.6)必导致

$$\boldsymbol{B}^{\mathrm{T}}(\tau)\boldsymbol{\Phi}^{\mathrm{T}}(t_0,\tau)\boldsymbol{x}(t_0) = \boldsymbol{0}, \quad t \in [t_0,t_1]$$

又因已假定系统是能控的，$\boldsymbol{x}(t_0)$是能控状态，应有

$$\boldsymbol{x}(t_0) = -\int_{t_0}^{t_1} \boldsymbol{\Phi}(t_0,\tau)\boldsymbol{B}(\tau)\boldsymbol{u}(\tau)\mathrm{d}\tau$$

那么

$$\|\boldsymbol{x}(t_0)\|^2 = \boldsymbol{x}^{\mathrm{T}}(t_0)\boldsymbol{x}(t_0) = -\left[-\int_{t_0}^{t_1} \boldsymbol{\Phi}(t_0,\tau)\boldsymbol{B}(\tau)\boldsymbol{u}(\tau)\mathrm{d}\tau\right]^{\mathrm{T}}\boldsymbol{x}(t_0) = 0$$

这里$\|\boldsymbol{x}\|$表示$\boldsymbol{x}$的范数。上述说明，$\boldsymbol{x}(t_0)$只能等于零。只有这时，$\boldsymbol{x}(t_0)$才是能控的，但这和原假定$\boldsymbol{x}(t_0)\neq\boldsymbol{0}$(非零状态)是矛盾的。因此原来假设$\boldsymbol{W}_{\mathrm{c}}(t_0,t_1)$为奇异不成立，从而$\boldsymbol{W}_{\mathrm{c}}(t_0,t_1)$必是非奇异，必要性得证。

使用上述定理，必须先计算状态转移矩阵$\boldsymbol{\Phi}(t_0,t)$，这并非是容易之事。下面不加证明地给出一个不用解状态方程而只根据矩阵$\boldsymbol{A}$和$\boldsymbol{B}$来判断系统能控性的条件。

在式(4.4.1)所描述的系统中，假设矩阵$\boldsymbol{A}$和$\boldsymbol{B}$是$n-1$次连续可微的，在时间区间$[t_0,t_1]$上，若有

$$\text{rank}[\boldsymbol{M}_0(t) \quad \boldsymbol{M}_1(t) \quad \cdots \quad \boldsymbol{M}_{n-1}(t)] = n \tag{4.4.7}$$

则系统是状态完全能控的，其中分块矩阵

$$\boldsymbol{M}_0(t) = \boldsymbol{B}(t)$$

$$\boldsymbol{M}_{k+1}(t) = -\boldsymbol{A}(t)\boldsymbol{M}_k(t) + \frac{\mathrm{d}}{\mathrm{d}t}\boldsymbol{M}_k(t), \quad k = 1,2,\cdots,n-1$$

例 4.4.1　设系统的状态方程如下：

$$\begin{bmatrix} \dot{x}_1 \\ \dot{x}_2 \\ \dot{x}_3 \end{bmatrix} = \begin{bmatrix} t & 1 & 0 \\ 0 & t & 0 \\ 0 & 0 & t^2 \end{bmatrix} \begin{bmatrix} x_1 \\ x_2 \\ x_3 \end{bmatrix} + \begin{bmatrix} 0 \\ 1 \\ 1 \end{bmatrix} u$$

试判断其能控性。

解　可以求得

$$\boldsymbol{M}_0(t) = \boldsymbol{B}(t) = \begin{bmatrix} 0 \\ 1 \\ 1 \end{bmatrix}$$

$$\boldsymbol{M}_1(t) = -\boldsymbol{A}(t)\boldsymbol{M}_0(t) + \frac{\mathrm{d}}{\mathrm{d}t}\boldsymbol{M}_0(t) = \begin{bmatrix} -1 \\ -t \\ -t^2 \end{bmatrix}$$

$$\boldsymbol{M}_2(t) = -\boldsymbol{A}(t)\boldsymbol{M}_1(t) + \frac{\mathrm{d}}{\mathrm{d}t}\boldsymbol{M}_1(t) = \begin{bmatrix} 2t \\ t^2 \\ t^4 \end{bmatrix} + \begin{bmatrix} 0 \\ -1 \\ -2t \end{bmatrix} = \begin{bmatrix} 2t \\ t^2-1 \\ t^4-2t \end{bmatrix}$$

可知矩阵$[\boldsymbol{M}_0(t) \quad \boldsymbol{M}_1(t) \quad \boldsymbol{M}_2(t)] = \begin{bmatrix} 0 & -1 & 2t \\ 1 & -t & t^2-1 \\ 1 & -t^2 & t^4-2t \end{bmatrix}$的秩为 3，所以系统是完全能控的。

4.4.2　线性时变系统的能观测性判据

定理 4.4.2　线性时变系统

$$\dot{\boldsymbol{x}}(t) = \boldsymbol{A}(t)\boldsymbol{x}(t) \tag{4.4.8}$$

$$\boldsymbol{y}(t) = \boldsymbol{C}(t)\boldsymbol{x}(t) \tag{4.4.9}$$

定义在时间区间$[t_0,t_1]$内，状态完全能观测的充分必要条件是 Gram 矩阵

$$\boldsymbol{W}_{\mathrm{o}}(t_0,t_1) = \int_{t_0}^{t_1} \boldsymbol{\Phi}^{\mathrm{T}}(\tau,t_0)\boldsymbol{C}^{\mathrm{T}}(\tau)\boldsymbol{C}(\tau)\boldsymbol{\Phi}(\tau,t_0)\mathrm{d}\tau \tag{4.4.10}$$

为非奇异。

证　**充分性**　设$\boldsymbol{W}_{\mathrm{o}}(t_0,t_1)$非奇异，并设$\boldsymbol{x}(t_0)$为任意给定的非零初始状态，则$t$时刻的状态为$\boldsymbol{x}(t)=\boldsymbol{\Phi}(t,t_0)\boldsymbol{x}(t_0)$，输出向量为

$$\boldsymbol{y}(t)=\boldsymbol{C}(t)\boldsymbol{x}(t)=\boldsymbol{C}(t)\boldsymbol{\Phi}(t,t_0)\boldsymbol{x}(t_0) \tag{4.4.11}$$

将上式两边左乘$\boldsymbol{\Phi}^{\mathrm{T}}(\tau,t_0)\boldsymbol{C}^{\mathrm{T}}(\tau)$,并在$[t_0,t_1]$区间进行积分,得

$$\begin{aligned}&\int_{t_0}^{t_1}\boldsymbol{\Phi}^{\mathrm{T}}(t,t_0)\boldsymbol{C}^{\mathrm{T}}(t)\boldsymbol{y}(t)\mathrm{d}t\\&=\left[\int_{t_0}^{t_1}\boldsymbol{\Phi}^{\mathrm{T}}(t,t_0)\boldsymbol{C}^{\mathrm{T}}(t)\boldsymbol{C}(t)\boldsymbol{\Phi}(t,t_0)\mathrm{d}t\right]\boldsymbol{x}(t_0)\\&=\boldsymbol{W}_{\mathrm{o}}(t_0,t_1)\boldsymbol{x}(t_0)\end{aligned} \tag{4.4.12}$$

已假设$\boldsymbol{W}_{\mathrm{o}}(t_0,t_1)$为非奇异的,由上式便可唯一地确定$\boldsymbol{x}(t_0)$,所以系统状态完全能观测的。充分性得证。

必要性 采用反证法。若系统在t_0时刻状态完全能观测,而$\boldsymbol{W}_{\mathrm{o}}(t_0,t_1)$是奇异的,那么必存在非零初始状态$\boldsymbol{x}(t_0)$,使得

$$\boldsymbol{x}(t_0)^{\mathrm{T}}\boldsymbol{W}_{\mathrm{o}}(t_0,t_1)\boldsymbol{x}(t_0)=0$$

即

$$\boldsymbol{x}(t_0)\left[\int_{t_0}^{t_1}\boldsymbol{\Phi}^{\mathrm{T}}(t,t_0)\boldsymbol{C}^{\mathrm{T}}(t)\boldsymbol{C}(t)\boldsymbol{\Phi}(t,t_0)\mathrm{d}t\right]\boldsymbol{x}(t_0)=0$$

因

$$\boldsymbol{y}(t)=\boldsymbol{C}(t)\boldsymbol{\Phi}(t,t_0)\boldsymbol{x}(t_0)$$

也可将上式改写为

$$\int_{t_0}^{t_1}\boldsymbol{y}^{\mathrm{T}}(t)\boldsymbol{y}(t)\mathrm{d}t=0$$

即

$$\int_{t_0}^{t_1}\|\boldsymbol{y}(t)\|^2\mathrm{d}t=0$$

因为$\boldsymbol{y}(t)$是t的连续函数,所以有$\boldsymbol{y}(t)=\boldsymbol{0}$,即

$$\boldsymbol{C}(t)\boldsymbol{\Phi}(t,t_0)\boldsymbol{x}(t_0)=\boldsymbol{0} \tag{4.4.13}$$

式(4.4.13)表示$\boldsymbol{x}(t_0)$为不能观测状态。这和已知系统状态完全能观测的假设矛盾,反设不成立。即若系统是状态完全能观测的,则$\boldsymbol{W}_{\mathrm{o}}(t_0,t_1)$必须是非奇异的。必要性得证。

与能控性判据相仿,如果矩阵$\boldsymbol{A}(t)$和$\boldsymbol{C}(t)$满足$n-1$次连续可微的条件,在时间区间$[t_0,t_1]$内,又有

$$\operatorname{rank}\begin{bmatrix}\boldsymbol{N}_0(t)\\\boldsymbol{N}_1(t)\\\vdots\\\boldsymbol{N}_{n-1}(t)\end{bmatrix}=n \tag{4.4.14}$$

则系统是状态完全能观测的。其中分块矩阵

$$\boldsymbol{N}_0(t)=\boldsymbol{C}(t)$$

$$\boldsymbol{N}_{k+1}(t)=\boldsymbol{N}_k(t)\boldsymbol{A}(t)+\frac{\mathrm{d}}{\mathrm{d}t}\boldsymbol{N}_k(t),\quad k=0,1,2,\cdots,n-1$$

例 4.4.2 设系统的状态方程及输出方程为

$$\begin{bmatrix}\dot{x}_1\\ \dot{x}_2\\ \dot{x}_3\end{bmatrix}=\begin{bmatrix}t & 1 & 0\\ 0 & t & 0\\ 0 & 0 & t^2\end{bmatrix}\begin{bmatrix}x_1\\ x_2\\ x_3\end{bmatrix}+\begin{bmatrix}0\\ 1\\ 1\end{bmatrix}u$$

$$y=\begin{bmatrix}1 & 0 & 1\end{bmatrix}\begin{bmatrix}x_1\\ x_2\\ x_3\end{bmatrix}$$

试判断其能观测性。

解 经计算可得

$$\boldsymbol{N}_0(t)=\begin{bmatrix}1 & 0 & 1\end{bmatrix}$$

$$\boldsymbol{N}_1(t)=\boldsymbol{N}_0(t)\boldsymbol{A}(t)+\frac{\mathrm{d}}{\mathrm{d}t}\boldsymbol{N}_0(t)=\begin{bmatrix}t & 1 & t^2\end{bmatrix}$$

$$\boldsymbol{N}_2(t)=\boldsymbol{N}_1(t)\boldsymbol{A}(t)+\frac{\mathrm{d}}{\mathrm{d}t}\boldsymbol{N}_1(t)=\begin{bmatrix}t^2+1 & 2t & t^4+2t\end{bmatrix}$$

因而有矩阵

$$\begin{bmatrix}\boldsymbol{N}_0(t)\\ \boldsymbol{N}_1(t)\\ \boldsymbol{N}_2(t)\end{bmatrix}=\begin{bmatrix}1 & 0 & 1\\ t & 1 & t^2\\ t^2+1 & 2t & t^4+2t\end{bmatrix}$$

其秩等于3,所以系统是状态完全能观测的。

4.5 能控性与能观测性的对偶关系

在第2章中我们已经知道,系统状态空间表达式的能控标准形及能观测标准形,在形式上具有如下关系:

$$\boldsymbol{A}_{\mathrm{c}}^{\mathrm{T}}=\boldsymbol{A}_{\mathrm{o}},\quad \boldsymbol{B}_{\mathrm{c}}^{\mathrm{T}}=\boldsymbol{C}_{\mathrm{o}} \tag{4.5.1}$$

系统的能控性判据为

$$\mathrm{rank}\begin{bmatrix}\boldsymbol{B} & \boldsymbol{AB} & \cdots & \boldsymbol{A}^{n-1}\boldsymbol{B}\end{bmatrix}=n \tag{4.5.2}$$

而能观测性判据为

$$\mathrm{rank}\begin{bmatrix}\boldsymbol{C}\\ \boldsymbol{CA}\\ \vdots\\ \boldsymbol{CA}^{n-1}\end{bmatrix}=n \tag{4.5.3}$$

把式(4.5.3)改写成

$$\mathrm{rank}\begin{bmatrix}\boldsymbol{C}^{\mathrm{T}} & \boldsymbol{A}^{\mathrm{T}}\boldsymbol{C}^{\mathrm{T}} & \cdots & (\boldsymbol{A}^{\mathrm{T}})^{n-1}\boldsymbol{C}^{\mathrm{T}}\end{bmatrix}=n \tag{4.5.4}$$

式(4.5.2)与(4.5.4)两者之间十分相似,可以看出系统的能控性与能观测性之间存在着对偶关系。卡尔曼提出的对偶原理可对此作进一步的阐明。

设系统 Σ_1 的状态空间方程为

$$\begin{aligned}\dot{\boldsymbol{x}} &= \boldsymbol{A}\boldsymbol{x} + \boldsymbol{B}\boldsymbol{u}\\ \boldsymbol{y} &= \boldsymbol{C}\boldsymbol{x}\end{aligned} \tag{4.5.5}$$

另有一个系统 Σ_2 的状态空间表达式为

$$\begin{aligned}\dot{\boldsymbol{z}} &= \boldsymbol{A}^{\mathrm{T}}\boldsymbol{z} + \boldsymbol{C}^{\mathrm{T}}\boldsymbol{v}\\ \boldsymbol{w} &= \boldsymbol{B}^{\mathrm{T}}\boldsymbol{z}\end{aligned} \tag{4.5.6}$$

这两个系统中的状态向量 $\boldsymbol{x}$ 与 $\boldsymbol{z}$ 都是 n 维,控制向量 $\boldsymbol{u}$ 与 $\boldsymbol{v}$ 分别是 p 维与 q 维,输出向量 $\boldsymbol{y}$ 与 $\boldsymbol{w}$ 分别是 q 维与 p 维。这两个系统称之为对偶系统。

现在比较一下以上两个系统的能控性和能观测性的判据。

(1) 对于系统 Σ_1,有如下结果:

① 状态完全能控的充要条件为,$n\times np$ 能控性矩阵的秩等于 n,即

$$\operatorname{rank}[\boldsymbol{B}\quad \boldsymbol{A}\boldsymbol{B}\quad \cdots\quad \boldsymbol{A}^{n-1}\boldsymbol{B}] = n \tag{4.5.7}$$

② 状态完全能观测的充要条件为,$n\times nq$ 能观测性转置矩阵的秩等于 n,即

$$\operatorname{rank}[\boldsymbol{C}^{\mathrm{T}}\ \boldsymbol{A}^{\mathrm{T}}\boldsymbol{C}^{\mathrm{T}}\ \cdots\ (\boldsymbol{A}^{\mathrm{T}})^{n-1}\boldsymbol{C}^{\mathrm{T}}] = n \tag{4.5.8}$$

(2) 对于系统 Σ_2,有如下结果:

① 状态完全能控的充要条件为,$n\times nq$ 能控性矩阵的秩等于 n,即

$$\operatorname{rank}[\boldsymbol{C}^{\mathrm{T}}\ \boldsymbol{A}^{\mathrm{T}}\boldsymbol{C}^{\mathrm{T}}\ \cdots\ (\boldsymbol{A}^{\mathrm{T}})^{n-1}\boldsymbol{C}^{\mathrm{T}}] = n \tag{4.5.9}$$

② 状态完全能观测的充要条件为,$n\times np$ 能观测性转置矩阵的秩等于 n,即

$$\operatorname{rank}[\boldsymbol{B}\quad \boldsymbol{A}\boldsymbol{B}\quad \cdots\quad \boldsymbol{A}^{n-1}\boldsymbol{B}] = n \tag{4.5.10}$$

对比上述条件,清楚地看到系统 Σ_1 状态完全能控的充要条件和系统 Σ_2 状态完全能观测的充要条件相同;而 Σ_1 系统状态完全能观测的充要条件则与 Σ_2 系统完全能控的充要条件相同。以上两个系统的结构方框图可用图 4.5.1 表示。

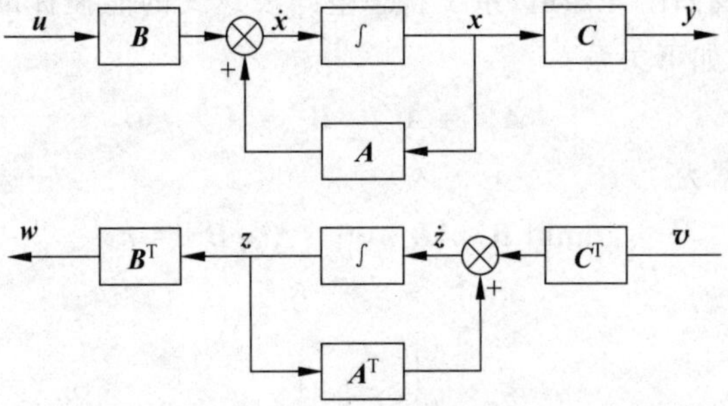

图 4.5.1 对偶系统结构图

从图中比较可看出,两个互为对偶的系统,不仅系统矩阵 $\boldsymbol{A}$,控制矩阵 $\boldsymbol{B}$,输出矩阵 $\boldsymbol{C}$ 是其对偶系统相应矩阵的转置,而且输入端与输出端互换,信号传递方向

相反。

通过上述比较,可以得出如下结论:

定理 4.5.1 对偶原理 系统 Σ_1 状态完全能控性的充要条件是对偶系统 Σ_2 状态完全能观测;系统 Σ_1 状态完全能观测的充要条件是对偶系统 Σ_2 状态完全能控。

此对偶原理同样适用于线性离散系统。系统能控性与能观测性的对偶特性是线性系统对偶原理的一种体现,在其他如最优控制和最优估计之间也有类似的对偶特性。

进一步分析图 4.5.1 所示的两个系统的传递函数矩阵,可以得出一个有趣的结论。图 4.5.1 中 Σ_1 的传递函数矩阵为

$$\boldsymbol{G}_1(s)=\boldsymbol{C}(s\boldsymbol{I}-\boldsymbol{A})^{-1}\boldsymbol{B} \tag{4.5.11}$$

它的维数为 $q\times p$。图 4.5.1 中 Σ_2 的传递函数矩阵为

$$\boldsymbol{G}_2(s)=\boldsymbol{B}^{\mathrm{T}}(s\boldsymbol{I}-\boldsymbol{A}^{\mathrm{T}})^{-1}\boldsymbol{C}^{\mathrm{T}}=\boldsymbol{B}^{\mathrm{T}}(s\boldsymbol{I}-\boldsymbol{A}^{-1})^{\mathrm{T}}\boldsymbol{C}^{\mathrm{T}} \tag{4.5.12}$$

将 $\boldsymbol{G}_2(s)$ 转置,有

$$[\boldsymbol{G}_2(s)]^{\mathrm{T}}=\boldsymbol{C}(s\boldsymbol{I}-\boldsymbol{A})^{-1}\boldsymbol{B}=\boldsymbol{G}_1(s) \tag{4.5.13}$$

由此可知对偶系统的传递函数矩阵是互为转置的。这一特性使我们对系统的对偶性有了一个直觉的理解。

根据对偶原理,一个系统的状态完全能控性(能观测性)可以借助于其对偶系统的状态完全能观测性(能控性)研究,反之亦然。

4.6 线性定常系统的结构分解

从上面对系统的能控性和能观测性的分析与研究可以看出,系统不能控或不能观测并不意味着所有的状态全都不能控或不能观测。那么把系统能控或能观测部分同不能控或不能观测的部分区分开来,将有利于更深入了解系统的内部结构。为此,可以采用系统坐标变换的方法对状态空间进行分解,将其划分成能控(能观测)部分与不能控(不能观测)部分,这种分解称为标准分解。本节将不加证明地介绍一些分解方法。

4.6.1 系统的能控性分解

设系统的状态空间表达式为

$$\begin{cases}\dot{\boldsymbol{x}}=\boldsymbol{A}\boldsymbol{x}+\boldsymbol{B}\boldsymbol{u}\\ \boldsymbol{y}=\boldsymbol{C}\boldsymbol{x}\end{cases} \tag{4.6.1}$$

并假设系统的能控性矩阵的秩 $n_1<n$(n 为状态向量维数),即系统不完全能控。关于系统的能控性分解,有如下结论。

定理4.6.1　存在非奇异矩阵$\boldsymbol{T}_c$，对系统(4.6.1)进行状态变换$\boldsymbol{x}=\boldsymbol{T}_c\tilde{\boldsymbol{x}}$，可使系统的状态空间表达式变换成

$$\begin{cases}\dot{\tilde{\boldsymbol{x}}} = \widetilde{\boldsymbol{A}}\tilde{\boldsymbol{x}} + \widetilde{\boldsymbol{B}}\boldsymbol{u} \\ \boldsymbol{y} = \widetilde{\boldsymbol{C}}\boldsymbol{x}\end{cases} \tag{4.6.2}$$

式中

$$\widetilde{\boldsymbol{A}} = \boldsymbol{T}_c^{-1}\boldsymbol{A}\boldsymbol{T}_c = \left[\begin{array}{c:c}\widetilde{\boldsymbol{A}}_{11} & \widetilde{\boldsymbol{A}}_{12} \\ \hdashline \boldsymbol{0} & \widetilde{\boldsymbol{A}}_{22}\end{array}\right] \tag{4.6.3}$$

$$\widetilde{\boldsymbol{B}} = \boldsymbol{T}_c^{-1}\boldsymbol{B} = \left[\begin{array}{c}\widetilde{\boldsymbol{B}}_1 \\ \hdashline \boldsymbol{0}\end{array}\right] \tag{4.6.4}$$

$$\widetilde{\boldsymbol{C}} = \boldsymbol{C}\boldsymbol{T}_c = \left[\widetilde{\boldsymbol{C}}_1 \;\vdots\; \widetilde{\boldsymbol{C}}_2\right] \tag{4.6.5}$$

$\widetilde{\boldsymbol{A}}_{11}$，$\widetilde{\boldsymbol{A}}_{12}$和$\widetilde{\boldsymbol{A}}_{22}$都是分块矩阵，各自的维数分别为$n_1\times n_1$，$n_1\times(n-n_1)$和$(n-n_1)\times(n-n_1)$，$\widetilde{\boldsymbol{B}}_1$是$n_1\times p$分块矩阵，$\widetilde{\boldsymbol{C}}_1$和$\widetilde{\boldsymbol{C}}_2$分别是$q\times n_1$和$q\times(n-n_1)$分块矩阵。

在变换后的系统(4.6.2)中，将前n_1维部分提出来，得到下式

$$\dot{\tilde{\boldsymbol{x}}} = \widetilde{\boldsymbol{A}}_{11}\tilde{\boldsymbol{x}}_1 + \widetilde{\boldsymbol{A}}_{12}\tilde{\boldsymbol{x}}_2 + \widetilde{\boldsymbol{B}}_1\boldsymbol{u} \tag{4.6.6}$$

这部分构成n_1维能控子系统。而后$n-n_1$维子系统

$$\dot{\tilde{\boldsymbol{x}}}_2 = \widetilde{\boldsymbol{A}}_{22}\tilde{\boldsymbol{x}}_2 \tag{4.6.7}$$

为不能控子系统。

在上述的能控性分解中，关键所在是变换矩阵$\boldsymbol{T}_c$的构造。其求法如下：

(1) 在能控性矩阵$\boldsymbol{U}_c=[\boldsymbol{B}\ \boldsymbol{A}\boldsymbol{B}\ \ \cdots\ \boldsymbol{A}^{n-1}\boldsymbol{B}]$中选择$n_1$个线性无关的列向量；

(2) 将所得列向量作为矩阵$\boldsymbol{T}_c$的前n_1个列，其余列可以在保证$\boldsymbol{T}_c$为非奇异矩阵的条件下任意选择。

例4.6.1　对下列系统

$$\dot{\boldsymbol{x}} = \begin{bmatrix}0 & 0 & -1 \\ 1 & 0 & -3 \\ 0 & 1 & -3\end{bmatrix}\boldsymbol{x} + \begin{bmatrix}1 \\ 1 \\ 0\end{bmatrix}u$$

$$y = [0\quad 1\quad -2]\boldsymbol{x}$$

进行能控性分解。

解　首先，计算系统能控性矩阵的秩

$$\operatorname{rank}[\boldsymbol{b}\quad \boldsymbol{A}\boldsymbol{b}\quad \boldsymbol{A}^2\boldsymbol{b}] = \operatorname{rank}\begin{bmatrix}1 & 0 & -1 \\ 1 & 1 & -3 \\ 0 & 1 & -2\end{bmatrix} = 2 < 3$$

可知系统不完全能控。然后，在能控性矩阵中任选两列线性无关的列向量。为计

算简单，选取其中的第一列 $\begin{bmatrix}1\\1\\0\end{bmatrix}$ 和第二列 $\begin{bmatrix}0\\1\\1\end{bmatrix}$。易知它们是线性无关的。再选任一列向量，如 $\begin{bmatrix}0\\0\\1\end{bmatrix}$，它与前两个列向量线性无关。由此得变换矩阵 $\boldsymbol{T}_c$ 为

$$\boldsymbol{T}_c = \begin{bmatrix}1 & 0 & 0\\1 & 1 & 0\\0 & 1 & 1\end{bmatrix}$$

接下来求其逆，得

$$\boldsymbol{T}_c^{-1} = \begin{bmatrix}1 & 0 & 0\\-1 & 1 & 0\\1 & -1 & 1\end{bmatrix}$$

最后，利用 $\boldsymbol{x}=\boldsymbol{T}_c\tilde{\boldsymbol{x}}$ 进行状态变换，得系统状态空间表达式为

$$\dot{\tilde{\boldsymbol{x}}} = \left[\begin{array}{cc:c}0 & -1 & -1\\1 & -2 & -2\\ \hdashline 0 & 0 & -1\end{array}\right]\tilde{\boldsymbol{x}} + \begin{bmatrix}1\\0\\0\end{bmatrix}u$$

$$y = \begin{bmatrix}1 & -1 & -2\end{bmatrix}\tilde{\boldsymbol{x}}$$

式中二维子系统

$$\dot{\tilde{\boldsymbol{x}}}_1 = \begin{bmatrix}0 & -1\\1 & -2\end{bmatrix}\tilde{\boldsymbol{x}}_1 + \begin{bmatrix}1\\0\end{bmatrix}u$$

$$y = \begin{bmatrix}1 & -1\end{bmatrix}\tilde{\boldsymbol{x}}_1$$

是能控的。

综上可知，对任何一个状态不完全能控的系统，总可以将其分解为能控的子系统和不能控的子系统，其状态分解情况如图 4.6.1 所示。

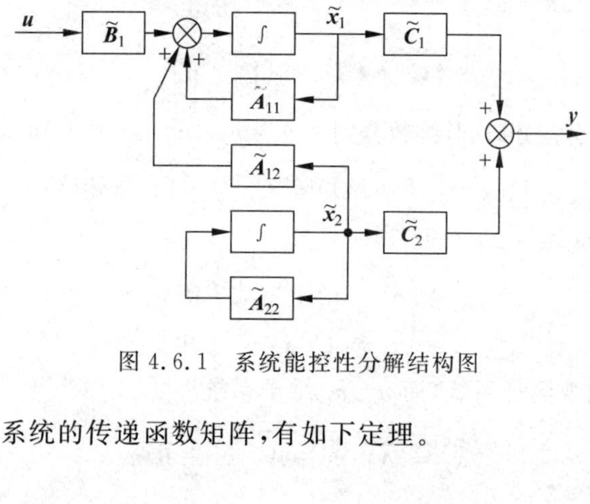

图 4.6.1　系统能控性分解结构图

关于能控子系统的传递函数矩阵，有如下定理。

定理 4.6.2　能控子系统的传递函数矩阵与原系统的传递函数矩阵相同,即

$$\widetilde{\boldsymbol{G}}_1(s)=\boldsymbol{G}(s)$$

证　由下式的推导即可看出结论成立。

$$\begin{aligned}\boldsymbol{G}(s)&=\boldsymbol{C}(s\boldsymbol{I}-\boldsymbol{A})^{-1}\boldsymbol{B}=\widetilde{\boldsymbol{C}}(s\boldsymbol{I}-\widetilde{\boldsymbol{A}})^{-1}\widetilde{\boldsymbol{B}}\\&=[\widetilde{\boldsymbol{C}}_1\quad\widetilde{\boldsymbol{C}}_2]\begin{bmatrix}s\boldsymbol{I}-\widetilde{\boldsymbol{A}}_{11}&-\widetilde{\boldsymbol{A}}_{12}\\\boldsymbol{0}&s\boldsymbol{I}-\widetilde{\boldsymbol{A}}_{22}\end{bmatrix}^{-1}\begin{bmatrix}\widetilde{\boldsymbol{B}}_1\\\boldsymbol{0}\end{bmatrix}\\&=\widetilde{\boldsymbol{C}}_1[s\boldsymbol{I}-\widetilde{\boldsymbol{A}}_{11}]^{-1}\widetilde{\boldsymbol{B}}_1=\widetilde{\boldsymbol{G}}_1(s)\end{aligned}\tag{4.6.8}$$

由此可见,不可控状态不会出现在系统传递函数矩阵之中。

4.6.2　系统的能观测性分解

设系统状态空间表达式(4.6.1)的能观测性矩阵的秩为 $n_2<n$(n 为状态向量维数),即系统不完全能观测。关于系统的能观测性分解,有如下结论。

定理 4.6.3　存在非奇异矩阵 $\boldsymbol{T}_{\text{o}}$,用它进行状态变换 $\boldsymbol{x}=\boldsymbol{T}_{\text{o}}\tilde{\boldsymbol{x}}$,可使系统状态空间表达式变成

$$\begin{cases}\dot{\tilde{\boldsymbol{x}}}=\widetilde{\boldsymbol{A}}\tilde{\boldsymbol{x}}+\widetilde{\boldsymbol{B}}\boldsymbol{u}\\\boldsymbol{y}=\widetilde{\boldsymbol{C}}\tilde{\boldsymbol{x}}\end{cases}\tag{4.6.9}$$

式中

$$\widetilde{\boldsymbol{A}}=\boldsymbol{T}_{\text{o}}^{-1}\boldsymbol{A}\boldsymbol{T}_{\text{o}}=\left[\begin{array}{c:c}\widetilde{\boldsymbol{A}}_{11}&\boldsymbol{0}\\\hdashline\widetilde{\boldsymbol{A}}_{21}&\widetilde{\boldsymbol{A}}_{22}\end{array}\right]\tag{4.6.10}$$

$$\widetilde{\boldsymbol{B}}=\boldsymbol{T}_{\text{o}}^{-1}\boldsymbol{B}=\left[\begin{array}{c}\widetilde{\boldsymbol{B}}_1\\\hdashline\widetilde{\boldsymbol{B}}_2\end{array}\right]\tag{4.6.11}$$

$$\widetilde{\boldsymbol{C}}=\boldsymbol{C}\boldsymbol{T}_{\text{o}}=[\widetilde{\boldsymbol{C}}_1\quad\boldsymbol{0}]\tag{4.6.12}$$

$\widetilde{\boldsymbol{A}}_{11}$,$\widetilde{\boldsymbol{A}}_{21}$和$\widetilde{\boldsymbol{A}}_{22}$都是分块矩阵,其维数分别为 $n_2\times n_2$,$(n-n_2)\times n_2$ 和$(n-n_2)\times(n-n_2)$,$\widetilde{\boldsymbol{B}}_1$ 和$\widetilde{\boldsymbol{B}}_2$ 分别为 $n_2\times p$ 和$(n-n_2)\times p$ 维矩阵,$\widetilde{\boldsymbol{C}}_1$ 为 $q\times n_2$ 维矩阵。

在变换后的系统(4.6.9)中,由

$$\begin{cases}\dot{\tilde{\boldsymbol{x}}}_1=\widetilde{\boldsymbol{A}}_{11}\tilde{\boldsymbol{x}}_1+\widetilde{\boldsymbol{B}}_1\boldsymbol{u}\\\boldsymbol{y}_1=\widetilde{\boldsymbol{C}}_1\tilde{\boldsymbol{x}}_1\end{cases}\tag{4.6.13}$$

部分构成 n_2 维能观测子系统,而 $n-n_2$ 维子系统

$$\dot{\tilde{\boldsymbol{x}}}_2=\widetilde{\boldsymbol{A}}_{21}\tilde{\boldsymbol{x}}_1+\widetilde{\boldsymbol{A}}_{22}\tilde{\boldsymbol{x}}_2+\widetilde{\boldsymbol{B}}_2\boldsymbol{u}\tag{4.6.14}$$

是不能观测子系统。

对于能观测性分解，变换矩阵的求法有其特殊性。应由构造其逆做起，即先求 $\boldsymbol{T}_o^{-1}$。方法如下：

(1) 从能观测性矩阵 $\boldsymbol{U}_o=\begin{bmatrix}\boldsymbol{C}\\\boldsymbol{CA}\\\vdots\\\boldsymbol{CA}^{n-1}\end{bmatrix}$ 中选择 n_2 个线性无关的行向量。

(2) 将所求行向量作为 $\boldsymbol{T}_o^{-1}$ 的前 n_2 个行，其余的行可以在保证 $\boldsymbol{T}_o^{-1}$ 为非奇异矩阵的条件下任意选择。

例 4.6.2　对例 4.6.1 进行能观测性分解。

解　计算能观测性矩阵的秩

$$\operatorname{rank}\begin{bmatrix}\boldsymbol{C}\\\boldsymbol{CA}\\\boldsymbol{CA}^2\end{bmatrix}=\operatorname{rank}\begin{bmatrix}0 & 1 & -2\\1 & -2 & 3\\-2 & 3 & -4\end{bmatrix}=2<3$$

所以系统不完全能观测。任选其中两行线性无关的行向量 $[0\quad 1\quad -2]$ 和 $[1\quad -2\quad 3]$，再选任一个与前两个行向量线性无关的行向量，如 $[0\quad 0\quad 1]$，得

$$\boldsymbol{T}_o^{-1}=\begin{bmatrix}0 & 1 & -2\\1 & -2 & 3\\0 & 0 & 1\end{bmatrix}$$

由此

$$\boldsymbol{T}_o=\begin{bmatrix}2 & 1 & 1\\1 & 0 & 2\\0 & 0 & 1\end{bmatrix}$$

可利用 $\boldsymbol{x}=\boldsymbol{T}_o\tilde{\boldsymbol{x}}$ 进行状态变换，得系统的状态空间表达式为

$$\dot{\tilde{\boldsymbol{x}}}=\left[\begin{array}{cc:c}0 & 1 & 0\\-1 & -2 & 0\\\hdashline 1 & 0 & -1\end{array}\right]\tilde{\boldsymbol{x}}+\left[\begin{array}{c}1\\-1\\\hdashline 0\end{array}\right]u$$

$$y=[1\quad 0\quad 0]\tilde{\boldsymbol{x}}$$

式中二维子系统

$$\dot{\tilde{\boldsymbol{x}}}_1=\begin{bmatrix}0 & 1\\-1 & -2\end{bmatrix}\tilde{\boldsymbol{x}}_1+\begin{bmatrix}1\\-1\end{bmatrix}u$$

$$y=[1\quad 0]\tilde{\boldsymbol{x}}_1$$

是能观测子系统。

所以对于任何一个状态不完全能观测的系统，总可以将它分解为能观测的子系统和不能观测的子系统，其状态分解情况如图 4.6.2 所示。

关于能观测子系统的传递函数矩阵，有如下定理。

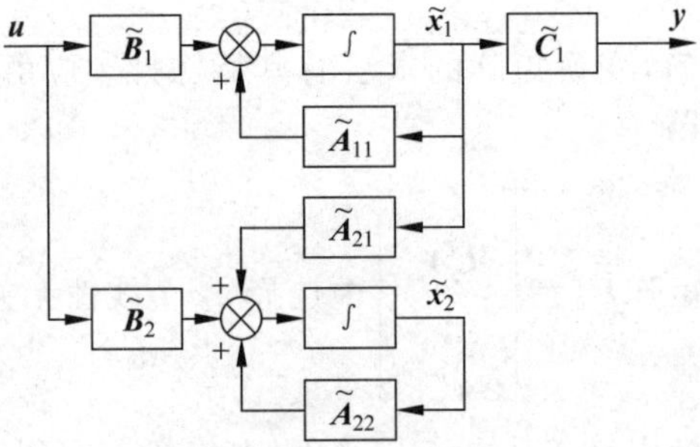

图 4.6.2 系统能观测性分解结构图

定理 4.6.4 能观测子系统的传递函数矩阵与原系统的传递函数矩阵相同,即

$$\tilde{\boldsymbol{G}}_1(s) = \boldsymbol{G}(s)$$

证 由下式的推导即可看出结论成立。

$$\begin{aligned} \boldsymbol{G}(s) &= \boldsymbol{C}(s\boldsymbol{I} - \boldsymbol{A})^{-1}\boldsymbol{B} = \tilde{\boldsymbol{C}}(s\boldsymbol{I} - \tilde{\boldsymbol{A}})^{-1}\tilde{\boldsymbol{B}} \\ &= [\tilde{\boldsymbol{C}}_1 \quad \boldsymbol{0}]\begin{bmatrix} s\boldsymbol{I} - \tilde{\boldsymbol{A}}_{11} & \boldsymbol{0} \\ -\tilde{\boldsymbol{A}}_{21} & s\boldsymbol{I} - \tilde{\boldsymbol{A}}_{22} \end{bmatrix}^{-1}\begin{bmatrix} \tilde{\boldsymbol{B}}_1 \\ \tilde{\boldsymbol{B}}_2 \end{bmatrix} \\ &= \tilde{\boldsymbol{C}}_1[s\boldsymbol{I} - \tilde{\boldsymbol{A}}_{11}]^{-1}\tilde{\boldsymbol{B}}_1 = \tilde{\boldsymbol{G}}_1(s) \end{aligned} \tag{4.6.15}$$

由此可见,不能观测状态不会出现在系统传递函数矩阵之中。

4.6.3 系统按能控性与能观测性进行标准分解

综合以上两项内容,可以得到卡尔曼标准分解定理。下面不加证明地介绍此定理。

定理 4.6.5 设既不完全能控又不完全能观测的线性系统状态空间表达式为

$$\begin{cases} \dot{\boldsymbol{x}} = \boldsymbol{A}\boldsymbol{x} + \boldsymbol{B}\boldsymbol{u} \\ \boldsymbol{y} = \boldsymbol{C}\boldsymbol{x} \end{cases} \tag{4.6.16}$$

经过线性状态变换,可以化为下列形式

$$\begin{bmatrix} \dot{\tilde{\boldsymbol{x}}}_1 \\ \dot{\tilde{\boldsymbol{x}}}_2 \\ \dot{\tilde{\boldsymbol{x}}}_3 \\ \dot{\tilde{\boldsymbol{x}}}_4 \end{bmatrix} = \begin{bmatrix} \tilde{\boldsymbol{A}}_{11} & \boldsymbol{0} & \tilde{\boldsymbol{A}}_{13} & \boldsymbol{0} \\ \tilde{\boldsymbol{A}}_{12} & \tilde{\boldsymbol{A}}_{22} & \tilde{\boldsymbol{A}}_{23} & \tilde{\boldsymbol{A}}_{24} \\ \boldsymbol{0} & \boldsymbol{0} & \tilde{\boldsymbol{A}}_{33} & \boldsymbol{0} \\ \boldsymbol{0} & \boldsymbol{0} & \tilde{\boldsymbol{A}}_{43} & \tilde{\boldsymbol{A}}_{44} \end{bmatrix}\begin{bmatrix} \tilde{\boldsymbol{x}}_1 \\ \tilde{\boldsymbol{x}}_2 \\ \tilde{\boldsymbol{x}}_3 \\ \tilde{\boldsymbol{x}}_4 \end{bmatrix} + \begin{bmatrix} \tilde{\boldsymbol{B}}_1 \\ \tilde{\boldsymbol{B}}_2 \\ \boldsymbol{0} \\ \boldsymbol{0} \end{bmatrix}\boldsymbol{u} \tag{4.6.17}$$

$$\boldsymbol{y}=\begin{bmatrix}\widetilde{\boldsymbol{C}}_1 & \boldsymbol{0} & \widetilde{\boldsymbol{C}}_3 & \boldsymbol{0}\end{bmatrix}\begin{bmatrix}\tilde{\boldsymbol{x}}_1\\ \tilde{\boldsymbol{x}}_2\\ \tilde{\boldsymbol{x}}_3\\ \tilde{\boldsymbol{x}}_4\end{bmatrix}$$

这个形式是把一个系统分解为 4 个子系统，即

(1) 能控又能观测的子系统 Σ_{co}

$$\begin{cases}\dot{\tilde{\boldsymbol{x}}}_1=\widetilde{\boldsymbol{A}}_{11}\tilde{\boldsymbol{x}}_1+\widetilde{\boldsymbol{A}}_{13}\tilde{\boldsymbol{x}}_3+\widetilde{\boldsymbol{B}}_1\boldsymbol{u}\\ \boldsymbol{y}_1=\widetilde{\boldsymbol{C}}_1\tilde{\boldsymbol{x}}_1\end{cases}\tag{4.6.18}$$

(2) 能控不能观测的子系统 $\Sigma_{c\bar{o}}$

$$\begin{cases}\dot{\tilde{\boldsymbol{x}}}_2=\widetilde{\boldsymbol{A}}_{21}\tilde{\boldsymbol{x}}_1+\widetilde{\boldsymbol{A}}_{22}\tilde{\boldsymbol{x}}_2+\widetilde{\boldsymbol{A}}_{23}\tilde{\boldsymbol{x}}_3+\widetilde{\boldsymbol{A}}_{24}\tilde{\boldsymbol{x}}_4+\widetilde{\boldsymbol{B}}_2\boldsymbol{u}\\ \boldsymbol{y}_2=\boldsymbol{0}\end{cases}\tag{4.6.19}$$

(3) 不能控能观测的子系统 $\Sigma_{\bar{c}o}$

$$\begin{cases}\dot{\tilde{\boldsymbol{x}}}_3=\widetilde{\boldsymbol{A}}_{33}\tilde{\boldsymbol{x}}_3\\ \boldsymbol{y}_3=\widetilde{\boldsymbol{C}}_3\tilde{\boldsymbol{x}}_3\end{cases}\tag{4.6.20}$$

(4) 不能控不能观测的子系统 $\Sigma_{\bar{c}\bar{o}}$

$$\begin{cases}\dot{\tilde{\boldsymbol{x}}}_4=\widetilde{\boldsymbol{A}}_{43}\tilde{\boldsymbol{x}}_3+\widetilde{\boldsymbol{A}}_{44}\tilde{\boldsymbol{x}}_4\\ \boldsymbol{y}_4=\boldsymbol{0}\end{cases}\tag{4.6.21}$$

这 4 个系统可以如图 4.6.3 所示。

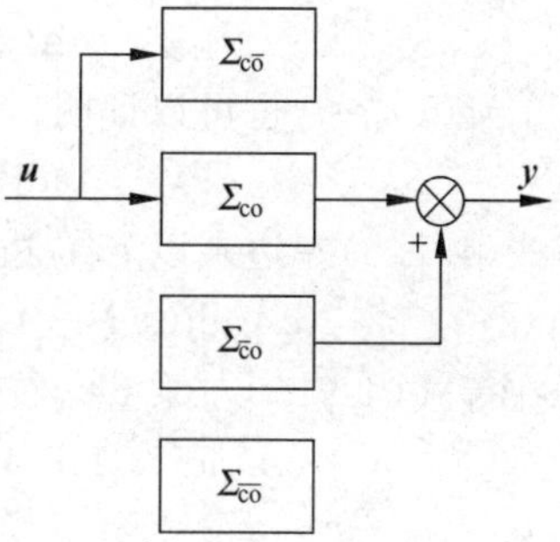

图 4.6.3　系统标准分解结构图

4.7　能控性、能观测性与传递函数矩阵的关系

在古典控制论中，以传递函数为主要数学工具来进行控制系统特性的分析与研究，在控制工程设计中，传递函数也被广大从事这方面工作的技术人员所采用；而在现代控制理论中，则用状态方程来描述系统。前面已讨论过状态方程与传递函数之间的关系。那么系统的能控性与能观测性又和传递函数之间有什么样的关系，卡尔曼第一个严格地证实了它们之间的关系及等价条件。本节就讨论这个问题。

4.7.1　单输入单输出系统

设单输入单输出系统的状态空间表达式为

$$\begin{cases}\dot{\boldsymbol{x}}=\boldsymbol{A}\boldsymbol{x}+\boldsymbol{b}u\\ y=\boldsymbol{c}\boldsymbol{x}\end{cases}\tag{4.7.1}$$

由第2章知道,系统的传递函数为

$$g(s)=\boldsymbol{c}(s\boldsymbol{I}-\boldsymbol{A})^{-1}\boldsymbol{b}=\boldsymbol{c}\frac{\operatorname{adj}(s\boldsymbol{I}-\boldsymbol{A})}{\Delta(s)}\boldsymbol{b}=\frac{N(s)}{D(s)} \tag{4.7.2}$$

式中,$N(s)$为传递函数的分子多项式;$D(s)$为传递函数的分母多项式;$\Delta(s)$为系统矩阵$\boldsymbol{A}$的特征多项式,它等于$D(s)$。如果令$N(s)=0$或$\Delta(s)=0$,则求出的s值分别是传递函数$g(s)$的零点和极点。对此,有如下定理。

定理 4.7.1 系统(4.7.1)能控能观测的充要条件是传递函数$g(s)$中没有零极点对消现象。

证 先证必要性,用反证法。设系统(4.7.1)能控又能观测,而在传递函数$g(s)$中,有零点、极点对消,即存在$s=s_0$使得$N(s_0)=\Delta(s_0)=0$。我们知道,

$$(s\boldsymbol{I}-\boldsymbol{A})^{-1}=\frac{\operatorname{adj}(s\boldsymbol{I}-\boldsymbol{A})}{\Delta(s)} \tag{4.7.3}$$

即

$$\Delta(s)\boldsymbol{I}=(s\boldsymbol{I}-\boldsymbol{A})\operatorname{adj}(s\boldsymbol{I}-\boldsymbol{A}) \tag{4.7.4}$$

设$s_0\neq 0$($s_0=0$也可以证明),将$s=s_0$代入式(4.7.4)中,又由于$\Delta(s_0)=0$,所以有

$$\boldsymbol{A}\operatorname{adj}(s_0\boldsymbol{I}-\boldsymbol{A})=s_0\boldsymbol{I}\operatorname{adj}(s_0\boldsymbol{I}-\boldsymbol{A}) \tag{4.7.5}$$

等式(4.7.5)左边乘以$\boldsymbol{c}$,右边乘以$\boldsymbol{b}$,得到

$$\boldsymbol{cA}\operatorname{adj}(s_0\boldsymbol{I}-\boldsymbol{A})\boldsymbol{b}=s_0\boldsymbol{c}\operatorname{adj}(s_0\boldsymbol{I}-\boldsymbol{A})\boldsymbol{b}=s_0\boldsymbol{N}(s_0)=0 \tag{4.7.6}$$

再在等式(4.7.5)左乘$\boldsymbol{cA}$、右乘$\boldsymbol{b}$,并利用式(4.7.6),可得

$$\begin{aligned}\boldsymbol{cA}^2\operatorname{adj}(s_0\boldsymbol{I}-\boldsymbol{A})\boldsymbol{b}&=s_0\boldsymbol{cA}\operatorname{adj}(s_0\boldsymbol{I}-\boldsymbol{A})\boldsymbol{b}\\&=s_0^2\boldsymbol{c}\operatorname{adj}(s_0\boldsymbol{I}-\boldsymbol{A})\boldsymbol{b}=s_0^2N(s_0)=0\end{aligned} \tag{4.7.7}$$

继续进行下去,直至

$$\boldsymbol{cA}^{n-1}\operatorname{adj}(s_0\boldsymbol{I}-\boldsymbol{A})\boldsymbol{b}=0 \tag{4.7.8}$$

将以上各式用下面形式表示

$$\begin{bmatrix}\boldsymbol{c}\\\boldsymbol{cA}\\\vdots\\\boldsymbol{cA}^{n-1}\end{bmatrix}\operatorname{adj}(s_0\boldsymbol{I}-\boldsymbol{A})\boldsymbol{b}=\boldsymbol{0} \tag{4.7.9}$$

由于系统能观测,则必有 adj $(s_0\boldsymbol{I}-\boldsymbol{A})^{-1}\boldsymbol{b}=0$。利用$(s\boldsymbol{I}-\boldsymbol{A})^{-1}$的最小多项式表示,即

$$(s\boldsymbol{I}-\boldsymbol{A})^{-1}=\sum_{k=0}^{n-1}\frac{p_k(s)}{\Delta(s)}\boldsymbol{A}^k \tag{4.7.10}$$

式中

$$\begin{bmatrix}p_0(s)\\p_1(s)\\\vdots\\p_{n-1}(s)\end{bmatrix}=\begin{bmatrix}1&a_{n-1}&a_{n-2}&\cdots&a_1\\&1&a_{n-1}&\cdots&a_2\\&&1&\cdots&a_3\\&&&\ddots&\vdots\\\boldsymbol{0}&&&&1\end{bmatrix}\begin{bmatrix}s^{n-1}\\s^{n-2}\\\vdots\\s_0\end{bmatrix} \tag{4.7.11}$$

则有

$$\mathrm{adj}(s\boldsymbol{I}-\boldsymbol{A})=\sum_{k=0}^{n-1}p_k(s)\boldsymbol{A}^k$$

将它代入 $\mathrm{adj}(s\boldsymbol{I}-\boldsymbol{A})\boldsymbol{b}=\boldsymbol{0}$,得到

$$\sum_{k=0}^{n-1}p_k(s)\boldsymbol{A}^k\boldsymbol{b}=\boldsymbol{0}$$

即

$$[\boldsymbol{b}\quad \boldsymbol{A}\boldsymbol{b}\quad \cdots\quad \boldsymbol{A}^{n-1}\boldsymbol{b}]\begin{bmatrix}p_0(s)\\p_1(s)\\\vdots\\p_{n-1}(s)\end{bmatrix}=\boldsymbol{0}$$

又从式(4.7.11)看出 $p_{n-1}(s)\equiv 1$,上式表明$[\boldsymbol{b}\quad \boldsymbol{A}\boldsymbol{b}\quad \cdots\quad \boldsymbol{A}^{n-1}\boldsymbol{b}]$必为奇异阵,这与假设系统能控是矛盾的,因此 $g(s)$必定无零、极点对消。

再证充分性,亦用反证法。假设 $g(s)$中无零、极点对消,系统(4.7.1)却不能控或不能观测,因而必定可对系统进行能控性或能观测性标准分解。如设系统不能观测,对系统(4.7.1)作能观测性分解如下:

$$\begin{bmatrix}\dot{\tilde{\boldsymbol{x}}}_1\\\dot{\tilde{\boldsymbol{x}}}_2\end{bmatrix}=\begin{bmatrix}\tilde{\boldsymbol{A}}_{11}&\boldsymbol{0}\\\tilde{\boldsymbol{A}}_{12}&\tilde{\boldsymbol{A}}_{22}\end{bmatrix}\begin{bmatrix}\tilde{\boldsymbol{x}}_1\\\tilde{\boldsymbol{x}}_2\end{bmatrix}+\begin{bmatrix}\boldsymbol{b}_1\\\boldsymbol{b}_2\end{bmatrix}u$$

$$y=[\tilde{\boldsymbol{c}}_1\quad \boldsymbol{0}]\begin{bmatrix}\tilde{\boldsymbol{x}}_1\\\tilde{\boldsymbol{x}}_2\end{bmatrix}\tag{4.7.12}$$

系统传递函数应满足下式:

$$\boldsymbol{c}(s\boldsymbol{I}-\boldsymbol{A})^{-1}\boldsymbol{b}=\tilde{\boldsymbol{c}}_1(s\boldsymbol{I}-\tilde{\boldsymbol{A}}_{11})\,\tilde{\boldsymbol{b}}_1$$

式中 $\boldsymbol{A}_{11}$ 的维数低于 $\boldsymbol{A}$ 的维数。但由假设,系统无零、极点对消,故上式不可能成立。因此如系统(4.7.12)的传递函数无零、极点对消,系统必定是能观测的。同理也可证明系统必能控。

从上述定理可以得出以下两个推论:

(1) 一个系统的传递函数所表示的是该系统既能控又能观测的那一部分子系统。

(2) 一个系统的传递函数若有零、极点对消现象,则视状态变量的选择不同,系统或是不能控的或是不能观测的。

关于这个推论,举例说明如下:

讨论由微分方程 $\ddot{y}+2\,\dot{y}+y=\dot{u}+u$ 所描述的系统。它的传递函数为

$$g(s)=\frac{s+1}{s^2+2s+1}=\frac{1}{s+1}$$

先选 $x_1=y,x_2=\dot{y}-u$,则系统的状态方程写成矩阵形式为

$$\begin{bmatrix}\dot{x}_1\\\dot{x}_2\end{bmatrix}=\begin{bmatrix}0 & 1\\-1 & -2\end{bmatrix}\begin{bmatrix}x_1\\x_2\end{bmatrix}+\begin{bmatrix}1\\-1\end{bmatrix}u$$

输出方程为

$$y=\begin{bmatrix}1 & 0\end{bmatrix}\begin{bmatrix}x_1\\x_2\end{bmatrix}$$

系统的能控性矩阵为

$$\begin{bmatrix}\boldsymbol{b} & \boldsymbol{Ab}\end{bmatrix}=\begin{bmatrix}1 & -1\\-1 & 1\end{bmatrix}$$

不是满秩矩阵,所以系统不能控。系统的能观测性矩阵为

$$\begin{bmatrix}\boldsymbol{c}\\\boldsymbol{cA}\end{bmatrix}=\begin{bmatrix}1 & 0\\0 & 1\end{bmatrix}$$

是满秩矩阵,所以系统是能观测的。既然整个系统是能观测的,自然不包括不能观测的子系统,因此按能控性进行系统分解,全系统分解为能控能观测和不能控能观测两部分子系统。

现在引入中间变量 z,将传递函数写成

$$g(s)=\frac{y(s)}{z(s)}\frac{z(s)}{u(s)}=(s+1)\frac{1}{s^2+2s+1}$$

则有

$$\frac{\mathrm{d}^2z}{\mathrm{d}t^2}+2\frac{\mathrm{d}z}{\mathrm{d}t}+z=1$$

$$y=\frac{\mathrm{d}z}{\mathrm{d}t}+z$$

选择状态变量 $x_1=z, x_2=\dot{x}_1=\dot{z}$,于是系统的状态空间表达式为

$$\begin{bmatrix}\dot{x}_1\\\dot{x}_2\end{bmatrix}=\begin{bmatrix}0 & 1\\-1 & -2\end{bmatrix}\begin{bmatrix}x_1\\x_2\end{bmatrix}+\begin{bmatrix}0\\1\end{bmatrix}u$$

$$y=\begin{bmatrix}1 & 1\end{bmatrix}\begin{bmatrix}x_1\\x_2\end{bmatrix}$$

系统的能控性矩阵为

$$\begin{bmatrix}\boldsymbol{b} & \boldsymbol{Ab}\end{bmatrix}=\begin{bmatrix}0 & 1\\1 & -2\end{bmatrix}$$

是满秩矩阵,系统能控。系统的能观测性矩阵

$$\begin{bmatrix}\boldsymbol{c}\\\boldsymbol{cA}\end{bmatrix}=\begin{bmatrix}1 & 1\\-1 & -1\end{bmatrix}$$

是奇异矩阵,系统不能观测。所以整个系统是由能控能观测的子系统和能控不能观测的子系统组成。

这个例子说明:一个系统的分解与所选择状态变量有关。事实上这两种状态

空间描述的传递函数都是 $g(s)=\frac{1}{s+1}$。

4.7.2　多输入多输出系统

设多输入多输出系统的状态空间表达式为

$$\begin{aligned}\dot{\boldsymbol{x}} &= \boldsymbol{A}\boldsymbol{x}+\boldsymbol{B}\boldsymbol{u}\\ \boldsymbol{y} &= \boldsymbol{C}\boldsymbol{x}\end{aligned} \tag{4.7.13}$$

式中 $\boldsymbol{A}$,$\boldsymbol{B}$ 和 $\boldsymbol{C}$ 分别是 $n\times n$,$n\times p$ 和 $q\times n$ 矩阵,它的传递函数矩阵为

$$\boldsymbol{G}(s)=\frac{\boldsymbol{C}\mathrm{adj}(s\boldsymbol{I}-\boldsymbol{A})\boldsymbol{B}}{\Delta(s)} \tag{4.7.14}$$

式中,$\Delta(s)=\det(s\boldsymbol{I}-\boldsymbol{A})$,即矩阵 $\boldsymbol{A}$ 的特征多项式,$\boldsymbol{G}(s)$ 是 $m\times p$ 矩阵。对于此系统有如下结论。

定理 4.7.2　对于式(4.7.13)描述的系统,如果在由式(4.7.14)表示的传递矩阵 $G(s)$ 中,$\Delta(s)$ 与 $\boldsymbol{C}\mathrm{adj}(s\boldsymbol{I}-\boldsymbol{A})\boldsymbol{B}$ 之间没有非常数公因式,则该系统是能控且能观测的。

此定理是多输入多输出系统能控能观测的充分条件而不是必要条件,它的充分性证明和前面定理相仿,不再多述。

例 4.7.1　设系统的状态空间表达式为

$$\dot{\boldsymbol{x}}=\begin{bmatrix}1 & 0\\ 0 & 1\end{bmatrix}\boldsymbol{x}+\begin{bmatrix}1 & 0\\ 0 & 1\end{bmatrix}\boldsymbol{u}$$

$$\boldsymbol{y}=\begin{bmatrix}1 & 0\\ 0 & 1\end{bmatrix}\boldsymbol{x}$$

系统显然能控能观测,但传递函数矩阵为

$$\boldsymbol{G}(s)=\frac{1}{(s-1)^2}\begin{bmatrix}s-1 & 0\\ 0 & s-1\end{bmatrix}=\begin{bmatrix}\frac{1}{s-1} & 0\\ 0 & \frac{1}{s-1}\end{bmatrix}$$

存在公因式$(s-1)$,所以定理 4.7.2 不是能控能观测的必要条件。

4.8　能控标准形和能观测标准形

标准形也称规范形,是指系统在状态空间某种基底下所具有的标准形式,它揭示出系统代数结构的特点,为系统的分析和综合研究提供重要工具。第 2 章提到的能控标准形和能观测标准形,就是适当选择状态空间的基底,对系统进行状态线性变换,把状态空间表达式的一般形式化为标准形式。所谓能控标准形是指在一组基底下将能控性矩阵中的 $\boldsymbol{A}$ 和 $\boldsymbol{B}$ 表现为能控的标准形式;能观测标准形

是指在一组基底下,将能观测性矩阵中的 $\boldsymbol{A}$ 和 $\boldsymbol{C}$ 表现为能观测的标准形式。

本节将专门讨论单输入单输出系统的能控标准形和能观测标准形问题。

4.8.1 系统的能控标准形

设单输入单输出系统的状态空间表达式为

$$\begin{aligned}\dot{\boldsymbol{x}} &= \boldsymbol{A}\boldsymbol{x} + \boldsymbol{b}u \\ y &= \boldsymbol{c}\boldsymbol{x}\end{aligned} \tag{4.8.1}$$

式中 $\boldsymbol{c}$ 为任意 $1\times n$ 矩阵,若系统矩阵 $\boldsymbol{A}$ 和控制矩阵 $\boldsymbol{b}$ 分别为

$$\boldsymbol{A} = \begin{bmatrix} 0 & 1 & 0 & \cdots & 0 \\ 0 & 0 & 1 & \cdots & 0 \\ \vdots & \vdots & \vdots & \ddots & \vdots \\ 0 & 0 & 0 & \cdots & 1 \\ -a_n & -a_{n-1} & -a_{n-2} & \cdots & -a_1 \end{bmatrix}, \quad \boldsymbol{b} = \begin{bmatrix} 0 \\ 0 \\ \vdots \\ 0 \\ 1 \end{bmatrix} \tag{4.8.2}$$

则称其为系统状态空间表达式的能控标准形。现在来证明该系统是能控的。

对方程式(4.8.1)取拉氏变换,可得

$$s\boldsymbol{x}(s) = \boldsymbol{A}\boldsymbol{x}(s) + \boldsymbol{b}u(s)$$

或

$$\boldsymbol{x}(s) = (s\boldsymbol{I} - \boldsymbol{A})^{-1}\boldsymbol{b}u(s) \tag{4.8.3}$$

将式(4.8.2)代入式(4.8.3),得出

$$\begin{aligned}\boldsymbol{x}(s) &= \begin{bmatrix} s & -1 & & & & \boldsymbol{0} \\ 0 & s & -1 & & & \\ 0 & 0 & s & \ddots & & \\ \vdots & \vdots & \vdots & \ddots & & \\ 0 & 0 & 0 & \cdots & s & -1 \\ a_n & a_{n-1} & a_{n-2} & \cdots & a_2 & s+a_1 \end{bmatrix}^{-1} \begin{bmatrix} 0 \\ 0 \\ 0 \\ \vdots \\ 0 \\ 1 \end{bmatrix} u(s) \\ &= \frac{1}{s^n + a_1 s^{n-1} + \cdots + a_n} \begin{bmatrix} \times & \times & \times & \cdots & \times & 1 \\ \times & \times & \times & \cdots & \times & s \\ \times & \times & \times & \cdots & \times & s^2 \\ \vdots & \vdots & \vdots & \ddots & \vdots & \vdots \\ \times & \times & \times & \cdots & \times & s^{n-2} \\ \times & \times & \times & \cdots & \times & s^{n-1} \end{bmatrix} \begin{bmatrix} 0 \\ 0 \\ 0 \\ \vdots \\ 0 \\ 1 \end{bmatrix} u(s) \end{aligned} \tag{4.8.4}$$

现在选择输出矩阵 $\boldsymbol{c}=[1\quad 0\quad \cdots\quad 0]$,因而输出为 $y=[1\quad 0\quad \cdots\quad 0]\boldsymbol{x}$。

利用方程式(4.8.4)就可求出系统的传递函数为

$$\frac{y(s)}{u(s)} = \frac{1}{s^n + a_1 s^{n-1} + \cdots + a_{n-1}s + a_n}$$

由上式可知，当系统的状态方程为能控标准形时，总可选择适当的输出使得系统的传递函数不会出现零极点对消现象，因此系统是能控的。

当然，利用能控性的充要条件，即 $\mathrm{rank}[\boldsymbol{b}\quad \boldsymbol{Ab}\quad \cdots\quad \boldsymbol{A}^{n-1}\boldsymbol{b}]=n$，也可以证明上述结论。

现在来讨论将系统变换为能控标准形的问题。考虑线性定常系统，其状态方程为

$$\dot{\boldsymbol{x}}=\boldsymbol{Ax}+\boldsymbol{b}u \tag{4.8.5}$$

式中，$\boldsymbol{x}$ 为 $n\times 1$ 向量，$\boldsymbol{A}$ 为 $n\times n$ 矩阵，$\boldsymbol{b}$ 为 $n\times 1$ 向量，u 为标量。

定理 4.8.1　如果系统(4.8.5)是能控的，那么必存在一非奇异变换

$$\tilde{\boldsymbol{x}}=\boldsymbol{Px}\quad 或\quad \boldsymbol{x}=\boldsymbol{P}^{-1}\tilde{\boldsymbol{x}} \tag{4.8.6}$$

可把方程式(4.8.5)变换成能控标准形

$$\dot{\tilde{\boldsymbol{x}}}=\boldsymbol{A}_{\mathrm{c}}\tilde{\boldsymbol{x}}+\boldsymbol{b}_{\mathrm{c}}u \tag{4.8.7}$$

式中

$$\boldsymbol{A}_{\mathrm{c}}=\begin{bmatrix}0 & 1 & 0 & \cdots & 0\\ 0 & 0 & 1 & \cdots & 0\\ \vdots & \vdots & \vdots & \ddots & \vdots\\ 0 & 0 & 0 & \cdots & 1\\ -a_n & -a_{n-1} & -a_{n-2} & \cdots & -a_1\end{bmatrix},\quad \boldsymbol{b}_{\mathrm{c}}=\begin{bmatrix}0\\0\\ \vdots\\0\\1\end{bmatrix} \tag{4.8.8}$$

而线性变换矩阵 $\boldsymbol{P}$ 由下式确定

$$\boldsymbol{P}=\begin{bmatrix}\boldsymbol{p}_1\\ \boldsymbol{p}_1\boldsymbol{A}\\ \vdots\\ \boldsymbol{p}_1\boldsymbol{A}^{n-1}\end{bmatrix} \tag{4.8.9}$$

式中

$$\boldsymbol{p}_1=[0\quad 0\quad 0\quad \cdots\quad 0\quad 1][\boldsymbol{b}\quad \boldsymbol{Ab}\quad \boldsymbol{A}^2\boldsymbol{b}\quad \cdots\quad \boldsymbol{A}^{n-1}\boldsymbol{b}]^{-1} \tag{4.8.10}$$

证　将变换式(4.8.6)代入状态方程式(4.8.5)可得

$$\dot{\tilde{\boldsymbol{x}}}=\boldsymbol{PAP}^{-1}\tilde{\boldsymbol{x}}+\boldsymbol{Pb}u \tag{4.8.11}$$

若使结论成立，则应有下列等式成立

$$\boldsymbol{PAP}^{-1}=\boldsymbol{A}_{\mathrm{c}}=\begin{bmatrix}0 & 1 & 0 & \cdots & 0\\ 0 & 0 & 1 & \cdots & 0\\ \vdots & \vdots & \vdots & \ddots & \vdots\\ 0 & 0 & 0 & \cdots & 1\\ -a_n & -a_{n-1} & -a_{n-2} & \cdots & -a_1\end{bmatrix} \tag{4.8.12}$$

$$\boldsymbol{Pb}=\boldsymbol{b}_{\mathrm{c}}=\begin{bmatrix}0\\0\\0\\\vdots\\0\\1\end{bmatrix} \tag{4.8.13}$$

现在来求使式(4.8.12)和式(4.8.13)成立的矩阵 $\boldsymbol{P}$,令

$$\boldsymbol{P}=\begin{bmatrix}\boldsymbol{p}_1\\\boldsymbol{p}_2\\\vdots\\\boldsymbol{p}_n\end{bmatrix} \tag{4.8.14}$$

用 $\boldsymbol{P}$ 右乘式(4.8.12),可得

$$\begin{bmatrix}\boldsymbol{p}_1\boldsymbol{A}\\\boldsymbol{p}_2\boldsymbol{A}\\\boldsymbol{p}_3\boldsymbol{A}\\\vdots\\\boldsymbol{p}_{n-1}\boldsymbol{A}\\\boldsymbol{p}_n\boldsymbol{A}\end{bmatrix}=\begin{bmatrix}0&1&0&\cdots&0\\0&0&1&\cdots&0\\\vdots&\vdots&\vdots&\ddots&\vdots\\0&0&0&\cdots&1\\-a_n&-a_{n-1}&-a_{n-2}&\cdots&-a_1\end{bmatrix}\begin{bmatrix}\boldsymbol{p}_1\\\boldsymbol{p}_2\\\vdots\\\boldsymbol{p}_{n-1}\\\boldsymbol{p}_n\end{bmatrix}$$

由此有

$$\begin{aligned}\boldsymbol{p}_1\boldsymbol{A}&=\boldsymbol{p}_2=\boldsymbol{p}_1\boldsymbol{A}\\\boldsymbol{p}_2\boldsymbol{A}&=\boldsymbol{p}_3=\boldsymbol{p}_1\boldsymbol{A}^2\\&\vdots\\\boldsymbol{p}_{n-1}\boldsymbol{A}&=\boldsymbol{p}_n=\boldsymbol{p}_1\boldsymbol{A}^{n-1}\end{aligned}$$

把以上各式代入式(4.8.14),即得

$$\boldsymbol{P}=\begin{bmatrix}\boldsymbol{p}_1\\\boldsymbol{p}_1\boldsymbol{A}\\\vdots\\\boldsymbol{p}_1\boldsymbol{A}^{n-1}\end{bmatrix}$$

现在再来确定 $\boldsymbol{p}_1$,因为

$$\boldsymbol{Pb}=\begin{bmatrix}\boldsymbol{p}_1\boldsymbol{b}\\\boldsymbol{p}_1\boldsymbol{Ab}\\\vdots\\\boldsymbol{p}_1\boldsymbol{A}^{n-1}\boldsymbol{b}\end{bmatrix}=\begin{bmatrix}0\\0\\\vdots\\1\end{bmatrix}$$

上式也可写成

$$\boldsymbol{p}_1\begin{bmatrix}\boldsymbol{b}&\boldsymbol{Ab}&\cdots&\boldsymbol{A}^{n-1}\boldsymbol{b}\end{bmatrix}=[0\quad 0\quad\cdots\quad 1]$$

由此得

$$\boldsymbol{p}_1 = [0 \quad 0 \quad \cdots \quad 0 \quad 1][\boldsymbol{b} \quad \boldsymbol{A}\boldsymbol{b} \quad \cdots \quad \boldsymbol{A}^{n-1}\boldsymbol{b}]^{-1}$$

$\boldsymbol{p}_1$ 确定后，再由式(4.8.9)即可确定变换矩阵 $\boldsymbol{P}$。定理证毕。

例 4.8.1　设线性定常系统为

$$\dot{\boldsymbol{x}} = \begin{bmatrix} 1 & -1 \\ 1 & 0 \end{bmatrix}\boldsymbol{x} + \begin{bmatrix} 1 \\ 1 \end{bmatrix}u$$

试将它化为能控标准形。

解　此系统的能控性矩阵为

$$\boldsymbol{U}_{\mathrm{c}} = [\boldsymbol{b} \quad \boldsymbol{A}\boldsymbol{b}] = \begin{bmatrix} 1 & 0 \\ 1 & 1 \end{bmatrix}$$

是非奇异的，其逆矩阵为

$$\boldsymbol{U}_{\mathrm{c}}^{-1} = \begin{bmatrix} 1 & 0 \\ -1 & 1 \end{bmatrix}$$

由此求得 $\boldsymbol{p}_1 = [-1 \quad 1]$，从而可得变换矩阵为

$$\boldsymbol{P} = \begin{bmatrix} \boldsymbol{p}_1 \\ \boldsymbol{p}_1\boldsymbol{A} \end{bmatrix} = \begin{bmatrix} -1 & 1 \\ 0 & 1 \end{bmatrix}$$

其逆为

$$\boldsymbol{P}^{-1} = \begin{bmatrix} -1 & 1 \\ 0 & 1 \end{bmatrix}$$

因此，有

$$\boldsymbol{A}_{\mathrm{c}} = \boldsymbol{P}\boldsymbol{A}\boldsymbol{P}^{-1} = \begin{bmatrix} -1 & 1 \\ 0 & 1 \end{bmatrix}\begin{bmatrix} 1 & -1 \\ 1 & 0 \end{bmatrix}\begin{bmatrix} -1 & 1 \\ 0 & 1 \end{bmatrix} = \begin{bmatrix} 0 & 1 \\ -1 & 1 \end{bmatrix}$$

$$\boldsymbol{b}_{\mathrm{c}} = \boldsymbol{P}\boldsymbol{b} = \begin{bmatrix} -1 & 1 \\ 1 & 0 \end{bmatrix}\begin{bmatrix} 1 \\ 1 \end{bmatrix} = \begin{bmatrix} 0 \\ 1 \end{bmatrix}$$

所以

$$\dot{\tilde{\boldsymbol{x}}} = \begin{bmatrix} 0 & 1 \\ -1 & 1 \end{bmatrix}\tilde{\boldsymbol{x}} + \begin{bmatrix} 0 \\ 1 \end{bmatrix}u$$

4.8.2　系统的能观测标准形

设单输入单输出系统状态空间表达式为

$$\begin{aligned} \dot{\boldsymbol{x}} &= \boldsymbol{A}\boldsymbol{x} + \boldsymbol{b}u \\ y &= \boldsymbol{c}\boldsymbol{x} \end{aligned} \tag{4.8.15}$$

式中 $\boldsymbol{b}$ 为任意 $n \times 1$ 矩阵。若系统矩阵 $\boldsymbol{A}$ 和输出矩阵 $\boldsymbol{c}$ 分别为

$$\boldsymbol{A}=\begin{bmatrix}0 & 0 & \cdots & 0 & -a_n\\ 1 & 0 & \cdots & 0 & -a_{n-1}\\ 0 & 1 & \cdots & 0 & -a_{n-2}\\ \vdots & \vdots & \ddots & \vdots & \vdots\\ 0 & 0 & \cdots & 1 & -a_1\end{bmatrix},\quad \boldsymbol{c}=[0\quad 0\quad \cdots\quad 0\quad 1]$$

则称式(4.8.15)为能观测标准形。与能控标准形一样,具有能观测标准形的系统一定是能观测的。它的讨论和具体做法与能控标准形相似,不再重复。下面给出将能观测系统的状态空间表达式化为能观测标准形的定理。

设线性定常系统的状态空间表达式为

$$\begin{cases}\dot{\boldsymbol{x}}=\boldsymbol{A}\boldsymbol{x}+\boldsymbol{b}u\\ y=\boldsymbol{c}\boldsymbol{x}\end{cases}\tag{4.8.16}$$

式中,$\boldsymbol{x}$ 为 $n\times 1$ 向量,$\boldsymbol{A}$ 为 $n\times n$ 矩阵,$\boldsymbol{b}$ 为 $n\times 1$ 向量,$\boldsymbol{c}$ 为 $1\times n$ 行向量,u 和 y 为标量。

定理 4.8.2 如果系统是能观测的,那么必存在一非奇异变换

$$\boldsymbol{x}=\boldsymbol{T}\tilde{\boldsymbol{x}}\tag{4.8.17}$$

将系统变换为能观测标准形

$$\begin{cases}\dot{\tilde{\boldsymbol{x}}}=\boldsymbol{A}_{\text{o}}\tilde{\boldsymbol{x}}+\boldsymbol{b}_{\text{o}}u\\ y=\boldsymbol{c}_{\text{o}}\tilde{\boldsymbol{x}}\end{cases}\tag{4.8.18}$$

式中

$$\boldsymbol{A}_{\text{o}}=\begin{bmatrix}0 & 0 & \cdots & 0 & -a_n\\ 1 & 0 & \cdots & 0 & -a_{n-1}\\ 0 & 1 & \cdots & 0 & -a_{n-2}\\ \vdots & \vdots & \ddots & \vdots & \vdots\\ 0 & 0 & \cdots & 1 & -a_1\end{bmatrix}\tag{4.8.19}$$

$$\boldsymbol{c}_{\text{o}}=[0\quad 0\quad \cdots\quad 0\quad 1]$$

而 $\boldsymbol{b}_{\text{o}}$ 为任意 $n\times 1$ 矩阵,变换矩阵 $\boldsymbol{T}$ 由下式给出

$$\boldsymbol{T}=[\boldsymbol{T}_1\quad \boldsymbol{A}\boldsymbol{T}_1\quad \cdots\quad \boldsymbol{A}^{n-1}\boldsymbol{T}_1]\tag{4.8.20}$$

式中

$$\boldsymbol{T}_1=\begin{bmatrix}\boldsymbol{c}\\ \boldsymbol{c}\boldsymbol{A}\\ \vdots\\ \boldsymbol{c}\boldsymbol{A}^{n-1}\end{bmatrix}^{-1}\begin{bmatrix}0\\ 0\\ \vdots\\ 1\end{bmatrix}\tag{4.8.21}$$

这个定理的证明和定理 4.8.1 相似,也不再重复。读者也可从系统的对偶性原理得到启发。

例 4.8.2　设系统的状态空间表达式为

$$\dot{\boldsymbol{x}} = \begin{bmatrix} 1 & -1 \\ 0 & 2 \end{bmatrix} \boldsymbol{x}$$

$$y = \begin{bmatrix} -1 & -\frac{1}{2} \end{bmatrix} \boldsymbol{x} \tag{4.8.22}$$

将它化为能观测标准形。

解　系统(4.8.22)的能观测性矩阵为

$$\boldsymbol{U}_{\mathrm{o}} = \begin{bmatrix} \boldsymbol{c} \\ \boldsymbol{cA} \end{bmatrix} = \begin{bmatrix} -1 & -\frac{1}{2} \\ -1 & 0 \end{bmatrix}$$

由此得

$$\boldsymbol{T}_1 = \begin{bmatrix} \boldsymbol{c} \\ \boldsymbol{cA} \end{bmatrix}^{-1} \begin{bmatrix} 0 \\ 1 \end{bmatrix} = \begin{bmatrix} -1 & -\frac{1}{2} \\ -1 & 0 \end{bmatrix}^{-1} \begin{bmatrix} 0 \\ 1 \end{bmatrix} = \begin{bmatrix} -1 \\ 2 \end{bmatrix}$$

根据式(4.8.20)可求得变换矩阵

$$\boldsymbol{T} = [\boldsymbol{T}_1 \quad \boldsymbol{AT}_1] = \begin{bmatrix} -1 & -3 \\ 2 & 4 \end{bmatrix}$$

令

$$\boldsymbol{x} = \boldsymbol{T}\tilde{\boldsymbol{x}} = \begin{bmatrix} -1 & -3 \\ 2 & 4 \end{bmatrix} \tilde{\boldsymbol{x}}$$

代入原系统的状态空间表达式，得

$$\boldsymbol{x} = \boldsymbol{T}^{-1}\boldsymbol{AT}\tilde{\boldsymbol{x}} = \frac{1}{2}\begin{bmatrix} 4 & 3 \\ -2 & -1 \end{bmatrix}\begin{bmatrix} 1 & -1 \\ 0 & 2 \end{bmatrix}\begin{bmatrix} -1 & -3 \\ 2 & 4 \end{bmatrix}\tilde{\boldsymbol{x}} = \begin{bmatrix} 0 & -2 \\ 1 & 3 \end{bmatrix}\tilde{\boldsymbol{x}}$$

$$y = \boldsymbol{cT}\tilde{\boldsymbol{x}} = \begin{bmatrix} -1 & -\frac{1}{2} \end{bmatrix}\begin{bmatrix} -1 & -3 \\ 2 & 4 \end{bmatrix}\tilde{\boldsymbol{x}} = [0 \quad 1]\tilde{\boldsymbol{x}}$$

以上重点讨论了单输入单输出系统的能控和能观测标准形的问题，因其能控性矩阵和能观测性矩阵只有唯一的一组线性无关向量，所以当原系统状态空间表达式变换为标准形时，其表示方法是唯一的。而对于多输入多输出系统来说，情况就要复杂些，它可以采用不同的状态空间基底，在将原系统的状态空间表达式变换为能控标准形和能观测标准形时，其表示方法将是不唯一的。

4.9　系统的实现

对于线性定常系统，给定 4 个系数矩阵 $\boldsymbol{A}$,$\boldsymbol{B}$,$\boldsymbol{C}$ 和 $\boldsymbol{D}$ 后，可由状态空间表达式利用式(2.3.11)求出系统的传递函数矩阵。系统的实现问题正好反过来，即给定传递函数矩阵，求出系统的状态空间表达式。这种由传递函数矩阵或相应的脉冲响应来建立系统的状态空间表达式的工作，称为实现问题。换言之，若状态空间

描述 $\boldsymbol{A},\boldsymbol{B},\boldsymbol{C}$ 和 $\boldsymbol{D}$ 是传递函数矩阵 $\boldsymbol{G}(s)$ 的实现，则必有

$$\boldsymbol{C}(s\boldsymbol{I}-\boldsymbol{A})^{-1}\boldsymbol{B}+\boldsymbol{D}=\boldsymbol{G}(s)$$

实现的主要目的有三：第一，状态方程很容易用计算机进行仿真，若能找到一个实现，就可利用计算机仿真技术模拟给定的传递函数矩阵；第二，可以利用运算放大器以及复合无源网络来“实现”传递函数矩阵；第三，通过传递函数矩阵及状态空间表达式了解系统内部以及外部特性。

由传递函数矩阵求实现的问题，要比由 $\boldsymbol{A},\boldsymbol{B},\boldsymbol{C}$ 和 $\boldsymbol{D}$ 求 $\boldsymbol{G}(s)$ 复杂得多。这主要在于可以用多种不同的状态空间表达式实现同一传递函数矩阵，也就是传递函数的实现是非唯一的。许多学者研究了各种不同方法来进行“实现”，特别是关于多输入多输出系统的实现。这方面的论著很多，本节仅介绍一些基本方法。

传递函数一般表示为 s 的有理分式函数，当分子多项式的次数等于分母多项式的次数时，称为真分式传递函数，若分子次数少于分母次数时，则称为严格真分式传递函数。当传递函数分子多项式与分母多项式无公因式时，称为不可约的传递函数。

在所有可能的实现中，维数最小的实现称为最小实现。在此只讨论最小实现问题，用它模拟传递函数时，所用积分器的数目最少。

4.9.1 单输入单输出系统的实现问题

单输入单输出系统传递函数的一般形式为

$$g(s)=\frac{b_0s^n+b_1s^{n-1}+\cdots+b_{n-1}s+b_n}{s^n+a_1s^{n-1}+\cdots+a_{n-1}s+a_n} \tag{4.9.1}$$

此式可以写成

$$g(s)=\frac{\beta_1s^{n-1}+\beta_2s^{n-2}+\cdots+\beta_{n-1}s+\beta_n}{s^n+a_1s^{n-1}+\cdots+a_{n-1}s+a_n}+b_0 \tag{4.9.2}$$

式中 b_0 表示输入与输出之间的直接耦合系数，而等式右面第一项表示严格真分式函数项。

当 $g(s)$ 具有真分式有理函数时，其实现为 $\Sigma=(\boldsymbol{A},\boldsymbol{B},\boldsymbol{C},\boldsymbol{D})$ 形式，且有

$$\boldsymbol{D}=b_0=\lim_{s\to\infty}g(s)$$

当 $g(s)$ 具有严格真分式有理函数时，其实现为 $\Sigma=(\boldsymbol{A},\boldsymbol{B},\boldsymbol{C})$ 形式。在此，只讨论严格真分式传递函数，即

$$g(s)=\frac{\beta_1s^{n-1}+\beta_2s^{n-2}+\cdots+\beta_{n-1}s+\beta_n}{s^n+a_1s^{n-1}+\cdots+a_{n-1}s+a_n} \tag{4.9.3}$$

的实现问题。

1. $g(s)$ 的能控标准形实现

能控标准形为

$$A=\begin{bmatrix}0 & 1 & 0 & \cdots & 0\\ 0 & 0 & 1 & \cdots & 0\\ \vdots & \vdots & \vdots & \ddots & \vdots\\ 0 & 0 & 0 & \cdots & 1\\ -a_n & -a_{n-1} & -a_{n-2} & \cdots & -a_1\end{bmatrix},\quad b=\begin{bmatrix}0\\0\\ \vdots\\0\\1\end{bmatrix} \tag{4.9.4}$$

$$c=[\beta_n \quad \beta_{n-1} \quad \cdots \quad \beta_1]$$

它是传递函数式(4.9.3)的一个实现，这是很容易证明的。因为

$$c(sI-A)^{-1}b=c\frac{\text{adj}(sI-A)}{|sI-A|}b=[\beta_n \quad \cdots \quad \beta_1]\frac{\begin{bmatrix}* & * & \cdots & 1\\ * & * & \cdots & s\\ \vdots & \vdots & \ddots & \vdots\\ * & * & \cdots & s^{n-1}\end{bmatrix}}{s^n+a_1s^{n-1}+\cdots+a_n}\begin{bmatrix}0\\0\\ \vdots\\1\end{bmatrix}$$

$$=\frac{\beta_1 s^{n-1}+\cdots+\beta_n}{s^n+a_1s^{n-1}+\cdots+a_n}=g(s)$$

能控标准形实现的模拟图如图 4.9.1 所示。

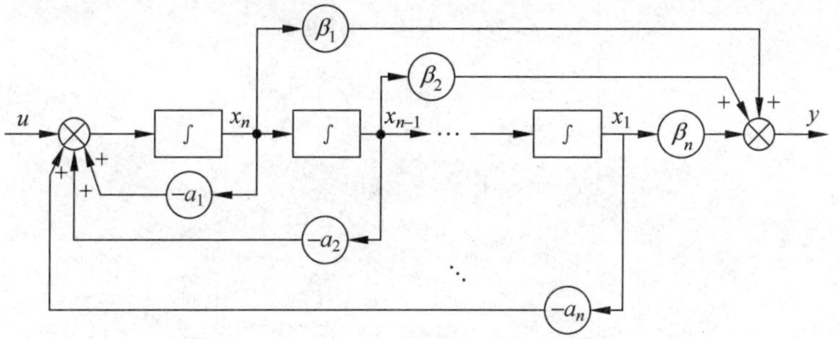

图 4.9.1　能控标准形实现的模拟图

2. $g(s)$的能观测标准形实现

根据对偶性质将能控标准形实现中的各项系数矩阵 A,b,c 适当转置一下，便得能观测标准形实现，即

$$A=\begin{bmatrix}0 & 0 & \cdots & 0 & -a_n\\ 1 & 0 & \cdots & 0 & -a_{n-1}\\ 0 & 1 & \cdots & 0 & -a_{n-2}\\ \vdots & \vdots & \ddots & \vdots & \vdots\\ 0 & 0 & \cdots & 1 & -a_1\end{bmatrix},\quad b=\begin{bmatrix}\beta_n\\ \beta_{n-1}\\ \beta_{n-2}\\ \vdots\\ \beta_1\end{bmatrix} \tag{4.9.5}$$

$$c=[0 \quad 0 \quad 0 \quad \cdots \quad 0 \quad 1]$$

这个结论也很容易得到证明,可由读者自行证之。能观测标准形实现的模拟图如图4.9.2所示。

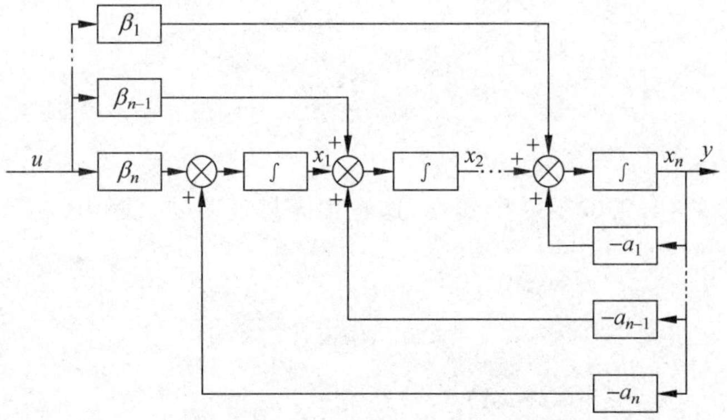

图 4.9.2 能观测标准形实现的模拟图

如果选择下列一组状态变量

$$
\begin{cases}
x_1 = y \\
x_2 = \dot{x}_1 + a_1 x_1 - \beta_1 u \\
x_3 = \dot{x}_2 + a_2 x_1 - \beta_2 u \\
\vdots \\
x_n = \dot{x}_{n-1} + a_{n-1} x_1 - \beta_{n-1} u \\
\dot{x}_n = - a_n x_1 - \beta_n u
\end{cases}
\tag{4.9.6}
$$

可得其实现为

$$
\dot{\boldsymbol{x}} = \begin{bmatrix} -a_1 & 1 & 0 & \cdots & 0 \\ -a_2 & 0 & 1 & \cdots & 0 \\ \vdots & \vdots & \vdots & \ddots & \vdots \\ -a_{n-1} & 0 & 0 & \cdots & 1 \\ -a_n & 0 & 0 & \cdots & 0 \end{bmatrix} \boldsymbol{x} + \begin{bmatrix} \beta_1 \\ \beta_2 \\ \vdots \\ \beta_{n-1} \\ \beta_n \end{bmatrix} u
\tag{4.9.7}
$$

$$
y = [1 \quad 0 \quad 0 \quad \cdots \quad 0]\boldsymbol{x}
$$

同样可以证明,它的传递函数为

$$
g(s) = \boldsymbol{c}(s\boldsymbol{I} - \boldsymbol{A})^{-1}\boldsymbol{b} = \frac{\beta_1 s^{n-1} + \beta_2 s^{n-2} + \cdots + \beta_{n-1} s + \beta_n}{s^n + a_1 s^{n-1} + \cdots + a_{n-1} s + a_n}
$$

当然它并不保证能控或者能观测。

当 $g(s)$ 的极点为互不相同的实数或有重实根时,可以将 $g(s)$ 的实现化为对角形或若尔当形,其电路模拟图为并联形式,构成并联实现,这在第2章中已介绍过。

4.9.2 多输入多输出系统的实现问题

对于多输入多输出系统而言，设输出向量为 q 维，传递函数矩阵为 $q\times p$ 阵，它的每一个元素都是一个有理分式，与单输入单输出系统一样，下面只讨论严格真分式传递函数矩阵，即 $\boldsymbol{D}=\boldsymbol{G}(\infty)=\boldsymbol{0}$ 的实现问题。下面不加证明地介绍两种实现。

设 $\boldsymbol{G}(s)$ 的实现是

$$\begin{cases}\dot{\boldsymbol{x}}=\boldsymbol{A}\boldsymbol{x}+\boldsymbol{B}\boldsymbol{u}\\ \boldsymbol{y}=\boldsymbol{C}\boldsymbol{x}\end{cases}\tag{4.9.8}$$

当 $\boldsymbol{G}(s)$ 阵的 $q>p$ 时，可采用能控性实现为

$$\boldsymbol{A}=\begin{bmatrix}\boldsymbol{0} & \boldsymbol{I}_p & \cdots & \boldsymbol{0}\\ \vdots & \vdots & \ddots & \vdots\\ \boldsymbol{0} & \boldsymbol{0} & \cdots & \boldsymbol{I}_p\\ -a_l\boldsymbol{I}_p & -a_{l-2}\boldsymbol{I}_p & \cdots & -a_1\boldsymbol{I}_p\end{bmatrix}_{pl\times pl},\quad \boldsymbol{B}=\begin{bmatrix}\boldsymbol{0}\\ \boldsymbol{0}\\ \vdots\\ \boldsymbol{I}_p\end{bmatrix}_{pl\times p}\tag{4.9.9}$$

$$\boldsymbol{C}=\begin{bmatrix}\boldsymbol{b}_l & \boldsymbol{b}_{l-1} & \cdots & \boldsymbol{b}_1\end{bmatrix}_{q\times pl}$$

式中，$a_1,a_2,\cdots,a_l$ 为 $\boldsymbol{G}(s)$ 各元素分母的首一最小公分母 $\Phi(s)=s^l+a_1s^{l-1}+\cdots+a_l$ 的各项系数，$\boldsymbol{b}_1,\boldsymbol{b}_2,\cdots,\boldsymbol{b}_l$ 为多项式矩阵 $\boldsymbol{P}(s)$ 的系数矩阵，而

$$\boldsymbol{P}(s)=\Phi(s)\boldsymbol{G}(s)=\boldsymbol{b}_1s^{l-1}+\boldsymbol{b}_2s^{l-2}+\cdots+\boldsymbol{b}_l$$

由以上 $\boldsymbol{A},\boldsymbol{B},\boldsymbol{C}$ 构成的状态空间表达式，必有 $\boldsymbol{C}(s\boldsymbol{I}-\boldsymbol{A})^{-1}\boldsymbol{B}=\boldsymbol{G}(s)$，此为能控性实现。

当 $\boldsymbol{G}(s)$ 阵中 $p>q$ 时，为使实现的维数较低，可取能观测性实现。它的矩阵 $\boldsymbol{A},\boldsymbol{B},\boldsymbol{C}$ 的形式如下：

$$\boldsymbol{A}=\begin{bmatrix}\boldsymbol{0} & \cdots & \boldsymbol{0} & -a_l\boldsymbol{I}_q\\ \boldsymbol{I}_q & \cdots & \boldsymbol{0} & -a_{l-1}\boldsymbol{I}_q\\ \vdots & \ddots & \vdots & \vdots\\ \boldsymbol{0} & \cdots & \boldsymbol{I}_q & -a_1\boldsymbol{I}_q\end{bmatrix}_{ql\times ql},\quad \boldsymbol{B}=\begin{bmatrix}\boldsymbol{b}_l\\ \boldsymbol{b}_{l-1}\\ \vdots\\ \boldsymbol{b}_1\end{bmatrix}_{ql\times p}\tag{4.9.10}$$

$$\boldsymbol{C}=\begin{bmatrix}\boldsymbol{0} & \cdots & \boldsymbol{0} & \boldsymbol{I}_q\end{bmatrix}_{q\times ql}$$

4.9.3 传递函数矩阵的最小实现

从上述分析已清楚地看到，同一个传递函数（或矩阵）可以有许许多多的实现，它们的维数也可以是各不相同的。在很多可能实现中，有一种维数最小的实现，称之为传递函数矩阵 $\boldsymbol{G}(s)$ 的最小实现或不可约实现。它是最重要的实现，可以用最少数目的元件（如积分器）来模拟系统。

对于给定的传递函数矩阵的最小实现也不是唯一的，但它们的维数应该是相同的。我们希望实现的阶数越小越好，但是显然是不能无限制地降低。那么阶数最小应该是多少呢？如何寻找阶数最小的实现呢？这些都是最小实现要解决的问题。

定理 4.9.1　传递函数矩阵 $\boldsymbol{G}(s)$ 的最小实现 $\boldsymbol{A},\boldsymbol{B},\boldsymbol{C}$ 和 $\boldsymbol{D}$ 的充要条件是系统状态完全能控且完全能观测的。

证　先证必要性，采用反证法。设系统 $\Sigma(\boldsymbol{A},\boldsymbol{B},\boldsymbol{C},\boldsymbol{D})$ 为 $\boldsymbol{G}(s)$ 的最小实现，其阶数为 n，但反设该系统不能控。那么该系统必可进行结构分解，其能控且能观测子系统的传递函数矩阵与 $\boldsymbol{G}(s)$ 相同，因而该子系统也将是 $\boldsymbol{G}(s)$ 的一个实现。显然其维数确较原实现维数为低，那么 $\Sigma(\boldsymbol{A},\boldsymbol{B},\boldsymbol{C},\boldsymbol{D})$ 不是最小实现，与原假设条件矛盾。所以系统 $\Sigma(\boldsymbol{A},\boldsymbol{B},\boldsymbol{C},\boldsymbol{D})$ 必定完全能控且能观测。

再证充分性。设 $\boldsymbol{G}(s)$ 的一个 n 维能控能观测实现为 $\Sigma(\boldsymbol{A},\boldsymbol{B},\boldsymbol{C},\boldsymbol{D})$，但这一实现不是最小，则必还存在一个维数为 n' 的能控能观测的实现 $\Sigma(\boldsymbol{A}',\boldsymbol{B}',\boldsymbol{C}',\boldsymbol{D}')$ 且 $n'<n$。由于两个实现具有相同的传递函数矩阵 $\boldsymbol{G}(s)$，则对任意的输入 $\boldsymbol{u}(t)$，必具有相同的输出 $\boldsymbol{y}(t)$，即

$$\boldsymbol{y}(t)=\int_0^t \boldsymbol{C}\mathrm{e}^{\boldsymbol{A}(t-\tau)}\boldsymbol{B}u(\tau)\mathrm{d}\tau=\int_0^t \boldsymbol{C}'\mathrm{e}^{\boldsymbol{A}'(t-\tau)}\boldsymbol{B}'u(\tau)\mathrm{d}\tau$$

由于对于任意的 $\boldsymbol{u}(t)$ 成立，则

$$\boldsymbol{C}\mathrm{e}^{\boldsymbol{A}(t-\tau)}\boldsymbol{B}=\boldsymbol{C}'\mathrm{e}^{\boldsymbol{A}(t-\tau)}\boldsymbol{B}'$$

对上式依次求两边的 $2(n-1)$ 阶导数

$$\begin{gathered}\boldsymbol{CA}\mathrm{e}^{\boldsymbol{A}(t-\tau)}\boldsymbol{B}=\boldsymbol{C}'\boldsymbol{A}'\mathrm{e}^{\boldsymbol{A}'(t-\tau)}\boldsymbol{B}'\\ \boldsymbol{CA}^2\mathrm{e}^{\boldsymbol{A}(t-\tau)}\boldsymbol{B}=\boldsymbol{C}'\boldsymbol{A}'^2\mathrm{e}^{\boldsymbol{A}'(t-\tau)}\boldsymbol{B}'\\ \vdots\\ \boldsymbol{CA}^{2(n-1)}\mathrm{e}^{\boldsymbol{A}(t-\tau)}\boldsymbol{B}=\boldsymbol{C}'\boldsymbol{A}'^{2(n-1)}\mathrm{e}^{\boldsymbol{A}'(t-\tau)}\boldsymbol{B}'\end{gathered}$$

令 $t-\tau=0$，则有 $\boldsymbol{CA}^k\boldsymbol{B}=\boldsymbol{C}'\boldsymbol{A}'^k\boldsymbol{B}$，$(k=0,1,2,\cdots,n-1)$，两个系统的能控性矩阵和能观测性矩阵的乘积应有

$$\begin{aligned}\boldsymbol{U}_{\mathrm{o}}\boldsymbol{U}_{\mathrm{c}}&=\begin{bmatrix}\boldsymbol{C}\\ \boldsymbol{CA}\\ \vdots\\ \boldsymbol{CA}^{n-1}\end{bmatrix}\begin{bmatrix}\boldsymbol{B} & \boldsymbol{AB} & \cdots & \boldsymbol{A}^{n-1}\boldsymbol{B}\end{bmatrix}\\ &=\begin{bmatrix}\boldsymbol{CB} & \boldsymbol{CAB} & \cdots & \boldsymbol{CA}^{n-1}\boldsymbol{B}\\ \boldsymbol{CAB} & \boldsymbol{CA}^2\boldsymbol{B} & \cdots & \boldsymbol{CA}^n\boldsymbol{B}\\ \vdots & \vdots & \ddots & \vdots\\ \boldsymbol{CA}^{n-1}\boldsymbol{B} & \boldsymbol{CA}^n\boldsymbol{B} & \cdots & \boldsymbol{CA}^{2(n-1)}\boldsymbol{B}\end{bmatrix}=\boldsymbol{U}'_{\mathrm{o}}\boldsymbol{U}'_{\mathrm{c}}\end{aligned}\tag{4.9.11}$$

但已知 $\boldsymbol{U}_{\mathrm{o}}$ 和 $\boldsymbol{U}_{\mathrm{c}}$ 的秩为 n，则 $p\times q$ 矩阵 $\boldsymbol{U}_{\mathrm{o}}\boldsymbol{U}_{\mathrm{c}}$ 的秩应为 n，根据上式 $\boldsymbol{U}'_{\mathrm{o}}\boldsymbol{U}'_{\mathrm{c}}$ 的秩也等于 n，但与原来的 $\boldsymbol{U}_{\mathrm{o}}$ 或 $\boldsymbol{U}_{\mathrm{c}}$ 的秩最多是 n'，而 $n'<n$，显然是矛盾的，所以系统

$\Sigma(\boldsymbol{A},\boldsymbol{B},\boldsymbol{C},\boldsymbol{D})$必为最小实现。

根据上述判断最小实现的准则，构造最小实现的途径如下：

① 求传递函数矩阵的任何一种能控形或能观测形实现，再检查实现的能观测性或能控性，若已是能控能观测，则必是最小实现。

② 否则的话，采用结构分解定理，对系统进行能观测性或能控性的分解，找出既能控又能观测的子空间，从而得到最小实现。

多输入多输出系统的最小实现算法程序很多，下面介绍一种由 Ho 和卡尔曼提出的一种算法。

设 $q\times p$ 传递函数矩阵(真分式有理函数)为 $\boldsymbol{G}(s)$，可以写成

$$\boldsymbol{G}(s)=\boldsymbol{H}_0+\boldsymbol{H}_1 s^{-1}+\boldsymbol{H}_2 s^{-2}+\cdots \tag{4.9.12}$$

式中 $\boldsymbol{H}_0,\boldsymbol{H}_1,\boldsymbol{H}_2,\cdots$均为 $q\times p$ 的常数矩阵，且 $\boldsymbol{H}_0=\boldsymbol{G}(\infty)=\boldsymbol{D}$。另一方面

$$\boldsymbol{G}(s)=\boldsymbol{C}(s\boldsymbol{I}-\boldsymbol{A})^{-1}\boldsymbol{B}+\boldsymbol{D}=\boldsymbol{D}+\boldsymbol{CB}s^{-1}+\boldsymbol{CAB}s^{-2}+\boldsymbol{CA}^2\boldsymbol{B}s^{-3}+\cdots \tag{4.9.13}$$

令式(4.9.12)和式(4.9.13)中同类项系数相等，便可得到实现的系数矩阵 $\boldsymbol{A},\boldsymbol{B},\boldsymbol{C}$ 和 $\boldsymbol{D}$。算法如下。

(1) 将 $\boldsymbol{G}(s)$按照式(4.9.12)展开，找出 $\boldsymbol{H}_0,\boldsymbol{H}_1,\boldsymbol{H}_2,\cdots$，其中 $\boldsymbol{H}_0=\boldsymbol{D}$。

(2) 如果 $\boldsymbol{G}(s)$中各元素的最小公分母的次数为 l，构造 $ql\times pl$ 矩阵如下：

$$\boldsymbol{T}=\begin{bmatrix}\boldsymbol{H}_1 & \boldsymbol{H}_2 & \boldsymbol{H}_3 & \cdots & \boldsymbol{H}_l\\ \boldsymbol{H}_2 & \boldsymbol{H}_3 & \boldsymbol{H}_4 & \cdots & \boldsymbol{H}_{l+1}\\ \boldsymbol{H}_3 & \boldsymbol{H}_4 & \boldsymbol{H}_5 & \cdots & \boldsymbol{H}_{l+2}\\ \vdots & \vdots & \vdots & \ddots & \vdots\\ \boldsymbol{H}_l & \boldsymbol{H}_{l+1} & \boldsymbol{H}_{l+2} & \cdots & \boldsymbol{H}_{2l-1}\end{bmatrix} \tag{4.9.14}$$

$$\boldsymbol{T}'=\begin{bmatrix}\boldsymbol{H}_2 & \boldsymbol{H}_3 & \boldsymbol{H}_4 & \cdots & \boldsymbol{H}_{l+1}\\ \boldsymbol{H}_3 & \boldsymbol{H}_4 & \boldsymbol{H}_5 & \cdots & \boldsymbol{H}_{l+2}\\ \boldsymbol{H}_4 & \boldsymbol{H}_5 & \boldsymbol{H}_6 & \cdots & \boldsymbol{H}_{l+3}\\ \vdots & \vdots & \vdots & \ddots & \vdots\\ \boldsymbol{H}_{l+1} & \boldsymbol{H}_{l+2} & \boldsymbol{H}_{l+3} & \cdots & \boldsymbol{H}_{2l}\end{bmatrix} \tag{4.9.15}$$

(3) 如果矩阵 $\boldsymbol{T}$ 的秩为 n，则构造 $ql\times ql$ 矩阵 $\boldsymbol{K}$ 和 $pl\times pl$ 矩阵 $\boldsymbol{L}$，使得如下 $ql\times pl$ 矩阵等式成立

$$\boldsymbol{KTL}=\begin{bmatrix}\boldsymbol{I}_n & \boldsymbol{0}\\ \boldsymbol{0} & \boldsymbol{0}\end{bmatrix}=\boldsymbol{I}_{n,ql}^{\mathrm{T}}\boldsymbol{I}_{n,pl} \tag{4.9.16}$$

式中 $\boldsymbol{I}_{n,ql}$ 和 $\boldsymbol{I}_{n,pl}$ 分别是 $n\times ql$ 和 $n\times pl$ 的单位矩阵，即它们的主对角线元素为 1，其余为零。$\boldsymbol{KTL}$ 是用行和列的基本运算(可由计算机辅助设计程序来求)顺序而得到的。于是

$$\boldsymbol{A}=\boldsymbol{I}_{n,ql}\boldsymbol{KT}'\boldsymbol{LI}_{n,pl}^{\mathrm{T}} \tag{4.9.17}$$

$$\boldsymbol{B}=\boldsymbol{I}_{n,ql}\boldsymbol{KTI}_{p,pl}^{\mathrm{T}} \tag{4.9.18}$$

$$C = I_{q,ql} T L I_{n,pl}^{\mathrm{T}} \tag{4.9.19}$$

$$D = H_0 \tag{4.9.20}$$

它们的计算机辅助设计程序略去以节省篇幅。下面仅举一个具体数字例子。

例 4.9.1 已知

$$G(s) = \begin{bmatrix} \dfrac{s+1}{s+2} \\ \dfrac{s+3}{(s+2)(s+4)} \end{bmatrix}$$

求它的最小实现。

解 $G(s)$的最小公分母是

$$h(s) = (s+2)(s+4) = s^2 + 6s + 8$$

且

$$D = G(\infty) = \begin{bmatrix} 1 \\ 0 \end{bmatrix}$$

系统的输入维数 $p=1$,输出维数 $q=2$,最小公分母次数 $l=2$。

$$G(s) = \frac{1}{h(s)}\left[\begin{bmatrix} -1 \\ 1 \end{bmatrix} s + \begin{bmatrix} -4 \\ 3 \end{bmatrix}\right] + \begin{bmatrix} 1 \\ 0 \end{bmatrix}$$

根据方程式(4.9.12)展开,则可求得

$$H_0 = \begin{bmatrix} 1 \\ 0 \end{bmatrix},\quad H_1 = \begin{bmatrix} -1 \\ 1 \end{bmatrix},\quad H_2 = \begin{bmatrix} 2 \\ -3 \end{bmatrix},\quad H_3 = \begin{bmatrix} -4 \\ 10 \end{bmatrix},\quad H_4 = \begin{bmatrix} 8 \\ -36 \end{bmatrix}$$

由此

$$T = \begin{bmatrix} -1 & 2 \\ 1 & -3 \\ 2 & -4 \\ -3 & 10 \end{bmatrix},\quad T' = \begin{bmatrix} 2 & -4 \\ -3 & 10 \\ -4 & -8 \\ 10 & 36 \end{bmatrix}$$

矩阵 T 的秩 $n=2$,取

$$K = \begin{bmatrix} 1 & 0 & 0 & 0 \\ 0 & 1 & 0 & 0 \\ 0 & 0 & 0 & 0 \\ 0 & 0 & 0 & 0 \end{bmatrix}$$

$$L = -\begin{bmatrix} 3 & 2 \\ 1 & 1 \end{bmatrix}$$

根据方程式(3.9.17)～式(3.9.20),有

$$A = \begin{bmatrix} -2 & 0 \\ -1 & -4 \end{bmatrix},\quad B = \begin{bmatrix} -1 \\ 1 \end{bmatrix},\quad C = \begin{bmatrix} 1 & 0 \\ 0 & 1 \end{bmatrix},\quad D = \begin{bmatrix} 1 \\ 0 \end{bmatrix}$$

此系统为最小实现。

小结

本章首先介绍了用状态空间法来研究系统的能控性与能观测性两个基础性概念，它们的判别准则以及对偶关系；接着分析系统的内在结构，按能控性与能观测性进行的标准分解；论述了系统能控性、能观测性和传递函数矩阵间的关系，从而揭示系统状态空间描述法与输入输出描述法的关系；在本章中也讨论了能控标准形和能观测标准形，以便与第 1 章呼应；最后简单讨论了系统的实现和传递函数矩阵的最小实现问题。

习题

4.1　判断下列系统的能控性。

(1) $\begin{bmatrix}\dot{x}_1\\ \dot{x}_2\end{bmatrix}=\begin{bmatrix}1 & 1\\ 1 & 0\end{bmatrix}\begin{bmatrix}x_1\\ x_2\end{bmatrix}+\begin{bmatrix}1\\ 0\end{bmatrix}u$；

(2) $\begin{bmatrix}\dot{x}_1\\ \dot{x}_2\\ \dot{x}_3\end{bmatrix}=\begin{bmatrix}0 & 1 & 0\\ 0 & 0 & 1\\ -2 & -4 & -3\end{bmatrix}\begin{bmatrix}x_1\\ x_2\\ x_3\end{bmatrix}+\begin{bmatrix}1 & 0\\ 0 & 1\\ -1 & 1\end{bmatrix}\begin{bmatrix}u_1\\ u_2\end{bmatrix}$；

(3) $\begin{bmatrix}\dot{x}_1\\ \dot{x}_2\\ \dot{x}_3\end{bmatrix}=\begin{bmatrix}-3 & 1 & 0\\ 0 & -3 & 1\\ 0 & 0 & -1\end{bmatrix}\begin{bmatrix}x_1\\ x_2\\ x_3\end{bmatrix}+\begin{bmatrix}1 & -1\\ 0 & 0\\ 2 & 0\end{bmatrix}\begin{bmatrix}u_1\\ u_2\end{bmatrix}$；

(4) $\begin{bmatrix}\dot{x}_1\\ \dot{x}_2\\ \dot{x}_3\\ \dot{x}_4\end{bmatrix}=\begin{bmatrix}\lambda_1 & 1 & 0 & 0\\ 0 & \lambda_1 & 0 & 0\\ 0 & 0 & \lambda_1 & 0\\ 0 & 0 & 0 & \lambda_1\end{bmatrix}\begin{bmatrix}x_1\\ x_2\\ x_3\\ x_4\end{bmatrix}=\begin{bmatrix}0\\ 1\\ 1\\ 1\end{bmatrix}u$；

(5) $\begin{bmatrix}\dot{x}_1\\ \dot{x}_2\\ \dot{x}_3\end{bmatrix}=\begin{bmatrix}0 & 4 & 3\\ 0 & 20 & 16\\ 0 & -25 & -20\end{bmatrix}\begin{bmatrix}x_1\\ x_2\\ x_3\end{bmatrix}+\begin{bmatrix}-1\\ 3\\ 0\end{bmatrix}u$。

4.2　判断下列系统的输出能控性。

(1) $\begin{bmatrix}\dot{x}_1\\ \dot{x}_2\\ \dot{x}_3\end{bmatrix}=\begin{bmatrix}-3 & 1 & 0\\ 0 & -3 & 0\\ 0 & 0 & -1\end{bmatrix}\begin{bmatrix}x_1\\ x_2\\ x_3\end{bmatrix}+\begin{bmatrix}1 & -1\\ 0 & 0\\ 2 & 0\end{bmatrix}\begin{bmatrix}u_1\\ u_2\end{bmatrix}，\begin{bmatrix}y_1\\ y_2\end{bmatrix}=\begin{bmatrix}1 & 0 & 1\\ -1 & 1 & 0\end{bmatrix}\begin{bmatrix}x_1\\ x_2\\ x_3\end{bmatrix}$；

(2) $\begin{bmatrix}\dot{x}_1\\\dot{x}_2\\\dot{x}_3\end{bmatrix}=\begin{bmatrix}0&1&0\\0&0&1\\-6&-11&-6\end{bmatrix}\begin{bmatrix}x_1\\x_2\\x_3\end{bmatrix}+\begin{bmatrix}0\\0\\1\end{bmatrix}u,\quad y=\begin{bmatrix}1&0&0\end{bmatrix}\begin{bmatrix}x_1\\x_2\\x_3\end{bmatrix}$。

4.3 判断下列系统的能观测性。

(1) $\begin{bmatrix}\dot{x}_1\\\dot{x}_2\end{bmatrix}=\begin{bmatrix}1&1\\1&0\end{bmatrix}\begin{bmatrix}x_1\\x_2\end{bmatrix},\quad y=\begin{bmatrix}1&1\end{bmatrix}\begin{bmatrix}x_1\\x_2\end{bmatrix}$;

(2) $\begin{bmatrix}\dot{x}_1\\\dot{x}_2\\\dot{x}_3\end{bmatrix}=\begin{bmatrix}0&1&0\\0&0&1\\-2&-4&-3\end{bmatrix}\begin{bmatrix}x_1\\x_2\\x_3\end{bmatrix},\quad \begin{bmatrix}y_1\\y_2\end{bmatrix}=\begin{bmatrix}0&1&-1\\1&2&1\end{bmatrix}\begin{bmatrix}x_1\\x_2\\x_3\end{bmatrix}$;

(3) $\begin{bmatrix}\dot{x}_1\\\dot{x}_2\\\dot{x}_3\end{bmatrix}=\begin{bmatrix}0&4&3\\0&20&16\\0&-25&-20\end{bmatrix}\begin{bmatrix}x_1\\x_2\\x_3\end{bmatrix},\quad y=\begin{bmatrix}-1&3&0\end{bmatrix}\begin{bmatrix}x_1\\x_2\\x_3\end{bmatrix}$;

(4) $\begin{bmatrix}\dot{x}_1\\\dot{x}_2\\\dot{x}_3\end{bmatrix}=\begin{bmatrix}2&1&0\\0&2&0\\0&0&-3\end{bmatrix}\begin{bmatrix}x_1\\x_2\\x_3\end{bmatrix},\quad y=\begin{bmatrix}0&1&1\end{bmatrix}\begin{bmatrix}x_1\\x_2\\x_3\end{bmatrix}$;

(5) $\begin{bmatrix}\dot{x}_1\\\dot{x}_2\\\dot{x}_3\end{bmatrix}=\begin{bmatrix}-4&0&0\\0&-4&0\\0&0&1\end{bmatrix}\begin{bmatrix}x_1\\x_2\\x_3\end{bmatrix},\quad y=\begin{bmatrix}1&1&4\end{bmatrix}\begin{bmatrix}x_1\\x_2\\x_3\end{bmatrix}$。

4.4 试确定下列系统当 p 与 q 为何值时不能控？为何值时不能观测？

$$\begin{bmatrix}\dot{x}_1\\\dot{x}_2\end{bmatrix}=\begin{bmatrix}1&12\\1&0\end{bmatrix}\begin{bmatrix}x_1\\x_2\end{bmatrix}+\begin{bmatrix}p\\-1\end{bmatrix}u$$

$$y=\begin{bmatrix}q&1\end{bmatrix}\begin{bmatrix}x_1\\x_2\end{bmatrix}$$

4.5 试证明系统

$$\begin{bmatrix}\dot{x}_1\\\dot{x}_2\\\dot{x}_3\end{bmatrix}=\begin{bmatrix}20&-1&0\\4&16&0\\12&0&18\end{bmatrix}\begin{bmatrix}x_1\\x_2\\x_3\end{bmatrix}+\begin{bmatrix}a\\b\\c\end{bmatrix}u$$

不论 a,b,c 取何值都不能控。

4.6 已知有两个单输入和单输出系统 Σ_A 和 Σ_B 的状态方程与输出方程分别为

$$\Sigma_A:\ \dot{\boldsymbol{x}}_A=\begin{bmatrix}0&1\\-3&-4\end{bmatrix}\boldsymbol{x}_A+\begin{bmatrix}0\\1\end{bmatrix}u,\quad y_A=\begin{bmatrix}2&1\end{bmatrix}\boldsymbol{x}_A$$

$$\Sigma_B: \dot{x}_B = -x_B + u, \quad y_B = x_B$$

将两个系统并联成为图 P4.1 所示系统。针对图 P4.1 讨论下列问题：

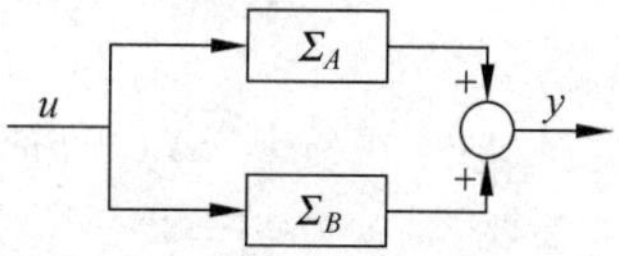

图 P4.1　并联系统结构图

(1) 写出图示系统的状态方程及输出方程。

(2) 判断该系统的能控性与能观测性。

(3) 求出该系统的传递函数。

4.7　已知有两个单输入和单输出系统 S_1 和 S_2 的状态方程与输出方程分别为

$$S_1: \dot{\boldsymbol{x}}_1 = \begin{bmatrix} 0 & 1 \\ -3 & -4 \end{bmatrix}\boldsymbol{x}_1 + \begin{bmatrix} 0 \\ 1 \end{bmatrix}u_1, \quad y_1 = \begin{bmatrix} 2 & 1 \end{bmatrix}\boldsymbol{x}_1$$

$$S_2: \dot{x}_2 = -2x_2 + u_2, \quad y_2 = x_2$$

若两个系统按如图 P4.2 所示的方法串联，设串联后的系统为 S。

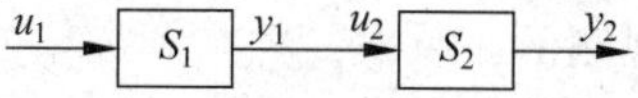

图 P4.2　串联系统结构图

(1) 求图示串联系统 S 的状态方程和输出方程。

(2) 分析系统 S_1，S_2 和串联后系统 S 的能控性、能观测性。

4.8　针对图 P4.3 讨论下列问题：

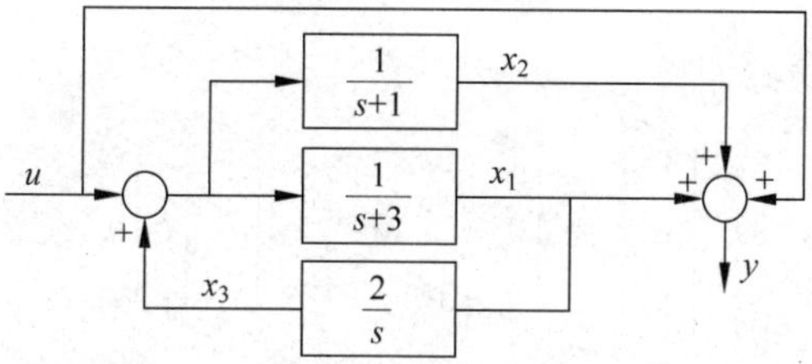

图 P4.3　系统结构图

(1) 写出各图示系统的状态方程及输出方程。

(2) 判断该系统的能控性与能观测性。

(3) 求出该系统的传递函数。

4.9　设系统状态方程为 $\dot{\boldsymbol{x}} = \boldsymbol{A}\boldsymbol{x} + \boldsymbol{B}u$。若 $\boldsymbol{x}_a$ 及 $\boldsymbol{x}_b$ 是系统的能控状态。试证状态 $\alpha\boldsymbol{x}_a + \beta\boldsymbol{x}_b$ 也是能控的，其中 α，β 为任意常数。

4.10　将下列方程化为能控标准形。

$$\dot{\boldsymbol{x}} = \begin{bmatrix} 1 & -2 \\ 3 & 4 \end{bmatrix}\boldsymbol{x} + \begin{bmatrix} 1 \\ 1 \end{bmatrix}u$$

4.11　将下列状态方程和输出方程化为能观测标准形。

$$\dot{\boldsymbol{x}}=\begin{bmatrix}1 & -1\\1 & 1\end{bmatrix}\boldsymbol{x}+\begin{bmatrix}2\\1\end{bmatrix}u$$

$$y=\begin{bmatrix}-1 & 1\end{bmatrix}\boldsymbol{x}$$

4.12 系统$\dot{\boldsymbol{x}}=\boldsymbol{Ax}+\boldsymbol{b}u$,$y=\boldsymbol{cx}$,式中

$$\boldsymbol{A}=\begin{bmatrix}-2 & 2 & -1\\0 & -2 & 0\\1 & -4 & 0\end{bmatrix},\quad \boldsymbol{b}=\begin{bmatrix}0\\0\\1\end{bmatrix},\quad \boldsymbol{c}=\begin{bmatrix}1 & -1 & 1\end{bmatrix}$$

(1) 试判断系统能控性和能观测性。

(2) 若不能控或不能观测,试考察能控制的状态变量数、能观测的状态变量数有多少?

(3) 写出能控子空间系统及能观测子空间系统。

4.13 在如下系统$\dot{\boldsymbol{x}}=\boldsymbol{Ax}+\boldsymbol{b}u$,$y=\boldsymbol{cx}$中,若满足如下条件

$$\boldsymbol{cb}=\boldsymbol{cAb}=\boldsymbol{cA}^2\boldsymbol{b}=\cdots=\boldsymbol{cA}^{n-2}\boldsymbol{b}=0,\quad \boldsymbol{cA}^{n-1}\boldsymbol{b}=k\neq 0$$

试证系统总是既能控又能观测的。

4.14 已知系统状态空间表达式为

$$\dot{\boldsymbol{x}}=\begin{bmatrix}0 & 2\\-3 & -5\end{bmatrix}\boldsymbol{x}+\begin{bmatrix}b_1\\b_2\end{bmatrix}u$$

$$y=\begin{bmatrix}c_1 & c_2\end{bmatrix}\boldsymbol{x}$$

欲使系统中的x_1既能控又能观测,x_2既不能控也不能观测,试确定b_1,b_2,c_1,c_2应满足的条件。

4.15 系统的状态方程:

$$\begin{bmatrix}\dot{x}_1\\\dot{x}_2\\\dot{x}_3\end{bmatrix}=\begin{bmatrix}\lambda & 1 & 0\\0 & \lambda & 0\\0 & 0 & \lambda\end{bmatrix}\begin{bmatrix}x_1\\x_2\\x_3\end{bmatrix}+\begin{bmatrix}a\\b\\c\end{bmatrix}u$$

$$y=\begin{bmatrix}d & e & f\end{bmatrix}\begin{bmatrix}x_1\\x_2\\x_3\end{bmatrix}$$

试讨论下列问题:

(1) 能否通过选择a,b,c使系统状态完全能控?

(2) 能否通过选择d,e,f使系统状态完全能观测?

4.16 鱼池中的鱼群生长过程是一个生物动态系统。鱼群个体的生长过程可分为4个阶段:鱼卵、鱼苗、小鱼、大鱼。设系统的输入是每年放入池内的鱼卵数,输出是每年从鱼池中取出的小鱼数。第k年放入池内的鱼卵数记为$u(k)$,第k年的鱼苗数记为$x_1(k)$,第k年的小鱼数记为$x_2(k)$,第k年的大鱼数记为$x_3(k)$。已知第$k+1$年的鱼苗数等于第k年内大鱼产卵所孵生的鱼苗数,加上外部供给的鱼苗有效数$u(k)$,减去第k年中被鱼苗及小鱼吃掉的鱼卵数。试讨论该

鱼群系统的能控性问题。

4.17　能控标准形状态方程式是

$$\dot{\boldsymbol{x}} = \boldsymbol{A}\boldsymbol{x} + \boldsymbol{b}u$$

式中

$$\boldsymbol{A} = \begin{bmatrix} 0 & 1 & 0 & \cdots & 0 \\ 0 & 0 & 1 & \cdots & 0 \\ \vdots & \vdots & \vdots & \ddots & \vdots \\ 0 & 0 & 0 & \cdots & 1 \\ -a_n & -a_{n-1} & -a_{n-2} & \cdots & -a_1 \end{bmatrix}, \quad \boldsymbol{b} = \begin{bmatrix} 0 \\ 0 \\ \vdots \\ 0 \\ 1 \end{bmatrix}$$

试证系统总是完全能控的。

4.18　能观测标准形状态方程式是

$$\dot{\boldsymbol{x}} = \boldsymbol{A}\boldsymbol{x} + \boldsymbol{b}u$$

$$y = \boldsymbol{c}\boldsymbol{x}$$

式中

$$\boldsymbol{A} = \begin{bmatrix} 0 & 0 & \cdots & 0 & -a_n \\ 1 & 0 & \cdots & 0 & -a_{n-1} \\ 0 & 1 & \cdots & 0 & -a_{n-2} \\ \vdots & \vdots & \ddots & \vdots & \vdots \\ 0 & 0 & \cdots & 1 & -a_1 \end{bmatrix}, \quad \boldsymbol{c} = [0 \quad 0 \quad \cdots \quad 0 \quad 1]$$

试证系统总是完全能观测的。

4.19　已知控制系统如图 P4.4 所示。

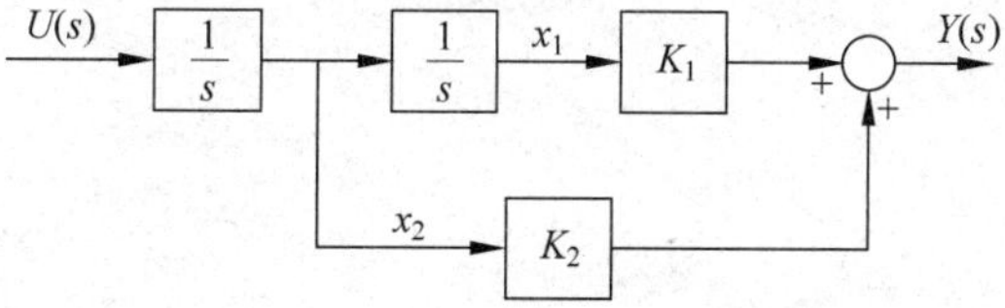

图 P4.4　系统结构图

(1) 写出以 x_1, x_2 为状态变量的系统状态方程与输出方程。

(2) 试判断系统的能控性和能观测性。若不满足系统的能控性和能观测性条件,问当 K_1 与 K_2 取何值时,系统能控或能观测?

(3) 求系统的极点。

4.20　已知连续系统状态方程和输出方程为

$$\dot{\boldsymbol{x}}(t) = \begin{bmatrix} 0 & 2 \\ -2 & 0 \end{bmatrix} \boldsymbol{x}(t) + \begin{bmatrix} 0 \\ 2 \end{bmatrix} u(t)$$

$$y(t) = [1 \quad 0] \boldsymbol{x}(t)$$

(1) 求状态转移矩阵 e^{At}。

(2) 判断该系统的能控性和能观测性。

(3) 若在控制 u 前加入采样器-零阶保持器,设取样周期为 T,根据 e^{At} 求其离散化后状态变量表达式。

(4) 分析系统在各采样时刻,周期 T 对能控性和能观测性的影响。

(5) 比较(2)、(3)、(4),简要说明采样过程对能控性和能观测性的影响。

4.21 系统传递函数为

$$g(s)=\frac{2s+8}{2s^3+12s^2+22s+12}$$

(1) 建立系统能控标准形实现。

(2) 建立系统能观测标准形实现。

4.22 已知传递矩阵为

$$\boldsymbol{g}(s)=\begin{bmatrix}\dfrac{2(s+3)}{(s+1)(s+2)} & \dfrac{4(s+4)}{s+5}\end{bmatrix}$$

试求该系统的最小实现。

第 5 章 控制系统的李雅普诺夫稳定性分析

稳定性是系统的又一重要特性。一个自动控制系统要能正常工作，它首先必须是一个稳定的系统，即系统应具有这样的性能：在它受到外界的扰动后，虽然其原平衡状态会被打破，但在扰动消失之后，它有能力自动地返回原平衡状态或者趋于另一新的平衡状态继续工作。换句话说，所谓系统的稳定性，就是系统在受到小的外界扰动后，被调量与规定量之间的偏差值的过渡过程的收敛性。显然，稳定性是系统的一个动态属性。

在现代控制理论中，无论是调节器理论、观测器理论还是滤波预测、自适应理论，都不可避免地要遇到系统稳定性问题，控制领域内的绝大部分技术几乎都与稳定性有关；同时由于不稳定的系统一般不能付之实用，所以在控制工程和控制理论中，稳定性问题一直是一个最基本的和最重要的问题。随着控制理论与工程所涉及的领域由线性定常系统扩展为时变系统和非线性系统，稳定性分析的复杂程度也在急剧的增长。直到目前，虽然有许多判据可应用于线性定常系统或其他各自相应类型的问题中，以判断系统稳定情况，但能同时有效地适用于线性、非线性、定常、时变等各类系统的方法，则是俄国数学家李雅普诺夫在 19 世纪所提出的方法。这就是控制系统稳定性分析的李雅普诺夫方法。李雅普诺夫稳定性理论是稳定性分析、应用与研究的最重要基础。

本章将对稳定性的一些基本概念、李雅普诺夫稳定性理论和它在线性系统和非线性系统中的应用分成 4 节予以介绍。

5.1 稳定性的基本概念

在“自动控制原理”课程中，读者对于系统稳定性的有关问题已经有不少了解，故此，本节仅就后面论述中要用到的一些定义和术语作些说明。

(1) **自治系统**　在研究稳定性问题时，常限于研究没有指定输入作用的系统，通常称这类系统为自治系统。在一般情况下，自治系统可用如下方程描述：

$$\dot{\boldsymbol{x}} = \boldsymbol{f}(\boldsymbol{x},t),\quad t \geqslant t_0,\quad \boldsymbol{x}(t_0) = \boldsymbol{x}_0 \tag{5.1.1}$$

式中，$\boldsymbol{x}$ 为 n 维状态向量，$\boldsymbol{f}(\cdot,\cdot)$ 为 n 维向量函数。如果系统是定常的，则式(5.1.1)中将不显含 t；如果系统是线性的，那么式(5.1.1)中的 $\boldsymbol{f}(\cdot,\cdot)$ 为 $\boldsymbol{x}$ 的向量线性函数。

(2) **受扰系统**　假定状态方程式(5.1.1)是满足解的存在性、唯一性条件，并且解对于初始条件是连续相关的，那么就可将其由初始时刻 t_0 的初始状态 $\boldsymbol{x}_0$ 所引起的运动表示为

$$\boldsymbol{x}(t) = \boldsymbol{\phi}(t;\ \boldsymbol{x}_0,t_0),\quad t \geqslant t_0 \tag{5.1.2}$$

它是时间 t 和 $\boldsymbol{x}_0$、t_0 的函数，显然有 $\boldsymbol{\phi}(t_0;\ \boldsymbol{x}_0,t_0)=\boldsymbol{x}_0$，通常称此 $\boldsymbol{x}(t)$ 为系统的受扰运动。实质上，它即等同于系统状态的零输入响应。不难理解，$\boldsymbol{x}(t)$ 是从 n 维状态空间中某一点出发的轨迹。

(3) **平衡状态**　在由式(5.1.1)所描述的系统中，如果对于所有的 t 总存在着

$$\boldsymbol{f}(\boldsymbol{x}_e,t) = \boldsymbol{0} \tag{5.1.3}$$

则称 $\boldsymbol{x}_e$ 为系统的平衡状态。如果系统是线性定常的，则

$$\boldsymbol{f}(\boldsymbol{x}_e,t) = \boldsymbol{A}\boldsymbol{x}$$

式中 $\boldsymbol{A}$ 为 $n\times n$ 矩阵。当 $\boldsymbol{A}$ 是非奇异时，系统仅存在唯一的平衡状态，而当 $\boldsymbol{A}$ 为奇异时，则存在无穷多个平衡状态。这些平衡状态相应于系统的常数解(对于所有的 t，$\boldsymbol{x}\equiv\boldsymbol{x}_e$)。显然，平衡状态的确定，不可能包含系统微分方程式(5.1.1)的所有解，而只是代数方程式(5.1.3)的解。如果平衡状态彼此是孤立的，则称它们为孤立平衡状态(孤立平衡点)。通过坐标变换可以将任何一个孤立平衡状态移动到坐标原点，即 $\boldsymbol{f}(\boldsymbol{0},t)=0$。为简便起见本章只讨论这种平衡状态的稳定性、渐近稳定性和不稳定问题。对于非原点平衡状态稳定性问题的讨论，相信读者在学习本章后会自行处理。

下式表示在 n 维平衡状态 $\boldsymbol{x}_e$ 周围，半径为 k 的超球域

$$\|\boldsymbol{x}-\boldsymbol{x}_e\| \leqslant k$$

这里，$\|\boldsymbol{x}-\boldsymbol{x}_e\| = [(x_1-x_{1e})^2+(x_2-x_{2e})^2+\cdots+(x_n-x_{ne})^2]^{1/2}$ 称为欧几里德(Euclid)范数。

(4) **稳定**　如果对给定的任一实数 $\varepsilon>0$，都对应地存在一个实数 $\delta(\varepsilon,t_0)>0$，使得由满足不等式

$$\|\boldsymbol{x}_0-\boldsymbol{x}_e\| \leqslant \delta(\varepsilon,t_0),\quad t \geqslant t_0 \tag{5.1.4}$$

的任一初始状态 $\boldsymbol{x}_0$ 出发的受扰运动都满足不等式

$$\|\boldsymbol{\phi}(t;\ \boldsymbol{x}_0,t_0)-\boldsymbol{x}_e\| \leqslant \varepsilon,\quad t \geqslant t_0 \tag{5.1.5}$$

则称 $\boldsymbol{x}_e$ 在李雅普诺夫意义下是稳定的。

不失一般性，假定原点为平衡点。如果从几何上解释这个定义，则可以这样

来理解：当在 n 维状态空间中指定一个以原点为圆心，以任意给定的正实数 ε(即前面所提到的范数)为半径的一个超球域 $S(\varepsilon)$时，若存在另一个与之对应的以 $\boldsymbol{x}_e$ 为球心，$\delta(\varepsilon, t_0)$为半径的超球域 $S(\delta)$，且有由 $S(\delta)$中的任一点出发的运动轨线 $\boldsymbol{\Phi}(t;\ \boldsymbol{x}_0, t_0)$对于所有的 $t \geqslant t_0$ 都不超出球域 $S(\varepsilon)$，那么就称原点的平衡状态 $\boldsymbol{x}_e$ 是李雅普诺夫意义下稳定的(参见图 5.1.1)。

(5) **一致稳定**　在上面的论述中，$\delta(\varepsilon, t_0)$表示 δ 的选取是依初始时刻 t_0 和 ε 的选取而定的，如果 δ 只依赖于 ε 而和 t_0 的选取无关，则进一步称平衡状态 $\boldsymbol{x}_e$ 是一致稳定的。显然对于定常系统，稳定和一致稳定是等价的。通常要求系统是一致稳定的，以便在任意初始时刻 t_0 出现的受扰运动都是李雅普诺夫意义下稳定的。

(6) **渐近稳定**　如果平衡状态 $\boldsymbol{x}_e$ 是李雅普诺夫意义下稳定的，并且对于 $\delta(\varepsilon, t_0)$和任意给定的实数 $\mu>0$，对应地存在实数 $T(\mu, \delta, t_0)>0$，使得由满足不等式(5.1.4)的任一初态 $\boldsymbol{x}_0$ 出发的受扰运动都满足不等式

$$\|\boldsymbol{\phi}(t;\ \boldsymbol{x}_0, t_0) - \boldsymbol{x}_e\| \leqslant \mu, \quad \forall\, t \geqslant t_0 + T(\mu, \delta, t_0) \tag{5.1.6}$$

则称平衡状态 $\boldsymbol{x}_e$ 是渐近稳定的。随着 $\mu \to 0$，显然有 $T \to \infty$，因此原点的平衡状态 $\boldsymbol{x}_e$ 为渐近稳定时，必成立

$$\lim_{t \to 0} \boldsymbol{\phi}(t;\ \boldsymbol{x}_0, t_0) = \boldsymbol{0}, \quad \forall\, x_0 \in S(\delta) \tag{5.1.7}$$

进一步，如果实数 δ 和 T 的大小都不依赖于初始时刻 t_0，则称平衡状态 $\boldsymbol{x}_e$ 是一致渐近稳定的。同样容易理解，定常系统的一致渐近稳定和渐近稳定也是等价的。从实际应用的角度看，渐近稳定性要比稳定性重要，一致渐近稳定又比渐近稳定重要。需要指出，渐近稳定性实质上是个局部概念，只有渐近稳定性并不意味着系统就一定能正确运行，还需要考察渐近稳定性的最大作用范围。这种渐近稳定性的最大区域被称为引力域，显然引力域是状态空间的一部分，并且起源于引力域的每个受扰运动都是渐近稳定的。

(7) **大范围渐近稳定**　如果从状态空间的任一有限非零初始状态 $\boldsymbol{x}_0$ 出发的受扰运动 $\boldsymbol{\phi}(t;\ \boldsymbol{x}_0, t_0)$都是有界的，并且满足在 $t \to \infty$时，$\boldsymbol{\phi}(t;\ \boldsymbol{x}_0, t_0) \to \boldsymbol{0}$，就称平衡状态 $\boldsymbol{x}_e = \boldsymbol{0}$ 为大范围渐近稳定的。换个说法就是：如果 $\boldsymbol{x}_e = \boldsymbol{0}$ 是稳定的平衡状态，并且当 $t \to \infty$时，式(5.1.1)的每个解都收敛于 $\boldsymbol{x}_e = \boldsymbol{0}$，则此平衡状态就是大范围渐近稳定的。很显然，大范围渐近稳定的必要条件是在整个状态空间中只有一个平衡状态。

不言而喻，我们总是希望系统具有大范围渐近稳定性。如果不是这样，就需要确定渐近稳定的引力域，而这项工作通常是相当困难的。好在对于实际问题而言，确定出一个足够大的渐近稳定范围，使得初始扰动不超过它也就足够了。顺便指出，对于线性系统而言，若其平衡状态为渐近稳定的，那它必然是大范围渐近稳定的。

(8) **不稳定**　如果平衡状态既不是稳定的，更不是渐近稳定的，则称此平衡状态为不稳定的。即在不稳定平衡状态的情况下，对于某个实数 $\varepsilon>0$ 和任意一个无

论多么小的实数 $\delta>0$,在超球域 $S(\delta)$内始终存在状态 $\boldsymbol{x}_0$,使得从该状态开始的受扰运动要突破超球域 $S(\varepsilon)$。

(9) **稳定、渐近稳定、不稳定的图形表示**　为使上述诸概念更为清晰直观,便于理解,在此给出它们在二维情况下的图形表示,如图 5.1.1 所示。图中取平衡状态 $\boldsymbol{x}_e=\boldsymbol{0}$。

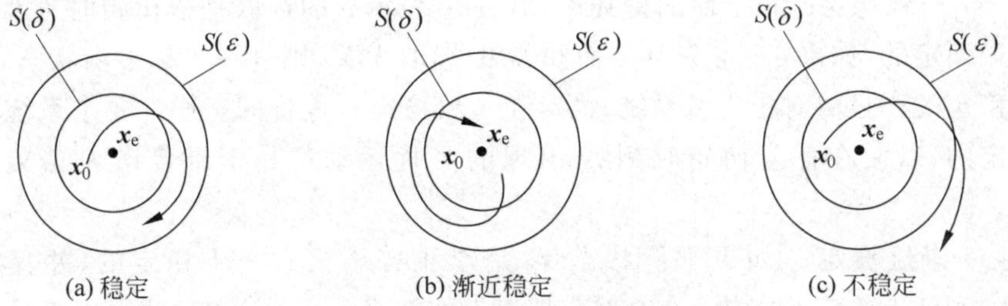

图 5.1.1　系统在二维情况下的几何示意图

图 5.1.1 表示平衡状态为稳定、渐近稳定和不稳定时初始扰动所引起的典型轨迹。$S(\varepsilon)$是由初始状态 $\boldsymbol{x}_0$ 所引起的运动轨迹的边界,而 $S(\delta)$则表示 $\boldsymbol{x}_0$ 的取值范围。

在图 5.1.1(c)中轨迹离开了 $S(\varepsilon)$,这说明平衡状态是不稳定的,然而我们却不能说轨迹将一定趋于无穷远处,这是因为轨迹还可能趋于在 $S(\varepsilon)$外的某个极限环(如果线性定常系统是不稳定的,那么在不稳定平衡状态附近出发的轨迹将一定趋于无穷远处,但是在非线性系统中,并不一定是这样)。

值得指出的是,以上所述并非就是关于平衡状态稳定性的唯一确定的概念。实际上,在经典控制理论中,只有渐近稳定的系统才叫作稳定系统,而把在李雅普诺夫意义下是稳定的,但不是渐近稳定的叫作临界稳定系统或不稳定系统。此外,还有所谓有界输入有界输出稳定性(BIBO)等等,不过本章所使用到的"稳定性"一词,都指在李雅普诺夫意义下而言的。

(10) **正定函数**　令 $V(\boldsymbol{x})$是向量 $\boldsymbol{x}$ 的标量函数,S 是 $\boldsymbol{x}$ 空间包含原点的封闭有限区域。如果对于 S 中的所有 $\boldsymbol{x}$,都有:

① $V(\boldsymbol{x})$对于向量 $\boldsymbol{x}$ 中各分量有连续的偏导数;

② $V(\boldsymbol{0})=0$;

③ 当 $\boldsymbol{x}\neq\boldsymbol{0}$ 时,$V(\boldsymbol{x})>0(V(\boldsymbol{x})\geqslant 0)$。

则称 $V(\boldsymbol{x})$是正定的(正半定的)。

如果条件(3)中不等式的符号反向,则称 $V(\boldsymbol{x})$是负定的(负半定的)。

如果在 S 域内,不论 S 多么小,$V(\boldsymbol{x})$既可为正值也可为负值时,则称 $V(\boldsymbol{x})$为不定的。

例 5.1.1

$V(\boldsymbol{x})=x_1^2+x_2^2$,正定的

$V(\boldsymbol{x})=(x_1+x_2)^2$,半正定的

$V(\boldsymbol{x})=-x_1^2-x_2^2$，负定的

$V(\boldsymbol{x})=-(3x_1+2x_2)^2$，半负定的

$V(\boldsymbol{x})=x_1x_2-x_2^2$，不定的

(11) **二次型**　建立在李雅普诺夫第二方法基础上的稳定性分析中，有一类标量函数起着很重要的作用，这就是二次型函数

$$V(\boldsymbol{x}) = \boldsymbol{x}^{\mathrm{T}}\boldsymbol{P}\boldsymbol{x} \tag{5.1.8}$$

式中，$\boldsymbol{x}^{\mathrm{T}}$ 为 $\boldsymbol{x}$ 的转置，$\boldsymbol{P}$ 为权矩阵。在一般情况下，有

$$\boldsymbol{P} = \begin{bmatrix} p_{11} & p_{12} & \cdots & p_{1n} \\ p_{21} & p_{22} & \cdots & p_{2n} \\ \vdots & \vdots & & \vdots \\ p_{n1} & p_{n2} & \cdots & p_{nn} \end{bmatrix}$$

于是有

$$V(\boldsymbol{x}) = \sum_{i=1}^{n}\sum_{j=1}^{n} p_{ij}x_ix_j$$

显然，如果 $p_{ij}+p_{ji}$ 都相同，则所有这样得到的二次型函数 $V(\boldsymbol{x})$ 都相同。常取 $\boldsymbol{P}$ 是对称矩阵，即 $p_{ij}=p_{ji}$，这时 $V(\boldsymbol{x})$ 的正、负定性可用下面的定理来确定。

塞尔维斯特(Sylvester)定理　当式(5.1.8)中的 $\boldsymbol{P}$ 是对称矩阵时，$V(\boldsymbol{x})$ 为正定的充分必要条件是 $\boldsymbol{P}$ 的所有顺序主子行列式都是正的。即

$$p_{11} > 0,\quad \det\begin{bmatrix} p_{11} & p_{12} \\ p_{21} & p_{22} \end{bmatrix} > 0,\ \det\boldsymbol{P} > 0$$

如果 $\boldsymbol{P}$ 的所有主子行列式为非负的(其中有的为零)，那么 $V(\boldsymbol{x})$ 即为半正定的。显然，如果 $-V(\boldsymbol{x})$ 是正定的(半正定的)，则 $V(\boldsymbol{x})$ 将是负定的 (半负定的)。

例 5.1.2　证明下列二次型函数是正定的。

$$V(\boldsymbol{x}) = 10x_1^2 + 4x_2^2 + x_3^2 + 2x_1x_2 - 2x_2x_3 - 4x_1x_3$$

解　二次型 $V(\boldsymbol{x})$ 可以写为

$$V(\boldsymbol{x}) = \boldsymbol{x}^{\mathrm{T}}\boldsymbol{P}\boldsymbol{x} = [x_1 \quad x_2 \quad x_3]\begin{bmatrix} 10 & 1 & -2 \\ 1 & 4 & -1 \\ -2 & -1 & 1 \end{bmatrix}\begin{bmatrix} x_1 \\ x_2 \\ x_3 \end{bmatrix}$$

应用塞尔维斯特定理，可知矩阵 $\boldsymbol{P}$ 的所有前主子行列式都大于零，所以 $V(\boldsymbol{x})$ 是正定的。此时也称矩阵 $\boldsymbol{P}$ 是正定的。

5.2　李雅普诺夫稳定性理论

俄国学者李雅普诺夫于 1892 年发表的《运动稳定性的一般问题》的论文中，首先建立了关于稳定性问题的一般理论，作者把分析由常微分方程组所描述的动力学系统稳定性的方法，归纳为在本质上不同的两类，即通常所称的李雅普诺夫

第一方法和第二方法。后面的论述把重点放在第二方法上，而对第一方法只做简短的介绍。

5.2.1 李雅普诺夫第一方法

李雅普诺夫第一方法又称为间接法。它的基本思想是解出系统的状态方程，然后根据状态方程解的性质判别系统的稳定性。显然，对于线性系统，只须求出系数矩阵的特征值就可以判断其稳定性。而对于非线性系统，则由若干过程组成，其中每个过程都要用到具体的形式。如果系统存在一个以上的平衡状态，则要对每个平衡状态分别进行研究。

考察非线性系统，设在零输入下的状态方程为

$$\dot{\boldsymbol{x}} = \boldsymbol{f}(\boldsymbol{x}) \tag{5.2.1}$$

式中，$\boldsymbol{x}$ 为 n 维状态向量，$\boldsymbol{f}(\boldsymbol{x})$ 为与 $\boldsymbol{x}$ 同维数的非线性向量函数，并且它对状态变量 $x_1, x_2, \cdots, x_n$ 是连续可微的。

如欲讨论系统在其平衡状态 $\boldsymbol{x}_e$ 的稳定性，须将非线性向量函数 $\boldsymbol{f}(\boldsymbol{x})$ 在平衡状态 $\boldsymbol{x}_e$ 附近展成泰勒级数，并引入新的向量 $\boldsymbol{y}=\boldsymbol{x}-\boldsymbol{x}_e$ 把平衡状态移到坐标的原点。此时不难由式(5.2.1)得到新的状态方程

$$\dot{\boldsymbol{y}} = \boldsymbol{A}\boldsymbol{y} + \boldsymbol{G}(\boldsymbol{y})\boldsymbol{y}$$

式中 $\boldsymbol{A}$ 是 $n\times n$ 雅可比(Jacobian)矩阵，即

$$\boldsymbol{A} = \begin{bmatrix} \frac{\partial f_1}{\partial y_1} & \frac{\partial f_1}{\partial y_2} & \cdots & \frac{\partial f_1}{\partial y_n} \\ \frac{\partial f_2}{\partial y_1} & \frac{\partial f_2}{\partial y_2} & \cdots & \frac{\partial f_2}{\partial y_n} \\ \vdots & \vdots & \ddots & \vdots \\ \frac{\partial f_n}{\partial y_1} & \frac{\partial f_n}{\partial y_2} & \cdots & \frac{\partial f_n}{\partial y_n} \end{bmatrix}_{\boldsymbol{y}=\boldsymbol{0}} = \begin{bmatrix} \frac{\partial f_1}{\partial x_1} & \frac{\partial f_1}{\partial x_2} & \cdots & \frac{\partial f_1}{\partial x_n} \\ \frac{\partial f_2}{\partial x_1} & \frac{\partial f_2}{\partial x_2} & \cdots & \frac{\partial f_2}{\partial x_n} \\ \vdots & \vdots & \ddots & \vdots \\ \frac{\partial f_n}{\partial x_1} & \frac{\partial f_n}{\partial x_2} & \cdots & \frac{\partial f_n}{\partial x_n} \end{bmatrix}_{x=x_e} \tag{5.2.2}$$

$f_1, f_2, \cdots, f_n$ 是 $\boldsymbol{f}(\boldsymbol{x})$ 的 n 个分量。出现在雅可比矩阵 $\boldsymbol{A}$ 中的所有偏导数都是在平衡状态 $\boldsymbol{x}=\boldsymbol{x}_e$ 或说 $\boldsymbol{y}=\boldsymbol{0}$ 处求取的。$n\times n$ 矩阵 $\boldsymbol{G}(\boldsymbol{y})$ 是由泰勒级数展开式的高阶导数项所组成。$\boldsymbol{G}(\boldsymbol{y})$ 的元素在平衡状态为零。因此，可在原点附近将方程式线性化表示为

$$\dot{\boldsymbol{y}} = \boldsymbol{A}\boldsymbol{y} \tag{5.2.3}$$

式(5.2.3)是非线性方程式(5.2.1)的一次近似。在此基础上，李雅普诺夫给出了如下结论。

定理 5.2.1 如果式(5.2.2)系数矩阵 $\boldsymbol{A}$ 的所有特征值都具有负实部，则原非线性系统(5.2.1)的平衡状态 $\boldsymbol{x}_e$ 是渐近稳定的，且系统的稳定性与高阶导数项无关；如果在 $\boldsymbol{A}$ 的特征值中，至少有一个实部为正的特征值，则原非线性系统的平衡状态 $\boldsymbol{x}_e$ 是不稳定的；如果 $\boldsymbol{A}$ 的特征值中，虽然没有实部为正的，但有为零的，则原

非线性系统的平衡状态 $\boldsymbol{x}_e$ 的稳定性要由高阶导数项 $\boldsymbol{G}(\boldsymbol{y})$ 来决定。

例 5.2.1　已知非线性系统由下列方程组描述，并假定其中 $u=U=$ 常数，试分析系统在其平衡状态的稳定性。

$$\dot{x}_1 = x_2$$

$$\dot{x}_2 = -a_0\sin x_1 - a_1 x_2 + b_0 u$$

解　先求系统可能的平衡状态。由式(5.1.3)可得

$$x_2 = 0$$

$$-a_0\sin x_1 - a_1 x_2 + b_0 U = 0$$

解得系统的一个平衡状态为

$$x_{1e} = \arcsin\frac{b_0}{a_0}U$$

$$x_{2e} = 0$$

为将坐标原点移到平衡状态 $\boldsymbol{x}_e$，取新的状态变量为

$$y_1 = x_1 - x_{1e} = x_1 - \arcsin\frac{b_0}{a_0}U$$

$$y_2 = x_2 - x_{2e} = x_2$$

则得给定非线性系统的新状态方程为

$$\dot{y}_1 = y_2$$

$$\dot{y}_2 = -a_0\sin(y_1 + x_{1e}) - a_1 y_2 + b_0 U$$

根据式(5.2.2)，求得

$$\boldsymbol{A} = \begin{bmatrix} \dfrac{\partial f_1}{\partial y_1} & \dfrac{\partial f_1}{\partial y_2} \\ \dfrac{\partial f_2}{\partial y_1} & \dfrac{\partial f_2}{\partial y_2} \end{bmatrix}_{y=0} = \begin{bmatrix} 0 & 1 \\ -a_0\cos x_{1e} & -a_1 \end{bmatrix}$$

于是得给定非线性方程在其平衡状态附近的一次近似方程为

$$\dot{y}_1 = y_2$$

$$\dot{y}_2 = -a_0\cos x_{1e}\cdot y_1 - a_1 y_2$$

该近似方程的特征方程为

$$\det[\boldsymbol{A} - \lambda\boldsymbol{I}] = \lambda^2 + a_1\lambda + a_0\cos x_{1e} = 0$$

显然，如果 $a_0>0$，$a_1>0$，则当 $\cos x_{1e}>0$ 时，原非线性系统在其平衡状态是渐近稳定的，而在 $\cos x_{1e}<0$ 时，将是不稳定的。

5.2.2　李雅普诺夫第二方法

此法又称为直接法，它的基本特点是不必求解系统的状态方程，就能对其在平衡点处的稳定性进行分析和做出判断，并且这种判断是准确的，而不包含近似。

由经典的力学理论可知：对于一个振动系统，如果它的总能量(这是一个标量函数)随着时间的向前推移而不断地减少，也就是说，若其总能量对时间的导数小于零，则振动将逐渐衰减，而当此总能量达到最小值时，振动将会稳定下来，或者完全消失。李雅普诺夫第二方法就是建立在这样一个直观的物理事实，但又更为普遍的情况之上的。即如果系统有一个渐近稳定的平衡状态，那么当它转移到该平衡状态的邻域内时，系统所具有的能量随着时间的增加而逐渐减少；直到在平衡状态达到最小值。然而就一般的系统而言，未必一定能得到一个"能量函数"，对此，李雅普诺夫引入了一个虚构的广义能量函数来判断系统平衡状态的稳定性。这个虚构的广义能量函数被称为李雅普诺夫函数，记为 $V(\boldsymbol{x},t)$。这样，对于一个给定的系统只要能构造出一个正定的标量函数，并且该函数对时间的导数为负定的，那么这个系统在平衡状态处就是渐近稳定的。无疑，李雅普诺夫函数比能量函数更为一般，从而它的应用范围也更加广泛。当然，这需要我们自己去构造它，但是这一工作通常不总是很顺利的。

李雅普诺夫函数与 $x_1,x_2,\cdots,x_n$ 及 t 有关，用 $V(x_1,x_2,\cdots,x_n,t)$ 或者简单地用 $V(\boldsymbol{x},t)$ 来表示。如果在李雅普诺夫函数中不显含 t，就用 $V(x_1,x_2,\cdots,x_n)$ 或 $V(\boldsymbol{x})$ 表示。在李雅普诺夫第二方法中，$V(\boldsymbol{x},t)$ 的特征和它对时间的导数 $\dot{V}(\boldsymbol{x},t)$ 提供了判断平衡状态处的稳定信息，而无需求解方程。

需要指出的是，直至目前，虽然李雅普诺夫稳定性理论的研究一直为人们所重视，并且已经有了许多卓有成效的结果，但是就一般而论，还没有一个简便的寻求李雅普诺夫函数的统一方法。

如果用比较严谨的数学语言来表述上面建立在直观意义下的 $V(\boldsymbol{x})$，则可以归纳成如下的说法：如果标量函数 $V(\boldsymbol{x})$ 是正定的，这里的 $\boldsymbol{x}$ 是 n 维状态向量，那么满足 $V(\boldsymbol{x})=C$ 的状态 $\boldsymbol{x}$ 处于 n 维状态空间中至少位于原点领域内的封闭超曲面上。式中的 C 是一个正常数。如果随着 $\|\boldsymbol{x}\|\to\infty$，有 $V(\boldsymbol{x})\to\infty$，那么上述封闭曲面可扩展到整个状态空间。如果 $C_1<C_2$，则超曲面 $V(\boldsymbol{x})=C_1$ 将完全处于超曲面 $V(\boldsymbol{x})=C_2$ 的内部。

对于一个给定的系统，如果能够找到一个正定的标量函数，它沿着轨迹对时间的导数总是负值，则随着时间的增加，$V(\boldsymbol{x})$ 将取越来越小的 C 值，随时间的进一步增加，最终将导致 $V(\boldsymbol{x})$ 变为零，$\boldsymbol{x}$ 也变为零。这意味着状态空间的原点是渐近稳定的。

定理 5.2.2a　假设系统的状态方程为

$$\dot{\boldsymbol{x}} = \boldsymbol{f}(\boldsymbol{x},t), \quad \boldsymbol{f}(\boldsymbol{0},t) = \boldsymbol{0}, \quad \forall t \tag{5.2.4}$$

如果存在一个具有连续偏导数的标量函数 $V(\boldsymbol{x},t)$，并且满足条件：

① $V(\boldsymbol{x},t)$ 是正定的；

② $\dot{V}(\boldsymbol{x},t)$ 是负定的。

那么系统在原点处的平衡状态是一致渐近稳定的。如果随着 $\|\boldsymbol{x}\|\to\infty$，有 $V(\boldsymbol{x},t)\to$

∞,则在原点处的平衡状态是大范围渐近稳定的。

此定理的条件可修改为：

定理 5.2.2b　对于系统(5.2.4),如果存在一个标量函数 $V(\boldsymbol{x},t)$,并且满足条件：

(1) $V(\boldsymbol{x},t)$是正定的；

(2) $\dot{V}(\boldsymbol{x},t)$是半负定的；

(3) $\dot{V}(\boldsymbol{\phi}(t;\boldsymbol{x}_0,t_0),t)$对任意的 t_0 和任意的 $\boldsymbol{x}_0\neq\boldsymbol{0}$,在 $t\geqslant t_0$ 时不恒等于零。

那么系统(5.2.4)在原点处是一致渐近稳定的。如果随着$\|\boldsymbol{x}\|\to\infty$,有 $V(\boldsymbol{x},t)\to\infty$,则在原点处是大范围渐近稳定的。式中的$\boldsymbol{\phi}(t;\boldsymbol{x}_0,t_0)$表示在 t_0 时从 $\boldsymbol{x}_0$ 出发的解。

定理 5.2.2 中的条件(2)与修改的条件(2)和(3)的等效性,可从下面看出。如果$\dot{V}(\boldsymbol{x},t)$不是负定的,而是半负定的,这时就表示点的轨迹可能与某个特定曲面 $V(\boldsymbol{x})=C$ 相切。由于$\dot{V}(\boldsymbol{\phi}(t;\boldsymbol{x}_0,t_0),t)$对任意 t_0 和任意 $\boldsymbol{x}_0\neq\boldsymbol{0}$,在 $t\geqslant t_0$ 时不恒等于零,故该点不可能保持在切点处(在切点处的$\dot{V}(\boldsymbol{x},t)=0$),因而必然要继续运动,最终到达原点。

为证明方程式(5.2.4)所定义的系统在原点的稳定性,可应用下面的定理。

定理 5.2.3　假定系统的状态方程式如式(5.2.4)所示,如果存在一个标量函数 $V(\boldsymbol{x},t)$,它具有连续的一阶偏导数,并且满足以下两个条件：

(1) $V(\boldsymbol{x},t)$是正定的；

(2) $\dot{V}(\boldsymbol{x},t)$是半负定的。

则系统在原点处的平衡状态是一致稳定的。

注意：$\dot{V}(\boldsymbol{x},t)$的半负定(沿着轨迹$\dot{V}(\boldsymbol{x},t)\leqslant 0$)表示原点是一致稳定的,但未必是一致渐近稳定的。因此,在这种情况下系统可能呈现极限环运行状态。

如果系统的平衡状态 $\boldsymbol{x}=\boldsymbol{0}$ 是不稳定的,那么就存在一个标量函数 $W(\boldsymbol{x},t)$,并可以 $W(\boldsymbol{x},t)$来确定平衡状态的不稳定性。

定理 5.2.4　假设系统由方程式(5.2.4)所描述,如果存在一个标量函数 $W(\boldsymbol{x},t)$,它具有连续的一阶偏导数且满足系列条件：

(1) $W(\boldsymbol{x},t)$在原点的某一领域内是正定的；

(2) $\dot{W}(\boldsymbol{x},t)$在同样的邻域中是正定的。

则原点处的平衡状态是不稳定的。

上述各定理的证明均予以省略,对此有兴趣的读者请自行查阅有关文献。

例 5.2.2　已知系统的状态方程为

$$\dot{x}_1 = x_2 - x_1(x_1^2 + x_2^2)$$

$$\dot{x}_2 = -x_1 - x_2(x_1^2 + x_2^2)$$

试用李雅普诺夫第二方法判断其稳定性。

解　很明显，原点($x_1=0,x_2=0$)是系统唯一的平衡状态，选取标量函数 $V(\boldsymbol{x})$ 为

$$V(\boldsymbol{x})=x_1^2+x_2^2$$

于是有 $V(\boldsymbol{x})>0$，即为正定的，而

$$\dot{V}(\boldsymbol{x})=2x_1\dot{x}_1+2x_2\dot{x}_2=-2(x_1^2+x_2^2)^2$$

是负定的，这说明 $V(\boldsymbol{x})$ 沿运行轨迹是连续减少的。又因为当 $\|\boldsymbol{x}\|\to\infty$ 时，有 $V(\boldsymbol{x})\to\infty$，所以根据定理5.2.2知，系统在原点处的平衡状态是大范围渐近稳定的。

例5.2.3　已知系统的状态方程为

$$\dot{x}_1=-(x_1+x_2)-x_2^2$$

$$\dot{x}_2=-(x_1+x_2)+x_1x_2$$

试用李雅普诺夫第二方法判别其稳定性。

解　系统具有唯一的平衡状态($x_1=0,x_2=0$)，取标量函数

$$V(\boldsymbol{x})=x_1^2+x_2^2$$

于是有 $V(\boldsymbol{x})>0$，即为正定的，而

$$\dot{V}(\boldsymbol{x})=2x_1\dot{x}_1+2x_2\dot{x}_2=-2(x_1+x_2)^2$$

由此知 $\dot{V}(\boldsymbol{x})$ 为半负定的，这是因为除原点处外，尚有 $x_1=-x_2$ 处能使 $\dot{V}(\boldsymbol{x})=0$。可是当把 $x_1=-x_2$ 代入系统的状态方程式中时，即有

$$\dot{x}_1=-x_2^2,\quad \dot{x}_2=-x_2^2$$

这说明在 $x_1=-x_2\neq0$ 时，虽然有 $\dot{V}(\boldsymbol{x})=0$，但此时系统的状态仍在转移中，且这种转移将破坏条件 $x_1=-x_2$，即 $\dot{V}(\boldsymbol{x})$ 不会恒等于零。又因为当 $\|x\|\to\infty$ 时，有 $V(\boldsymbol{x})\to\infty$，根据定理5.2.2b中的条件知，系统在其原点处的平衡状态是大范围渐近稳定的。

例5.2.4　系统的状态方程为

$$\dot{x}_1=x_1+x_2$$

$$\dot{x}_2=-x_1+x_2$$

试判定系统在其平衡状态的稳定性。

解　原点($x_1=0,x_2=0$)即为系统的平衡状态。选标量函数

$$W(\boldsymbol{x})=x_1^2+x_2^2$$

有 $W(\boldsymbol{x})>0$，即为正定的，而

$$\dot{W}(\boldsymbol{x})=2x_1\dot{x}_1+2x_2\dot{x}_2=2(x_1^2+x_2^2)$$

亦为正定的，根据定理5.2.4知系统在原点处的平衡状态是不稳定的。

5.2.3 几点说明

在此，对李雅普诺夫第二方法扼要地指出以下几个重要的问题，作为本节的结束。

(1) 李雅普诺夫函数具有如下性质：它是一个标量函数；它是一个正定函数，至少在原点的领域内是如此；对于一个给定的系统，李雅普诺夫函数不是唯一的。

(2) 李雅普诺夫方法的显著优点在于：不仅对于线性系统，而且对于非线性系统它都能给出关于在大范围内稳定性的信息。

(3) 在运用李雅普诺夫定理时，从一个特定的李雅普诺夫函数中得到的关于稳定性的条件是充分的，而不是必要的。

(4) 对于一个特定的系统，若不能找到一个合适的李雅普诺夫函数来证明考虑中的平衡状态的稳定性、渐近稳定性或不稳定性，就不能给出该系统稳定性方面的任何信息。

(5) 虽然一个特定的李雅普诺夫函数可以证明在域 Ω 中所考虑的平衡状态是稳定的，或者是渐近稳定的，但它未必就意味着在域 Ω 外的运动是不稳定的。

(6) 如果系统的原点是稳定的或渐近稳定的，那么具有所要求性质的李雅普诺夫函数一定是存在的，尽管要找到一个合适的李雅普诺夫函数可能非常困难(在很大程度上要凭借经验)。这种困难构成了运用李雅普诺夫第二方法分析系统稳定性的主要障碍。经验表明，李雅普诺夫函数最简单的形式是二次型，即 $V(\boldsymbol{x})=\boldsymbol{x}^{\mathrm{T}}\boldsymbol{P}\boldsymbol{x}$，这里 $\boldsymbol{P}$ 为实对称方阵。

5.3 李雅普诺夫方法在线性系统中的应用

5.3.1 用李雅普诺夫方法判断线性系统的稳定性

首先必须指出，研究线性时不变系统的稳定性有很多方法，比如劳斯-赫尔维茨(Routh-Hurwitz)判据、奈奎斯特判据等。这些行之有效的方法，都是读者所熟知的。在这里只是从李雅普诺夫理论应用的角度，介绍第二方法判断线性时不变系统稳定性的方法。

研究下列线性定常系统：

$$\dot{\boldsymbol{x}}=\boldsymbol{A}\boldsymbol{x} \tag{5.3.1}$$

式中，$\boldsymbol{x}$ 为 n 维状态向量，$\boldsymbol{A}$ 为 $n\times n$ 常数矩阵。设 $\boldsymbol{A}$ 为非奇异的，那么系统的唯一平衡状态就是原点($\boldsymbol{x}=\boldsymbol{0}$)处。取标量函数

$$V(\boldsymbol{x})=\boldsymbol{x}^{\mathrm{T}}\boldsymbol{P}\boldsymbol{x} \tag{5.3.2}$$

式中的 $\boldsymbol{P}$ 是正定的实对称方阵。如果所研究的状态 $\boldsymbol{x}$ 是复向量，则取

$V(\boldsymbol{x})=\boldsymbol{x}^{*}\boldsymbol{P}\boldsymbol{x}$,此处 $\boldsymbol{x}^{*}$ 为 $\boldsymbol{x}$ 的共轭转置,而 $\boldsymbol{P}$ 为赫米特矩阵($\boldsymbol{P}=\bar{\boldsymbol{P}}^{\mathrm{T}}$),显然有 $V(\boldsymbol{x})>0$,即为正定的。又从定理 5.2.2 可知,当满足 $V(\boldsymbol{x})>0$,$\dot{V}(\boldsymbol{x})<0$ 时,系统的平衡状态便是渐近稳定的。于是此处要求

$$\begin{aligned}\dot{V}(\boldsymbol{x}) &= \dot{\boldsymbol{x}}^{\mathrm{T}}\boldsymbol{P}\boldsymbol{x}+\boldsymbol{x}^{\mathrm{T}}\boldsymbol{P}\dot{\boldsymbol{x}}=\boldsymbol{x}^{\mathrm{T}}\boldsymbol{A}^{\mathrm{T}}\boldsymbol{P}\boldsymbol{x}+\boldsymbol{x}^{\mathrm{T}}\boldsymbol{P}\boldsymbol{A}\boldsymbol{x}\\ &= \boldsymbol{x}^{\mathrm{T}}(\boldsymbol{A}^{\mathrm{T}}\boldsymbol{P}+\boldsymbol{P}\boldsymbol{A})\boldsymbol{x}=-\boldsymbol{x}^{\mathrm{T}}\boldsymbol{Q}\boldsymbol{x}<0\end{aligned} \tag{5.3.3}$$

即式中

$$\boldsymbol{Q}=-(\boldsymbol{A}^{\mathrm{T}}\boldsymbol{P}+\boldsymbol{P}\boldsymbol{A}) \tag{5.3.4}$$

为正定的。也就是说,系统(5.3.1)在其平衡状态为渐近稳定的充分条件是矩阵 $\boldsymbol{Q}$ 为正定的。关于 $\boldsymbol{Q}$ 的正定性的判别,则可采用塞尔维斯特准则。该准则指出:矩阵为正定的充要条件是矩阵的各顺序主子式均为正值。

据上所述,为判断线性定常系统在平衡状态的渐近稳定性,应先选一个正定的矩阵 $\boldsymbol{P}$,以使 $V(\boldsymbol{x})$ 为正定,然后根据式(5.3.4)求出矩阵 $\boldsymbol{Q}$,检验 $\boldsymbol{Q}$ 是否为正定的,若是,则该平衡状态为渐近稳定的。但是,在实际中通常做法是首先指定一个正定的矩阵 $\boldsymbol{Q}$,然后检验由式(5.3.4)所确定的 $\boldsymbol{P}$ 是否也是正定的。之所以要这样做,是因为这比起先指定一个正定的矩阵 $\boldsymbol{P}$,然后检查 $\boldsymbol{Q}$ 是否也是正定的做法要方便得多。但是要注意,$\boldsymbol{P}$ 为正定是一个充分必要条件。归纳上述情况可得以下的定理。

定理 5.3.1 设系统的状态方程为 $\dot{\boldsymbol{x}}=\boldsymbol{A}\boldsymbol{x}$,其中 $\boldsymbol{x}$ 为 n 维状态向量,$\boldsymbol{A}$ 为 $n\times n$ 常数非奇异矩阵。其在平衡状态 $\boldsymbol{x}=\boldsymbol{0}$ 处是大范围渐近稳定的充分必要条件是:给定一个正定的实对称阵 $\boldsymbol{Q}$,存在一个正定的实对称阵 $\boldsymbol{P}$,它们满足 $\boldsymbol{A}^{\mathrm{T}}\boldsymbol{P}+\boldsymbol{P}\boldsymbol{A}=-\boldsymbol{Q}$。此时标量函数 $\boldsymbol{x}^{\mathrm{T}}\boldsymbol{P}\boldsymbol{x}$ 就是系统的李雅普诺夫函数。

在应用这个定理时,应注意以下几点:

(1) 如果 $\dot{V}(\boldsymbol{x})=-\boldsymbol{x}^{\mathrm{T}}\boldsymbol{Q}\boldsymbol{x}$ 沿任意一条轨迹都不恒等于零,那么 $\boldsymbol{Q}$ 可取为半正定的。这是由定理 5.2.2b 的条件而来的。

(2) 如果取一个任意的正定矩阵(或者,若 $\dot{V}(\boldsymbol{x})$ 沿一轨迹不恒等于零时,取为半正定矩阵),并求解矩阵方程式(5.3.4)以确定 $\boldsymbol{P}$,则对于系统在 $\boldsymbol{x}=\boldsymbol{0}$ 的平衡状态是渐近稳定的来说,$\boldsymbol{P}$ 为正定的是个充分必要条件。

(3) 为了确定矩阵 $\boldsymbol{P}$ 的各元素,可使矩阵 $\boldsymbol{A}^{\mathrm{T}}\boldsymbol{P}+\boldsymbol{P}\boldsymbol{A}$ 和矩阵 $-\boldsymbol{Q}$ 的各元素相等,这就导致有 $\frac{1}{2}n(n+1)$ 个线性代数方程。如果用 $\lambda_1,\lambda_2,\cdots,\lambda_n$ 表示矩阵 $\boldsymbol{A}$ 的特征值,当它们两两不相等,且每两者之和有

$$\lambda_i+\lambda_j\neq 0,\quad \forall\, i,j$$

时,矩阵 $\boldsymbol{P}$ 的元素是唯一确定的。事实上,如果矩阵 $\boldsymbol{A}$ 表示一个稳定系统,$\lambda_i+\lambda_j$ 的和总是不等于零的。

(4) 只要矩阵 $\boldsymbol{Q}$ 选成是正定的(或在许可时选为半正定的),那么对系统渐近

稳定性判定的最终结果与 $\boldsymbol{Q}$ 的具体选取无关。据此，在确定是否存在一个正定的实对称矩阵 $\boldsymbol{P}$ 时，可简单地取 $\boldsymbol{Q}=\boldsymbol{I}$，这里的 $\boldsymbol{I}$ 为 n 维单位阵。即根据

$$\boldsymbol{A}^{\mathrm{T}}\boldsymbol{P}+\boldsymbol{P}\boldsymbol{A}=-\boldsymbol{I}$$

求取 $\boldsymbol{P}$，然后检验 $\boldsymbol{P}$ 是否为正定的。

例 5.3.1　设系统的状态方程为

$$\dot{\boldsymbol{x}}=\begin{bmatrix}0 & 1\\ -1 & -1\end{bmatrix}\boldsymbol{x}$$

其平衡状态在坐标的原点上，试判断这一状态的渐近稳定性。

解　令矩阵

$$\boldsymbol{P}=\begin{bmatrix}p_{11} & p_{12}\\ p_{12} & p_{22}\end{bmatrix}$$

则由 $\boldsymbol{A}^{\mathrm{T}}\boldsymbol{P}+\boldsymbol{P}\boldsymbol{A}=-\boldsymbol{I}$，得

$$\begin{bmatrix}0 & -1\\ 1 & -1\end{bmatrix}\begin{bmatrix}p_{11} & p_{12}\\ p_{12} & p_{22}\end{bmatrix}+\begin{bmatrix}p_{11} & p_{12}\\ p_{12} & p_{22}\end{bmatrix}\begin{bmatrix}0 & 1\\ -1 & -1\end{bmatrix}=\begin{bmatrix}-1 & 0\\ 0 & -1\end{bmatrix}$$

解上述矩阵方程，有

$$\begin{cases}-2p_{12}=-1\\ p_{11}-p_{12}-p_{22}=0\\ 2p_{12}-2p_{22}=-1\end{cases}\Rightarrow\begin{cases}p_{11}=\dfrac{3}{2}\\ p_{22}=1\\ p_{12}=\dfrac{1}{2}\end{cases}$$

即得

$$\boldsymbol{P}=\begin{bmatrix}p_{11} & p_{12}\\ p_{12} & p_{22}\end{bmatrix}=\begin{bmatrix}\dfrac{3}{2} & \dfrac{1}{2}\\ \dfrac{1}{2} & 1\end{bmatrix}$$

为了检验矩阵 $\boldsymbol{P}$ 的正定性，可对各顺序主子行列式校验其是否大于零。因为

$$P_{11}=\frac{3}{2}>0\quad\det\begin{bmatrix}p_{11} & p_{12}\\ p_{12} & p_{22}\end{bmatrix}=\det\begin{bmatrix}\dfrac{3}{2} & \dfrac{1}{2}\\ \dfrac{1}{2} & 1\end{bmatrix}=\frac{5}{4}>0$$

可知 $\boldsymbol{P}$ 是正定的。因此系统在原点处是大范围渐近稳定的。系统的李雅普诺夫函数及其沿轨迹的导数分别为

$$V(\boldsymbol{x})=\boldsymbol{x}^{\mathrm{T}}\boldsymbol{P}\boldsymbol{x}=\frac{1}{2}(3x_1^2+2x_1x_2+2x_2^2)$$

$$\dot{V}(\boldsymbol{x})=-\boldsymbol{x}^{\mathrm{T}}\boldsymbol{Q}\boldsymbol{x}=-x^{\mathrm{T}}x=-(x_1^2+x_2^2)$$

的确，有 $V(\boldsymbol{x})>0$，$\dot{V}(\boldsymbol{x})<0$。系统大范围渐近稳定。

与连续时间系统的情况相似，线性离散时间系统的李雅普诺夫稳定性分析有如下定理：

定理 5.3.2 设线性离散时间系统的状态方程为

$$\boldsymbol{x}(k+1)=\boldsymbol{G}\boldsymbol{x}(k) \tag{5.3.5}$$

式中,$\boldsymbol{x}$ 为 n 维状态向量,$\boldsymbol{G}$ 为 $n\times n$ 常数非奇异矩阵,原点 $\boldsymbol{x}=\boldsymbol{0}$ 是平衡状态。系统在原点为渐近稳定的充分必要条件是给定任一正定的实对称矩阵 $\boldsymbol{Q}$,存在一个正定的实对称矩阵 $\boldsymbol{P}$,使得满足

$$\boldsymbol{G}^{\mathrm{T}}\boldsymbol{P}\boldsymbol{G}-\boldsymbol{P}=-\boldsymbol{Q} \tag{5.3.6}$$

标量函数 $\boldsymbol{x}^{\mathrm{T}}\boldsymbol{P}\boldsymbol{x}$ 就是系统的一个李雅普诺夫函数 $V[\boldsymbol{x}(k)]$。

如果 $\Delta V[\boldsymbol{x}(k)]=V[\boldsymbol{x}(k+1)]-V[\boldsymbol{x}(k)]=-\boldsymbol{x}^{\mathrm{T}}\boldsymbol{Q}\boldsymbol{x}$ 沿任一解的序列不恒等于零,则 $\boldsymbol{Q}$ 可取半正定的。在具体运用本定理时,为了方便,也和连续时间系统中运用定理 5.3.1 时一样,可以做些变通。即可先给定 $\boldsymbol{Q}$ 为正定实对称矩阵,根据式(5.3.6)求解矩阵 $\boldsymbol{P}$,然后检验 $\boldsymbol{P}$ 的正定性,从而判断系统在原点处是否为渐近稳定的。同时亦可简单地取 $\boldsymbol{Q}=\boldsymbol{I}$。

例 5.3.2 试确定如下系统在原点的稳定性。

$$\begin{bmatrix}x_1(k+1)\\x_2(k+1)\end{bmatrix}=\begin{bmatrix}0 & 0.5\\-0.5 & -1\end{bmatrix}\begin{bmatrix}x_1(k)\\x_2(k)\end{bmatrix}$$

解 利用式(5.3.6)所给的李雅普诺夫稳定性方程,并取 $\boldsymbol{Q}=\boldsymbol{I}$ 得

$$\begin{bmatrix}0 & -0.5\\0.5 & -1\end{bmatrix}\begin{bmatrix}p_{11} & p_{12}\\p_{12} & p_{22}\end{bmatrix}\begin{bmatrix}0 & 0.5\\-0.5 & -1\end{bmatrix}-\begin{bmatrix}p_{11} & p_{12}\\p_{12} & p_{22}\end{bmatrix}=\begin{bmatrix}-1 & 0\\0 & -1\end{bmatrix}$$

由此得出

$$\boldsymbol{P}=\begin{bmatrix}p_{11} & p_{12}\\p_{12} & p_{22}\end{bmatrix}=\begin{bmatrix}\dfrac{52}{27} & \dfrac{40}{27}\\[2ex]\dfrac{40}{27} & \dfrac{100}{27}\end{bmatrix}$$

因为 $\boldsymbol{P}$ 的所有前主子式都大于零,故 $\boldsymbol{P}$ 为正定的,从而系统在原点的平衡状态是大范围渐近稳定的。

5.3.2 用李雅普诺夫函数求解参数最优化问题

设所考虑的系统为

$$\dot{\boldsymbol{x}}=\boldsymbol{A}(\xi)\boldsymbol{x},\quad \boldsymbol{x}(t_0)=\boldsymbol{x}_0 \tag{5.3.7}$$

式中,系数矩阵 $\boldsymbol{A}(\xi)$是一个带有可调参数 ξ 的矩阵,希望当在任意初始条件下转移到原点,且其性能指标

$$\boldsymbol{J}=\int_{t_0}^{+\infty}\boldsymbol{x}^{\mathrm{T}}\boldsymbol{Q}\boldsymbol{x}\,\mathrm{d}t \tag{5.3.8}$$

取极小值的条件下,确定其可调参数 ξ。式(5.3.8)中 $\boldsymbol{Q}$ 是一个正定的或半正定的实对称矩阵。这个问题称为参数最优化问题。

在求解这类问题时，可把二次型性能指标 $\boldsymbol{x}^{\mathrm{T}}\boldsymbol{Q}\boldsymbol{x}$ 和系统的李雅普诺夫函数之间建立直接的联系，并利用这种联系求解可调参数 ξ。

如果 $\boldsymbol{A}(\xi)$是稳定的，根据定理 5.3.1，则存在一个正定的矩阵 $\boldsymbol{P}$，使下式成立。即

$$\boldsymbol{A}^{\mathrm{T}}\boldsymbol{P}+\boldsymbol{P}\boldsymbol{A}=-\boldsymbol{Q}_1 \tag{5.3.9}$$

式中 $\boldsymbol{Q}_1$ 是任意给定的正定实对称阵。且有 $V(\boldsymbol{x})=\boldsymbol{x}^{\mathrm{T}}\boldsymbol{P}\boldsymbol{x}$ 是系统(5.3.7)的一个李雅普诺夫函数及

$$\dot{V}(\boldsymbol{x})=-\boldsymbol{x}^{\mathrm{T}}\boldsymbol{Q}_1\boldsymbol{x} \tag{5.3.10}$$

既然 $\boldsymbol{Q}_1$ 是任意给定的，不妨令 $\boldsymbol{Q}_1$ 等于式(5.3.8)中的 $\boldsymbol{Q}$，即取 $\boldsymbol{Q}_1=\boldsymbol{Q}$，并代入二次型指标表达式(5.3.8)中，于是有

$$J=\int_{t_0}^{+\infty}\boldsymbol{x}^{\mathrm{T}}\boldsymbol{Q}\boldsymbol{x}\,\mathrm{d}t=\int_{t_0}^{+\infty}\boldsymbol{x}^{\mathrm{T}}\boldsymbol{Q}_1\boldsymbol{x}\,\mathrm{d}t$$

考虑到式(5.3.10)，可得

$$J=\int_{t_0}^{+\infty}-\dot{V}(\boldsymbol{x})\,\mathrm{d}t=-V[\boldsymbol{x}(\infty)]+V[\boldsymbol{x}(t_0)]$$

因为对于一个渐近稳定的系统，总有 $V[\boldsymbol{x}(\infty)]=0$，于是有

$$J=V[\boldsymbol{x}(t_0)]=\boldsymbol{x}^{\mathrm{T}}(t_0)\boldsymbol{P}\boldsymbol{x}(t_0) \tag{5.3.11}$$

由上式可见，性能指标 J 可根据初始条件 $\boldsymbol{x}(t_0)$和矩阵 $\boldsymbol{P}$ 求得，而 $\boldsymbol{P}$ 则由给定的 $\boldsymbol{A}$ 和 $\boldsymbol{Q}$ 根据式(5.3.9)的关系求得。因为 $\boldsymbol{x}(t_0)$和 $\boldsymbol{Q}$ 都是给定的，所以 $\boldsymbol{P}$ 是 $\boldsymbol{A}$ 中各元素的函数，从而求取 J 的极小值的过程也就是使得 $\boldsymbol{A}$ 的可调参数 ξ 达到最优值的过程。

例 5.3.3　给定系统的状态方程为

$$\dot{\boldsymbol{x}}=\begin{bmatrix}0 & 1\\-1 & -2\xi\end{bmatrix}\boldsymbol{x},\quad \boldsymbol{x}(0)=\begin{bmatrix}1\\0\end{bmatrix}$$

试确定阻尼比 $\xi>0$ 的值，使系统的性能指标

$$\int_0^{+\infty}\boldsymbol{x}^{\mathrm{T}}\boldsymbol{Q}\boldsymbol{x}\,\mathrm{d}t,\quad 其中\ \boldsymbol{Q}=\begin{bmatrix}1 & 0\\0 & \mu\end{bmatrix},\quad \mu>0$$

达到最小值。

解　对于所给系统，因取 $\xi>0$ 时是渐近稳定的，$\boldsymbol{x}(\infty)=0$，于是有 $J=\boldsymbol{x}^{\mathrm{T}}(0)\boldsymbol{P}\boldsymbol{x}(0)$，而 $\boldsymbol{P}$ 可由 $\boldsymbol{A}^{\mathrm{T}}\boldsymbol{P}+\boldsymbol{P}\boldsymbol{A}=-\boldsymbol{Q}$ 求出，即

$$\begin{bmatrix}0 & -1\\1 & -2\xi\end{bmatrix}\begin{bmatrix}p_{11} & p_{12}\\p_{12} & p_{22}\end{bmatrix}+\begin{bmatrix}p_{11} & p_{12}\\p_{12} & p_{22}\end{bmatrix}\begin{bmatrix}0 & 1\\-1 & -2\xi\end{bmatrix}=\begin{bmatrix}-1 & 0\\0 & -\mu\end{bmatrix}$$

求解上述矩阵方程，可得

$$\boldsymbol{P}=\begin{bmatrix}p_{11} & p_{12}\\p_{12} & p_{22}\end{bmatrix}=\begin{bmatrix}\xi+\dfrac{1+\mu}{4\xi} & \dfrac{1}{2}\\ \dfrac{1}{2} & \dfrac{1+\mu}{4\xi}\end{bmatrix}$$

于是有 $J=\boldsymbol{x}^{\mathrm{T}}(0)\boldsymbol{P}\boldsymbol{x}(0)=\left(\xi+\dfrac{1+\mu}{4\xi}\right)x_1^2(0)+x_1(0)x_2(0)+\dfrac{1+\mu}{4\xi}x_2^2(0)$，将$x_1(0)=1$，

$x_2(0)=0$ 代入上式,得

$$J=\xi+\frac{1+\mu}{4\xi}$$

为了调整 ξ 使得 J 为最小,可将上式对 ξ 求导数并令它为零,从而求得

$$\xi=\frac{\sqrt{1+\mu}}{2}$$

此即为 ξ 的最优值。

根据上述结果不难得知:如选 $\mu=0$,则 $\xi=0.5$。事实上,$\mu=0$ 即意味着性能指标为

$$J=\int_0^{+\infty}\boldsymbol{x}^{\mathrm{T}}\boldsymbol{Q}\boldsymbol{x}\,\mathrm{d}t=\int_0^{+\infty}[x_1\ x_2]\begin{bmatrix}1&0\\0&0\end{bmatrix}\begin{bmatrix}x_1\\x_2\end{bmatrix}\mathrm{d}t=\int_0^{+\infty}x_1^2\,\mathrm{d}t$$

若假定所给系统的输出 $y=x_1$,则有 $J=\int_0^{+\infty}y^2\,\mathrm{d}t$,这是偏差平方积分指标,此时 ξ 的最优值为 $\xi=0.5$。当 $\mu=1$ 时,意味着

$$J=\int_0^{+\infty}[x_1\ x_2]\begin{bmatrix}1&0\\0&1\end{bmatrix}\begin{bmatrix}x_1\\x_2\end{bmatrix}\mathrm{d}t=\int_0^{+\infty}[y^2+\dot{y}^2]\,\mathrm{d}t$$

式中 $y=x_1$。这是偏差平方与偏差速度平方之和的积分指标,此时的最优值为 $\xi=0.707$。这些都是经典控制理论中所熟知的结果。

5.3.3 用李雅普诺夫函数估计线性系统动态响应的快速性

李雅普诺夫函数 $V(\boldsymbol{x},t)$ 可以看作是状态 $\boldsymbol{x}$ 到平衡状态的距离的尺度,当 $\dot{V}(\boldsymbol{x},t)<0$ 时,则随着时间 t 的增长,$V(\boldsymbol{x},t)$ 越来越小,最后趋向于零,从而状态 $\boldsymbol{x}$ 趋向于平衡状态。所以可以用 $\dot{V}(\boldsymbol{x},t)$ 来表征状态趋近于平衡状态的速度。当系统的平衡状态是状态空间的原点时,比值

$$\eta=-\frac{\dot{V}(\boldsymbol{x},t)}{V(\boldsymbol{x},t)} \tag{5.3.12}$$

可以作为除原点之外的某一领域内系统状态向平衡状态(原点)运动的快速性指标。对于一个渐近稳定的系统来说,具有负定的 $\dot{V}(\boldsymbol{x},t)$ 的李雅普诺夫函数 $V(\boldsymbol{x},t)$ 总是可以找到的,于是渐近稳定系统的 η 值总是正的。显然,比值 η 越大,系统状态向原点转移的速度就越快。考虑到在不同 $\boldsymbol{x}$ 下,将有不同的 η 值,取其中最小的 η 用来估计系统动态响应的快速性。即取

$$\eta_{\min}=\min\left[-\frac{\dot{V}(\boldsymbol{x},t)}{V(\boldsymbol{x},t)}\right] \tag{5.3.13}$$

则有 $\dot{V}(\boldsymbol{x},t)\leqslant-\eta_{\min}V(\boldsymbol{x},t)$,由此可得

$$V(\boldsymbol{x},t)\leqslant V(\boldsymbol{x}_0,t_0)\mathrm{e}^{-\eta_{\min}(t-t_0)} \tag{5.3.14}$$

式中 $V(\boldsymbol{x}_0, t_0)$ 是对应于时间 $t=t_0$ 时刻的初始条件 $\boldsymbol{x}(t_0)=\boldsymbol{x}_0$ 下李雅普诺夫函数 $V(\boldsymbol{x},t)$ 的值。如果令

$$V(\boldsymbol{x},t) = x_1^2(t) + x_2^2(t) + \cdots + x_n^2(t) \tag{5.3.15}$$

则可明显看出 $\eta_{\min}$ 和系统响应快速性之间的关系。$\eta_{\min}$ 越大，系统的响应越快。由式(5.3.14)有

$$[x_1^2(t) + x_2^2(t) + \cdots + x_n^2(t)] \leqslant [x_{10}^2(t) + x_{20}^2(t) + \cdots + x_{n0}^2(t)]\mathrm{e}^{-\eta_{\min}(t-t_0)}$$

为分析方便，将上式写成

$$\begin{aligned} x_1^2(t) &\leqslant x_{10}^2 \mathrm{e}^{-\eta_{\min}(t-t_0)} \\ x_2^2(t) &\leqslant x_{20}^2 \mathrm{e}^{-\eta_{\min}(t-t_0)} \\ &\vdots \\ x_n^2(t) &\leqslant x_{n0}^2 \mathrm{e}^{-\eta_{\min}(t-t_0)} \end{aligned}$$

从而有

$$\begin{aligned} x_1(t) &\leqslant x_{10}\mathrm{e}^{-\frac{1}{2}\eta_{\min}(t-t_0)} = x_{10}\mathrm{e}^{-\frac{1}{T}(t-t_0)} \\ x_2(t) &\leqslant x_{20}\mathrm{e}^{-\frac{1}{2}\eta_{\min}(t-t_0)} = x_{20}\mathrm{e}^{-\frac{1}{T}(t-t_0)} \\ &\vdots \\ x_n(t) &\leqslant x_{n0}\mathrm{e}^{-\frac{1}{2}\eta_{\min}(t-t_0)} = x_{n0}\mathrm{e}^{-\frac{1}{T}(t-t_0)} \end{aligned}$$

从上式可以看出，系统在经典理论意义下的时间常数 T 应该是

$$T = \frac{2}{\eta_{\min}} \tag{5.3.16}$$

不言而喻，$\eta_{\min}$ 的数值越大，系统的时间常数越小。

对于线性定常系统 $\dot{\boldsymbol{x}}=\boldsymbol{A}\boldsymbol{x}$，$\eta_{\min}$ 可按如下方法计算。

考虑到系统是渐近稳定的，则选取李雅普诺夫函数及其导数为 $V(\boldsymbol{x})=\boldsymbol{x}^{\mathrm{T}}\boldsymbol{P}\boldsymbol{x}$ 和 $\dot{V}(\boldsymbol{x},t)=-\boldsymbol{x}^{\mathrm{T}}\boldsymbol{Q}\boldsymbol{x}$。式中 $\boldsymbol{P}$,$\boldsymbol{Q}$ 满足方程

$$\boldsymbol{A}^{\mathrm{T}}\boldsymbol{P} + \boldsymbol{P}\boldsymbol{A} = -\boldsymbol{Q}$$

依照 $\eta_{\min}$ 的定义，有

$$\eta_{\min} = \min\left[-\frac{\dot{V}(\boldsymbol{x},t)}{V(\boldsymbol{x},t)}\right] = \min\left[\frac{\boldsymbol{x}^{\mathrm{T}}\boldsymbol{Q}\boldsymbol{x}}{\boldsymbol{x}^{\mathrm{T}}\boldsymbol{P}\boldsymbol{x}}\right] \tag{5.3.17}$$

为方便起见，对于上式可以在 $V(\boldsymbol{x})=\boldsymbol{x}^{\mathrm{T}}\boldsymbol{P}\boldsymbol{x}=1$ 的约束条件下，求其使得 $\dot{V}(\boldsymbol{x},t)=\boldsymbol{x}^{\mathrm{T}}\boldsymbol{Q}\boldsymbol{x}$ 为最小的 $\boldsymbol{x}$ 代入，于是式(5.3.17)变为

$$\eta_{\min} = \min\{\boldsymbol{x}^{\mathrm{T}}\boldsymbol{Q}\boldsymbol{x};\ \boldsymbol{x}^{\mathrm{T}}\boldsymbol{P}\boldsymbol{x} = 1\} \tag{5.3.18}$$

而这个使 $\dot{V}(\boldsymbol{x})=\boldsymbol{x}^{\mathrm{T}}\boldsymbol{Q}\boldsymbol{x}$ 为最小的 $\boldsymbol{x}_{\min}$ 可用拉格朗日乘子法求解得到，令 μ 为拉格朗日乘子，即可列出

$$N = \boldsymbol{x}^{\mathrm{T}}\boldsymbol{Q}\boldsymbol{x} + \mu(1 - \boldsymbol{x}^{\mathrm{T}}\boldsymbol{P}\boldsymbol{x})$$

将 N 对于 $\boldsymbol{x}$ 取偏导，有

$$\frac{\partial N}{\partial \boldsymbol{x}} = 2\boldsymbol{Qx} - \mu \cdot 2\boldsymbol{Px} = \boldsymbol{0} \tag{5.3.19}$$

即

$$(\boldsymbol{Q} - \mu \boldsymbol{P})\boldsymbol{x}_{\min} = \boldsymbol{0}$$

解之得 $\boldsymbol{Qx}_{\min} = \mu \boldsymbol{Px}_{\min}$ 将此代入式(5.3.18)中,便有

$$\eta_{\min} = \boldsymbol{x}_{\min}^{\mathrm{T}} \boldsymbol{Qx}_{\min} = \boldsymbol{x}_{\min}^{\mathrm{T}} \mu \boldsymbol{Px}_{\min} = \mu$$

从式(5.3.19)可以看出,μ 是矩阵 $\boldsymbol{QP}^{-1}$ 的特征值,显然,$\eta_{\min}$ 是矩阵 $\boldsymbol{QP}^{-1}$ 的所有特征值中最小者,即

$$\eta_{\min} = \lambda_{\min}(\boldsymbol{QP}^{-1}) \tag{5.3.20}$$

例 5.3.4 已知系统的状态方程为

$$\begin{bmatrix} \dot{x}_1 \\ \dot{x}_2 \end{bmatrix} = \begin{bmatrix} 0 & 1 \\ -1 & -1 \end{bmatrix} \begin{bmatrix} x_1 \\ x_2 \end{bmatrix}$$

试确定品质系数 $\eta_{\min}$。

解 首先选取 $\boldsymbol{Q} = \boldsymbol{I}$,由 $\boldsymbol{A}^{\mathrm{T}}\boldsymbol{P} + \boldsymbol{PA} = -\boldsymbol{I}$,即有

$$\begin{bmatrix} 0 & -1 \\ 1 & -1 \end{bmatrix} \begin{bmatrix} p_{11} & p_{12} \\ p_{12} & p_{22} \end{bmatrix} + \begin{bmatrix} p_{11} & p_{12} \\ p_{12} & p_{22} \end{bmatrix} \begin{bmatrix} 0 & 1 \\ -1 & -1 \end{bmatrix} = \begin{bmatrix} -1 & 0 \\ 0 & -1 \end{bmatrix}$$

解之可得

$$\boldsymbol{P} = \begin{bmatrix} p_{11} & p_{12} \\ p_{12} & p_{22} \end{bmatrix} = \begin{bmatrix} \frac{3}{2} & \frac{1}{2} \\ \frac{1}{2} & 1 \end{bmatrix}$$

再确定矩阵 $\boldsymbol{QP}^{-1}$ 的特征值,于是有

$$\det \begin{bmatrix} 1 - \frac{3}{2}\lambda & -\frac{\lambda}{2} \\ -\frac{\lambda}{2} & 1 - \lambda \end{bmatrix} = \frac{5}{4}\lambda^2 - \frac{5}{2}\lambda + 1 = 0$$

从而求得 $\lambda_1 = 1.447$,$\lambda_2 = 0.553$,于是得 $\eta_{\min} = \lambda_{\min} = 0.553$。

5.3.4 利用 MATLAB 进行稳定性分析

1. 李雅普诺夫第一方法

例 5.3.5 某控制系统的状态方程描述如下,试判断其稳定性。

$$\boldsymbol{A} = \begin{bmatrix} -3 & -6 & -2 & -1 \\ 1 & 0 & 0 & 0 \\ 0 & 1 & 0 & 0 \\ 0 & 0 & 1 & 0 \end{bmatrix}, \quad \boldsymbol{B} = \begin{bmatrix} 1 \\ 0 \\ 0 \\ 0 \end{bmatrix}$$

$$\boldsymbol{C} = [0 \quad 0 \quad 1 \quad 1]$$

解

① 在 MATLAB 命令窗口下输入 edit 或选择 File 菜单新建 M-file，进入 MATLAB Editor/Debugger，编辑 M 文件“wendingxing. m”：

② 输入系统状态方程如下：

```
%输入系统状态方程
A=[-3 -6 -2 -1; 1 0 0 0; 0 1 0 0; 0 0 1 0];
B=[1; 0; 0; 0];
C=[0 0 1 1];
D=[0];
```

③ 设立标志变量——判断是否稳定。

```
%设立标志变量——判断是否稳定
flag=0;
```

④ 求解零极点和增益。

```
%求解零极点和增益
[z,p,k]=ss2zp(A,B,C,D,1);
%显示结果
disp('System zero-points,pole-points and gain are: ');
z
p
k
%判断是否稳定
n=length(A);
for i=1: n
      if real(p(i))>0
      flag=1;
      end
end
%显示结果
if flag==1
   disp('System is unstable');
else
   disp('System is stable');
end
```

选择 File→Save 选项，保存文件名为“wendingxing. m”。在 MATLAB 命令窗口下直接输入文件名 wendingxing，并在 MATLAB 命令窗口下查看运行的结果。

运行结果如下：

```
>> wendingxing
```

```
System zero-points,pole-points and gain are:
z =
   -1.0000
p =
   -1.3544 + 1.7825i
   -1.3544 - 1.7825i
   -0.1456 + 0.4223i
   -0.1456 - 0.4223i
k =
     1
System is stable
```

2. 李雅普诺夫第二方法

例 5.3.6 系统为

$$\dot{\boldsymbol{x}}=\begin{bmatrix}1 & -3.5 & 4.5\\2 & -4.5 & 4.5\\-1 & 1.5 & -2.5\end{bmatrix}\boldsymbol{x}+\begin{bmatrix}-0.5\\-0.5\\-0.5\end{bmatrix}u$$

$$y=\begin{bmatrix}1 & 0 & 1\end{bmatrix}\boldsymbol{x}$$

试由李雅普诺夫第二方法判别系统的稳定性。

解 在 $\boldsymbol{A}^T\boldsymbol{P}+\boldsymbol{P}\boldsymbol{A}=-\boldsymbol{Q}$ 中,不妨简单地取 $\boldsymbol{Q}=\boldsymbol{I}$,这里的 $\boldsymbol{I}$ 为 n 维单位阵。求解过程如下:

① 在 MATLAB 命令窗口下输入 edit 或选择 File 菜单新建 M-file,进入 MATLAB Editor/Debugger,编辑 M 文件“wendingxing2.m”:

```
%系统状态方程模型
A=[1 -3.5 4.5; 2 -4.5 4.5; -1 1.5 -2.5];
%Q=I
Q=eye(3,3);
```

② 求解矩阵 P。

```
%求解矩阵P
P=lyap(A,Q);
```

③ 显示矩阵 P 的各阶主子式的值并判断是否稳定。

```
%显示矩阵P的各阶主子式的值并判断是否稳定
flag=0;
n=length(A);
for i=1:n
      det(P(1:i,1:i))
      if(det(P(1:i,1:i))<=0)
```

```
        flag = 1;
        end
end
```

④ 显示结果。

```
%显示结果
if flag == 1
   disp('System is unstable');
else
   disp('System is stable');
end
```

选择 File→Save 选项，保存文件名为“wendingxing2. m”。在 MATLAB 命令窗口下直接输入文件名 wendingxing2，在 MATLAB 命令窗口下查看运行的结果。

运行结果如下：

```
>> wendingxing2
ans =
    1.4825
ans =
    0.6725
ans =
    0.1169
System is stable
```

5.4　李雅普诺夫方法在非线性系统中的应用

在线性系统中，如果平衡状态是局部渐近稳定的，那么它一定是在大范围内渐近稳定的。然而在非线性系统中，在大范围内不是渐近稳定的平衡状态可能是局部渐近稳定的。反之，在线性系统中局部不稳定的平衡状态必然也是在大范围内不稳定的，但在非线性系统中，局部的不稳定并不能说明系统就是不稳定的。因此非线性系统的渐近稳定性和线性系统的渐近稳定性在含意上是很不相同的，对此读者必须特别注意。

由于非线性系统的稳定性具有局部性质，因此在考察它的稳定性时，通常都要确定其平衡点周围邻域的最大稳定范围。

关于研究非线性系统稳定性的李雅普诺夫方法，如前所述，可以用第一方法进行分析，但是在这里，只介绍建立在第二方法基础上的两种方法，即克拉索夫斯基(Krasovskii)法和舒茨-基布生(Schult-Gibson)的变量梯度法。

5.4.1 克拉索夫斯基方法

前面已介绍过,李雅普诺夫函数是“广义的能量函数”,它是一个标量,在选取它时,为了方便,通常是选为由状态向量 $\boldsymbol{x}$ 所构成的二次型函数。但是,对于某些非线性系统,一个可能的李雅普诺夫函数宁可用 $\dot{\boldsymbol{x}}$ 来表示,而不用状态变量 $\boldsymbol{x}$ 表示。克拉索夫斯基方法就是把李雅普诺夫函数选取成为 $\dot{\boldsymbol{x}}$ 的欧几里德范数,即 $V=\|\dot{\boldsymbol{x}}\|$。

在此预先指出,下面所要介绍的克拉索夫斯基定理并不受平衡状态的微小偏离的限制,它与通常的线性化方法有本质的区别。克拉索夫斯基定理对于非线性系统,给出大范围内渐近稳定的充分条件,而对线性系统给出了充要条件。非线性系统的一个平衡状态,即使不满足定理所要求的条件也可能是稳定的。因此,在应用克拉索夫斯基定理时,我们必须小心,防止对给定非线性系统平衡状态的稳定性做出错误的结论。

在非线性系统中,可能存在有多个平衡状态,这时能够通过适当的坐标变换,将任一孤立的平衡状态转换到状态空间的原点。所以,把所研究的平衡状态取作原点。

定理 5.4.1 设系统的状态方程为

$$\dot{\boldsymbol{x}}=\boldsymbol{f}(\boldsymbol{x}),\quad \boldsymbol{f}(\boldsymbol{0})=\boldsymbol{0} \tag{5.4.1}$$

式中,$\boldsymbol{x}$ 为 n 维状态向量,$\boldsymbol{f}(\boldsymbol{x})$ 为 n 维向量函数。假定 $\boldsymbol{f}(\boldsymbol{x})$ 对 $x_i(i=1,2,\cdots,n)$ 是可微的。系统的雅克比矩阵 $\boldsymbol{F}(\boldsymbol{x})$ 为

$$\boldsymbol{F}(\boldsymbol{x})=\begin{bmatrix}\dfrac{\partial f_1}{\partial x_1} & \dfrac{\partial f_1}{\partial x_2} & \cdots & \dfrac{\partial f_1}{\partial x_n}\\ \dfrac{\partial f_2}{\partial x_1} & \dfrac{\partial f_2}{\partial x_2} & \cdots & \dfrac{\partial f_2}{\partial x_n}\\ \vdots & \vdots & \ddots & \vdots\\ \dfrac{\partial f_n}{\partial x_1} & \dfrac{\partial f_n}{\partial x_2} & \cdots & \dfrac{\partial f_n}{\partial x_n}\end{bmatrix} \tag{5.4.2}$$

定义

$$\hat{\boldsymbol{F}}(\boldsymbol{x})=\boldsymbol{F}^*(\boldsymbol{x})+\boldsymbol{F}(\boldsymbol{x}) \tag{5.4.3}$$

式中 $\boldsymbol{F}^*(\boldsymbol{x})$ 为 $\boldsymbol{F}(\boldsymbol{x})$ 的共轭转置矩阵,显然 $\hat{\boldsymbol{F}}(\boldsymbol{x})$ 为赫米特矩阵。如果 $\hat{\boldsymbol{F}}(\boldsymbol{x})$ 是负定的,那么系统的平衡状态 $\boldsymbol{x}=\boldsymbol{0}$ 是渐近稳定的。这个系统的李雅普诺夫函数为

$$V(\boldsymbol{x})=\boldsymbol{f}^*(\boldsymbol{x})\boldsymbol{f}(\boldsymbol{x}) \tag{5.4.4}$$

如果随着 $\|\boldsymbol{x}\|\to\infty$,有 $\boldsymbol{f}^*(\boldsymbol{x})\boldsymbol{f}(\boldsymbol{x})\to\infty$,那么平衡状态 $\boldsymbol{x}=\boldsymbol{0}$ 是大范围渐近稳定的。

证 分为两部分。先证明:如果对于所有的 $\boldsymbol{x}\neq\boldsymbol{0}$,$\hat{\boldsymbol{F}}(\boldsymbol{x})$ 为负定的,则必有

$\boldsymbol{F}(\boldsymbol{x})$的行列式除了 $\boldsymbol{x}=\boldsymbol{0}$ 外，处处不为零。

为此，取系统状态空间中的任意非零向量 $\boldsymbol{y}$，由于$\hat{\boldsymbol{F}}(\boldsymbol{x})$为负定的，则显然有

$$\boldsymbol{y}^* \hat{\boldsymbol{F}}(\boldsymbol{x})\boldsymbol{y} < 0$$

而

$$\begin{aligned}0 > \boldsymbol{y}^*\hat{\boldsymbol{F}}(\boldsymbol{x})\boldsymbol{y} &= \boldsymbol{y}^* [\boldsymbol{F}^*(\boldsymbol{x}) + \boldsymbol{F}(\boldsymbol{x})]\boldsymbol{y} = \boldsymbol{y}^* \boldsymbol{F}^*(\boldsymbol{x})\boldsymbol{y} + \boldsymbol{y}^* \boldsymbol{F}(\boldsymbol{x})\boldsymbol{y} \\ &= [\boldsymbol{y}^* \boldsymbol{F}(\boldsymbol{x})\boldsymbol{y}]^* + [\boldsymbol{y}^* \boldsymbol{F}(\boldsymbol{x})\boldsymbol{y}] = 2\boldsymbol{y}^* \boldsymbol{F}(\boldsymbol{x})\boldsymbol{y}\end{aligned}$$

所以有 $\boldsymbol{F}(\boldsymbol{x})<0$，即为负定的。根据关于负定性的定义和赛尔维斯特判据，这还表明在 $\boldsymbol{x}\neq\boldsymbol{0}$ 时，$\boldsymbol{F}(\boldsymbol{x})$的行列式为非零的。

据此，不难得知 $\boldsymbol{f}(\boldsymbol{x})\neq\boldsymbol{0}$，从而有 $V(\boldsymbol{x})=\boldsymbol{f}^*(\boldsymbol{x})\boldsymbol{f}(\boldsymbol{x})$为正定的。下面再证明：当$\hat{\boldsymbol{F}}(\boldsymbol{x})$为负定时，$\dot{V}(\boldsymbol{x})$也是负定的。

考虑到有

$$\begin{aligned}\dot{f}_i(\boldsymbol{x}) &= \frac{\mathrm{d}}{\mathrm{d}t}[f_i(\boldsymbol{x})] = \frac{\partial f_i}{\partial x_1} \times \frac{\mathrm{d}x_1}{\mathrm{d}t} + \frac{\partial f_i}{\partial x_2} \times \frac{\mathrm{d}x_2}{\mathrm{d}t} + \cdots + \frac{\partial f_i}{\partial x_n} \times \frac{\mathrm{d}x_n}{\mathrm{d}t} \\ &= \left[\frac{\partial f_i}{\partial x_1}\ \frac{\partial f_i}{\partial x_2} \cdots\ \frac{\partial f_i}{\partial x_n}\right]\dot{\boldsymbol{x}}, \quad i = 1,2,\cdots,n\end{aligned}$$

进而可得

$$\dot{\boldsymbol{f}}(\boldsymbol{x}) = \boldsymbol{F}(\boldsymbol{x})\dot{\boldsymbol{x}} = \boldsymbol{F}(\boldsymbol{x})\boldsymbol{f}(\boldsymbol{x})$$

所以有

$$\begin{aligned}\dot{V}(\boldsymbol{x}) &= \dot{\boldsymbol{f}}^*(\boldsymbol{x})\boldsymbol{f}(\boldsymbol{x}) + \boldsymbol{f}^*(\boldsymbol{x})\dot{\boldsymbol{f}}(\boldsymbol{x}) \\ &= [\boldsymbol{F}(\boldsymbol{x})\boldsymbol{f}(\boldsymbol{x})]^* \boldsymbol{f}(\boldsymbol{x}) + \boldsymbol{f}^*(\boldsymbol{x})[\boldsymbol{F}(\boldsymbol{x})\boldsymbol{f}(\boldsymbol{x})] \\ &= \boldsymbol{f}^*(\boldsymbol{x})[\boldsymbol{F}^*(\boldsymbol{x}) + \boldsymbol{F}(\boldsymbol{x})]\boldsymbol{f}(\boldsymbol{x}) = \boldsymbol{f}^*(\boldsymbol{x})\hat{\boldsymbol{F}}(\boldsymbol{x})\boldsymbol{f}(\boldsymbol{x})\end{aligned}$$

由此可知，当$\hat{\boldsymbol{F}}(\boldsymbol{x})$为负定时，$\dot{V}(\boldsymbol{x})$也是负定的。因此 $V(\boldsymbol{x})=\boldsymbol{f}^*(\boldsymbol{x})\boldsymbol{f}(\boldsymbol{x})$是系统的一个李雅普诺夫函数，根据定理 5.2.2 知，系统在其平衡状态 $\boldsymbol{x}=\boldsymbol{0}$ 是渐近稳定的。且若当$\|\boldsymbol{x}\|\to\infty$时，有 $V(\boldsymbol{x})=\boldsymbol{f}^*(\boldsymbol{x})\boldsymbol{f}(\boldsymbol{x})\to\infty$，则是大范围渐近稳定的。

注意：因为要求使$\hat{\boldsymbol{F}}(\boldsymbol{x})$为负定的，就要求 $\boldsymbol{F}(\boldsymbol{x})$的主对角线上的元素不恒为零。所以若 $f_i(\boldsymbol{x})$不包含 x_i，则$\hat{\boldsymbol{F}}(\boldsymbol{x})$就不可能是负定的。

例 5.4.1　利用克拉索夫斯基定理确定下列系统在平衡状态 $\boldsymbol{x}=0$ 的稳定性。

$$\begin{cases}\dot{x}_1 = -x_1 \\ \dot{x}_2 = x_1 - x_2 - x_2^3\end{cases}$$

解　这个系统有 $f_1(\boldsymbol{x})=-x_1$，$f_2(\boldsymbol{x})=x_1-x_2-x_2^3$，$\boldsymbol{f}(\boldsymbol{x})=\begin{bmatrix}f_1(\boldsymbol{x})\\ f_2(\boldsymbol{x})\end{bmatrix}$

$$\boldsymbol{F}(\boldsymbol{x}) = \begin{bmatrix}-1 & 0 \\ 1 & -1-3x_2^2\end{bmatrix}$$

$$\hat{\boldsymbol{F}}(\boldsymbol{x}) = \boldsymbol{F}^*(\boldsymbol{x}) + \boldsymbol{F}(\boldsymbol{x}) = \begin{bmatrix} -2 & 1 \\ 1 & -2-6x_2^2 \end{bmatrix}$$

由于$\hat{\boldsymbol{F}}(\boldsymbol{x})$对所有 $\boldsymbol{x}\neq\boldsymbol{0}$ 是负定的,故系统在平衡状态 $\boldsymbol{x}=0$ 是渐近稳定的。此外,随着$\|\boldsymbol{x}\|\to\infty$,有

$$\boldsymbol{f}^*(\boldsymbol{x})\boldsymbol{f}(\boldsymbol{x}) = x_1^2 + (x_1 - x_2 - x_2^3)^2 \to \infty$$

所以平衡状态 $\boldsymbol{x}=\boldsymbol{0}$ 是大范围渐近稳定的。

更为普遍的克拉索夫斯基定理可表述如下:

设系统的状态方程为

$$\dot{\boldsymbol{x}} = \boldsymbol{f}(\boldsymbol{x}), \quad \boldsymbol{f}(\boldsymbol{0}) = \boldsymbol{0}$$

其平衡状态 $\boldsymbol{x}=\boldsymbol{0}$ 为渐近稳定的条件是,存在正定的赫米特矩阵 $\boldsymbol{P}$ 和 $\boldsymbol{Q}$,能在所有的 $\boldsymbol{x}\neq\boldsymbol{0}$ 时,使得下式中的矩阵$\hat{\boldsymbol{F}}(\boldsymbol{x})$为负定的

$$\hat{\boldsymbol{F}}(\boldsymbol{x}) = \boldsymbol{F}^*\boldsymbol{P} + \boldsymbol{P}\boldsymbol{F} + \boldsymbol{Q} \tag{5.4.5}$$

式中的 $\boldsymbol{F}(\boldsymbol{x})$由式(5.4.2)所确定。而李雅普诺夫函数为

$$V(\boldsymbol{x}) = \boldsymbol{f}^*(\boldsymbol{x})\boldsymbol{P}\boldsymbol{f}(\boldsymbol{x}) \tag{5.4.6}$$

当$\|\boldsymbol{x}\|\to\infty$时,若有 $V(\boldsymbol{x})\to\infty$,则系统在平衡状态是大范围渐近稳定的。

克拉索夫斯基定理既可适用于线性系统,也可适用于非线性系统,不难看出,当用于线性系统时,它与定理 5.3.1 是完全一致的。当非线性特性能用解析式表达,而且系统的阶次又不是太高时,用克拉索夫斯基方法分析非线性系统的渐近稳定性还是比较方便的。不过应当注意,克拉索夫斯基定理所给出的只是渐近稳定的充分条件,而非必要条件。对于某些非线性系统,可能$\hat{\boldsymbol{F}}(\boldsymbol{x})$并不具有负定性,这时克拉索夫斯基定理对系统稳定与否不提供任何信息。

5.4.2 变量-梯度法

变量-梯度法是建立在这样的事实基础之上的:如果存在某一特定的李雅普诺夫函数,能够证明给定系统的渐近稳定性,那么这个李雅普诺夫函数的单值梯度也是存在的。

研究由下列方程所描述的系统

$$\dot{\boldsymbol{x}} = \boldsymbol{f}(\boldsymbol{x},t), \quad \boldsymbol{f}(\boldsymbol{0},t) = \boldsymbol{0}, \quad \forall t \tag{5.4.7}$$

假设 V 表示一个假想的李雅普诺夫函数。在这个函数中,假定 V 是 $\boldsymbol{x}$ 的显函数,而不是 t 的显函数,那么就有

$$\dot{V} = \frac{\partial V}{\partial x_1}\dot{x}_1 + \frac{\partial V}{\partial x_2}\dot{x}_2 + \cdots + \frac{\partial V}{\partial x_n}\dot{x}_n = (\nabla V)^{\mathrm{T}}\dot{\boldsymbol{x}} \tag{5.4.8}$$

式中的$(\nabla V)^{\mathrm{T}}$ 是∇V 的转置,而∇V 为 V 的梯度,是 n 维向量。且有

$$\nabla V = \begin{bmatrix} \nabla V_1 \\ \nabla V_2 \\ \vdots \\ \nabla V_n \end{bmatrix} = \begin{bmatrix} \dfrac{\partial V}{\partial x_1} \\ \dfrac{\partial V}{\partial x_2} \\ \vdots \\ \dfrac{\partial V}{\partial x_n} \end{bmatrix}$$

于是 V 可作为∇V 的线积分而求得，即

$$V = \int_0^x (\nabla V)^{\mathrm{T}} \mathrm{d}x \tag{5.4.9}$$

这是对整个状态空间中任意点$(x_1, x_2, \cdots, x_n)$的线积分，在符合一定条件下，可以做到其积分的结果与积分的路线无关，也就是说，由上述线积分可唯一地得到标量函数 V。最简单的积分路线可用方程式(5.4.8)的展开式来表示，即

$$V = \int_0^{x_1, (x_2 = x_3 = \cdots = x_n = 0)} \nabla V_1 \mathrm{d}x_1 + \int_0^{x_2, (x_1 = x_1,\, x_3 = \cdots = x_n = 0)} \nabla V_2 \mathrm{d}x_2 + \cdots + \int_0^{x_n, (x_1 = x_1, x_2 = x_2, \cdots, x_{n-1} = x_{n-1})} \nabla V_n \mathrm{d}x_n \tag{5.4.10}$$

上式表明，积分路线是从原点开始，由 $0 \to x_1$ 点，再由 $x_1 \to x_2$ 点，最终到达 x 点。

要从向量函数∇V 中用线积分求得一个唯一的标量函数 V，就要求由$\partial \nabla V_i / \partial x_j$ 所组成的矩阵

$$\begin{bmatrix} \dfrac{\partial \nabla V_1}{\partial x_1} & \dfrac{\partial \nabla V_1}{\partial x_2} & \cdots & \dfrac{\partial \nabla V_1}{\partial x_n} \\ \dfrac{\partial \nabla V_2}{\partial x_1} & \dfrac{\partial \nabla V_2}{\partial x_2} & \cdots & \dfrac{\partial \nabla V_2}{\partial x_n} \\ \vdots & \vdots & \ddots & \vdots \\ \dfrac{\partial \nabla V_n}{\partial x_1} & \dfrac{\partial \nabla V_n}{\partial x_2} & \cdots & \dfrac{\partial \nabla V_n}{\partial x_n} \end{bmatrix}$$

必须是对称的，或者说，必须满足 n 维广义旋度方程

$$\frac{\partial \nabla V_i}{\partial x_j} = \frac{\partial \nabla V_j}{\partial x_i} \quad i, j = 1, 2, \cdots, n$$

这样的方程组总数为 $n(n-1)/2$ 个。例如在 $n=3$ 的情况下，可得 3 个方程

$$\frac{\partial \nabla V_2}{\partial x_1} = \frac{\partial \nabla V_1}{\partial x_2}, \frac{\partial \nabla V_3}{\partial x_1} = \frac{\partial \nabla V_1}{\partial x_3}, \frac{\partial \nabla V_3}{\partial x_2} = \frac{\partial \nabla V_2}{\partial x_3}$$

于是，确定满足李雅普诺夫函数 V 的问题，就转化为求一个∇V，使其 n 维旋度等于零，并且，由∇V 所确定的 V 和$\dot{V}$还必须满足稳定性条件，也就是说，V 和$\dot{V}$必须满足李雅普诺夫定理。

要用上述方法，必须先假设一个列向量，使其系数为状态变量的函数。例如，取∇V 等于如下的列向量：

$$\nabla V=\begin{bmatrix}a_{11}x_1+a_{12}x_2+\cdots+a_{1n}x_n\\a_{21}x_1+a_{22}x_2+\cdots+a_{2n}x_n\\\vdots\\a_{n1}x_1+a_{n2}x_2+\cdots+a_{nn}x_n\end{bmatrix}\tag{5.4.11}$$

式中 a_{ij} 是待定量，a_{ij} 可能是常数，也可能是时间 t 和(或)状态变量 x_i 的函数。然而，a_{nn} 选择为常数或 t 的函数比较方便。

如果非线性系统的平衡状态 $\boldsymbol{x}=\boldsymbol{0}$ 是渐近稳定的，那么就可以按下列的步骤来求取李雅普诺夫函数 V。

① 假设 ∇V 是方程式(5.4.10)的形式；

② 根据式(5.4.7)，由 ∇V 确定 V；

③ 限制 $\dot{V}$ 是负定的或者至少是半负定的；

④ 应用 $\frac{1}{2}n(n-1)$ 个旋度方程，在保证矩阵 $\boldsymbol{F}$ 必须是对称的条件下，求出 ∇V 中的待定系数；

⑤ 步骤④的结果可能改变了 $\dot{V}$，因此要对 $\dot{V}$ 重新进行校验，看它是否符合 $\dot{V}$ 是负定的要求；

⑥ 由方程式(5.4.9)来确定 V；

⑦ 确定系统在平衡状态的渐近稳定性的范围。

例 5.4.2　利用变量-梯度法求如下系统的李雅普诺夫函数 V。

$$\dot{x}_1=-x_1+2x_1^2x_2$$

$$\dot{x}_2=-x_2$$

解　设 V 的梯度为

$$\nabla V=\begin{bmatrix}a_{11}x_1+a_{12}x_2\\a_{21}x_1+2x_2\end{bmatrix}$$

于是 V 的导数为

$$\dot{V}=(\nabla V)^{\mathrm{T}}\dot{\boldsymbol{x}}=(a_{11}x_1+a_{12}x_2)\dot{x}_1+(a_{21}x_1+2x_2)\dot{x}_2\tag{5.4.12}$$

试取 $a_{11}=1,a_{12}=a_{21}=0$，则式(5.4.11)为

$$\dot{V}=-x_1^2(1-2x_1x_2)-2x_2^2$$

显然，如果 $1-2x_1x_2>0$，就有 $\dot{V}$ 是负定的，因此它成为 x_1 和 x_2 的限制条件。梯度 ∇V 为

$$\nabla V=\begin{bmatrix}x_1\\2x_2\end{bmatrix}$$

注意到有

$$\frac{\partial\,\nabla V_1}{\partial x_2}=\frac{\partial\,\nabla V_2}{\partial x_1}=0$$

可见它是满足旋度方程的，所以

$$V=\int_0^{x_1,(x_2=0)} x_1\,\mathrm{d}x_1+\int_0^{x_2,(x_1=x_1)} 2x_2\,\mathrm{d}x_2=\frac{1}{2}x_1^2+x_2^2$$

由这个李雅普诺夫函数，我们可以说在 $1>2x_1x_2$ 范围内，系统是渐近稳定的。

小结

本章介绍了李雅普诺夫稳定性分析特别是第二方法的基本概念、原理及其在线性系统和非线性系统中的应用。李雅普诺夫方法的主要优点在于：它无需求解系统方程的解，就能对系统的稳定性进行分析，并且它能适用于线性的和非线性的及时变系统。但是，就非线性系统而言，只有当其非线性特性能用解析表达式描述时，才可能求出李雅普诺夫函数，而工程上有许多非线性系统却难以做到这点。此外，如前所述，即使在通常情况下，李雅普诺夫函数也不易求得，这些是李雅普诺夫第二方法在工程实用上的障碍。

本章的讨论都是针对连续时间系统展开的，对于离散时间系统只是在 5.3 节稍有提及。然而，读者要注意，李雅普诺夫第二方法在离散时间系统中也是适用的，并且有着相同或相似的结论。

除了提供稳定性判据之外，李雅普诺夫函数还可用于简单系统的瞬态响应分析，也可用来求解基于二次型性能指标的参数最优化问题。

习题

5.1　判断下列函数的正定性。

(1) $V(\boldsymbol{x})=2x_1^2+3x_2^2+x_3^2-2x_1x_2+2x_1x_3$；

(2) $V(\boldsymbol{x})=8x_1^2+2x_2^2+x_3^2-8x_1x_2+2x_1x_3-2x_2x_3$；

(3) $V(\boldsymbol{x})=x_1^2+x_3^2-2x_1x_2+x_2x_3$；

(4) $V(\boldsymbol{x})=10x_1^2+4x_2^2+x_3^2+2x_1x_2-2x_2x_3-4x_1x_3$；

(5) $V(\boldsymbol{x})=x_1^2+3x_2^2+11x_3^2-2x_1x_2+4x_2x_3+2x_1x_3$。

5.2　用李雅普诺夫第一方法判定下列系统在平衡状态的稳定性。

$$\dot{x}_1=-x_1+x_2+x_1(x_1^2+x_2^2)$$

$$\dot{x}_2=-x_1-x_2+x_2(x_1^2+x_2^2)$$

5.3　试用李雅普诺夫稳定性定理判断下列系统在平衡状态的稳定性。

$$\dot{\boldsymbol{x}}=\begin{bmatrix}-1 & 1\\ 2 & -3\end{bmatrix}\boldsymbol{x}$$

5.4　设线性离散时间系统为

$$x(k+1)=\begin{bmatrix}0 & 1 & 0\\ 0 & 0 & 1\\ 0 & \frac{m}{2} & 0\end{bmatrix}x(k),\quad m>0$$

试求在平衡状态系统渐近稳定的 m 值范围。

5.5 试用李雅普诺夫方法求系统

$$\dot{x}=\begin{bmatrix}a_{11} & a_{12}\\ a_{21} & a_{22}\end{bmatrix}x$$

在平衡状态 $x=\mathbf{0}$ 为大范围渐近稳定的条件。

5.6 系统的状态方程为

$$\dot{x}=\begin{bmatrix}1 & 0\\ -1 & -1\end{bmatrix}x$$

试计算相轨迹从 $x(0)=\begin{bmatrix}1\\0\end{bmatrix}$ 点出发，到达 $x_1^2+x_2^2=(0.1)^2$ 区域内所需要的时间。

5.7 给定线性时变系统

$$\dot{x}=\begin{bmatrix}0 & 1\\ -\frac{1}{t+1} & -10\end{bmatrix}x,\quad t\geqslant 0$$

判定其原点 $x_e=\mathbf{0}$ 是否为大范围渐近稳定。

5.8 考虑四阶线性自治系统

$$\dot{x}=Ax=\begin{bmatrix}0 & 1 & 0 & 0\\ -b_4 & 0 & 1 & 0\\ 0 & -b_3 & 0 & 1\\ 0 & 0 & -b_2 & -b_1\end{bmatrix}\begin{bmatrix}x_1\\ x_2\\ x_3\\ x_4\end{bmatrix},\quad b_i\neq 0,\quad i=1,2,3,4$$

应用李雅普诺夫的稳定判据，试以 $b_i, i=1,2,3,4$ 表示这个系统的平衡点 $x\equiv\mathbf{0}$ 渐近稳定的充要条件。

5.9 下面的非线性微分方程式称为关于两种生物个体群的沃尔特纳(Volterra)方程式。

$$\frac{dx_1}{dt}=\alpha x_1+\beta x_1x_2$$

$$\frac{dx_2}{dt}=\gamma x_2+\delta x_1x_2$$

式中，x_1 和 x_2 分别是生物个体数；$\alpha,\beta,\gamma,\delta$ 是不为零的实数。关于这个系统

(1) 试求平衡点。

(2) 在平衡点的附近线性化，试讨论平衡点的稳定性。

5.10 对于下面的非线性微分方程式试求平衡点，在各平衡点进行线性化，试判别平衡点是否稳定。

$$\dot{x}_1=x_2$$

$$\dot{x}_2 = -\sin x_1 - x_2$$

5.11　利用李雅普诺夫第二方法判断下列系统是否为大范围渐近稳定。

$$\dot{\boldsymbol{x}} = \begin{bmatrix} -1 & 1 \\ 2 & -3 \end{bmatrix} \boldsymbol{x}$$

5.12　给定连续时间的定常系统

$$\dot{x}_1 = x_2$$

$$\dot{x}_2 = -x_1 - (1 + x_2)^2 x_2$$

试用李雅普诺夫第二方法判断其在平衡状态的稳定性。

5.13　试用克拉索夫斯基定理判断下列系统是否为大范围渐近稳定。

$$\dot{x}_1 = -3x_1 + x_2$$

$$\dot{x}_2 = x_1 - x_2 - x_2^3$$

5.14　试用克拉索夫斯基定理判断下列系统的稳定性。

$$\dot{x}_1 = -2x_1 + x_1 x_2^2 + 3x_3^2$$

$$\dot{x}_2 = -x_1^2 x_2 - 3x_3$$

$$\dot{x}_3 = 3x_2 - 3x_3^3$$

5.15　试用克拉索夫斯基定理确定使下列系统

$$\dot{x}_1 = ax_1 + x_2$$

$$\dot{x}_2 = x_1 - x_2 + bx_2^5$$

的原点为大范围渐近稳定的参数 a 和 b 的取值范围。

5.16　试用变量-梯度法构造下列系统的李雅普诺夫函数

$$\dot{x}_1 = -x_1 + 2x_1^2 x_2$$

$$\dot{x}_2 = -x_2$$

5.17　用变量-梯度法求解下列系统的稳定性条件。

$$\dot{x}_1 = x_2$$

$$\dot{x}_2 = a_1(t)x_1 + a_2(t)x_2$$

第6章 状态反馈和状态观测器

无论是在经典控制理论中，还是在现代控制理论中，反馈都是系统设计的主要方式。由于经典控制理论是用传递函数来描述系统的，因此只能从输出引出信号作为反馈量，我们称之为输出反馈。而现代控制理论是用系统内部的状态来描述系统的，所以除了输出反馈之外，还可以从系统的状态引出信号作为反馈量，这种新的反馈方式称为状态反馈。

本章以线性连续定常系统为研究对象，首先介绍状态反馈的定义及其基本特性；接着在6.2节和6.3节中介绍状态反馈在极点配置和解耦控制方面的应用。由于有些场合，状态向量不能或不易直接测量，为实现状态反馈需要构造所谓状态观测器，所以在6.4节中介绍全维状态观测器和降维状态观测器的构成，在6.5节中介绍带观测器的反馈系统的有关问题。考虑到实际问题的复杂性，以及各种干扰和时滞的普遍存在，通常很难得到系统的精确数学描述，因此在6.6节中简单介绍不确定系统的鲁棒控制问题，其中包括状态反馈鲁棒镇定，标准 H_∞ 控制和时滞系统鲁棒镇定问题。

6.1 状态反馈的定义及其性质

假定定常系统 Σ 的状态空间表达式为

$$\Sigma:\begin{cases}\dot{\boldsymbol{x}}=\boldsymbol{A}\boldsymbol{x}+\boldsymbol{B}\boldsymbol{u}\\ \boldsymbol{y}=\boldsymbol{C}\boldsymbol{x}+\boldsymbol{D}\boldsymbol{u}\end{cases}\tag{6.1.1}$$

式中，$\boldsymbol{A},\boldsymbol{B},\boldsymbol{C},\boldsymbol{D}$ 分别为 $n\times n$，$n\times p$，$q\times n$ 和 $q\times p$ 的实常量矩阵。若在系统中引入反馈控制律

$$\boldsymbol{u}=\boldsymbol{L}\boldsymbol{v}-\boldsymbol{K}\boldsymbol{x}\tag{6.1.2}$$

式中，$\boldsymbol{v}$ 为 p 维控制输入向量；$\boldsymbol{K}$ 为 $p\times n$ 的状态反馈增益矩阵，它是实常数矩阵；$\boldsymbol{L}$ 为 $p\times p$ 维非奇异实常数矩阵，称为输入变换矩阵。则整个闭环系统 Σ_K 的结构图如图6.1.1所示。通常称式(6.1.2)的反馈控

制律为线性状态反馈，简称状态反馈。有时为了简便将式(6.1.2)用$(\boldsymbol{K},\boldsymbol{L})$表示。

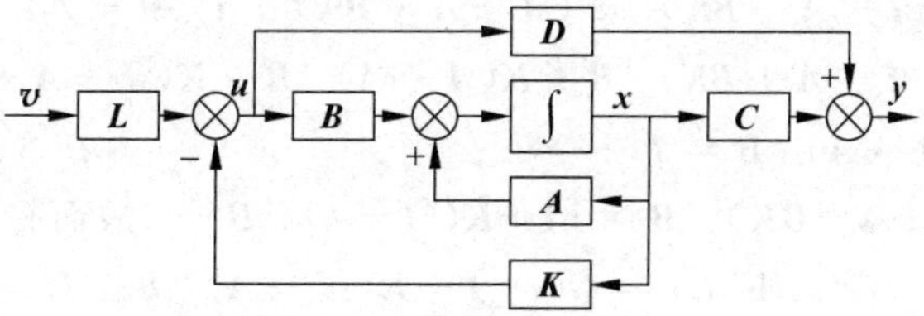

图 6.1.1　状态反馈示意图

显然，经过状态反馈后的闭环系统 Σ_K 的状态空间表达式为

$$\Sigma_K:\begin{cases}\dot{\boldsymbol{x}}=(\boldsymbol{A}-\boldsymbol{BK})\boldsymbol{x}+\boldsymbol{BL}\,\boldsymbol{v}\\ \boldsymbol{y}=(\boldsymbol{C}-\boldsymbol{DK})\boldsymbol{x}+\boldsymbol{DL}\,\boldsymbol{v}\end{cases}\tag{6.1.3}$$

也是为了简便，在后续的论述中，常取 $\boldsymbol{D}=\boldsymbol{0}$，此时，式(6.1.3)则变为

$$\Sigma_K:\begin{cases}\dot{\boldsymbol{x}}=(\boldsymbol{A}-\boldsymbol{BK})\boldsymbol{x}+\boldsymbol{BL}\,\boldsymbol{v}\\ \boldsymbol{y}=\boldsymbol{Cx}\end{cases}\tag{6.1.4}$$

下面，研究状态反馈的一些性质，这些性质都是在后面要经常用到的。

(1) 当输入变换阵 $\boldsymbol{L}=\boldsymbol{I}$ 时，即对输入不作变换时，就成为单纯的状态变量反馈。若进一步还有 $\boldsymbol{K}=\boldsymbol{HC}$，则 $\boldsymbol{Kx}=\boldsymbol{Hy}$，状态反馈就等价于输出反馈 $\boldsymbol{H}$。故此，输出反馈是状态反馈的特殊情况。由于系统输出中所包含的信息通常可能不是系统全部状态的信息，所以输出反馈只能看成是部分状态反馈。于是不难看出，对于系统性能的改善，输出反馈能办到的事情，状态反馈一定能够办到，反之则不然。所以在不增添附加补偿器的情况下，输出反馈的效果显然没有状态反馈的效果好。

(2) 根据式(6.1.4)可以求得闭环系统 Σ_K 的传递函数阵 $\boldsymbol{G}(s;\ \boldsymbol{K},\boldsymbol{L})$：

$$\boldsymbol{G}(s;\ \boldsymbol{K},\boldsymbol{L})=\boldsymbol{C}[s\boldsymbol{I}-(\boldsymbol{A}-\boldsymbol{BK})]^{-1}\boldsymbol{BL}\tag{6.1.5}$$

进一步有

$$\begin{aligned}\boldsymbol{G}(s;\ \boldsymbol{K},\boldsymbol{L})&=\boldsymbol{C}(s\boldsymbol{I}-\boldsymbol{A}+\boldsymbol{BK})^{-1}\boldsymbol{BL}\\&=\boldsymbol{C}(s\boldsymbol{I}-\boldsymbol{A})^{-1}(s\boldsymbol{I}-\boldsymbol{A}+\boldsymbol{BK}-\boldsymbol{BK})(s\boldsymbol{I}-\boldsymbol{A}+\boldsymbol{BK})^{-1}\boldsymbol{BL}\\&=\boldsymbol{C}(s\boldsymbol{I}-\boldsymbol{A})^{-1}(s\boldsymbol{I}-\boldsymbol{A}+\boldsymbol{BK})(s\boldsymbol{I}-\boldsymbol{A}+\boldsymbol{BK})^{-1}\\&\quad\ \boldsymbol{BL}-\boldsymbol{C}(s\boldsymbol{I}-\boldsymbol{A})^{-1}\boldsymbol{BK}\cdot(s\boldsymbol{I}-\boldsymbol{A}+\boldsymbol{BK})^{-1}\boldsymbol{BL}\\&=\boldsymbol{C}(s\boldsymbol{I}-\boldsymbol{A})^{-1}\boldsymbol{B}[\boldsymbol{I}-\boldsymbol{K}(s\boldsymbol{I}-\boldsymbol{A}+\boldsymbol{BK})^{-1}\boldsymbol{B}]\boldsymbol{L}\\&=\boldsymbol{G}(s)[\boldsymbol{I}-\boldsymbol{K}(s\boldsymbol{I}-\boldsymbol{A}+\boldsymbol{BK})^{-1}\boldsymbol{B}]\boldsymbol{L}\end{aligned}$$

式中 $\boldsymbol{G}(s)=\boldsymbol{C}(s\boldsymbol{I}-\boldsymbol{A})^{-1}\boldsymbol{B}$ 为状态反馈之前的原系统的传递函数阵。又因为

$$\begin{aligned}&[\boldsymbol{I}-\boldsymbol{K}(s\boldsymbol{I}-\boldsymbol{A}+\boldsymbol{BK})^{-1}\boldsymbol{B}][\boldsymbol{I}+\boldsymbol{K}(s\boldsymbol{I}-\boldsymbol{A})^{-1}\boldsymbol{B}]\\&=\boldsymbol{I}-\boldsymbol{K}(s\boldsymbol{I}-\boldsymbol{A}+\boldsymbol{BK})^{-1}\boldsymbol{B}+\boldsymbol{K}(s\boldsymbol{I}-\boldsymbol{A})^{-1}\boldsymbol{B}-\boldsymbol{K}(s\boldsymbol{I}-\boldsymbol{A}+\boldsymbol{BK})^{-1}\\&\quad\ \boldsymbol{BK}(s\boldsymbol{I}-\boldsymbol{A})^{-1}\boldsymbol{B}\end{aligned}$$

$$= I - K(sI - A + BK)^{-1}B + K(sI - A)^{-1}B - K\{(sI - A + BK)^{-1}$$
$$BK - (sI - A + BK)^{-1} \cdot (sI - A + BK) + I\}(sI - A)^{-1}B$$
$$= I - K(sI - A + BK)^{-1}B + K(sI - A)^{-1}B + K(sI - A + BK)^{-1}B$$
$$- K(sI - A)^{-1}B = I$$

所以得$[I-K(sI-A+BK)^{-1}B]=[I+K(sI-A)^{-1}B]^{-1}$,故而有

$$G(s;\ K,L) = G(s)[I + K(sI - A)^{-1}B]^{-1}L \tag{6.1.6}$$

式(6.1.6)用明显的形式表示了原系统的传递函数$G(s)$与经过状态反馈$\{K,L\}$后的闭环系统Σ_K的传递函数阵$G(s;\ K,L)$之间的关系。从传递特性的角度来看,状态反馈$\{K,L\}$所造成的影响,相当于在原系统的前面另串联一个系统,如图6.1.2所示。

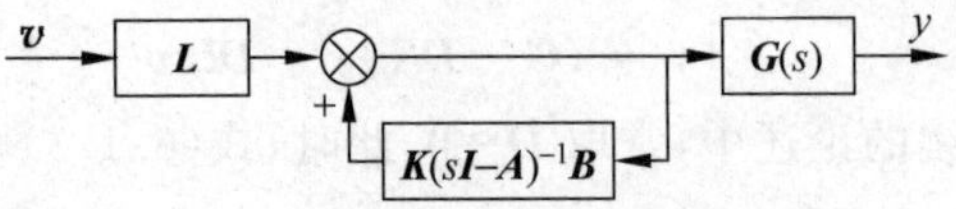

图6.1.2　闭环系统图示说明1

由式(6.1.5)和式(6.1.6)都能求得传递函数阵$G(s;K,L)$,但在$G(s)$已经求得的情况下,由于$[I+K(sI-A)^{-1}B]$是$p\times p$矩阵(此处的p是系统输入向量的维数,在通常情况下,都有$p<n$),它的求逆比$n\times n$矩阵$[sI-(A-BK)]$的求逆来得方便。因此,这时可用式(6.1.6)来求取$G(s;\ K,L)$。

式(6.1.6)是根据矩阵运算得到的,事实上还可以从另一途径求得,且求取过程显得很直观。在图6.1.1中,令$D=0$,并改用图6.1.3表示。

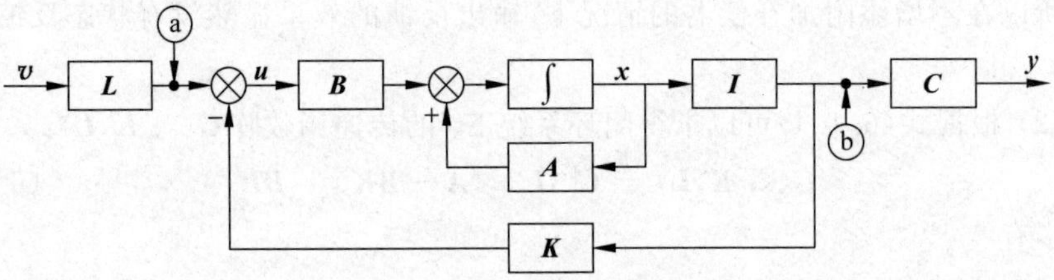

图6.1.3　闭环系统图示说明2

显然其状态空间表达式依然可由式(6.1.4)描述。下面就根据此图来求取系统的传递函数阵$G(s;\ K,L)$。

不难发现,图中ⓐ和ⓑ之间的部分,可以看成是由系统

$$\dot{x} = Ax + Bu$$
$$\tilde{y} = Ix$$

和输出反馈

$$u = v - K\tilde{y}$$

所组成。从ⓐ到ⓑ的传递函数矩阵$G_{ab}(s)$不难用输出反馈传递函数阵的公式求

出。即

$$G_{ab}(s)=(s\boldsymbol{I}-\boldsymbol{A})^{-1}\boldsymbol{B}[\boldsymbol{I}+\boldsymbol{K}(s\boldsymbol{I}-\boldsymbol{A})^{-1}\boldsymbol{B}]^{-1}$$

于是,从 $\boldsymbol{v}$ 到 $\boldsymbol{y}$ 的传递函数矩阵 $\boldsymbol{G}(s;\ \boldsymbol{K},\boldsymbol{L})$ 即为

$$\begin{aligned}\boldsymbol{G}(s;\ \boldsymbol{K},\boldsymbol{L}) &= \boldsymbol{C}(s\boldsymbol{I}-\boldsymbol{A})^{-1}\boldsymbol{B}[\boldsymbol{I}+\boldsymbol{K}(s\boldsymbol{I}-\boldsymbol{A})^{-1}\boldsymbol{B}]^{-1}\boldsymbol{L}\\ &= \boldsymbol{G}(s)[\boldsymbol{I}+\boldsymbol{K}(s\boldsymbol{I}-\boldsymbol{A})^{-1}\boldsymbol{B}]^{-1}\boldsymbol{L}\end{aligned}$$

这就是式(6.1.6)。

(3) 引入状态反馈对系统的能控性和能观测性所造成的影响体现在下面的定理中。

定理 6.1.1　对于任何实常量矩阵 $\boldsymbol{K}$,系统 Σ_K 完全能控的充分必要条件是系统 Σ 完全能控。

证　注意到系统 Σ 和 Σ_K 的能控性矩阵分别为

$$\boldsymbol{U}_c=[\boldsymbol{B}\quad \boldsymbol{AB}\quad \boldsymbol{A}^2\boldsymbol{B}\quad \cdots\quad \boldsymbol{A}^{n-1}\boldsymbol{B}]$$

$$\boldsymbol{U}'_c=[\boldsymbol{B}\quad (\boldsymbol{A}-\boldsymbol{BK})\boldsymbol{B}\quad (\boldsymbol{A}-\boldsymbol{BK})^2\boldsymbol{B}\quad \cdots\quad (\boldsymbol{A}-\boldsymbol{BK})^{n-1}\boldsymbol{B}]$$

由 $(\boldsymbol{A}-\boldsymbol{BK})\boldsymbol{B}=\boldsymbol{AB}-\boldsymbol{B}(\boldsymbol{KB})$,可知 $(\boldsymbol{A}-\boldsymbol{BK})\boldsymbol{B}$ 的列向量可以由 $(\boldsymbol{B}\quad \boldsymbol{AB})$ 的列向量的线性组合表示。同理,$(\boldsymbol{A}-\boldsymbol{BK})^2\boldsymbol{B}$ 的列向量可以由 $(\boldsymbol{B}\quad \boldsymbol{AB}\quad \boldsymbol{A}^2\boldsymbol{B})$ 的列向量的线性组合表示。依此类推,不难看出 $[\boldsymbol{B}\quad (\boldsymbol{A}-\boldsymbol{BK})\boldsymbol{B}\quad (\boldsymbol{A}-\boldsymbol{BK})^2\boldsymbol{B}\quad \cdots\quad (\boldsymbol{A}-\boldsymbol{BK})^{n-1}\boldsymbol{B}]$ 的列向量可以由 $[\boldsymbol{B}\quad \boldsymbol{AB}\quad \cdots\quad \boldsymbol{A}^{n-1}\boldsymbol{B}]$ 的列向量的线性组合表示。这意味着

$$\operatorname{rank}\boldsymbol{U}'_c\leqslant \operatorname{rank}\boldsymbol{U}_c$$

另一方面,系统 Σ 也可看成是由系统 Σ_K 经过状态反馈 $(-\boldsymbol{K},\boldsymbol{I})$ 而获得的。因此,同理有

$$\operatorname{rank}\boldsymbol{U}_c\leqslant \operatorname{rank}\boldsymbol{U}'_c$$

所以系统 Σ_K 的能控性等价于系统 Σ 的能控性,于是定理得证。

注意:上面都是假定 $\boldsymbol{L}=\boldsymbol{I}$,这纯粹是为了简单,事实上 $\boldsymbol{L}$ 取为任意的非奇异常量矩阵时,定理的表述和证明都是成立的。

引入状态反馈控制律 $(\boldsymbol{K},\boldsymbol{I})$ 虽然不影响系统的能控性,但有可能影响系统的能观测性。对此,考察下面的例子。

例 6.1.1　设系统的动态方程为

$$\Sigma:\begin{cases}\dot{\boldsymbol{x}}=\begin{bmatrix}1 & 2\\ 3 & 1\end{bmatrix}\boldsymbol{x}+\begin{bmatrix}0\\ 1\end{bmatrix}u\\ y=[1\quad 2]\boldsymbol{x}\end{cases}$$

容易验证这个系统是完全能控能观测的,如果加上状态反馈

$$u=-[3\quad 1]\boldsymbol{x}+v$$

则闭环系统 Σ_K 的状态空间表达式为

$$\Sigma_K:\begin{cases}\dot{\boldsymbol{x}}=\begin{bmatrix}1 & 2\\ 0 & 0\end{bmatrix}\boldsymbol{x}+\begin{bmatrix}0\\ 1\end{bmatrix}v\\ y=[1\quad 2]\boldsymbol{x}\end{cases}$$

不难判断,系统 Σ_K 仍然是能控的,但已不再能观测。这说明状态反馈能保持原系统 Σ 的能控性,而不能保持能观测性。

6.2 极点配置

本节介绍状态反馈的应用之一:极点配置问题。闭环系统极点的分布情况决定了系统的稳定性和动态品质,因此在系统设计中,通常是根据对系统的品质要求,规定闭环系统极点应有的分布情况。所谓极点配置(或称为特征值配置)就是如何使得已给系统的闭环极点处于所希望的位置。

6.2.1 极点配置定理

在用状态反馈实现极点配置时,首先要解决能否通过状态反馈来实现任意的极点配置,即在什么条件下才有可能通过状态反馈把系统闭环极点配置在任意希望的位置上。其次是这样的状态反馈矩阵 $\boldsymbol{K}$ 是如何确定的。现做如下分析。

定理 6.2.1 给定系统 Σ 的状态空间表达式为

$$\Sigma:\begin{cases}\dot{\boldsymbol{x}}=\boldsymbol{A}\boldsymbol{x}+\boldsymbol{B}\boldsymbol{u}\\ \boldsymbol{y}=\boldsymbol{C}\boldsymbol{x}+\boldsymbol{D}\boldsymbol{u}\end{cases}\tag{6.2.1}$$

通过状态反馈 $\boldsymbol{u}=\boldsymbol{v}-\boldsymbol{K}\boldsymbol{x}$ 能使其闭环极点位于预先任意指定位置上的充分必要条件是系统 Σ 是完全能控的。

证 为叙述简单,这里只就单输入单输出系统的情况证明本定理,对于多输入多输出系统,定理仍然成立。

充分性:因为给定系统 Σ 能控,故通过等价变换 $\tilde{\boldsymbol{x}}=\boldsymbol{P}\boldsymbol{x}$ 必能将它变为能控标准形

$$\tilde{\Sigma}:\begin{cases}\dot{\tilde{\boldsymbol{x}}}=\tilde{\boldsymbol{A}}\tilde{\boldsymbol{x}}+\tilde{\boldsymbol{b}}u\\ y=\tilde{\boldsymbol{c}}\,\tilde{\boldsymbol{x}}+\tilde{d}u\end{cases}\tag{6.2.2}$$

这里,$\boldsymbol{P}$ 为非奇异的实常量等价变换矩阵,且有

$$\tilde{\boldsymbol{A}}=\boldsymbol{P}\boldsymbol{A}\boldsymbol{P}^{-1}=\begin{bmatrix}0 & 1 & \cdots & 0\\ \vdots & \vdots & \ddots & \vdots\\ 0 & 0 & \cdots & 1\\ -a_n & -a_{n-1} & \cdots & -a_1\end{bmatrix},\quad \tilde{\boldsymbol{b}}=\boldsymbol{P}\boldsymbol{b}=\begin{bmatrix}0\\ \vdots\\ 0\\ 1\end{bmatrix}$$

$$\tilde{\boldsymbol{c}}=\boldsymbol{c}\boldsymbol{P}^{-1}=[\beta_n\ B_{n-1}\cdots\beta_1],\quad \tilde{d}=d$$

对式(6.2.2)引入状态反馈

$$u=v-\tilde{\boldsymbol{K}}\,\tilde{\boldsymbol{x}},\quad \tilde{\boldsymbol{K}}=[\tilde{k}_1\ \tilde{k}_2\cdots\ \tilde{k}_n]$$

则状态反馈后所组成的闭环系统 $\tilde{\Sigma}_K$ 的状态空间表达式为

$$\tilde{\Sigma}_K: \begin{cases} \dot{\tilde{\boldsymbol{x}}} = (\tilde{\boldsymbol{A}} - \tilde{\boldsymbol{b}}\tilde{\boldsymbol{K}})\tilde{\boldsymbol{x}} + \tilde{\boldsymbol{b}}v \\ y = (\tilde{\boldsymbol{c}} - \tilde{d}\tilde{\boldsymbol{K}})\tilde{\boldsymbol{x}} + \tilde{d}v \end{cases} \tag{6.2.3}$$

式中，显然有

$$(\tilde{\boldsymbol{A}} - \tilde{\boldsymbol{b}}\tilde{\boldsymbol{K}}) = \begin{bmatrix} 0 & 1 & \cdots & 0 \\ \vdots & \vdots & \ddots & \vdots \\ 0 & 0 & \cdots & 1 \\ -a_n - \tilde{k}_1 & -a_{n-1} - \tilde{k}_2 & \cdots & -a_1 - \tilde{k}_n \end{bmatrix} \tag{6.2.4}$$

由矩阵(6.2.4)很容易写出系统 $\tilde{\Sigma}_K$ 的闭环特征方程

$$s^n + (a_1 + \tilde{k}_n)s^{n-1} + (a_2 + \tilde{k}_{n-1})s^{n-2} + \cdots + (a_n + \tilde{k}_1) = 0 \tag{6.2.5}$$

同时，由指定的任意 n 个期望闭环极点 $\lambda_1^*, \lambda_2^*, \cdots, \lambda_n^*$，可求得期望的闭环特征方程

$$\begin{aligned} &(s - \lambda_1^*)(s - \lambda_2^*)\cdots(s - \lambda_n^*) \\ &= s^n + a_1^* s^{n-1} + \cdots + a_{n-1}^* s + a_n^* \\ &= 0 \end{aligned} \tag{6.2.6}$$

比较式(6.2.5)和式(6.2.6)中同次幂的系数，可得

$$\begin{cases} a_1 + \tilde{k}_n = a_1^* \\ a_2 + \tilde{k}_{n-1} = a_2^* \\ \quad\vdots \\ a_n + \tilde{k}_1 = a_n^* \end{cases}$$

由此即有

$$\begin{cases} \tilde{k}_1 = a_n^* - a_n \\ \tilde{k}_2 = a_{n-1}^* - a_{n-1} \\ \quad\vdots \\ \tilde{k}_n = a_1^* - a_1 \end{cases} \tag{6.2.7}$$

因为状态反馈控制律在等价变换前后的表达式有如下关系：

$$u = v - \boldsymbol{K}\boldsymbol{x} = v - \boldsymbol{K}\boldsymbol{P}^{-1}\tilde{\boldsymbol{x}} = v - \tilde{\boldsymbol{K}}\tilde{\boldsymbol{x}}$$

所以在等价变换前后的状态反馈增益阵 $\boldsymbol{K}$ 和 $\tilde{\boldsymbol{K}}$ 之间有

$$\boldsymbol{K} = \tilde{\boldsymbol{K}}\boldsymbol{P} \tag{6.2.8}$$

至此说明，若按式(6.2.7)选取状态反馈增益阵 $\tilde{\boldsymbol{K}}$，就能将系统 $\tilde{\Sigma}$ 在经过此状态反馈后的闭环极点，配置在所指定的任意 n 个极点 $\lambda_1^*, \lambda_2^*, \cdots, \lambda_n^*$ 的位置上。也就是说，若按式(6.2.8)和式(6.2.7)选取反馈增益矩阵 $\boldsymbol{K}$，就能任意配置系统 Σ 的极点。

必要性：即已知系统 Σ 可任意配置极点，欲证 Σ 为完全能控的。采用反证

法,反设Σ为不完全能控的,此时则必可通过非奇异变换阵 $\boldsymbol{T}$ 使系统结构分解而导出

$$\bar{\boldsymbol{A}} = \boldsymbol{TAT}^{-1} = \begin{bmatrix} \bar{\boldsymbol{A}}_c & \bar{\boldsymbol{A}}_{12} \\ \boldsymbol{0} & \bar{\boldsymbol{A}}_{\bar{c}} \end{bmatrix} \qquad \bar{\boldsymbol{b}} = \boldsymbol{Tb} = \begin{bmatrix} \bar{\boldsymbol{b}}_c \\ \boldsymbol{0} \end{bmatrix}$$

并且对任一状态反馈增益矩阵 $\boldsymbol{K}=[\boldsymbol{k}_1, \boldsymbol{k}_2]$,有

$$\begin{aligned}\det(s\boldsymbol{I} - \boldsymbol{A} + \boldsymbol{bK}) &= \det(s\boldsymbol{I} - \bar{\boldsymbol{A}} + \bar{\boldsymbol{b}}\boldsymbol{KT}^{-1}) = \det(s\boldsymbol{I} - \bar{\boldsymbol{A}} + \bar{\boldsymbol{b}}\bar{\boldsymbol{K}}) \\ &= \det\begin{bmatrix} (s\boldsymbol{I} - \bar{\boldsymbol{A}}_c + \bar{\boldsymbol{b}}_c \bar{\boldsymbol{k}}_1) & -\bar{\boldsymbol{A}}_{12} + \bar{\boldsymbol{b}}_c \bar{\boldsymbol{k}}_2 \\ \boldsymbol{0} & (s\boldsymbol{I} - \bar{\boldsymbol{A}}_{\bar{c}}) \end{bmatrix} \\ &= \det(s\boldsymbol{I} - \bar{\boldsymbol{A}}_c + \bar{\boldsymbol{b}}_c \bar{\boldsymbol{k}}_1)\det(s\boldsymbol{I} - \bar{\boldsymbol{A}}_{\bar{c}})\end{aligned}$$

式中 $\bar{\boldsymbol{K}}=\boldsymbol{KT}^{-1}=[\bar{\boldsymbol{k}}_1\ \bar{\boldsymbol{k}}_2]$。这表明状态反馈不能改变系统不能控部分的特征值,也就是说,在此种情况下不可能任意配置全部极点。这同已知的前提相矛盾,故反设不能成立,于是系统是完全能控的。

在定理6.2.1的证明过程中,实际上已经给出了求取状态反馈增益矩阵 $\boldsymbol{K}$ 的方法。现将其总结如下。

6.2.2 单输入系统极点配置的算法

给定能控系统Σ和一组在复共轭成对出现情况下的闭环期望特征值 λ_1^*, λ_2^*, …, λ_n^*,求 $1\times n$ 的实向量 $\boldsymbol{K}$,使得矩阵 $(\boldsymbol{A}-\boldsymbol{bK})$ 的特征值为给定的 λ_1^*, λ_2^*, …, λ_n^*。

算法1 该算法适用系统维数比较高,控制矩阵中非零元素比较多的情况。具体可按下面步骤完成。

① 求 $\boldsymbol{A}$ 的特征多项式

$$\alpha(s) = \det(s\boldsymbol{I} - \boldsymbol{A}) = s^n + a_1 s^{n-1} + \cdots + a_{n-1}s + a_n$$

② 求闭环系统的期望特征多项式

$$\alpha^*(s) = (s-\lambda_1^*)(s-\lambda_2^*)\cdots(s-\lambda_n^*) = s^n + a_1^* s^{n-1} + \cdots + a_{n-1}^* s + a_n^*$$

③ 计算

$$\tilde{\boldsymbol{K}} = [a_n^* - a_n \quad a_{n-1}^* - a_{n-1} \cdots a_1^* - a_1]$$

④ 计算

$$\boldsymbol{Q} = [\boldsymbol{b} \quad \boldsymbol{Ab} \quad \cdots \quad \boldsymbol{A}^{n-1}\boldsymbol{b}]\cdot\begin{bmatrix} a_{n-1} & \cdots & a_1 & 1 \\ \vdots & \iddots & \iddots & \\ a_1 & & \boldsymbol{0} & \\ 1 & & & \end{bmatrix}$$

⑤ 令 $\boldsymbol{P}=\boldsymbol{Q}^{-1}$

⑥ 求 $\boldsymbol{K}=\tilde{\boldsymbol{K}}\boldsymbol{P}$

例 6.2.1　给定系统的状态空间表达式为

$$\dot{\boldsymbol{x}}=\begin{bmatrix}0&0&0\\1&-1&0\\0&1&-1\end{bmatrix}\boldsymbol{x}+\begin{bmatrix}1\\0\\0\end{bmatrix}u$$

$$y=\begin{bmatrix}0&1&1\end{bmatrix}\boldsymbol{x}$$

求状态反馈增益阵 $\boldsymbol{K}$，使反馈后闭环特征值为 $\lambda_1^*=-2$，$\lambda_{2,3}^*=-1\pm \mathrm{j}\sqrt{3}$。

解　因为

$$\operatorname{rank}\begin{bmatrix}\boldsymbol{b}&\boldsymbol{Ab}&\boldsymbol{A}^2\boldsymbol{b}\end{bmatrix}=\operatorname{rank}\begin{bmatrix}1&0&0\\0&1&-1\\0&0&1\end{bmatrix}=3$$

所以给定的系统是状态完全能控的，通过状态反馈控制律 $u=v-\boldsymbol{Kx}$ 能任意配置闭环特征值。下面求状态反馈增益矩阵 $\boldsymbol{K}$。

① $$\det(s\boldsymbol{I}-\boldsymbol{A})=\det\begin{bmatrix}s&0&0\\-1&s+1&0\\0&-1&s+1\end{bmatrix}=s^3+2s^2+s$$

得 $a_1=2$，$a_2=1$，$a_3=0$。

② $$(s-\lambda_1^*)(s-\lambda_2^*)(s-\lambda_3^*)=(s+2)(s+1+\mathrm{j}\sqrt{3})(s+1-\mathrm{j}\sqrt{3})=s^3+4s^2+8s+8$$

得 $a_1^*=4$，$a_2^*=8$，$a_3^*=8$。

③ $$\widetilde{\boldsymbol{K}}=\begin{bmatrix}a_3^*-a_3&a_2^*-a_2&a_1^*-a_1\end{bmatrix}=\begin{bmatrix}8&7&2\end{bmatrix}$$

④ $$\boldsymbol{Q}=\begin{bmatrix}\boldsymbol{b}&\boldsymbol{Ab}&\boldsymbol{A}^2\boldsymbol{b}\end{bmatrix}\begin{bmatrix}a_2&a_1&1\\a_1&1&0\\1&0&0\end{bmatrix}=\begin{bmatrix}1&0&0\\0&1&-1\\0&0&1\end{bmatrix}\begin{bmatrix}1&2&1\\2&1&0\\1&0&0\end{bmatrix}=\begin{bmatrix}1&2&1\\1&1&0\\1&0&0\end{bmatrix}$$

⑤ $$\boldsymbol{P}=\boldsymbol{Q}^{-1}=\begin{bmatrix}1&2&1\\1&1&0\\1&0&0\end{bmatrix}^{-1}=\begin{bmatrix}0&0&1\\0&1&-1\\1&-2&1\end{bmatrix}$$

⑥ $$\boldsymbol{K}=\widetilde{\boldsymbol{K}}\boldsymbol{P}=\begin{bmatrix}8&7&2\end{bmatrix}\begin{bmatrix}0&0&1\\0&1&-1\\1&-2&1\end{bmatrix}=\begin{bmatrix}2&3&3\end{bmatrix}$$

于是状态反馈增益矩阵 $\boldsymbol{K}$ 可求出。此时闭环系统 Σ_K 的状态空间表达式为

$$\dot{\boldsymbol{x}}=(\boldsymbol{A}-\boldsymbol{bK})\boldsymbol{x}+\boldsymbol{b}v$$

$$=\left\{\begin{bmatrix}0&0&0\\1&-1&0\\0&1&-1\end{bmatrix}+\begin{bmatrix}1\\0\\0\end{bmatrix}\begin{bmatrix}2&3&3\end{bmatrix}\right\}\boldsymbol{x}+\begin{bmatrix}1\\0\\0\end{bmatrix}v=\begin{bmatrix}-2&-3&-3\\1&-1&0\\0&1&-1\end{bmatrix}\boldsymbol{x}+\begin{bmatrix}1\\0\\0\end{bmatrix}v$$

$$y=\begin{bmatrix}0&1&1\end{bmatrix}\boldsymbol{x}$$

可以验证,闭环特征值的确为 $-2,-1\pm j\sqrt{3}$。而闭环传递函数矩阵为

$$G(s_j,\boldsymbol{K},\boldsymbol{L})=G(s_j,\boldsymbol{K},\boldsymbol{I})=\boldsymbol{c}(s\boldsymbol{I}-\boldsymbol{A}+\boldsymbol{bK})^{-1}\boldsymbol{b}$$

$$=\begin{bmatrix}0&1&1\end{bmatrix}\begin{bmatrix}s+2&3&3\\-1&s+1&0\\0&-1&s+1\end{bmatrix}^{-1}\begin{bmatrix}1\\0\\0\end{bmatrix}$$

$$=\frac{(s+2)}{(s+2)(s^2+2s+4)}=\frac{1}{(s^2+2s+4)}$$

闭环系统的结构图如图 6.2.1 所示。

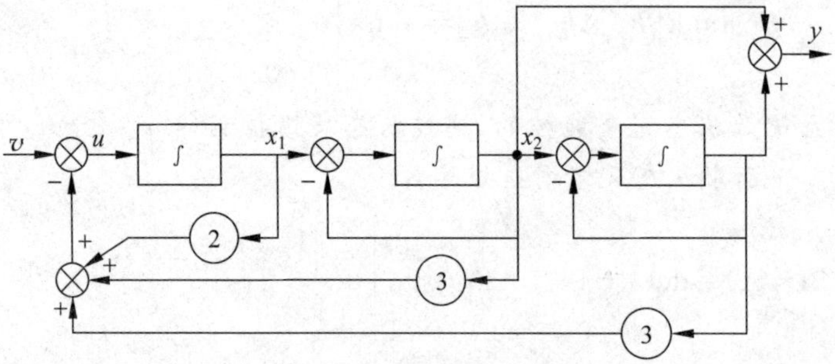

图 6.2.1 闭环系统的结构图

在上面算法中,首先需要把给定系统 Σ 的状态空间表达式变换成为相应的能控标准形 $\tilde{\Sigma}$,然后再计算 $\boldsymbol{K}$。其实,无须这种变换也能计算出 $\boldsymbol{K}$。下面给出直接计算 $\boldsymbol{K}$ 的方法。

算法 2 具体可按下面步骤完成。

① 将 $u=-\boldsymbol{Kx}$ 带入系统状态方程,并求得相应闭环系统的特征多项式

$$\alpha(s)=s^n+a_1(\boldsymbol{K})s^{n-1}+\cdots+a_{n-1}(\boldsymbol{K})s+a_n(\boldsymbol{K})$$

式中,$a_i(\boldsymbol{K})$是反馈矩阵 $\boldsymbol{K}$ 的函数,$i=1,2,\cdots,n$。

② 计算理想特征多项式

$$\alpha^*(x)=(s-\lambda_1^*)(s-\lambda_2^*)\cdots(s-\lambda_n^*)$$
$$=s^n+a_1^*s^{n-1}+\cdots+a_{n-1}^*s+a_n^*$$

③ 列方程组 $a_i(\boldsymbol{K})=a_i^*,i=1,2,\cdots,n$,并求解。其解 $\boldsymbol{K}=[k_1,k_2,\cdots,k_n]$即为所求。该算法适用系统维数比较低,控制矩阵中只有一个非零元素的情况。当矩阵 $\boldsymbol{b}$ 中非零元素个数大于等于 2 时,方程组 $a_i(\boldsymbol{K})=a_i^*,i=1,2,\cdots,n$ 中未知数的次数可能会大于等于 2,而导致求解困难。

例 6.2.2 同例 6.2.1。

解 设所需的状态反馈增益矩阵 $\boldsymbol{K}$ 为

$$\boldsymbol{K}=\begin{bmatrix}k_1&k_2&k_3\end{bmatrix}$$

因为经过状态反馈 $u=v-\boldsymbol{Kx}$ 后,闭环系统的特征多项式为

$$\begin{aligned}\alpha(s) &= \det(s\boldsymbol{I}-\boldsymbol{A}+\boldsymbol{b}\boldsymbol{K}) \\ &= \det\left\{\begin{bmatrix} s & 0 & 0 \\ 0 & s & 0 \\ 0 & 0 & s\end{bmatrix} - \begin{bmatrix} 0 & 0 & 0 \\ 1 & -1 & 0 \\ 0 & 1 & -1\end{bmatrix} + \begin{bmatrix} 1 \\ 0 \\ 0\end{bmatrix}\begin{bmatrix} k_1 & k_2 & k_3\end{bmatrix}\right\} \\ &= s^3+(2+k_1)s^2+(2k_1+k_2+1)s+(k_1+k_2+k_3)\end{aligned}$$

根据要求的闭环期望极点，可求得闭环期望特征多项式为

$$\begin{aligned}\alpha^*(s) &= (s+2)(s+1+\mathrm{j}\sqrt{3})(s+1-\mathrm{j}\sqrt{3}) \\ &= s^3+4s^2+8s+8\end{aligned}$$

比较两多项式同次幂的系数，有 $2+k_1=4, 2k_1+k_2+1=8, k_1+k_2+k_3=8$。解之可得 $k_1=2, k_2=3, k_3=3$。即得状态反馈增益矩阵为 $\boldsymbol{K}=[2\quad 3\quad 3]$，与例 6.2.1 的结果相同。

事实上，现在已有多种方法计算状态反馈增益矩阵 $\boldsymbol{K}$。例如阿克曼(Ackermann)算法、梅内-默多克(Mayne-Murdock)算法等，这里不作介绍，有兴趣的读者可自行查阅有关文献。

6.2.3 讨论

(1) 状态反馈不改变系统的维数，即经状态反馈后的闭环系统 Σ_K 的维数等于原系统 Σ 的维数。但是闭环传递函数的阶次可能会降低(见例 6.2.1)，这是由分子分母的公因子被对消所致。

(2) 对于单输入单输出系统，状态反馈不会移动系统传递函数的零点，这只要求出系统式(6.2.2)和式(6.2.3)所对应的传递函数即可看出。原系统 Σ，即式(6.2.2)的传递函数为

$$\begin{aligned}g(s) &= \frac{\beta_1 s^{n-1}+\beta_2 s^{n-2}+\cdots+\beta_{n-1}s+\beta_n}{s^n+\alpha_1 s^{n-1}+\cdots+\alpha_{n-1}s+\alpha_n}+d \\ &= \frac{ds^n+(\beta_1+d\alpha_1)s^{n-1}+\cdots+(\beta_{n-1}+d\alpha_{n-1})s+(\beta_n+d\alpha_n)}{s^n+\alpha_1 s^{n-1}+\cdots+\alpha_{n-1}s+\alpha_n}\end{aligned} \tag{6.2.9}$$

而经过状态反馈后的系统 Σ_K，即式(6.2.3)的传递函数为

$$\begin{aligned}g_K(s) &= \frac{(\beta_1-\tilde{d}\tilde{k}_n)s^{n-1}+(\beta_2-\tilde{d}\tilde{k}_{n-1})s^{n-2}+\cdots+(\beta_n-\tilde{d}\tilde{k}_1)}{s^n+\alpha_1^* s^{n-1}+\cdots+\alpha_{n-1}^* s+\alpha_n^*}+d \\ &= \frac{[\beta_1-d(\alpha_1^*-\alpha_1)]s^{n-1}+[\beta_2-d(\alpha_2^*-\alpha_2)]s^{n-2}+\cdots+[\beta_n-d(\alpha_n^*-\alpha_n)]}{s^n+\alpha_1^* s^{n-1}+\cdots+\alpha_{n-1}^* s+\alpha_n^*}+d \\ &= \frac{ds^n+(\beta_1+d\alpha_1)s^{n-1}+\cdots+(\beta_{n-1}+d\alpha_{n-1})s+(\beta_n+d\alpha_n)}{s^n+\alpha_1^* s^{n-1}+\cdots+\alpha_{n-1}^* s+\alpha_n^*}\end{aligned} \tag{6.2.10}$$

式(6.2.9)和式(6.2.10)中的分子相同。

(3) 上述性质可用来解释为什么状态反馈可能改变系统的能观测性。若某些极点被移动到与 $g(s)$的零点相重合的位置,如例 6.2.1 中的 $s=-2$ 处,则在式(6.2.10)中将出现零极点的对消。这时,由于系统(6.2.3)是完全能控的,所以它一定是不完全能观测的。

(4) 如前所述,对于一个状态完全能控的系统,能用状态反馈方法任意地配置闭环极点。那么,对于不完全能控的系统,在极点配置的问题上,我们能做些什么呢?第4章中已指出,若系统是不完全能控的,则适当地选择等价变换矩阵,可将其状态方程变换成如下形式:

$$\dot{\tilde{x}} = \widetilde{A}\,\tilde{x} + \tilde{b}u \tag{6.2.11}$$

式中 $\widetilde{\boldsymbol{A}}=\begin{bmatrix}\widetilde{\boldsymbol{A}}_{11} & \widetilde{\boldsymbol{A}}_{12}\\ \boldsymbol{0} & \widetilde{\boldsymbol{A}}_{22}\end{bmatrix}$, $\tilde{\boldsymbol{b}}=\begin{bmatrix}\tilde{\boldsymbol{b}}_1\\ \boldsymbol{0}\end{bmatrix}$,$\tilde{x}=\begin{bmatrix}\tilde{x}_1\\ \tilde{x}_2\end{bmatrix}$,且$\dot{\tilde{x}}_1=\widetilde{\boldsymbol{A}}_{11}\tilde{x}_1+\tilde{\boldsymbol{b}}_1u$ 是状态完全能控的。由$\widetilde{\boldsymbol{A}}$的形式知其特征值的集合是$\widetilde{\boldsymbol{A}}_{11}$和$\widetilde{\boldsymbol{A}}_{22}$的特征值的并集。鉴于$\tilde{\boldsymbol{b}}$的形式,容易看出,引入任何形如 $u=v-\widetilde{\boldsymbol{K}}\tilde{x}$的状态反馈都不会影响矩阵$\widetilde{\boldsymbol{A}}_{22}$,所以$\widetilde{\boldsymbol{A}}_{22}$的特征值是不能任意配置的。故此,能够断言:当且仅当$\{\boldsymbol{A},\boldsymbol{b}\}$完全能控时,$(\boldsymbol{A}-\boldsymbol{bK})$的所有特征值才能配置在任意指定的位置。

(5) 在系统综合中,往往需要移动那些不稳定的极点,即将具有非负实部的极点移到 s 平面的左半部,这一过程称为系统镇定。从讨论(4)可知,若矩阵$\widetilde{\boldsymbol{A}}_{22}$具有不稳定的特征值,则系统不可能用状态反馈的办法使之得以镇定。因此,可以断言,若$\{\boldsymbol{A},\boldsymbol{b}\}$变成式(6.2.11)的形式,其不能控子系统的$\widetilde{\boldsymbol{A}}_{22}$的全部特征值都具有负实部时,系统才是能镇定的。一个系统是否能够被镇定,也可以从其若尔当标准形的状态空间表达式看出,若所有与不稳定特征值相关的若尔当块都是能控的,则系统是能够镇定的。应当指出,在式(6.2.11)中,$\widetilde{\boldsymbol{A}}_{11}$和$\widetilde{\boldsymbol{A}}_{22}$可能具有相同的特征值。

在系统的设计与综合中,人们直接关心的是系统的时域性能指标,诸如超调量、调整时间等。因为系统的动态性能除了依赖于极点的分布之外,和系统的零点也有关系,所以为了使系统具有期望的性能,需要综合考虑极点和零点的分布情况。此外,还要顾及抗干扰和参数低灵敏度等方面的要求。

6.2.4 多输入系统的极点配置

这个问题要复杂得多,本书不拟详细研究,在此只简要且不加证明地介绍一种算法如下。

设给定能控的多输入系统的状态方程为

$$\dot{\boldsymbol{x}} = \boldsymbol{A}\boldsymbol{x} + \boldsymbol{B}\boldsymbol{u} \tag{6.2.12}$$

式中，$\boldsymbol{x}$ 为 n 维状态向量，$\boldsymbol{u}$ 为 p 维输入向量，$\boldsymbol{A}$ 和 $\boldsymbol{B}$ 分别为 $n\times n$ 和 $n\times p$ 实常量矩阵，并且有 $\mathrm{rank}\boldsymbol{B}=p$。现求状态反馈 $\boldsymbol{u}=\boldsymbol{v}-\boldsymbol{K}\boldsymbol{x}$（$\boldsymbol{K}$ 为 $p\times n$ 实常量矩阵），使得闭环系统的系数矩阵（$\boldsymbol{A}-\boldsymbol{B}\boldsymbol{K}$）具有任意指定的特征值 $\lambda_1^*,\lambda_2^*,\cdots,\lambda_n^*$。算法如下。

（1）通过等价变换 $\tilde{\boldsymbol{x}}=\boldsymbol{P}\boldsymbol{x}$ 将给定系统化为如下的龙伯格标准形

$$\dot{\tilde{\boldsymbol{x}}} = \widetilde{\boldsymbol{A}}\,\tilde{\boldsymbol{x}} + \widetilde{\boldsymbol{B}}\boldsymbol{u} \tag{6.2.13}$$

其中

$$\widetilde{\boldsymbol{A}} = \begin{bmatrix} \widetilde{\boldsymbol{A}}_{11} & \widetilde{\boldsymbol{A}}_{12} & \cdots & \widetilde{\boldsymbol{A}}_{1p} \\ \widetilde{\boldsymbol{A}}_{21} & \widetilde{\boldsymbol{A}}_{22} & \cdots & \widetilde{\boldsymbol{A}}_{2p} \\ \vdots & \vdots & \ddots & \vdots \\ \widetilde{\boldsymbol{A}}_{p1} & \widetilde{\boldsymbol{A}}_{p2} & \cdots & \widetilde{\boldsymbol{A}}_{pp} \end{bmatrix},\quad \widetilde{\boldsymbol{B}} = \begin{bmatrix} \begin{matrix}0\\ \vdots\\ 0\\ 1\end{matrix} & & & \boldsymbol{0} \\ & \begin{matrix}0\\ \vdots\\ 0\\ 1\end{matrix} & & \\ & & \ddots & \\ \boldsymbol{0} & & & \begin{matrix}0\\ \vdots\\ 0\\ 1\end{matrix} \end{bmatrix}$$

$$\widetilde{\boldsymbol{A}}_{ii} = \begin{bmatrix} 0 & 1 & & & \\ & 0 & 1 & \boldsymbol{0} & \\ & & \ddots & \ddots & \\ & \boldsymbol{0} & & 0 & 1 \\ * & * & * & \cdots & * \end{bmatrix}_{\mu_i\times\mu_i},\quad \underset{i\neq j}{\widetilde{\boldsymbol{A}}_{ij}} = \begin{bmatrix} & & \boldsymbol{0} & \\ * & * & \cdots & * \end{bmatrix}_{\mu_i\times\mu_j},\quad i,j=1,2,\cdots,p$$

$$\sum_{i=1}^{p}\mu_i = n$$

各矩阵中的符号 * 表示该元素可能为非零常数。

获得龙伯格标准形的等价变换矩阵 $\boldsymbol{P}$ 可按下面步骤构造。

① 在系统的能控性矩阵

$$\begin{aligned} \boldsymbol{M} &= [\boldsymbol{B},\boldsymbol{A}\boldsymbol{B},\cdots,\boldsymbol{A}^{n-1}\boldsymbol{B}] \\ &= [\boldsymbol{b}_1,\boldsymbol{b}_2,\cdots,\boldsymbol{b}_p,\boldsymbol{A}\boldsymbol{b}_1,\boldsymbol{A}\boldsymbol{b}_2,\cdots,\boldsymbol{A}\boldsymbol{b}_p,\cdots,\boldsymbol{A}^{n-1}\boldsymbol{b}_1,\boldsymbol{A}^{n-1}\boldsymbol{b}_2,\cdots,\boldsymbol{A}^{n-1}\boldsymbol{b}_p] \end{aligned}$$

中按从左至右的顺序挑选 n 个线性无关的列，并将它们按下列顺序重新排列和给出矩阵 $\boldsymbol{Q}$ 及系数 $\mu_1,\mu_2,\cdots,\mu_p$ 的相应定义值。

$$[\boldsymbol{b}_1,\boldsymbol{A}\boldsymbol{b}_1,\cdots,\boldsymbol{A}^{\mu_1-1}\boldsymbol{b}_1,\boldsymbol{b}_2,\boldsymbol{A}\boldsymbol{b}_2,\cdots,\boldsymbol{A}^{\mu_2-1}\boldsymbol{b}_2,\cdots,\boldsymbol{b}_p,\boldsymbol{A}\boldsymbol{b}_p,\cdots,\boldsymbol{A}^{\mu_p-1}\boldsymbol{b}_p] \triangleq \boldsymbol{Q}^{-1}$$

② 令

$$\boldsymbol{Q}=\begin{bmatrix}\boldsymbol{e}_{11}^{\mathrm{T}}\\ \vdots\\ \boldsymbol{e}_{1\mu_1}^{\mathrm{T}}\\ \boldsymbol{e}_{21}^{\mathrm{T}}\\ \vdots\\ \boldsymbol{e}_{2\mu_2}^{\mathrm{T}}\\ \vdots\\ \boldsymbol{e}_{p\mu_p}^{\mathrm{T}}\end{bmatrix}\begin{matrix}\left.\begin{matrix}\\ \\ \\ \end{matrix}\right\}\text{第 1 块阵}\\ \left.\begin{matrix}\\ \\ \\ \end{matrix}\right\}\text{第 2 块阵}\\ \vdots\\ \text{第 } p \text{ 块阵}\end{matrix}$$

③ 取 $\boldsymbol{Q}$ 的每个块阵中的末行 $\boldsymbol{e}_{1\mu_1}^{\mathrm{T}},\boldsymbol{e}_{2\mu_2}^{\mathrm{T}},\cdots,\boldsymbol{e}_{p\mu_p}^{\mathrm{T}}$ 来构造变换矩阵 $\boldsymbol{P}$。

$$\boldsymbol{P}=\begin{bmatrix}\boldsymbol{e}_{1\mu_1}^{\mathrm{T}}\\ \boldsymbol{e}_{1\mu_1}^{\mathrm{T}}\boldsymbol{A}\\ \vdots\\ \boldsymbol{e}_{1\mu_1}^{\mathrm{T}}\boldsymbol{A}^{\mu_1-1}\\ \boldsymbol{e}_{2\mu_2}^{\mathrm{T}}\\ \vdots\\ \boldsymbol{e}_{2\mu_2}^{\mathrm{T}}\boldsymbol{A}^{\mu_2-1}\\ \vdots\\ \boldsymbol{e}_{p\mu_p}^{\mathrm{T}}\boldsymbol{A}^{\mu_p-1}\end{bmatrix}$$

(2) 选取状态反馈增益阵 $\boldsymbol{K}$ 为

$$\widetilde{\boldsymbol{K}}=\begin{bmatrix}\widetilde{k}_{11} & \widetilde{k}_{12} & \cdots & \widetilde{k}_{1p}\\ \widetilde{k}_{21} & \widetilde{k}_{22} & \cdots & \widetilde{k}_{2p}\\ \vdots & \vdots & & \vdots\\ \widetilde{k}_{p1} & \widetilde{k}_{p2} & \cdots & \widetilde{k}_{pp}\end{bmatrix}$$

使得

$$(\widetilde{\boldsymbol{A}}-\widetilde{\boldsymbol{B}}\widetilde{\boldsymbol{K}})=\begin{bmatrix}0 & 1 & \cdots & 0\\ \vdots & \vdots & \ddots & \vdots\\ 0 & 0 & \cdots & 1\\ -\widetilde{a}_n & -\widetilde{a}_{n-1} & \cdots & -\widetilde{a}_1\end{bmatrix}\tag{6.2.14}$$

且 $\widetilde{a}_i,i=1,2,\cdots,n$ 满足

$$s^n+\widetilde{a}_1s^{n-1}+\cdots+\widetilde{a}_{n-1}s+\widetilde{a}_n=(s-\lambda_1^*)(s-\lambda_2^*)\cdots(s-\lambda_n^*)$$

或者选取 $\widetilde{\boldsymbol{K}}$ 使得

$$(\widetilde{\boldsymbol{A}}-\widetilde{\boldsymbol{B}}\widetilde{\boldsymbol{K}})=\mathrm{diag}\{\widetilde{\boldsymbol{A}}_{11},\widetilde{\boldsymbol{A}}_{22},\cdots,\widetilde{\boldsymbol{A}}_{pp}\}\tag{6.2.15}$$

其中

$$\widetilde{\boldsymbol{A}}_{ii}=\begin{bmatrix}0 & 1 & 0 & \cdots & 0\\ 0 & 0 & 1 & \cdots & 0\\ \vdots & \vdots & \vdots & \ddots & \vdots\\ 0 & 0 & 0 & \cdots & 1\\ -\tilde{a}_{i\mu_i} & -\tilde{a}_{i(\mu_i-1)} & -\tilde{a}_{i(\mu_i-2)} & \cdots & -\tilde{a}_{i1}\end{bmatrix},\quad i=1,2,\cdots,p$$

并有 $\prod_{i=1}^{p}(s^{\mu_i}+\tilde{a}_{i1}s^{\mu_i-1}+\cdots+\tilde{a}_{i(\mu_i-1)}s+\tilde{a}_{i\mu_i})=(s-\lambda_1^*)(s-\lambda_2^*)\cdots(s-\lambda_n^*)$

(3) 计算

$$\boldsymbol{K}=\widetilde{\boldsymbol{K}}\boldsymbol{P}$$

对应于式(6.2.14)和式(6.2.15)可计算出不同的反馈矩阵 $\boldsymbol{K}$,得出不同的系统闭环状态表达式,具体可参见例 6.2.3。

例 6.2.3　给定多输入系统的状态方程为

$$\dot{\boldsymbol{x}}=\begin{bmatrix}0 & 1 & 0 & 0 & 0\\ 0 & 0 & 1 & 0 & 0\\ 2 & 0 & 0 & 1 & 1\\ 0 & 0 & 0 & 0 & 1\\ 0 & 0 & 0 & -1 & -2\end{bmatrix}\boldsymbol{x}+\begin{bmatrix}0 & 0\\ 0 & 0\\ 1 & 0\\ 0 & 0\\ 0 & 1\end{bmatrix}\boldsymbol{u}$$

和一组闭环期望特征值 $\lambda_1^*=-1,\lambda_{2,3}^*=-2\pm \mathrm{j}1,\lambda_{4,5}^*=-1\pm \mathrm{j}2$,试求对应的状态反馈增益矩阵 $\boldsymbol{K}$。

解　因为所给系统的状态方程已经是龙格伯标准形,故不需要进行等价变换,或者认为等价变换矩阵 $\boldsymbol{P}=\boldsymbol{I}$。设所需的 $\boldsymbol{K}$ 为

$$\boldsymbol{K}=\begin{bmatrix}k_{11} & k_{12} & k_{13} & k_{14} & k_{15}\\ k_{21} & k_{22} & k_{23} & k_{24} & k_{25}\end{bmatrix}$$

由式(6.2.14)有

$$(\boldsymbol{A}-\boldsymbol{BK})=\begin{bmatrix}0 & 1 & 0 & 0 & 0\\ 0 & 0 & 1 & 0 & 0\\ 2-k_{11} & -k_{12} & -k_{13} & 1-k_{14} & 1-k_{15}\\ 0 & 0 & 0 & 0 & 1\\ -k_{21} & -k_{22} & -k_{23} & -1-k_{24} & -2-k_{25}\end{bmatrix}$$

而期望闭环特征多项式为

$$\begin{aligned}f^*(s)&=(s+1)(s+2-\mathrm{j}1)(s+2+\mathrm{j}1)(s+1-\mathrm{j}2)(s+2+\mathrm{j}2)\\&=(s^3+5s^2+9s+5)(s^2+2s+5)=s^5+7s^4+24s^3+48s^2+55s+25\end{aligned}$$

至此,不难得知

$$\boldsymbol{K}=\begin{bmatrix}2 & 0 & 0 & 0 & 1\\ 25 & 55 & 48 & 23 & 5\end{bmatrix}$$

时,有

$$(\boldsymbol{A}-\boldsymbol{BK})=\begin{bmatrix}0 & 1 & 0 & 0 & 0\\ 0 & 0 & 1 & 0 & 0\\ 0 & 0 & 0 & 1 & 0\\ 0 & 0 & 0 & 0 & 1\\ -25 & -55 & -48 & -24 & -7\end{bmatrix}$$

而由式(6.2.15)可得

$$\boldsymbol{K}=\begin{bmatrix}7 & 9 & 5 & 1 & 1\\ 0 & 0 & 0 & 1 & 0\end{bmatrix}$$

这时有

$$(\boldsymbol{A}-\boldsymbol{BK})=\begin{bmatrix}0 & 1 & 0 & 0 & 0\\ 0 & 0 & 1 & 0 & 0\\ -5 & -9 & -5 & 0 & 0\\ 0 & 0 & 0 & 0 & 1\\ 0 & 0 & 0 & -5 & -2\end{bmatrix}$$

不难验证,上述 $\boldsymbol{K}$ 的两种求取方法都能使得$(\boldsymbol{A}-\boldsymbol{BK})$具有期望的特征值。

6.2.5 利用 MATLAB 实现极点配置

(1) **直接计算** 即根据系统的状态方程和输出方程利用状态反馈控制规律来计算得到状态反馈矩阵 $\boldsymbol{K}$。

例 6.2.4 已知受控系统的系数矩阵为

$$\boldsymbol{A}=\begin{bmatrix}0 & 1\\ -3 & -4\end{bmatrix},\quad \boldsymbol{B}=\begin{bmatrix}0\\ 1\end{bmatrix}$$

设计状态反馈矩阵 $\boldsymbol{K}$ 使闭环极点为-4和-5。

解 程序如下:

```
>>A=[0 1; -3-4];
B=[0 1]';
P=[-4 -5];
syms k1 k2 s;
K=[k1 k2];
eg=Simple(det(s*diag(diag(ones((size(A)))))-A+B*K))
f=1;
for i=1:2
f=Simple(f*(s-P(i)));
end
f=f-eg;
[k1 k2]=solve(jacobian(f,'s'),subs(f,'s',0))
```

运行结果：

```
k1 =
    17
k2 =
    5
```

由运行结果显示可知系统状态反馈矩阵为 $\boldsymbol{K}=[17\quad 5]$。

(2) **采用 Ackermann 公式计算**　直接运用 Ackermann 公式来计算系统状态反馈矩阵。

例 6.2.5　已知倒立摆杆的线性模型 $\Sigma_0(\boldsymbol{A},\boldsymbol{b})$ 如下，设计状态反馈矩阵 $\boldsymbol{K}$ 使闭环极点为 $-1,-2,-1\pm \mathrm{j}$，并计算闭环系统状态系数矩阵。

$$\boldsymbol{A}=\begin{bmatrix}0&1&0&0\\0&0&-1&0\\0&0&0&1\\0&0&11&0\end{bmatrix},\quad \boldsymbol{b}=\begin{bmatrix}0\\1\\0\\-1\end{bmatrix}$$

解　程序如下：

```
>> A = [0 1 0 0; 0 0 -1 0; 0 0 0 1; 0 0 11 0];
b = [0 1 0 -1]';
P = [ -1  -2  -1 - j  -1 + j];
K = acker(A,b,P)
A - b * K
```

运行结果：

```
K =
   -0.4000   -1.0000   -21.4000   -6.0000
```

闭环系统状态矩阵为

```
ans =
        0          1.0000          0          0
   0.4000          1.0000    20.4000     6.0000
        0               0          0     1.0000
  -0.4000         -1.0000   -10.4000    -6.0000
```

由运行结果知

$$\boldsymbol{K}=[-0.4\quad -1\quad -21.4\quad -6]$$

闭环矩阵为

$$\bar{\boldsymbol{A}}=\begin{bmatrix}0&1&0&0\\0.4&1&20.4&6\\0&0&0&1\\-0.4&-1&-10.4&-6\end{bmatrix}$$

例 6.2.6　已知控制系统的系统矩阵为

$$A=\begin{bmatrix}-2.0 & -2.5 & -0.5\\ 1 & 0 & 0\\ 0 & 1 & 0\end{bmatrix},\quad B=\begin{bmatrix}1\\0\\0\end{bmatrix}$$

设理想闭环系统的极点为 $s=-1,-2,-3$，试对其进行极点配置。

解　程序如下：

```
>> A = [ - 2  - 2.5  - 0.5; 1 0 0; 0 1 0];
B = [1 0 0]';
P = [ - 1  - 2  - 3];
K = acker(A,B,P)
Ac = A - B * K
eig(Ac)
```

运行结果：

```
K =
   4.0000  8.5000  6.5000
Ac =
     - 6   - 11   - 6
       1     0     0
       0     1     0
ans =
     - 3.0000
     - 2.0000
     - 1.0000
```

由运行结果显示可知配置过程是正确的。

(3) **调用 place 函数进行极点配置**　调用格式为 K=place(A,B,P)。A,B 为系统系数矩阵，P 为配置极点，K 为反馈增益矩阵。

例 6.2.7　考虑给定的状态方程模型

$$\dot{x}=\begin{bmatrix}0 & 1 & 0 & 0\\ 0 & 0 & -1 & 0\\ 0 & 0 & 0 & 1\\ 0 & 0 & 11 & 0\end{bmatrix}x+\begin{bmatrix}0\\1\\0\\-1\end{bmatrix}u,\qquad y=[1\quad 2\quad 3\quad 4]x$$

如果想将闭环系统配置在 $s_{1,2,3,4}=-1,-2,-1\pm j$，则可使用下面的 MATLAB 程序。

```
>> A = [0,1,0,0; 0,0, - 1,0; 0,0,0,1; 0,0,11,0];
B = [0; 1; 0; - 1];
eig(A)'
P = [ - 1; - 2; - 1 + sqrt( - 1); - 1 - sqrt( - 1)];
```

```
K = place(A,B,P)
eig(A - B * K)'
```

运行结果：

```
ans =
   0   0    3.3166   - 3.3166
K =
  - 0.4000    - 1.0000   - 21.4000   - 6.0000
ans =
   - 2.0000   - 1.0000   - 1.0000i   - 1.0000 + 1.0000i   - 1.0000
```

可以看出，原系统的极点位置为0，0，3.3166，－3.3166，即原系统是不稳定的，应用极点配置技术，可以将系统的闭环极点配置到某些期望的位置上，从而使得闭环系统得到镇定，并同时得到较好的动态特性。

6.3　应用状态反馈实现解耦控制

除了6.2节所介绍的实现系统的极点配置外，状态反馈还可以运用于其他许多方面，如实现系统的解耦控制、构成最优调节器、改善跟踪系统的稳态特性等。本节简要地介绍应用状态反馈实现解耦控制的问题。

6.3.1　问题的提出

研究多输入多输出线性定常系统

$$\Sigma:\begin{cases}\dot{\boldsymbol{x}} = \boldsymbol{A}\boldsymbol{x} + \boldsymbol{B}\boldsymbol{u} \\ \boldsymbol{y} = \boldsymbol{C}\boldsymbol{x}\end{cases} \tag{6.3.1}$$

式中，$\boldsymbol{x}$为n维状态向量，$\boldsymbol{u}$为p维输入向量，$\boldsymbol{y}$为q维输出向量，$\boldsymbol{A},\boldsymbol{B},\boldsymbol{C}$分别为具有相应维数的实常量矩阵。在$\boldsymbol{x}(0)=\boldsymbol{0}$的条件下，输出与输入之间的关系，可用传递函数$\boldsymbol{G}(s)$描述。即

$$Y(s) = \boldsymbol{G}(s)\boldsymbol{u}(s) = \boldsymbol{C}(s\boldsymbol{I} - \boldsymbol{A})^{-1}\boldsymbol{B}\boldsymbol{u}(s) \tag{6.3.2}$$

式(6.3.2)可具体写为

$$\begin{aligned}
Y_1(s) &= g_{11}(s)U_1(s) + g_{12}(s)U_2(s) + \cdots + g_{1p}(s)U_p(s) \\
Y_2(s) &= g_{21}(s)U_1(s) + g_{22}(s)U_2(s) + \cdots + g_{2p}(s)U_p(s) \\
&\vdots \\
Y_q(s) &= g_{q1}(s)U_1(s) + g_{q2}(s)U_2(s) + \cdots + g_{qp}(s)U_p(s)
\end{aligned}$$

式中，$g_{ij}(s)$，$(i=1,2,\cdots,q;j=1,2,\cdots,p)$是$G(s)$的第$i$行第$j$列的元素。由上述方程组可见：每一个输入控制着多个输出，而每一个输出被多个输入所控制。我们称这种交互作用的现象为耦合。一般说来，控制多输入多输出系统是颇为困难

的。例如,要找到一组输入 $U_1(s),U_2(s),\cdots,U_p(s)$,要求它们既能有效地控制 $Y_1(s)$,又不影响 $Y_2(s),\cdots,Y_q(s)$,通常是不容易的。可是在现实生活中,如航空、石油、化工、冶金等领域,就有许多实际的控制系统,要求能做到这点。因此,如能找出一些控制律,采取一定的措施,能够使得每一个输入能且只能控制一个输出,而每个输出受且只受一个输入的控制,这必将大大地简化控制操作,显然是十分有意义的。实现这样的控制称为解耦控制,或者简称为解耦。将一个有相互耦合的系统实现解耦控制有很多种方法,本书只介绍利用状态反馈实现解耦控制的方法。为此,对式(6.3.1)所描述的系统 Σ,引入 3 个基本假定:

(1) $p=q$,即系统的输出个数等于输入个数。

(2) 状态反馈控制律采用如下形式:

$$\boldsymbol{u}=\boldsymbol{L}\boldsymbol{v}-\boldsymbol{K}\boldsymbol{x} \tag{6.3.3}$$

式中,$\boldsymbol{K}$ 为 $p\times q$ 实常量矩阵,$\boldsymbol{L}$ 为 $p\times p$ 输入变换矩阵,$\boldsymbol{v}$ 为 p 维参考输入。相应的闭环系统 Σ_K 的结构如图 6.3.1 所示。

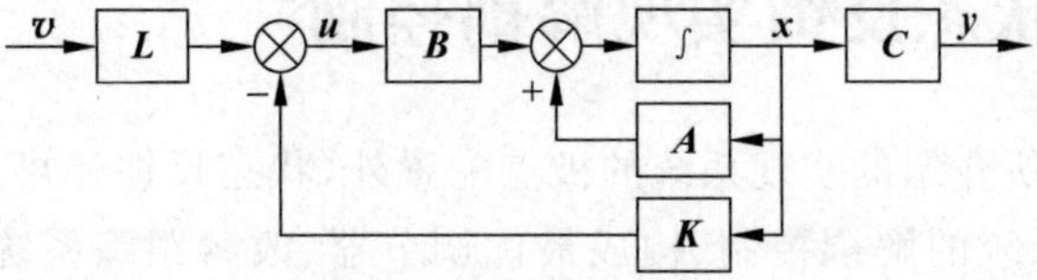

图 6.3.1 闭环系统 Σ_K 的结构图

(3) 输入变换矩阵 $\boldsymbol{L}$ 为非奇异的,即 $\det \boldsymbol{L}\neq\boldsymbol{0}$。

对于图 6.3.1 所示闭环系统 Σ_K,其状态空间表达式为

$$\Sigma_K:\begin{cases}\dot{\boldsymbol{x}}=(\boldsymbol{A}-\boldsymbol{B}\boldsymbol{K})\boldsymbol{x}+\boldsymbol{B}\boldsymbol{L}\,\boldsymbol{v}\\ \boldsymbol{y}=\boldsymbol{C}\boldsymbol{x}\end{cases} \tag{6.3.4}$$

相应的传递函数矩阵为

$$\boldsymbol{G}(s;\boldsymbol{K},\boldsymbol{L})=\boldsymbol{C}(s\boldsymbol{I}-\boldsymbol{A}+\boldsymbol{B}\boldsymbol{K})^{-1}\boldsymbol{B}\boldsymbol{L} \tag{6.3.5}$$

因为已经假定 $p=q$,可知 $\boldsymbol{G}(s;\boldsymbol{K},\boldsymbol{L})$ 为 $p\times p$ 有理分式阵。于是,所谓解耦控制问题就是:对于由式(6.3.1)给出的多变量受控系统,寻找一个输入变换矩阵和状态反馈增益矩阵对$\{\boldsymbol{K},\boldsymbol{L}\}$,使得由式(6.3.4)所确定的系统 Σ_K 的传递函数阵$\boldsymbol{G}(s;\boldsymbol{K},\boldsymbol{L})$为非奇异的对角有理分式矩阵,即

$$\boldsymbol{G}(s;\boldsymbol{K},\boldsymbol{L})=\mathrm{diag}\{g_{11}(s),g_{22}(s),\cdots,g_{pp}(s)\}$$

$$g_{ii}(s)\neq 0,i=1,2,\cdots,p \tag{6.3.6}$$

显然,经过解耦的系统可以看成是由 p 个独立的单变量子系统所组成,如图 6.3.2 所示。

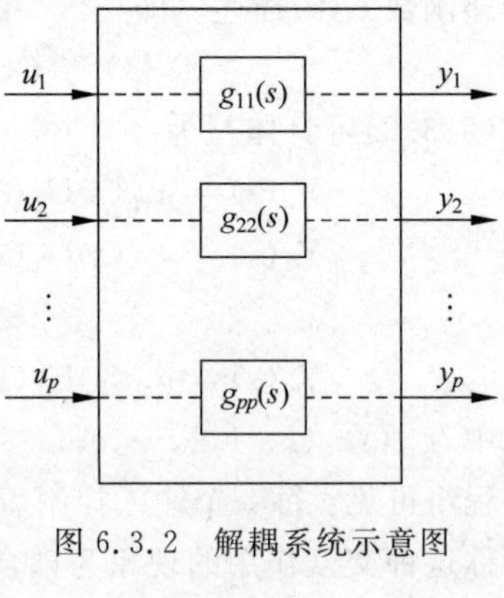

图 6.3.2 解耦系统示意图

容易看出,对于解耦控制存在两个重要问

题：一是研究所给系统 Σ 的可解耦性，即系统 Σ 可通过状态反馈控制律表达式(6.3.3)实现解耦所应具备的条件；另一个是给出解耦问题的综合算法，以便对于可解耦系统确定出所要求的状态反馈 $\{\boldsymbol{K},\boldsymbol{L}\}$。

6.3.2 实现解耦控制的条件和主要结论

要实现解耦控制，给定的系统 Σ 必须满足一定条件，不是所有的系统都能通过状态反馈实现解耦。下面用实例予以说明。

例 6.3.1 对于系统

$$\begin{cases}\dot{\boldsymbol{x}}=\boldsymbol{A}\boldsymbol{x}+\boldsymbol{B}\boldsymbol{u}\\ \boldsymbol{y}=\boldsymbol{C}\boldsymbol{x}\end{cases}$$

式中

$$\boldsymbol{A}=\begin{bmatrix}0&-1&0\\1&0&1\\0&0&0\end{bmatrix},\quad \boldsymbol{B}=\begin{bmatrix}0&0\\1&0\\0&1\end{bmatrix},\quad \boldsymbol{C}=\begin{bmatrix}1&0&0\\0&1&0\end{bmatrix}$$

令 $\boldsymbol{K},\boldsymbol{L}$ 分别为

$$\boldsymbol{K}=\begin{bmatrix}k_{11}&k_{12}&k_{13}\\k_{21}&k_{22}&k_{23}\end{bmatrix},\quad \boldsymbol{L}=\begin{bmatrix}l_{11}&l_{12}\\l_{21}&l_{22}\end{bmatrix}$$

经过简单的计算，可知经过状态反馈后闭环系统的传递函数矩阵为

$$\boldsymbol{G}(s;\boldsymbol{K},\boldsymbol{L})=\frac{1}{a(s)}\begin{bmatrix}-(s+k_{23})&-(1-k_{13})\\s(s+k_{23})&s(1-k_{13})\end{bmatrix}\boldsymbol{L}$$

$$a(s)=\det(s\boldsymbol{I}-\boldsymbol{A}+\boldsymbol{B}\boldsymbol{K})$$

为了实现解耦控制，$\boldsymbol{G}(s;\boldsymbol{K},\boldsymbol{L})$ 的非对角线元素必须为零，这就要求对于任意的 s，都必须有下式成立：

$$-(s+k_{23})l_{12}-(1-k_{13})l_{22}=0$$

$$s(s+k_{23})l_{11}-s(1-k_{13})l_{21}=0$$

为保证在 $\boldsymbol{L}\neq\boldsymbol{0}$ 时，上面两式同时成立，应有 $l_{11}=l_{12}=0$ 和 $k_{13}=1$。但如果真是这样，就有 $\boldsymbol{G}(s;\boldsymbol{K},\boldsymbol{L})=0$。因此上面给定的系统不能通过状态反馈实现解耦。

在论述实现解耦控制的条件之前，先要定义下列两个特征量并简要介绍它们的一些特性。

(1) 对于式(6.3.1)给定的系统 Σ，其传递函数矩阵为 $\boldsymbol{G}(s)=\boldsymbol{C}(s\boldsymbol{I}-\boldsymbol{A})^{-1}\boldsymbol{B}$，把它写成

$$\boldsymbol{G}(s)=\begin{bmatrix}g_{11}(s)&g_{12}(s)&\cdots&g_{1p}(s)\\g_{21}(s)&g_{22}(s)&\cdots&g_{2p}(s)\\\vdots&\vdots&\ddots&\vdots\\g_{p1}(s)&g_{p2}(s)&\cdots&g_{pp}(s)\end{bmatrix}$$

设所有的 $g_{ij}(s)$ 都是严格真的有理分式(或者为零),即其分母的阶次大于分子的阶次。令 d_{ij} 是 $g_{ij}(s)$ 的分母的次数与分子的次数之差,则有

$$\lim_{s\to\infty} s^{d_{ij}} g_{ij}(s) = \text{不为零的实数}$$

定义

$$d_i = \min\{d_{i1}, d_{i2}, \cdots, d_{ip}\} - 1 \tag{6.3.7}$$

显然 d_i 为非负整数。当 $\boldsymbol{G}(s)$ 给定后,$\{d_1, d_2, \cdots, d_p\}$ 是唯一确定的。

(2) 定义

$$\boldsymbol{E}_i \triangleq \lim_{s\to\infty} s^{d_i+1} \boldsymbol{g}_i(s), \quad i = 1, 2, \cdots, p \tag{6.3.8}$$

此处的 $\boldsymbol{g}_i(s)$ 表示 $\boldsymbol{G}(s)$ 的第 i 行。不难看出,$\boldsymbol{E}_i$ 是一个 $1\times p$ 的实数行向量,它也是由 $\boldsymbol{G}(s)$ 所唯一确定的。

这两个特征量具有如下的基本特性:

① 它们都可以直接用式(6.3.1)中的矩阵 $\boldsymbol{A}, \boldsymbol{B}, \boldsymbol{C}$ 来定义。设 $\boldsymbol{c}_i$ 为矩阵 $\boldsymbol{C}$ 的第 i 行,可作如下定义:

$$d_i = \begin{cases} \mu, & \boldsymbol{c}_i\boldsymbol{A}^k\boldsymbol{B} = 0, k = 0, 1, 2, \cdots, \mu - 1, \boldsymbol{c}_i\boldsymbol{A}^{\mu}\boldsymbol{B} \neq 0 \\ n - 1, & \boldsymbol{c}_i\boldsymbol{A}^k\boldsymbol{B} = 0, k = 0, 1, 2, \cdots, n - 1 \end{cases} \tag{6.3.9}$$

$$\boldsymbol{E}_i = \boldsymbol{c}_i\boldsymbol{A}^{di}\boldsymbol{B} \tag{6.3.10}$$

可以证明,这样定义的 $d_i, \boldsymbol{E}_i$ 和前面根据传递函数矩阵定义的 $d_i, \boldsymbol{E}_i$ 相同。

② 假定对系统 Σ 引入状态反馈 $\{\boldsymbol{K}, \boldsymbol{L}\}$ 后所得闭环系统为 Σ_K,如前所述,其状态空间表达式和传递函数矩阵分别由式(6.3.4)和式(6.3.5)所示。设 Σ_K 的相应特征量为 $\tilde{d}_i$ 和 $\widetilde{\boldsymbol{E}}_i$,可以证明:对于任意的 $\{\boldsymbol{K}, \boldsymbol{L}\}$,$\det \boldsymbol{L} \neq 0$ 有

$$\tilde{d}_i = d_i, \quad i = 1, 2, \cdots, p \tag{6.3.11}$$

$$\widetilde{\boldsymbol{E}}_i = \boldsymbol{E}_i\boldsymbol{L}, \quad i = 1, 2, \cdots, p \tag{6.3.12}$$

式(6.3.11)表明,状态反馈不改变传递函数矩阵每一行中分母阶次与分子阶次之差的最小值。

例 6.3.2 给定系统 Σ 为

$$\dot{\boldsymbol{x}} = \boldsymbol{A}\boldsymbol{x} + \boldsymbol{B}\boldsymbol{u}$$
$$\boldsymbol{y} = \boldsymbol{C}\boldsymbol{x}$$

式中,$\boldsymbol{A} = \begin{bmatrix} 0 & 0 & 0 \\ 0 & 0 & 1 \\ -1 & -2 & -3 \end{bmatrix}$, $\boldsymbol{B} = \begin{bmatrix} 1 & 0 \\ 0 & 0 \\ 0 & 1 \end{bmatrix}$, $\boldsymbol{C} = \begin{bmatrix} 1 & 1 & 0 \\ 0 & 0 & 1 \end{bmatrix}$,其传递函数矩阵为

$$\boldsymbol{G}(s) = \boldsymbol{C}(s\boldsymbol{I} - \boldsymbol{A})^{-1}\boldsymbol{B} = \begin{bmatrix} \dfrac{s^2 + 3s + 1}{s(s+1)(s+2)} & \dfrac{1}{(s+1)(s+2)} \\ \dfrac{-1}{(s+1)(s+2)} & \dfrac{s}{(s+1)(s+2)} \end{bmatrix}$$

根据式(6.3.7)的定义,不难得到

$$d_1=\min\{d_{11},d_{12}\}-1=\min\{1,2\}-1=0$$
$$d_2=\min\{d_{21},d_{22}\}-1=\min\{2,1\}-1=0$$

若用式(6.3.9)计算,因 $\boldsymbol{c}_1\boldsymbol{B}=[1\quad 0]\neq 0$,$\boldsymbol{c}_2\boldsymbol{B}=[0\quad 1]\neq 0$,亦可求得 $d_1=0,d_2=0$。同样,由式(6.3.8)和式(6.3.10)分别求得的 $\boldsymbol{E}_i$ 也是一样的:

$$\boldsymbol{E}_1=\lim_{s\to\infty}sg_1(s)=\lim_{s\to\infty}s\begin{bmatrix}\dfrac{s^2+3s+1}{s(s+1)(s+2)} & \dfrac{1}{(s+1)(s+2)}\end{bmatrix}=[1\quad 0]$$
$$=\boldsymbol{c}_1\boldsymbol{A}^{d_1}\boldsymbol{B}=[1\quad 1\quad 0]\boldsymbol{A}^0\boldsymbol{B}=[1\quad 0]$$

$$\boldsymbol{E}_2=\lim_{s\to\infty}sg_2(s)=\lim_{s\to\infty}s\begin{bmatrix}\dfrac{-1}{(s+1)(s+2)} & \dfrac{s}{(s+1)(s+2)}\end{bmatrix}=[0\quad 1]$$
$$=\boldsymbol{c}_2\boldsymbol{A}^{d_2}B=[0\quad 0\quad 1]\boldsymbol{A}^0\boldsymbol{B}=[0\quad 1]$$

假设引入的状态反馈为

$$\boldsymbol{u}=\boldsymbol{L}\boldsymbol{v}-\boldsymbol{K}\boldsymbol{x}=\begin{bmatrix}2&4\\1&0\end{bmatrix}\boldsymbol{v}-\begin{bmatrix}0&1&0\\2&0&1\end{bmatrix}\boldsymbol{x}$$

则对应的闭环系统为

$$\dot{\boldsymbol{x}}=(\boldsymbol{A}-\boldsymbol{B}\boldsymbol{K})\boldsymbol{x}+\boldsymbol{B}\boldsymbol{L}\boldsymbol{v}=\begin{bmatrix}0&-1&0\\0&0&1\\-3&-2&-4\end{bmatrix}\boldsymbol{x}+\begin{bmatrix}2&4\\0&0\\1&0\end{bmatrix}\boldsymbol{v}\triangleq\widetilde{\boldsymbol{A}}x+\widetilde{\boldsymbol{B}}\,\boldsymbol{v}$$

$$\boldsymbol{y}=\begin{bmatrix}1&1&0\\0&0&1\end{bmatrix}\boldsymbol{x}$$

因为

$$\boldsymbol{c}_1\,\widetilde{\boldsymbol{B}}=[1\quad 1\quad 0]\begin{bmatrix}2&4\\0&0\\1&0\end{bmatrix}=[2\quad 4]\neq\boldsymbol{0}\Rightarrow\tilde{d}_1=0$$

$$\boldsymbol{c}_2\,\widetilde{\boldsymbol{B}}=[0\quad 0\quad 1]\begin{bmatrix}2&4\\0&0\\1&0\end{bmatrix}=[1\quad 0]\neq\boldsymbol{0}\Rightarrow\tilde{d}_2=0$$

$$\widetilde{\boldsymbol{E}}_1=\boldsymbol{c}_1\,\widetilde{\boldsymbol{A}}^{\tilde{d}_1}\,\widetilde{\boldsymbol{B}}=[2\quad 4]=\boldsymbol{E}_1\boldsymbol{L}$$

$$\widetilde{\boldsymbol{E}}_2=\boldsymbol{c}_2\,\widetilde{\boldsymbol{A}}^{\tilde{d}_2}\,\widetilde{\boldsymbol{B}}=[1\quad 0]=\boldsymbol{E}_2\boldsymbol{L}$$

所以前述结论都得以验证。

定理 6.3.1　系统(6.3.1)在状态反馈 $\boldsymbol{u}=\boldsymbol{L}\boldsymbol{v}-\boldsymbol{K}\boldsymbol{x}$ 下实现解耦控制的充分必要条件是如下常量矩阵 $\boldsymbol{E}$ 为非奇异。其中,$\boldsymbol{K}=\boldsymbol{E}^{-1}\boldsymbol{F}$

$$\boldsymbol{E}=\begin{bmatrix}\boldsymbol{E}_1\\\boldsymbol{E}_2\\\vdots\\\boldsymbol{E}_p\end{bmatrix}\tag{6.3.13}$$

$$\boldsymbol{F}=\begin{bmatrix}\boldsymbol{F}_1\\ \boldsymbol{F}_2\\ \vdots\\ \boldsymbol{F}_p\end{bmatrix}=\begin{bmatrix}\boldsymbol{c}_1\boldsymbol{A}^{d_1+1}\\ \boldsymbol{c}_2\boldsymbol{A}^{d_2+1}\\ \vdots\\ \boldsymbol{c}_p\boldsymbol{A}^{d_p+1}\end{bmatrix} \tag{6.3.14}$$

$$\boldsymbol{L}=\boldsymbol{E}^{-1} \tag{6.3.15}$$

证 对等式

$$y_i=\boldsymbol{c}_i\boldsymbol{x},\quad i=1,2,\cdots,q$$

两边分别求导,根据 d_i 和 $\boldsymbol{E}_i$ 的定义可知

$$\begin{aligned}\dot{y}_i&=\boldsymbol{c}_i\boldsymbol{A}\boldsymbol{x}\\ &\vdots\\ y_i^{(d_i)}&=\boldsymbol{c}_i\boldsymbol{A}^{d_i}\boldsymbol{x}\\ y_i^{(d_i+1)}&=\boldsymbol{c}_i\boldsymbol{A}^{d_i+1}\boldsymbol{x}+\boldsymbol{c}_i\boldsymbol{A}^{d_i}\boldsymbol{B}\boldsymbol{u}\end{aligned}$$

式中 $i=1,2,\cdots,q$。当且仅当矩阵 $\boldsymbol{E}$ 为非奇异时,由方程组

$$\boldsymbol{c}_i\boldsymbol{A}^{d_i}\boldsymbol{B}\boldsymbol{K}\boldsymbol{x}=\boldsymbol{E}_i\boldsymbol{K}\boldsymbol{x}=-\boldsymbol{c}_i\boldsymbol{A}^{d_i+1}\boldsymbol{x}=-\boldsymbol{F}_i\boldsymbol{x}$$

$$\boldsymbol{c}_i\boldsymbol{A}^{d_i}\boldsymbol{L}\boldsymbol{v}=\boldsymbol{E}_i\boldsymbol{L}\boldsymbol{v}=v_i,\quad i=1,2,\cdots,q$$

可唯一确定出 $\boldsymbol{K}=\boldsymbol{E}^{-1}\boldsymbol{F}$ 和 $\boldsymbol{L}=\boldsymbol{E}^{-1}$。在状态反馈 $\boldsymbol{u}=\boldsymbol{L}\boldsymbol{v}-\boldsymbol{K}\boldsymbol{x}$ 下,有

$$\begin{cases}\dot{y}_i=\boldsymbol{c}_i\boldsymbol{A}\boldsymbol{x}\\ \vdots\\ y_i^{(d_i)}=\boldsymbol{c}_i\boldsymbol{A}^{d_i}\boldsymbol{x}\\ y_i^{(d_i+1)}=v_i,\quad i=1,2,\cdots,q\end{cases} \tag{6.3.16}$$

输出 y_i 仅与输入 v_i 有关,且 v_i 仅能控制 y_i。

在状态反馈 $\boldsymbol{u}=\boldsymbol{L}\boldsymbol{v}-\boldsymbol{K}\boldsymbol{x}$ 下,系统 Σ_K 的状态空间表达式为

$$\Sigma_K:\begin{cases}\dot{\boldsymbol{x}}=(\boldsymbol{A}-\boldsymbol{B}\boldsymbol{E}^{-1}\boldsymbol{F})\boldsymbol{x}+\boldsymbol{B}\boldsymbol{E}^{-1}\boldsymbol{v}\\ \boldsymbol{y}=\boldsymbol{C}\boldsymbol{x}\end{cases} \tag{6.3.17}$$

其传递函数矩阵为

$$\boldsymbol{G}(s;\boldsymbol{K},\boldsymbol{L})=\boldsymbol{C}(s\boldsymbol{I}-\boldsymbol{A}+\boldsymbol{B}\boldsymbol{E}^{-1}\boldsymbol{F})^{-1}\boldsymbol{B}\boldsymbol{E}^{-1}=\begin{bmatrix}\dfrac{1}{s^{d_1+1}} & & & \\ & \dfrac{1}{s^{d_2+1}} & & \boldsymbol{0}\\ \boldsymbol{0} & & \ddots & \\ & & & \dfrac{1}{s^{d_p+1}}\end{bmatrix} \tag{6.3.18}$$

6.3.3 算法和推论

综上所述,即可得出实现解耦控制的算法如下:

① 根据式(6.3.7)和式(6.3.8)或者式(6.3.19)和式(6.3.10)求出系统 Σ 的

$d_i, \boldsymbol{E}_i$，其中 $i=1,2,\cdots,p$。

② 按式(6.3.13)构成矩阵 $\boldsymbol{E}$，检验 $\boldsymbol{E}$ 的非奇异性。若 $\boldsymbol{E}$ 为非奇异的，则系统可实现状态反馈解耦；否则，系统 Σ 便不能通过状态反馈的办法实现解耦。

③ 按式(6.3.14)和式(6.3.15)求取矩阵 $\boldsymbol{K}$ 和 $\boldsymbol{L}$，则 $\boldsymbol{u}=\boldsymbol{Lv}-\boldsymbol{Kx}$ 就是所需的状态反馈控制律。

④ 此时闭环系统的状态空间表达式 Σ_K 和传递函数矩阵 $\boldsymbol{G}(s;\boldsymbol{K},\boldsymbol{L})$ 分别由式(6.3.17)和式(6.3.18)给出。

例 6.3.3　给定系统

$$\dot{\boldsymbol{x}} = \begin{bmatrix} 0 & 0 & 0 \\ 0 & 0 & 1 \\ -1 & -2 & -3 \end{bmatrix}\boldsymbol{x} + \begin{bmatrix} 1 & 0 \\ 0 & 0 \\ 0 & 1 \end{bmatrix}\boldsymbol{u}$$

$$\boldsymbol{y} = \begin{bmatrix} 1 & 1 & 0 \\ 0 & 0 & 1 \end{bmatrix}\boldsymbol{x}$$

试求使其实现解耦控制的状态反馈控制律和解耦后的传递函数矩阵。

解　① 在例 6.3.1 中已求得 $d_1=d_2=0, \boldsymbol{E}_1=[1\quad 0], \boldsymbol{E}_2=[0\quad 1]$。

② 因为 $\boldsymbol{E}=\begin{bmatrix} \boldsymbol{E}_1 \\ \boldsymbol{E}_2 \end{bmatrix}=\boldsymbol{I}$ 为非奇异的，所以系统 Σ 能用状态反馈实现解耦控制。

③ 因为

$$\boldsymbol{F}_1 = \boldsymbol{c}_1\boldsymbol{A}^{d_1+1} = \boldsymbol{c}_1\boldsymbol{A} = [0\quad 0\quad 1]$$

$$\boldsymbol{F}_2 = \boldsymbol{c}_2\boldsymbol{A}^{d_2+1} = \boldsymbol{c}_2\boldsymbol{A} = [-1\quad -2\quad -3]$$

所以有

$$\boldsymbol{K} = \boldsymbol{E}^{-1}\boldsymbol{F} = \begin{bmatrix} 0 & 0 & 1 \\ -1 & -2 & -3 \end{bmatrix},\quad \boldsymbol{L} = \boldsymbol{E}^{-1} = I$$

于是，实现解耦所需的状态反馈控制律为

$$\boldsymbol{u} = \boldsymbol{v} + \begin{bmatrix} 0 & 0 & -1 \\ 1 & 2 & 3 \end{bmatrix}\boldsymbol{x}$$

④ 在上述状态反馈后，可得如下的闭环系统 Σ_K 状态空间表达式和传递函数矩阵。

$$\dot{\boldsymbol{x}} = (\boldsymbol{A}-\boldsymbol{BK})\boldsymbol{x} + \boldsymbol{Bv} = \begin{bmatrix} 0 & 0 & -1 \\ 0 & 0 & 1 \\ 0 & 0 & 0 \end{bmatrix}\boldsymbol{x} + \begin{bmatrix} 1 & 0 \\ 0 & 0 \\ 0 & 1 \end{bmatrix}\boldsymbol{v}$$

$$\boldsymbol{y} = \begin{bmatrix} 1 & 1 & 0 \\ 0 & 0 & 1 \end{bmatrix}\boldsymbol{x}$$

$$\boldsymbol{G}(s;\boldsymbol{K},\boldsymbol{L}) = \boldsymbol{C}(s\boldsymbol{I}-\boldsymbol{A}+\boldsymbol{BK})^{-1}\boldsymbol{BL} = \begin{bmatrix} \frac{1}{s} & 0 \\ 0 & \frac{1}{s} \end{bmatrix}$$

从上面的论述,可以引申出如下的推论:

(1) 由式(6.3.1)所描述的系统 Σ 能否采用状态反馈实现解耦控制取决于 d_i 和 $\boldsymbol{E}_i, i=1,2,\cdots,p$。而这两个特征量既可以从系统 Σ 的传递函数矩阵求取,也可以从系统 Σ 的状态空间表达式求取。

(2) 由式(6.3.17)可知,只要求得了 $d_i, i=1,2,\cdots,p$,则解耦系统的传递函数矩阵即可确定,并保持由式(6.3.11)所述的特性,即解耦系统传递函数矩阵每行元素(事实上只有一个元素)分母阶次与分子阶次之差,等于原系统 Σ 传递函数矩阵相应行元素分母阶次与分子阶次之差的最小值。

(3) 系统解耦后,每个单输入单输出系统的传递函数均具有多重(d_i+1 重)积分器的特性,故常称这类形式的解耦系统为积分型解耦控制系统。因为这类系统的所有极点都处在原点的位置上,故其动态性能是不会令人满意的,若要改进性能,尚需对它进一步施以极点配置。

(4) 从表面上看,系统 Σ 的能控性在这里是无关紧要的,但是,积分型解耦控制系统本身并没有实际应用价值,要使它能正常工作并具有良好的性能,还需对它进行极点配置。故此,仍需要系统是能控的,或者至少是能镇定的。否则不能保证闭环系统的稳定性,从而解耦控制也就失去了意义。对积分型解耦控制系统进行极点配置,可利用 6.2 节中介绍的方法,这里不再介绍。

6.3.4 利用 MATLAB 实现解耦控制

例 6.3.4 某多输入多输出系统状态方程如下,其控制要求如下所述。

① 试求解其传递函数矩阵;

② 如系统可以解耦,那么设计解耦控制器,并将解耦后子系统的极点分别配置到 −2,−3。

$$\boldsymbol{A}=\begin{bmatrix}0 & 0 & 0\\ 0 & 0 & 1\\ -1 & -1 & -3\end{bmatrix},\quad \boldsymbol{B}=\begin{bmatrix}1 & 0\\ 0 & 0\\ 0 & 1\end{bmatrix}$$

$$\boldsymbol{A}=\begin{bmatrix}1 & 1 & 0\\ 0 & 0 & 1\end{bmatrix},\quad \boldsymbol{B}=\begin{bmatrix}0 & 0\\ 0 & 0\end{bmatrix}$$

解

① 求解原系统的传递函数。

程序如下:

```
%输入系统状态方程
>> A = [0 0 0;0 0 1; -1 -1 -3];
B = [1 0;0 0;0 1];
C = [1 1 0;0 0 1];
D = zeros(2,2);
```

```
%求解原系统的传递函数
>> [num2,den2] = ss2tf(A,B,C,D,2)
[num1,den1] = ss2tf(A,B,C,D,1)
```

运行结果：

```
num2 =
      0  0  1  0
      0  1  0  0
den2 =
      1  3  1  0
num1 =
      0  1   3  0
      0  0  -1  0
den1 =
      1  3  1  0
```

即

$$G(s) = \frac{1}{s^3 + 3s^2 + s}\begin{bmatrix} s^2 + 3s & s \\ -s & s^2 \end{bmatrix}$$

② 解耦控制器设计。

程序如下：

```
%求解矩阵 E、F
>> [m,n] = size(C);
E = C(1,:) * B;
a(1) = 0;
for i = 2:m
for j = 0:n-1
E = [E;C(i,:) * A^j * B]
if rank(E) == i
a(i) = j
break
else
E = E(1:i-1,:)
end
end
end
R = inv(E);
F = C(1,:) * A^ (a(1) + 1);
for i = 2:m
F = [F;C(i,:) * A^ (a(i) + 1)]
end
%求解矩阵 K 及状态反馈后的系统矩阵
```

```
>>K = R * F
B1 = B * R
A1 = A - B * F
%求解状态反馈后的系统的传递函数
>>[numd1,dend1] = ss2tf(A1,B1,C,D,1)
[numd2,dend2] = ss2tf(A1,B1,C,D,2)
```

运行结果：

```
E =
   1  0
   0  1
a =
   0  0
F =
     0    0    1
    -1   -1   -3
K =
     0    0    1
    -1   -1   -3
B1 =
     1  0
     0  0
     0  1
A1 =
     0  0  -1
     0  0   1
     0  0   0
numd1 =
         0  1  0  0
         0  0  0  0
dend1 =
         1  0  0  0
numd2 =
         0  0  0  0
         0  1  0  0
dend2 =
         1  0  0  0
```

即

$$G(s) = \frac{1}{s^3}\begin{bmatrix} s^2 & 0 \\ 0 & s^2 \end{bmatrix} = \frac{1}{s}\begin{bmatrix} 1 & 0 \\ 0 & 1 \end{bmatrix}$$

③ 解耦系统极点配置。

程序如下：

```
>> beta1 = -2;
beta2 = -3;
beta = [beta1,beta2];
L = zeros(size(C));
for i = 1:m
L(i,:) = C(i,:) * A - beta(i) * C(i,:)
end
F2 = R * L
A2 = A - B * F2
B2 = B * R
[numdp1,dendp1] = ss2tf(A2,B2,C,D,1)
[numdp2,dendp2] = ss2tf(A2,B2,C,D,2)
```

运行结果：

```
L =
    2  2  1
    0  0  0
L =
     2    2  1
    -1   -1  0
F2 =
     2    2  1
    -1   -1  0
A2 =
    -2   -2   -1
     0    0    1
     0    0   -3
B2 =
    1  0
    0  0
    0  1
numdp1 =
         0  1  3  0
         0  0  0  0
dendp1 =
         1  5  6  0
numdp2 =
         0  0  0  0
         0  1  2  0
dendp2 =
         1  5  6  0
```

即解耦后的传递函数矩阵为

$$G(s)=\frac{1}{s^3+5s^2+6s}\begin{bmatrix}s^2+3s & 0\\ 0 & s^2+2s\end{bmatrix}=\begin{bmatrix}\frac{1}{s+2} & 0\\ 0 & \frac{1}{s+3}\end{bmatrix}$$

6.4 状态观测器

利用状态反馈能够任意配置一个能控系统的闭环极点，从而有效地改善控制系统的性能。现代控制理论中按各种最优准则建立起来的最优控制系统，以及本章所介绍的极点配置、解耦控制等，都离不开状态反馈。然而，或者由于不易直接测量，或者由于量测设备在经济性和使用性上限制，常常无法直接获得系统的全部状态变量，从而使得状态反馈的物理实现遇到困难。克服这种困难的途径之一就是重构系统的状态，并用这个重构的状态去代替系统的真实状态来实现所需的状态反馈。

具体地说，状态重构问题的实质就是构造一个新的系统(或者说装置)，利用原系统中可直接测量的输入量 $\boldsymbol{u}$ 和输出向量 $\boldsymbol{y}$ 作为它的输入信号，并使其输出信号 $\hat{\boldsymbol{x}}(t)$ 在一定的提法下等价于原系统的状态 $\boldsymbol{x}(t)$。通常称 $\hat{\boldsymbol{x}}(t)$ 为 $\boldsymbol{x}(t)$ 的重构状态或状态估计值，而称这个用以实现状态重构的系统为状态观测器。一般 $\hat{\boldsymbol{x}}(t)$ 和 $\boldsymbol{x}(t)$ 间的等价性常用渐近等价的提法，即两者之间有如下关系：

$$\lim_{t\to\infty}\hat{\boldsymbol{x}}(t)=\lim_{t\to\infty}\boldsymbol{x}(t)$$

对于线性定常系统，状态观测器通常也是一个线性定常系统，按其结构可分为全维状态观测器和降维状态观测器。维数等同于原系统维数的观测器为全维观测器，维数小于原系统的称为降维观测器。

6.4.1 状态观测器的存在条件

定理 6.4.1 给定 n 维线性定常系统

$$\Sigma:\begin{cases}\dot{\boldsymbol{x}}=\boldsymbol{A}\boldsymbol{x}+\boldsymbol{B}\boldsymbol{u}\\ \boldsymbol{y}=\boldsymbol{C}\boldsymbol{x}\end{cases}\tag{6.4.1}$$

式中，$\boldsymbol{x}$ 为 n 维状态向量，$\boldsymbol{u}$ 为 p 维输入向量，$\boldsymbol{y}$ 为 q 维输出向量，矩阵 $\boldsymbol{A},\boldsymbol{B},\boldsymbol{C}$ 为具有相应维数的实常量矩阵。若此系统是状态完全能观测的，则状态向量 $\boldsymbol{x}(t)$ 可由输入 $\boldsymbol{u}$ 和输出 $\boldsymbol{y}$ 的相应信息构造出来。

证 因为

$$\boldsymbol{y}=\boldsymbol{C}\boldsymbol{x},\ \dot{\boldsymbol{y}}=\boldsymbol{C}\dot{\boldsymbol{x}}=\boldsymbol{C}\boldsymbol{A}\boldsymbol{x}+\boldsymbol{C}\boldsymbol{B}\boldsymbol{u}$$

$$\ddot{\boldsymbol{y}} = \boldsymbol{CA}\dot{\boldsymbol{x}} + \boldsymbol{CB}\dot{\boldsymbol{u}} = \boldsymbol{CA}^2\boldsymbol{x} + \boldsymbol{CABu} + \boldsymbol{CB}\dot{\boldsymbol{u}}$$

$$\vdots$$

$$\boldsymbol{y}^{(n-1)} = \boldsymbol{CA}^{n-1}\boldsymbol{x} + \boldsymbol{CA}^{n-2}\boldsymbol{Bu} + \cdots + \boldsymbol{CBu}^{(n-2)}$$

即

$$\begin{bmatrix} \boldsymbol{y} \\ \dot{\boldsymbol{y}} - \boldsymbol{CBu} \\ \ddot{\boldsymbol{y}} - \boldsymbol{CB}\dot{\boldsymbol{u}} - \boldsymbol{CABu} \\ \vdots \\ \boldsymbol{y}^{(n-1)} - \boldsymbol{CBu}^{(n-2)} - \cdots - \boldsymbol{CA}^{n-2}\boldsymbol{Bu} \end{bmatrix} = \begin{bmatrix} \boldsymbol{C} \\ \boldsymbol{CA} \\ \boldsymbol{CA}^2 \\ \vdots \\ \boldsymbol{CA}^{n-1} \end{bmatrix} \boldsymbol{x} \triangleq \boldsymbol{Nx}$$

所以，只有当 rank$\boldsymbol{N}=n$ 时，上式中的 $\boldsymbol{x}$ 才能有唯一解。即只有当系统是状态完全能观测时，状态向量 $\boldsymbol{x}$ 才能由 $\boldsymbol{u}$，$\boldsymbol{y}$ 以及它们的各阶导数的线性组合构造出来。

一般说来，建立纯粹的微分器是不容易的，并且采用纯微分求取 $\boldsymbol{u}$ 和 $\boldsymbol{y}$ 的各阶导数而组合得的状态向量 $\boldsymbol{x}$，可能由于噪声的引入而产生严重的畸变，所以实际的观测器不是用这种办法构成的。

6.4.2　全维状态观测器

状态向量 $\boldsymbol{x}$ 的重构问题实质上就是根据可直接测量的 $\boldsymbol{u}$ 和 $\boldsymbol{y}$ 以及矩阵 $\boldsymbol{A}$，$\boldsymbol{B}$，$\boldsymbol{C}$ 来确定或者产生 $\boldsymbol{x}(t)$ 的估计值 $\hat{\boldsymbol{x}}(t)$。显然，一个很直观的方法是如图 6.4.1 所示，构成一个与式(6.4.1)完全相同的模拟装置，其状态空间表达式为

$$\begin{cases} \dot{\hat{\boldsymbol{x}}}(t) = \boldsymbol{A}\hat{\boldsymbol{x}}(t) + \boldsymbol{Bu}(t) \\ \hat{\boldsymbol{y}}(t) = \boldsymbol{C}\hat{\boldsymbol{x}}(t) \end{cases} \tag{6.4.2}$$

并且从所构造的这一装置可以直接测量 $\hat{\boldsymbol{x}}(t)$。这样的装置称为开环状态估计器。若原系统和估计器具有相同的初始状态，并在同一输入信号 $\boldsymbol{u}(t)$ 驱动下，则对于所有的 t，估计器的输出 $\hat{\boldsymbol{x}}(t)$ 将等于真实的状态 $\boldsymbol{x}(t)$。

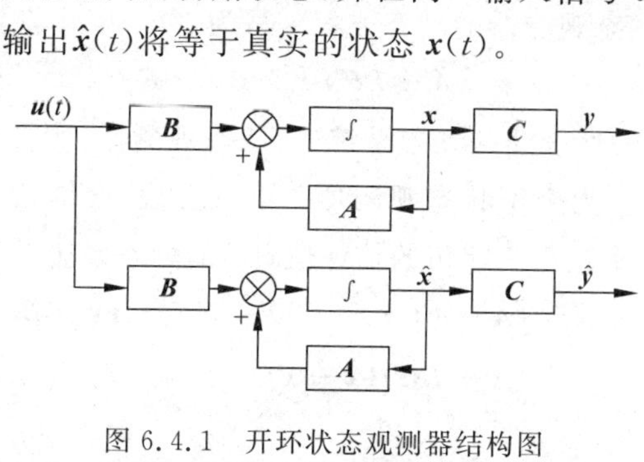

图 6.4.1　开环状态观测器结构图

然而在工程实际中，这种开环状态估计器是不能付诸使用的，这是因为它存在如下缺点：

① 每使用一次,都必须重新确定原系统的初始状态并对估计器实施设置,这是极不方便也是极不现实的;

② 若矩阵 $\boldsymbol{A}$ 具有正实部的特征值,则在某 t_0 时刻,往往由于干扰或初始状态估计不精确会导致$\hat{\boldsymbol{x}}(t)$与 $\boldsymbol{x}(t)$之间有稍许偏差,随着时间的推移,$\hat{\boldsymbol{x}}(t)$与 $\boldsymbol{x}(t)$之间的差值将会越来越大,以至达到无穷大。关于这点可证明如下:将式(6.4.2)减去式(6.4.1),即得$[\dot{\hat{\boldsymbol{x}}}(t)-\dot{\boldsymbol{x}}(t)]=\boldsymbol{A}[\hat{\boldsymbol{x}}(t)-\boldsymbol{x}(t)]$,这里的$[\hat{\boldsymbol{x}}(t)-\boldsymbol{x}(t)]$表示状态的估计值与真实值之差。若令 $\Delta\tilde{\boldsymbol{x}}(t)=[\tilde{\boldsymbol{x}}(t)-\boldsymbol{x}(t)]$,则有

$$\Delta\tilde{\boldsymbol{x}}(t)=\mathrm{e}^{\boldsymbol{A}(t-t_0)}\Delta\tilde{\boldsymbol{x}}(t_0) \tag{6.4.3}$$

从式(6.4.3)可知,不论 $\Delta\tilde{\boldsymbol{x}}(t_0)$如何小,在 $\boldsymbol{A}$ 有正实部特征值时,$\Delta\tilde{\boldsymbol{x}}(t)$最终总要趋向无穷大。

由图 6.4.1 可以看到,虽然系统的输入 $\boldsymbol{u}(t)$和输出 $\boldsymbol{y}(t)$都是可以利用的,开环状态估计器却没有用到 $\boldsymbol{y}(t)$,可以预料,若将 $\boldsymbol{y}(t)$也加以利用,估计器的特性将会得到改善。故此,构成如图 6.4.2 所示的状态观测器。

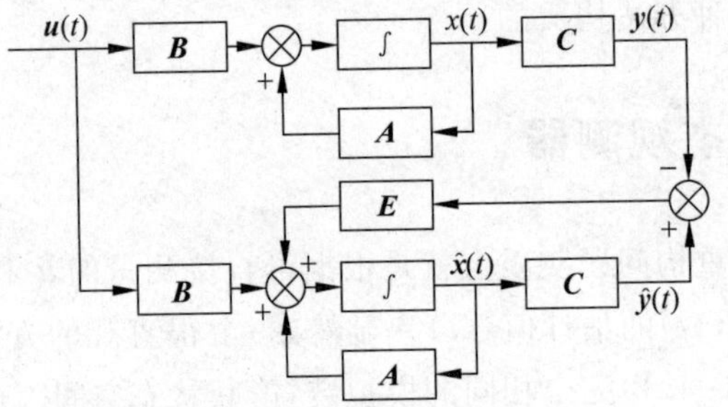

图 6.4.2 全维状态观测器结构图

因为

$$\hat{\boldsymbol{y}}(t)-\boldsymbol{y}(t)=\boldsymbol{C}[\hat{\boldsymbol{x}}(t)-\boldsymbol{x}(t)] \tag{6.4.4}$$

所以图 6.4.2 中的状态观测器的动态方程可写为

$$\dot{\hat{\boldsymbol{x}}}=(\boldsymbol{A}-\boldsymbol{EC})\hat{\boldsymbol{x}}+\boldsymbol{Bu}+\boldsymbol{Ey} \tag{6.4.5}$$

因为由式(6.4.5)所表述的动态系统(即状态观测器)所得到的$\hat{\boldsymbol{x}}(t)$是与 $\boldsymbol{x}(t)$的维数相同的,故称它为全维状态观测器。不难发现,全维状态观测器是有两个输入 $\boldsymbol{u}(t)$和 $\boldsymbol{y}(t)$,一个输出为状态的估计值$\hat{\boldsymbol{x}}(t)$的动态系统。又因为

$$\begin{aligned}\dot{\hat{\boldsymbol{x}}}-\dot{\boldsymbol{x}}&=(\boldsymbol{A}-\boldsymbol{EC})\hat{\boldsymbol{x}}+\boldsymbol{Bu}+\boldsymbol{Ey}-\boldsymbol{Ax}-\boldsymbol{Bu}\\&=(\boldsymbol{A}-\boldsymbol{EC})(\hat{\boldsymbol{x}}-\boldsymbol{x})\end{aligned} \tag{6.4.6}$$

其解为

$$\Delta\tilde{\boldsymbol{x}}\triangleq(\hat{\boldsymbol{x}}-\boldsymbol{x})=\mathrm{e}^{(\boldsymbol{A}-\boldsymbol{EC})(t-t_0)}[\hat{\boldsymbol{x}}(t_0)-\boldsymbol{x}(t_0)]=\mathrm{e}^{(\boldsymbol{A}-\boldsymbol{EC})(t-t_0)}\Delta\tilde{\boldsymbol{x}}(t_0)$$

倘若设法使$(\boldsymbol{A}-\boldsymbol{EC})$的所有特征值都具有负实部,则有$\lim\limits_{t\to\infty}\Delta\tilde{\boldsymbol{x}}=\lim\limits_{t\to\infty}\mathrm{e}^{(\boldsymbol{A}-\boldsymbol{EC})(t-t_0)}$

$\Delta\tilde{x}(t_0)=\mathbf{0}$ 即

$$\lim_{t\to\infty}[\hat{\boldsymbol{x}}-\boldsymbol{x}]=\mathbf{0} \tag{6.4.7}$$

式(6.4.7)意味着，若$(\boldsymbol{A}-\boldsymbol{E}\boldsymbol{C})$的特征值能任意选择，则误差$\Delta\tilde{\boldsymbol{x}}$的变化过程就能被控制。例如，若$(\boldsymbol{A}-\boldsymbol{E}\boldsymbol{C})$的全部特征值都具有小于$-\sigma(\sigma>0)$的负实部，则$\Delta\tilde{\boldsymbol{x}}=\hat{\boldsymbol{x}}(t)-\boldsymbol{x}(t)$的所有分量将以比$e^{-\sigma t}$还要快的速率趋于零。这时，即使在初始时刻$t_0$，$\hat{\boldsymbol{x}}(t_0)$和$\boldsymbol{x}(t_0)$之间有较大的误差，向量$\hat{\boldsymbol{x}}(t)$也将很快地趋近于$\boldsymbol{x}(t)$。

由于$(\boldsymbol{A}-\boldsymbol{E}\boldsymbol{C})$的特征值等于$(\boldsymbol{A}^{\mathrm{T}}-\boldsymbol{C}^{\mathrm{T}}\boldsymbol{E}^{\mathrm{T}})$的特征值，观测器中$(\boldsymbol{A}-\boldsymbol{E}\boldsymbol{C})$的特征值配置问题等价于对偶系统中极点配置问题。定理 6.2.1 已经指出：只要$(\boldsymbol{A},\boldsymbol{B})$是状态完全能控的，就可适当选择矩阵$\boldsymbol{K}$来任意地配置$(\boldsymbol{A}-\boldsymbol{B}\boldsymbol{K})$的特征值。从而不难看出，只要$(\boldsymbol{C},\boldsymbol{A})$状态完全能观测，就能通过选择矩阵$\boldsymbol{E}$来任意配置$(\boldsymbol{A}-\boldsymbol{E}\boldsymbol{C})$的特征值。综合以上所述，可得如下定理。

定理 6.4.2　若式(6.4.1)的n维线性定常系统是状态完全能观测的，则能借助n维状态观测器

$$\dot{\hat{\boldsymbol{x}}}=(\boldsymbol{A}-\boldsymbol{E}\boldsymbol{C})\hat{\boldsymbol{x}}+\boldsymbol{B}\boldsymbol{u}+\boldsymbol{E}\boldsymbol{y}$$

来估计它的状态，其估计误差$\Delta\tilde{\boldsymbol{x}}=\tilde{\boldsymbol{x}}(t)-\boldsymbol{x}(t)$由下列方程所确定：

$$\Delta\dot{\tilde{\boldsymbol{x}}}=(\boldsymbol{A}-\boldsymbol{E}\boldsymbol{C})\Delta\tilde{\boldsymbol{x}}$$

并且在复共轭特征值成对出现的条件下，可以通过选择矩阵$\boldsymbol{E}$来任意配置$(\boldsymbol{A}-\boldsymbol{E}\boldsymbol{C})$的特征值。

显然，状态反馈配置极点的设计方法和步骤都能用来设计状态观测器，故不再重复有关的讨论。在此仅指出：原则上讲，可以通过选择矩阵$\boldsymbol{E}$使观测器$(\boldsymbol{A}-\boldsymbol{E}\boldsymbol{C})$的特征值配置在任意的位置，从而使$\hat{\boldsymbol{x}}(t)$以尽可能快的速度逼近$\boldsymbol{x}(t)$，然而在实际中，要使观测器的逼近速度明显比系统本身的响应速度快得多是相当困难的，这是因为要做到这一点，矩阵$\boldsymbol{E}$的元素值势必很大，而这首先会受到元部件非线性饱和特性的限制；其次，在实际系统的输出$\boldsymbol{y}(t)$中总会含有各种噪声，如果观测器的反应太快，这些噪声就有被增大的趋势。所以在配置$(\boldsymbol{A}-\boldsymbol{E}\boldsymbol{C})$的特征值时，既要考虑到$\hat{\boldsymbol{x}}(t)$收敛于$\boldsymbol{x}(t)$的速度，也要照顾到观测器的通频带，使之具有一定的抗干扰的能力。

例 6.4.1　为例 6.2.1 的系统设计一全维状态观测器，并使观测器的极点为$\lambda_1^*=-5$，$\lambda_{2,3}^*=-4\pm j4$。

解　因为所给系统是状态完全能观测的，所以可以构造能任意配置特征值的全维状态观测器。

① 由$\det(s\boldsymbol{I}-\boldsymbol{A}^{\mathrm{T}})=s^3+2s^2+s$，得$a_1=2$，$a_2=1$，$a_3=0$；

② 由观测器的期望特征值，可求得观测器的期望特征多项式为$(s-\lambda_1^*)(s-\lambda_2^*)(s-\lambda_3^*)=(s+5)(s+4+j4)(s+4-j4)=s^3+13s^2+72s+160$，得$a_1^*=13$，

$a_2^*=72, a_3^*=160$;

③ $\widetilde{\boldsymbol{E}}^{\mathrm{T}}=[e_1\quad e_2\quad e_3]=[a_3^*-a_3\quad a_2^*-a_2\quad a_1^*-a_1]=[160\quad 71\quad 11]$;

④ $$\boldsymbol{Q}=[\boldsymbol{C}^{\mathrm{T}}\ \boldsymbol{A}^{\mathrm{T}}\boldsymbol{C}^{\mathrm{T}}\ (\boldsymbol{A}^{\mathrm{T}})^2\boldsymbol{C}^{\mathrm{T}}]\begin{bmatrix}a_2 & a_1 & 1\\ a_1 & 1 & 0\\ 1 & 0 & 0\end{bmatrix}=\begin{bmatrix}0 & 1 & 1\\ 1 & 0 & -1\\ 1 & -1 & 1\end{bmatrix}\begin{bmatrix}1 & 2 & 1\\ 2 & 1 & 0\\ 1 & 0 & 0\end{bmatrix}$$

$$=\begin{bmatrix}2 & 1 & 0\\ 0 & 2 & 1\\ 0 & 1 & 1\end{bmatrix};$$

⑤ $$\boldsymbol{P}=\boldsymbol{Q}^{-1}=\frac{1}{2}\begin{bmatrix}1 & -1 & 1\\ 0 & 2 & -2\\ 0 & -2 & 4\end{bmatrix};$$

⑥ $$\boldsymbol{E}^{\mathrm{T}}=\widetilde{\boldsymbol{E}}^{\mathrm{T}}\boldsymbol{P}=[160\quad 71\quad 11]\begin{bmatrix}\frac{1}{2} & -\frac{1}{2} & \frac{1}{2}\\ 0 & 1 & -1\\ 0 & -1 & 2\end{bmatrix}=[80\quad -20\quad 31],$$

$$\boldsymbol{E}=\begin{bmatrix}80\\ -20\\ 31\end{bmatrix}。$$

于是全维状态观测器的状态方程为

$$\dot{\hat{\boldsymbol{x}}}=(\boldsymbol{A}-\boldsymbol{EC})\hat{\boldsymbol{x}}+\boldsymbol{B}u+\boldsymbol{E}y$$

$$=\left\{\begin{bmatrix}0 & 0 & 0\\ 1 & -1 & 0\\ 0 & 1 & -1\end{bmatrix}-\begin{bmatrix}80\\ -20\\ 31\end{bmatrix}[0\quad 1\quad 1]\right\}\hat{\boldsymbol{x}}+\begin{bmatrix}1\\ 0\\ 0\end{bmatrix}u+\begin{bmatrix}80\\ -20\\ 31\end{bmatrix}y$$

$$=\begin{bmatrix}0 & -80 & -80\\ 1 & 19 & 20\\ 0 & -30 & -32\end{bmatrix}\hat{\boldsymbol{x}}+\begin{bmatrix}1\\ 0\\ 0\end{bmatrix}u+\begin{bmatrix}80\\ -20\\ 31\end{bmatrix}y$$

经验证,上述状态观测器的特征值的确为 $\lambda_1^*=-5, \lambda_{2,3}^*=-4\pm \mathrm{j}4$,其模拟结构如图 6.4.3 所示。

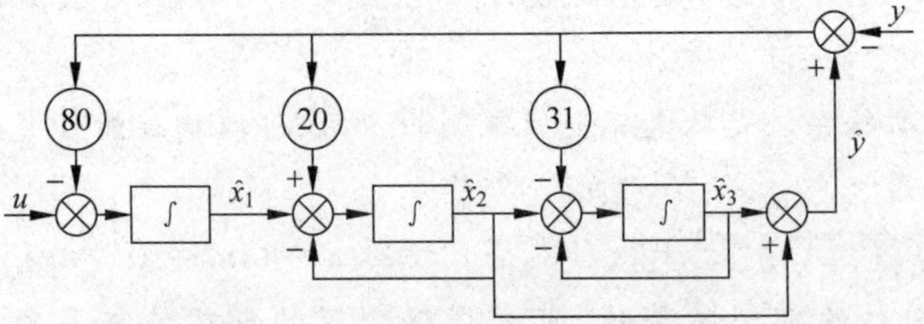

图 6.4.3 例 6.4.1 的模拟结构图

6.4.3 降维状态观测器

全维状态观测器的维数等于原给定系统的维数，观测器输出$\hat{\boldsymbol{x}}(t)$包含与$\boldsymbol{x}(t)$相同的状态变量个数。实际上，系统的输出 $\boldsymbol{y}(t)$是能够测量的，很显然，倘若利用输出的 q 个分量直接产生 q 个状态变量，其余的$(n-q)$个由观测器来估计出，这样，观测器的维数就必然可以降低。具有这种工作机制的观测器称为降维状态观测器，有的文献也称它为最小维观测器。下面对这种观测器的设计作简要介绍。

假定式(6.4.1)所描述的系统 Σ 是完全能观测的，并且有

$$\text{rank}\boldsymbol{C} = q \tag{6.4.8}$$

对式(6.4.1)作等价变换$\bar{\boldsymbol{x}}=\boldsymbol{P}\boldsymbol{x}$，这里的等价变换矩阵为

$$\boldsymbol{P} = \begin{bmatrix} \boldsymbol{D} \\ \boldsymbol{C} \end{bmatrix} \begin{matrix} \}n-q \\ \}q \end{matrix}$$

这里 $\boldsymbol{C}$ 为系统给定的 $q\times n$ 矩阵，$\boldsymbol{D}$ 是能使 $\boldsymbol{P}^{-1}$存在的任意$(n-q)\times n$ 矩阵。于是经等价变换后，相应各矩阵在进行适当分块表示的情况下，有下列形式：

$$\bar{\boldsymbol{A}} = \boldsymbol{P}\boldsymbol{A}\boldsymbol{P}^{-1} = \begin{bmatrix} \bar{\boldsymbol{A}}_{11} & \bar{\boldsymbol{A}}_{12} \\ \underbrace{\bar{\boldsymbol{A}}_{21}}_{n-p} & \underbrace{\bar{\boldsymbol{A}}_{22}}_{q} \end{bmatrix} \begin{matrix} \}n-q \\ \}\quad q \end{matrix}, \quad \bar{\boldsymbol{B}} = \boldsymbol{P}\boldsymbol{B} = \begin{bmatrix} \bar{\boldsymbol{B}}_1 \\ \bar{\boldsymbol{B}}_2 \end{bmatrix} \begin{matrix} \}n-q \\ \}\quad q \end{matrix}$$

$$\bar{\boldsymbol{C}} = \boldsymbol{C}\boldsymbol{P}^{-1} = \boldsymbol{C}\begin{bmatrix} \boldsymbol{D} \\ \boldsymbol{C} \end{bmatrix}^{-1}$$

并且可以验证，有

$$\boldsymbol{C}\begin{bmatrix} \boldsymbol{D} \\ \boldsymbol{C} \end{bmatrix}^{-1} = [\boldsymbol{O} \quad \boldsymbol{I}]\}q$$

事实上，用 $\boldsymbol{P}$ 右乘上式两边即得证。所以经过等价变换后，系统的状态空间表达式将具有如下形式：

$$\bar{\Sigma}: \begin{cases} \begin{bmatrix} \dot{\bar{\boldsymbol{x}}}_1 \\ \dot{\bar{\boldsymbol{x}}}_2 \end{bmatrix} = \begin{bmatrix} \bar{\boldsymbol{A}}_{11} & \bar{\boldsymbol{A}}_{12} \\ \bar{\boldsymbol{A}}_{21} & \bar{\boldsymbol{A}}_{22} \end{bmatrix} \begin{bmatrix} \bar{\boldsymbol{x}}_1 \\ \bar{\boldsymbol{x}}_2 \end{bmatrix} + \begin{bmatrix} \bar{\boldsymbol{B}}_1 \\ \bar{\boldsymbol{B}}_2 \end{bmatrix}\boldsymbol{u} \\ \boldsymbol{y} = [\boldsymbol{0} \quad \boldsymbol{I}] \begin{bmatrix} \bar{\boldsymbol{x}}_1 \\ \bar{\boldsymbol{x}}_2 \end{bmatrix} \end{cases} \tag{6.4.9}$$

式中，$\bar{\boldsymbol{x}}_1$ 为$(n-q)$维的新状态向量分量，$\bar{\boldsymbol{x}}_2$ 为 q 维分量。由于系统 Σ，即式(6.4.1)是完全能观测的，而等价变换不改变系统的能观测性，所以式(6.4.9)也是能观测的。又从式(6.4.9)的输出方程可见，状态向量$\bar{\boldsymbol{x}}$的后 q 个状态变量$\bar{\boldsymbol{x}}_2$ 就是系统输出 $\boldsymbol{y}(t)$，不需进行估计。这样，在为系统设计状态观测器时，该观测器只要能估计出$\bar{\boldsymbol{x}}_1$ 的$(n-q)$个状态变量即可。

式(6.4.9)改写为

$$\dot{\bar{x}}_1=\bar{A}_{11}\bar{x}_1+\bar{A}_{12}\bar{x}_2+\bar{B}_1u$$

$$\dot{\bar{x}}_2=\bar{A}_{22}\bar{x}_2+\bar{A}_{21}\bar{x}_1+\bar{B}_2u$$

令$v=\bar{A}_{12}\bar{x}_2+\bar{B}_1u=\bar{A}_{12}y+\bar{B}_1u$，$z=\bar{A}_{21}x_1=\dot{\bar{x}}_2-\bar{A}_{22}x_2-\bar{B}_2u=\dot{y}-\bar{A}_{22}y-\bar{B}_2u$
可知v和z是已知量u和y的函数，显然它们是可被利用的。

把$\bar{x}_1$看成为$(n-q)$维子系统的状态向量，而以z作为"输出量"时，则此子系统的状态空间表达式可写为

$$\begin{cases}\dot{\bar{x}}=\bar{A}_{11}\bar{x}_1+v\\ z=\bar{A}_{21}\bar{x}_1\end{cases}\tag{6.4.10}$$

现在，若式(6.4.10)所描述的系统是状态完全能观测的，则据前面的论述不难知道，能构成一个估计$\bar{x}_1$的全维(此时为$(n-q)$维)状态观测器。关于式(6.4.10)的能观测性，有下面的定理。

定理 6.4.3 式(6.4.10)所示系统是状态完全能观测的充分必要条件是，式(6.4.1)为状态完全能观测。

定理的证明从略。据此定理可知，只要给定系统，即式(6.4.1)是状态完全能观测的，就能构造一个$(n-q)$维的$\bar{x}_1$的状态观测器，为

$$\dot{\hat{\bar{x}}}_1=(\bar{A}_{11}-\bar{E}\bar{A}_{21})\hat{\bar{x}}_1+\bar{E}z+v\tag{6.4.11}$$

并且能通过适当地选择$(n-q)\times q$的常值矩阵$\bar{E}$，使得$(\bar{A}_{11}-\bar{E}\bar{A}_{21})$的特征值被配置在指定的位置。将$v$和$z$的表达式代入式(6.4.11)中，有

$$\begin{aligned}\dot{\hat{\bar{x}}}_1&=(\bar{A}_{11}-\bar{E}\bar{A}_{21})\hat{\bar{x}}_1+\bar{E}\dot{y}-\bar{E}\bar{A}_{22}y-\bar{E}\bar{B}_2u+\bar{A}_{12}y+\bar{B}_1u\\&=(\bar{A}_{11}-\bar{E}\bar{A}_{21})\hat{\bar{x}}_1+(\bar{B}_1-\bar{E}\bar{B}_2)u+(\bar{A}_{12}-\bar{E}\bar{A}_{22})y+\bar{E}\dot{y}\end{aligned}\tag{6.4.12}$$

为了避开存在于式(6.4.12)中的微分信号$\dot{y}$，再定义变量$w=\hat{\bar{x}}_1-\bar{E}y$，将它微分后，代入式(6.4.12)，即可得到

$$\begin{aligned}\dot{w}=\dot{\hat{\bar{x}}}_1-\bar{E}\dot{y}&=(\bar{A}_{11}-\bar{E}\bar{A}_{21})w+(\bar{B}_1-\bar{E}\bar{B}_2)u\\&\quad+[\bar{A}_{12}-\bar{E}\bar{A}_{22}+(\bar{A}_{11}-\bar{E}\bar{A}_{21})\bar{E}]y\end{aligned}\tag{6.4.13}$$

此式与式(6.4.12)完全等价，而且不必对y微分就可实现。

至此，状态向量$\bar{x}$的估计值就可由下式给出：

$$\hat{\bar{x}}=\begin{bmatrix}\hat{\bar{x}}_1\\ y\end{bmatrix}=\begin{bmatrix}w+\bar{E}y\\ y\end{bmatrix}=\begin{bmatrix}I&\bar{E}\\ 0&I\end{bmatrix}\begin{bmatrix}w\\ y\end{bmatrix}\tag{6.4.14}$$

而式(6.4.1)所示系统的降维观测器的所得估计值$\hat{x}$为

$$\hat{x}=P^{-1}\hat{\bar{x}}=[Q_1\quad Q_2]\hat{\bar{x}},\quad P^{-1}=[Q_1\quad Q_2]\tag{6.4.15}$$

降维观测器的结构如图 6.4.4 所示。

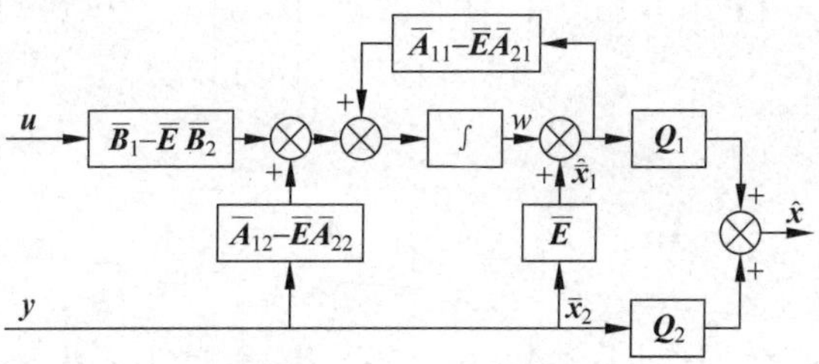

图 6.4.4　降维观测器结构图

总结降维观测器的设计步骤如下：

① 构造非奇异的等价变换矩阵 $\boldsymbol{P}=\begin{bmatrix}\boldsymbol{D}\\\boldsymbol{C}\end{bmatrix}$，并求 $\boldsymbol{P}^{-1}\triangleq[\boldsymbol{Q}_1\quad\boldsymbol{Q}_2]$；

② 对给定的系统作等价变换 $\bar{\boldsymbol{x}}=\boldsymbol{P}\boldsymbol{x}$，求取 $\bar{\boldsymbol{A}}_{11},\bar{\boldsymbol{A}}_{12},\bar{\boldsymbol{A}}_{21},\bar{\boldsymbol{A}}_{22},\bar{\boldsymbol{B}}_1,\bar{\boldsymbol{B}}_2$；

③ 根据观测器的期望特征值，求出期望特征多项式 $a(s)$；

④ 按照特征值配置的方法，确定矩阵 $\bar{\boldsymbol{E}}$，使 $\det[s\boldsymbol{I}-(\bar{\boldsymbol{A}}_{11}-\bar{\boldsymbol{E}}\bar{\boldsymbol{A}}_{21})]=a(s)$；

⑤ 按式(6.4.13)构造动态系统；

⑥ 按式(6.4.14)和式(6.4.15)求得系统的状态估计值 $\hat{\boldsymbol{x}}$。

例 6.4.2　为例 6.2.1 所示系统设计一降维状态观测器，并使该观测器的特征值为 $\lambda_{1,2}=-4\pm j4$。

解　构造等价变换矩阵 $\boldsymbol{P}$，并将给定系统的状态空间表达式作相应的等价变换，有

$$\bar{\boldsymbol{x}}=\boldsymbol{P}\boldsymbol{x}$$

$$\boldsymbol{P}=\begin{bmatrix}\boldsymbol{D}\\\cdots\\\boldsymbol{C}\end{bmatrix}=\begin{bmatrix}1&0&0\\0&1&0\\\hdashline 0&1&1\end{bmatrix}\quad\boldsymbol{P}^{-1}=\begin{bmatrix}1&0&0\\0&1&0\\0&-1&1\end{bmatrix}=[\boldsymbol{Q}_1\ \vdots\ \boldsymbol{Q}_2]$$

$$\bar{\boldsymbol{A}}=\boldsymbol{P}\boldsymbol{A}\boldsymbol{P}^{-1}=\begin{bmatrix}1&0&0\\0&1&0\\0&1&1\end{bmatrix}\begin{bmatrix}0&0&0\\1&-1&0\\0&1&-1\end{bmatrix}\begin{bmatrix}1&0&0\\0&1&0\\0&-1&1\end{bmatrix}$$

$$=\begin{bmatrix}0&0&0\\1&-1&0\\\hdashline 1&1&-1\end{bmatrix}\triangleq\begin{bmatrix}\bar{\boldsymbol{A}}_{11}&\bar{\boldsymbol{A}}_{12}\\\bar{\boldsymbol{A}}_{21}&\bar{\boldsymbol{A}}_{22}\end{bmatrix}$$

$$\bar{\boldsymbol{B}}=\boldsymbol{P}\boldsymbol{B}=\begin{bmatrix}\bar{\boldsymbol{B}}_1\\\cdots\\\bar{\boldsymbol{B}}_2\end{bmatrix}=\begin{bmatrix}1&0&0\\0&1&0\\0&1&1\end{bmatrix}\begin{bmatrix}1\\0\\0\end{bmatrix}=\begin{bmatrix}1\\0\\\cdots\\0\end{bmatrix}$$

$$\bar{\boldsymbol{C}}=\boldsymbol{C}\boldsymbol{P}^{-1}=\begin{bmatrix}0 & 1 & 1\end{bmatrix}\begin{bmatrix}1 & 0 & 0\\0 & 1 & 0\\0 & -1 & 1\end{bmatrix}=\begin{bmatrix}0 & 0 & \vdots & 1\end{bmatrix}$$

即有

$$\bar{\boldsymbol{A}}_{11}=\begin{bmatrix}0 & 0\\1 & -1\end{bmatrix},\quad \bar{\boldsymbol{A}}_{12}=\begin{bmatrix}0\\0\end{bmatrix}$$

$$\bar{\boldsymbol{A}}_{21}=\begin{bmatrix}1 & 1\end{bmatrix},\quad \bar{\boldsymbol{A}}_{22}=-1,\quad \bar{\boldsymbol{B}}_1=\begin{bmatrix}1\\0\end{bmatrix},\quad \bar{\boldsymbol{B}}_2=0$$

降维观测器的期望特征多项式 $a(s)$ 为

$$a(s)=(s-\lambda_1)(s-\lambda_2)=(s+4-\mathrm{j}4)(s+4+\mathrm{j}4)=s^2+8s+32$$

设 $\bar{\boldsymbol{E}}=\begin{bmatrix}\bar{e}_1\\\bar{e}_2\end{bmatrix}$,则有

$$(\bar{\boldsymbol{A}}_{11}-\bar{\boldsymbol{E}}\bar{\boldsymbol{A}}_{21})=\left\{\begin{bmatrix}0 & 0\\1 & -1\end{bmatrix}-\begin{bmatrix}\bar{e}_1\\\bar{e}_2\end{bmatrix}\begin{bmatrix}1 & 1\end{bmatrix}\right\}=\begin{bmatrix}-\bar{e}_1 & -\bar{e}_1\\1-\bar{e}_2 & -1-\bar{e}_2\end{bmatrix}$$

于是

$$\det[s\boldsymbol{I}-(\bar{\boldsymbol{A}}_{11}-\bar{\boldsymbol{E}}\bar{\boldsymbol{A}}_{21})]=\det\begin{bmatrix}s+\bar{e}_1 & \bar{e}_1\\\bar{e}_2-1 & s+1+\bar{e}_2\end{bmatrix}=s^2+(1+\bar{e}_1+\bar{e}_2)s+2\bar{e}_1$$

比较上面两个多项式,得 $\bar{e}_1=16$,$\bar{e}_2=-9$。这样,根据式(6.4.13)可得降维观测器的方程为

$$\dot{\boldsymbol{w}}=\begin{bmatrix}-16 & -16\\10 & 8\end{bmatrix}\boldsymbol{w}+\begin{bmatrix}1\\0\end{bmatrix}u+\begin{bmatrix}-96\\79\end{bmatrix}y$$

其方框图和结构图分别如图6.4.5和图6.4.6所示。

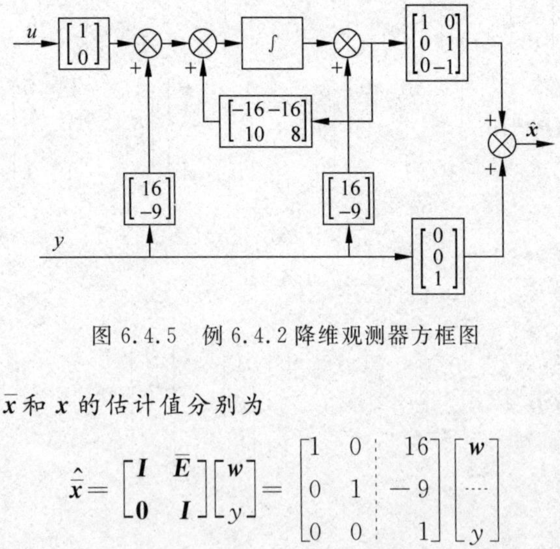

图6.4.5 例6.4.2降维观测器方框图

最后得状态向量 $\bar{\boldsymbol{x}}$ 和 $\boldsymbol{x}$ 的估计值分别为

$$\hat{\bar{\boldsymbol{x}}}=\begin{bmatrix}\boldsymbol{I} & \bar{\boldsymbol{E}}\\\boldsymbol{0} & \boldsymbol{I}\end{bmatrix}\begin{bmatrix}\boldsymbol{w}\\y\end{bmatrix}=\begin{bmatrix}1 & 0 & \vdots & 16\\0 & 1 & \vdots & -9\\0 & 0 & \vdots & 1\end{bmatrix}\begin{bmatrix}\boldsymbol{w}\\\cdots\\y\end{bmatrix}$$

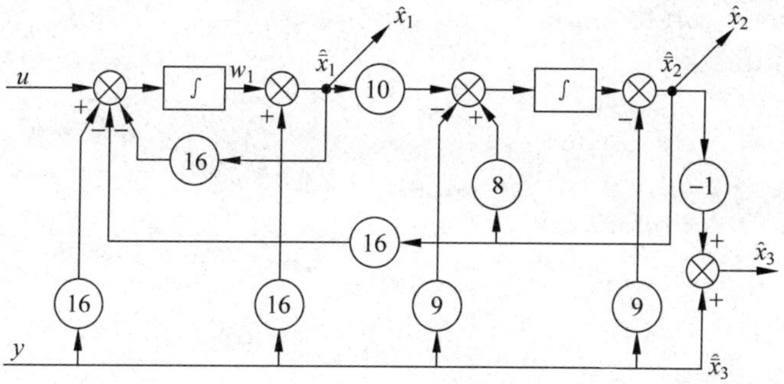

图 6.4.6 例 6.4.2 降维观测器结构图

$$\hat{\boldsymbol{x}} = \boldsymbol{P}^{-1}\hat{\bar{\boldsymbol{x}}} = \begin{bmatrix} 1 & 0 & 16 \\ 0 & 1 & -9 \\ 0 & -1 & 10 \end{bmatrix}\begin{bmatrix} \boldsymbol{w} \\ \cdots \\ y \end{bmatrix}$$

6.4.4 利用 MATLAB 设计状态观测器

1. 利用 MATLAB 设计全维观测器

例 6.4.3 已知系统的状态方程为

$$\dot{\boldsymbol{x}} = \begin{bmatrix} 0 & 1 & 0 & 0 \\ 0 & 0 & -1 & 0 \\ 0 & 0 & 0 & 1 \\ 0 & 0 & 11 & 0 \end{bmatrix}\boldsymbol{x} + \begin{bmatrix} 0 \\ 1 \\ 0 \\ -1 \end{bmatrix}u$$

$$y = [1 \quad 0 \quad 0 \quad 0]\boldsymbol{x}$$

① 试判别其可观测性；

② 若系统可观测，试设计全维状态观测器，使得闭环系统的极点为-2，-3与$-2+\mathrm{j}$，$-2-\mathrm{j}$。

解

① 判别系统可观测性。

程序如下：

```
% 输入系统状态方程
>> a = [0 1 0 0;0 0 - 1 0;0 0 0 1;0 0 11 0];
b = [0;1;0; - 1];
c = [1 0 0 0];
n = 4;
% 计算能观测性矩阵
>> ob = obsv(a,c);
% 计算能观测性矩阵的秩
```

```
>> roam = rank(ob);
%判别系统能观测性
>> if roam == n
disp('System is obserbable')
elseif roam~ = n
disp('System is no obserbable')
end
```

运行结果：

```
System is obserbable
```

② 设计全维状态观测器。

程序如下：

```
%输入系统状态方程
>> a = [0 1 0 0;0 0 -1 0;0 0 0 1;0 0 11 0];
b = [0;1;0; -1];
c = [1 0 0 0];
%求解反馈增益阵
p1 = [ -2  -3  -2 + i  -2 - i];
a1 = a';
b1 = c';
c1 = b';
K = acker(a1,b1,p1);
%求解系统矩阵
h = (K)'
ahc = a - h * c
```

运行结果：

```
h =
     9
    42
  - 148
  - 492
ahc =
     -9   1     0  0
    -42   0    -1  0
    148   0     0  1
    492   0    11  0
```

即全维状态观测器为

$$\dot{\hat{x}} = \begin{bmatrix} -9 & 1 & 0 & 0 \\ -42 & 0 & -1 & 0 \\ 148 & 0 & 0 & 1 \\ 492 & 0 & 11 & 0 \end{bmatrix}\hat{x} + \begin{bmatrix} 0 \\ 1 \\ 0 \\ -1 \end{bmatrix}u + \begin{bmatrix} 9 \\ 42 \\ -148 \\ -492 \end{bmatrix}y$$

2. 利用MATLAB设计降维观测器

例6.4.4　为例6.4.3所示系统设计三维状态观测器，使得闭环系统的极点为−3、−2+j和−2−j。

解　设计三阶降维状态观测器。

为便于设计三阶状态观测器，其状态变量表达式可改写如下：

$$\begin{bmatrix} x_2 \\ x_3 \\ x_4 \\ x_1 \end{bmatrix} = \begin{bmatrix} 0 & -1 & 0 & 0 \\ 0 & 0 & 1 & 0 \\ 0 & 11 & 0 & 0 \\ 1 & 0 & 0 & 0 \end{bmatrix} \begin{bmatrix} x_2 \\ x_3 \\ x_4 \\ x_1 \end{bmatrix} + \begin{bmatrix} 1 \\ 0 \\ -1 \\ 0 \end{bmatrix} u$$

$$y = \begin{bmatrix} 0 & 0 & 0 & 1 \end{bmatrix} \begin{bmatrix} x_2 \\ x_3 \\ x_4 \\ x_1 \end{bmatrix} = x_1$$

x_1 直接由 y 提供，可只设计三阶状态观测器。

程序如下：

```
%输入系统状态方程
>> a = [0 -1 0 0;0 0 1 0;0 11 0 0;1 0 0 0];
b = [1;0; -1;0];
c = [0 0 0 1];
a11 = [a(1:3,1:3)];
a12 = [a(1:3,4)];
a21 = [a(4,1:3)];
a22 = [a(4,4)];
b1 = b(1:3,1);
b2 = b(4,1);
a1 = a11;
c1 = a21;
ax = (a1)';
bx = (c1)';
%求解反馈增益阵
p = [ -3 -2 + i -2 - i];
K = acker(ax,bx,p);
%求解系统矩阵
h = K'
ahaz = (a11 - h * a21)
bhbu = b1 - h * b2
ahay = (a11 - h * a21) * h + a12 - h * a22
```

运行结果:

```
h =
    7
  - 28
  - 92
ahaz =
      - 7    - 1     0
       28      0     1
       92     11     0
bhbu =
        1
        0
      - 1
ahay =
      - 21
       104
       336
```

即降维状态观测器为

$$\dot{\boldsymbol{w}}=\begin{bmatrix}-7 & -1 & 0\\ 28 & 0 & 1\\ 92 & 11 & 0\end{bmatrix}\boldsymbol{w}+\begin{bmatrix}1\\ 0\\ -1\end{bmatrix}u+\begin{bmatrix}-21\\ 104\\ 336\end{bmatrix}y$$

$$\hat{\boldsymbol{x}}_2=\begin{bmatrix}\hat{x}_2\\ \hat{x}_3\\ \hat{x}_4\end{bmatrix}=\boldsymbol{w}+\begin{bmatrix}7\\ -28\\ -92\end{bmatrix}y$$

6.5 带状态观测器的反馈系统

状态观测器解决了受控系统的状态重构问题,使状态反馈的工程实现成为可能。那就是当状态向量 $\boldsymbol{x}(t)$ 不能或不便得到时,可通过观测器获取它的估计值 $\hat{\boldsymbol{x}}(t)$,并用 $\hat{\boldsymbol{x}}(t)$ 代替 $\boldsymbol{x}(t)$ 完成反馈任务。带有观测器的反馈系统具有如图 6.5.1 所示的结构。

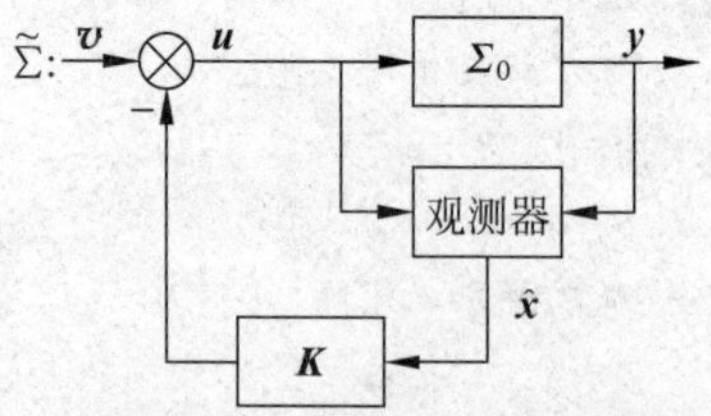

图 6.5.1 带有观测器的反馈系统

在这种状况下,实际的状态反馈控制律为

$$\boldsymbol{u}=\boldsymbol{v}-\boldsymbol{K}\hat{\boldsymbol{x}} \tag{6.5.1}$$

这就出现了以下两个问题:

- 在系统设计中,比如配置 $(\boldsymbol{A}-\boldsymbol{BK})$ 的特征值都是在 $\boldsymbol{u}=\boldsymbol{v}-\boldsymbol{K}\boldsymbol{x}$ 这样的前提下进行的,现在用 $\hat{\boldsymbol{x}}(t)$ 代替 $\boldsymbol{x}(t)$ 实施反馈,对

前面的设计结果是否有影响？比如两个闭环系统是否具有同样的特征值？

- 状态观测器本身的特性是否会受到影响？

为回答这些问题需要详细研究图 6.5.1 所示的系统 Σ_o。

设给定系统 Σ_0 的状态空间表达式为

$$\Sigma_0: \begin{cases} \dot{\boldsymbol{x}} = \boldsymbol{A}\boldsymbol{x} + \boldsymbol{B}\boldsymbol{u} \\ \boldsymbol{y} = \boldsymbol{C}\boldsymbol{x} \end{cases} \tag{6.5.2}$$

其状态观测器系统的状态空间表达式为

$$\Sigma_{ob}: \begin{cases} \dot{\hat{\boldsymbol{x}}} = (\boldsymbol{A} - \boldsymbol{E}\boldsymbol{C})\hat{\boldsymbol{x}} + \boldsymbol{B}\boldsymbol{u} + \boldsymbol{E}\boldsymbol{y} \\ \hat{\boldsymbol{y}} = \boldsymbol{C}\hat{\boldsymbol{x}} \end{cases} \tag{6.5.3}$$

则由图 6.5.1 所示系统 $\widetilde{\Sigma}$ 的状态空间表达式可写为

$$\widetilde{\Sigma}: \begin{cases} \dot{\boldsymbol{x}} = \boldsymbol{A}\boldsymbol{x} - \boldsymbol{B}\boldsymbol{K}\hat{\boldsymbol{x}} + \boldsymbol{B}\boldsymbol{v} \\ \dot{\hat{\boldsymbol{x}}} = (\boldsymbol{A} - \boldsymbol{B}\boldsymbol{K} - \boldsymbol{E}\boldsymbol{C})\hat{\boldsymbol{x}} + \boldsymbol{E}\boldsymbol{C}\boldsymbol{x} + \boldsymbol{B}\boldsymbol{v} \\ \boldsymbol{y} = \boldsymbol{C}\boldsymbol{x} \end{cases} \tag{6.5.4}$$

将式(6.5.4)改写成矩阵形式，则有

$$\widetilde{\Sigma}: \begin{cases} \begin{bmatrix} \dot{\boldsymbol{x}} \\ \dot{\hat{\boldsymbol{x}}} \end{bmatrix} = \begin{bmatrix} \boldsymbol{A} & -\boldsymbol{B}\boldsymbol{K} \\ \boldsymbol{E}\boldsymbol{C} & \boldsymbol{A} - \boldsymbol{B}\boldsymbol{K} - \boldsymbol{E}\boldsymbol{C} \end{bmatrix} \begin{bmatrix} \boldsymbol{x} \\ \hat{\boldsymbol{x}} \end{bmatrix} + \begin{bmatrix} \boldsymbol{B} \\ \boldsymbol{B} \end{bmatrix} \boldsymbol{v} \triangleq \widetilde{\boldsymbol{A}}\tilde{\boldsymbol{x}} + \widetilde{\boldsymbol{B}}\boldsymbol{v} \\ \boldsymbol{y} = [\boldsymbol{C} \quad \boldsymbol{0}] \begin{bmatrix} \boldsymbol{x} \\ \hat{\boldsymbol{x}} \end{bmatrix} \triangleq \widetilde{\boldsymbol{C}}\tilde{\boldsymbol{x}} \end{cases} \tag{6.5.5}$$

下面，从式(6.5.5)出发，讨论系统 $\widetilde{\Sigma}$ 的一些特性。

(1) 引入观测器后提高反馈系统的维数(即提高了系统的阶次)：

$$\dim(\widetilde{\Sigma}) = \dim(\Sigma_o) + \dim(\Sigma_{ob}) \tag{6.5.6}$$

在 6.1 节已讨论过，状态反馈是不改变系统的阶次的。

(2) $\widetilde{\Sigma}$ 的特征值集合具有分离性，即成立

$$\widetilde{\Sigma} \text{ 的特征值集合} = \{\lambda_i(\boldsymbol{A} - \boldsymbol{B}\boldsymbol{K}), i = 1, 2, \cdots, n; \lambda_j(\boldsymbol{A} - \boldsymbol{E}\boldsymbol{C}), j = 1, 2, \cdots, n\} \tag{6.5.7}$$

关于这点可证明如下：对式(6.5.5)引入等价变换 $\bar{\boldsymbol{x}} = \boldsymbol{P}\tilde{\boldsymbol{x}}$，此处 $\boldsymbol{P} = \begin{bmatrix} \boldsymbol{I} & \boldsymbol{0} \\ \boldsymbol{I} & -\boldsymbol{I} \end{bmatrix}$ 则系统 $\widetilde{\Sigma}$ 的新状态空间表达式为

$$\begin{cases} \dot{\bar{\boldsymbol{x}}} = \bar{\boldsymbol{A}}\bar{\boldsymbol{x}} + \bar{\boldsymbol{B}}\boldsymbol{v} \\ \boldsymbol{y} = \bar{\boldsymbol{C}}\bar{\boldsymbol{x}} \end{cases} \tag{6.5.8}$$

式中

$$\bar{\boldsymbol{x}} = \boldsymbol{P}\tilde{\boldsymbol{x}} = \begin{bmatrix} \boldsymbol{x} \\ \boldsymbol{x} - \hat{\boldsymbol{x}} \end{bmatrix}, \quad \bar{\boldsymbol{A}} = \begin{bmatrix} \boldsymbol{A} - \boldsymbol{B}\boldsymbol{K} & \boldsymbol{B}\boldsymbol{K} \\ \boldsymbol{0} & \boldsymbol{A} - \boldsymbol{E}\boldsymbol{C} \end{bmatrix}, \quad \bar{\boldsymbol{B}} = \begin{bmatrix} \boldsymbol{B} \\ \boldsymbol{0} \end{bmatrix}, \quad \bar{\boldsymbol{C}} = [\boldsymbol{C} \quad \boldsymbol{0}]$$

显然有

$$\det(s\boldsymbol{I}-\bar{\boldsymbol{A}})=\det\begin{bmatrix} s\boldsymbol{I}-(\boldsymbol{A}-\boldsymbol{BK}) & -\boldsymbol{BK} \\ \boldsymbol{0} & s\boldsymbol{I}-(\boldsymbol{A}-\boldsymbol{EC}) \end{bmatrix}$$
$$=\det(s\boldsymbol{I}-\boldsymbol{A}+\boldsymbol{BK})\cdot\det(s\boldsymbol{I}-\boldsymbol{A}+\boldsymbol{EC})$$

所以闭环系统 $\tilde{\Sigma}$ 的特征值集合是 $(\boldsymbol{A}-\boldsymbol{BK})$ 与 $(\boldsymbol{A}-\boldsymbol{EC})$ 的特征值集合的并集。也就是说,系统 $\tilde{\Sigma}$ 的极点由用真实状态 $\boldsymbol{x}$ 进行状态反馈所构成的闭环极点和观测器本身的极点所组成。

(3) 由上述讨论可知:观测器的引入,不影响已配置好的系统特征值

$$\{\lambda_i(\boldsymbol{A}-\boldsymbol{BK}),\quad i=1,2,\cdots,n\}$$

而状态反馈也不影响观测器的特征值

$$\{\lambda_j(\boldsymbol{A}-\boldsymbol{EC}),\quad j=1,2,\cdots,n\}$$

即控制系统的动态特性与观测器的动态特性是相互独立的。从而使得系统的极点配置和状态观测器的设计可分开独立地进行。这一结论称为分离定理。显然分离定理为闭环系统的设计带来了很大的方便。

(4) 观测器的引入不改变原状态反馈系统的闭环传递函数矩阵。由式(6.5.8)即得

$$\boldsymbol{G}(s_j,\boldsymbol{K},\boldsymbol{L})=\bar{\boldsymbol{C}}(s\boldsymbol{I}-\bar{\boldsymbol{A}})^{-1}\bar{\boldsymbol{B}}$$
$$=[\boldsymbol{C}\quad\boldsymbol{0}]\begin{bmatrix} s\boldsymbol{I}-(\boldsymbol{A}-\boldsymbol{BK}) & -\boldsymbol{BK} \\ \boldsymbol{0} & s\boldsymbol{I}-(\boldsymbol{A}-\boldsymbol{EC}) \end{bmatrix}^{-1}\begin{bmatrix}\boldsymbol{B}\\ \boldsymbol{0}\end{bmatrix}$$
$$=\boldsymbol{C}[s\boldsymbol{I}-(\boldsymbol{A}-\boldsymbol{BK})]^{-1}\boldsymbol{B} \tag{6.5.9}$$

式(6.5.9)还说明,观测器的特性对闭环传递函数阵没有影响。对此,可作如下简要解释:由于在计算传递函数阵时,假设了所有的初始状态都为零,所以有 $\hat{\boldsymbol{x}}(0)=\boldsymbol{x}(0)=\boldsymbol{0}$,这意味着对所有的 t,都有 $\hat{\boldsymbol{x}}(t)$ 和 $\boldsymbol{x}(t)$ 相等,因而只要涉及从 $\boldsymbol{v}$ 到 $\boldsymbol{y}$ 的传递函数矩阵,状态观测器的引入与否是没有差别的。当 $\hat{\boldsymbol{x}}(0)\neq\boldsymbol{x}(0)$ 时,如6.4节所述,$\hat{\boldsymbol{x}}(t)$ 趋近于 $\boldsymbol{x}(t)$ 的速度取决于观测器的特征值,但是观测器"取什么样的特征值为最好?"没有一个简单的答案,一条可供参考的原则是

$$\mathrm{Re}\,\lambda_i\{\boldsymbol{A}-\boldsymbol{EC}\}=(3\sim5)\mathrm{Re}\,\lambda_i\{\boldsymbol{A}-\boldsymbol{BK}\}$$

(5) 一般说来,带观测器的状态反馈系统在鲁棒性上要比用真实状态 $\boldsymbol{x}(t)$ 反馈的系统要差。

例 6.5.1 设系统的传递函数为

$$g(s)=\frac{1}{s(s+6)}$$

希望用状态反馈使闭环极点为 $-4\pm\mathrm{j}6$,并求出实现这个反馈的二维和一维状态观测器。

解 由给定的传递函数,可得到它的状态空间表达式,这个表达式我们总是希望它完全能控能观测。为了便于设计观测器,首先建立系统的能观测标准

形，即

$$\dot{\boldsymbol{x}}=\begin{bmatrix}0 & 0\\ 1 & -6\end{bmatrix}\boldsymbol{x}+\begin{bmatrix}1\\ 0\end{bmatrix}u$$

$$y=[0\quad 1]\boldsymbol{x}$$

根据题意，要求闭环特征方程为

$$(s+4+\mathrm{j}6)(s+4-\mathrm{j}6)=s^2+8s+52=0$$

令待求的状态反馈增益阵为 $\boldsymbol{k}=[k_1\quad k_2]$，则经状态反馈后，闭环系统的特征方程为

$$\det[s\boldsymbol{I}-(\boldsymbol{A}-\boldsymbol{bk})]=s^2+(6+k_1)s+6k_1+k_2=0$$

比较上述两特征方程左边各对应项的系数，可得

$$k_1=2,\quad k_2=40$$

下面构造系统状态观测器。

先求二维状态观测器。设它的极点为二重极点－10，则观测器的期望特征多项式为

$$(s+10)^2=s^2+20s+100$$

令

$$\boldsymbol{E}=\begin{bmatrix}E_1\\ E_2\end{bmatrix}$$

有

$$\det[s\boldsymbol{I}-(\boldsymbol{A}-\boldsymbol{EC})]=\det\begin{bmatrix}s & E_1\\ -1 & s+6+E_2\end{bmatrix}=s^2+(6+E_2)s+E_1$$

将此多项式与观测器的期望特征多项式比较，可得

$$E_1=100,\quad E_2=14$$

由式(6.4.5)可知，二维观测器的动态方程为

$$\dot{\hat{\boldsymbol{x}}}=\begin{bmatrix}0 & -100\\ 1 & -20\end{bmatrix}\hat{\boldsymbol{x}}+\begin{bmatrix}1\\ 0\end{bmatrix}u+\begin{bmatrix}100\\ 14\end{bmatrix}y$$

再求一维状态观测器。设观测器的极点为－10，于是根据题意有

$$\bar{A}_{11}=0,\quad \bar{A}_{12}=0,\quad \bar{A}_{21}=1,\quad \bar{A}_{22}=-6$$

代入降维观测器方程式(6.4.13)，有

$$\dot{w}=-\bar{E}w+u-(6\bar{E}-\bar{E}^2)y$$

由于要求观测器的极点为－10，所以得 $\bar{E}=10$。将它代入上述方程，有

$$\dot{w}=-10w+u-40y$$

再根据 w 的定义，知

$$\hat{x}_1=w+\bar{E}y=w+10y$$

于是,根据以上两式,即可得到降维(一维)状态观测器。图 6.5.2 和图 6.5.3 分别为由全维观测器和降维观测器所构成的闭环系统。

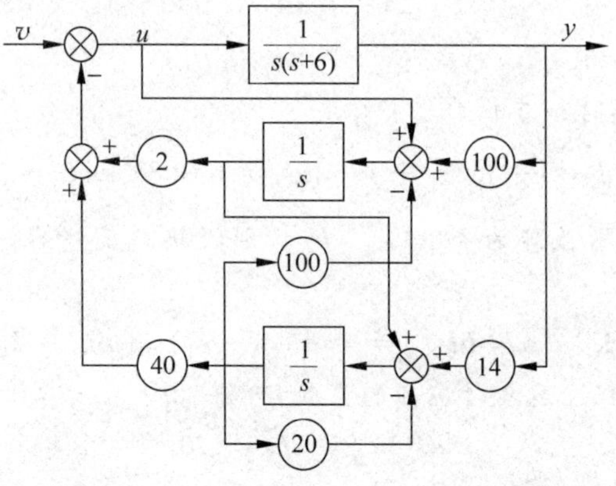

图 6.5.2 全维观测器所构成的闭环系统

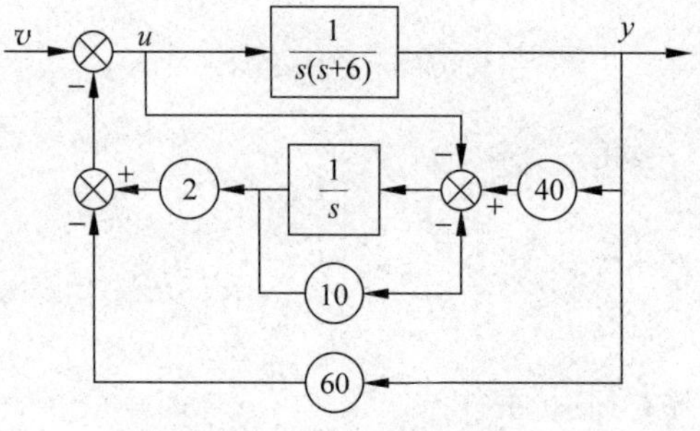

图 6.5.3 降维观测器所构成的闭环系统

例 6.5.2 给定系统的状态空间表达式为

$$\dot{\boldsymbol{x}}=\begin{bmatrix}0 & 0 & 0\\ 1 & -1 & 0\\ 0 & 1 & 1\end{bmatrix}\boldsymbol{x}+\begin{bmatrix}1\\ 0\\ 0\end{bmatrix}u$$

$$y=\begin{bmatrix}0 & 1 & 1\end{bmatrix}\boldsymbol{x}$$

希望用状态反馈使闭环极点为 $s_1=-2, s_{2,3}=-1\pm \mathrm{j}\sqrt{3}$,并求取实现这一反馈的全维状态观测器和降维状态观测器。

解 事实上,在例 6.2.1 中已经把所需的状态反馈增益阵 $\boldsymbol{K}$ 求出。而例 6.4.1 和例 6.4.2 即是所需的全维观测器和降维观测器,把例 6.2.1 的结果和例 6.4.1 的结果结合起来就是本例所要求的带全维观测器的闭环系统,而把例 6.2.1 和例 6.4.2的结果结合起来,就是所要求的带降维观测器的闭环系统。具体的方框图由读者自己去组成。

6.6　线性不确定系统的鲁棒控制

现代控制理论在实际应用中,需要建立被控制对象的数学模型——状态空间表达式。但是在一般情况下,很难获得系统的精确模型。这主要是由于在建模中往往必须进行某些假设和简化,同时系统在运行中也常常受到来自各方面的干扰,因此实际应用中所描述的系统应是一个不确定系统。显然对于不确定系统无法利用前面所介绍的极点配置方法配置极点,实现状态反馈镇定。本节将简单介绍线性不确定系统状态反馈鲁棒镇定问题。

6.6.1　问题的提出及不确定性的描述

一个线性不确定性系统可以用下面状态空间表达式描述

$$\dot{\boldsymbol{x}} = (\boldsymbol{A} + \Delta\boldsymbol{A})\boldsymbol{x} + (\boldsymbol{B} + \Delta\boldsymbol{B})\boldsymbol{u} \tag{6.6.1}$$

式中,$\boldsymbol{x}\in R^n$ 为状态变量,$\boldsymbol{u}\in R^p$ 为输入变量,$\boldsymbol{A}\in R^{n\times n}$,$\boldsymbol{B}\in R^{n\times p}$为已知常量矩阵,$\Delta\boldsymbol{A}\in R^{n\times n}$,$\Delta\boldsymbol{B}\in R^{n\times p}$是不确定矩阵,它们分别表示状态矩阵的不确定性和控制矩阵的不确定性。同时,经常把与之对应的确定性系统

$$\dot{\boldsymbol{x}} = \boldsymbol{A}\boldsymbol{x} + \boldsymbol{B}\boldsymbol{u} \tag{6.6.2}$$

称为系统(6.6.1)的标称系统。

由于在系统(6.6.1)中,$\Delta\boldsymbol{A}$,$\Delta\boldsymbol{B}$ 未知,无法利用前面介绍的方法对其进行精确极点配置,从而实现状态反馈镇定。这样就提出了一个如何设计有效的控制器,实现对不确定系统的反馈镇定问题。由于不确定性的存在,这种反馈控制通常又称为鲁棒反馈镇定。这里鲁棒是英语 robust 的音译,表示抗干扰能力。鲁棒性越强,则系统抗干扰能力越强。目前关于线性不确定系统鲁棒镇定的研究,已经取得了许多结果和应用。

对于实际中的不同情况,不确定性一般可分为满足匹配条件和不满足匹配条件两大类。

设 $\Delta\boldsymbol{A}$,$\Delta\boldsymbol{B}$ 分别依赖于连续有界函数 $r(t)$,$s(t)$的变化,于是 $\Delta\boldsymbol{A}$,$\Delta\boldsymbol{B}$ 可分别表示为 $\Delta\boldsymbol{A}(r(t))$,$\Delta\boldsymbol{B}(s(t))$。所谓匹配条件是指:存在连续映射 $\boldsymbol{D}(r(t))$和 $\boldsymbol{E}(s(t))$使得

$$\Delta\boldsymbol{A}(r(t)) = \boldsymbol{B}\boldsymbol{D}(r(t)),\quad \Delta\boldsymbol{B}(s(t)) = \boldsymbol{B}\boldsymbol{E}(s(t)),\quad \boldsymbol{I} + \boldsymbol{E}^{\mathrm{T}} + \boldsymbol{E} \geqslant \delta\boldsymbol{I} > 0 \tag{6.6.3}$$

对于满足匹配条件的不确定系统,所设计的鲁棒反馈镇定器的保守性一般会小一些,即控制"量"会小一些。这里的"大小"和"量"通常指矩阵或向量的范数。

对于不确定矩阵有着不同的描述(假设)。这样的描述有基于 $\Delta\boldsymbol{A}$ 和 $\Delta\boldsymbol{B}$ 中的各元素的上下界的区间描述,基于 $\Delta\boldsymbol{A}$ 和 $\Delta\boldsymbol{B}$ 中的各元素的绝对值上界的最大绝

对值描述,以及各种范数描述等。虽然对不确定矩阵的不同描述,所设计的状态反馈控制律一般会不相同,但利用李雅普诺夫理论进行设计的方法基本一致。下面仅对不确定性的范数描述下的状态反馈控制器的设计加以讨论。

假设系统(6.6.1)满足匹配条件式(6.6.3),下面给出状态反馈镇定控制器的一个设计方法。为介绍这种方法,下面首先给出两个引理。

引理1 矩阵 $\boldsymbol{X},\boldsymbol{Y}\in R^{m\times n}$ 满足矩阵不等式

$$\boldsymbol{X}^{\mathrm{T}}\boldsymbol{Y}+\boldsymbol{Y}^{\mathrm{T}}\boldsymbol{X}\leqslant\frac{1}{r}\boldsymbol{X}^{\mathrm{T}}\boldsymbol{X}+r\boldsymbol{Y}^{\mathrm{T}}\boldsymbol{Y},\quad \forall r>0 \tag{6.6.4}$$

引理2(Schur补定理) 矩阵 $\boldsymbol{A}=\boldsymbol{A}^{\mathrm{T}}=\begin{bmatrix}\boldsymbol{A}_{11} & \boldsymbol{A}_{12}\\ \boldsymbol{A}_{12}^{\mathrm{T}} & \boldsymbol{A}_{22}\end{bmatrix}\in R^{n\times n}$ 正定的充要条件为

$$\boldsymbol{A}_{11}>\boldsymbol{0},\boldsymbol{A}_{22}-\boldsymbol{A}_{12}^{\mathrm{T}}\boldsymbol{A}_{11}^{-1}\boldsymbol{A}_{12}>\boldsymbol{0},\text{或 }\boldsymbol{A}_{22}>\boldsymbol{0},\boldsymbol{A}_{11}-\boldsymbol{A}_{12}\boldsymbol{A}_{22}^{-1}\boldsymbol{A}_{12}^{\mathrm{T}}>\boldsymbol{0}$$

定理6.6.1 设线性不确定系统

$$\dot{\boldsymbol{x}}=(\boldsymbol{A}+\Delta\boldsymbol{A}(r(t)))\boldsymbol{x}+(\boldsymbol{B}+\Delta\boldsymbol{B}(s(t)))\boldsymbol{u} \tag{6.6.5}$$

满足匹配条件式(6.6.3),则系统状态反馈鲁棒镇定控制器可构造如下:

(1) 任意给定正定对称阵 $\boldsymbol{Q}_0$,解里卡蒂矩阵方程

$$\boldsymbol{PA}+\boldsymbol{A}^{\mathrm{T}}\boldsymbol{P}-\boldsymbol{PB}^{\mathrm{T}}\boldsymbol{BP}+\boldsymbol{Q}_0=\boldsymbol{0} \tag{6.6.6}$$

得正定对称解 $\boldsymbol{P}>0$,令 $\boldsymbol{K}=-\boldsymbol{B}^{\mathrm{T}}\boldsymbol{Px}$,记 $\boldsymbol{A}_1=\boldsymbol{A}+\boldsymbol{BK}$,则 $\mathrm{Re}\,\lambda(\boldsymbol{A}_1)<0$。

(2) 选择适当维数的正定矩阵 $\boldsymbol{Q},\boldsymbol{R}$,满足

$$\boldsymbol{Q}\geqslant[\boldsymbol{D}(r)]^{\mathrm{T}}\boldsymbol{D}(r)+\boldsymbol{K}^{\mathrm{T}}[\boldsymbol{E}(s)]^{\mathrm{T}}\boldsymbol{E}(s)\boldsymbol{K}+\varepsilon\boldsymbol{I},\quad \boldsymbol{R}=\boldsymbol{I}/\xi \tag{6.6.7}$$

式中,ε 为任意小的正数,$\boldsymbol{I}$ 为单位阵。选择正数 ξ 足够小,如果里卡蒂矩阵方程

$$\boldsymbol{A}_1^{\mathrm{T}}\boldsymbol{P}+\boldsymbol{PA}_1+\boldsymbol{PBR}^{-1}\boldsymbol{B}^{\mathrm{T}}\boldsymbol{P}+\boldsymbol{Q}=\boldsymbol{0} \tag{6.6.8}$$

有正定对称解 $\boldsymbol{P}$,则状态反馈控制

$$\boldsymbol{u}=\boldsymbol{Fx}=(\boldsymbol{K}-\gamma\boldsymbol{B}^{\mathrm{T}}\boldsymbol{P})\boldsymbol{x} \tag{6.6.9}$$

可使系统(6.6.1)在原点大范围渐近稳定。其中

$$\gamma\geqslant(2-\xi)/\delta \tag{6.6.10}$$

证 取李雅普诺夫函数 $V(\boldsymbol{x})=\boldsymbol{x}^{\mathrm{T}}\boldsymbol{Px}$,则其沿系统(6.6.1)轨迹的导数为

$$\begin{aligned}
\dot{V}(\boldsymbol{x})=&\ \boldsymbol{x}^{\mathrm{T}}\boldsymbol{P}[(\boldsymbol{A}+\Delta\boldsymbol{A})\boldsymbol{x}+(\boldsymbol{B}+\Delta\boldsymbol{B})\boldsymbol{u}]+[(\boldsymbol{A}+\Delta\boldsymbol{A})\boldsymbol{x}+(\boldsymbol{B}+\Delta\boldsymbol{B})\boldsymbol{u}]^{\mathrm{T}}\boldsymbol{Px}\\
=&\ \boldsymbol{x}^{\mathrm{T}}[\boldsymbol{P}(\boldsymbol{A}+\boldsymbol{BK})+(\boldsymbol{A}+\boldsymbol{BK})^{\mathrm{T}}\boldsymbol{P}-\gamma 2\boldsymbol{PBB}^{\mathrm{T}}\boldsymbol{P}+\boldsymbol{PBD}(r)+(\boldsymbol{BD}(r))^{\mathrm{T}}\boldsymbol{P}\\
&+\boldsymbol{PBE}(s)\boldsymbol{K}+\boldsymbol{K}^{\mathrm{T}}\boldsymbol{E}^{\mathrm{T}}(s)\boldsymbol{B}^{\mathrm{T}}\boldsymbol{P}]\boldsymbol{x}\\
\leqslant&\ \boldsymbol{x}^{\mathrm{T}}[\boldsymbol{PA}_1+\boldsymbol{A}_1^{\mathrm{T}}\boldsymbol{P}-\gamma 2\boldsymbol{PBB}^{\mathrm{T}}\boldsymbol{P}+\boldsymbol{PBR}^{-1}\boldsymbol{B}^{\mathrm{T}}\boldsymbol{P}+\boldsymbol{D}^{\mathrm{T}}(r)\boldsymbol{D}(r)\\
&+\boldsymbol{PBE}(s)(\boldsymbol{K}-\gamma\boldsymbol{B}^{\mathrm{T}}\boldsymbol{P})+(\boldsymbol{K}^{\mathrm{T}}-\gamma\boldsymbol{PB})\boldsymbol{E}^{\mathrm{T}}(s(t))\boldsymbol{B}^{\mathrm{T}}\boldsymbol{P}-\boldsymbol{PB}\gamma\boldsymbol{B}^{\mathrm{T}}\boldsymbol{P}-\gamma\boldsymbol{PBB}^{\mathrm{T}}\boldsymbol{P}]\boldsymbol{x}\\
\leqslant&\ \boldsymbol{x}^{\mathrm{T}}[\boldsymbol{PA}_1+\boldsymbol{A}_1^{\mathrm{T}}\boldsymbol{P}-\gamma 2\boldsymbol{PBB}^{\mathrm{T}}\boldsymbol{P}+\boldsymbol{PBR}^{-1}\boldsymbol{B}^{\mathrm{T}}\boldsymbol{P}+\boldsymbol{D}^{\mathrm{T}}(r)\boldsymbol{D}(r)\\
&+2\boldsymbol{PBB}^{\mathrm{T}}\boldsymbol{P}+\boldsymbol{K}^{\mathrm{T}}\boldsymbol{E}^{\mathrm{T}}(s)\boldsymbol{E}(s)\boldsymbol{K}-\gamma\boldsymbol{PBE}^{\mathrm{T}}(s)\boldsymbol{B}^{\mathrm{T}}\boldsymbol{P}-\boldsymbol{PB}\gamma\boldsymbol{E}(s)\boldsymbol{B}^{\mathrm{T}}\boldsymbol{P}]\boldsymbol{x}\\
\leqslant&\ \boldsymbol{x}^{\mathrm{T}}[\boldsymbol{PA}_1+\boldsymbol{A}_1^{\mathrm{T}}\boldsymbol{P}+\boldsymbol{D}^{\mathrm{T}}(r)\boldsymbol{D}(r)+\boldsymbol{K}^{\mathrm{T}}\boldsymbol{E}^{\mathrm{T}}(s)\boldsymbol{E}(s)\boldsymbol{K}+2\boldsymbol{PBB}^{\mathrm{T}}\boldsymbol{P}\\
&-\boldsymbol{PB}(2\gamma\boldsymbol{I}+\gamma\boldsymbol{E}(s)+\gamma\boldsymbol{E}^{\mathrm{T}}(s))\boldsymbol{B}^{\mathrm{T}}\boldsymbol{P}]\boldsymbol{x}\\
\leqslant&\ \boldsymbol{x}^{\mathrm{T}}[\boldsymbol{PA}_1+\boldsymbol{A}_1^{\mathrm{T}}\boldsymbol{P}+\boldsymbol{D}^{\mathrm{T}}(r)\boldsymbol{D}(r)+\boldsymbol{K}^{\mathrm{T}}\boldsymbol{E}^{\mathrm{T}}(s)\boldsymbol{E}(s)\boldsymbol{K}+(2-\gamma\delta)\boldsymbol{PBB}^{\mathrm{T}}\boldsymbol{P}]\boldsymbol{x}
\end{aligned}$$

令

$$\gamma \geqslant (2-\xi)/\delta, \boldsymbol{R}^{-1} = \boldsymbol{I}/\xi, \quad \boldsymbol{Q} \geqslant [\boldsymbol{D}(r)]^{\mathrm{T}}\boldsymbol{D}(r) + \boldsymbol{K}^{\mathrm{T}}[\boldsymbol{E}(s)]^{\mathrm{T}}\boldsymbol{E}(s)\boldsymbol{K} + \varepsilon\boldsymbol{I}$$

则有

$$\dot{V} < \boldsymbol{x}^{\mathrm{T}}[\boldsymbol{PA}_1 + \boldsymbol{A}_1^{\mathrm{T}}\boldsymbol{P} + \boldsymbol{PBR}^{-1}\boldsymbol{B}^{\mathrm{T}}\boldsymbol{P} + \boldsymbol{Q}]\boldsymbol{x}$$

显然,当方程式(6.6.8)成立时,$\dot{V}<0$。

下面进一步研究匹配条件不满足情况下,线性不确定系统鲁棒镇定问题。

定理 6.6.2 设系统(6.6.1)中矩阵对$(\boldsymbol{A},\boldsymbol{B})$完全能控,且有

$$\Delta\boldsymbol{A}(t) = \boldsymbol{E}_1\boldsymbol{\Sigma}_1(t)\boldsymbol{F}_1, \quad \Delta\boldsymbol{B}(t) = \boldsymbol{E}_2\boldsymbol{\Sigma}_2(t)\boldsymbol{F}_2, \quad \boldsymbol{\Sigma}_i^{\mathrm{T}}(t)\boldsymbol{\Sigma}_i(t) \leqslant \boldsymbol{I}, \quad i=1,2 \tag{6.6.11}$$

式中,$\boldsymbol{A},\boldsymbol{B},\boldsymbol{E}_i,\boldsymbol{F}_i$是已知的定常矩阵,$\boldsymbol{\Sigma}_i(t)$是未知的时变矩阵,如果存在正数$r_1$,$r_2$,$\varepsilon>0$,使得矩阵里卡蒂方程

$$\boldsymbol{PA} + \boldsymbol{A}^{\mathrm{T}}\boldsymbol{P} - \boldsymbol{P}(2\boldsymbol{BB}^{\mathrm{T}} - \gamma_1^{-1}\boldsymbol{E}_1\boldsymbol{E}_1^{\mathrm{T}} - \gamma_2^{-1}\boldsymbol{BF}_2^{\mathrm{T}}\boldsymbol{F}_2\boldsymbol{B}^{\mathrm{T}})\boldsymbol{P} + \gamma_1\boldsymbol{F}_1\boldsymbol{F}_1 + \gamma_2\boldsymbol{E}_2\boldsymbol{E}_2^{\mathrm{T}} + \varepsilon\boldsymbol{I} = \boldsymbol{0} \tag{6.6.12}$$

有正定对称解$\boldsymbol{P}>\boldsymbol{0}$,则系统(6.6.1)可状态反馈镇定。其反馈控制律为$\boldsymbol{u}=-\boldsymbol{B}^{\mathrm{T}}\boldsymbol{Px}$。

证 取李雅普诺夫函数$V(\boldsymbol{x})=\boldsymbol{x}^{\mathrm{T}}\boldsymbol{Px}$,$\boldsymbol{u}=\boldsymbol{B}^{\mathrm{T}}\boldsymbol{Px}$,则其沿系统(6.6.1)轨迹的导数为

$$\begin{aligned}
\dot{V}(\boldsymbol{x}) &= \boldsymbol{x}^{\mathrm{T}}\boldsymbol{P}[(\boldsymbol{A}+\Delta\boldsymbol{A})\boldsymbol{x} + (\boldsymbol{B}+\Delta\boldsymbol{B})\boldsymbol{u}] + [(\boldsymbol{A}+\Delta\boldsymbol{A})\boldsymbol{x} + (\boldsymbol{B}+\Delta\boldsymbol{B})\boldsymbol{u}]^{\mathrm{T}}\boldsymbol{Px} \\
&= \boldsymbol{x}^{\mathrm{T}}[\boldsymbol{P}(\boldsymbol{A}+\boldsymbol{E}_1\boldsymbol{\Sigma}_1\boldsymbol{F}_1) + (\boldsymbol{A}+\boldsymbol{E}_1\boldsymbol{\Sigma}_1\boldsymbol{F}_1)^{\mathrm{T}}\boldsymbol{P} + \boldsymbol{P}(\boldsymbol{B}+\boldsymbol{E}_2\boldsymbol{\Sigma}_2\boldsymbol{F}_2)\boldsymbol{K} \\
&\quad + \boldsymbol{K}^{\mathrm{T}}(\boldsymbol{B}+\boldsymbol{E}_2\boldsymbol{\Sigma}_2\boldsymbol{F}_2)^{\mathrm{T}}\boldsymbol{P}]\boldsymbol{x} \\
&= \boldsymbol{x}^{\mathrm{T}}[\boldsymbol{PA} + \boldsymbol{A}^{\mathrm{T}}\boldsymbol{P} - 2\boldsymbol{PBB}^{\mathrm{T}}\boldsymbol{P} + \boldsymbol{PE}_1\boldsymbol{\Sigma}_1\boldsymbol{F}_1 + (\boldsymbol{E}_1\boldsymbol{\Sigma}_1\boldsymbol{F})^{\mathrm{T}}\boldsymbol{P} \\
&\quad + \boldsymbol{PE}_2\boldsymbol{\Sigma}_2\boldsymbol{FB}^{\mathrm{T}}\boldsymbol{P} + \boldsymbol{PB}(\boldsymbol{E}_2\boldsymbol{\Sigma}_2\boldsymbol{F}_2)^{\mathrm{T}}\boldsymbol{P}]\boldsymbol{x} \\
&\leqslant \boldsymbol{x}^{\mathrm{T}}\left[\boldsymbol{PA} + \boldsymbol{A}^{\mathrm{T}}\boldsymbol{P} - \boldsymbol{P}\left(2\boldsymbol{BB}^{\mathrm{T}} - \gamma_1^{-1}\boldsymbol{E}_1\boldsymbol{E}_1^{\mathrm{T}} - \gamma_2^{-1}\boldsymbol{BF}_2^{\mathrm{T}}\boldsymbol{F}_2\boldsymbol{B}^{\mathrm{T}}\right)\boldsymbol{P} + \gamma_1\boldsymbol{F}_1\boldsymbol{F}_1 + \gamma_2\boldsymbol{E}_2\boldsymbol{E}_2^{\mathrm{T}}\right]\boldsymbol{x} \\
&< \boldsymbol{x}^{\mathrm{T}}[\boldsymbol{PA} + \boldsymbol{A}^{\mathrm{T}}\boldsymbol{P} + \boldsymbol{P}(2\boldsymbol{BB}^{\mathrm{T}} + \gamma_1^{-1}\boldsymbol{E}_1\boldsymbol{E}_1^{\mathrm{T}} + \\
&\quad + \gamma_2^{-1}\boldsymbol{BF}_2^{\mathrm{T}}\boldsymbol{F}_2\boldsymbol{B}^{\mathrm{T}})\boldsymbol{P} + \gamma_1\boldsymbol{F}_1\boldsymbol{F}_1 + \gamma_2 E_2 E_2^{\mathrm{T}} + \varepsilon\boldsymbol{I}]\boldsymbol{x}
\end{aligned}$$

由上式可知,当式(6.6.12)成立时,有$\dot{V}<0$,由李雅普诺夫定理知此定理成立。

6.6.2 利用 MATLAB 设计状态反馈控制律

对磁悬浮列车系统用方程(6.6.1)描述,其中标称系统矩阵为

$$\boldsymbol{A} = \begin{bmatrix} 0 & 1 & 0 \\ 0 & 0 & 1 \\ 57000 & 1938 & -16 \end{bmatrix}, \quad \boldsymbol{B} = \begin{bmatrix} 0 \\ 0 \\ -14.25 \end{bmatrix}$$

不确定性为

$$\Delta \boldsymbol{A}(r)=\begin{bmatrix} 0 & 0 & 0 \\ 0 & 0 & 0 \\ 11400r(t) & -324.9r(t) & -3.2r(t) \end{bmatrix},\quad \Delta \boldsymbol{B}(s)=\begin{bmatrix} 0 \\ 0 \\ -2.85s(t) \end{bmatrix}$$

式中可变参数 $r(t)$,$s(t)$满足

$$|r(t)|\leqslant 1,\quad |s(t)|\leqslant 1,\quad \forall t\geqslant 0 \tag{6.6.13}$$

解 利用如下 MATLAB 程序可以求得

$$\boldsymbol{D}(r)=[-800 \quad 22.8 \quad 0.22456]r(t),\quad \boldsymbol{E}(s)=0.2s(t) \tag{6.6.14}$$

具体程序如下:

```
%输入矩阵 A、B
>> A = [0 1 0;0 0 1;57000 1938 - 16]

A =

      0       1       0
      0       0       1
  57000    1938     - 16
>> B = [0;0; - 14.25]

B =

       0
       0
 - 14.2500
%定义 r 和 s 为符号变量,分别代表 r(t)和 s(t)
>> syms r s
%以 A1 表示输入矩阵 ΔA
>> A1 = [0 0 0;0 0 0;11400 * r - 324.9 * r - 3.2 * r]
A1 =

[          0,          0,         0]
[          0,          0,         0]
[  11400 * r, - 3249/10 * r,   - 16/5 * r]
%以 B1 表示输入矩阵 ΔB
>> B1 = [0;0; - 2.85 * s]
B1 =

[          0]
[          0]
```

```
[ - 57/20 * s]
%求取 D( r)和 E( s)
>> Dr = B\A1
Dr =

[   - 800 * r,  114/5 * r,  64/285 * r]
>> Er = B\B1

e =

1/5 * s
```

可以验证，系统满足匹配条件式(6.6.3)。

根据定理 6.6.2，取里卡蒂方程式(6.6.6)中的 $\boldsymbol{Q}_0 = \boldsymbol{I}_{3\times 3}$，则

$$\boldsymbol{K} = -\boldsymbol{B}^{\mathrm{T}}\boldsymbol{P}_0 = [8000 \quad 438.267 \quad 6.863]$$

其 MATLAB 程序如下：

```
%将 Q 赋值为 3 阶单位矩阵
>> Q = eye(3)

Q =

     1   0   0
     0   1   0
     0   0   1
%解里卡蒂方程，求得 P0
>> P0 = care(A,B,Q)
P0 =
   1.0e + 005 *

     6.6507     0.3643     0.0056
     0.3643     0.0201     0.0003
     0.0056     0.0003     0.0000
%求反馈增益阵 K
>> K = - B' * P0
K =

   1.0e + 003  *

     8.0000     0.4383     0.0069
```

根据定理 6.6.1，得第一次闭环标称系统矩阵

$$
\boldsymbol{A}_1=\begin{bmatrix}0 & 1 & 0\\ 0 & 0 & 1\\ -57000 & -4307.3 & -113.8\end{bmatrix}
$$

其特征值为{−30.80,±11.98,−52.20}

$\boldsymbol{A}_1$ 及其特征值的求取程序如下：

```
%求 A1
>> A1 = A + B * K
A1 =

   1.0e + 00 4 *

           0    0.0001         0
           0         0    0.0001
     - 5.7000  - 0.4307  - 0.0114
%求 A1 的特征值
>> eig(A1)

ans =

   - 30.7986 + 11.9755i
   - 30.7986 - 11.9755i
   - 52.1995
```

根据式(6.6.3)、式(6.6.13)和式(6.6.14)，可选 $\delta=1.6$。首先利用 MATLAB 求得 $[\boldsymbol{D}(r)]^{\mathrm{T}}\boldsymbol{D}(r)$ 及 $\boldsymbol{K}^{\mathrm{T}}\boldsymbol{E}^{\mathrm{T}}(s)\boldsymbol{E}(s)\boldsymbol{K}$。由于

$$
\boldsymbol{D}(r)=[-800\quad 22.8\quad 0.22456]r(t),\quad E(s)=0.2s(t)
$$

故设 $\boldsymbol{D}=[-800\quad 22.8\quad 0.22456]$， $E=0.2$。则

$$
[\boldsymbol{D}(r)]^{\mathrm{T}}\boldsymbol{D}(r)=\boldsymbol{D}^{\mathrm{T}}\boldsymbol{D}r^2(t),\quad \boldsymbol{K}^{\mathrm{T}}\boldsymbol{E}^{\mathrm{T}}(s)\boldsymbol{E}(s)\boldsymbol{K}=\boldsymbol{K}^{\mathrm{T}}\boldsymbol{E}^2\boldsymbol{K}s^2(t)
$$

从而

$$
[\boldsymbol{D}(r)]^{\mathrm{T}}\boldsymbol{D}(r)=\begin{bmatrix}640\,000 & -18\,240 & -179.65\\ -18\,240 & 519.84 & 5.12\\ -179.65 & 5.12 & 0.0504\end{bmatrix}r^2(t)
$$

$$
\boldsymbol{K}^{\mathrm{T}}\boldsymbol{E}^{\mathrm{T}}(s)\boldsymbol{E}(s)K=\begin{bmatrix}2\,560\,000 & 140\,245 & 2\,196.1\\ 140\,245 & 7683.1 & 120.31\\ 2196.1 & 120.31 & 1.8840\end{bmatrix}s(t)
$$

因为参数 $r(t)$，$s(t)$满足

$$
|r(t)|\leqslant 1,\quad |s(t)|\leqslant 1,\quad \forall t\geqslant 0
$$

故

$$[\boldsymbol{D}(r)]^{\mathrm{T}}\boldsymbol{D}(r) \leqslant \begin{bmatrix} 640000 & -18240 & -179.65 \\ -18240 & 519.84 & 5.12 \\ -179.65 & 5.12 & 0.0504 \end{bmatrix}$$

$$\boldsymbol{K}^{\mathrm{T}}\boldsymbol{E}^{\mathrm{T}}(s)\boldsymbol{E}(s)\boldsymbol{K} \leqslant \begin{bmatrix} 2560000 & 140245 & 2196.1 \\ 140245 & 7683.1 & 120.31 \\ 2196.1 & 120.31 & 1.8840 \end{bmatrix}$$

因此

$$\boldsymbol{D}^{\mathrm{T}}(r)\boldsymbol{D}(r) + \boldsymbol{K}^{\mathrm{T}}\boldsymbol{E}^{\mathrm{T}}(s)\boldsymbol{E}(s)\boldsymbol{K} \leqslant \begin{bmatrix} 3200000 & 122005 & 2016.5 \\ 122005 & 8203.0 & 125.43 \\ 2016.5 & 125.43 & 1.9344 \end{bmatrix} \tag{6.6.15}$$

为满足式(6.6.7)，取方程式(6.6.8)中的 $\boldsymbol{Q}$ 为式(6.6.15)右边矩阵加上 $\boldsymbol{I}_{3\times 3}$，对于这样的 $\boldsymbol{Q}$，选方程式(6.6.8)中的 $R=1$，即可保证方程(6.6.8)的解 $\boldsymbol{P}>\boldsymbol{0}$ 存在，根据式(6.6.10)，取 $\gamma=1/1.6$，得鲁棒控制器

$$u(t) = \boldsymbol{K}\boldsymbol{x}(t) = [263.93 \quad 14.85 \quad 0.252]\boldsymbol{x}(t)$$

其程序如下：

```
%求取Q
>> Q = [3200000 122005 2016.5;122005 8203.0 125.43;2016.5 125.43 1.9344] + eye(3)

Q =

  1.0e + 006 *

    3.2000    0.1220    0.0020
    0.1220    0.0082    0.0001
    0.0020    0.0001    0.0000
%解里卡蒂方程求P
>> P = CARE(A1,B,Q, - 1)

P =

  1.0e + 004 *

    9.0629    0.2796    0.0030
    0.2796    0.0147    0.0002
    0.0030    0.0002    0.0000
%求式(6.6.9)中的矩阵F
>> F = 1/1.6 * B' * P
F =
    - 263.9322    - 14.8471    - 0.2516
```

在上例中,设

$$E_1=\begin{bmatrix}0.12 & 0.24 & 0.36\\0.45 & 0.61 & 0.39\\0.29 & 0.13 & 0.7\end{bmatrix},\quad E_2=F_1=E_1,\quad F_2=[0.72\quad 0.61\quad 0.13]$$

不难验证 ΔA 和 ΔB 不满足匹配条件。这种情况下可以利用定理 6.6.2 设计状态反馈鲁棒控制器 $u=B^{T}Px$。其中矩阵 P 可由下面 MATLAB 程序求得。

```
a = [0 1 0;0 0 1;57 198 - 16];
b = [0;0; - 17];
e1 = [0.12 0.24 0.36;0.45 0.61 0.39;0.29 0.13 0.7];
e2 = [0.12 0.24 0.36;0.45 0.61 0.39;0.29 0.13 0.7];
f1 = [0.12 0.24 0.36;0.45 0.61 0.39;0.29 0.13 0.7];
f2 = [0.72;0.61;0.13];
r1 = 100;
r2 = 100;
E = 0.00001;
bf = b * f2';
c = r1 * f1 * f1' + r2 * e2 * e2' + E * eye(3);
bb = [b e1 bf];
m1 = size(b,2);
m2 = size(e1,2);
m3 = size(bf,2);
RR = [2 * eye(m1) zeros(m1,m2) zeros(m1,m3); zeros(m2,m1) ( - 1/r1) * eye(m2) zeros
(m2,m3);zeros(m3,m1) zeros(m3,m2) ( - 1/r2) * eye(m3)];
R = inv(RR);
%解里卡蒂方程求 P
P = care(a,bb,c,R)
P =

   23.3546      16.9157      0.3996
   16.9157     115.7137      1.1350
    0.3996       1.1350      0.4306
%求 P 的特征值
>> eig(P)

ans =

    0.4168
   20.3558
  118.7263
```

6.6.3 时滞系统状态反馈镇定

由于惯性的原因，时滞系统广泛地存在于工程实际和社会实际中。如蒸汽锅炉温度控制系统，人口控制系统都属于时滞系统。原则上讲，任何动态系统都存在不同程度的滞后，但为了处理方便，通常把时滞小的系统看作非时滞系统。对于非时滞系统，有时由于元件老化，传感器灵敏度下降，也会产生滞后。因此，更接近于物理实际，十几年来时滞系统的稳定性和镇定问题得到广泛重视和研究。下面对线性不确定时滞系统的鲁棒镇定问题加以介绍。

考虑如下的一类线性时滞系统

$$\dot{\boldsymbol{x}} = (\boldsymbol{A} + \Delta\boldsymbol{A})\boldsymbol{x} + \boldsymbol{E}\boldsymbol{x}(t-h) + \boldsymbol{B}\boldsymbol{u} \tag{6.6.16}$$

式中 $\boldsymbol{A}$ 和 $\boldsymbol{B}$ 是已知的适当维数常量矩阵，$\Delta\boldsymbol{A}$ 为系统的不确定项，它满足

$$\Delta\boldsymbol{A} = \boldsymbol{F}\boldsymbol{\Sigma}\boldsymbol{G} \tag{6.6.17}$$

式中 $\boldsymbol{F}$ 和 $\boldsymbol{G}$ 为已知常量矩阵，$\boldsymbol{\Sigma}^{\mathrm{T}}\boldsymbol{\Sigma} \leqslant \boldsymbol{I}$，$\boldsymbol{E}$ 为时滞摄动矩阵，满足

$$\boldsymbol{E}^{\mathrm{T}}\boldsymbol{E} \leqslant \boldsymbol{I} \tag{6.6.18}$$

h 为时滞常数，$\boldsymbol{x} \in R^n$ 为系统的状态，u 是系统的输入。

在系统(6.6.16)中，输入 $\boldsymbol{u}=\boldsymbol{0}$ 时，下面定理成立。

定理 6.6.3 设式(6.6.17)和式(6.6.18)同时成立，则系统(6.6.16)渐近稳定的充分条件是存在矩阵 $\boldsymbol{P}>\boldsymbol{0}$ 及正数 ε_1 和 ε_2 使如下不等式成立。

$$\begin{bmatrix} \boldsymbol{A}^{\mathrm{T}}\boldsymbol{P} + \boldsymbol{P}\boldsymbol{A} + \boldsymbol{I} + \varepsilon_2\boldsymbol{G}^{\mathrm{T}}\boldsymbol{G} & \boldsymbol{P} & \boldsymbol{P}\boldsymbol{F} \\ \boldsymbol{P} & -\varepsilon_1\boldsymbol{I} & \boldsymbol{0} \\ \boldsymbol{F}^{\mathrm{T}}\boldsymbol{P} & \boldsymbol{0} & -\varepsilon_2\boldsymbol{I} \end{bmatrix} < \boldsymbol{0} \tag{6.6.19}$$

证 设存在 $\boldsymbol{P}>\boldsymbol{0}$ 且满足不等式(6.6.19)。李雅普诺夫函数

$$\boldsymbol{V}(\boldsymbol{x}) = \boldsymbol{x}^{\mathrm{T}}\boldsymbol{P}\boldsymbol{x} + \int_{t-h}^{t} \boldsymbol{x}^{\mathrm{T}}(\theta)\boldsymbol{x}(\theta)\mathrm{d}\theta, \quad \boldsymbol{x} \in \boldsymbol{\Omega}$$

则

$$\begin{aligned}
\dot{V}(\boldsymbol{x}) &= \dot{\boldsymbol{x}}^{\mathrm{T}}(t)\boldsymbol{P}\boldsymbol{x}(t) + \boldsymbol{x}^{\mathrm{T}}(t)\boldsymbol{P}\dot{\boldsymbol{x}}(t) + \boldsymbol{x}^{\mathrm{T}}(t)\boldsymbol{x}(t) - \boldsymbol{x}^{\mathrm{T}}(t-h)\boldsymbol{x}(t-h) \\
&= [(\boldsymbol{A}+\Delta\boldsymbol{A})\boldsymbol{x}(t) + \boldsymbol{E}(t)\boldsymbol{x}(t-h)]^{\mathrm{T}}\boldsymbol{P}\boldsymbol{x}(t) \\
&\quad + \boldsymbol{x}^{\mathrm{T}}(t)\boldsymbol{P}[(\boldsymbol{A}+\Delta\boldsymbol{A})\boldsymbol{x}(t) + \boldsymbol{E}(t)\boldsymbol{x}(t-h)] + \boldsymbol{x}^{\mathrm{T}}(t)\boldsymbol{x}(t) \\
&\quad - \boldsymbol{x}^{\mathrm{T}}(t-h)\boldsymbol{x}(t-h) \\
&= \boldsymbol{x}^{\mathrm{T}}(t)(\boldsymbol{A}+\Delta\boldsymbol{A})^{\mathrm{T}}\boldsymbol{P}\boldsymbol{x}(t) + \boldsymbol{x}^{\mathrm{T}}(t-h)\boldsymbol{E}^{\mathrm{T}}(t)\boldsymbol{P}\boldsymbol{x}(t) \\
&\quad + \boldsymbol{x}^{\mathrm{T}}(t)\boldsymbol{P}(\boldsymbol{A}+\Delta\boldsymbol{A})\boldsymbol{x}(t) + \boldsymbol{x}^{\mathrm{T}}(t)\boldsymbol{P}\boldsymbol{E}(t)\boldsymbol{x}(t-h) + \boldsymbol{x}^{\mathrm{T}}(t)\boldsymbol{x}(t) \\
&\quad - \boldsymbol{x}^{\mathrm{T}}(t-h)\boldsymbol{x}(t-h) \\
&= \boldsymbol{x}^{\mathrm{T}}(t)(\boldsymbol{A}^{\mathrm{T}}\boldsymbol{P} + \boldsymbol{P}\boldsymbol{A} + \Delta\boldsymbol{A}^{\mathrm{T}}\boldsymbol{P} + \boldsymbol{P}\Delta\boldsymbol{A} + \boldsymbol{I})\boldsymbol{x}(t) \\
&\quad + \boldsymbol{x}^{\mathrm{T}}(t-h)\boldsymbol{E}^{\mathrm{T}}(t)\boldsymbol{P}\boldsymbol{x}(t) + \boldsymbol{x}^{\mathrm{T}}(t)\boldsymbol{P}\boldsymbol{E}(t)\boldsymbol{x}(t-h) - \boldsymbol{x}^{\mathrm{T}}(t-h)\boldsymbol{x}(t-h)
\end{aligned}$$

由于根据式(6.6.18)及矩阵不等式性质可得

$$
\begin{aligned}
& \boldsymbol{x}^{\mathrm{T}}(t-h)\boldsymbol{E}^{\mathrm{T}}(t)\boldsymbol{P}\boldsymbol{x}(t)+\boldsymbol{x}^{\mathrm{T}}(t)\boldsymbol{P}\boldsymbol{E}(t)\boldsymbol{x}(t-h) \\
\leqslant\ & \varepsilon_{i1}^{-1}\boldsymbol{x}^{\mathrm{T}}(t)\boldsymbol{P}_i^2\boldsymbol{x}(t)+\varepsilon_{i1}\boldsymbol{x}^{\mathrm{T}}(t-h)\boldsymbol{E}^{\mathrm{T}}(t)\boldsymbol{E}(t)\boldsymbol{x}(t-h) \\
\leqslant\ & \varepsilon_{i1}^{-1}\boldsymbol{x}^{\mathrm{T}}(t)\boldsymbol{P}^2\boldsymbol{x}(t)+\varepsilon_1\boldsymbol{x}^{\mathrm{T}}(t-h)\boldsymbol{x}(t-h)
\end{aligned}
$$

所以

$$
\begin{aligned}
\dot{V} \leqslant\ & \boldsymbol{x}^{\mathrm{T}}(t)(\boldsymbol{A}^{\mathrm{T}}\boldsymbol{P}+\boldsymbol{P}\boldsymbol{A}+\Delta\boldsymbol{A}^{\mathrm{T}}\boldsymbol{P}+\boldsymbol{P}\Delta\boldsymbol{A}+\boldsymbol{I}+\varepsilon_1^{-1}\boldsymbol{P}^2)\boldsymbol{x}(t) \\
& +(\varepsilon_{i1}-1)\boldsymbol{x}^{\mathrm{T}}(t-h)\boldsymbol{x}(t-h) \\
\leqslant\ & \boldsymbol{x}^{\mathrm{T}}(t)(\boldsymbol{A}^{\mathrm{T}}\boldsymbol{P}+\boldsymbol{P}\boldsymbol{A}+\Delta\boldsymbol{A}^{\mathrm{T}}\boldsymbol{P}+\boldsymbol{P}\Delta\boldsymbol{A}+\boldsymbol{I}+\varepsilon_1^{-1}\boldsymbol{P}^2)\boldsymbol{x}(t) \\
=\ & \boldsymbol{x}^{\mathrm{T}}(t)(\boldsymbol{A}_i^{\mathrm{T}}\boldsymbol{P}_i+\boldsymbol{P}_i\boldsymbol{A}_i+\boldsymbol{I}+\varepsilon_{i1}^{-1}\boldsymbol{P}_i^2+\boldsymbol{G}_i^{\mathrm{T}}\boldsymbol{\Sigma}^{\mathrm{T}}\boldsymbol{F}_i^{\mathrm{T}}\boldsymbol{P}_i+\boldsymbol{P}_i\boldsymbol{F}_i\boldsymbol{\Sigma}\boldsymbol{G}_i)\boldsymbol{x}(t) \\
\leqslant\ & \boldsymbol{x}^{\mathrm{T}}(t)(\boldsymbol{A}^{\mathrm{T}}\boldsymbol{P}+\boldsymbol{P}\boldsymbol{A}+\boldsymbol{I}+\varepsilon_1^{-1}\boldsymbol{P}^2+\varepsilon_2\boldsymbol{G}^{\mathrm{T}}\boldsymbol{G}+\varepsilon_2^{-1}\boldsymbol{P}\boldsymbol{F}\boldsymbol{F}^{\mathrm{T}}\boldsymbol{P})\boldsymbol{x}(t)
\end{aligned}
$$

若

$$
\boldsymbol{A}^{\mathrm{T}}\boldsymbol{P}+\boldsymbol{P}\boldsymbol{A}+\boldsymbol{I}+\varepsilon_1^{-1}\boldsymbol{P}^2+\varepsilon_2\boldsymbol{G}^{\mathrm{T}}\boldsymbol{G}+\varepsilon_2^{-1}\boldsymbol{P}\boldsymbol{F}\boldsymbol{F}^{\mathrm{T}}\boldsymbol{P}<\boldsymbol{0}
$$

则有

$$
\dot{V}(\boldsymbol{x})<0
$$

因为由 Schur 补定理可知

$$
\begin{aligned}
& \boldsymbol{A}^{\mathrm{T}}\boldsymbol{P}+\boldsymbol{P}\boldsymbol{A}+\boldsymbol{I}+\varepsilon_1^{-1}\boldsymbol{P}^{\mathrm{T}}+\varepsilon_2\boldsymbol{G}^{\mathrm{T}}\boldsymbol{G}_i+\varepsilon_2^{-1}\boldsymbol{P}\boldsymbol{F}\boldsymbol{F}^{\mathrm{T}}\boldsymbol{P}<\boldsymbol{0} \\
\Leftrightarrow & \begin{bmatrix} \boldsymbol{A}^{\mathrm{T}}\boldsymbol{P}+\boldsymbol{P}\boldsymbol{A}+\boldsymbol{I}+\varepsilon_2\boldsymbol{G}^{\mathrm{T}}\boldsymbol{G}+\varepsilon_2^{-1}\boldsymbol{P}\boldsymbol{F}\boldsymbol{F}^{\mathrm{T}}\boldsymbol{P} & \boldsymbol{P} \\ \boldsymbol{P} & -\varepsilon_1\boldsymbol{I} \end{bmatrix}<\boldsymbol{0} \\
\Leftrightarrow & \begin{bmatrix} \boldsymbol{A}^{\mathrm{T}}\boldsymbol{P}+\boldsymbol{P}\boldsymbol{A}+\boldsymbol{I}+\varepsilon_2\boldsymbol{G}^{\mathrm{T}}\boldsymbol{G} & \boldsymbol{P} \\ \boldsymbol{P} & -\varepsilon_1\boldsymbol{I} \end{bmatrix}+\varepsilon_2^{-1}\begin{bmatrix} \boldsymbol{P}\boldsymbol{F} \\ \boldsymbol{0} \end{bmatrix}\begin{bmatrix} \boldsymbol{F}^{\mathrm{T}}\boldsymbol{P} & \boldsymbol{0} \end{bmatrix}<\boldsymbol{0} \\
\Leftrightarrow & \begin{bmatrix} \boldsymbol{A}^{\mathrm{T}}\boldsymbol{P}+\boldsymbol{P}\boldsymbol{A}+\boldsymbol{I}+\varepsilon_2\boldsymbol{G}^{\mathrm{T}}\boldsymbol{G} & \boldsymbol{P} & \boldsymbol{P}\boldsymbol{F} \\ \boldsymbol{P} & -\varepsilon_1\boldsymbol{I} & \boldsymbol{0} \\ \boldsymbol{F}^{\mathrm{T}}\boldsymbol{P} & \boldsymbol{0} & -\varepsilon_2\boldsymbol{I} \end{bmatrix}<\boldsymbol{0}
\end{aligned}
$$

于是根据定理条件可以知道$\dot{V}(\boldsymbol{x})<0$。综上可知系统(6.6.16)在原点渐近稳定。

根据上面的稳定性分析结果,可以设计控制器来镇定时滞线性切换系统。设系统(6.6.16)的各子系统的控制输入为$\boldsymbol{u}=\boldsymbol{K}\boldsymbol{x}$,系统(6.6.16)在控制输入的作用下构成闭环系统:

$$
\dot{\boldsymbol{x}}=(\boldsymbol{A}+\Delta\boldsymbol{A}+\boldsymbol{B}\boldsymbol{K})\boldsymbol{x}+\boldsymbol{E}\boldsymbol{x}(t-h)
$$

根据定理 6.6.1,闭环系统稳定只需如下不等式成立:

$$
\begin{bmatrix} (\boldsymbol{A}+\boldsymbol{B}\boldsymbol{K})^{\mathrm{T}}\boldsymbol{P}+\boldsymbol{P}(\boldsymbol{A}+\boldsymbol{B}\boldsymbol{K})+\boldsymbol{I}+\varepsilon_2\boldsymbol{G}^{\mathrm{T}}\boldsymbol{G} & \boldsymbol{P} & \boldsymbol{P}\boldsymbol{F} \\ \boldsymbol{P} & -\varepsilon_1\boldsymbol{I} & \boldsymbol{0} \\ \boldsymbol{F}^{\mathrm{T}}\boldsymbol{P} & \boldsymbol{0} & -\varepsilon_2\boldsymbol{I} \end{bmatrix}<\boldsymbol{0}
$$

记$\boldsymbol{A}_1=\boldsymbol{A}+\boldsymbol{B}\boldsymbol{K}$,并根据 Schur 补定理可得

$$
\begin{bmatrix} \boldsymbol{A}_1^{\mathrm{T}}\boldsymbol{P}+\boldsymbol{P}\boldsymbol{A}_1+\boldsymbol{I}+\varepsilon_2\boldsymbol{G}^{\mathrm{T}}\boldsymbol{G} & \boldsymbol{P} & \boldsymbol{P}\boldsymbol{F} \\ \boldsymbol{P} & -\varepsilon_1\boldsymbol{I} & \boldsymbol{0} \\ \boldsymbol{F}^{\mathrm{T}}\boldsymbol{P} & \boldsymbol{0} & -\varepsilon_2\boldsymbol{I} \end{bmatrix}<\boldsymbol{0}
$$

$$
\Leftrightarrow\begin{bmatrix} A_1^{\mathrm T}P+PA_1+I & P & PF & G^{\mathrm T}\\ P & -\varepsilon_1 I & 0 & 0\\ F^{\mathrm T}P & 0 & -\varepsilon_2 I & 0\\ G & 0 & 0 & -\varepsilon_2^{-1}I \end{bmatrix}<0
$$

对上式左端分别左乘、右乘 $\mathrm{diag}(P^{-1},I,I,I)$得到

$$
\begin{bmatrix} P^{-1}A_1^{\mathrm T}+A_1P^{-1}+(P^{-1})^2 & I & F & P^{-1}G^{\mathrm T}\\ I & -\varepsilon_1 I & 0 & 0\\ F^{\mathrm T} & 0 & -\varepsilon_2 I & 0\\ GP^{-1} & 0 & 0 & -\varepsilon_2^{-1}I \end{bmatrix}<0
$$

$$
\Leftrightarrow\begin{bmatrix} P^{-1}A_1^{\mathrm T}+A_1P^{-1} & I & F & P^{-1}G^{\mathrm T} & P^{-1}\\ I & -\varepsilon_1 I & 0 & 0 & 0\\ F^{\mathrm T} & 0 & -\varepsilon_2 I & 0 & 0\\ GP^{-1} & 0 & 0 & -\varepsilon_2^{-1}I & 0\\ P^{-1} & 0 & 0 & 0 & -I \end{bmatrix}<0
$$

令 $P^{-1}=Q,KQ=Y$,并将 $A_1=A+BK$ 代入上式得到

$$
\begin{bmatrix} QA^{\mathrm T}+Y^{\mathrm T}B^{\mathrm T}+AQ+BY & I & F & QG^{\mathrm T} & Q\\ I & -\varepsilon_1 I & 0 & 0 & 0\\ F^{\mathrm T} & 0 & -\varepsilon_2 I & 0 & 0\\ GQ & 0 & 0 & -\varepsilon_2^{-1}I & 0\\ Q & 0 & 0 & 0 & -I \end{bmatrix}<0
$$

用 MATLAB 中的 LMI 工具箱求解上述关于 Q 和 Y 的不等式,若解存在,则

$$
K=YQ^{-1}
$$

综合上面分析得到下面的定理 6.6.4。

定理 6.6.4 对给定的正数 ε_1 和 ε_2,若存在正定矩阵 $Q>0$ 和 Y 使不等式

$$
\begin{bmatrix} QA^{\mathrm T}+Y^{\mathrm T}B^{\mathrm T}+AQ+BY & I & F & QG^{\mathrm T} & Q\\ I & -\varepsilon_1 I & 0 & 0 & 0\\ F^{\mathrm T} & 0 & -\varepsilon_2 I & 0 & 0\\ GQ & 0 & 0 & -\varepsilon_2^{-1}I & 0\\ Q & 0 & 0 & 0 & -I \end{bmatrix}<0
$$

成立,则系统(6.6.16)可以镇定,控制律为 $u=YQ^{-1}x$。

定理 6.6.3 和定理 6.6.4 是以线性不等式(LMI)的形式给出的,这样就更方便于控制器的设计,在 MATLAB 中有相应的程序包可供使用。LMI 现在已成为控制器设计的重要工具,有兴趣的读者可参阅相应的专业书籍,篇幅所限这里不做介绍。

6.6.4 H_∞控制简介

经典控制理论根据被控对象的频率特性给出控制器参数的初值,再根据现场调试来确定满足要求的控制器参数,没有给出解析的手段设计控制器的方法。现代控制理论以其严谨的数学结构和对设计指标的明确的描述方式,为控制工程的实践提供了解析的设计手段。但是,它要求被控对象具有精确的数学模型,而在设计过程中并没有考虑模型的误差。由于在工程实践中所建立的数学模型不可避免地具有误差,因此限制了这种解析设计方法的应用。鲁棒控制就是为了弥补现代控制理论的这种缺陷而问世的。近十几年发展起来的$\boldsymbol{H}_\infty$控制理论是目前解决鲁棒控制问题比较完善的理论体系,已成为近年来自动控制理论及工程应用研究领域的热点之一。

1. 问题的提出

经典控制理论并不要求被控对象的精确数学模型解决多输入多输出非线性系统问题。现代控制理论可以定量地解决多输入多输出非线性系统问题,但完全依赖于描述被控制对象的动态特性的数学模型。由于客观实际中不可避免地存在着各种不满足理想假设条件的不确定因素,因此想获得精确的数学模型几乎是不可能的。

为弥补现代控制理论和经典控制理论的不足,1981年加拿大学者詹姆斯在控制系统设计中首次用明确的数学语言提出了用传递函数阵的$\boldsymbol{H}_\infty$范数作为系统优化指标。

在被控对象的模型中引入干扰项,并考虑干扰对系统相应特性的影响。假设系统状态方程为

$$\begin{cases}\dot{\boldsymbol{x}} = \boldsymbol{A}\boldsymbol{x} + \boldsymbol{B}_1\boldsymbol{w} + \boldsymbol{B}_2\boldsymbol{u}\\ \boldsymbol{z} = \boldsymbol{C}_1\boldsymbol{x} + \boldsymbol{D}_{11}\boldsymbol{w} + \boldsymbol{D}_{12}\boldsymbol{u}\\ \boldsymbol{y} = \boldsymbol{C}_2\boldsymbol{x} + \boldsymbol{D}_{21}\boldsymbol{w} + \boldsymbol{D}_{22}\boldsymbol{u}\end{cases} \tag{6.6.20}$$

式中,$\boldsymbol{x}$为n维状态变量,$\boldsymbol{u}$为p维控制向量,$\boldsymbol{w}$为r维干扰向量,$\boldsymbol{z}$为m维参考输出向量,$\boldsymbol{y}$为q维观测输出向量。这里$\boldsymbol{z}$的引入是为了刻画$\boldsymbol{H}_\infty$控制指标,当$\boldsymbol{z}=\boldsymbol{y}$时系统的描述与前几章中的系统状态空间表达式相同。因此,状态空间表达式(6.6.20)可看作前面状态空间表达式的推广。

在系统(6.6.20)中,干扰$\boldsymbol{w}$显然会对状态$\boldsymbol{x}$,输出$\boldsymbol{z}$和$\boldsymbol{y}$产生影响,要完全消除$\boldsymbol{w}$对$\boldsymbol{x},\boldsymbol{z},\boldsymbol{y}$的影响是不可能的。但是,通常希望设计反馈控制器$\boldsymbol{u}=-\boldsymbol{K}(t)\boldsymbol{x}$,使得系统内部稳定(即输入输出稳定),且$\boldsymbol{w}$对$\boldsymbol{z}$的影响在某种意义下限制在某一范围内。为此,引入记号$\boldsymbol{T}_{zw}(s)=\dfrac{\boldsymbol{z}(s)}{\boldsymbol{w}(s)}$,定义

$$\|\boldsymbol{T}_{zw}\|_{\infty}=\sup_{w\neq 0}\frac{\|\boldsymbol{z}(s)\|_2}{\|\boldsymbol{w}(s)\|_2} \tag{6.6.21}$$

于是，将 $\boldsymbol{w}$ 对 $\boldsymbol{z}$ 的影响在某种意义下限制在某一范围内可以描述为，对于给定的 $\gamma>0$，设计反馈控制器 $\boldsymbol{u}=-\boldsymbol{K}(t)\boldsymbol{x}$ 使

$$\|\boldsymbol{T}_{zw}(s)\|_{\infty}<\gamma \tag{6.6.22}$$

由于式(6.6.22)等价于

$$\left\|\frac{1}{\gamma}\boldsymbol{T}_{zw}(s)\right\|_{\infty}<1 \tag{6.6.23}$$

上述控制器的设计问题可如下描述。

定义 6.6.1（$\boldsymbol{H}_{\infty}$ 标准设计问题）　对于给定的控制对象（6.6.20），判定是否存在反馈控制器 $\boldsymbol{u}=-\boldsymbol{K}(s)$ 使得系统内部稳定，且 $\|\boldsymbol{T}_{zw}(s)\|_{\infty}<1$。如果存在这样的控制器，则求之。

在 $\boldsymbol{H}_{\infty}$ 思想出现初期，Doyle 就指出了考虑模型误差对 $\boldsymbol{H}_{\infty}$ 性能指标的影响的重要性，并提出了矩阵结构奇异值的概念，以解决 $\boldsymbol{H}_{\infty}$ 鲁棒性能指标设计问题。这种概念后来发展成为所谓的 μ-综合理论。但是利用这种方法，目前只能得到逼近解。另一种实用且有效的 $\boldsymbol{H}_{\infty}$ 鲁棒性能指标设计方法是基于里卡蒂不等式方法。这种方法的计算量相当于一般的 $\boldsymbol{H}_{\infty}$ 设计问题，且可以扩展到时变及非线性系统。近十年来，线性矩阵不等式方法的发展，使得里卡蒂不等式的求解更为方便，简洁，从而利用里卡蒂不等式方法研究 $\boldsymbol{H}_{\infty}$ 控制问题，成为研究主流。这里仅对这种方法给予简单介绍，更深入的结果和研究动态请查阅相关专门文献。

2. 标准设计问题

考虑如图 6.6.1 所示系统，其中 $\boldsymbol{u}$ 为控制输入信号，$\boldsymbol{y}$ 为观测量，$\boldsymbol{w}$ 为干扰输出信号(或为了设计而定义的辅助信号)，$\boldsymbol{z}$ 为控制量(或者应设计需要而定义的评价信号)。由输入信号 $\boldsymbol{u}$，$\boldsymbol{w}$ 到输出信号 $\boldsymbol{z}$，$\boldsymbol{y}$ 的传递函数阵 $\boldsymbol{G}(s)$ 称为增广被控对象(generalized plant)，它包括实际被控对象和为了描述设计指标而设定的加权函数等。$\boldsymbol{K}(s)$ 为控制器。

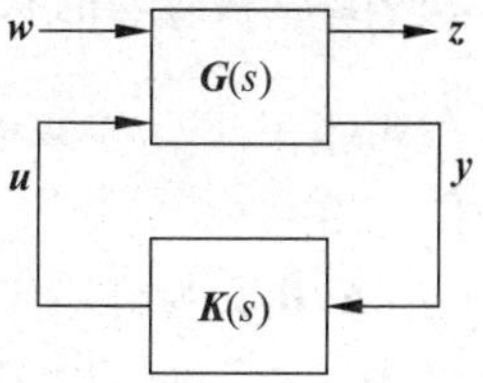

图 6.6.1　$\boldsymbol{H}_{\infty}$ 标准设计问题

设不确定系统(6.6.20)的传递函数阵为 $\boldsymbol{G}(s)$，则 $\boldsymbol{G}(s)$ 可表示为

$$\boldsymbol{G}(s)=\begin{bmatrix}\boldsymbol{G}_{11}(s) & \boldsymbol{G}_{12}(s)\\ \boldsymbol{G}_{21}(s) & \boldsymbol{G}_{22}(s)\end{bmatrix} \tag{6.6.24}$$

于是，从 $\boldsymbol{w}$ 到 $\boldsymbol{z}$ 的闭环传递函数等于

$$\boldsymbol{T}_{zw}(s)=\boldsymbol{G}_{11}+\boldsymbol{G}_{12}\boldsymbol{K}(I-\boldsymbol{G}_{22}\boldsymbol{K})^{-1}\boldsymbol{G}_{21} \tag{6.6.25}$$

定义 6.6.2（$\boldsymbol{H}_{\infty}$ **最优设计问题**）　对于给定的增广被控对象 $\boldsymbol{G}(s)$，求反馈控

制器 $\boldsymbol{K}(s)$ 使得闭环系统内部稳定且 $\|\boldsymbol{T}_{zw}(s)\|_\infty$ 最小,即

$$\min_K \|\boldsymbol{T}_{zw}(s)\|_\infty = \gamma_0 \tag{6.6.26}$$

与此对应,可以定义 $\boldsymbol{H}_\infty$ 次优设计问题如下。

定义 6.6.3($\boldsymbol{H}_\infty$ 次优设计问题) 对于给定的增广被控对象 $\boldsymbol{G}(s)$ 和 $\gamma(\geqslant\gamma_0)$,求反馈控制器 $\boldsymbol{K}(s)$ 使得闭环系统内部稳定且 $\boldsymbol{T}_{zw}(s)$ 满足

$$\|\boldsymbol{T}_{zw}(s)\|_\infty < \gamma \tag{6.6.27}$$

显然,如果对于给定的 $\boldsymbol{G}(s)$,$\boldsymbol{H}_\infty$ 最优设计问题有解,那么可以通过反复"递减 γ ——试探求次优解"的过程,而求得最优控制器的逼近解,即 $\gamma\rightarrow\gamma_0$。

另外,式(6.6.27)等价于

$$\left\|\frac{1}{\gamma}\boldsymbol{T}_{zw}(s)\right\|_\infty < 1 \tag{6.6.28}$$

而 $\dfrac{1}{\gamma}\boldsymbol{T}_{zw}(s)$ 实际上等于增广被控对象

$$\boldsymbol{G}_\gamma(s) = \begin{bmatrix} \gamma^{-1}\boldsymbol{G}_{11}(s) & \boldsymbol{G}_{12}(s) \\ \gamma^{-1}\boldsymbol{G}_{21}(s) & \boldsymbol{G}_{22}(s) \end{bmatrix}$$

和控制器 $\boldsymbol{K}(s)$ 所构成的如图 6.6.1 所示系统的闭环传递函数。因此,实际应用中只考虑 $\gamma=1$ 的情况即可。

定义 6.6.4($\boldsymbol{H}_\infty$ 标准设计问题) 对于给定增广被控对象 $\boldsymbol{G}(s)$,判定是否存在反馈控制器 $\boldsymbol{K}(s)$,使得闭环系统内部稳定且 $\|\boldsymbol{T}_{zw}(s)\|_\infty<1$,如果存在那样的控制器,则求之。

在线性系统综合设计中,如频率特性整形设计、鲁棒镇定、干扰抑制等许多问题都可以转化为 $\boldsymbol{H}_\infty$ 标准设计问题。下一节简单介绍 $\boldsymbol{H}_\infty$ 标准设计问题。

3. $\boldsymbol{H}_\infty$ 控制问题的状态反馈求解

在式(6.6.20)中设系统状态 $\boldsymbol{x}$ 和干扰输入 $\boldsymbol{w}$ 均完全可观测。且满足如下假设条件:

① $(\boldsymbol{A},\boldsymbol{B}_2)$ 为可稳定对。

② $\boldsymbol{D}_{12}^{\mathrm{T}}[\boldsymbol{C}_1 \quad \boldsymbol{D}_{12}]=[\boldsymbol{0} \quad \boldsymbol{I}]$,$\boldsymbol{D}_{11}=\boldsymbol{0}$。

③ $\operatorname{rank}\begin{bmatrix} \boldsymbol{A}-\mathrm{j}\omega\boldsymbol{I} & \boldsymbol{B}_2 \\ \boldsymbol{C}_1 & \boldsymbol{D}_{12} \end{bmatrix}=n+p, \quad \forall\omega$。

定理 6.6.5 设被控对象(6.6.20)满足假设条件①~③,则存在状态反馈 $\boldsymbol{u}=-\boldsymbol{K}(t)\boldsymbol{x}$ 使得闭环系统稳定且 $\|\boldsymbol{T}_{zw}(s)\|_\infty<1$ 的充要条件为矩阵方程

$$\boldsymbol{A}^{\mathrm{T}}\boldsymbol{P}+\boldsymbol{P}\boldsymbol{A}+\boldsymbol{P}(\boldsymbol{B}_1\boldsymbol{B}_1^{\mathrm{T}}-\boldsymbol{B}_2\boldsymbol{B}_2^{\mathrm{T}})+\boldsymbol{C}_1^{\mathrm{T}}\boldsymbol{C}_1=\boldsymbol{0}$$

具有使 $\boldsymbol{A}+(\boldsymbol{B}_1\boldsymbol{B}_1^{\mathrm{T}}-\boldsymbol{B}_2\boldsymbol{B}_2^{\mathrm{T}})\boldsymbol{P}$ 稳定的半正定解 $\boldsymbol{P}\geqslant\boldsymbol{0}$。如果有解,则满足要求的控制器可由下式给出

$$\boldsymbol{u}=-\boldsymbol{B}_2^{\mathrm{T}}\boldsymbol{P}\boldsymbol{x} \tag{6.6.29}$$

此定理的证明涉及较多基础理论知识，这里略去。下面对假设①～③简要说明。

(1) 对于任何反馈控制器设计问题，①是必要条件。若①不成立，则不可能存在使闭环系统内部稳定的反馈控制器 $\boldsymbol{u}=-\boldsymbol{K}(t)\boldsymbol{x}$。因此 $\boldsymbol{H}_\infty$ 控制问题就不可能有解。

(2) ②只是为了叙述简便而给出的。

(3) 假设③不满足时，一般可以通过扩充评价输出的办法解决。设 $\boldsymbol{D}_{12}$ 列满秩。令 $\hat{z}=\boldsymbol{x}$，对于充分小的正数 $\varepsilon>0$，定义

$$\tilde{z}=\begin{bmatrix} z \\ \varepsilon\hat{z} \end{bmatrix}=\begin{bmatrix} \boldsymbol{C}_1 \\ \varepsilon\boldsymbol{I} \end{bmatrix}\boldsymbol{x}+\begin{bmatrix} \boldsymbol{D}_{12} \\ \boldsymbol{0} \end{bmatrix}\boldsymbol{u}=\widetilde{\boldsymbol{C}}_1\boldsymbol{x}+\widetilde{\boldsymbol{D}}\boldsymbol{u}$$

则显然有

$$\operatorname{rank}\begin{bmatrix} \boldsymbol{A}-\mathrm{j}\omega\boldsymbol{I} & \boldsymbol{B}_2 \\ \widetilde{\boldsymbol{C}}_1 & \widetilde{\boldsymbol{D}}_{12} \end{bmatrix}=n+p,\quad \forall\, \boldsymbol{w}$$

所以，对于等价的增广被控对象

$$\begin{cases} \dot{\boldsymbol{x}}=\boldsymbol{A}\boldsymbol{x}+\boldsymbol{B}_1\boldsymbol{w}+\boldsymbol{B}_2\boldsymbol{u} \\ \tilde{z}=\widetilde{\boldsymbol{C}}_1\boldsymbol{x}+\widetilde{\boldsymbol{D}}_{12}\boldsymbol{u} \\ \boldsymbol{y}=\boldsymbol{C}_2\boldsymbol{x}+\boldsymbol{D}_{21}\boldsymbol{w} \end{cases} \tag{6.6.30}$$

如果能找到使系统内部稳定且 $\|\boldsymbol{T}_{\hat{z}w}(s)\|_\infty<1$ 的控制器 $\boldsymbol{u}$，那么该控制器也满足 $\|\boldsymbol{T}_{zw}(s)\|_\infty<1$。

(4) 假设条件 $\boldsymbol{D}_{22}=\boldsymbol{0}$ 不满足时同样可以用前面方法处理。

(5) $\boldsymbol{D}_{11}\neq\boldsymbol{0}$ 时，可以通过 Loop Shifting 方法将 $\boldsymbol{H}_\infty$ 设计问题等价地表述为对应于某一个满足 $\boldsymbol{D}_{11}=\boldsymbol{0}$ 的增广对象的 $\boldsymbol{H}_\infty$ 标准设计问题。当然也可以直接基于里卡蒂不等式方法求解。

4. 一个 $\boldsymbol{H}_\infty$ 控制实例

倒立摆是两足行走机器人、火箭垂直姿态控制等许多控制对象的最简单模型。这里讨论的回旋型倒立摆机构的简单示意图如图 6.6.2 所示。这是一个单输入双输出系统。输入信号是驱动直臂 l_0 旋转的电机输出的转动力矩 τ，输出信号是直臂 l_0 的转角 θ_0 和摆 l_1 的摆角 θ_1。该系统的动态特性由下述微分方程描述：

$$\boldsymbol{M}(\boldsymbol{\theta})\ddot{\boldsymbol{\theta}}+\boldsymbol{C}(\boldsymbol{\theta},\dot{\boldsymbol{\theta}})\dot{\boldsymbol{\theta}}+\boldsymbol{D}\dot{\boldsymbol{\theta}}+\boldsymbol{G}(\boldsymbol{\theta})=\boldsymbol{\tau} \tag{6.6.31}$$

式中，$\boldsymbol{\theta}=[\theta_0 \quad \theta_1]^{\mathrm{T}}$，$\boldsymbol{\tau}=[\tau \quad 0]^{\mathrm{T}}$，并且

$$\boldsymbol{M}(\boldsymbol{\theta})=\begin{bmatrix} j_1+j_2\sin^2\theta_1 & j_3\cos\theta_1 \\ j_3\cos\theta_1 & j_2+j_4 \end{bmatrix}$$

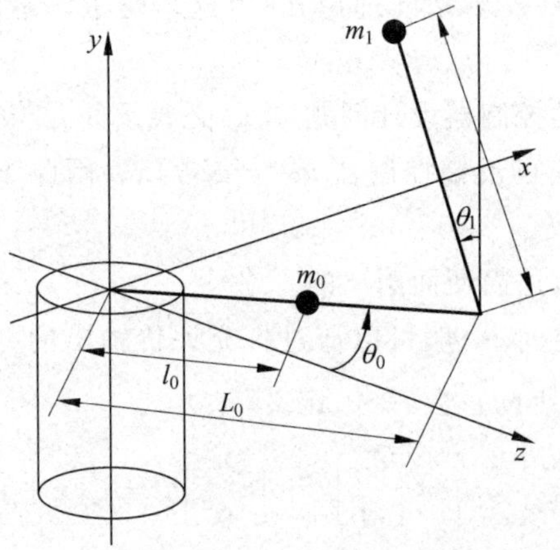

图 6.6.2 回旋式倒立摆模型

$$\boldsymbol{C}(\boldsymbol{\theta},\dot{\boldsymbol{\theta}})=\begin{bmatrix}2j_2\sin\theta_1\cos\theta_1\cdot\dot{\theta}_1 & -j_3\sin\theta_1\cdot\dot{\theta}_1\\ -j_2\sin\theta_1\cos\theta_1\cdot\dot{\theta}_0 & 0\end{bmatrix},\quad \boldsymbol{D}=\begin{bmatrix}d_0 & 0\\ 0 & d_1\end{bmatrix}$$

$$\boldsymbol{G}(\boldsymbol{\theta})=\begin{bmatrix}0\\ -j_5\sin\theta_1\end{bmatrix}$$

$$j_1=J_0+m_0l_0^2+m_1L_0^2$$

$$j_2=m_1l_1^2$$

$$j_3=m_1L_0l_1$$

$$j_4=J_1$$

$$j_5=m_1gl_1$$

在以上各式中,m_0 和 m_1 分别表示直臂和摆的质量,l_0 和 l_1 分别表示直臂和摆的质量中心距旋转中心的距离,L_0 为直臂长度,J_0 和 J_1 分别表示直臂和摆的转动惯量,d_0 和 d_1 为摩擦系数,g 为重力加速度。

倒立摆机构的控制目的是使得摆保持倒立状态并使直臂转角保持 $\theta_0=0$。即使得平衡状态 $\theta_0=\dot{\theta}_0=\theta_1=\dot{\theta}_1=0$ 成为稳定平衡点。为此,对式(6.6.31)在该平衡点附近进行线性化,得

$$\begin{bmatrix}j_1 & j_3\\ j_3 & j_2+j_4\end{bmatrix}\begin{bmatrix}\ddot{\theta}_0\\ \ddot{\theta}_1\end{bmatrix}+\begin{bmatrix}d_0 & 0\\ 0 & d_1\end{bmatrix}\begin{bmatrix}\dot{\theta}_0\\ \dot{\theta}_1\end{bmatrix}+\begin{bmatrix}0 & 0\\ 0 & -j_5\end{bmatrix}\begin{bmatrix}\theta_0\\ \theta_1\end{bmatrix}=\begin{bmatrix}1\\ D\end{bmatrix}\tau+\begin{bmatrix}0\\ 1\end{bmatrix}\omega \tag{6.6.32}$$

式中,ω 表示作用于摆上的扰动转矩,可以视为模型的近似误差等引起的等价扰动。

令 $\boldsymbol{x}^{\mathrm{T}}=\begin{bmatrix}\theta_0 & \theta_1 & \dot{\theta}_0 & \dot{\theta}_1\end{bmatrix}$,则系统(6.6.24)可以表示为如下状态方程式

$$\dot{\boldsymbol{x}} = \boldsymbol{A}\boldsymbol{x} + \boldsymbol{B}_1\omega + \boldsymbol{B}_2 u \tag{6.6.33}$$

式中，

$$\boldsymbol{A} = \frac{1}{a}\begin{bmatrix} 0 & 0 & a & 0 \\ 0 & 0 & 0 & a \\ 0 & -j_3 j_5 & -(j_2+j_4)d_0 & j_3 d_1 \\ 0 & j_1 j_5 & j_3 d_0 & -j_1 d_1 \end{bmatrix}$$

$$\boldsymbol{B}_1 = \begin{bmatrix} 0 \\ 0 \\ -j_3 \\ j_1 \end{bmatrix}, \quad \boldsymbol{B}_2 = \begin{bmatrix} 0 \\ 0 \\ \dfrac{j_2+j_4}{a} \\ -\dfrac{j_3}{a} \end{bmatrix}$$

$$a = j_1(j_2+j_4) - j_3^2$$

式(6.6.33)中 u 为控制输入信号，即 $u=\tau$。考虑状态反馈

$$u = \boldsymbol{K}\boldsymbol{x} \tag{6.6.34}$$

并设定如下设计要求：

① $\boldsymbol{x}=\boldsymbol{0}$ 是闭环系统的局部渐近稳定平衡点。即，对于任意初始状态 $\boldsymbol{x}(0)\in M\subset R^4$，$\boldsymbol{x}(t)\to\boldsymbol{0}$。

② 对于任意扰动 $\omega\in L_2[0,+\infty)$，闭环系统具有扰动抑制性能，即

$$\int_0^{+\infty}\{q_1\theta_0^2(t)+q_2\theta_1^2(t)+q_3\dot{\theta}_0^2(t)+q_4\dot{\theta}_1^2(t)+\rho u^2(t)\}\mathrm{d}t < \int_0^{+\infty}\omega^2(t)\mathrm{d}t \tag{6.6.35}$$

式中，$q_i\geqslant 0,(i=1,2,3,4)$ 和 $\rho>0$ 为加权系数。

如果定义评价信号

$$\boldsymbol{z} = \boldsymbol{C}_1\boldsymbol{x} + \boldsymbol{D}_{12}u \tag{6.6.36}$$

且令

$$\boldsymbol{C}_1 = \begin{bmatrix} \sqrt{q_1} & 0 & 0 & 0 \\ 0 & \sqrt{q_2} & 0 & 0 \\ 0 & 0 & \sqrt{q_3} & 0 \\ 0 & 0 & 0 & \sqrt{q_4} \\ 0 & 0 & 0 & 0 \end{bmatrix}, \quad \boldsymbol{D}_{12} = \begin{bmatrix} 0 \\ 0 \\ 0 \\ 0 \\ \sqrt{\rho} \end{bmatrix}$$

那么，式(6.6.35)等价于

$$\|\boldsymbol{z}\|_2 < \|\omega\|_2 \tag{6.6.37}$$

因此，求满足设计要求①、②的控制器 $\boldsymbol{K}$ 的问题就等价于求使闭环系统内部稳定且 $\|\boldsymbol{T}_{zw}\|_\infty<1$ 的控制器。利用前面介绍的基于状态反馈的 $\boldsymbol{H}_\infty$ 标准设计问题的解法，即可以求得理想的控制器 $\boldsymbol{K}$。

根据系统辨识结果,得模型参数如下:

$$j_1 = 0.1400, \quad j_2 = 0.0061$$

$$j_3 = 0.0067, \quad j_4 = 0.0001, \quad j_5 = 0.2292$$

$$d_0 = 0.0464, \quad d_1 = 0.0013$$

取评价信号中的加权系数分别如下:

$$q_1 = 2.25, \quad q_2 = 4900, \quad q_3 = 1, \quad q_4 = 14\,400, \quad \rho = 1.44$$

根据上述数据,利用 MATLAB 软件包求 6.6.5 节定理 6.5.5 中的里卡蒂方程的正定解,由此得出满足设计要求的反馈增益矩阵

$$\boldsymbol{K} = [6.817 \quad 665.0 \quad 19.20 \quad 162.6] \tag{6.6.38}$$

小结

本章重点研究了能控性和能观测性的实用含义,证明了若线性定常系统是能控的,通过引入状态反馈,能够任意的配置闭环系统的极点,给出了具体实施极点配置的算法。为了实现系统状态反馈,介绍了观测器的构成,并证明了若给定系统是能观测的,就能构造出具有任意特征值的状态观测器。同时还介绍了带观测器的状态反馈系统的一些重要特性,其中分离原理可以使我们在实际的状态反馈增益阵的求权和观测器的设计中,得到很大方便。

此外,本章还研究了通过状态反馈实现解耦控制的问题,给出了实现积分型解耦控制的条件和算法。利用反馈解耦,可以简化系统,实现针对性控制,提高控制效果。

最后简单地介绍了线性不确定系统的鲁棒控制问题,目前有关不确定系统的研究仍然是控制理论研究的热点问题之一,有兴趣的读者可参阅有关专著和文献。

在结束本章时,编者想特别指出,虽然本章的阐述都是就连续时间系统进行的,但是其全部结果都能应用于离散时间的情况。

习题

6.1 判断下列系统能否用状态反馈任意地配置特征值。

(1) $\dot{\boldsymbol{x}} = \begin{bmatrix} 1 & 2 \\ 3 & 1 \end{bmatrix}\boldsymbol{x} + \begin{bmatrix} 1 \\ 0 \end{bmatrix}u$

(2) $\dot{\boldsymbol{x}} = \begin{bmatrix} 1 & 0 & 0 \\ 0 & -2 & 1 \\ 0 & 0 & -2 \end{bmatrix}\boldsymbol{x} + \begin{bmatrix} 1 & 0 \\ 0 & 1 \\ 0 & 0 \end{bmatrix}\boldsymbol{u}$

6.2 已知系统为

$$\dot{x}_1 = x_2$$
$$\dot{x}_2 = x_3$$
$$\dot{x}_3 = -x_1 - x_2 - x_3 + 3u$$

试确定线性状态反馈控制律，使闭环极点都是−3，并画出闭环系统的结构图。

6.3　给定系统的传递函数为

$$g(s) = \frac{1}{s(s+4)(s+8)}$$

试确定线性状态反馈控制律，使闭环极点为−2，−4，−7。

6.4　给定单输入线性定常系统为

$$\dot{\boldsymbol{x}} = \begin{bmatrix} 0 & 0 & 0 \\ 1 & -6 & 0 \\ 0 & 1 & -12 \end{bmatrix}\boldsymbol{x} + \begin{bmatrix} 1 \\ 0 \\ 0 \end{bmatrix}u$$

试求出状态反馈 $u=-\boldsymbol{K}\boldsymbol{x}$，使得闭环系统的特征值为 $\lambda_1^* = -2, \lambda_2^* = -1+\mathrm{j}, \lambda_3^* = -1-\mathrm{j}$。

6.5　给定系统的传递函数为

$$g(s) = \frac{(s-1)(s+2)}{(s+1)(s-2)(s+3)}$$

试问能否用状态反馈将传递函数变为

$$g_k(s) = \frac{s-1}{(s+2)(s+3)} \quad 和 \quad g_k(s) = \frac{s+2}{(s+1)(s+3)}$$

若有可能，试分别求出状态反馈增益阵 $\boldsymbol{K}$，并画出结构图。

6.6　判断下列系统能否用状态反馈和输入变换实现解耦控制。

(1) $\boldsymbol{G}(s) = \begin{bmatrix} \dfrac{3}{s^2+2} & \dfrac{2}{s^2+s+1} \\ \dfrac{4s+1}{s^3+2s+1} & \dfrac{1}{s} \end{bmatrix}$

(2) $\dot{\boldsymbol{x}} = \begin{bmatrix} 3 & 1 & 0 \\ 0 & 0 & -1 \\ 0 & 1 & -1 \end{bmatrix}\boldsymbol{x} + \begin{bmatrix} 0 & 0 \\ 1 & 0 \\ 0 & 1 \end{bmatrix}\boldsymbol{u}$

$\boldsymbol{y} = \begin{bmatrix} 2 & -1 & 1 \\ 0 & 2 & 1 \end{bmatrix}\boldsymbol{x}$

6.7　给定系统的状态空间表达式为

$$\dot{\boldsymbol{x}} = \begin{bmatrix} 0 & 1 & 0 \\ 2 & 3 & 0 \\ 1 & 1 & 1 \end{bmatrix}\boldsymbol{x} + \begin{bmatrix} 0 & 0 \\ 1 & 0 \\ 0 & 1 \end{bmatrix}\boldsymbol{u}$$

$$\boldsymbol{y} = \begin{bmatrix} 1 & 1 & 0 \\ 0 & 0 & 1 \end{bmatrix}\boldsymbol{x}$$

系统能否用状态反馈和输入变换实现解耦？若能，试定出实现积分型解耦的 $\boldsymbol{K}$ 和 $\boldsymbol{L}$。

6.8　给定双输入双输出的线性定常受控系统为

$$\dot{\boldsymbol{x}}=\begin{bmatrix}0&1&0&0\\3&0&0&2\\0&0&0&1\\0&-2&0&0\end{bmatrix}\boldsymbol{x}+\begin{bmatrix}0&0\\1&0\\0&0\\0&1\end{bmatrix}\boldsymbol{u}$$

$$\boldsymbol{y}=\begin{bmatrix}1&0&0&0\\0&0&1&0\end{bmatrix}\boldsymbol{x}$$

试判定该系统是否能用状态反馈和输入变换实现解耦？若能，试定出实现积分型解耦的 $\bar{\boldsymbol{K}}$ 和 $\bar{\boldsymbol{L}}$。最后将解耦后子系统的极点分别配置到 $\lambda_{11}^*=-2,\lambda_{12}^*=-4;\lambda_{21}^*=-2+\mathrm{j},\lambda_{22}^*=-2-\mathrm{j}$。

6.9　给定系统的状态空间表达式为

$$\dot{\boldsymbol{x}}=\begin{bmatrix}-1&-2&-3\\0&-1&1\\1&0&-1\end{bmatrix}\boldsymbol{x}+\begin{bmatrix}2\\0\\1\end{bmatrix}u$$

$$y=\begin{bmatrix}1&1&0\end{bmatrix}\boldsymbol{x}$$

(1) 设计一个具有特征值为−3,−4,−5 的全维状态观测器。

(2) 设计一个具有特征值为−3,−4 的降维状态观测器。

(3) 画出其结构图。

6.10　给定系统的传递函数为

$$g(s)=\frac{1}{s(s+1)(s+2)}$$

(1) 确定一个状态反馈增益阵 $\boldsymbol{K}$，使闭环系统的极点为−3 和 $-\frac{1}{2}\pm\mathrm{j}\frac{\sqrt{3}}{2}$。

(2) 确定一个全维状态观测器，并使观测器的特征值均为−5。

(3) 确定一个降维状态观测器，并使其特征值均为−5。

(4) 分别画出闭环系统的结构图。

(5) 求出闭环传递函数。

6.11　给定受控系统为

$$\dot{\boldsymbol{x}}=\begin{bmatrix}0&1&0&0\\0&0&-2&0\\0&0&0&1\\0&0&4&0\end{bmatrix}\boldsymbol{x}+\begin{bmatrix}0\\1\\0\\-1\end{bmatrix}u$$

$$y=\begin{bmatrix}1&0&0&0\end{bmatrix}\boldsymbol{x}$$

(1) 设计状态反馈增益阵 $\boldsymbol{K}$，使得闭环特征值为 $\lambda_1^*=-1,\lambda_{2,3}^*=-1\pm\mathrm{j},\lambda_4^*=-2$。

（2）设计降维状态观测器，使观测器的特征值为 $\lambda_1=-3,\lambda_{2,3}=-3\pm \mathrm{j}2$。

（3）确定重构状态 $\hat{\boldsymbol{x}}$ 和由 $\hat{\boldsymbol{x}}$ 构成的状态反馈规律。

6.12　已知受控系统的系数矩阵为

$$\dot{\boldsymbol{x}}=\begin{bmatrix}1 & 0 & -1\\ 2 & -1 & 0\\ 0 & 2 & 1\end{bmatrix}\boldsymbol{x}+\begin{bmatrix}1\\ 1\\ 0\end{bmatrix}u$$

利用 MATLAB 设计状态反馈矩阵 $\boldsymbol{K}$，使闭环极点为 $-1,-2\pm \mathrm{j}$。

6.13　给定的状态方程模型如下：

$$\dot{\boldsymbol{x}}=\begin{bmatrix}1 & 0 & 0 & -1\\ 0 & 2 & -1 & 0\\ 0 & 2 & 0 & 1\\ 1 & 0 & 2 & 0\end{bmatrix}\boldsymbol{x}+\begin{bmatrix}1\\ 0\\ 1\\ 0\end{bmatrix}u$$

利用 MATLAB 设计状态反馈矩阵 $\boldsymbol{K}$，使系统闭环极点为 $-1,-3,-1\pm \mathrm{j}$。

6.14　已知系统的系数矩阵如下：

$$\boldsymbol{A}=\begin{bmatrix}0 & 1 & -1 & 0 & 1\\ 0 & -2 & 0 & -1 & 0\\ -2 & -1 & 0 & 0 & 1\\ 3 & 0 & 1 & -1 & 0\\ 2 & 0 & 0 & 0 & 1\end{bmatrix},\quad \boldsymbol{b}=\begin{bmatrix}1\\ 1\\ 0\\ -3\\ 0\end{bmatrix}$$

利用 MATLAB 设计状态反馈矩阵 $\boldsymbol{K}$，使闭环极点为 $-1,-2,-5,-3\pm 2\mathrm{j}$，并计算闭环系统状态系数矩阵。

6.15　某多输入多输出系统状态方程如下：

$$\boldsymbol{A}=\begin{bmatrix}0 & 1 & 0\\ 1 & 0 & 1\\ -1 & -1 & 2\end{bmatrix},\quad \boldsymbol{B}=\begin{bmatrix}1 & 0\\ 0 & 0\\ 0 & 1\end{bmatrix}$$

$$\boldsymbol{C}=\begin{bmatrix}1 & 0 & 0\\ 0 & 1 & 1\end{bmatrix},\qquad \boldsymbol{D}=\begin{bmatrix}0 & 0\\ 0 & 0\end{bmatrix}$$

利用 MATLAB 完成下面工作：

（1）试求解其传递函数矩阵。

（2）设计解耦控制器，有可能的话进行极点配置。

第7章 最优控制

最优控制理论是现代控制理论的重要组成部分。它于20世纪50年代发展起来,现在已形成系统的理论。它所研究的对象是控制系统,中心问题是针对一个控制系统,选择控制规律,使系统在某种意义上是最优的。它给出了统一的、严格的数学方法,给工程设计带来极大方便。最优控制问题不仅是学者们感兴趣的学术课题,也是工程师们设计控制系统时追求的目标。将最优控制应用于系统中,就会带来显著效益,因此最优控制能在各个领域中得到广泛应用就是自然而然的事情了。

本章将介绍最优控制问题的提法以及一些基本的求解方法,如变分法、最大值原理和动态规划等。为最优控制系统的设计,特别是线性二次型性能指标和快速控制问题提供方法和理论基础。

7.1 最优控制问题

7.1.1 两个例子

首先分析两个简单而有启发性的例子,从中可以看出什么是最优控制问题。

例7.1.1 飞船软着陆问题 宇宙飞船在月球表面着陆时垂直速度必须为零,即软着陆,这要靠发动机的推力变化完成。问题是如何选择一个推力方案,使燃料消耗最小。

设飞船的总质量为m,高度为h,垂直速度为v,月球的重力加速度设为常数g,飞船自身质量为M,燃料的质量为F,推力为$u(t)$。

设飞船软着陆过程的开始时刻t为零,其动力学方程(化为状态方程)为

$$\begin{cases}\dot{h}=v\\ \dot{v}=\dfrac{u}{m}-g\\ \dot{m}=-Ku\end{cases}\tag{7.1.1}$$

式中 K 为常数。从初始状态

$$h(0)=h_0,\quad v(0)=v_0,\quad m(0)=M+F$$

出发,在时刻 T 实现软着陆,即终点条件为

$$h(T)=0,\quad v(T)=0\tag{7.1.2}$$

选择推力 $u(t)$,使

$$J=m(T)\tag{7.1.3}$$

有最小值,即燃料最省。在控制过程中推力 $u(t)$不能超过发动机所提供的最大推力 $u_{\max}$,即推力应满足

$$0\leqslant u(t)\leqslant u_{\max}$$

例 7.1.2　导弹发射问题　设导弹由静止发射,推力 $F(t)$为时间的已知函数,而推力的方向是可控制的,当飞行到指定的时间 T 时,导弹进入水平飞行,且这时达到指定的高度 h,问怎样选择推力的方向,使导弹沿水平方向飞行的速度最大。为简单起见,重力可忽略不计。根据质点的平面运动分析,其运动方程为

$$\begin{cases}\ddot{x}=\dfrac{F(t)}{m}\cos\beta(t)\\ \ddot{y}=\dfrac{F(t)}{m}\sin\beta(t)\end{cases}\tag{7.1.4}$$

初始条件为

$$x(0)=0,\quad y(0)=0,\quad \dot{x}(0)=0,\quad \dot{y}(0)=0\tag{7.1.5}$$

末端约束为

$$\begin{cases}g_1(x(T),y(T),\dot{x}(T),\dot{y}(T))=\dot{y}(T)=0\\ g_2(x(T),y(T),\dot{x}(T),\dot{y}(T))=y(T)-h=0\end{cases}\tag{7.1.6}$$

指标为

$$J=\varphi(x(T),y(T),\dot{x}(T),\dot{y}(T))=\dot{x}(T)\tag{7.1.7}$$

问题是如何选择 $\beta(t)$,使 J 有最大值。

7.1.2　问题描述

例 7.1.1 和例 7.1.2 虽然研究对象不同,但有共同的地方,可归纳如下。

(1) **状态方程**　一般形式为

$$\begin{cases}\dot{\boldsymbol{x}}(t)=\boldsymbol{f}(\boldsymbol{x}(t),\boldsymbol{u}(t),t)\\ \boldsymbol{x}(t)\Big|_{t=t_0}=\boldsymbol{x}_0\end{cases}\tag{7.1.8}$$

式中,$\boldsymbol{x}(t)$为 n 维状态向量,$\boldsymbol{x}(t)\in R^n$,$\boldsymbol{u}(t)$为 r 维控制向量,$\boldsymbol{u}(t)\in R^r$,$\boldsymbol{f}(\boldsymbol{x}(t),\boldsymbol{u}(t),t)$为 n 维向量函数。若给定控制规律 $\boldsymbol{u}(t)$,当 $\boldsymbol{f}(\boldsymbol{x}(t),\boldsymbol{u}(t),t)$满足一定条件时,方程有唯一解,它唯一地描述了系统的状态在 n 维空间 R^n 中的运动规律。

(2) **容许控制** 从前面的例子可以看到,在实际的控制系统中,控制变量一般是不能任意取值的。其大小应当受到某些限制,可以用不等式表示,即 $\boldsymbol{G}(u)\leqslant\boldsymbol{0}$,其中 $\boldsymbol{G}$ 为向量函数,不等式的范围称为控制域,以 $\boldsymbol{U}$ 表示,它通常是 $\boldsymbol{R}^r$ 中的有界闭集。于是容许控制为

$$\boldsymbol{u}\in\boldsymbol{U} \tag{7.1.9}$$

例如发动机的推力,其绝对值不能超过某一限制。有时控制域可为 $\boldsymbol{R}^r$ 中的超方体,即

$$|u_i(t)|\leqslant m_i,\quad i=1,2,\cdots,r \tag{7.1.10}$$

容许控制在时间间隔$[t_0,T]$上一般都是时间的函数,它不但在控制域内取值,而且常在控制域的边界上取值,甚至在边界上跳来跳去。因此常为分段连续函数。

(3) **目标集** 在控制系统中,终点状态 $\boldsymbol{x}(T)$,可以是状态空间中某一点集

$$\boldsymbol{S}=\{\boldsymbol{x}(T)\mid\boldsymbol{\psi}(\boldsymbol{x}(T),T)=\boldsymbol{0}\} \tag{7.1.11}$$

式中,$\boldsymbol{\psi}(\boldsymbol{x}(T),T)$是 k 维向量函数,$\boldsymbol{S}$ 称为目标集。特别地,当 $\boldsymbol{x}(T)=\boldsymbol{x}_T$ 时,称为固定端问题,其中 $\boldsymbol{x}_T$ 是常向量;当 $\boldsymbol{S}=R^n$ 时,称为自由端问题。

(4) **性能指标** 它是控制系统优劣的数量指标,一般表示为

$$J(\boldsymbol{u}(\cdot))=\varphi(\boldsymbol{x}(T),T)+\int_{t_0}^{T}\boldsymbol{L}(\boldsymbol{x}(t),\boldsymbol{u}(t),t)\mathrm{d}t \tag{7.1.12}$$

式(7.1.12)表示在整个控制过程中,对状态和控制以及终点状态的要求,称为复合型性能指标。若 $\varphi(\boldsymbol{x}(T),T)=0$,称为积分型性能指标,它表示对整个状态和控制过程的要求;若 $L(\boldsymbol{x}(t),\boldsymbol{u}(t),t)=0$,则称为终点型指标,它表示仅对终点状态的要求。

值得注意的是,只要引进一个新的状态变量,就能将积分型性能指标化为终点型性能指标。例如令

$$x_{n+1}(t)=\int_{t_0}^{t}L(\boldsymbol{x},\boldsymbol{u},\tau)\mathrm{d}\tau$$

为系统的第 $n+1$ 个状态变量,则此变量的状态方程为

$$\dot{x}_{n+1}(t)=L(\boldsymbol{x},\boldsymbol{u},t),\quad x_{n+1}(t)\Big|_{t_0}=0$$

而性能指标变为

$$J(\boldsymbol{u}(\cdot))=x_{n+1}(T)$$

综上所述,最优控制的一般提法如下。

设状态方程和初始条件为式(7.1.8),目标集为式(7.1.11),控制域为式(7.1.9),性能指标为式(7.1.12)。在容许控制域(7.1.9)中,选取控制 $\boldsymbol{u}(t)$,于时间间隔$[t_0,T]$内,将系统从初始状态 $\boldsymbol{x}_0$ 转移到目标集 $\boldsymbol{S}$ 上,并使性能指标

式(7.1.12)有极值(极大值或极小值)。满足上述要求的控制称为最优控制,记作 $\boldsymbol{u}^*(t)$,所对应的轨线称为最优轨线,记作 $\boldsymbol{x}^*(t)$。

7.2　求解最优控制的变分方法

从最优控制问题的提法可以看出,它实际上是一个求泛函极值的问题,而变分法是求解泛函极值的重要方法。本节将讨论如何应用变分法求解最优控制问题。

7.2.1　泛函与变分法基础

先来讨论一下泛函的概念以及泛函与函数的区别。

考虑平面上两点 A 和 B 连线的长度问题。通过平面上两固定点 A 和 B,可连接无数条曲线,如图 7.2.1 所示。其弧长为

$$S=\int_{-1}^{1}\sqrt{1+\dot{x}^2(t)}\,\mathrm{d}t$$

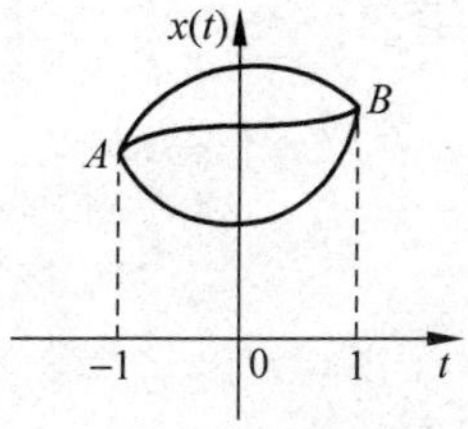

图 7.2.1　平面上两点连线的不同情况

一般来说,曲线 $x(t)$ 不同,弧长不同,即弧长 S 依赖于曲线 $x(t)$,记为 $S(x(\cdot))$。$S(x(\cdot))$ 称为泛函,而 $x(t)$ 称泛函的宗量。如果一个变量 J,对于一类函数中每一个函数 $x(t)$ 都有一个确定值与之对应,则称变量 J 为依赖于 $x(t)$ 的泛函,记为 $J(x(\cdot))$。

如果将泛函和函数做一比较,可以看出,泛函的定义域是函数集,泛函的值域是实数集。因此可把泛函理解为"函数的函数",泛函与函数的区别如图 7.2.2 所示。

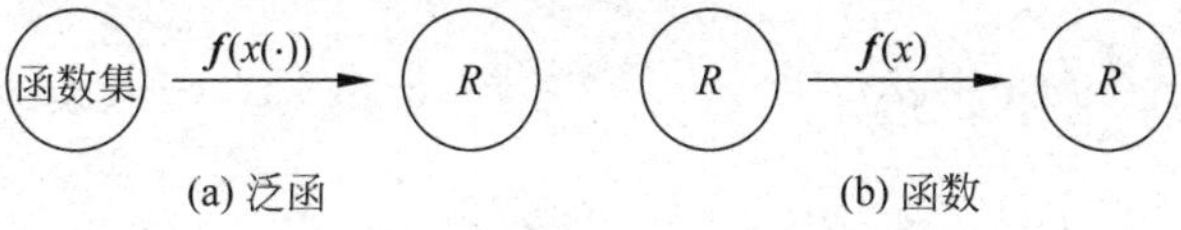

图 7.2.2　泛函与函数的几何解释

按泛函的定义,积分 $\int_0^t x(\tau)\mathrm{d}\tau$ 不是泛函,是一个函数。而积分 $\int_0^1 x(t)\mathrm{d}t$ 是一个泛函,其数值依赖于 $x(t)$。

变分法的基本问题是,在给定的函数集中,求一个函数使泛函有极值。

微分是微分学中的基本概念,变分则是变分学中的基本概念,且两者有着很多相似的地方。因此,研究变分问题时,可类比微分的方法,现简述如下。

宗量的改变量 $x(t)-\bar{x}(t)$ 称为宗量的变分,记为

$$\delta x(t)=x(t)-\bar{x}(t) \tag{7.2.1}$$

若宗量的变分趋于无穷小时，泛函的变分也趋于无穷小，称泛函是连续的；若泛函对宗量是线性的，则称之为线性泛函。

泛函的变分同函数的微分类似。泛函的增量可表示为

$$\Delta J(x(\cdot)) = J(x(\cdot)+\delta x) - J(x(\cdot)) = L(x,\delta x) + r(x,\delta x) \quad (7.2.2)$$

式中 $L(x,\delta x)$ 是关于 δx 的线性连续泛函，$r(x,\delta x)$ 是关于 δx 的高阶无穷小，称 $L(x,\delta x)$ 为泛函的变分，记为

$$\delta J = L(x,\delta x) \quad (7.2.3)$$

显然泛函的变分是泛函增量的主部，也称一阶变分。

定理 7.2.1 泛函的变分为

$$\delta J = \frac{\partial}{\partial \varepsilon} J(x+\varepsilon\delta x)\Big|_{\varepsilon=0} \quad (7.2.4)$$

证毕

$$\begin{aligned}\frac{\partial}{\partial \varepsilon} J(x+\varepsilon\delta x)\Big|_{\varepsilon=0} &= \lim_{\Delta\varepsilon\to 0}\frac{\Delta J}{\Delta\varepsilon} = \lim_{\Delta\varepsilon\to 0}\frac{J(x+\varepsilon\delta x)-J(x)}{\varepsilon} \\ &= \lim_{\Delta\varepsilon\to 0}\frac{1}{\varepsilon}(L(x+\varepsilon\delta x)+r(x+\varepsilon\delta x)) \\ &= L(x,\delta x) + \lim_{\Delta\varepsilon\to 0}\frac{r(x+\varepsilon\delta x)}{\varepsilon\delta x}\delta x = L(x,\delta x)\end{aligned}$$

例 7.2.1 求泛函

$$J = \int_{t_0}^{T} F(\dot{x},x,t)\,\mathrm{d}t \quad (7.2.5)$$

的变分。

解

$$\begin{aligned}\delta J &= \frac{\partial}{\partial \varepsilon} J(x+\varepsilon\delta x)\Big|_{\varepsilon=0} = \int_{t_0}^{T}\frac{\partial}{\partial \varepsilon}F(\dot{x}+\varepsilon\delta\dot{x}, x+\varepsilon\delta x, t)\,\mathrm{d}t \\ &= \int_{t_0}^{T}\left(\frac{\partial F}{\partial \dot{x}}\delta\dot{x} + \frac{\partial F}{\partial x}\delta x\right)\mathrm{d}t \quad (7.2.6)\end{aligned}$$

式中 $\frac{\mathrm{d}}{\mathrm{d}t}\delta x = \delta\dot{x}$。

定理 7.2.2 若泛函 $J(x)$ 有极值，则必有 $\delta J=0$。

证 设泛函 $J(x)$ 在 $x_0(t)$ 处有极值。对设定的 $x_0(t)$，可将 $J(x_0+\varepsilon\delta x)$ 看成是 ε 的函数，且在 $\varepsilon=0$ 处有极值。所以当 $\varepsilon=0$ 时，由极值的必要条件，导数必为零，即

$$\delta J = \frac{\partial}{\partial \varepsilon} J[x+\varepsilon\delta x]\Big|_{\varepsilon=0} = 0 \quad (7.2.7)$$

上述方法与结论对多个未知函数的泛函 $J(x_1,x_2,\cdots,x_n)$ 同样适用。

7.2.2　欧拉方程

现在求泛函的极值。设泛函 $J(x(\cdot))=\int_{t_0}^{T}F(\dot{x},x,t)\mathrm{d}t$（式(7.2.5)）的宗量 $x(t)$ 为定义在区间 $t_0\leqslant t\leqslant T$ 上的函数，$F(\dot{x},x,t)$ 关于 $\dot{x},x,t$ 连续，且有二阶连续偏导数。设函数 $x(t)$ 两端固定，即

$$x(t_0)=x_0,\quad x(T)=x_1 \tag{7.2.8}$$

求 $x(t)$ 使 J 有极值。

由定理 7.2.2 极值的必要条件和变分 δJ 的表达式(7.2.6)，有

$$\delta J=\int_{t_0}^{T}\left(\frac{\partial F}{\partial \dot{x}}\delta\dot{x}+\frac{\partial F}{\partial x}\delta x\right)\mathrm{d}t$$

由分部积分法，得

$$\delta J=\int_{t_0}^{T}\left[\left(\frac{\partial F}{\partial x}-\frac{\mathrm{d}}{\mathrm{d}t}\cdot\frac{\partial F}{\partial \dot{x}}\right)\delta x\right]\mathrm{d}t+\frac{\partial F}{\partial \dot{x}}\delta x\bigg|_{t_0}^{T}$$

由边界条件，得

$$\delta x\bigg|_{t_0}^{T}=0$$

则

$$\delta J=\int_{t_0}^{T}\left(\frac{\partial F}{\partial x}-\frac{\mathrm{d}}{\mathrm{d}t}\cdot\frac{\partial F}{\partial \dot{x}}\right)\delta x\,\mathrm{d}t=0$$

由于 δx 的任意性，得

$$\frac{\partial F}{\partial x}-\frac{\mathrm{d}}{\mathrm{d}t}\cdot\frac{\partial F}{\partial \dot{x}}=0 \tag{7.2.9}$$

方程式(7.2.9)称欧拉方程。它是一个二阶常微分方程，在两端固定的问题中，通解中的两个任意常数，由边界条件式(7.2.8)确定。但在大多数情况下，求出解析解是困难的。

由上面的分析得到，若泛函有极值，极值函数必满足欧拉方程。它给出极值的必要条件。

例 7.2.2　求平面上两固定点间连线最短的曲线。

解　两固定点间连线的弧长为

$$J(x(\cdot))=\int_{t_0}^{T}\sqrt{1+\dot{x}^2(t)}\,\mathrm{d}t$$

即有

$$F=\sqrt{1+\dot{x}^2(t)}$$

其欧拉方程为

$$\frac{\partial F}{\partial x}-\frac{\mathrm{d}}{\mathrm{d}t}\cdot\frac{\partial F}{\partial \dot{x}}=-\frac{\mathrm{d}}{\mathrm{d}t}\cdot\frac{\partial F}{\partial \dot{x}}=0$$

于是

$$\frac{\mathrm{d}}{\mathrm{d}t}\left(\frac{2\dot{x}}{\sqrt{1+\dot{x}^2}}\right)=0$$

或

$$\frac{\dot{x}}{\sqrt{1+\dot{x}^2}}=c$$

从而

$$\dot{x}(t)=a,\quad x(t)=at+b$$

两个任意常数 a 和 b 由边界条件确定。于是得到,最短的曲线是连接固定点的直线。

7.2.3 横截条件

为叙述方便,在以后常把曲线的初始端称为左端,把终端称为右端。当左端固定,右端可在一条给定曲线上变动时,称为右端可动的变分问题。

设左端固定,即 $x(t)\Big|_{t=t_0}=x_0$,右端的约束条件为 $x=\varphi(t)$,如图 7.2.3 所示。

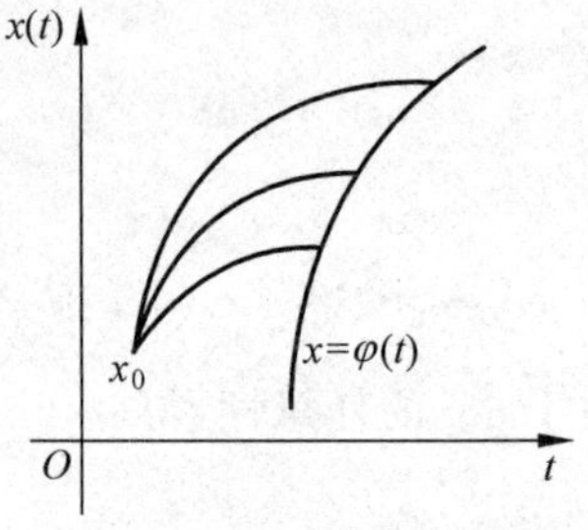

图 7.2.3　左端固定右端沿曲线变动时的情况

显然,这时的终点是不固定的,变分为

$$\begin{aligned}\delta J&=\frac{\partial}{\partial\varepsilon}\int_{t_0}^{T+\varepsilon\delta T}F(x+\varepsilon\delta x,\dot{x}+\varepsilon\delta\dot{x},t)\mathrm{d}t\Big|_{\varepsilon=0}\\&=\int_{t_0}^{T}\left(\frac{\partial F}{\partial x}-\frac{\mathrm{d}}{\mathrm{d}t}\cdot\frac{\partial F}{\partial\dot{x}}\right)\delta x\,\mathrm{d}t+\frac{\partial F}{\partial\dot{x}}\delta x\Big|_{t_0}^{T}+F\Big|_{T}\delta T\end{aligned}$$

欧拉方程应成立。因为右端受约束的函数类中的极值曲线,也必定是端点固定函数类中的极值曲线,再由极值曲线的必要条件,得

$$\delta J=\frac{\partial F}{\partial\dot{x}}\delta x\Big|_{T}+F\Big|_{T}\delta T=0\qquad(7.2.10)$$

若 δx 与 δT 无关,则有

$$\frac{\partial F}{\partial\dot{x}}\Big|_{T}=0,\quad F\Big|_{T}=0\qquad(7.2.11)$$

但与终端状态有关,端点应满足约束方程

$$x(T)=\varphi(T)$$

注意到当 T 可变情况下,变分在终点的值和终点变分是不一样的,如图 7.2.4 所示。

变分在 T 点的值为 $\delta x\Big|_{T}$,即图 7.2.4 中的 BD,它表示在 T 时变分的值。当

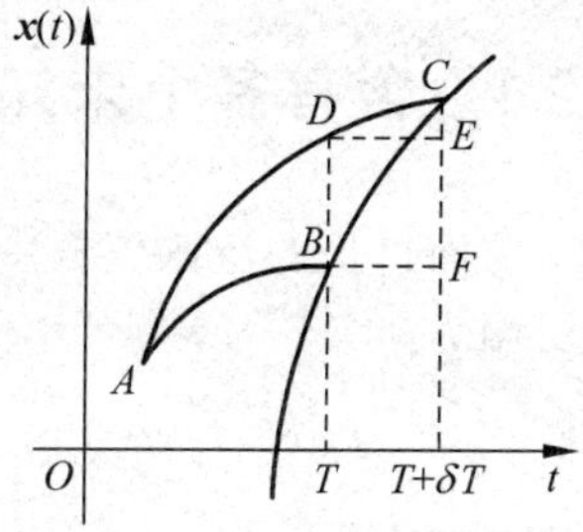

图 7.2.4　终点值与终点的变分

右端可动时，由于 T 的变动，终点的变分是终点函数值之差，记为 $\delta x(T)$，如图中 FC。从图 7.2.4 中可以看出：

$$BD = FC - EC$$

忽略高阶无穷小，则有

$$\delta x\Big|_T = \delta x(T) - \dot{x}(T)\delta T$$

式中

$$EC = \dot{x}(T)\delta T, \quad \delta x(T) = \dot{\varphi}(T)\delta T$$

则 $\delta x\Big|_T = (\dot{\varphi} - \dot{x})\Big|_T \delta T$，代入式(7.2.10)，得

$$F_{\dot{x}}(\dot{\varphi} - \dot{x})\Big|_T \delta T + F_T\delta T = \left[F + (\dot{\varphi} - \dot{x})\frac{\partial F}{\partial \dot{x}}\right]\Bigg|_T \delta T = 0$$

由 δT 的任意性，可得

$$\left[F + (\dot{\varphi} - \dot{x})\frac{\partial F}{\partial \dot{x}}\right]\Bigg|_T = 0 \tag{7.2.12}$$

此条件称为横截条件。用同样的方法，可分析左端可动和两端均可动的问题。

例 7.2.3　试求从一固定点到已知曲线有最小长度的曲线。

解　设 $x(t)$ 为曲线，则问题化为求泛函

$$J(x(\cdot)) = \int_{t_0}^{T} \sqrt{1 + \dot{x}^2(t)}\,\mathrm{d}t$$

的极值曲线，且满足相应的约束条件。为方便起见，设 A 点选在坐标原点。

由欧拉方程

$$\frac{\mathrm{d}}{\mathrm{d}t}\frac{\partial F}{\partial \dot{x}} = 0$$

得

$$\frac{\partial F}{\partial \dot{x}} = \frac{\dot{x}}{\sqrt{1 + \dot{x}^2}} = C$$

或

$$\dot{x} = C_1$$

满足初始条件的解为

$$x(t) = C_1 t$$

它表示过原点的一条直线。为确定任意常数 C_1，应用横截条件式(7.2.12)，有

$$\left(\sqrt{1 + \dot{x}^2(t)} + (\dot{\varphi} - \dot{x})\frac{\dot{x}}{\sqrt{1 + \dot{x}^2}}\right)_T = \frac{1 + \dot{\varphi}\dot{x}}{\sqrt{1 + \dot{x}^2}}\Bigg|_T = 0$$

而 $\sqrt{1+\dot{x}^2}\Big|_T \neq 0$，于是，$\dot{\varphi}\dot{x}\Big|_T = -1$。即所求的极值曲线与约束曲线相正交。这样，过原点向 $\varphi(t)$ 引一条直线，且在终点与 $\varphi(t)$ 相正交的线段即为所求的极值曲线。

7.2.4 含有多个未知函数泛函的极值

前面讨论的泛函仅含一个未知函数,现讨论含多个未知函数的泛函的极值。设泛函为

$$J(x_1,x_2,\cdots,x_n)=\int_{t_0}^{T}F(\dot{x}_1,\dot{x}_2,\cdots,\dot{x}_n;\ x_1,x_2,\cdots,x_n;\ t)\mathrm{d}t \quad (7.2.13)$$

式中,$x_i(t),i=1,2,\cdots,n$ 是具有二阶连续导数的函数,边界值为

$$\begin{cases}x_i(t)\Big|_{t=0}=x_{i0}, & i=1,2,\cdots,n\\ x_i(t)\Big|_{t=T}=x_{iT}, & i=1,2,\cdots,n\end{cases} \quad (7.2.14)$$

为求泛函的极值曲线,可仿多元函数求极值的方法,将其中一个函数比如 $x_i(t)$ 改变,其余不变,此时泛函 J 仅依赖于 $x_i(t)$。若有极值,必满足欧拉方程

$$\frac{\partial F}{\partial x_i}-\frac{\mathrm{d}}{\mathrm{d}t}\cdot\frac{\partial F}{\partial \dot{x}_i}=0 \quad (7.2.15)$$

对任何 i 都成立,便得一组微分方程,结合边界条件式(7.2.14),即可求解。对右端可动的问题可类似地处理。

为简单起见,写成向量形式,令

$$\boldsymbol{x}=\begin{bmatrix}x_1\\x_2\\\vdots\\x_n\end{bmatrix},\quad \dot{\boldsymbol{x}}=\begin{bmatrix}\dot{x}_1\\\dot{x}_2\\\vdots\\\dot{x}_n\end{bmatrix},\quad \frac{\partial F}{\partial \dot{\boldsymbol{x}}}=\begin{bmatrix}\dfrac{\partial F}{\partial \dot{x}_1}\\\dfrac{\partial F}{\partial \dot{x}_2}\\\vdots\\\dfrac{\partial F}{\partial \dot{x}_n}\end{bmatrix}$$

则欧拉方程为

$$\frac{\partial F}{\partial \boldsymbol{x}}-\frac{\mathrm{d}}{\mathrm{d}t}\cdot\frac{\partial F}{\partial \dot{\boldsymbol{x}}}=0 \quad (7.2.16)$$

固定端的边界条件为

$$\boldsymbol{x}\Big|_{t=t_0}=\boldsymbol{x}_0,\quad \boldsymbol{x}\Big|_{t=T}=\boldsymbol{x}_T \quad (7.2.17)$$

对右端可动的约束问题,其横截条件为

$$\left[F+(\dot{\boldsymbol{\Phi}}-\dot{\boldsymbol{x}})^{\mathrm{T}}\frac{\partial F}{\partial \dot{\boldsymbol{x}}}\right]\Bigg|_{T}=0 \quad (7.2.18)$$

式中 $\boldsymbol{\Phi}=[\varphi_1(t),\varphi_2(t),\cdots,\varphi_n(t)]^{\mathrm{T}}$。

7.2.5 条件极值

在控制理论中,所求的泛函极值曲线往往有一定的约束条件,最常见的就是

状态方程了，一般形式可以写成

$$f(\dot{x},x,t)=0 \tag{7.2.19}$$

式中，x 为 n 维向量，$f(\dot{x},x,t)$ 为 m 维向量函数，$m\leqslant n$。变分问题为，求泛函

$$J=\int_{t_0}^{T}F(\dot{x},x,t)\mathrm{d}t$$

在约束条件式(7.2.19)下的极值曲线。这类问题称求解条件极值。

其解法与函数的条件极值类似，可引进乘子 $\boldsymbol{\lambda}(t)=(\lambda_1(t),\lambda_2(t),\cdots,\lambda_n(t))^{\mathrm{T}}$，构造新的函数和泛函

$$F^*=F+\boldsymbol{\lambda}^{\mathrm{T}}f \tag{7.2.20}$$

$$\hat{J}=\int_{t_0}^{T}(F+\boldsymbol{\lambda}^{\mathrm{T}}f)\mathrm{d}t=\int_{t_0}^{T}F^*\mathrm{d}t \tag{7.2.21}$$

当约束条件得到满足时，有

$$J=\hat{J}$$

于是，可解 $\hat{J}$ 的无条件极值，其欧拉方程为

$$\frac{\partial F^*}{\partial x}-\frac{\mathrm{d}}{\mathrm{d}t}\cdot\frac{\partial F^*}{\partial \dot{x}}=0$$

再加上约束方程

$$\frac{\partial F^*}{\partial \boldsymbol{\lambda}}-\frac{\mathrm{d}}{\mathrm{d}t}\cdot\frac{\partial F^*}{\partial \dot{\boldsymbol{\lambda}}}=f=0$$

以及有关的边界条件就可以求解了。

例 7.2.4　给定泛函

$$J=\frac{1}{2}\int_0^2\ddot{Q}^2(t)\mathrm{d}t$$

约束方程为

$$\ddot{Q}(t)=u(t)$$

边界条件为

$$Q(0)=1,\quad \dot{Q}(0)=1,\quad Q(2)=0,\quad \dot{Q}(2)=0$$

试求 $u(t)$ 使泛函 J 有极值。

解　此问题的物理意义是明显的，设 $Q(t)$ 是转角，$\ddot{Q}(t)$ 为角加速度，约束方程实际上是转动惯量为 1 的转动方程，其中 $u(t)$ 是力矩，泛函可化为

$$J=\frac{1}{2}\int_0^2\ddot{Q}(t)\mathrm{d}t=\frac{1}{2}\int_0^2u^2(t)\mathrm{d}t$$

它表示与力矩有关的指标。现在的问题是求力矩 $u(t)$，使刚体从角位置 $Q(0)=1$ 和角速度 $\dot{Q}(0)=1$，达到平衡状态 $Q(2)=0$ 和 $\dot{Q}(2)=0$，而指标 J 有最小值。

把问题化为标准形式，令

$$x_1(t)=Q(t)$$

$$x_2(t)=\dot{x}_1(t)=\dot{Q}(t)$$

约束方程可定为

$$\dot{x}_1(t)-x_2(t)=0$$

$$\dot{x}_2(t)-u(t)=0$$

边界条件为

$$x_1(0)=1,\quad x_2(0)=1,\quad x_1(2)=0,\quad x_2(2)=0$$

引进乘子

$$\boldsymbol{\lambda}(t)=(\lambda_1(t),\lambda_2(t))^{\mathrm{T}}$$

构造函数

$$F^*=F+\boldsymbol{\lambda}^{\mathrm{T}}\boldsymbol{f}=\frac{1}{2}u^2+\lambda_1(\dot{x}_1-x_2)+\lambda_2(\dot{x}_2-u)$$

欧拉方程为

$$\frac{\partial F^*}{\partial x_1}-\frac{\mathrm{d}}{\mathrm{d}t}\cdot\frac{\partial F^*}{\partial \dot{x}_1}=\dot{\lambda}_1=0$$

$$\frac{\partial F^*}{\partial x_2}-\frac{\mathrm{d}}{\mathrm{d}t}\cdot\frac{\partial F^*}{\partial \dot{x}_2}=-\dot{\lambda}_1-\dot{\lambda}_2=0$$

$$\frac{\partial F^*}{\partial u}-\frac{\mathrm{d}}{\mathrm{d}t}\cdot\frac{\partial F^*}{\partial \dot{u}}=u+\lambda_2=0$$

由此可解出

$$\lambda_1=a_1,\quad \lambda_2=-a_1t+a_2,\quad u=a_1t-a_2$$

式中 a_1 和 a_2 为任意常数。将 $u(t)$ 代入约束方程并求解,可得

$$x_1(t)=\frac{1}{6}a_1t^3-\frac{1}{2}a_2t^2+a_3t+a_4$$

$$x_2(t)=\frac{1}{2}a_1t^2-a_2t+a_3$$

利用边界条件,可得

$$a_1=3,\quad a_2=\frac{7}{2},\quad a_3=1,\quad a_4=1$$

于是,极值曲线和 $u(t)$ 为

$$x_1(t)=\frac{1}{2}t^3-\frac{7}{4}t^2+t+1$$

$$x_2(t)=\frac{3}{2}t^2-\frac{7}{2}t+1$$

$$u(t)=3t-\frac{7}{2}$$

7.2.6 最优控制问题的变分解法

在本节中,若无特别说明,均假设控制函数的取值不受任何限制,也就是容许控制域为整个控制空间,同时还假定 $\boldsymbol{u}(t)$ 是连续函数。

为方便且不失一般性，假设轨线左端固定，即初始状态给定，比如 $\boldsymbol{x}(t_0)=\boldsymbol{x}_0$，末端（轨线右端）可有不同情况，下面分别讨论。

1. 自由端问题

设区间 $[t_0, T]$ 给定，轨线右端 $\boldsymbol{x}(T)$ 自由，这样的最优控制问题称为自由端问题。为应用变分法，将状态方程式(7.1.8)写成约束方程形式

$$\boldsymbol{f}(\boldsymbol{x},\boldsymbol{u},t)-\dot{\boldsymbol{x}}=\boldsymbol{0} \tag{7.2.22}$$

引进乘子 $\boldsymbol{\lambda}(t)$，它是与 $\boldsymbol{x}$ 同维数的待定的向量函数。构造新的泛函

$$\hat{J}=\varphi(\boldsymbol{x}(T))+\int_{t_0}^{T}(L(\boldsymbol{x},\boldsymbol{u},t)+\boldsymbol{\lambda}^{\mathrm{T}}(\boldsymbol{f}(\boldsymbol{x},\boldsymbol{u},t)-\dot{\boldsymbol{x}}))\mathrm{d}t \tag{7.2.23}$$

显然，当约束条件得到满足时，有

$$\hat{J}=J$$

且二者一阶变分相同，极值也相同，求解无约束条件的泛函 $\hat{J}$ 的极值就等价于求 J 的极值。以后为书写方便，将略去 $\hat{J}$ 上面的符号“^”。令

$$H=L(\boldsymbol{x},\boldsymbol{u},t)+\boldsymbol{\lambda}^{\mathrm{T}}\boldsymbol{f}(\boldsymbol{x},\boldsymbol{u},t) \tag{7.2.24}$$

则有

$$J=\varphi(\boldsymbol{x}(T))+\int_{t_0}^{T}(H(\boldsymbol{x},\boldsymbol{\lambda},\boldsymbol{u},t)-\boldsymbol{\lambda}^{\mathrm{T}}\dot{\boldsymbol{x}})\mathrm{d}t$$

应用分部积分法，得到

$$J=\varphi(\boldsymbol{x}(T))+\int_{t_0}^{T}(H(\boldsymbol{x},\boldsymbol{\lambda},\boldsymbol{u},t)+\dot{\boldsymbol{\lambda}}^{\mathrm{T}}\boldsymbol{x})\mathrm{d}t-\boldsymbol{\lambda}^{\mathrm{T}}\boldsymbol{x}\Big|_{T}+\boldsymbol{\lambda}^{\mathrm{T}}\boldsymbol{x}\Big|_{t_0}$$

对控制函数 $\boldsymbol{u}(t)$ 取变分，即给 $\boldsymbol{u}$ 一个变分 $\delta\boldsymbol{u}$。由状态方程可知，轨线 $\boldsymbol{x}(t)$ 将会改变，获得 $\delta\boldsymbol{x}(t)$。因为末端 $\boldsymbol{x}(T)$ 自由，所以也获得 $\delta\boldsymbol{x}(T)$。因 T 及 $\boldsymbol{x}(t_0)$ 固定，故不受影响，$\boldsymbol{\lambda}(t)$ 也不受影响。于是泛函 J 的变分为

$$\begin{aligned}
\delta J=&\left(\frac{\partial\varphi(\boldsymbol{x}(T))}{\partial\boldsymbol{x}(T)}\right)^{\mathrm{T}}\delta\boldsymbol{x}(T)-\boldsymbol{\lambda}(T)^{\mathrm{T}}\delta\boldsymbol{x}(T)\\
&+\int_{t_0}^{T}\left(\left(\frac{\partial H}{\partial\boldsymbol{x}}\right)^{\mathrm{T}}\delta\boldsymbol{x}+\left(\frac{\partial H}{\partial\boldsymbol{u}}\right)^{\mathrm{T}}\delta\boldsymbol{u}+\dot{\boldsymbol{\lambda}}^{\mathrm{T}}\delta\boldsymbol{x}\right)\mathrm{d}t\\
=&\left(\frac{\partial\varphi}{\partial\boldsymbol{x}}-\boldsymbol{\lambda}\right)^{\mathrm{T}}\Big|_{T}\delta\boldsymbol{x}(T)+\int_{t_0}^{T}\left(\left(\frac{\partial H}{\partial\boldsymbol{x}}+\dot{\boldsymbol{\lambda}}\right)^{\mathrm{T}}\delta\boldsymbol{x}+\left(\frac{\partial H}{\partial\boldsymbol{u}}\right)^{\mathrm{T}}\delta\boldsymbol{u}\right)\mathrm{d}t
\end{aligned}$$

选取乘子 $\boldsymbol{\lambda}(t)$，使之满足微分方程及终点条件

$$\dot{\boldsymbol{\lambda}}(t)=-\frac{\partial H(\boldsymbol{x},\boldsymbol{\lambda},\boldsymbol{u},t)}{\partial\boldsymbol{x}} \tag{7.2.25}$$

$$\boldsymbol{\lambda}(T)=\frac{\partial\varphi(\boldsymbol{x}(T))}{\partial\boldsymbol{x}(T)} \tag{7.2.26}$$

由极值的必要条件，则得

$$\delta J = \int_{t_0}^{T} \left(\frac{\partial H}{\partial \boldsymbol{u}}\right)^{\mathrm{T}} \delta \boldsymbol{u}\,\mathrm{d}t = 0$$

由于 $\delta \boldsymbol{u}$ 的任意性,使得

$$\frac{\partial H}{\partial \boldsymbol{u}} = \boldsymbol{0} \tag{7.2.27}$$

这就是最优控制所满足的必要条件。为明确起见,可归纳出以下几点。

(1) H 函数表达式(7.2.24)即

$$H = L(\boldsymbol{x},\boldsymbol{\lambda},t) + \boldsymbol{\lambda}^{\mathrm{T}}(t)\boldsymbol{f}(\boldsymbol{x},\boldsymbol{u},t)$$

称为哈密顿函数。乘子$\boldsymbol{\lambda}(t)$称为伴随变量,它所满足的方程式(7.2.25)即

$$\dot{\boldsymbol{\lambda}}(t) = -\frac{\partial H}{\partial \boldsymbol{x}} = -\frac{\partial L}{\partial \boldsymbol{x}} - \left(\frac{\partial \boldsymbol{f}}{\partial \boldsymbol{x}}\right)^{\mathrm{T}} \boldsymbol{\lambda}$$

称为伴随方程,表达式(7.2.26)

$$\boldsymbol{\lambda}(T) = \frac{\partial \varphi(\boldsymbol{x}(T))}{\partial \boldsymbol{x}(T)}$$

称为横截条件或边界条件。

状态方程式(7.1.8)亦可写成与伴随方程相对称的形式

$$\dot{\boldsymbol{x}} = \boldsymbol{f}(\boldsymbol{x},\boldsymbol{u},t) = \frac{\partial H}{\partial \boldsymbol{\lambda}}$$

初始条件为式(7.1.9)

$$\boldsymbol{x}\Big|_{t=t_0} = \boldsymbol{x}_0$$

以上关于$\boldsymbol{\lambda}(t)=(\lambda_1(t),\lambda_2(t),\cdots,\lambda_n(t))^{\mathrm{T}}$ 及 $\boldsymbol{x}(t)=(x_1(t),x_2(t),\cdots,x_n(t))^{\mathrm{T}}$ 的 $2n$ 个一阶微分方程通称为哈密顿正则方程,后 n 个具有初始条件,而前 n 个则有末值条件。此称两点边值问题,一般来说此问题的求解是很困难的。

(2) 最优控制所满足的必要条件式(7.2.27)即$\dfrac{\partial H}{\partial \boldsymbol{u}}=\boldsymbol{0}$,说明哈密顿函数 H 对最优控制 $\boldsymbol{u}$ 有极值或稳态值,通常称为极值条件。应注意,它只是必要条件,由它解出的 $\boldsymbol{u}(t)$是否真是最优控制,理论上可用二阶变分判断。但在实际问题中,求二阶变分太复杂,一般只要根据具体情况就可以判定解 $\boldsymbol{u}(t)$是否是最优控制。

(3) 最后分析函数 H 沿最优轨线的变化规律,将 H 对 t 求全导数:

$$\frac{\mathrm{d}H}{\mathrm{d}t} = \left(\frac{\partial H}{\partial \boldsymbol{x}}\right)^{\mathrm{T}} \dot{\boldsymbol{x}} + \left(\frac{\partial H}{\partial \boldsymbol{u}}\right)^{\mathrm{T}} \dot{\boldsymbol{u}} + \left(\frac{\partial H}{\partial \boldsymbol{\lambda}}\right)^{\mathrm{T}} \dot{\boldsymbol{\lambda}} + \frac{\partial H}{\partial t}$$

由极值的必要条件和正则方程,可得出

$$\frac{\mathrm{d}H}{\mathrm{d}t} = \frac{\partial H}{\partial t} \tag{7.2.28}$$

特别地,若函数 H 中不显含 t,则

$$\frac{\mathrm{d}H}{\mathrm{d}t} = \frac{\partial H}{\partial t} = 0$$

这时，H 沿最优轨线为常数，即 H 值与时间 t 无关：

$$H(t) = 常数 \tag{7.2.29}$$

例 7.2.5 考虑状态方程和初始条件为

$$\dot{x}(t) = u(t), \quad x(t_0) = x_0$$

的简单一阶系统，其指标泛函为

$$J = \frac{1}{2}cx^2(T) + \frac{1}{2}\int_{t_0}^{T} u^2 \mathrm{d}t$$

式中 $c>0$。t_0, T 给定，试求最优控制 $u(t)$，使 J 有极小值。

解 引进伴随变量 $\lambda(t)$，构造哈密顿函数

$$H = L(x,u,t) + \lambda(t) f(x,u,t) = \frac{1}{2}u^2 + \lambda u$$

伴随方程及边界条件为

$$\dot{\lambda}(t) = -\frac{\partial H}{\partial x} = 0$$

$$\lambda(T) = \frac{\partial}{\partial x(T)} \frac{1}{2}cx^2(T) = cx(T)$$

故得 $\lambda(t) = cx(T)$。由必要条件

$$\frac{\partial H}{\partial u} = u + \lambda = 0$$

得

$$u = -\lambda = -cx(T)$$

代入状态方程求解得

$$x(t) = -cx(T)(t - t_0) + x_0$$

令 $t=T$，有

$$x(T) = \frac{x_0}{1 + c(T - t_0)}$$

则最优控制为

$$u^*(t) = -cx(T) = -\frac{cx_0}{1 + c(T - t_0)}$$

2. 固定端问题

终点时间和终点状态都是固定的问题称为固定端问题。设系统的状态方程为式(7.1.8)，初始状态和终点状态已知

$$\boldsymbol{x}(t)\Big|_{t=t_0} = \boldsymbol{x}_0, \quad \boldsymbol{x}(t)\Big|_{t=T} = \boldsymbol{x}_T \tag{7.2.30}$$

性能指标为

$$J = \int_{t_0}^{T} L(\boldsymbol{x}, \boldsymbol{u}, t) \mathrm{d}t \tag{7.2.31}$$

因为 $\boldsymbol{x}_T$ 固定，在指标中不必加上终端顶。

为求满足条件表达式(7.2.30)的最优控制,与自由端情况一样,引进乘子$\boldsymbol{\lambda}(t)$,构造哈密顿函数H,使用分部积分法,可得指标泛函为

$$J=\int_{t_0}^{T}(H+\dot{\boldsymbol{\lambda}}^{\mathrm{T}}\boldsymbol{x})\mathrm{d}t-\boldsymbol{\lambda}^{\mathrm{T}}\boldsymbol{x}\Big|_{T}+\boldsymbol{\lambda}^{\mathrm{T}}\boldsymbol{x}\Big|_{t_0}$$

取变分$\delta\boldsymbol{u}$,因$\boldsymbol{x}_0$和$\boldsymbol{x}_T$固定,则$\delta\boldsymbol{x}_0=0,\delta\boldsymbol{x}_T=0$,有

$$\delta J=\int_{t_0}^{T}\left(\left(\frac{\partial H}{\partial\boldsymbol{x}}+\dot{\boldsymbol{\lambda}}\right)^{\mathrm{T}}\delta\boldsymbol{x}+\left(\frac{\partial H}{\partial\boldsymbol{u}}\right)^{\mathrm{T}}\delta\boldsymbol{u}\right)\mathrm{d}t$$

令

$$\dot{\boldsymbol{\lambda}}(t)=-\frac{\partial H}{\partial\boldsymbol{x}}\tag{7.2.32}$$

得到

$$\int_{t_0}^{T}\left(\frac{\partial H}{\partial\boldsymbol{u}}\right)^{\mathrm{T}}\delta\boldsymbol{u}\,\mathrm{d}t=0\tag{7.2.33}$$

若系统完全能控,则有

$$\frac{\partial H}{\partial\boldsymbol{u}}=\boldsymbol{0}\tag{7.2.34}$$

这样可得到如下结论。

为使$\boldsymbol{u}^*(t)$为最优控制,$\boldsymbol{x}^*(t)$为最优轨线,必存在一向量函数$\boldsymbol{\lambda}^*(t)$,使得$\boldsymbol{x}^*(t)$和$\boldsymbol{\lambda}^*(t)$满足正则方程

$$\dot{\boldsymbol{x}}=\frac{\partial H}{\partial\boldsymbol{\lambda}},\quad\dot{\boldsymbol{\lambda}}=-\frac{\partial H}{\partial\boldsymbol{x}}$$

和边界条件

$$\boldsymbol{x}(t_0)=\boldsymbol{x}_0,\quad\boldsymbol{x}(T)=\boldsymbol{x}_T$$

式中H为哈密顿函数,它对最优控制$\boldsymbol{u}^*$有稳态值,即

$$\frac{\partial H}{\partial\boldsymbol{u}}=\boldsymbol{0}$$

例7.2.6 重新解例7.2.4,已知状态方程为

$$\dot{x}_1(t)=x_2(t),\quad\dot{x}_2(t)=u(t)$$

边界条件为

$$x_1(0)=1,\quad x_2(0)=1,\quad x_1(2)=0,\quad x_2(2)=0$$

指标泛函为

$$J=\frac{1}{2}\int_0^2u^2\mathrm{d}t$$

解 引进乘子$\lambda(t)$,构造哈密顿函数

$$H=\frac{1}{2}u^2+\lambda_1x_2+\lambda_2u$$

其伴随方程为

$$\dot{\lambda}_1(t)=-\frac{\partial H}{\partial x_1}=0$$

$$\dot{\lambda}_2(t) = -\frac{\partial H}{\partial x_2} = -\lambda_1(t)$$

其解为 $\lambda_1(t)=a_1$，$\lambda_2(t)=-a_1t+a_2$，其中 a_1,a_2 为任意常数。由必要条件

$$\frac{\partial H}{\partial u} = u + \lambda_2 = 0$$

得

$$u = -\lambda_2 = a_1t - a_2$$

代入状态方程得

$$\dot{x}_1 = x_2, \quad \dot{x}_2 = u = a_1t - a_2$$

其解为

$$x_1 = \frac{1}{6}a_1t^3 - \frac{1}{2}a_2t^2 + a_3t + a_4$$

$$x_2 = \frac{1}{2}a_1t^2 - a_2t + a_3$$

利用边界条件可求得：$a_1=3$，$a_2=\frac{7}{2}$，$a_3=1$，$a_4=1$，代入最优控制表达式，则有

$$u^*(t) = 3t - \frac{7}{2}$$

最优轨线为

$$x_1(t) = \frac{1}{2}t^3 - \frac{7}{4}t^2 + t + 1$$

$$x_2(t) = \frac{3}{2}t^2 - \frac{7}{2}t + 1$$

3. 末端受限问题

如果末端状态 $\boldsymbol{x}(T)$ 既不完全固定，也不完全自由，而受一定的约束，其约束方程为

$$g_j(\boldsymbol{x}(T)) = 0, \quad j = 1,2,\cdots,k < n$$

其向量形式为

$$\boldsymbol{G}(\boldsymbol{x}(T)) = \boldsymbol{0} \tag{7.2.35}$$

这时 $\boldsymbol{x}(T)$ 的取值集合为 $\boldsymbol{S}=\{\boldsymbol{x}(T)\,|\,\boldsymbol{G}(\boldsymbol{x}(T))=0\}$，这样的最优控制问题称为末端受限问题。

为解除约束，相应的引进乘子 $\boldsymbol{\lambda}(t)$ 和 $\boldsymbol{v}$，构造新的泛函

$$\hat{J} = \varphi(\boldsymbol{x}(T)) + \boldsymbol{v}^{\mathrm{T}}\boldsymbol{G}(\boldsymbol{x}(T)) + \int_{t_0}^{T}(H - \boldsymbol{\lambda}^{\mathrm{T}}\dot{\boldsymbol{x}})\mathrm{d}t$$

式中，$H=L(\boldsymbol{x},\boldsymbol{u},t)+\boldsymbol{\lambda}^{\mathrm{T}}\boldsymbol{f}(\boldsymbol{x},\boldsymbol{u},t)$。当约束得到满足时，$J=\hat{J}$，同前面一样，它们有相同的变分和极值，故可略去“^”。经过分部积分，则有

$$J = \Phi(\boldsymbol{x}(T)) - \boldsymbol{\lambda}^{\mathrm{T}}(T)\boldsymbol{x}(T) + \boldsymbol{\lambda}^{\mathrm{T}}(T)\boldsymbol{x}_0 + \int_{t_0}^{T}(H + \dot{\boldsymbol{\lambda}}^{\mathrm{T}}(t)\boldsymbol{x}(t))\mathrm{d}t$$

其中

$$\Phi(\boldsymbol{x}(T)) = \varphi(\boldsymbol{x}(T)) + \boldsymbol{v}^{\mathrm{T}}\boldsymbol{G}(\boldsymbol{x}(T)) \tag{7.2.36}$$

由于最优控制使 J 有极值，由必要条件有

$$\delta J = \left(\frac{\partial \Phi}{\partial \boldsymbol{x}} - \boldsymbol{\lambda}(T)\right)^{\mathrm{T}} \delta\boldsymbol{x}(T) + \int_{t_0}^{T}\left(\left(\frac{\partial H}{\partial \boldsymbol{x}} + \dot{\boldsymbol{\lambda}}\right)^{\mathrm{T}}\delta\boldsymbol{x} + \left(\frac{\partial H}{\partial \boldsymbol{u}}\right)^{\mathrm{T}}\delta\boldsymbol{u}\right)\mathrm{d}t$$

令

$$\dot{\boldsymbol{\lambda}} = -\frac{\partial H}{\partial \boldsymbol{x}} \tag{7.2.37}$$

$$\boldsymbol{\lambda}(t)\Big|_{T} = \frac{\partial \Phi}{\partial \boldsymbol{x}(T)} = \frac{\partial \varphi(\boldsymbol{x}(T))}{\partial \boldsymbol{x}(T)} + \sum_{j=1}^{k} v_j \frac{\partial g_j}{\partial \boldsymbol{x}(T)} \tag{7.2.38}$$

于是有

$$\int_{t_0}^{T}\left(\frac{\partial H}{\partial \boldsymbol{u}}\right)^{\mathrm{T}}\delta\boldsymbol{u}\,\mathrm{d}t = 0$$

同末端固定情况一样，虽然 $\delta\boldsymbol{u}$ 并非完全任意，但在系统完全能控的情况下，由上式仍可得到极值的必要条件

$$\frac{\partial H}{\partial \boldsymbol{u}} = \boldsymbol{0} \tag{7.2.39}$$

需要指出的是，现在已有表示边界条件的 $2n$ 个方程，其中 n 个状态变量 $\boldsymbol{x}(t)$ 的初始条件式(7.1.9)，n 个伴随变量 $\boldsymbol{\lambda}(t)$ 的末值条件式(7.2.38)，以及约束条件式(7.2.35)的 k 个方程，这 $2n+k$ 个方程除决定 k 个待定常数 v_j 外，还给出关于 $\boldsymbol{x}(t)$ 和 $\boldsymbol{\lambda}(t)$ 的 $2n$ 个正则方程边界条件。于是得出如下结论。

为使 $\boldsymbol{u}(t)$ 为最优控制，$\boldsymbol{x}(t)$ 为最优轨线，必存在一向量函数 $\boldsymbol{\lambda}(t)$ 和一常向量 $\boldsymbol{v}$，使得 $\boldsymbol{x}(t)$ 和 $\boldsymbol{\lambda}(t)$ 满足正则方程式(7.1.8)和式(7.2.37)及相应的边界条件

$$\dot{\boldsymbol{x}}(t) = \frac{\partial H}{\partial \boldsymbol{\lambda}},\quad \boldsymbol{x}(t)\Big|_{t_0} = \boldsymbol{x}_0$$

$$\dot{\boldsymbol{\lambda}}(t) = -\frac{\partial H}{\partial \boldsymbol{x}},\quad \boldsymbol{\lambda}(t)\Big|_{T} = \frac{\partial \Phi(\boldsymbol{x}(T))}{\partial \boldsymbol{x}(T)}$$

其中哈密顿函数 $H(\boldsymbol{x},\boldsymbol{\lambda},\boldsymbol{u},t)=L(\boldsymbol{x},\boldsymbol{u},t)+\boldsymbol{\lambda}(t)^{\mathrm{T}}\boldsymbol{f}(\boldsymbol{x},\boldsymbol{u},t)$ 满足极值条件(7.2.39)。

4. 终值时间 T 自由的问题

前面所讨论的问题，都是假定时间间隔 $[t_0,T]$ 是不变的，即终点时间是固定的。在实际问题中，T 有时是可变的。比如时间控制问题，T 是指标泛函，选控制 $\boldsymbol{u}(t)$ 使 T 有极小值。终点时间 T 可变的最优控制问题称终点时间自由的问题。

求最优控制所满足的必要条件的方法同前面一样，引进乘子，构造哈密顿函数，为解除约束，建立新的泛函 $\hat{J}$（也可写成 J）。但应特别注意的是，对最优控制取变分时，除了 $\boldsymbol{x}(t)$ 获得变分 $\delta\boldsymbol{x}(t)$ 外，T 也获得变分 δT，于是泛函 J 的变分为

$$\delta J=\left(\frac{\partial\varphi(\boldsymbol{x}(T),T)}{\partial\boldsymbol{x}(T)}\right)^{\mathrm{T}}\delta\boldsymbol{x}(T)+\frac{\partial\varphi(\boldsymbol{x}(T),T)}{\partial T}\delta T+(H-\boldsymbol{\lambda}^{\mathrm{T}}\dot{\boldsymbol{x}})\Big|_{T}\delta T$$
$$+\int_{t_0}^{\tau}\left[\left(\frac{\partial H}{\partial\boldsymbol{x}}\right)^{\mathrm{T}}\delta\boldsymbol{x}+\left(\frac{\partial H}{\partial\boldsymbol{u}}\right)^{\mathrm{T}}\delta\boldsymbol{u}-\boldsymbol{\lambda}^{\mathrm{T}}\delta\dot{\boldsymbol{x}}\right]\mathrm{d}t$$
$$=\left(\frac{\partial\varphi(\boldsymbol{x}(T),T)}{\partial\boldsymbol{x}(T)}\right)^{\mathrm{T}}\delta\boldsymbol{x}(T)+\frac{\partial\varphi(\boldsymbol{x}(T),T)}{\partial T}\delta T+(H-\boldsymbol{\lambda}^{\mathrm{T}}\dot{\boldsymbol{x}})\Big|_{T}\delta T$$
$$-(\boldsymbol{\lambda}^{\mathrm{T}}\delta\dot{\boldsymbol{x}})\Big|_{\tau}+\int_{t_0}^{T}\left(\left(\frac{\partial H}{\partial\boldsymbol{x}}+\dot{\boldsymbol{\lambda}}\right)^{\mathrm{T}}\delta\boldsymbol{x}+\left(\frac{\partial H}{\partial\boldsymbol{u}}\right)^{\mathrm{T}}\delta\boldsymbol{u}\right)\mathrm{d}t \tag{7.2.40}$$

如图 7.2.2 所示，终点的变分和变分在终点的值之间关系有

$$\begin{cases}\delta\boldsymbol{x}(T)=\delta\boldsymbol{x}\Big|_{T}+\dot{\boldsymbol{x}}\Big|_{T}\delta T\\ \delta\boldsymbol{x}\Big|_{T}=\delta\boldsymbol{x}(T)-\dot{\boldsymbol{x}}\Big|_{T}\delta T\end{cases} \tag{7.2.41}$$

将式(7.2.41)代入式(7.2.40)，再应用极值的必要条件得

$$\delta J=\left(\frac{\partial\varphi(\boldsymbol{x}(T),T)}{\partial\boldsymbol{x}(T)}-\boldsymbol{\lambda}(T)\right)^{\mathrm{T}}\delta\boldsymbol{x}(T)+\left(\frac{\partial\varphi(\boldsymbol{x}(T),T)}{\partial T}\delta T+H(T)\right)\delta T$$
$$+\int_{t_0}^{T}\left[\left(\frac{\partial H}{\partial\boldsymbol{x}}+\boldsymbol{\lambda}\right)^{\mathrm{T}}\delta\boldsymbol{x}+\left(\frac{\partial H}{\partial\boldsymbol{u}}\right)^{\mathrm{T}}\delta\boldsymbol{u}\right]\mathrm{d}t=0$$

令

$$\dot{\boldsymbol{\lambda}}=-\frac{\partial H}{\partial\boldsymbol{x}},\quad\boldsymbol{\lambda}(T)=\frac{\partial\varphi(\boldsymbol{x}(T),T)}{\partial\boldsymbol{x}(T)}$$

由于 $\delta\boldsymbol{u}$ 和 δT 的任意性，可得

$$\begin{cases}\dfrac{\partial H}{\partial\boldsymbol{u}}=\boldsymbol{0}\\ H(T)=-\dfrac{\partial\varphi(\boldsymbol{x}(T),T)}{\partial T}\end{cases} \tag{7.2.42}$$

与 T 固定的情况相比较，只多了一个方程，由此方程可确定最优控制时间 T^*。于是有如下结论。

为使 $\boldsymbol{u}(t)$ 为最优控制，$\boldsymbol{x}(t)$ 为最优轨线，必存在一向量函数 $\boldsymbol{\lambda}(t)$，满足正则方程和相应的边界条件

$$\dot{\boldsymbol{x}}=\frac{\partial H}{\partial\boldsymbol{\lambda}},\quad\boldsymbol{x}\Big|_{t_0}=\boldsymbol{x}_0$$
$$\dot{\boldsymbol{\lambda}}=-\frac{\partial H}{\partial\boldsymbol{x}},\quad\boldsymbol{\lambda}\Big|_{T}=\frac{\partial\varphi(\boldsymbol{x}(T),T)}{\partial\boldsymbol{x}(T)}$$

式中，H 为哈密顿函数，且对最优控制有稳定值 $\frac{\partial H}{\partial\boldsymbol{u}}=\boldsymbol{0}$，并在终点时间有

$$H\Big|_{T}=-\frac{\partial\varphi(\boldsymbol{x}(T),T)}{\partial T}$$

例 7.2.7 设一阶系统为

$$\dot{x}(t)=u(t),\quad x(0)=1$$

指标泛函为

$$J=sx^2(T)+\int_0^T(1+u^2)\mathrm{d}t$$

式中 $s>1$ 为常数。试求当 T 为自由时,使 J 有极小值的最优控制、最优轨线和最优时间。

解 引进乘子,构造哈密顿函数

$$H=1+u^2+\lambda u$$

伴随方程及边界条件为

$$\dot{\lambda}=-\frac{\partial H}{\partial x}=0,\quad \lambda(T)=\frac{\partial\varphi(x(T),T)}{\partial x(T)}=2sx(T)$$

由必要条件 $\frac{\partial H}{\partial u}=2u+\lambda=0$,得 $u=-\frac{\lambda}{2}$,再由条件式(7.2.42)得

$$H(T)=1+u^2\Big|_T+(\lambda u)\Big|_T=0 \tag{7.2.43}$$

解伴随方程得 $\lambda(t)=c$,于是 $\lambda(T)=2sx(T)$,$u(t)=-\frac{1}{2}\lambda(T)=$ 常数,故得 $u(t)=-sx(T)$,代入状态方程求解,再利用初始条件,则有

$$x(t)=-sx(T)t+1$$

再由式(7.2.43)得 $x(T)=\frac{1}{s}$。于是,最优控制为

$$u^*(t)=-s\cdot\frac{1}{s}=-1$$

最优时间为

$$T^*=1-\frac{1}{s}$$

需要指出的是,当函数 $\boldsymbol{f}$,L 和 φ 均不显含时间 t 和 T 时,函数 H 也不显含 t,这样,由式(7.2.28)知 $\frac{\mathrm{d}H}{\mathrm{d}t}=\frac{\partial H}{\partial t}=0$,沿最优控制轨线有

$$H^*(t)=H^*(T)=\text{常数} \tag{7.2.44}$$

因 φ 不显含 T,故 $\frac{\partial\varphi}{\partial T}=0$,由(7.2.42)知函数 H 沿最优轨线保持零值,即

$$H^*(t)=H^*(T)=0$$

最后再讨论一下各种终点的情况。由前面可知,终点情况不同,$\boldsymbol{\lambda}(t)$的末值条件也不同。比如,终点为固定点,这时$\boldsymbol{\lambda}(t)|_T$ 为未知;终点为自由端点,则$\boldsymbol{\lambda}(T)=\frac{\partial\varphi}{\partial\boldsymbol{x}(T)}$;特别当性能指标中 φ 不显含 $\boldsymbol{x}(T)$时,$\boldsymbol{\lambda}(T)=0$。若 $\varphi\neq0$,则$\boldsymbol{\lambda}(T)$等于 φ 的梯度,因此向量在$\boldsymbol{\lambda}(t)$最优轨线末端 $t=T$ 时与等值面 $\varphi(\boldsymbol{x}(T),T)=C$ 相正交。

若末端受约束，则由式(7.2.38)得

$$\boldsymbol{\lambda}(T)=\frac{\partial \varphi}{\partial \boldsymbol{x}(T)}+\sum_{j=1}^{k} v_j \frac{\partial g_j}{\partial \boldsymbol{x}(T)}$$

当 $\varphi=0$ 时，上式表示向量$\boldsymbol{\lambda}(t)$在最优轨线末端 $t=T$ 时与曲面 $\boldsymbol{G}(\boldsymbol{x}(T),T)=\boldsymbol{C}$ 正交，即 $\boldsymbol{\lambda}(T)=\sum_{j=1}^{k} v_j \frac{\partial g_j}{\partial \boldsymbol{x}(T)}$，故称为横截条件。当 $\varphi\neq 0$ 时，二者不相正交，称为斜截条件。

若某些状态变量的终值固定，比如设其前 r 个固定，其余 $n-r$ 个自由，这时约束条件为

$$g_k(\boldsymbol{x}(T))=x_k(T)-x_k=0,\quad k=1,2,\cdots,r<n$$

式中 x_k 为已知常数。将其代入式(7.2.38)，则得

$$\lambda_k(T)=\frac{\partial \varphi}{\partial x_k(T)}+\lambda_k,\quad k=1,2,\cdots,r$$

$$\lambda_k\Big|_T=\frac{\partial \varphi}{\partial x_k(T)},\quad k=r+1,r+2,\cdots,n$$

式中 λ_k 为待定常数。应注意到，既然前 r 个状态变量的终值固定，它们在性能指标中自然不会再出现，这就意味着对这些状态变量终值 $x_k(T)$来说，φ 的偏导数为零，即

$$\frac{\partial \varphi}{\partial x_k(T)}=0,\quad k=1,2,\cdots,r$$

这样就有

$$\lambda_k(t)\Big|_T=\lambda_k,\quad k=1,2,\cdots,r \tag{7.2.45}$$

$$\lambda_k(t)\Big|_T=\frac{\partial \varphi}{\partial x_k(T)},\quad k=r+1,r+2,\cdots,n \tag{7.2.46}$$

于是得到：若状态变量的末值固定，则与之对应的伴随变量的末值是未知的，若状态变量的末值自由，则与之对应的伴随变量的末值由式(7.2.46)求得。

7.3　最大值原理

当 $\boldsymbol{u}(t)$不受限时，可用变分法成功地处理最优控制问题。但正如前面所述，在实际问题中，控制一般都是受限的。对于这种情况，正像求闭区间上一个连续可微函数的极值一样，用求导数并令其为零的求解方法，对一些问题是无效的。与此类似，用变分法求解受限最优控制问题，一般说来也是行不通的。这样，迫使人们不得不探讨新的方法。经过努力，首先由庞特里亚金等人在 20 世纪 60 年代提出了最大值原理，直接推广了变分法。实践证明，这一方法对控制 $\boldsymbol{u}(t)$受限的情况是行之有效的。而对于 $\boldsymbol{u}(t)$不受限的情况，用该原理求解同用变分法是一样

的。因此可以说它是变分法的直接推广。本节将叙述这一方法,略去证明。如果读者对证明感兴趣,可以参阅有关书籍,会找到各种证明方法。

7.3.1 古典变分法的局限性

首先看一个$\boldsymbol{u}(t)$受限的例子。

例 7.3.1 考虑一阶系统

$$\dot{x}(t)=x(t)+u(t),\quad x(0)=1$$

式中$|u(t)|\leqslant 1$。试求$u(t)$使指标函数$J=\int_0^1 x(t)\mathrm{d}t$有极小值。

解 这是个自由端问题。我们应用变分法求解,看看会产生什么样的结果。引进乘子$\lambda(t)$,构造哈密顿函数

$$H=x(t)+\lambda(t)(-x(t)+u(t))\tag{7.3.1}$$

伴随方程及边界条件为

$$\dot{\lambda}(t)=-\frac{\partial H}{\partial x}=\lambda(t)-1,\quad \lambda(1)=0\tag{7.3.2}$$

由极值必要条件

$$\frac{\partial H}{\partial u}=\lambda(t)=0\tag{7.3.3}$$

可知,方程式(7.3.2)和式(7.3.3)是相矛盾的。恒等于零的$\lambda(t)$不能满足微分方程式(7.3.2)。用此方程求解,问题是无解的。这不是问题真的没有解,而是因为求解方法不对,造成“无解”的结局。在此例中,H是u的一次函数,故极值一定存在且在边界上,而不能在$\frac{\partial H}{\partial u}=0$的点达到。这就如同在闭区间$[a,b]$上求线性函数$y=kx(k\neq 0)$的极值一样,若用导数等于零的方法,令$\frac{\mathrm{d}y}{\mathrm{d}x}=k=0$就会得出矛盾的结果,因为$k\neq 0$。可是在闭区间上函数$y=kx$的最大值和最小值都存在,只不过是在边界上而已。

另外还必须注意,古典变分法求最优控制,必须将H对$\boldsymbol{u}$求导数,因此H对$\boldsymbol{u}$必须有导数。也就是说,要求$\boldsymbol{f}(\boldsymbol{x},\boldsymbol{u},t)$和$L(\boldsymbol{x},\boldsymbol{u},t)$对$\boldsymbol{u}$可微,这条件未免有些太苛刻了。因为有些问题,比如燃料控制系统,性能指标常取

$$J=\int_{t_0}^{T}\sum_{j=1}^{k}|u_j|\mathrm{d}t\tag{7.3.4}$$

的形式。可是这样的函数,就不满足导数存在的要求。

7.3.2 最大值原理

从上面的分析可以看出,当控制变量受约束时,用变分法求极值遇到了困难。让我们回忆一下,微分学中求函数在闭区间$[a,b]$上的最小(或最大)值时,曾写成

条件

$$\min_{x\in[a,b]} f(x) \tag{7.3.5}$$

求泛函的极值问题，能否也将必要条件写成

$$\min_{\boldsymbol{u}\in U} H(\boldsymbol{x},\boldsymbol{u},\boldsymbol{\lambda},t) \tag{7.3.6}$$

事实正是如此。

下面就叙述最小值原理。首先做一些必要的假设，这是最小值原理成立的先决条件。设函数 $\boldsymbol{f}(\boldsymbol{x},\boldsymbol{u},t)$，$\varphi(\boldsymbol{x}(T),T)$和 $L(\boldsymbol{x},\boldsymbol{u},t)$对变元 $\boldsymbol{x}$ 与 t 连续，并对变元 $\boldsymbol{x}$ 与 t 有连续的一阶偏导数，容许控制 $\boldsymbol{u}(t)$可以是分段连续函数。在这些条件下，由微分方程的理论可知，状态方程的解存在且唯一，并且是连续和分段可微分的。

定理 7.3.1（最小值原理）　设 $\boldsymbol{u}(t)$为容许控制，$\boldsymbol{x}(t)$为对应的积分轨线，为使 $\boldsymbol{u}^*(t)$为最优控制，$\boldsymbol{x}^*(t)$为最优轨线，必存在一向量函数$\boldsymbol{\lambda}(t)$，使得 $\boldsymbol{x}^*(t)$和$\boldsymbol{\lambda}(t)$满足正则方程$\dot{\boldsymbol{x}}(t)=\dfrac{\partial H}{\partial \boldsymbol{\lambda}}$和$\dot{\lambda}(t)=-\dfrac{\partial H}{\partial \boldsymbol{x}}$，且 H 函数在任何时刻 t，相对于最优控制 $\boldsymbol{u}^*(t)$有极小值，即

$$\min_{\boldsymbol{u}\in U} H(\boldsymbol{x}^*(t),\boldsymbol{\lambda}(t),\boldsymbol{u}(t),t) = H(\boldsymbol{x}^*(t),\boldsymbol{\lambda}(t),\boldsymbol{u}^*(t),t) \tag{7.3.7}$$

正则方程的边界条件同变分法情况完全一样，就不重述了。

把这一重要结果与上一节的结果比较就会发现，除了必要条件换为直接求极小值外，其他没有任何变化，而这一点正是早已预料到的。这一原理称为最小值原理，那为什么又叫最大值原理呢？原因在于，庞特里亚金提出该原理时，是将哈密顿函数定义为

$$H=-L+\boldsymbol{\lambda}^{\mathrm{T}}\boldsymbol{f} \tag{7.3.8}$$

同时又将$\boldsymbol{\lambda}(t)$的边界条件也改为负号，比如自由端问题

$$\boldsymbol{\lambda}\Big|_T=-\frac{\partial\varphi(\boldsymbol{x}(T))}{\partial\boldsymbol{x}(T)} \tag{7.3.9}$$

这样，哈密顿函数就和原来差一个负号，因此最小值变为最大值，故又称最大值原理。考虑历史原因，虽然叙述成最小值，但有时也称最大值原理。不过当使用此原理时，要特别注意，千万不能把两者混淆起来。

最小值原理只是最优控制所满足的必要条件。但对于线性系统

$$\dot{\boldsymbol{x}}(t)=\boldsymbol{A}(t)\boldsymbol{x}(t)+\boldsymbol{B}(t)\boldsymbol{u}(t) \tag{7.3.10}$$

式中

$$\boldsymbol{A}(t)=\begin{bmatrix} a_{11}(t) & \cdots & a_{1n}(t)\\ \vdots & \ddots & \vdots\\ a_{n1}(t) & \cdots & a_{nn}(t)\end{bmatrix},\quad \boldsymbol{B}(t)=\begin{bmatrix} b_1(t)\\ \vdots\\ b_n(t)\end{bmatrix}$$

最小值原理也是使泛函 J 取最小值的充分条件。

下面举例说明原理的应用。

例 7.3.2 重新解例 7.3.1。

解 还是引进乘子 $\lambda(t)$,构造哈密顿函数

$$H = x(t) + \lambda(t)(-x(t) + u(t)) = (1-\lambda)x(t) + \lambda u(t) \tag{7.3.11}$$

伴随方程及边界条件为

$$\dot{\lambda}(t) = -\frac{\partial H}{\partial x} = \lambda(t) - 1, \quad \lambda(1) = 0 \tag{7.3.12}$$

利用最小值原理,需先求 H 的极值。要使 H 最小,只要 $\lambda u(t)$ 常负且取 $|u|$ 的边界值即可。由极值必要条件,知

$$u = -\operatorname{sgn}\lambda = \begin{cases} -1, & \lambda > 0 \\ 1, & \lambda < 0 \end{cases} \tag{7.3.13}$$

又,伴随方程满足边界条件的解有如下形式

$$\lambda(t) = 1 - e^{t-1} > 0, \quad 0 \leqslant t \leqslant 1 \tag{7.3.14}$$

于是有

$$u^*(t) = -1 \tag{7.3.15}$$

这说明最优控制在控制域的边界上达到且为-1。将 $u^*(t)$ 代入状态方程得到

$$\dot{x}(t) = -x(t) - 1, \quad x(0) = 1 \tag{7.3.16}$$

其解为

$$x^*(t) = 2e^{-t} - 1 \tag{7.3.17}$$

这就是最优轨线。

最优性能指标值为

$$J^* = \int_0^1 x^* \mathrm{d}t = -2e^{-1} + 1 \tag{7.3.18}$$

协态变量与控制变量的关系如图 7.3.1 所示。

例 7.3.3 设系统为

$$\dot{x}(t) = -x(t) + u(t), \quad x(0) = 1$$

式中 $|u(t)| \leqslant 1$,试求控制 $u(t)$ 使性能指标泛函 $J = \int_0^1 \left(x - \frac{1}{2}u\right)\mathrm{d}t$ 有极小值。

解 应用最小值原理求解。构造哈密顿函数

$$H = x - \frac{1}{2}u + \lambda(-x + u) = (1-\lambda)x + \left(\lambda - \frac{1}{2}\right)u \tag{7.3.19}$$

伴随方程及边界条件为

$$\dot{\lambda}(t) = -\frac{\partial H}{\partial x} = \lambda - 1, \quad \lambda(1) = 0 \tag{7.3.20}$$

其解为

$$\lambda(t) = -(e^{t-1} - 1) \tag{7.3.21}$$

由哈密顿函数式(7.3.19)和最优性的必要条件可知:

$$u = -\operatorname{sgn}\left(\lambda - \frac{1}{2}\right) \tag{7.3.22}$$

下面考虑 $\lambda - \frac{1}{2}$ 的正负性问题。令 $\lambda(t) - \frac{1}{2} = 0$，可求出正负号转接点 $t_t = \ln\frac{e}{2}$。于是有

$$u^*(t) = \begin{cases} -1, & 0 \leqslant t \leqslant \ln\frac{e}{2} \\ 1, & \ln\frac{e}{2} < t \leqslant 1 \end{cases} \tag{7.3.23}$$

式(7.3.23)所代表的曲线如图 7.3.2 所示。

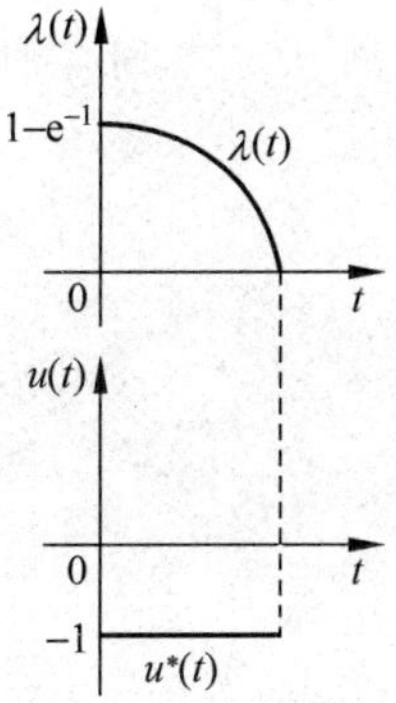

图 7.3.1　协态变量与控制变量的关系 1

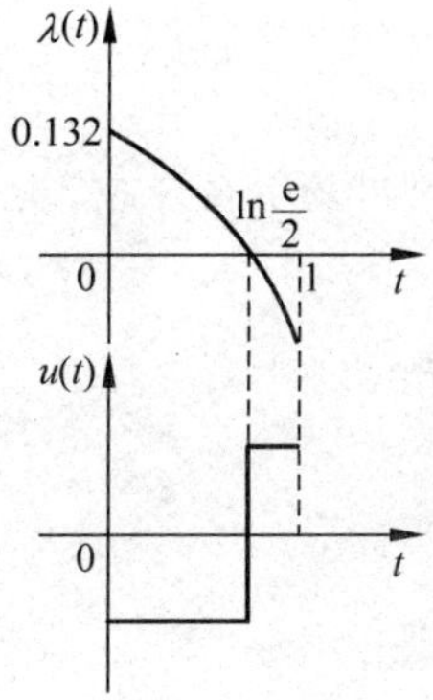

图 7.3.2　协态变量与控制变量的关系 2

将 $u^*(t)$ 代入状态方程，则

$$\dot{x} = -x + u = \begin{cases} -x - 1, & 0 \leqslant t \leqslant \ln\frac{e}{2} \\ -x + 1, & \ln\frac{e}{2} < t \leqslant 1 \end{cases} \tag{7.3.24}$$

在区间 $\left[0, \ln\frac{e}{2}\right]$ 上，有

$$x^*(t) = 2e^{-t} - 1 \tag{7.3.25}$$

令 $t = \ln\frac{e}{2}$，则 $x\left(\ln\frac{e}{2}\right) = 4e^{-1} - 1$，以第一段轨线的末值作为第二段轨线的初始值，则第二段轨线的方程及终点条件为

$$\dot{x} = -x + 1, \quad x\left(\ln\frac{e}{2}\right) = 4e^{-1} - 1 \tag{7.3.26}$$

可得其解

$$x^*(t) = (2 - e)e^{-t} + 1 \tag{7.3.27}$$

于是整个最优轨线为

$$x^*(t)=\begin{cases}2e^{-t}-1, & 0\leqslant t\leqslant \ln\dfrac{e}{2}\\ (2-e)e^{-t}+1, & \ln\dfrac{e}{2}<t\leqslant 1\end{cases}\tag{7.3.28}$$

例 7.3.4 设动态方程为

$$\begin{cases}\dot{x}_1=x_2, & x_1(0)=0\\ \dot{x}_2=u, & x_2(0)=0\end{cases}\tag{7.3.29}$$

控制 u 受限,即 $|u|\leqslant 1$。试求最优控制 $u(t)$,把系统状态在终点时刻转移到

$$x_1(T)=x_2(T)=\frac{1}{4}\tag{7.3.30}$$

并使性能指标泛函 $J=\int_0^T u^2\mathrm{d}t$ 取极小值,其中终点时刻 T 是不固定的。

解 应用最小值原理,构造哈密顿函数

$$H=u^2+\lambda_1 x_2+\lambda_2 u\tag{7.3.31}$$

伴随方程为

$$\dot{\lambda}_1=-\frac{\partial H}{\partial x_1}=0$$

$$\dot{\lambda}_2=-\frac{\partial H}{\partial x_2}=-\lambda_1\tag{7.3.32}$$

其解为 $\lambda_1=a$,$\lambda_2=b-at$,因 $\boldsymbol{x}(t)$ 在终点时刻的值是固定的,故 $\boldsymbol{\lambda}(t)$ 的边界条件是未知的。

H 是 u 的二次抛物线函数,u 在 $-1\leqslant u\leqslant 1$ 上一定使 H 有最小值,可能在内部,也可能在边界上。可先利用最优性条件求出 u(若存在),再利用最小值原理求边界上的可能值。由

$$\frac{\partial H}{\partial u}=2u+\lambda_2=0\tag{7.3.33}$$

得

$$u=-\frac{1}{2}\lambda_2=-\frac{1}{2}(b-at)\tag{7.3.34}$$

再加上 $u=1$,$u=-1$,最优控制可能且只能取此三个值。

可以验证 $u(t)$ 等于 1 和 -1 都不能使状态变量同时满足初始条件和终点条件,所以可设 $u(t)=-\frac{1}{2}(b-at)$,将其代入状态方程,利用初始条件,可得

$$\begin{cases}x_1(t)=-\dfrac{1}{2}\left(\dfrac{1}{2}bt^2-\dfrac{1}{6}at^3\right)\\ x_2(t)=-\dfrac{1}{2}\left(bt-\dfrac{1}{2}at^2\right)\end{cases}\tag{7.3.35}$$

设 T 是终点时刻,则

$$\begin{cases} x_1(T) = -\dfrac{1}{2}\left(\dfrac{1}{2}bT^2 - \dfrac{1}{6}aT^3\right) = \dfrac{1}{4} \\ x_2(T) = -\dfrac{1}{2}\left(bT - \dfrac{1}{2}aT^2\right) = \dfrac{1}{4} \end{cases} \tag{7.3.36}$$

由于 T 是不定的，且性能指标是积分型的，可按方程式(7.2.42)的推导过程得

$$\begin{aligned} H(T) &= (u^2 + \lambda_1 x_2 + \lambda_2 u)\Big|_T \\ &= \frac{1}{4}(b - aT)^2 + \frac{a}{4} + (b - aT)\left(\frac{1}{2}(b - aT)\right) = 0 \end{aligned} \tag{7.3.37}$$

解式(7.3.36)和式(7.3.37)，得 $b=0, a=\dfrac{1}{9}, T=3$。于是，$u^*(t)=\dfrac{t}{18}$ 在 $[0,3]$ 上满足条件 $|u(t)|\leqslant 1$，此为最优控制。最优轨线为 $x_1^*(t)=\dfrac{t}{108}, x_2^*(t)=\dfrac{t^2}{36}$，最优性能指标为 $J^*=\dfrac{1}{36}$。

例 7.3.5　设二阶系统为

$$\dot{x}_1 = x_2, \quad \dot{x}_2 = u \tag{7.3.38}$$

初始条件为

$$x_1(0) = 0, \quad x_2(0) = 2 \tag{7.3.39}$$

试求控制函数 $u(t)$，在约束条件 $|u(t)|\leqslant 1$ 下，使系统以最短时间从给定初态转移到零态，即 $x_1(T)=0, x_2(T)=0$。

解　这是一个时间控制问题，T 自由，指标可写成为

$$J = T = \int_0^T 1\mathrm{d}t \tag{7.3.40}$$

H 函数为

$$H = 1 + \lambda_1 x_2 + \lambda_2 u \tag{7.3.41}$$

伴随方程为

$$\dot{\lambda}_1 = -\frac{\partial H}{\partial x_1} = 0, \quad \dot{\lambda}_2 = -\frac{\partial H}{\partial x_2} = -\lambda_1 \tag{7.3.42}$$

其解为

$$\lambda_1(t) = a, \quad \lambda_2(t) = b - at \tag{7.3.43}$$

由最小值原理，得

$$u = -\operatorname{sgn}\lambda_2 = -\operatorname{sgn}(b - at) \tag{7.3.44}$$

因为 λ_2 为 t 的线性函数，最多有一次变号，所以 $u(t)$ 最多有一次开关，或者从 $u=-1$ 到 $u=1$，或者从 $u=1$ 到 $u=-1$，到底是哪个，可由问题的物理意义判定。系统为二阶系统，实际上，x_1 是位移，而 x_2 是速度，u 则是力。在这种意义下，系统初始位移为零，而初速为2，选择控制力，使系统达到平衡状态。为了使速度趋于零，当然施加力的方向应与初速方向相反，故取 $u=-1$。状态方程的解为

$$x_1(t)=-\frac{1}{2}t^2+c_1t+c_2$$

$$x_2(t)=-t+c_1 \tag{7.3.45}$$

由初始条件,可得 $c_1=2,c_2=0$,于是有

$$\begin{cases}x_1(t)=-\dfrac{1}{2}t^2+2t\\x_2(t)=-t+2\end{cases} \tag{7.3.46}$$

设换轨时刻为 t_t,当 $t=t_t$ 时

$$\begin{cases}x_1(t_t)=-\dfrac{1}{2}t_t^2+2t_t\\x_2(t_t)=-t_t+2\end{cases} \tag{7.3.47}$$

当 $t>t_t$ 时,$u=1$,状态方程为

$$\dot{x}_1=x_2,\quad \dot{x}_2=1 \tag{7.3.48}$$

其解为

$$\begin{cases}x_1(t)=-\dfrac{1}{2}t^2+c_1t+c_2\\x_2(t)=t+c_1\end{cases} \tag{7.3.49}$$

将前一段状态在 $t=t_t$ 时的值作为后一段的初始条件,可求得 $c_1=2t_t+2,c_2=2t_t^2$。将其代入式(7.3.49),有

$$\begin{cases}x_1(t)=\dfrac{1}{2}t^2+(-2t_t+2)t+t_t^2\\x_2(t)=t-2t_t+2\end{cases} \tag{7.3.50}$$

于是,当 $t\geqslant t_t$ 时,有

$$x_1(t)=\frac{1}{2}(t-t_t)^2+(-t_t+2)(t-t_t)+\left(-\frac{1}{2}t_t^2+2t_t\right)$$

$$x_2(t)=(t-t_t)+(-t_t+2) \tag{7.3.51}$$

以 T 为终点时刻代入终点条件,得

$$(T-t_t)+(-t_t+2)=0$$

$$\frac{1}{2}(T-t_t)^2+(-t_t+2)(T-t_t)+\left(-\frac{1}{2}t_t^2+2t_t\right)=0$$

可解出

$$t_t=2+\sqrt{2},\quad T=2+2\sqrt{2} \tag{7.3.52}$$

所以最优控制为

$$u^*(t)=\begin{cases}-1, & 0\leqslant t\leqslant 2+\sqrt{2}\\1, & 2+\sqrt{2}<t\leqslant 2+2\sqrt{2}\end{cases} \tag{7.3.53}$$

最优指标即最短时间为

$$T = 2 + 2\sqrt{2} \tag{7.3.54}$$

最优控制 $u^*(t)$和最优轨线 $x(t)$如图 7.3.3 所示。

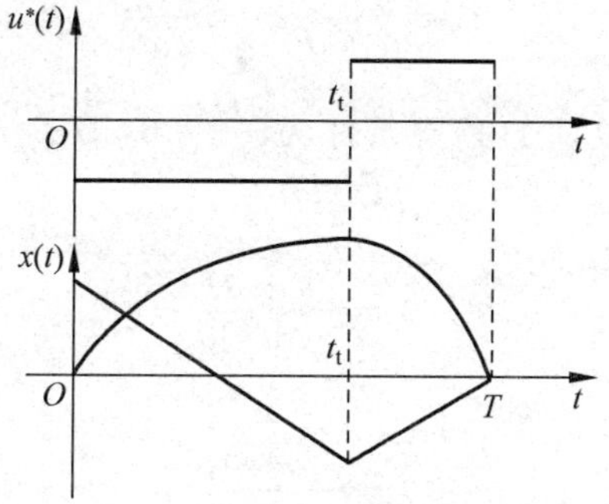

图 7.3.3　最优控制切换及最优轨线示意图

7.3.3　古典变分法与最小值原理

古典变分法适用的范围是对 $\boldsymbol{u}$ 无约束，而最小值原理一般都适用。特别当 $\boldsymbol{u}$ 不受约束时，条件

$$\min_{\boldsymbol{u} \in \boldsymbol{U}} H(\boldsymbol{x}^*, \boldsymbol{\lambda}, \boldsymbol{u}, t) \tag{7.3.55}$$

就等价于条件

$$\frac{\partial H}{\partial \boldsymbol{u}} = 0 \tag{7.3.56}$$

最后说明一下与欧拉方程的关系。当 $\boldsymbol{u}$ 不受限时，伴随方程

$$\dot{\boldsymbol{\lambda}}(t) = -\frac{\partial H}{\partial \boldsymbol{x}} \tag{7.3.57}$$

和极值条件

$$\frac{\partial H}{\partial \boldsymbol{u}} = 0 \tag{7.3.58}$$

实际上就是欧拉方程。为了方便，只考虑一个未知函数 $x(t)$的情况，即泛函为

$$J = \int_{t_0}^{T} F(x, \dot{x}, t)\mathrm{d}t \tag{7.3.59}$$

变分法的问题是求 $x(t)$使 J 有极小值。极值曲线满足欧拉方程

$$\frac{\partial F}{\partial x} - \frac{\mathrm{d}}{\mathrm{d}t}\frac{\partial F}{\partial \dot{x}} = 0 \tag{7.3.60}$$

另一方面，若令 $\dot{x} = u$，并将其看成状态方程，这时问题变为求 u 使

$$J = \int_{t_0}^{T} F(x, u, t)\mathrm{d}t \tag{7.3.61}$$

有极小值。

构造哈密顿函数

$$H = F(x,u,t) + \lambda u \tag{7.3.62}$$

伴随方程

$$\dot{\lambda} = -\frac{\partial H}{\partial x} = -\frac{\partial F}{\partial x} \tag{7.3.63}$$

由于控制 u 没有约束，极值的必要条件为 $\frac{\partial H}{\partial u}=0$，即 $\frac{\partial F}{\partial u}+\lambda=0$ 或 $\lambda=-\frac{\partial F}{\partial u}$。于是有

$$\dot{\lambda} = -\frac{\mathrm{d}}{\mathrm{d}t}\frac{\partial F}{\partial u} \tag{7.3.64}$$

因 $\dot{x}=u$，所以

$$\dot{\lambda} = -\frac{\mathrm{d}}{\mathrm{d}t}\frac{\partial F}{\partial \dot{x}} \tag{7.3.65}$$

于是由式(7.3.63)和式(7.3.65)有 $-\frac{\partial F}{\partial x}=-\frac{\mathrm{d}}{\mathrm{d}t}\frac{\partial F}{\partial \dot{x}}$，即欧拉方程 $\frac{\partial F}{\partial x}-\frac{\mathrm{d}}{\mathrm{d}t}\frac{\partial F}{\partial \dot{x}}=0$。

7.4 动态规划

动态规划是求解最优控制的又一种方法，特别对离散型控制系统更为有效，而且得出的是综合控制函数。这种方法来源于多决策过程，由贝尔曼首先提出，故称贝尔曼动态规划。本节介绍离散型动态规划及连续型动态规划，并讨论它与极大值原理之间的关系。

7.4.1 多级决策过程与最优性原理

作为例子，首先分析最优路径问题。

例 7.4.1 从 x_0 地到 x_T 地的路线如图 7.4.1 所示，其中线段中的数字表示走这段路程所需要的时间。

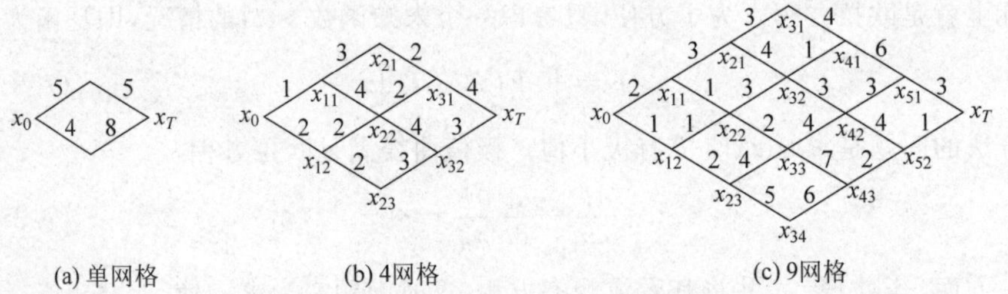

图 7.4.1 路径问题的 3 个例子

试分析图 7.4.1(a)，(b)和(c) 3 种情况的最优路径，即从 x_0 走到 x_T 所需时间最少。规定沿水平方向只能前进不能后退。

从图 7.4.1 中可见，图(a)中只有两条路径，从起点 x_0 开始，一旦选定路线，就直达终点，选最优路径就是从两条中选一条，使路程所用时间最少。这很容易办到，只稍加计算，便可知道，上面一条所需时间最少。

再看图(b)，共有 6 条路径可到达终点，若仍用上面方法，需计算 6 次，将每条路径所需时间求出，然后比较，找出一条时间最短的路程。

再看图(c)，如果仍采用上述方法，需计算 20 次，因为这时有 20 条路径，由此可见，计算量显著增大了。

因此，上述方法虽然想法简单，易于接受，但对复杂一些的问题，计算量急剧增大，因而实用价值不大。

下面以图 7.4.1(c)为例，应用另一种算法——逆向分级计算法来考虑这一问题，所谓逆向是指计算从后面开始，分级是指逐级计算。逆向分级就是从后向前逐级计算。

根据上述方法，从倒数第一级开始，状态有两个，分别为 x_{51} 和 x_{52}。在 x_{51} 处，只有一条路到达终点，其时间是 3；在 x_{52} 处，也只有一条，时间为 1。后一条时间最短，将此时间相应地标在点 x_{52} 上。并将此点到终点的最优路径画上箭头。然后再考虑第二级，若在 x_{41} 处，只有一种选择，到终点所需时间是 $6+3=9$；若在 x_{42} 处，有两条路，比较后选出时间最少的一条，即 $4+1=5$，从该点出发，应选这一条，并用箭头标出；按此处理，将 x_{43} 点也标出最优路径和时间。依此类推，最后计算初始位置 x_0，有两种选择，稍做计算并比较可知，在 x_0 处时，应选择下面一条，这样可求得最优路径为 $x_{10}\,x_{12}\,x_{22}\,x_{32}\,x_{42}\,x_{52}\,x_T$，即把所有箭头连起来就是最优路径，最短时间为 13。最优路径如图 7.4.2 所示。

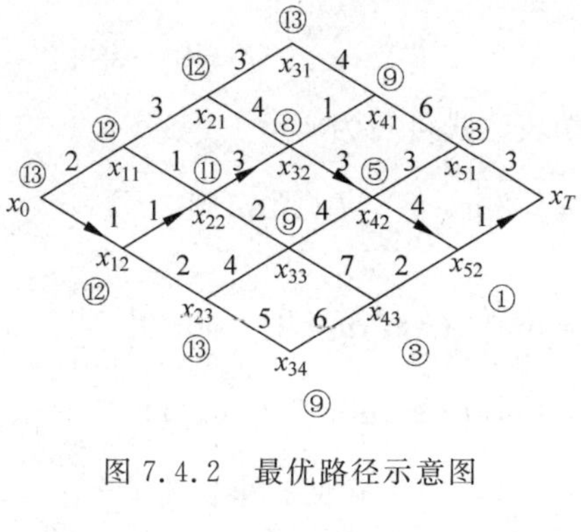

图 7.4.2　最优路径示意图

用同样的方法可以分析图 7.4.1(b)的情况。

这一种方法，就是由贝尔曼提出的动态规划，主要特点是逆向分级计算。所谓逆向，就是从后往前计算，表示长远利益和眼前利益相结合，比如图 7.4.1(b)中，在 x_0 点，若只考虑眼前利益，走上面一条路最好，所谓分级就是多级同时选择化为单级选择，使问题大为简化。

考虑一般情况,设系统由离散状态方程描述

$$\boldsymbol{x}_{k+1}=\boldsymbol{f}(\boldsymbol{x}_k),\quad k=0,1,2,\cdots,N-1 \tag{7.4.1}$$

式中,$\boldsymbol{x}_{k+1}$和$\boldsymbol{x}_k$分别表示采样时刻$(k+1)T$和kT时的状态值,T表示采样间隔。方程式(7.4.1)描述一个过程,通过递推算法,可计算出每步的量值。为方便起见,今后称一步为一级。比如从$\boldsymbol{x}_0$到$\boldsymbol{x}_1$为第一级,从$\boldsymbol{x}_1$到$\boldsymbol{x}_2$为第二级,依此类推,最后一级称为第N级。若仅有一级,则称为单级,二级以上则称为多级过程。在实际问题中,需要考虑的不仅是一个单纯的过程,而且是一个能够控制的过程,即每一级的每一点都有若干个方案可供选择的过程。比如例7.4.1中的最优路径问题,一般都有两种选择。控制过程可描述为

$$\boldsymbol{x}_{k+1}=f(\boldsymbol{x}_k,\boldsymbol{u}_k),\quad k=0,1,2,\cdots,N-1 \tag{7.4.2}$$

式中$\boldsymbol{u}_k$为控制向量或决策向量。带有可控制的多级过程称多级决策过程。

设目标函数为

$$J=J(\boldsymbol{x}_0,\boldsymbol{x}_1,\boldsymbol{x}_2,\cdots,\boldsymbol{x}_{N-1};\boldsymbol{u}_0,\boldsymbol{u}_1,\boldsymbol{u}_2,\cdots,\boldsymbol{u}_{N-1}) \tag{7.4.3}$$

选择控制的目的在于,选择决策序列$\boldsymbol{u}_0,\boldsymbol{u}_1,\boldsymbol{u}_2,\cdots,\boldsymbol{u}_{N-1}$,使目标函数取最小值或最大值。这实际上就是离散状态的最优控制问题。

解决多级最优决策问题的算法就是逆向分级算法,其理论基础是最优性原理,现叙述如下。

在一个多级决策问题中的最优决策具有这样的性质,不管初始级、初始状态和初始决策是什么,当把其中任何一级和状态作为初始级和初始状态时,余下的决策对此仍是最优决策。

在实际问题中,指标函数多是各级指标之和,即具有可加性,一般表示为

$$J=\sum_{k=0}^{N-1}L(\boldsymbol{x}_k,\boldsymbol{u}_k) \tag{7.4.4}$$

这时,最优性原理的数学表达式可写为

$$\begin{aligned}J^*(\boldsymbol{x}_0)&=\underset{\boldsymbol{u}_0,\cdots,\boldsymbol{u}_{N-1}}{\mathrm{opt}}\left(\sum_{k=0}^{N-1}L(\boldsymbol{x}_k,\boldsymbol{u}_k)\right)\\&=\underset{\boldsymbol{u}_0}{\mathrm{opt}}\left((L(\boldsymbol{x}_0,\boldsymbol{u}_0)+\underset{\boldsymbol{u}_1,\cdots,\boldsymbol{u}_{N-1}}{\mathrm{opt}}\left(\sum_{k=1}^{N-1}L(\boldsymbol{x}_k,\boldsymbol{u}_k)\right)\right)\\&=\underset{\boldsymbol{u}_0}{\mathrm{opt}}(L(\boldsymbol{x}_0,\boldsymbol{u}_0)+J^*(\boldsymbol{x}_1))\end{aligned} \tag{7.4.5}$$

可用反证法说明最优原理的正确性。事实上,设$\boldsymbol{u}_0^*,\boldsymbol{u}_1^*,\boldsymbol{u}_2^*,\cdots,\boldsymbol{u}_{N-1}^*$是最优决策序列,$J^*(\boldsymbol{x}_0)$是相应的最优值,则$\boldsymbol{u}_1^*,\boldsymbol{u}_2^*,\cdots,\boldsymbol{u}_{N-1}^*$对$\boldsymbol{x}_1^*$来说仍是最优决策序列。反之,若不是最优的,则必存在决策序列$\boldsymbol{u}_1^{\#},\boldsymbol{u}_2^{\#},\cdots,\boldsymbol{u}_{N-1}^{\#}$,使

$$J^{\#}(\boldsymbol{x}_1)=\sum_{k=1}^{n-1}L(\boldsymbol{x}_k,\boldsymbol{u}_k^{\#})\succ J^*(\boldsymbol{x}_1) \tag{7.4.6}$$

符号“$\succ$”表示优于。在方程式(7.4.5)中,用$J^{\#}(\boldsymbol{x}_1)$代替$J^*(\boldsymbol{x}_0)$,就会使$J^*(\boldsymbol{x}_0)$变为更优,与原来假设矛盾,说明方程式(7.4.5)的正确性。

7.4.2 离散系统的动态规划

设有 n 阶离散系统

$$\boldsymbol{x}_{k+1} = f(\boldsymbol{x}_k, \boldsymbol{u}_k), \quad k = 0,1,2,\cdots,N-1 \tag{7.4.7}$$

式中，状态向量 $\boldsymbol{x}_k$ 是 n 维向量，决策向量 $\boldsymbol{u}_k$ 是 m 维向量，其性能指标为

$$J = \sum_{k=0}^{N-1} L(\boldsymbol{x}_k, \boldsymbol{u}_k) \tag{7.4.8}$$

问题是求决策向量 $\boldsymbol{u}_0, \boldsymbol{u}_1, \boldsymbol{u}_2, \cdots, \boldsymbol{u}_{N-1}$ 使 J 有最小值(或最大值)，其终点可自由，也可固定或受约束。

为方便，引进记号

$$V(\boldsymbol{x}_k) = J^*(\boldsymbol{x}_k) = \min_{\boldsymbol{u}_k, \cdots, \boldsymbol{u}_{N-1}} \sum_{i=k}^{N-1} L(\boldsymbol{x}_i, \boldsymbol{u}_i) \tag{7.4.9}$$

应用最优性原理，式(7.4.5)可写成

$$V(\boldsymbol{x}_0) = \min_{\boldsymbol{u}_0}(L(\boldsymbol{x}_0, \boldsymbol{u}_0) + V(\boldsymbol{x}_1)) \tag{7.4.10}$$

由此，可建立如下递推公式：

$$V(\boldsymbol{x}_k) = \min_{\boldsymbol{u}_k}(L(\boldsymbol{x}_k, \boldsymbol{u}_k) + V(\boldsymbol{x}_{k+1})) = \min_{\boldsymbol{u}_k}(L(\boldsymbol{x}_k, \boldsymbol{u}_k) + V(f(\boldsymbol{x}_k, \boldsymbol{u}_k)))$$

$$V(\boldsymbol{x}_{N-1}) = \min_{\boldsymbol{u}_{N-1}} L(\boldsymbol{x}_{N-1}, \boldsymbol{u}_{N-1}) \tag{7.4.11}$$

式(7.4.11)是一个递推公式，称为贝尔曼动态规划方程。

动态规划的实质是逆向分级计算，且在每一步上对所有可能的状态都计算出对应的最优决策和最优指标值。当用计算机计算时，需将这些结果储存起来，最后找最优决策时，从初始状态 $\boldsymbol{x}_0$ 开始，由前向后，把各状态的指标值进行比较，逐步得出最优决策序列。显然，当级数越多，特别是向量的维数越大，在每一状态处的比较也越困难，当维数大到一定程度时，即或是容量较大、速度较快的计算机也很难计算，贝尔曼称其为"维数的灾难"。

例 7.4.2　设一阶离散系统，状态方程和初始条件为

$$x_{k+1} = x_k + u_k, \quad x_k\Big|_{k=0} = x_0 \tag{7.4.12}$$

性能指标为

$$J = x_N^2 + \sum_{k=0}^{N-1}(x_k^2 + u_k^2) \tag{7.4.13}$$

试求当 $N=2$ 时使 J 有最小值的最优决策序列和最优轨线序列。

解　除了 N 段指标之和外，还有与终点有关的项 x_N^2，应用状态方程，当 $N=2$ 时，指标可写为

$$J = x_0^2 + u_0^2 + x_1^2 + u_1^2 + (x_1 + u_1)^2 \tag{7.4.14}$$

选 u_1 使 $J(x_1)$ 最小，因 u_1 不受限，可令

$$\frac{\partial J(x_1)}{\partial u_1}=2u_1+2(x_1+u_1)=0 \tag{7.4.15}$$

于是,有

$$u_1=-\frac{1}{2}x_1 \tag{7.4.16}$$

实际上,这就是最优决策,并表示成了状态的函数。代入 $J(x_1)$ 则有

$$J^*(x_1)=x_1^2+\left(-\frac{1}{2}x_1\right)^2+\left(x_1-\frac{1}{2}x_1\right)^2=\frac{3}{2}x_1^2 \tag{7.4.17}$$

进一步求上一级的决策

$$\begin{aligned}J(x_0)&=x_0^2+u_0^2+J^*(x_1)=x_0^2+u_0^2+\frac{3}{2}x_1^2\\&=x_0^2+u_0^2+\frac{3}{2}(x_0+u_0)^2\end{aligned} \tag{7.4.18}$$

选 u_0 使 $J(x_0)$ 最小,令

$$\frac{\partial J(x_0)}{\partial u_0}=2u_0+3(x_0+u_0)=0 \tag{7.4.19}$$

则

$$u_0=-\frac{3}{5}x_0 \tag{7.4.20}$$

代入指标,则有 $J^*(x_0)=\frac{8}{5}x_0^2$,将 u_0 代入状态方程,$x_1=x_0+u_0=x_0-\frac{3}{5}x_0=\frac{2}{5}x_0$,于是有

$$u_1^*=-\frac{1}{2}x_1=-\frac{1}{5}x_0 \tag{7.4.21}$$

$$x_2=x_1+u_1=\frac{1}{5}x_0 \tag{7.4.22}$$

这样,最优决策序列为

$$u_0^*=-\frac{3}{5}x_0,\quad u_1^*=-\frac{1}{5}x_0 \tag{7.4.23}$$

最优轨线为

$$x_0,x_1=\frac{2}{5}x_0,\quad x_2=\frac{1}{5}x_0 \tag{7.4.24}$$

7.4.3 连续系统的动态规划

现在考虑 n 阶连续系统的最优控制问题,状态方程和初始条件为式(7.1.8)和式(7.1.9),即

$$\dot{\boldsymbol{x}}=\boldsymbol{f}(\boldsymbol{x},\boldsymbol{u},t),\quad \boldsymbol{x}(t_0)=\boldsymbol{x}_0 \tag{7.4.25}$$

式中,$\boldsymbol{u}$ 为 m 维分段连续向量函数,即值在 $\boldsymbol{U}$ 集上,$\boldsymbol{u}(t)\in\boldsymbol{U}$,$\boldsymbol{U}$ 为 m 维欧氏空间中

的一个闭集。性能指标为式(7.1.12),即

$$J=\varphi(\boldsymbol{x}(T),T)+\int_{t_0}^{T}L(\boldsymbol{x},\boldsymbol{u},t)\mathrm{d}t \tag{7.4.26}$$

目标集为式(7.1.11),即

$$\boldsymbol{S}=\{\boldsymbol{x}(T)\mid\varphi(\boldsymbol{x}(T),T)=0\} \tag{7.4.27}$$

从容许控制中选出控制 $\boldsymbol{u}(t)$,使系统状态从 t_0 时的 $\boldsymbol{x}_0$ 开始,在 $t=T$ 时到达指定的目标集 $\boldsymbol{S}$ 且使泛函 J 有最小值。

同离散情况一样,引进记号 $V(\boldsymbol{x},t)$,即

$$V(\boldsymbol{x},t)=J(\boldsymbol{x}^*(t),\boldsymbol{u}^*(t))=\min_{\boldsymbol{u}(t)\in\boldsymbol{U}}J(\boldsymbol{x}(t),\boldsymbol{u}(t)) \tag{7.4.28}$$

式中 $\boldsymbol{u}^*(t)$是最优控制,$\boldsymbol{x}^*(t)$是对应于 $\boldsymbol{u}^*(t)$的最优轨线。$V(\boldsymbol{x}(t),t)$可理解为,以 t 时刻的状态 $\boldsymbol{x}(t)$作为初始条件所得到的最优性能指标值。显然它只与 $\boldsymbol{x}$ 和 t 有关。

为导出动态规划方程,首先说明连续型最优性原理:如果对初始时刻 t_0 和初始状态 $\boldsymbol{x}_0$ 来说,$\boldsymbol{u}^*(t)$和 $\boldsymbol{x}^*(t)$是系统的最优控制和相应的最优轨线,那么对任一时刻 $t_1(t_0<t_1<T)$和状态 $\boldsymbol{x}^*(t_1)$来说,它们仍是所论系统在 $t>t_1$ 以后直到 $t=T$ 这一段时间的最优控制和最优轨线。根据最优性原理有

$$\begin{aligned}V(\boldsymbol{x}(t),t)&=\min_{\boldsymbol{u}(t)\in\boldsymbol{U}}\left(\varphi(\boldsymbol{x}(T),T)+\int_{t}^{T}L(\boldsymbol{x}(t),\boldsymbol{u}(t),t)\mathrm{d}t\right)\\&=\min_{\boldsymbol{u}(t)\in\boldsymbol{U}}\left(\int_{t}^{t+\Delta t}L(\boldsymbol{x}(t),\boldsymbol{u}(t),t)\mathrm{d}t+\int_{t+\Delta t}^{T}L(\boldsymbol{x}(t),\boldsymbol{u}(t),t)\mathrm{d}t+\varphi(\boldsymbol{x}(T),T)\right)\\&=\min_{\boldsymbol{u}(t)\in\boldsymbol{U}}\left(\int_{t}^{t+\Delta t}L(\boldsymbol{x}(t),\boldsymbol{u}(t),t)\mathrm{d}t+\min_{\boldsymbol{u}(t)\in\boldsymbol{U}}\left(\int_{t+\Delta t}^{T}L(\boldsymbol{x}(t),\boldsymbol{u}(t),t)\mathrm{d}t+\varphi(\boldsymbol{x}(T),T)\right)\right)\\&=\min_{\boldsymbol{u}(t)\in\boldsymbol{U}}\left(\int_{t}^{t+\Delta t}L(\boldsymbol{x}(t),\boldsymbol{u}(t),t)\mathrm{d}t\right)+V(\boldsymbol{x}(t+\Delta t),t+\Delta t)\end{aligned} \tag{7.4.29}$$

其中

$$V(\boldsymbol{x}(t+\Delta t),t+\Delta t)=\min_{\boldsymbol{u}(t)\in\boldsymbol{U}}\left(\int_{t+\Delta t}^{T}L(\boldsymbol{x}(t),\boldsymbol{u}(t),t)\mathrm{d}t+\varphi(\boldsymbol{x}(T),T)\right) \tag{7.4.30}$$

设 $V(\boldsymbol{x}(t),t)$连续,且对 $\boldsymbol{x}$ 和 t 有连续的一阶和二阶偏导数,由泰勒公式,可得

$$V(\boldsymbol{x}(t+\Delta t),t+\Delta t)=V(\boldsymbol{x}(t),t)+\left(\frac{\partial V}{\partial\boldsymbol{x}}\right)^{\mathrm{T}}\frac{\mathrm{d}\boldsymbol{x}}{\mathrm{d}t}\Delta t+\frac{\partial V}{\partial t}\Delta t+o(\Delta t)^2 \tag{7.4.31}$$

由中值定理,得

$$\int_{t}^{t+\Delta t}L(\boldsymbol{x}(t),\boldsymbol{u}(t),t)\mathrm{d}t=L(\boldsymbol{x}(t+\alpha\Delta t),\boldsymbol{u}(t+\alpha\Delta t),t+\alpha\Delta t)\Delta t \tag{7.4.32}$$

式中 $0<\alpha<1$。这样

$$\begin{aligned}V(\boldsymbol{x}(t),t)=&\min_{\boldsymbol{u}(t)\in\boldsymbol{U}}(L(\boldsymbol{x}(t+\alpha\Delta t),\boldsymbol{u}(t+\alpha\Delta t),t+\alpha\Delta t)\Delta t)\\&+V(\boldsymbol{x}(t),t)+\left(\frac{\partial V}{\partial\boldsymbol{x}}\right)^{\mathrm{T}}\frac{\mathrm{d}\boldsymbol{x}}{\mathrm{d}t}\Delta t+\frac{\partial V}{\partial t}\Delta t+o(\Delta t)^2\end{aligned} \tag{7.4.33}$$

$$\frac{\partial V}{\partial t}=-\min_{\boldsymbol{u}(t)\in U}\left(L(\boldsymbol{x}(t+\alpha\Delta t),\boldsymbol{u}(t+\alpha\Delta t),t+\alpha\Delta t)+\left(\frac{\partial V}{\partial \boldsymbol{x}}\right)^{\mathrm{T}}\frac{\mathrm{d}\boldsymbol{x}}{\mathrm{d}t}+\frac{o(\Delta t)^2}{\Delta t}\right) \tag{7.4.34}$$

令 $\Delta t\to 0$,则有

$$\frac{\partial V}{\partial t}=-\min_{\boldsymbol{u}(t)\in U}\left(L(\boldsymbol{x},\boldsymbol{u},t)+\left(\frac{\partial V(\boldsymbol{x},t)}{\partial \boldsymbol{x}}\right)^{\mathrm{T}}\boldsymbol{f}(\boldsymbol{x},\boldsymbol{u},t)\right) \tag{7.4.35}$$

式(7.4.35)称为连续型动态规划方程。实际上它不是一个偏微分方程,而是一个函数方程和偏微分方程的混合方程。该混合方程的求解步骤如下所述。首先对 $\boldsymbol{u}(t)$ 求极小值,比如设 $\bar{\boldsymbol{u}}\left(\boldsymbol{x},\frac{\partial V}{\partial t},t\right)$ 是满足式(7.4.35)的极小值点,将它代入方程式(7.4.35),有

$$\frac{\partial V}{\partial t}=-\left(L(\boldsymbol{x},\bar{\boldsymbol{u}},t)+\left(\frac{\partial V}{\partial \boldsymbol{x}}\right)^{\mathrm{T}}\boldsymbol{f}(\boldsymbol{x},\bar{\boldsymbol{u}},t)\right) \tag{7.4.36}$$

这才是以 $V(\boldsymbol{x},t)$ 为未知函数的偏微分方程,其边界条件为

$$V(\boldsymbol{x}(T),T)=\varphi(\boldsymbol{x}(T),T) \tag{7.4.37}$$

动态规划与最大值原理相比较,动态规划方程是最优控制函数满足的充分条件,而最大值原理则是必要条件。从解方程的角度看,动态规划是解一个偏微分方程,而最大值原理是解一个常微分方程组。动态规划可直接得出综合函数 $\boldsymbol{u}(\boldsymbol{x},t)$,最大值原理则只求得 $\boldsymbol{u}(t)$。动态规划要求 $V(\boldsymbol{x},t)$ 有连续偏导数,在实际问题中,有的问题就不能满足这样的条件,因而求解只是形式上的。

例 7.4.3 设一阶系统,状态方程和初始条件为 $\dot{x}(t)=u(t)$,$x(t_0)=x_0$,性能指标为 $J=\frac{1}{2}cx^2(T)+\frac{1}{2}\int_{t_0}^{T}u^2\mathrm{d}t$,其中 T 已知,u 不受约束。试求 u 使 J 最小。

解 动态规划方程为

$$\begin{aligned}\frac{\partial V}{\partial t}&=-\min_{u(t)}\left(L(x,u,t)+\frac{\partial V}{\partial x}f(x,u,t)\right)\\&=-\min_{u(t)}\left(\frac{1}{2}u^2+\frac{\partial V}{\partial x}u\right)\end{aligned} \tag{7.4.38}$$

因为 u 不受限,故右端可对 u 求导数。令其导数为零,则得 $u=-\frac{\partial V}{\partial x}$,代入式(7.4.38),则有 $\frac{\partial V}{\partial t}=\frac{1}{2}\left(\frac{\partial V}{\partial x}\right)^2$,边界条件为 $V(x,t)=\frac{1}{2}p(t)x^2(t)$,代入动态规划方程,则得

$$\dot{p}(t)=p^2(t),\quad p(T)=c \tag{7.4.39}$$

其解为

$$p(t)=\frac{c}{1+c(T-t)} \tag{7.4.40}$$

于是

$$V(x,t)=\frac{1}{2}\frac{cx^2}{1+c(T-t)} \tag{7.4.41}$$

最优控制函数为

$$u^*=-\frac{\partial V}{\partial x}=-\frac{cx}{1+c(T-t)} \tag{7.4.42}$$

7.4.4 动态规划与最大值原理的关系

变分法、最大值原理和动态规划都是研究最优控制问题的求解方法，很容易想到，若用三者研究同一个问题，应该得到相同的结论。因此三者应该存在着内在联系。变分法和最大值原理之间的关系前面已说明，下面将分析动态规划和最大值原理的关系。可以证明，在一定条件下，从动态规划方程能求最大值原理的方程。事实上，动态规划方程为

$$\frac{\partial V}{\partial t}=-\min_{\boldsymbol{u}(t)}\left[L(\boldsymbol{x},\boldsymbol{u},t)+\left(\frac{\partial V}{\partial \boldsymbol{x}}\right)^{\mathrm{T}}f(\boldsymbol{x},\boldsymbol{u},t)\right] \tag{7.4.43}$$

令

$$\boldsymbol{\lambda}(t)=\frac{\partial V}{\partial \boldsymbol{x}} \tag{7.4.44}$$

则有

$$\frac{\partial V}{\partial t}=-\min_{\boldsymbol{u}(t)}[L(\boldsymbol{x},\boldsymbol{u},t)+\boldsymbol{\lambda}^{\mathrm{T}}\boldsymbol{f}(\boldsymbol{x},\boldsymbol{u},t)] \tag{7.4.45}$$

若$\boldsymbol{\lambda}(t)$满足伴随方程，则方程右侧，正是哈密顿函数，从而导出最大值原理的必要条件。令

$$H=L(\boldsymbol{x},\boldsymbol{u},t)+\boldsymbol{\lambda}^{\mathrm{T}}(t)\boldsymbol{f}(\boldsymbol{x},\boldsymbol{u},t) \tag{7.4.46}$$

则

$$-\frac{\partial V}{\partial t}=\min_{\boldsymbol{u}(t)}H(\boldsymbol{x}^*,\boldsymbol{\lambda},\boldsymbol{u},t) \tag{7.4.47}$$

现证明$\boldsymbol{\lambda}(t)$确实满足伴随方程。设$V(\boldsymbol{x},t)$二次连续可微，有

$$\begin{aligned}\dot{\boldsymbol{\lambda}}(t)&=\frac{\mathrm{d}}{\mathrm{d}t}\left(\frac{\partial V}{\partial \boldsymbol{x}}\right)=\frac{\partial}{\partial \boldsymbol{x}}\frac{\mathrm{d}V}{\mathrm{d}t}=\frac{\partial}{\partial \boldsymbol{x}}\left(\left(\frac{\partial V}{\partial \boldsymbol{x}}\right)^{\mathrm{T}}\frac{\mathrm{d}\boldsymbol{x}}{\mathrm{d}t}+\frac{\partial V}{\partial t}\right)\\&=\frac{\partial^2 V}{\partial \boldsymbol{x}^2}\frac{\mathrm{d}\boldsymbol{x}}{\mathrm{d}t}+\frac{\partial}{\partial \boldsymbol{x}}\left(\frac{\partial V}{\partial t}\right)\end{aligned}$$

因为

$$\frac{\mathrm{d}\boldsymbol{x}}{\mathrm{d}t}=\boldsymbol{f}(\boldsymbol{x},\boldsymbol{u},t)$$

所以

$$\frac{\partial V}{\partial t}=-\left(L(\boldsymbol{x}^*,\boldsymbol{u}^*,t)+\left(\frac{\partial V}{\partial \boldsymbol{x}}\right)^{\mathrm{T}}\boldsymbol{f}(\boldsymbol{x}^*,\boldsymbol{u}^*,t)\right)$$

为书写方便,略去符号“ * ”,仍理解为最优控制和最优轨线。于是有

$$\begin{aligned}\dot{\boldsymbol{\lambda}}(t)&=\frac{\partial^2 V}{\partial \boldsymbol{x}^2}\boldsymbol{f}(\boldsymbol{x},\boldsymbol{u},t)-\frac{\partial}{\partial \boldsymbol{x}}\left[L(\boldsymbol{x},\boldsymbol{u},t)+\left(\frac{\partial V}{\partial \boldsymbol{x}}\right)^{\mathrm{T}}\boldsymbol{f}(\boldsymbol{x},\boldsymbol{u},t)\right]\\&=\frac{\partial^2 V}{\partial \boldsymbol{x}^2}\boldsymbol{f}(\boldsymbol{x},\boldsymbol{u},t)-\frac{\partial L}{\partial \boldsymbol{x}}-\left(\frac{\partial^2 V}{\partial \boldsymbol{x}^2}\right)^{\mathrm{T}}\boldsymbol{f}(\boldsymbol{x},\boldsymbol{u},t)-\left(\frac{\partial V}{\partial \boldsymbol{x}}\right)^{\mathrm{T}}\frac{\partial \boldsymbol{f}}{\partial \boldsymbol{x}}\\&=-\frac{\partial L}{\partial \boldsymbol{x}}-\boldsymbol{\lambda}^{\mathrm{T}}\frac{\partial \boldsymbol{f}}{\partial \boldsymbol{x}}\\&=-\frac{\partial H}{\partial \boldsymbol{x}}\end{aligned}$$

再看边界条件,为方便,设端点是自由的。因为

$$V(\boldsymbol{x},t)=\varphi(\boldsymbol{x}(T),T)+\int_t^T L(\boldsymbol{x}^*,\boldsymbol{u}^*,t)\mathrm{d}t$$

令 $t=T$,则

$$V(\boldsymbol{x}(T),T)=\varphi(\boldsymbol{x}(T),T)$$

$$\frac{\partial V(\boldsymbol{x}(T),T)}{\partial \boldsymbol{x}(T)}=\frac{\partial \varphi(\boldsymbol{x}(T),T)}{\partial \boldsymbol{x}(T)}$$

$$\boldsymbol{\lambda}(T)=\frac{\partial V(\boldsymbol{x}(T),T)}{\partial \boldsymbol{x}(T)}=\frac{\partial \varphi(\boldsymbol{x}(T),T)}{\partial \boldsymbol{x}(T)}$$

证明$\boldsymbol{\lambda}(t)$满足伴随方程及边界条件。

在某些假设条件下,从动态规划不但能推出最大值原理,还带来了新的信息,比如 H 函数的最优值,也可看出乘子$\boldsymbol{\lambda}(t)$的几何意义。

7.5 线性二次型性能指标的最优控制

用最大值原理求最优控制,求出的最优控制通常是时间的函数,工程上称这样的控制为开环控制。当用开环控制时,在控制过程中不允许有任何干扰,这样才能使系统以最优状态运行。可是在实际问题中,干扰不可能没有,因此工程上总希望应用闭环控制,即控制函数表示成时间和状态的函数。求解这样的问题一般来说是很困难的,但对一类线性的且指标是二次型动态系统,却得到了完全的解决。不但理论比较完善,数学处理简单,而且在工程实际中容易实现,在工程中有着广泛的应用。

7.5.1 问题提出

设系统的动态方程为

$$\dot{\boldsymbol{x}}(t)=\boldsymbol{A}(t)\boldsymbol{x}(t)+\boldsymbol{B}(t)\boldsymbol{u}(t) \tag{7.5.1}$$

$$\boldsymbol{y}(t)=\boldsymbol{C}(t)\boldsymbol{x}(t) \tag{7.5.2}$$

式中,$\boldsymbol{x}(t)$为 n 维状态向量,$\boldsymbol{u}(t)$为 r 维控制向量,$\boldsymbol{y}(t)$为 m 维输出向量,$\boldsymbol{A}(t)$,

$\boldsymbol{B}(t)$和$\boldsymbol{C}(t)$分别为$n\times n,n\times r$和$n\times m$矩阵。指标泛函为

$$J=\frac{1}{2}\boldsymbol{x}^{\mathrm{T}}(T)\boldsymbol{S}\boldsymbol{x}(T)+\frac{1}{2}\int_{t_0}^{T}[\boldsymbol{x}^{\mathrm{T}}(t)\boldsymbol{Q}(t)\boldsymbol{x}(t)+\boldsymbol{u}^{\mathrm{T}}(t)\boldsymbol{R}(t)\boldsymbol{u}(t)]\mathrm{d}t \tag{7.5.3}$$

式中,矩阵$\boldsymbol{S}$为半正定对称常数阵,$\boldsymbol{Q}(t)$为半正定称时变矩阵,$\boldsymbol{R}(t)$为正定对称时变矩阵。时间间隔$[t_0,T]$是固定的。求$\boldsymbol{u}(\boldsymbol{x},t)$使$J$有最小值,通常称$\boldsymbol{u}(\boldsymbol{x},t)$为综合控制函数,这样的问题称为线性二次型性能指标的最优控制问题。

为了弄清问题的实际背景,分析指标泛函的物理意义是必要的。首先看积分项,被积函数由两项组成,都是二次型。其中第一项是对过程的要求,由于$\boldsymbol{Q}(t)$是半正定的,在控制过程中,实际上要求每个分量越小越好。但每一个分量不一定同等重要,所以用加权$\boldsymbol{Q}(t)$调整。权越大,要求越严;权小相对来说要求较差;当权为零时,对该项无要求。积分第二项表示对控制能力的要求,即在整个控制过程中,使能量消耗最小。同样对每个分量要求也不一样,因而也进行加权。为什么要求$\boldsymbol{R}(t)$正定呢?可有两方面解释,一方面对每个分量都应有要求,否则$\boldsymbol{u}(t)$会出现很大幅值,在实际工程中实现不了;另一方面,在以后的计算中需要$\boldsymbol{R}(t)$有逆存在。最后,指标中的第一项,是对终点状态的要求,由于对每个分量要求不同,用加权阵$\boldsymbol{S}$调整。

这样,在性能指标中,既反映了对状态$\boldsymbol{x}(t)$的要求,也反映了对控制变量$\boldsymbol{u}(t)$的要求,因而在许多实际问题中通常就取消了对控制变量和状态变量的约束条件,使求解变为简单。如果在求解过程中发现某个分量超出约束条件,可以加权调整。

在工程中$\boldsymbol{S}$,$\boldsymbol{Q}(t)$和$\boldsymbol{R}(t)$通常使用对角阵,如何确定对角线上的元素,应由设计者根据实际要求和设计经验确定,并无统一原则。

这一节将讨论状态调节器、输出调节器和跟踪问题。

7.5.2　状态调节器

考虑系统(7.5.1)和系统(7.5.2),所谓状态调节器,就是选择$\boldsymbol{u}(t)$或$\boldsymbol{u}(x,t)$使式(7.5.3)有最小值。

(1) 末端自由问题

应用最小值原理,构造哈密顿函数

$$H=\frac{1}{2}\boldsymbol{x}^{\mathrm{T}}\boldsymbol{Q}(t)\boldsymbol{x}+\frac{1}{2}\boldsymbol{u}^{\mathrm{T}}\boldsymbol{R}(t)\boldsymbol{u}+\boldsymbol{\lambda}^{\mathrm{T}}\boldsymbol{A}(t)\boldsymbol{x}+\boldsymbol{\lambda}^{\mathrm{T}}\boldsymbol{B}(t)\boldsymbol{u} \tag{7.5.4}$$

得到伴随方程及其边界条件

$$\dot{\boldsymbol{\lambda}}(t)=-\frac{\partial H}{\partial \boldsymbol{x}}=-\boldsymbol{A}^{\mathrm{T}}(t)\boldsymbol{\lambda}-\boldsymbol{Q}(t)\boldsymbol{x}(t) \tag{7.5.5}$$

$$\boldsymbol{\lambda}(T)=\boldsymbol{S}\boldsymbol{x}(T) \tag{7.5.6}$$

由于 $\boldsymbol{u}(t)$不受限,最优控制应满足

$$\frac{\partial H}{\partial \boldsymbol{u}} = \boldsymbol{R}^{\mathrm{T}}(t)\boldsymbol{u}(t) + \boldsymbol{B}^{\mathrm{T}}\boldsymbol{\lambda}(t) = 0 \tag{7.5.7}$$

又由于 $\boldsymbol{R}(t)$正定,且其逆存在,于是有

$$\boldsymbol{u}^*(t) = -\boldsymbol{R}^{-1}(t)\boldsymbol{B}^{\mathrm{T}}(t)\boldsymbol{\lambda}(t) \tag{7.5.8}$$

又因$\frac{\partial^2 H}{\partial \boldsymbol{u}^2} = \boldsymbol{R}(t) > 0$,所以由式(7.5.8)表示的 $\boldsymbol{u}^*(t)$确实使 H 有极小值。

将 $\boldsymbol{u}^*(t)$代入正则方程,则得

$$\dot{\boldsymbol{x}}(t) = \boldsymbol{A}(t)\boldsymbol{x}(t) - \boldsymbol{B}(t)\boldsymbol{R}^{-1}(t)\boldsymbol{B}^{\mathrm{T}}(t)\boldsymbol{\lambda}(t), \quad \boldsymbol{x}(t_0) = \boldsymbol{x}_0 \tag{7.5.9}$$

$$\dot{\boldsymbol{\lambda}}(t) = -\boldsymbol{A}^{\mathrm{T}}(t)\boldsymbol{\lambda}(t) - \boldsymbol{Q}(t)\boldsymbol{x}(t), \quad \boldsymbol{\lambda}(T) = \boldsymbol{S}\boldsymbol{x}(T) \tag{7.5.10}$$

注意到这是关于 $\boldsymbol{x}(t)$和$\boldsymbol{\lambda}(t)$的线性齐次方程,且 $\boldsymbol{x}(t)$和$\boldsymbol{\lambda}(t)$在终点时刻成线性关系,可以想象在任何时刻均有线性关系,即

$$\boldsymbol{\lambda}(t) = \boldsymbol{P}(t)\boldsymbol{x}(t) \tag{7.5.11}$$

其中 $\boldsymbol{P}(t)$为矩阵。将式(7.5.11)对 t 求导,得

$$\begin{aligned}
\dot{\boldsymbol{\lambda}}(t) &= \dot{\boldsymbol{P}}(t)\boldsymbol{x}(t) + \boldsymbol{P}(t)\dot{\boldsymbol{x}}(t) \\
&= \dot{\boldsymbol{P}}(t)\boldsymbol{x}(t) + \boldsymbol{P}(t)(\boldsymbol{A}(t)\boldsymbol{x}(t) - \boldsymbol{B}(t)\boldsymbol{R}^{-1}(t)\boldsymbol{B}^{\mathrm{T}}(t)\boldsymbol{\lambda}(t)) \\
&= (\dot{\boldsymbol{P}}(t) + \boldsymbol{P}(t)\boldsymbol{A}(t) - \boldsymbol{P}(t)\boldsymbol{B}(t)\boldsymbol{R}^{-1}(t)\boldsymbol{B}^{\mathrm{T}}(t)\boldsymbol{P}(t))\boldsymbol{x}(t)
\end{aligned}$$

由式(7.5.10),有

$$\dot{\boldsymbol{\lambda}}(t) = -\boldsymbol{Q}(t)\boldsymbol{x}(t) - \boldsymbol{A}^{\mathrm{T}}(t)\boldsymbol{\lambda}(t) = (-\boldsymbol{Q}(t) - \boldsymbol{A}^{\mathrm{T}}(t)\boldsymbol{P}(t))\boldsymbol{x}(t)$$

于是有

$$(-\boldsymbol{Q}(t) - \boldsymbol{A}^{\mathrm{T}}(t)\boldsymbol{P}(t))\boldsymbol{x}(t) = (\dot{\boldsymbol{P}}(t) + \boldsymbol{P}(t)\boldsymbol{A}(t) - \boldsymbol{P}(t)\boldsymbol{B}(t)\boldsymbol{R}^{-1}(t)\boldsymbol{B}^{\mathrm{T}}(t)\boldsymbol{P}(t))\boldsymbol{x}(t)$$

由于上式对 $\boldsymbol{x}(t)$的任何值均成立,故有

$$\dot{\boldsymbol{P}}(t) + \boldsymbol{P}(t)\boldsymbol{A}(t) + \boldsymbol{A}^{\mathrm{T}}(t)\boldsymbol{P}(t) - \boldsymbol{P}(t)\boldsymbol{B}(t)\boldsymbol{R}^{-1}(t)\boldsymbol{B}^{\mathrm{T}}(t)\boldsymbol{P}(t) + \boldsymbol{Q}(t) = \boldsymbol{0} \tag{7.5.12}$$

这是关于矩阵 $\boldsymbol{P}(t)$的一阶非线性常微分方程,通常称为矩阵里卡蒂微分方程。为求其边界条件,可将式(7.5.11)与式(7.5.6)比较,则得

$$\boldsymbol{P}(T) = \boldsymbol{S} \tag{7.5.13}$$

能够证明,当矩阵 $\boldsymbol{A}(t)$,$\boldsymbol{B}(t)$,$\boldsymbol{Q}(t)$和 $\boldsymbol{R}(t)$的元素在$[t_0, T]$上都是时间 t 的分段连续函数时,方程(7.5.12)存在满足边界条件表达式(7.5.13)的唯一解。这时,最优控制可表示为

$$\boldsymbol{u}^*(\boldsymbol{x}, t) = -\boldsymbol{R}^{-1}(t)\boldsymbol{B}^{\mathrm{T}}(t)\boldsymbol{P}(t)\boldsymbol{x}$$

令

$$\boldsymbol{K}(t) = \boldsymbol{R}^{-1}(t)\boldsymbol{B}^{\mathrm{T}}(t)\boldsymbol{P}(t)$$

则有

$$\boldsymbol{u}^*(\boldsymbol{x}, t) = -\boldsymbol{K}(t)\boldsymbol{x} \tag{7.5.14}$$

说明最优控制是状态变量的线性函数，借助于状态变量的线性反馈就能实现闭环最优控制。

这样，求最优控制的问题就转化为求矩阵里卡蒂微分方程解的问题。矩阵里卡蒂微分方程的解是对称的。事实上，将方程式(7.5.12)转置，有

$$\dot{\boldsymbol{P}}^{\mathrm{T}}(t)+\boldsymbol{A}^{\mathrm{T}}(t)\boldsymbol{P}^{\mathrm{T}}(t)+\boldsymbol{P}^{\mathrm{T}}(t)\boldsymbol{A}(t)-\boldsymbol{P}^{\mathrm{T}}(t)\boldsymbol{B}(t)\left(\boldsymbol{R}^{-1}(t)\right)^{\mathrm{T}}\boldsymbol{B}^{\mathrm{T}}(t)\boldsymbol{P}^{\mathrm{T}}(t)+\boldsymbol{Q}^{\mathrm{T}}(t)=0$$

因为 $\boldsymbol{R}(t)$ 和 $\boldsymbol{Q}(t)$ 均为对称阵，即 $\boldsymbol{R}^{\mathrm{T}}(t)=\boldsymbol{R}(t)$，$\boldsymbol{Q}^{\mathrm{T}}(t)=\boldsymbol{Q}(t)$，而边界条件为

$$\boldsymbol{P}^{\mathrm{T}}(T)=\boldsymbol{S}^{\mathrm{T}}=\boldsymbol{S}$$

由此得到 $\boldsymbol{P}^{\mathrm{T}}(t)$ 也满足矩阵里卡蒂方程及边界条件，由解的唯一性，即得

$$\boldsymbol{P}^{\mathrm{T}}(t)=\boldsymbol{P}(t) \tag{7.5.15}$$

说明 $\boldsymbol{P}(t)$ 是对称的。因此方程仅包含 $\dfrac{n(n+1)}{2}$ 个未知数。

方程式(7.5.12)也可以用动态规划方法得到，同时还可以求得最优性能指标值为

$$J^{*}=\frac{1}{2}\boldsymbol{x}^{\mathrm{T}}(t_0)\boldsymbol{P}(t_0)\boldsymbol{x}(t_0) \tag{7.5.16}$$

下面进一步说明 $\boldsymbol{P}(t)$ 是半正定的。事实上，由式(7.5.16)可得

$$J^{*}=\frac{1}{2}\boldsymbol{x}^{\mathrm{T}}(t_0)\boldsymbol{P}(t_0)\boldsymbol{x}(t_0)=\frac{1}{2}\boldsymbol{x}^{\mathrm{T}}(T)\boldsymbol{S}\boldsymbol{x}(T)+\frac{1}{2}\int_{t_0}^{T}(\boldsymbol{x}^{\mathrm{T}}\boldsymbol{Q}\boldsymbol{x}+\boldsymbol{u}^{\mathrm{T}}\boldsymbol{R}\boldsymbol{u})\,\mathrm{d}t$$

由 $\boldsymbol{S}$,$\boldsymbol{Q}(t)$ 及 $\boldsymbol{R}(t)$ 的半正定和正定性质，有

$$J^{*}=\frac{1}{2}\boldsymbol{x}^{\mathrm{T}}(t_0)\boldsymbol{P}(t_0)\boldsymbol{x}(t_0)\geqslant 0$$

式中 t_0 和 $\boldsymbol{x}(t_0)$ 可任意选取，于是 $\boldsymbol{x}^{\mathrm{T}}(t)\boldsymbol{P}(t)\boldsymbol{x}(t)\geqslant 0$，说明 $\boldsymbol{P}(t)$ 是半正定的。

例 7.5.1 设一阶动态系统状态方程和初始条件分别为

$$\dot{x}=ax+u,\quad x(0)=1$$

其性能指标泛函为

$$J=\frac{1}{2}sx^{2}(T)+\frac{1}{2}\int_{t_0}^{T}(qx^{2}(t)+ru^{2}(t))\,\mathrm{d}t$$

式中，$s\geqslant 0$，$q>0$，$r>0$，a 均为常数。试求 u 使 J 有最小值。

解 由式(7.5.8)、式(7.5.11)和式(7.5.15)，知最优控制为 $u^{*}=-\dfrac{1}{r}p(t)x$，且 $p(t)$ 满足里卡蒂微分方程及边界条件：

$$\dot{p}(t)=-2ap(t)+\frac{1}{r}p^{2}(t)-q,\quad p(T)=s$$

此里卡蒂方程的解可由下式求得：

$$\int_{p(t)}^{p(T)}\frac{\mathrm{d}p}{\frac{1}{r}p^{2}-2ap-q}=\int_{t}^{T}\mathrm{d}\tau$$

于是

$$p(t)=r\frac{(\beta+\alpha)+(\beta-\alpha)\dfrac{s/r-\alpha-\beta}{s/r-\alpha+\beta}\mathrm{e}^{2b(t-T)}}{1-\dfrac{s/r-\alpha-\beta}{s/r-\alpha+\beta}\mathrm{e}^{2b(t-T)}}$$

式中 $\beta=\sqrt{\dfrac{q}{r}+a^2}$。最优轨线的微分方程为

$$\dot{x}(t)=\left(a-\frac{1}{r}p(t)\right)x(t),\quad x(0)=1$$

其解为 $x(t)=\mathrm{e}^{\int_0^t(a-p(t)/r)\mathrm{d}\tau}$，当 $a=-1,s=0,T=1,q=1$ 时，以 r 为参数的最优轨线 $x(t)$ 如图 7.5.1 所示，最优控制 $u^*(t)$ 如图 7.5.2 所示，里卡蒂方程的解 $p(t)$ 如图 7.5.3 所示。

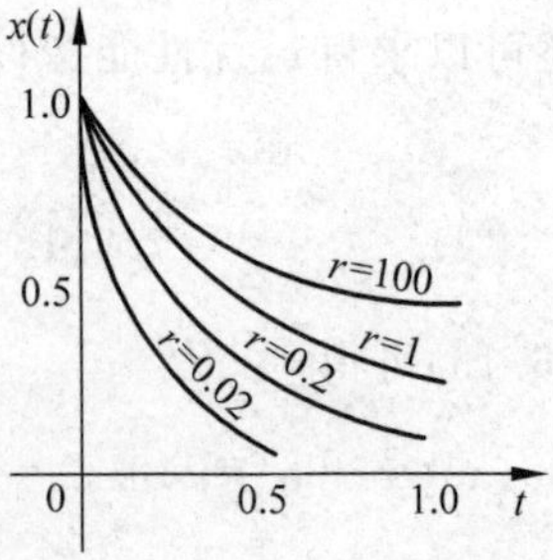

图 7.5.1　最优轨线

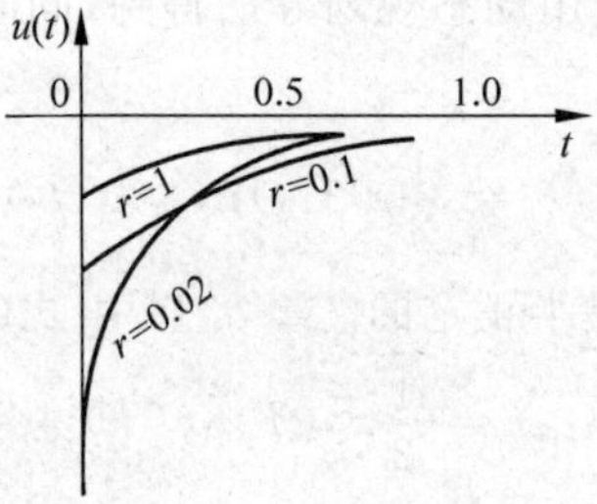

图 7.5.2　最优控制

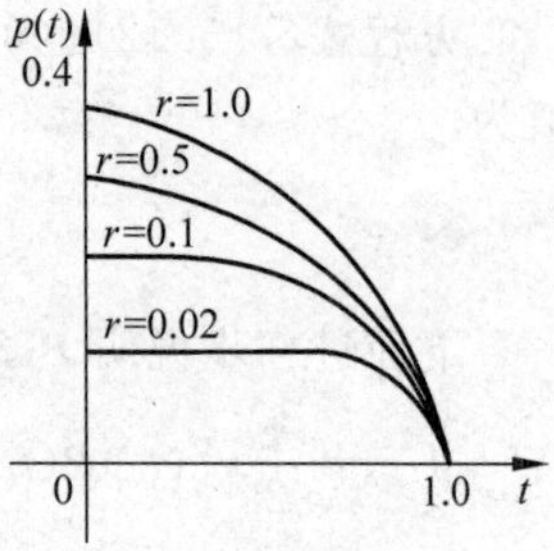

图 7.5.3　里卡蒂方程的解

从图 7.5.1～图 7.5.3 中可以看出，当 r 很小时，即指标积分中 $u(t)$ 的加权很小，表示对 $u(t)$ 限制不大，因此控制函数的幅值很大，消耗能量多，状态将迅速回到零点(例如 $r=0.02$ 时)；当 r 很大时，对 $u(t)$ 加权增大，表示限制加强，这时控制函数的幅值很小，状态衰减很慢(例如 $r=1$ 时)。

从里卡蒂方程解的曲线看，当 r 减小时，$p(t)$ 在控制区间的起始部分几乎是一个常数，仅在最后部分才是时变的；当 r 增大时，$p(t)$ 成为变化的了。

下面再分析 $p(t)$ 和终点时间的关系。设 $a=-1,q=r=1,s=0$ 或 1，而 T 取不同值。此时 $p(t)$ 的图形如图 7.5.4 所示。这些曲线表明，随着 T 的增大，函数 $p(t)$ 的"稳态时间"加大，而与终点条件无关。可以想象，当 $T\to+\infty$ 时，$p(t)$ 趋于常数。事实上，

$$\lim_{T\to\infty}p(t,T)=ar+r\sqrt{\frac{q}{r}+a^2}$$

代入具体数值，得

$$\lim_{T\to\infty}p(t,T)=M=-1+\sqrt{2}=0.414$$

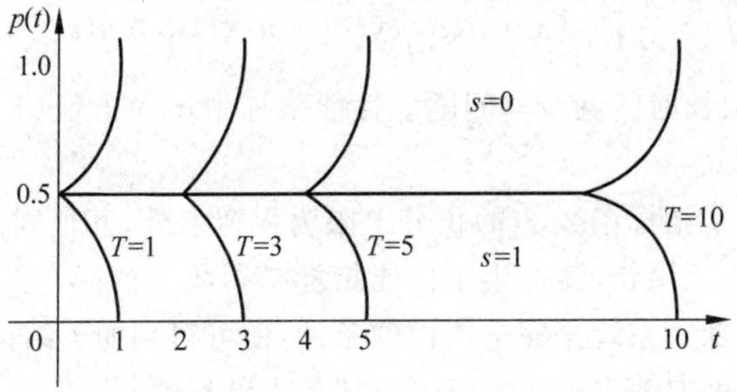

图 7.5.4　随终点时间变化的里卡蒂方程的解

(2) 固定端问题

设 $\boldsymbol{x}(T)=\boldsymbol{0}$,指标泛函为

$$J=\int_{t_0}^{T}[\boldsymbol{x}^{\mathrm{T}}(t)\boldsymbol{Q}(t)\boldsymbol{x}(t)+\boldsymbol{u}^{\mathrm{T}}(t)\boldsymbol{R}(t)\boldsymbol{u}(t)]\mathrm{d}t$$

为此采用"补偿函数"法,即改用指标

$$J=\frac{1}{2}\boldsymbol{x}^{\mathrm{T}}(T)\boldsymbol{S}\boldsymbol{x}(T)+\frac{1}{2}\int_{t_0}^{T}(\boldsymbol{x}^{\mathrm{T}}(t)\boldsymbol{Q}(t)\boldsymbol{x}(t)+\boldsymbol{u}^{\mathrm{T}}(t)\boldsymbol{R}(t)\boldsymbol{u}(t))\mathrm{d}t$$

式中 $\boldsymbol{S}=\sigma\boldsymbol{I}$,当 $\boldsymbol{S}\to\infty(\sigma\to\infty)$时,据前面分析,$\boldsymbol{x}(T)\to\boldsymbol{0}$,即可满足边界条件。应当指出,性能指标中原本不包含终点部分,加上这一项,通称为"补偿函数",在解题中可消除固定端的约束。当 $\boldsymbol{S}$ 不够大时,$\boldsymbol{x}(T)$不严格遵守 $\boldsymbol{x}(T)=\boldsymbol{0}$ 条件,且以性能指标增大作为代价,所以也将$\frac{1}{2}\boldsymbol{x}^{\mathrm{T}}(T)\boldsymbol{S}\boldsymbol{x}(T)$称为惩罚函数。可是当 $\boldsymbol{S}$ 增大时,$\boldsymbol{x}(T)$会减小,特别当 $\boldsymbol{S}\to\infty$时,$\boldsymbol{x}(T)=\boldsymbol{0}$,满足边界条件。

因为边界条件 $\boldsymbol{P}(T)=\boldsymbol{S}\to\infty$,所以将里卡蒂方程改为逆里卡蒂方程更便于求解。由于 $\boldsymbol{P}(t)\boldsymbol{P}^{-1}(t)=\boldsymbol{I}$,对 t 求导,得到$\dot{\boldsymbol{P}}(t)\boldsymbol{P}^{-1}(t)+\boldsymbol{P}(t)\dot{\boldsymbol{P}}^{-1}(t)=\boldsymbol{0}$。

将里卡蒂方程左右均乘以 $\boldsymbol{P}^{-1}(t)$,则有

$$\begin{aligned}&\boldsymbol{P}^{-1}(t)\dot{\boldsymbol{P}}(t)\boldsymbol{P}^{-1}(t)+\boldsymbol{A}(t)\boldsymbol{P}^{-1}(t)+\boldsymbol{P}^{-1}(t)\boldsymbol{A}^{\mathrm{T}}(t)-\boldsymbol{B}(t)\boldsymbol{R}^{-1}(t)\boldsymbol{B}^{\mathrm{T}}(t)\\&\quad+\boldsymbol{P}^{-1}(t)\boldsymbol{Q}(t)\boldsymbol{P}^{-1}(t)=\boldsymbol{0}\end{aligned}$$

再利用式$\dot{\boldsymbol{P}}(t)\boldsymbol{P}^{-1}(t)+\boldsymbol{P}(t)\dot{\boldsymbol{P}}^{-1}(t)=\boldsymbol{0}$,得

$$\begin{aligned}&\dot{\boldsymbol{P}}^{-1}(t)-\boldsymbol{A}(t)\boldsymbol{P}^{-1}(t)-\boldsymbol{P}^{-1}(t)\boldsymbol{A}^{\mathrm{T}}(t)+\boldsymbol{B}(t)\boldsymbol{R}^{-1}(t)\boldsymbol{B}^{\mathrm{T}}(t)\\&\quad-\boldsymbol{P}^{-1}(t)\boldsymbol{Q}(t)\boldsymbol{P}^{-1}(t)=\boldsymbol{0}\end{aligned}\tag{7.5.17}$$

式(7.5.17)称为逆里卡蒂方程,其边界条件为 $\boldsymbol{P}^{-1}(T)=\boldsymbol{S}^{-1}\to\boldsymbol{0}$,由此可解出 $\boldsymbol{P}^{-1}(t)$,然后再求其逆,便得到 $\boldsymbol{P}(t)$。

(3) $T\to\infty$的情况

当 $T\to\infty$时,性能指标可写为

$$J=\frac{1}{2}\int_{t_0}^{+\infty}[\boldsymbol{x}^{\mathrm{T}}(t)\boldsymbol{Q}(t)\boldsymbol{x}(t)+\boldsymbol{u}^{\mathrm{T}}(t)\boldsymbol{R}(t)\boldsymbol{u}(t)]\mathrm{d}t \tag{7.5.18}$$

这样的问题称无限长时间调节器问题。性能指标中不含末值项,这是因为 $T\to\infty$ 时的状态无关紧要。

可以看出,除了指标函数 J 的积分上限为无穷大外,其他同前述调节器一样。但由于积分区间为无限长,就产生了性能指标是否收敛的问题。当然只有收敛才有意义。为此,应加上系统是完全能控的条件,便可得到如下结论。

设 $\boldsymbol{P}(t,T)$ 是里卡蒂方程式(7.5.12)满足边界条件

$$\boldsymbol{P}(T,T)=0 \tag{7.5.19}$$

的解,则

$$\lim_{T\to\infty}\boldsymbol{P}(t,T)=\bar{\boldsymbol{P}}(t) \tag{7.5.20}$$

存在,且为里卡蒂方程的解。其最优控制为

$$\boldsymbol{u}^*(\boldsymbol{x},t)=-\boldsymbol{R}^{-1}(t)\boldsymbol{B}^{\mathrm{T}}(t)\bar{\boldsymbol{P}}(t)\boldsymbol{x}$$

最优指标为

$$J^*=\frac{1}{2}\boldsymbol{x}^{\mathrm{T}}(t_0)\bar{\boldsymbol{P}}(t_0)\boldsymbol{x}(t_0)$$

(4) 定常系统

从前面的讨论中可以看到无论是有限时间最优调节器,还是无限长时间最优调节器,都是状态变量的线性反馈,但反馈的增益矩阵 $\boldsymbol{K}(t)$都是时变的,工程应用很不方便。在工程上总希望增益是定常的,那么在什么条件下,反馈增益是定常的呢?卡尔曼研究了里卡蒂微分方程的解的各种性质后,得到下面的重要结果。

设线性定常系统$\dot{\boldsymbol{x}}=\boldsymbol{A}\boldsymbol{x}+\boldsymbol{B}\boldsymbol{u}$ 是完全可控的,指标泛函为

$$J=\frac{1}{2}\int_{t_0}^{T}(\boldsymbol{x}^{\mathrm{T}}(t)\boldsymbol{Q}\boldsymbol{x}(t)+\boldsymbol{u}^{\mathrm{T}}(t)\boldsymbol{R}\boldsymbol{u}(t))\mathrm{d}t$$

式中 $\boldsymbol{Q}$ 和 $\boldsymbol{R}$ 为正定常阵,则最优控制为

$$\boldsymbol{u}^*(\boldsymbol{x},t)=-\boldsymbol{R}^{-1}\boldsymbol{B}^{\mathrm{T}}(t)\bar{\boldsymbol{P}}\boldsymbol{x}$$

式中矩阵$\bar{\boldsymbol{P}}$满足矩阵代数方程

$$\bar{\boldsymbol{P}}\boldsymbol{A}=\boldsymbol{A}^{\mathrm{T}}\bar{\boldsymbol{P}}-\bar{\boldsymbol{P}}\boldsymbol{B}\boldsymbol{R}^{-1}\boldsymbol{B}^{\mathrm{T}}\bar{\boldsymbol{P}}+\boldsymbol{Q}=\boldsymbol{0}$$

系统的最优指标为

$$J^*=\frac{1}{2}\boldsymbol{x}^{\mathrm{T}}(t_0)\bar{\boldsymbol{P}}\boldsymbol{x}(t_0)$$

这个结论从前面的讨论中很容易看出。事实上,当 $T<\infty$时,$\boldsymbol{P}(t,T)$应满足矩阵里卡蒂微分方程:

$$\dot{\boldsymbol{P}}(t)+\boldsymbol{P}(t)\boldsymbol{A}+\boldsymbol{A}^{\mathrm{T}}\boldsymbol{P}(t)-\boldsymbol{P}(t)\boldsymbol{B}\boldsymbol{R}^{-1}\boldsymbol{B}^{\mathrm{T}}\boldsymbol{P}(t)+\boldsymbol{Q}=\boldsymbol{0}$$

及边界条件

$$P(T,T)=0$$

可以逆转时间求解，以 T 作为初始时刻，$P(T,T)=0$ 为初始值，则方程的解 $P(t,T)$ 可以看成当 t 减少时，由初始条件 $P(T,T)=0$ 引起的过渡过程。从例 7.5.1 中的图 7.5.4 可以看出，逆时间的过渡过程逐渐衰减而趋于稳态值，特别是当 $T\to\infty$ 时，$P(t,T)\to$常阵，即

$$\lim_{T\to\infty}P(t,T)=\bar{P}$$

如图 7.5.4 所示，$\bar{P}$ 也应满足里卡蒂微分方程，但 $\bar{P}$ 为常阵，$\dot{\bar{P}}=0$，所以 $\bar{P}$ 满足里卡蒂矩阵方程。

最优轨线满足下面的微分方程及初始条件：

$$\dot{x}(t)=Ax(t)+Bu(t)=Ax(t)-BR^{-1}B^{T}\bar{P}x(t)=(A-BR^{-1}B^{T}\bar{P})x(t)$$

$$x\Big|_{t=t_0}=x_0$$

可以证明，闭环系统是渐近稳定的，即 $\lim\limits_{t\to\infty}x(t)=0$，否则必有 $J\to\infty$，与最优控制的结论相矛盾。因此可知，尽管开环系统是不稳定的，但应用最优控制所得到的闭环系统一定是渐近稳定的。

例 7.5.2　设系统的状态方程、初始条件及性能指标分别为

$$\dot{x}=-\frac{1}{2}x+u,\quad x(0)=x_0$$

$$J=\frac{1}{2}sx^2(T)+\frac{1}{2}\int_0^T(2x^2+u^2)\mathrm{d}t,\quad s>0$$

求最优控制 u^*，使 J 有最小值。

解　因为 $A=-\frac{1}{2}$，$B=1$，$q=2$，$r=1$，故 $u^*=-BR^{-1}B^{T}P(t)x=-p(t)x$，其中 $p(t)$ 满足里卡蒂方程及边界条件

$$\dot{p}=p+p^2-2,\quad p(T)=s$$

其解为

$$p(t)=-0.5+1.5\tanh(-1.5t+\xi_1)$$

或

$$p(t)=0.5+1.5\coth(-1.5t+\xi_2)$$

式中积分常数 ξ_1 和 ξ_2 由边界条件确定。下面讨论几组算例，看看反馈增益 $K(t)=P(t)$ 的变化。

① 令 $s=0$，这时对终点状态无要求。边界条件 $p(T)=s=0$，显然反馈增益趋于 0。

- 当 $T=1$ 时，$\xi_1=1.845\text{rad}$，则 $p(t)=-0.5+1.5\tanh(-1.5t+1.845)$；
- 当 $T=10$ 时，$\xi_1=15.35\text{rad}$，则 $p(t)=-0.5+1.5\tanh(-1.5t+15.35)$；
- 当 $T\to\infty$ 时，里卡蒂方程退化为代数方程 $\bar{p}+\bar{p}^2-2=0$，得 $\bar{p}=1$ 或 $\bar{p}=-2$（后者不满足正定条件，故略去），反馈增益 $K(t)=p(t)$ 的变化如图 7.5.5 所示。

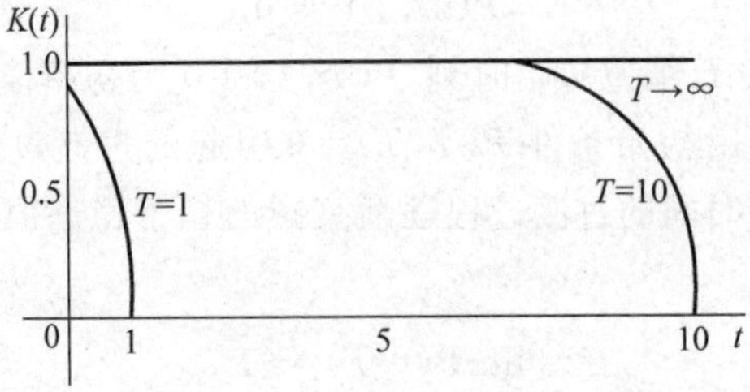

图 7.5.5 反馈增益变化(S=0)

② 令 $s=10$,这时对终值状态有一定要求,反馈增益的末值 $p(T)=10$。

- 当 $T=1$ 时,$\xi_2=1.643\text{rad}$,则 $p(t)=-0.5+1.5\coth(-1.5t+1.643)$;
- 当 $T=10$ 时,$\xi_2=15.143\text{rad}$,则 $p(t)=-0.5+1.5\coth(-1.5t+15.143)$;
- 当 $T\to\infty$ 时,有 $\bar{p}=1$,反馈增益 $K(t)=p(t)$ 的变化如图 7.5.6 所示。

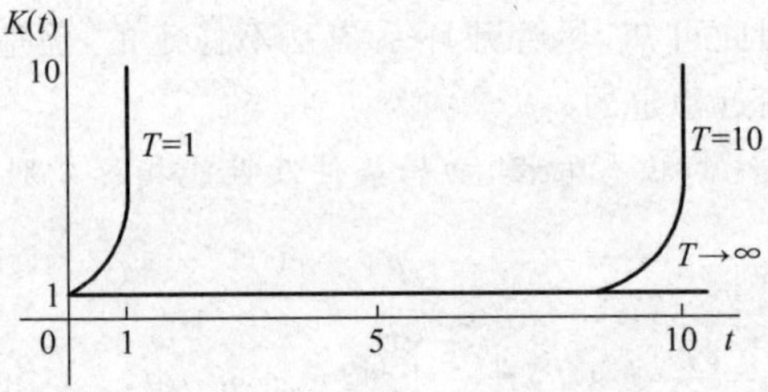

图 7.5.6 反馈增益变化(S=10)

③ 令 $s\to\infty$,这时限制末值状态 $x(T)=0$,边界条件 $p(T)=s\to\infty$。解逆里卡蒂方程 $\dot{p}^{-1}=-p^{-1}+2(p^{-1})^2-1$,初值为 $p^{-1}=0$,得其解为

$$p^{-1}=0.25+0.75\tanh(-1.5t+1.5T-0.346)$$

- 当 $T=1$ 时,$p^{-1}=0.25+0.75\tanh(-1.5t+1.134)$;
- 当 $T=10$ 时,$p^{-1}=0.25+0.75\tanh(-1.5t+14.634)$;
- 当 $T\to\infty$ 时,$\lim\limits_{T\to\infty}P^{-1}(t,T)=1=\bar{p}$。反馈增益如图 7.5.7 所示。

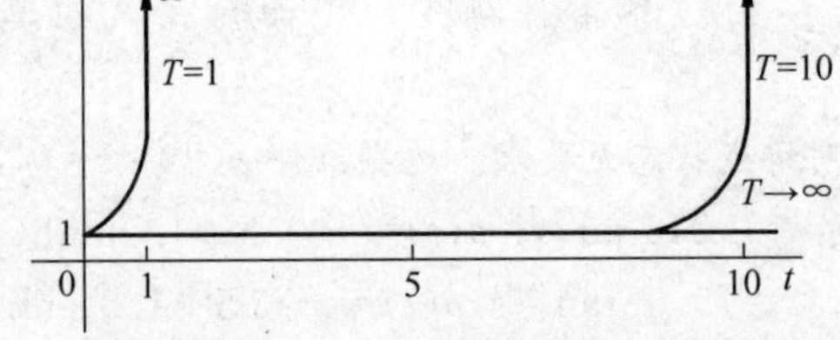

图 7.5.7 反馈增益变化(S→∞)

7.5.3 输出调节器

系统的状态方程和输出方程为式(7.5.1)和式(7.5.2),如果将性能指标中的状态变量换为输出变量,指标泛函为

$$J=\frac{1}{2}\boldsymbol{y}^{\mathrm{T}}(T)\boldsymbol{S}\boldsymbol{y}(T)+\frac{1}{2}\int_{t_0}^{T}(\boldsymbol{y}^{\mathrm{T}}(t)\boldsymbol{Q}(t)\boldsymbol{y}(t)+\boldsymbol{u}^{\mathrm{T}}(t)\boldsymbol{R}(t)\boldsymbol{u}(t))\mathrm{d}t \tag{7.5.21}$$

求控制,使 J 有极小值,这样的问题称为输出调节器。

输出调节器与状态调节器不同,但在一定条件下可转化为状态调节器。事实上,只要在指标泛函中由系统的输出方程将输出变量换为状态变量即可,这时指标泛函为

$$J=\frac{1}{2}\boldsymbol{x}^{\mathrm{T}}(T)\boldsymbol{C}^{\mathrm{T}}(T)\boldsymbol{S}\boldsymbol{C}(T)\boldsymbol{x}(T)+\frac{1}{2}\int_{t_0}^{T}(\boldsymbol{x}^{\mathrm{T}}(t)\boldsymbol{C}^{\mathrm{T}}(t)\boldsymbol{Q}(t)\boldsymbol{C}(t)\boldsymbol{x}(t)$$
$$+\boldsymbol{u}^{\mathrm{T}}(t)\boldsymbol{R}(t)\boldsymbol{u}(t))\mathrm{d}t$$

令

$$S_1=\boldsymbol{C}^{\mathrm{T}}(T)\boldsymbol{S}\boldsymbol{C}(T),\quad \boldsymbol{Q}_1(t)=\boldsymbol{C}^{\mathrm{T}}(t)\boldsymbol{Q}(t)\boldsymbol{C}(t)$$

则

$$J=\frac{1}{2}\boldsymbol{x}^{\mathrm{T}}(T)\boldsymbol{S}_1(T)\boldsymbol{x}(T)+\frac{1}{2}\int_{t_0}^{T}(\boldsymbol{x}^{\mathrm{T}}(t)\boldsymbol{Q}_1(t)\boldsymbol{x}(t)+\boldsymbol{u}^{\mathrm{T}}(t)\boldsymbol{R}(t)\boldsymbol{u}(t))\mathrm{d}t \tag{7.5.22}$$

可见与状态调节器的指标在形式上是一样的,现只需证明 $\boldsymbol{S}_1$ 和 $\boldsymbol{Q}_1(t)$是对称半正定矩阵,就完全可应用状态调节器的理论了。

设系统是完全能观测的,由于 $\boldsymbol{S}$ 和 $\boldsymbol{Q}(t)$是对称矩阵,则 $\boldsymbol{S}_1$ 和 $\boldsymbol{Q}_1(t)$也是对称的。因为 $\boldsymbol{Q}(t)\geqslant\boldsymbol{0}$,则 $\boldsymbol{y}^{\mathrm{T}}(t)\boldsymbol{Q}(t)\boldsymbol{y}(t)\geqslant 0$ 对所有 $\boldsymbol{y}(t)$均成立。

令 $\boldsymbol{y}(t)=\boldsymbol{C}(t)\boldsymbol{x}(t)$,有 $\boldsymbol{x}^{\mathrm{T}}(t)\boldsymbol{C}^{\mathrm{T}}(t)\boldsymbol{Q}(t)\boldsymbol{C}(t)\boldsymbol{x}(t)\geqslant 0$。由于系统完全能观测,对任一状态向量 $\boldsymbol{x}(t)$,均有 $\boldsymbol{x}^{\mathrm{T}}(t)\boldsymbol{C}^{\mathrm{T}}(t)\boldsymbol{Q}(t)\boldsymbol{C}(t)\boldsymbol{x}(t)\geqslant 0$,即 $\boldsymbol{C}^{\mathrm{T}}(t)\boldsymbol{Q}(t)\boldsymbol{C}(t)\geqslant\boldsymbol{0}$ 为半正定。

同理,可证明 $\boldsymbol{C}^{\mathrm{T}}(T)\boldsymbol{S}\boldsymbol{C}(T)$也是半正定的。

应用状态调节器理论,可得出最优控制 $\boldsymbol{u}^*=-\boldsymbol{R}^{-1}(t)\boldsymbol{B}^{\mathrm{T}}(t)\boldsymbol{P}(t)\boldsymbol{x}(t)$,其中 $\boldsymbol{P}(t)$满足矩阵里卡蒂微分方程及边界条件

$$\dot{\boldsymbol{P}}(t)+\boldsymbol{P}(t)\boldsymbol{A}(t)+\boldsymbol{A}^{\mathrm{T}}(t)\boldsymbol{P}(t)-\boldsymbol{P}(t)\boldsymbol{B}(t)\boldsymbol{R}^{-1}(t)\boldsymbol{B}^{\mathrm{T}}(t)\boldsymbol{P}(t)+\boldsymbol{C}^{\mathrm{T}}(t)\boldsymbol{Q}(t)\boldsymbol{C}(t)=\boldsymbol{0} \tag{7.5.23}$$

$$\boldsymbol{P}(T)=\boldsymbol{C}^{\mathrm{T}}(T)\boldsymbol{S}\boldsymbol{C}(T) \tag{7.5.24}$$

将最优控制代入正则方程,则有

$$\dot{\boldsymbol{x}}(t)=\boldsymbol{A}(t)\boldsymbol{x}(t)-\boldsymbol{B}(t)\boldsymbol{R}^{-1}(t)\boldsymbol{B}^{\mathrm{T}}(t)\boldsymbol{\lambda}(t),\quad \boldsymbol{x}(t_0)=\boldsymbol{x}_0$$

$$\dot{\boldsymbol{\lambda}}(t)=-\boldsymbol{C}^{\mathrm{T}}(t)\boldsymbol{Q}(t)\boldsymbol{C}(t)\boldsymbol{x}(t)-\boldsymbol{A}^{\mathrm{T}}(t)\boldsymbol{\lambda}(t),\quad \boldsymbol{\lambda}(T)=\boldsymbol{C}^{\mathrm{T}}(T)\boldsymbol{S}\boldsymbol{C}(T)\boldsymbol{x}(T)$$

同分析状态调节器一样,由$\boldsymbol{\lambda}(t)\boldsymbol{P}(t)\boldsymbol{x}(t)$,则最优轨线满足方程

$$\begin{aligned}\dot{\boldsymbol{x}}(t)&=\boldsymbol{A}(t)\boldsymbol{x}(t)-\boldsymbol{B}(t)\boldsymbol{R}^{-1}(t)\boldsymbol{B}^{\mathrm{T}}(t)\boldsymbol{P}(t)\boldsymbol{x}(t)\\&=(\boldsymbol{A}(t)-\boldsymbol{B}(t)\boldsymbol{R}^{-1}(t)\boldsymbol{B}^{\mathrm{T}}(t)\boldsymbol{P}(t))\boldsymbol{x}(t)\\\boldsymbol{x}(t_0)&=\boldsymbol{x}_0\end{aligned}\tag{7.5.25}$$

最优指标为

$$J^*=\frac{1}{2}\boldsymbol{x}^{\mathrm{T}}(t_0)\boldsymbol{P}(t_0)\boldsymbol{x}(t_0)\tag{7.5.26}$$

值得注意的是,输出调节器的最优控制仍然是状态反馈而不是输出反馈。状态反馈需要全部的状态信息,若系统是完全能观测的,可由系统的输出求出全部状态;若系统不完全能观测,就得不到全部状态信息,因而也就不可能由状态反馈求得最优控制。

在定常系统中,$\boldsymbol{A}$,$\boldsymbol{B}$,$\boldsymbol{C}$,$\boldsymbol{Q}$和$\boldsymbol{R}$均为常数矩阵,$T\to\infty$,系统完全能控和完全能观测,则最优控制为

$$\boldsymbol{u}^*=-\boldsymbol{R}^{-1}\boldsymbol{B}^{\mathrm{T}}\bar{\boldsymbol{P}}\boldsymbol{x}\tag{7.5.27}$$

式中$\bar{\boldsymbol{P}}$满足里卡蒂代数方程

$$\bar{\boldsymbol{P}}\boldsymbol{A}+\boldsymbol{A}^{\mathrm{T}}\bar{\boldsymbol{P}}-\bar{\boldsymbol{P}}\boldsymbol{B}\boldsymbol{R}^{-1}\boldsymbol{B}^{\mathrm{T}}\bar{\boldsymbol{P}}+\boldsymbol{C}^{\mathrm{T}}\boldsymbol{Q}\boldsymbol{C}=\boldsymbol{0}$$

这时增益矩阵$\boldsymbol{R}^{-1}\boldsymbol{B}^{\mathrm{T}}\bar{\boldsymbol{P}}$为常数矩阵。最优轨线为

$$\dot{\boldsymbol{x}}(t)=(\boldsymbol{A}-\boldsymbol{B}\boldsymbol{R}^{-1}\boldsymbol{B}^{\mathrm{T}}\bar{\boldsymbol{P}})\boldsymbol{x}(t),\quad \boldsymbol{x}(t_0)=\boldsymbol{x}_0$$

最优指标为

$$J^*=\frac{1}{2}\boldsymbol{x}^{\mathrm{T}}(t_0)\bar{\boldsymbol{P}}\boldsymbol{x}(t_0)$$

7.5.4 跟踪问题

状态调节器和输出调节器,是选择控制变量使状态或输出在控制过程中尽量小,同时也使消耗的能量尽量少。但在实际当中,也常遇到这样的问题,即选择控制使系统的输出跟踪某一理想的已知输出。这样的问题称为跟踪问题。问题的提法为,系统的方程为式(7.5.1)和式(7.5.2),设$\boldsymbol{\eta}(t)$是已知的理想输出,令$\boldsymbol{e}(t)=\boldsymbol{y}(t)-\boldsymbol{\eta}(t)$,称为偏差量,设指标泛函为

$$J=\frac{1}{2}\boldsymbol{e}^{\mathrm{T}}(T)\boldsymbol{S}\boldsymbol{e}(T)+\frac{1}{2}\int_{t_0}^{T}(\boldsymbol{e}^{\mathrm{T}}(t)\boldsymbol{Q}(t)\boldsymbol{e}(t)+\boldsymbol{u}^{\mathrm{T}}(t)\boldsymbol{R}(t)\boldsymbol{u}(t))\mathrm{d}t\tag{7.5.28}$$

寻求控制规律使性能指标(7.5.28)有极小值。其物理意义就是,在控制过程中,使系统输出尽量趋近理想输出,同时也使能量消耗最少。

可仿照调节器的求法,将指标泛函写成

$$J=\frac{1}{2}(\boldsymbol{y}(T)-\boldsymbol{\eta}(T))^{\mathrm{T}}\boldsymbol{S}(\boldsymbol{y}(T)-\boldsymbol{\eta}(T))$$

$$+\frac{1}{2}\int_{t_0}^{T}((\boldsymbol{y}(t)-\boldsymbol{\eta}(t))^{\mathrm{T}}\boldsymbol{Q}(t)(\boldsymbol{y}(t)-\boldsymbol{\eta}(t))+\boldsymbol{u}^{\mathrm{T}}(t)\boldsymbol{R}(t)\boldsymbol{u}(t))\mathrm{d}t$$

$$=\frac{1}{2}(\boldsymbol{C}(T)\boldsymbol{x}(T)-\boldsymbol{\eta}(T))^{\mathrm{T}}S(\boldsymbol{C}(T)\boldsymbol{x}(T)-\boldsymbol{\eta}(T))$$

$$+\frac{1}{2}\int_{t_0}^{T}((\boldsymbol{C}(t)\boldsymbol{x}(t)-\boldsymbol{\eta}(t))^{\mathrm{T}}\boldsymbol{Q}(t)(\boldsymbol{C}(t)\boldsymbol{x}(t)-\boldsymbol{\eta}(t))+\boldsymbol{u}^{\mathrm{T}}(t)\boldsymbol{R}(t)\boldsymbol{u}(t))\mathrm{d}t$$

应用最大值原理求解，构造哈密顿函数

$$H=\frac{1}{2}(\boldsymbol{C}(t)\boldsymbol{x}(t)-\boldsymbol{\eta}(t))^{\mathrm{T}}\boldsymbol{Q}(t)(\boldsymbol{C}(t)\boldsymbol{x}(t)-\boldsymbol{\eta}(t))+\boldsymbol{u}^{\mathrm{T}}(t)\boldsymbol{R}(t)\boldsymbol{u}(t))$$

$$+\boldsymbol{\lambda}^{\mathrm{T}}(t)(\boldsymbol{A}(t)\boldsymbol{x}(t)+\boldsymbol{B}(t)\boldsymbol{u}(t))$$

由必要条件

$$\frac{\partial H}{\partial \boldsymbol{u}}=\boldsymbol{R}(t)\boldsymbol{u}(t)+\boldsymbol{B}^{\mathrm{T}}(t)\boldsymbol{\lambda}(t)=\boldsymbol{0}$$

则有

$$\boldsymbol{u}^{*}=-\boldsymbol{R}^{-1}(t)\boldsymbol{B}^{\mathrm{T}}(t)\boldsymbol{\lambda}(t) \tag{7.5.29}$$

由于 $\boldsymbol{R}(t)$ 是正定的，应有 $\frac{\partial^2 H}{\partial \boldsymbol{u}^2}=\boldsymbol{R}(t)>\boldsymbol{0}$，所以 $\boldsymbol{u}^*$ 确能使 H 有极小值。将 $\boldsymbol{u}^*$ 代入正则方程，则有

$$\dot{\boldsymbol{x}}(t)=\boldsymbol{A}(t)\boldsymbol{x}(t)-\boldsymbol{B}(t)\boldsymbol{R}^{-1}(t)\boldsymbol{B}^{\mathrm{T}}(t)\boldsymbol{\lambda}(t) \tag{7.5.30}$$

$$\dot{\boldsymbol{\lambda}}(t)=-\boldsymbol{C}^{\mathrm{T}}(t)\boldsymbol{Q}(t)\boldsymbol{C}(t)\boldsymbol{x}(t)-\boldsymbol{A}^{\mathrm{T}}(t)\boldsymbol{\lambda}(t)+\boldsymbol{C}^{\mathrm{T}}(t)\boldsymbol{Q}(t)\boldsymbol{\eta}(t) \tag{7.5.31}$$

边界条件为

$$\boldsymbol{x}(t_0)=\boldsymbol{x}_0 \tag{7.5.32}$$

$$\boldsymbol{\lambda}(T)=\boldsymbol{C}^{\mathrm{T}}(T)\boldsymbol{S}\boldsymbol{C}(T)\boldsymbol{x}(T)-\boldsymbol{C}^{\mathrm{T}}(T)\boldsymbol{S}\boldsymbol{\eta}(T) \tag{7.5.33}$$

与输出调节器的正则方程相比较，二者的齐次部分相同，仅差非齐次项，可设

$$\boldsymbol{\lambda}(t)=\boldsymbol{P}(t)\boldsymbol{x}(t)-\boldsymbol{\xi}(t) \tag{7.5.34}$$

将上式微分，由式(7.5.30)，得

$$\dot{\boldsymbol{\lambda}}(t)-\dot{\boldsymbol{P}}(t)\boldsymbol{x}(t)+\boldsymbol{P}(t)\dot{\boldsymbol{x}}(t)-\dot{\boldsymbol{\xi}}(t)$$

$$=\dot{\boldsymbol{P}}(t)\boldsymbol{x}(t)+\boldsymbol{P}(t)\boldsymbol{A}(t)-\boldsymbol{P}(t)\boldsymbol{B}(t)\boldsymbol{R}^{-1}(t)\boldsymbol{B}^{\mathrm{T}}(t)\boldsymbol{P}(t)$$

$$+\boldsymbol{P}(t)\boldsymbol{B}(t)\boldsymbol{R}^{-1}(t)\boldsymbol{B}^{\mathrm{T}}(t)\boldsymbol{\xi}(t)-\dot{\boldsymbol{\xi}}(t)$$

根据式(7.5.31)，由 $\boldsymbol{x}(t)$ 的任意性，则得

$$\dot{\boldsymbol{P}}(t)+\boldsymbol{P}(t)\boldsymbol{A}(t)+\boldsymbol{A}^{\mathrm{T}}(t)\boldsymbol{P}(t)-\boldsymbol{P}(t)\boldsymbol{B}(t)\boldsymbol{R}^{-1}(t)\boldsymbol{B}^{\mathrm{T}}(t)\boldsymbol{P}^{\mathrm{T}}+\boldsymbol{C}^{\mathrm{T}}(t)\boldsymbol{Q}(t)\boldsymbol{C}(t)=\boldsymbol{0} \tag{7.5.35}$$

和

$$\dot{\boldsymbol{\xi}}(t)+(\boldsymbol{A}^{\mathrm{T}}(t)-\boldsymbol{P}(t)\boldsymbol{B}(t)\boldsymbol{R}^{-1}(t)\boldsymbol{B}^{\mathrm{T}}(t))\boldsymbol{\xi}(t)+\boldsymbol{C}^{\mathrm{T}}(t)\boldsymbol{Q}(t)\boldsymbol{\eta}(t)=\boldsymbol{0} \tag{7.5.36}$$

边界条件为

$$\boldsymbol{P}(T)=\boldsymbol{C}^{\mathrm{T}}(T)\boldsymbol{S}(T) \tag{7.5.37}$$

$$\boldsymbol{\xi}(T)=\boldsymbol{C}^{\mathrm{T}}(T)\boldsymbol{S}\boldsymbol{\eta}(T) \tag{7.3.38}$$

设其解为$\boldsymbol{P}(t)$和$\boldsymbol{\xi}(t)$,则最优控制为

$$\boldsymbol{u}^{*}=-\boldsymbol{R}^{-1}(t)\boldsymbol{B}^{\mathrm{T}}(t)\boldsymbol{P}(t)\boldsymbol{x}+\boldsymbol{R}^{-1}(t)\boldsymbol{B}^{\mathrm{T}}(t)\boldsymbol{\xi}(t) \tag{7.5.39}$$

式(7.5.39)包括两项,其中第一项是$\boldsymbol{x}(t)$的线性函数,而$\boldsymbol{\xi}(t)$依赖于$\boldsymbol{\eta}(t)$。表示由$\boldsymbol{\eta}(t)$导致的驱动作用。

最优轨线方程为

$$\dot{\boldsymbol{x}}(t)=(\boldsymbol{A}(t)-\boldsymbol{B}(t)\boldsymbol{R}^{-1}(t)\boldsymbol{B}^{\mathrm{T}}(t)\boldsymbol{P}(t))\boldsymbol{x}(t)+\boldsymbol{B}(t)\boldsymbol{R}^{-1}(t)\boldsymbol{B}^{\mathrm{T}}(t)\boldsymbol{\xi}(t) \tag{7.5.40}$$

$$\boldsymbol{x}(t_0)=\boldsymbol{x}_0$$

最优性能指标为

$$J^{*}=\frac{1}{2}\boldsymbol{x}^{\mathrm{T}}(t_0)\boldsymbol{p}(t_0)\boldsymbol{x}(t_0)-\boldsymbol{\xi}^{\mathrm{T}}(t_0)\boldsymbol{x}(t_0)+\boldsymbol{\varphi}(t_0) \tag{7.5.41}$$

式中$\boldsymbol{\varphi}(t)$满足下面微分方程和边界条件

$$\dot{\boldsymbol{\varphi}}(t)=-\frac{1}{2}\boldsymbol{\eta}^{\mathrm{T}}(t)\boldsymbol{Q}(t)\boldsymbol{\eta}(t)-\boldsymbol{\xi}^{\mathrm{T}}(t)\boldsymbol{B}(t)\boldsymbol{R}^{-1}\boldsymbol{B}^{\mathrm{T}}(t)\boldsymbol{\eta}(t) \tag{7.5.42}$$

$$\boldsymbol{\varphi}(T)=\boldsymbol{\eta}^{\mathrm{T}}(T)\boldsymbol{P}(T)\boldsymbol{\eta}(T) \tag{7.5.43}$$

例 7.5.3 设二阶系统为

$$\dot{\boldsymbol{x}}=\begin{bmatrix}0&1\\0&0\end{bmatrix}\boldsymbol{x}+\begin{bmatrix}0\\1\end{bmatrix}u,\quad \boldsymbol{x}(0)=\begin{bmatrix}x_{10}\\x_{20}\end{bmatrix}$$

$$y=x_1=(1,0)\begin{bmatrix}x_1\\x_2\end{bmatrix}$$

性能指标为

$$J=\frac{1}{2}\int_0^{+\infty}((y-\eta)^2+u^2)\mathrm{d}t$$

试求最优控制$\boldsymbol{u}^{*}$。

解 由题设知$\boldsymbol{A}=\begin{bmatrix}0&1\\0&0\end{bmatrix}$,$\boldsymbol{B}=\begin{bmatrix}0\\1\end{bmatrix}$,$Q=1$,$R=1$,$\boldsymbol{C}=[1\quad 0]$。首先设$T<\infty$,则由方程式(7.5.35)和边界条件表达式(7.5.37)有

$$-\begin{bmatrix}\dot{p}_1&\dot{p}_2\\\dot{p}_2&\dot{p}_3\end{bmatrix}+\begin{bmatrix}p_1&p_2\\p_2&p_3\end{bmatrix}\begin{bmatrix}0&1\\0&0\end{bmatrix}+\begin{bmatrix}0&0\\1&0\end{bmatrix}\begin{bmatrix}p_1&p_2\\p_2&p_3\end{bmatrix}$$

$$-\begin{bmatrix}p_1&p_2\\p_2&p_3\end{bmatrix}\begin{bmatrix}0\\1\end{bmatrix}[0\quad 1]\begin{bmatrix}p_1&p_2\\p_2&p_3\end{bmatrix}+\begin{bmatrix}1\\0\end{bmatrix}[1\quad 0]=\begin{bmatrix}0&0\\0&0\end{bmatrix}$$

$$\begin{bmatrix}p_1(T)&p_2(T)\\p_2(T)&p_3(T)\end{bmatrix}=\begin{bmatrix}0&0\\0&0\end{bmatrix}$$

整理后得

$$\dot{p}_1 = p_2^2 - 1,\quad p_1(T) = 0$$
$$\dot{p}_2 = -p_1 + p_2 p_3,\quad p_2(T) = 0$$
$$\dot{p}_3 = -2p_2 + p_3^2,\quad p_3(T) = 0$$

当 $T\to\infty$ 时，稳态正定解为 $\bar{p}_1=\sqrt{2}$，$\bar{p}_2=1$，$\bar{p}_3=\sqrt{2}$。设 $\eta=a$ 为常数，当 $T\to\infty$ 时，$\boldsymbol{\xi}(t)$ 趋于稳态值，即 $\dot{\boldsymbol{\xi}}(t)=\boldsymbol{0}$。由式(7.5.36)，有

$$\begin{bmatrix} 0 & -p_2 \\ 1 & -p_1 \end{bmatrix}\begin{bmatrix} \xi_1 \\ \xi_2 \end{bmatrix} + \begin{bmatrix} \eta \\ 0 \end{bmatrix} = \begin{bmatrix} 0 \\ 0 \end{bmatrix}$$

或

$$-\xi_2(t)p_2 + \eta(t) = 0,\quad \xi_1(t) - \xi_2(t)p_3 = 0$$

即

$$\xi_2(t) - \eta(t) = 0,\quad \xi_1(t) - \sqrt{2}\,\xi_2(t) = 0$$

于是

$$\xi_2 = \eta = a$$

最优控制为 $u^* = -x_1 - \sqrt{2}x_2 + a$。

若设 $\eta(t) = 1 - \mathrm{e}^{-t}$，方程组化为

$$\dot{\xi}_1(t) = \xi_2(t) - \eta,\quad \xi_1(T) = 0$$
$$\dot{\xi}_2(t) = -\xi_1(t) + \sqrt{2}\,\xi_2,\quad \xi_2(T) = 0$$

令 $T\to\infty$，极限解为

$$\xi_2(t) = 1 - \frac{1}{2+\sqrt{2}}\mathrm{e}^{-t}$$

最优控制为

$$u^* = -x_1 - \sqrt{2}x_2 + \left(1 - \frac{1}{2+\sqrt{2}}\mathrm{e}^{-t}\right)$$

由于

$$1 - \frac{1}{2+\sqrt{2}}\mathrm{e}^{-t} = (1-\mathrm{e}^{-t}) + \frac{1+\sqrt{2}}{2+\sqrt{2}}\mathrm{e}^{-t} \approx \eta + 0.7\,\dot{\eta}$$

得闭环控制如图 7.5.8 所示。

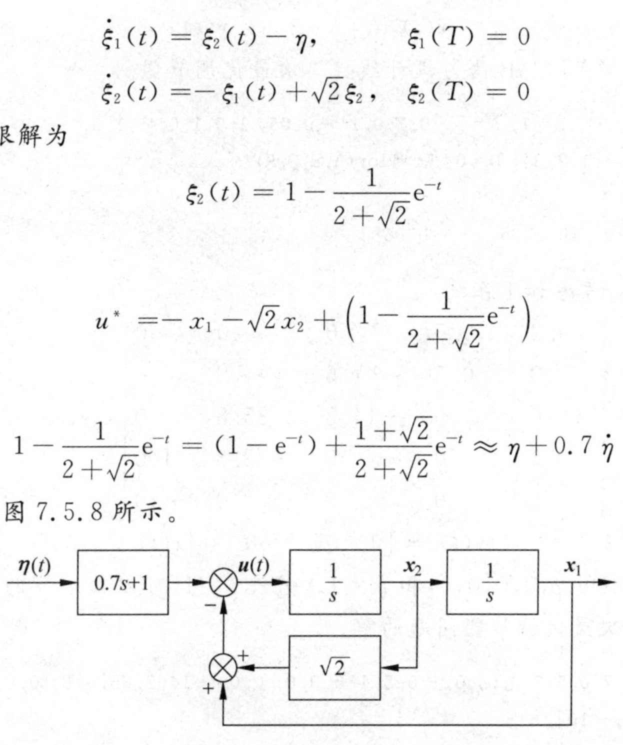

图 7.5.8　闭环控制系统结构

7.5.5 利用 MATLAB 求解最优控制

由前面的叙述可以看到,微分里卡蒂方程的求解是非常困难的,且如此设计的控制器也是难以应用的。于是,人们期望通过只考虑系统的稳态来得到方程的简化形式。在这种情况下,常假定终端时刻趋于无穷,即 $t_f\to\infty$。此时,里卡蒂方程的解趋于一个常阵,于是有 $\dot{\boldsymbol{P}}(t)=\boldsymbol{0}$。微分里卡蒂方程变为代数里卡蒂方程

$$-\boldsymbol{PA}-\boldsymbol{A}^{\mathrm{T}}\boldsymbol{P}+\boldsymbol{PBR}^{-1}\boldsymbol{B}^{\mathrm{T}}\boldsymbol{P}-\boldsymbol{Q}=\boldsymbol{0}$$

对于此类问题,MATLAB 的控制系统工具箱提供了一个函数,可用来设计线性二次最优调节器。格式如下:

```
>>[K,P] = lqr(A,B,Q,R)
```

其中,(A,B)是给定的状态空间模型,(Q,R)分别是权矩阵 $\boldsymbol{Q}$ 和 $\boldsymbol{R}$,返回值 K 是状态反馈增益向量,P 是代数里卡蒂方程的解。

例 7.5.4　考虑如下系统

$$\dot{\boldsymbol{x}}(t)=\begin{bmatrix}-0.3 & 0.1 & -0.05\\ 1 & 0.1 & 0\\ -1.5 & -8.9 & -0.05\end{bmatrix}\boldsymbol{x}(t)+\begin{bmatrix}2\\0\\4\end{bmatrix}u(t)$$

$$\boldsymbol{y}(t)=\begin{bmatrix}1 & 2 & 3\end{bmatrix}\boldsymbol{x}(t)$$

可以用如下的 MATLAB 语句设计线性二次最优调节器。

```
>>Q = eye(3,3); R = 1; A = [ - 0.3,0.1, - 0.05; 1,0.1,0;  - 1.5, - 8.9, - 0.05]; B = [2;
  0; 4]; C = [1,2,3]; D = 0; Kc = lqr(A,B,Q,R)
Kc =
     5.9789   10.2705   - 1.0786
```

例 7.5.5　考虑如下系统

$$\dot{\boldsymbol{x}}(t)=\begin{bmatrix}-0.2 & 0.5 & 0 & 0 & 0\\ 0 & -0.5 & 1.6 & 0 & 0\\ 0 & 0 & -14.3 & 85.8 & 0\\ 0 & 0 & 0 & -33.3 & 100\\ 0 & 0 & 0 & 0 & -10\end{bmatrix}\boldsymbol{x}(t)+\begin{bmatrix}0\\0\\0\\0\\30\end{bmatrix}u(t)$$

$$y(t)=\begin{bmatrix}1 & 0 & 0 & 0 & 0\end{bmatrix}\boldsymbol{x}(t)$$

可以选择 $Q=\mathrm{diag}\{\rho,0,0,0,0\}$ 和 $R=1$。若设 $\rho=1$,可以由如下的 MATLAB 语句得到线性二次最优调节器问题的解。

```
>>A = [ - 0.2,0.5,0,0,0; 0, - 0.5,1.6,0,0; 0,0, - 14.3,85.8,0; 0,0,0, - 33.3,100;
  0,0,0,0, - 10];
  B = [0; 0; 0; 0; 30]; Q = diag([1,0,0,0,0]); R = 1; C = [1,0,0,0,0]; D = 0; [K,P] = lqr
```

```
(A,B,Q,R)
K =
   0.9260  0.1678  0.0157  0.0371  0.2653
P =
   0.3563  0.0326  0.0026  0.0056  0.0309
   0.0326  0.0044  0.0004  0.0009  0.0056
   0.0026  0.0004  0.0000  0.0001  0.0005
   0.0056  0.0009  0.0001  0.0002  0.0012
   0.0309  0.0056  0.0005  0.0012  0.0088
```

7.6　快速控制系统

在实际问题中，经常发生以时间为性能指标的控制问题。比如，当被控对象受干扰后，偏离了平衡状态，希望施加控制能以最短时间恢复到平衡状态。凡是以运动时间为性能指标的最优控制问题称为最小时间控制问题，也称为快速控制问题。本节主要介绍解决线性定常系统快速控制问题的综合方法。

7.6.1　快速控制问题

设线性定常系统的状态方程为

$$\dot{\boldsymbol{x}}(t)=\boldsymbol{A}\boldsymbol{x}(t)+\boldsymbol{B}\boldsymbol{u}(t),\quad \boldsymbol{x}(t_0)=\boldsymbol{x}_0 \tag{7.6.1}$$

式中，$\boldsymbol{x}(t)$为 n 维状态向量，$\boldsymbol{A}$ 为 $n\times n$ 阶常矩阵，$\boldsymbol{B}$ 为 $n\times r$ 阶常矩阵，$\boldsymbol{u}(t)$为 r 维控制向量。不失一般性，设约束为

$$|u_i(t)|\leqslant 1,\quad i=1,2,\cdots,r \tag{7.6.2}$$

性能指标形式为

$$J=\int_{t_0}^{T}1\mathrm{d}t \tag{7.6.3}$$

式中时间上限 T 是可变的。

求一容许控制，将系统从状态 $\boldsymbol{x}_0$ 转移到平衡状态 $\boldsymbol{x}(T)=\boldsymbol{0}$，且所需时间最短。

用最小值原理求解。为此构造哈密顿函数

$$H=1+\boldsymbol{\lambda}^{\mathrm{T}}\boldsymbol{A}\boldsymbol{x}+\boldsymbol{\lambda}^{\mathrm{T}}\boldsymbol{B}\boldsymbol{u}$$

令 $\boldsymbol{B}=[\boldsymbol{b}_1,\boldsymbol{b}_2,\cdots,\boldsymbol{b}_i]$，则

$$H=1+\boldsymbol{\lambda}^{\mathrm{T}}\boldsymbol{A}\boldsymbol{x}+\sum_{i=1}^{r}\boldsymbol{\lambda}^{\mathrm{T}}\boldsymbol{b}_iu_i$$

由最小值原理，最优控制满足条件：

$$u_i^*=-\operatorname{sgn}\boldsymbol{\lambda}^{\mathrm{T}}\boldsymbol{b}_i,\quad i=1,2,\cdots,r$$

写成向量形式为

$$\boldsymbol{u}^*=-\operatorname{sgn}\boldsymbol{B}^{\mathrm{T}}\boldsymbol{\lambda} \tag{7.6.4}$$

若$\boldsymbol{\lambda}^{\mathrm{T}}\boldsymbol{b}_i$，$i=1,2,\cdots,r$，在$[t_0,T]$上只有有限个零点，则每一控制分量$u_i^*$均在两个极端值间来回跳跃，即$u_i^*$是分段常值函数，跳跃点就在$\boldsymbol{\lambda}^{\mathrm{T}}\boldsymbol{b}_i=0$的诸点上，这样的快速系统称为砰-砰控制，而这样的快速系统称为正常系统。

例 7.6.1　有一单位质点，在$x(0)=1$处以初速度为 2 沿直线运动。现施加一力$u(t)$，$|u(t)|\leqslant 1$，使质点尽快返回原点，并停留在原点上。力$u(t)$简称为控制。若其他阻力不计，试求此控制力$u(t)$。

解　由动力学知，质点运动方程为$\ddot{x}=u$，写成状态方程为

$$\dot{x}_1(t)=x_2(t),\quad x_1(0)=1$$

$$\dot{x}_2(t)=u(t),\quad x_2(0)=2$$

由最小值原理，构造哈密顿函数

$$H=1+\lambda_1 x_2+\lambda_2 u$$

得伴随方程为$\dot{\lambda}_1(t)=0$，$\dot{\lambda}_2(t)=-\lambda_1(t)$，其解为$\lambda_1(t)=c$，$\lambda_2(t)=c_1 t+c_2$，其中$c_1$和$c_2$为待定常数。

由最优控制的必要条件，最优控制为$u^*=-\operatorname{sgn}\lambda_2(t)$。在$[0,T]$上$\lambda_2$不恒等于 0，否则与$H(T)=0$矛盾。

因为$\lambda_2(t)$为线性函数，只能定性地表示为下面 4 种情况，其图形及所对应的控制如图 7.6.1 所示。

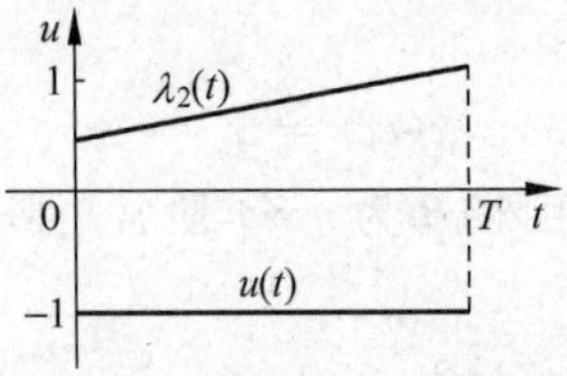

(a) $\lambda_2(t)$在区间$[0,T]$上恒正

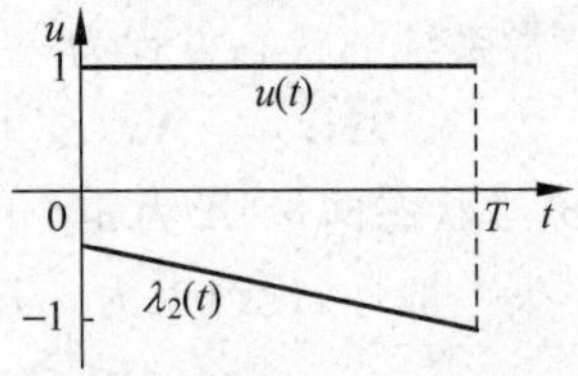

(b) $\lambda_2(t)$在区间$[0,T]$上恒负

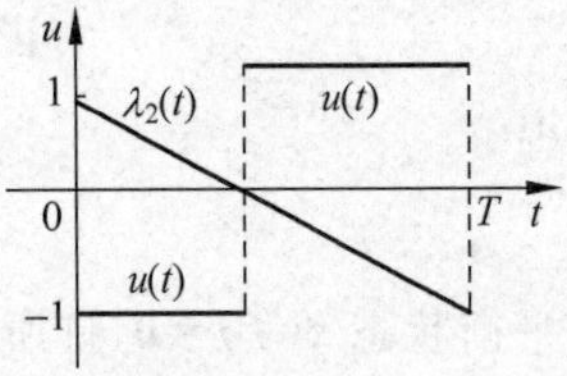

(c) $\lambda_2(t)$在区间$[0,T]$上先正后负

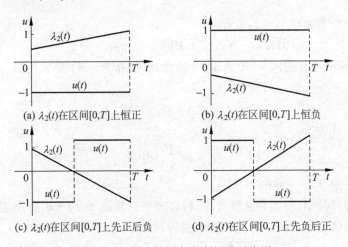

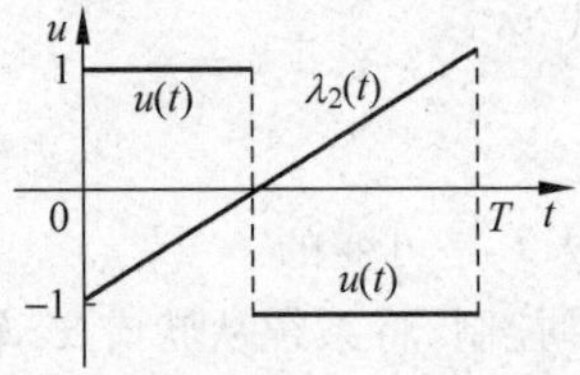

(d) $\lambda_2(t)$在区间$[0,T]$上先负后正

图 7.6.1　协态变量与控制函数示意图

从图 7.6.1 可以看到，最优控制只能取值 1 和−1，且是开关型的，每时每刻都“用劲最大”。与$u=1$和$u=-1$对应的轨线族称为备选最优轨线族。可令$u=\pm 1$，由方程$\dot{x}_1=x_2$，$\dot{x}_2=\pm 1$在相平面中求得备选最优轨线族。事实上，由状态方程可得

$$\frac{\mathrm{d}x_1}{\mathrm{d}x_2}=\pm x_2$$

其解为 $x_1=\pm\frac{1}{2}x_2^2+c$ 其中 c 为任意常数。这是一抛物线族，相点流向为顺时针，$c=0$ 时，相轨线通过原点。轨线族如图 7.6.2 所示。

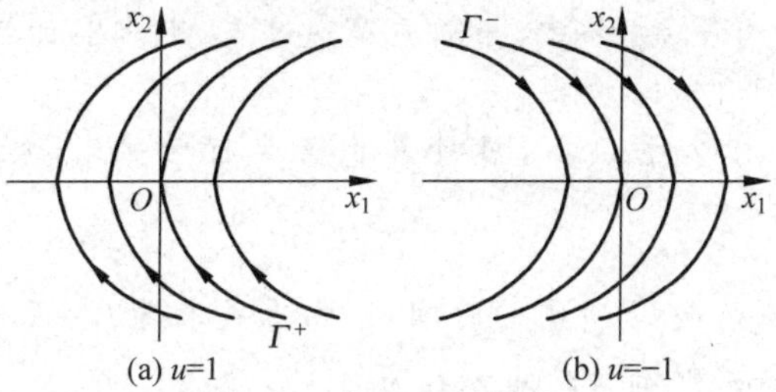

图 7.6.2　相轨线族示意图

从图 7.6.2 中看到，当 $u=1$ 时，仅有一条轨线通过原点，顺时针由下而上，记为 Γ^+。此时

$$x_1=\frac{1}{2}x_2^2,\quad x_2<0$$

当 $u=-1$，也仅有一条轨线通过原点，顺时针由上而下，记为 Γ^-。此时

$$x_1=-\frac{1}{2}x_2^2,\quad x_2>0$$

因此，若相点 $x\in\Gamma^+$，则 $u=1$ 为最优控制；若相点 $x\in\Gamma^-$，则 $u=-1$ 为最优控制。令 $\Gamma=\Gamma^+\cup\Gamma^-$，其方程为

$$x_1+\frac{1}{2}x_2\mid x_2\mid=0 \tag{7.6.5}$$

如图 7.6.3 所示。它是过原点的两段抛物线弧，它将相平面分为上下两部分，上部记为 R^-，下部记为 R^+，曲线 Γ 称为开关曲线。若相点在开关曲线上，可采用 $u=1$ 或 $u=-1$ 控制，直接快速返回原点。若不在开关曲线上，要回到原点，必须首先将相点控制到开关曲线上，并同时转换控制的极性。根据轨线上点的流向，凡在开关曲线上部的点，即 $\boldsymbol{x}\in R^-$，最优控制为 $u=-1$，在开关曲线下部的点，即 $\boldsymbol{x}\in R^+$，最优控制为 $u=1$。

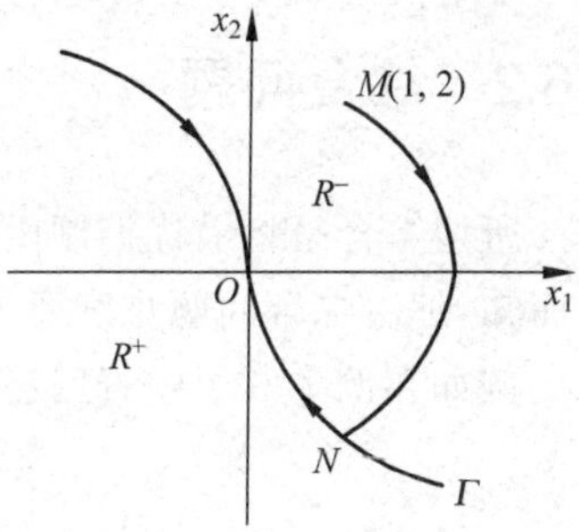

图 7.6.3　开关曲线

由上面的分析可知，该问题初始状态为 $\boldsymbol{x}(0)=[1,2]^{\mathrm{T}}\in R^-$，最优控制为 $u=-1$，状态方程为

$$\dot{x}_1(t)=x_2(t),\quad x_1(0)=1$$
$$\dot{x}_2(t)=1,\qquad x_2(0)=2$$

其解为

$$x_1(t)=\frac{1}{2}(-t+2)^2+3$$

$$x_2(t)=-t+2$$

消去 t 后,得相轨线为 $x_1=-\frac{1}{2}x_2^2+3$,它是通过点 $M(1,2)$ 的抛物线,为最优轨线的一部分。它与 Γ 相交于点 N,可计算出其坐标为 $N\left(\frac{3}{2},-\sqrt{3}\right)$,如图 7.6.3 所示。

设 t_1 为从点 M 到点 N 所需的时间,则由上式求得 $t_1=2+\sqrt{3}$。另一方面,将时间倒转,令 $t=T-\tau$,则倒转时间方程为

$$\frac{\mathrm{d}x_1}{\mathrm{d}\tau}=\frac{\mathrm{d}x_1}{\mathrm{d}t}\frac{\mathrm{d}t}{\mathrm{d}\tau}=-x_2,\quad x_1(\tau)\Big|_{\tau=0}=0$$

$$\frac{\mathrm{d}x_2}{\mathrm{d}\tau}=\frac{\mathrm{d}x_2}{\mathrm{d}t}\frac{\mathrm{d}t}{\mathrm{d}\tau}=-1,\quad x_2(\tau)\Big|_{\tau=0}=0$$

其解为

$$x_1=-\frac{1}{2}\tau^2,\quad x_2=-\tau$$

因 $x_2=-\sqrt{3}$,$\tau_a=\sqrt{3}$,其中 τ_a 是 N 点到达原点所需的时间,这样,总时间为 $T=2+2\sqrt{3}$,最优控制为

$$u^*(t)=\begin{cases}-1, & 0\leqslant t<2+\sqrt{3}\\ 1, & 2+\sqrt{3}\leqslant t\leqslant 2+2\sqrt{3}\end{cases}$$

7.6.2 综合问题

所谓综合是将最优控制函数表示为状态 $\boldsymbol{x}$ 和时间 t 的函数,即 $\boldsymbol{u}^*(\boldsymbol{x},t)$。可想而知,解决综合问题难度要大些,但在工程上,可利用反馈实现,构成闭环控制。

例如在例 7.6.1 中,已找到开关曲线式(7.6.5),最优综合控制函数可表示为

$$u^*(\boldsymbol{x},t)=\begin{cases}1, & \boldsymbol{x}\in\Gamma^+\\ -\operatorname{sgn}\left(x_1+\frac{1}{2}x_2\mid x_2\mid\right), & \boldsymbol{x}\notin\Gamma\\ -1, & \boldsymbol{x}\in\Gamma^-\end{cases}\tag{7.6.6}$$

下面再举一例。

例 7.6.2 设二阶系统为

$$\begin{bmatrix}\dot{x}_1\\ \dot{x}_2\end{bmatrix}=\begin{bmatrix}0 & 1\\ -1 & 0\end{bmatrix}\begin{bmatrix}x_1\\ x_2\end{bmatrix}+\begin{bmatrix}0\\ 1\end{bmatrix}u,\quad \mid u\mid\leqslant 1$$

试求快速返回原点的开关曲线和最优综合控制函数 $u(\boldsymbol{x},t)$。

解　由最小值原理，构造哈密顿函数

$$H = 1 + \lambda_1 x_2 + \lambda_2(-x_2 + u)$$

得伴随方程为

$$\dot{\lambda}_1(t) = -\frac{\partial H}{\partial x_1} = \lambda_2(t), \quad \dot{\lambda}_2(t) = -\frac{\partial H}{\partial x_2} - \lambda_1(t)$$

可求得 $\lambda_2(t) = A\sin(t+\alpha)$，其中 A 和 α 是两个任意常数，最优控制为

$$u^* = -\operatorname{sgn}\lambda_2(t) = -\operatorname{sgn}A\sin(t+\alpha)$$

图 7.6.4 表示了最优控制 $u(t)$ 与协态变量 $\lambda_2(t)$ 的变化。

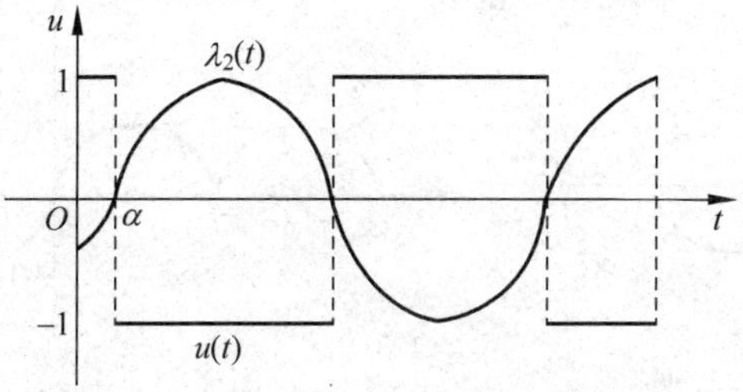

图 7.6.4　最优控制与协态变量的变化情况

从图 7.6.4 可见，控制是“砰-砰控制”，除了首尾之外，在 1 和 −1 上的停留时间均为 π。下面分析备选最优轨线族。令 $u = \pm 1$，得 $\dfrac{\mathrm{d}x_1}{\mathrm{d}x_2} = \dfrac{x_2}{-x_1 \pm 1}$，积分后得 $(x_1 \mp 1)^2 + x_2^2 = c^2$，其中 c 为任意常数，这是两族同心圆方程。当 $u=1$ 时，圆心位于点(0,1)；当 $u=-1$ 时，圆心位于点(−1,0)，备选最优轨线族如图 7.6.5 所示。

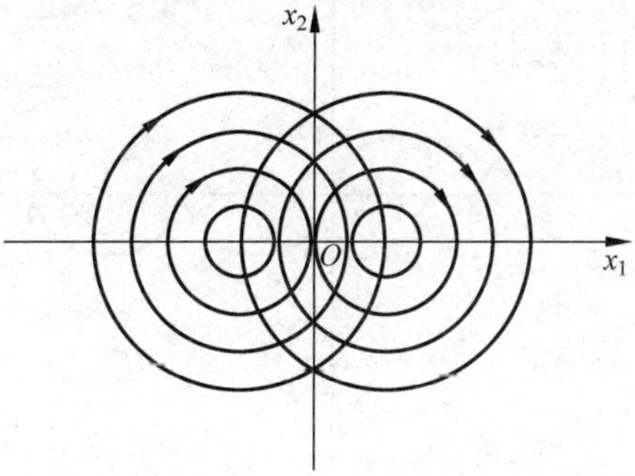

图 7.6.5　备选最优轨线族

相点沿轨线顺时针方向运动，其速度为

$$v = \frac{\mathrm{d}s}{\mathrm{d}t} = \sqrt{x_1^2 + x_2^2} = \sqrt{(x_1 \pm 1)^2 + x_2^2} = c$$

因轨线是半径为 c 的圆周，故转一周的时间为 2π。由前面的分析可知，除首尾两段外，两开关点之间相隔的时间均为 π，相点沿轨线刚好运行 1/2 圆周。据此可求

出开关曲线。事实上,最后一段开关曲线为,圆心分别在点(1,0)和点(−1,0)且半径为1的下上半圆Γ^+和Γ^-,如图7.6.6所示,因此相点只有沿这两个半圆弧才能到达原点。

倒数第二段开关曲线就时间说刚好差π,于是它应与上段关于点(−1,0)和点(1,0)相对称,圆心在点(−3,0)和点(3,0),半径为1的上半圆周和下半圆周,如图7.6.7所示。

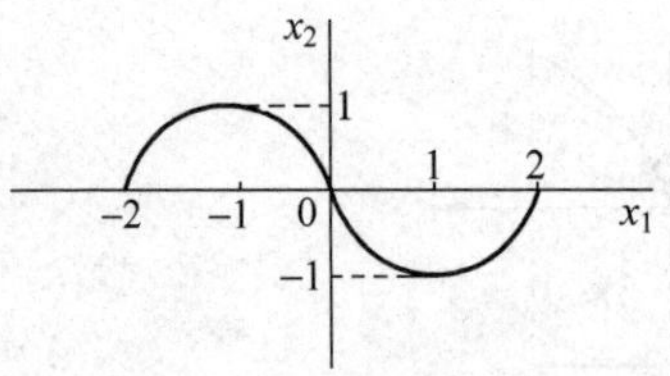

图7.6.6 开关曲线

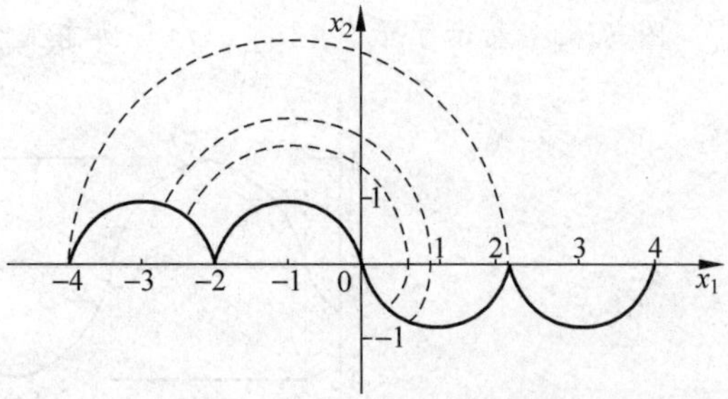

图7.6.7 第二段开关曲线

依此类推可求出倒数第三段、第四段、……整个开关曲线如图7.6.8所示。它将相平面分为上下两部分,记上部为R^-,下部为R^+。

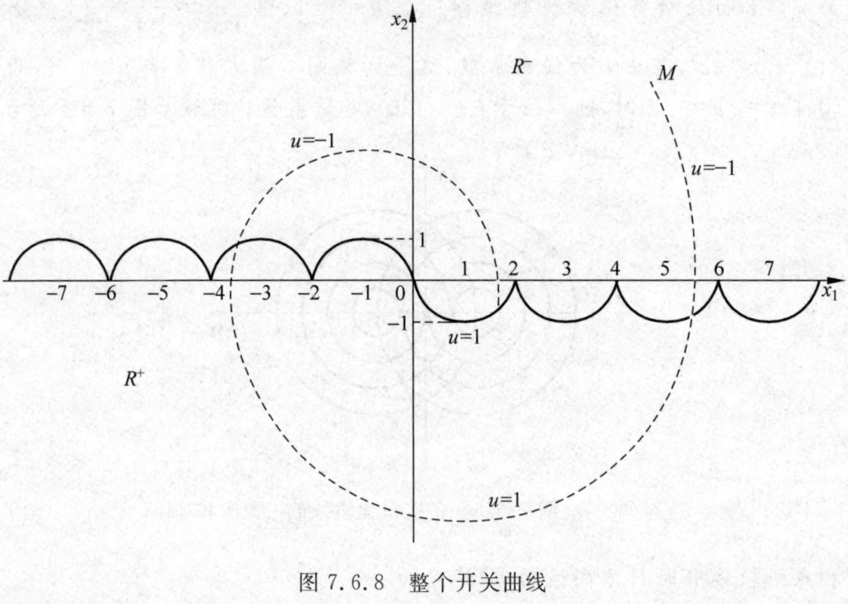

图7.6.8 整个开关曲线

最优综合控制函数为

$$u^* = \begin{cases} 1, & (x_1, x_2)^{\mathrm{T}} \in R^+ \cup \Gamma^+ \\ -1, & (x_1, x_2)^{\mathrm{T}} \in R^- \cup \Gamma^- \end{cases}$$

例如当初始状态由 M 点出发，最优轨线如图 7.6.8 中虚线所示。

小结

最优控制理论的提出和研究始于 20 世纪 50 年代初期，基于工程的需要提出最短时间控制问题。尽管问题比较简单，只是二阶定常系统，所使用的方法是比较特殊的，多半借助于几何图形，但专家们意识到，这是一个值得深入研究的课题，实际上这就是最优控制理论研究的开端。

后来，由于空间技术的需要，计算机技术的迅速发展，使人们在设计复杂控制系统时，把最优性作为性能指标，既有迫切的要求，在技术上又有可能。因为人们发现，从数学角度看，求动态系统的最优化问题是一个变分问题。可是当时的变分学又不能完全解决这类问题，正像前面所看到的，变分法所处理的问题是在开集上，而最优控制问题一般都在闭集上，专家们不得不发展变分法。

于是有两种方法被提出来，一种是前苏联学者庞特里亚金等人提出的"极大值原理"；另一种是美国学者贝尔曼提出的"动态规划"。他们丰富了变分法，发展了变分法，成为研究最优控制的强有力的工具。

半个多世纪来，随着现代技术的不断进步，现代数学不断取得新的成就，计算机技术日新月异地前进，最优控制也在迅速发展。无论从理论上还是实际应用上都进入一个新阶段，它不仅应用在过程控制上，而且在国防建设上，在经济规划、管理等广泛领域中都有着重要应用，并发挥着愈来愈大的作用。

本章研究的内容是最优控制中最基本的，也是必须掌握的。无论将来从事研究还是从事实际工作都是必不可少的。当然，还有许多重要内容由于篇幅限制而没有讲到，需要时可以参阅有关书籍。

最优控制理论还有许多问题尚待研究和解决，涉及面越来越广，并发展为多个分支，比如，分布参数的最优控制、随机最优控制、大系统最优控制以及多方多层次的微分对策和主从对策等。

习题

7.1　设有一阶系统 $\dot{x}=-x+u, x(0)=3$。试确定最优控制函数 $u(t)$，在 $t=2$ 时，将系统控制到零态，并使泛函 $J=\int_0^2(1+u^2)\mathrm{d}t$，取极小值。

7.2　一质点沿曲线 $y=f(x)$ 从点 $(0,8)$ 运动到 $(4,0)$，设质点的运动速度为 x，问曲线取什么形状，质点运动时间最短？

7.3　给定二阶系统 $\dot{\boldsymbol{x}}=\begin{bmatrix}0 & 1\\0 & 0\end{bmatrix}\boldsymbol{x}+\begin{bmatrix}0\\1\end{bmatrix}u, \boldsymbol{x}(0)=\begin{bmatrix}2\\1\end{bmatrix}$。试求控制函数 $u(t)$，

将系统在 $t=2$ 时，转移到零态，并使泛函 $J=\frac{1}{2}\int_0^1 u^2\mathrm{d}t$ 取极小值。

7.4 有一开环系统包含一个放大倍数为4的放大器和一个积分环节，现加入输入 $u(t)$，把系统从 $t=0$ 时的 x_0 转移到 $t=T$ 时的 x_T，并使泛函 $J=\int_0^T(x^2+4u^2)\mathrm{d}t$ 取极小值，试求 $u(t)$。

7.5 在7.3题中，若令 $J=\frac{1}{2}\int_0^t u^2\mathrm{d}t$，在 $t=T$ 时转移到零态，其结果如何？若 T 是可变的，是否有解？

7.6 设有一阶系统 $\dot{x}=-x+u, x(0)=2$，其中 $|u(t)|\leqslant 1$。试确定 $u(t)$ 使 $J=\int_0^1(2x-u)\mathrm{d}t$ 有极小值。

7.7 设二阶系统 $\dot{x}_1=x_2+\frac{1}{4}, \dot{x}_2=u, x_1(0)=-\frac{1}{4}, x_2(0)=-\frac{1}{4}$，其中 $|u(t)|\leqslant\frac{1}{2}$。试求 $u(t)$ 在 $t=T$ 时，使系统在零态，并使泛函 $J=\int_0^T u^2\mathrm{d}t$ 有极小值，其中 T 是不固定的。

7.8 设有一阶系统 $\dot{x}=-2x+u, x(t_0)=1$，试确定控制综合函数 $u(x,t)$ 使

$$J=\frac{1}{2}x^2(T)+\frac{1}{2}\int_{t_0}^T u^2\mathrm{d}t$$

取极小值。

7.9 设一阶系统 $\dot{x}=u, x(0)=x_0$，指标泛函 $J=\frac{1}{2}\int_0^T(x^2+u^2)\mathrm{d}t$，试求 $u(x,t)$，使泛函 J 有极小值。

7.10 设一阶系统 $\dot{x}=-\frac{1}{2}x+u, x(0)=2$，性能指标泛函 $J=5x^2(1)+\frac{1}{2}\int_0^1(2x^2+u^2)\mathrm{d}t$，试确定使 J 有极小值的 $u(x,t)$ 和最优轨线。

7.11 给定二阶系统 $\dot{\boldsymbol{x}}=\begin{bmatrix}0 & 1\\ -1 & 0\end{bmatrix}\boldsymbol{x}+\begin{bmatrix}0\\1\end{bmatrix}u, \boldsymbol{x}(0)=\begin{bmatrix}0\\1\end{bmatrix}$，试求 $u(\boldsymbol{x},t)$，使系统在 $t=2$ 时，转移到原点，并使泛函 $J=\frac{1}{2}\int_0^2 u^2\mathrm{d}t$ 取极小值。

7.12 求一阶离散系统 $x_{k+1}=x_k+\frac{1}{10}(x_k^2+u_k), x_0=3$，使性能指标

$$J=\sum_{i=0}^{1}=|x_i-3u_i|$$

有极小值的 u_k。

7.13 二阶离散系统为

$$\boldsymbol{x}_{k+1}=\begin{bmatrix}2 & 0\\ 1 & 1\end{bmatrix}\boldsymbol{x}_k+\begin{bmatrix}1\\0\end{bmatrix}u_k,\quad \boldsymbol{x}_0=\begin{bmatrix}1\\0\end{bmatrix}$$

性能指标为

$$J = \sum_{i=0}^{1}\left\{ \boldsymbol{x}_{i+1}^{\mathrm{T}}\begin{bmatrix}0 & 0\\0 & 2\end{bmatrix}\boldsymbol{x}_{i+1} + 2u_i^2 \right\}$$

试求使 J 有极小值的最优控制和最优轨线。

7.14　设系统 $\boldsymbol{x}_{k+1}=\boldsymbol{A}_k\boldsymbol{x}_k+\boldsymbol{B}_k\boldsymbol{u}_k$ 是线性的，其中 $\boldsymbol{x}_k$ 和 $\boldsymbol{u}_k$ 分别是 n 维和 m 维向量，性能指标

$$J = \sum_{i=0}^{N}[\boldsymbol{x}_{i+1}^{\mathrm{T}}\boldsymbol{Q}_{i+1}\boldsymbol{x}_{i+1} + \boldsymbol{u}_i^{\mathrm{T}}\boldsymbol{R}_i\boldsymbol{u}_i]$$

为二次型，其中 $\boldsymbol{Q}_{i+1}$ 是 $n\times n$ 阶非负定对称矩阵，$\boldsymbol{R}_i$ 是 $m\times m$ 正定对称矩阵，试证明第 N 步的最优控制为

$$\boldsymbol{u}_N = -(\boldsymbol{B}_N^{\mathrm{T}}\boldsymbol{Q}_{N+1}\boldsymbol{B}+\boldsymbol{R}_N)^{-1}\boldsymbol{B}_N^{\mathrm{T}}\boldsymbol{Q}_{N+1}\boldsymbol{A}_N\boldsymbol{x}_N$$

7.15　设二阶系统为

$$\dot{\boldsymbol{x}} = \begin{bmatrix}0 & 0\\1 & 0\end{bmatrix}\boldsymbol{x} + \begin{bmatrix}1\\0\end{bmatrix}u,\quad \boldsymbol{x}(0) = \begin{bmatrix}0\\1\end{bmatrix}$$

性能指标为

$$J = \int_0^{+\infty}\left(\boldsymbol{x}^{\mathrm{T}}\begin{bmatrix}0 & 0\\0 & 1\end{bmatrix}\boldsymbol{x} + \frac{1}{4}u^2\right)$$

试确定控制函数 $u(t)$，使泛函取极小值，并求 J^*。

7.16　设二阶系统

$$\dot{\boldsymbol{x}} = \begin{bmatrix}0 & 1\\-1 & -4\end{bmatrix}\boldsymbol{x} + \begin{bmatrix}0\\1\end{bmatrix}u,\quad x(0) = x_0,\ |u(t)| \leqslant 1$$

试求使系统尽快转移到零态的最优控制。

7.17　一质点做平面运动，其速度为 y 的线性函数

$$v = a + by$$

试证明质点移向原点的最短时间路线是圆心位于直线 $y=-\dfrac{a}{b}$ 的圆弧。

7.18　设有二阶系统 $\dot{\boldsymbol{x}} = \begin{bmatrix}0 & 1\\-1 & -1\end{bmatrix}\boldsymbol{x} + \begin{bmatrix}0\\1\end{bmatrix}u$，　$|u| \leqslant 1$，试求将系统从初态 x_0 转移到零态的最优制。

7.19　设有二阶系统

$$\dot{\boldsymbol{x}} = \begin{bmatrix}-1 & 0\\1 & 0\end{bmatrix}\boldsymbol{x} + \begin{bmatrix}1\\0\end{bmatrix}u,\quad |u| \leqslant 1$$

试求使系统最快地转移到原点的开关曲线和最优控制综合函数。

第8章 状态估计

本章将介绍状态估计方法。一般来讲，观测向量的维数总是小于系统状态向量的维数。其原因主要基于以下两点：首先，在很多情况下系统的状态变量没有明确的物理意义，根本无法直接通过仪器设备获得；其次，为了减少系统的投资，在可能的条件下，观察量应尽量减少。

例如，为描述一个飞行体运动状态，需要 6 个状态变量(3 个坐标值，3 个对应的速度值)。为了减少设备投资，一般绝不会去设计 6 套观测设备，分别对这 6 个状态变量进行观测。

本章讨论如何通过观察向量去估计系统的状态向量，主要内容为：最小方差估计，最小线性方差估计，最小二乘估计和投影定理、卡尔曼滤波。

8.1 随机系统的描述

利用现代控制理论通过计算机实现系统控制时，所建立的数学模型必须是离散模型。对于一个动态系统，一般有三类模型：差分模型，状态空间模型和网络模型。网络模型是近十几年来提出并发展起来的一类新的模型，它可以很好地描述复杂的非线性过程，关于网络模型的研究至今仍是控制领域中的一个热点。目前网络模型存在着两个弱点：一是鲁棒性稍差，二是关于控制器的设计问题难以解决。因此还需要进一步发展和完善。这里仅对差分模型、状态空间模型加以研究。

关于确定性系统的状态空间模型在第 2 章中已经给予介绍。由于实际问题中，一个系统往往受到来自各个方面的影响和干扰，其运行过程实质为一个随机过程。在这种情况下，第 2 章所给出的确定性模型就无法进行充分描述，为此，必须引入动态随机模型。

8.1.1 状态空间模型

与确定性动态系统相类似，一个动态随机系统往往可以用下面随机状态空间模型描述：

$$\boldsymbol{X}_k = \boldsymbol{\phi}_{k,k-1}\boldsymbol{X}_{k-1} + \boldsymbol{B}_{k-1}\boldsymbol{U}_{k-1} + \boldsymbol{\Gamma}_{k-1}\boldsymbol{W}_{k-1} \tag{8.1.1}$$

$$\boldsymbol{Z}_k = \boldsymbol{H}_k\boldsymbol{X}_k + \boldsymbol{Y}_k + \boldsymbol{V}_k \tag{8.1.2}$$

式(8.1.1)为系统状态方程，式(8.1.2)为观测方程。其中，$\boldsymbol{X}_k \in R^n$ 为 k 时刻的状态向量，$\boldsymbol{\phi}_{k,k-1} \in R^{n\times n}$ 为一步转移矩阵，把 $k-1$ 时刻的状态转移到 k 时刻的状态，$\boldsymbol{B}_{k-1}$ 为控制矩阵，$\boldsymbol{U}_{k-1}$ 为控制向量，$\boldsymbol{W}_{k-1} \in R^l$ 为状态噪声，$\boldsymbol{\Gamma}_{k-1} \in R^{n\times l}$，$\boldsymbol{Z}_k \in R^m$ 为 k 时刻的观测向量，$m \leqslant n$，$\boldsymbol{V}_k \in R^m$ 为观测噪声，$\boldsymbol{H}_k \in R^{m\times n}$ 为已知观测矩阵。利用随机状态空间模型可以方便地实现系统的状态反馈、最优控制、鲁棒控制以及参考模型自适应控制，控制手段和技术种类比较多，但随机状态空间模型的建立比较困难，通常通过随机差分模型来获得状态空间模型。文中随机变量常用大写字母 X,Y,Z 表示，强调其取值时用小写字母 x,y,z 表示。

8.1.2 差分方程模型

确定性差分方程模型

$$\begin{aligned}\boldsymbol{y}(k) &+ \boldsymbol{A}_1\boldsymbol{y}(k-1) + \cdots + \boldsymbol{A}_n\boldsymbol{y}(k-n)\\ &= \boldsymbol{B}_0\boldsymbol{u}(k) + \boldsymbol{B}_1\boldsymbol{u}(k-1) + \cdots + \boldsymbol{B}_m\boldsymbol{u}(k-m)\end{aligned} \tag{8.1.3}$$

式中，$\boldsymbol{y}(k)$ 为 q 维输出向量，$\boldsymbol{u}(k)$ 为 p 维输入向量。关于确定性差分方程模型(8.1.3)在"自动控制原理"课中已经有所介绍。下面在模型(8.1.3)中引入随机干扰得到下面随机差分方程模型

$$\begin{aligned}\boldsymbol{y}(k) + \boldsymbol{A}_1\boldsymbol{y}(k-1) + \cdots + \boldsymbol{A}_n y(k-n) &= \boldsymbol{B}_0\boldsymbol{u}(k) + \boldsymbol{B}_1\boldsymbol{u}(k-1) + \cdots\\ + \boldsymbol{B}_m\boldsymbol{u}(k-m) + \boldsymbol{\xi}(k) &+ \boldsymbol{C}_1\boldsymbol{\xi}(k-1) + \cdots + \boldsymbol{C}_p\boldsymbol{\xi}(k-p)\end{aligned} \tag{8.1.4}$$

式中，$\boldsymbol{y}(k)$ 和 $\boldsymbol{u}(k)$ 的意义与式(8.1.3)中相同，$\boldsymbol{\xi}(k)$，$k=1,2,\cdots$ 为白噪声向量，$\mathrm{E}\boldsymbol{\xi}(k)=\boldsymbol{0}$，$\mathrm{D}\boldsymbol{\xi}(k)=\boldsymbol{\Sigma}$。

相对于随机状态空间模型，随机差分方程模型比较容易获得，关于如何建立系统随机差分方程模型可参阅有关系统辨识的书籍。在自适应控制中，随机差分方程模型应用的比较多。在系统辨识理论中指出在状态模型(8.1.1)和模型(8.1.2)中，若系统状态可观测，则存在等价的差分模型(8.1.4)。对于单输入单输出(SISO)系统，差分模型(8.1.4)可简化成

$$\begin{aligned}&y(k) + a_1 y(k-1) + \cdots + a_n y(k-n)\\ &= b_0 u(k) + b_1 u(k-1) + \cdots + b_m u(k-m) + \xi(k)\\ &\quad + c_1\xi(k-1) + \cdots + c_p\xi(k-p)\end{aligned} \tag{8.1.5}$$

其中各量均为标量。

8.2 最小方差估计

估计在社会实际和工程实际中占有重要地位。大部分系统的建模需要对模型参数进行估计；控制过程中的状态反馈中需要对系统状态进行估计；大部分数据滤波去噪的过程中也都需要进行估计。估计依赖于所获得的信息，即观测值。由于观测具有随机性，以及噪声(干扰)的影响，观测值往往是随机的，从而估计值也具有随机性。

设$\hat{\boldsymbol{X}}(\boldsymbol{Z})$为依据观测值$\boldsymbol{Z}$对$\boldsymbol{X}$做出的一种估计，显然$\boldsymbol{X}$的估计是观测值$\boldsymbol{Z}$的函数，其维数与状态向量$\boldsymbol{X}$相同，其估计误差为$\tilde{\boldsymbol{X}}=\boldsymbol{X}-\hat{\boldsymbol{X}}(\boldsymbol{Z})$。当$\boldsymbol{Z}$中存在随机变量时，则$\hat{\boldsymbol{X}}(\boldsymbol{Z})$也是一个随机向量，同时$\boldsymbol{X}$中也含有随机分量，因此$\tilde{\boldsymbol{X}}$是与$\boldsymbol{X}$同维数的随机向量。在实际工作中，一般总希望估计量$\hat{\boldsymbol{X}}(\boldsymbol{Z})$与被估计量$\boldsymbol{X}$越接近越好，即误差$\tilde{\boldsymbol{X}}$的方差阵$\mathrm{E}\tilde{\boldsymbol{X}}\tilde{\boldsymbol{X}}^{\mathrm{T}}$越小越好。下面就来分析一下$\hat{\boldsymbol{X}}(\boldsymbol{Z})$为什么函数时，可以使方差阵$\mathrm{E}\tilde{\boldsymbol{X}}\tilde{\boldsymbol{X}}^{\mathrm{T}}$最小。

设$\boldsymbol{X}$的概率密度为$f(\boldsymbol{x})$，$\boldsymbol{Z}$的概率密度为$g(z)$，二者的联合概率密度为$\varphi(\boldsymbol{x},z)$，则在$\boldsymbol{Z}=z$条件下，$\boldsymbol{X}$的条件概率密度为$p(\boldsymbol{x}|z)=\varphi(\boldsymbol{x},z)/g(z)$

因此对每个估计量$\hat{\boldsymbol{X}}(\boldsymbol{Z})$的误差方阵为

$$
\begin{aligned}
\mathrm{E}\tilde{\boldsymbol{X}}\tilde{\boldsymbol{X}}^{\mathrm{T}} &= \mathrm{E}(\boldsymbol{x}-\hat{\boldsymbol{x}}(z))(\boldsymbol{x}-\hat{\boldsymbol{x}}(z))^{\mathrm{T}} \\
&= \iint_{-\infty}^{+\infty}(\boldsymbol{x}-\hat{\boldsymbol{x}}(z))(\boldsymbol{x}-\hat{\boldsymbol{x}}(z))^{\mathrm{T}}\boldsymbol{\varphi}(\boldsymbol{x},z)\mathrm{d}\boldsymbol{x}\mathrm{d}z \\
&= \int_{-\infty}^{+\infty}\left[\int_{-\infty}^{+\infty}(\boldsymbol{x}-\hat{\boldsymbol{x}}(z))(\boldsymbol{x}-\hat{\boldsymbol{x}}(z))^{\mathrm{T}}p(\boldsymbol{x}\mid z)\mathrm{d}\boldsymbol{x}\right]\cdot g(z)\mathrm{d}z
\end{aligned} \tag{8.2.1}
$$

式(8.2.1)对任意估计$\hat{\boldsymbol{X}}(\boldsymbol{Z})$都成立。选择一个估计函数$\hat{\boldsymbol{X}}(\boldsymbol{Z})$，使式(8.2.1)右边的非负定方阵为最小，这样的估计就叫最小方差估计。

定理 8.2.1 $\boldsymbol{X}$的最小方差估计$\hat{\boldsymbol{X}}(\boldsymbol{Z})$等于$\boldsymbol{X}$的条件均值：

$$
\hat{\boldsymbol{X}}(\boldsymbol{Z}) = \mathrm{E}(\boldsymbol{X}\mid\boldsymbol{Z}) \tag{8.2.2}
$$

证 使$\mathrm{E}\tilde{\boldsymbol{X}}\tilde{\boldsymbol{X}}^{\mathrm{T}}$最小，等价于使

$$
\int_{-\infty}^{+\infty}(\boldsymbol{x}-\hat{\boldsymbol{x}}(z))(\boldsymbol{x}-\hat{\boldsymbol{x}}(z))^{\mathrm{T}}p(\boldsymbol{x}\mid z)\mathrm{d}\boldsymbol{x} \tag{8.2.3}
$$

最小。注意到

$$
\begin{aligned}
&\int_{-\infty}^{+\infty}(\boldsymbol{x}-\hat{\boldsymbol{x}}(z))(\boldsymbol{x}-\hat{\boldsymbol{x}}(z))^{\mathrm{T}}p(\boldsymbol{x}\mid z)\mathrm{d}\boldsymbol{x} \\
&= \int_{-\infty}^{+\infty}[\boldsymbol{x}-\mathrm{E}(\boldsymbol{X}\mid\boldsymbol{Z})+\mathrm{E}(\boldsymbol{X}\mid\boldsymbol{Z})-\hat{\boldsymbol{x}}(z)] \\
&\quad\cdot[\boldsymbol{x}-\mathrm{E}(\boldsymbol{X}\mid\boldsymbol{Z})+\mathrm{E}(\boldsymbol{X}\mid\boldsymbol{Z})-\hat{\boldsymbol{x}}(z)]^{\mathrm{T}}p(\boldsymbol{x}\mid z)\mathrm{d}\boldsymbol{x} \\
&= \int_{-\infty}^{+\infty}[\boldsymbol{x}-\mathrm{E}(\boldsymbol{X}\mid\boldsymbol{Z})][\boldsymbol{x}-\mathrm{E}(\boldsymbol{X}\mid\boldsymbol{Z})]^{\mathrm{T}}p(\boldsymbol{x}\mid z)\mathrm{d}\boldsymbol{x}
\end{aligned}
$$

$$+\int_{-\infty}^{+\infty}[\hat{\boldsymbol{x}}(\boldsymbol{z})-\mathrm{E}(\boldsymbol{X}\mid\boldsymbol{Z})][\hat{\boldsymbol{x}}(\boldsymbol{z})-\mathrm{E}(\boldsymbol{X}\mid\boldsymbol{Z})]^{\mathrm{T}}\cdot p(\boldsymbol{x}\mid\boldsymbol{z})\mathrm{d}\boldsymbol{x}$$

$$=\int_{-\infty}^{+\infty}[\boldsymbol{x}-\mathrm{E}(\boldsymbol{X}\mid\boldsymbol{Z})][\boldsymbol{X}-\mathrm{E}(\boldsymbol{X}\mid\boldsymbol{Z})]^{\mathrm{T}}p(\boldsymbol{x}\mid\boldsymbol{z})\mathrm{d}\boldsymbol{x}$$

$$+[\hat{\boldsymbol{x}}(\boldsymbol{z})-\mathrm{E}(\boldsymbol{X}\mid\boldsymbol{Z})][\hat{\boldsymbol{x}}(\boldsymbol{z})-\mathrm{E}(\boldsymbol{X}\mid\boldsymbol{Z})]^{\mathrm{T}}$$

$$\geqslant\int_{-\infty}^{+\infty}[\boldsymbol{x}-\mathrm{E}(\boldsymbol{X}\mid\boldsymbol{Z})][\boldsymbol{X}-\mathrm{E}(\boldsymbol{X}\mid\boldsymbol{Z})]^{\mathrm{T}}p(\boldsymbol{x}\mid\boldsymbol{z})\mathrm{d}\boldsymbol{x}=\mathrm{D}(\boldsymbol{X}\mid\boldsymbol{z})$$

于是可知，当且仅当$\hat{\boldsymbol{X}}(\boldsymbol{z})=\mathrm{E}(\boldsymbol{X}|\boldsymbol{Z})=\hat{\boldsymbol{X}}_{\mathrm{MV}}(\boldsymbol{Z})$时，方差阵$\mathrm{E}\tilde{\boldsymbol{X}}\tilde{\boldsymbol{X}}^{\mathrm{T}}$最小

$$\mathrm{E}[\boldsymbol{X}-\hat{\boldsymbol{X}}_{\mathrm{MV}}(\boldsymbol{Z})][\boldsymbol{X}-\hat{\boldsymbol{X}}_{\mathrm{MV}}(\boldsymbol{Z})]^{\mathrm{T}}=\int_{-\infty}^{+\infty}\mathrm{D}(\boldsymbol{X}\mid\boldsymbol{z})g(\boldsymbol{z})\mathrm{d}\boldsymbol{z} \tag{8.2.4}$$

这里$\hat{\boldsymbol{X}}_{\mathrm{MV}}(\boldsymbol{Z})$叫作$\boldsymbol{X}$依赖于观测值$\boldsymbol{Z}$的最小方差估计，简记为$\hat{\boldsymbol{X}}_{\mathrm{MV}}$。

例 8.2.1 设被估计量X和观测量Z的联合分布如表8.2.1所示，试求X的最小方差估计。

表 8.2.1 X和观测量Z的联合分布

Z \ X	-3	-2	2	3
-1	$\frac{1}{4}$	$\frac{1}{4}$	0	0
1	0	0	$\frac{1}{4}$	$\frac{1}{4}$

解 $\hat{X}_{\mathrm{MV}}=\mathrm{E}(X|Z)$

$$=\begin{cases}-\dfrac{5}{2}, & z=-1\\ \dfrac{5}{2}, & z=1\end{cases}$$

例 8.2.2 已知被估计量X和观测量Z的联合分布如表8.2.2所示，试求X的最小方差估计和线性最小方差估计。

表 8.2.2 状态X和观测量Z的联合分布

Z \ X	-1	0	0	1	1	2
-1	$\frac{1}{10}$	$\frac{2}{10}$				
0			$\frac{1}{10}$	$\frac{3}{10}$		
1					$\frac{1}{10}$	$\frac{2}{10}$

解 $$\hat{X}_{\mathrm{MV}}=\mathrm{E}(X|Z)=\begin{cases}-\dfrac{1}{3}, & z=-1\\ \dfrac{3}{4}, & z=0\\ \dfrac{5}{3}, & z=1\end{cases}$$

估计误差的方差为

$$E(X-\hat{X}_V)^2=\frac{1}{10}\left(\frac{2}{3}\right)^2+\frac{2}{10}\left(\frac{1}{3}\right)^2+\frac{1}{10}\left(\frac{3}{4}\right)^2+\frac{3}{10}\left(\frac{1}{4}\right)^2+\frac{1}{10}\left(\frac{2}{3}\right)^2+\frac{2}{10}\left(\frac{1}{3}\right)^2=\frac{5}{24}$$

例 8.2.3 设 $\boldsymbol{X}:N(\boldsymbol{\mu},\boldsymbol{P})$ 为被估计的随机向量。观测向量 $\boldsymbol{Z}$ 与 $\boldsymbol{X}$ 的关系为 $\boldsymbol{Z}=\boldsymbol{HX}+\boldsymbol{V}$。其中 $\boldsymbol{V}:N(\boldsymbol{0},\boldsymbol{R})$ 为测量噪声，$\boldsymbol{X}$ 为 n 维向量，$\boldsymbol{Z}$ 与 $\boldsymbol{V}$ 为 m 维向量，$\boldsymbol{X},\boldsymbol{V}$ 互相独立，$\boldsymbol{H}$ 是已知的 $m\times n$ 矩阵。试求 $\boldsymbol{X}$ 的最小方差估计。

解 由已知可求出

$$\mathrm{E}\boldsymbol{X}=\boldsymbol{\mu},\quad \mathrm{D}\boldsymbol{X}=\boldsymbol{P},\quad \mathrm{E}\boldsymbol{Z}=\boldsymbol{H}\mu$$

$$\mathrm{D}(\boldsymbol{Z})=\boldsymbol{HPH}^{\mathrm{T}}+\boldsymbol{R},\quad \mathrm{cov}(\boldsymbol{X},\boldsymbol{Z})=\boldsymbol{PH}^{\mathrm{T}}=\mathrm{cov}^{\mathrm{T}}(\boldsymbol{Z},\boldsymbol{X})$$

再根据正态联合分布中的条件概率可知

$$\hat{\boldsymbol{X}}_{\mathrm{MV}}=\mathrm{E}(\boldsymbol{X}|\boldsymbol{z})=\boldsymbol{\mu}+\boldsymbol{PH}^{\mathrm{T}}[\boldsymbol{HPH}^{\mathrm{T}}+\boldsymbol{R}]^{-1}(\boldsymbol{Z}-\boldsymbol{H}\mu)$$

8.3 线性最小方差估计

显然，最小方差是最理想的估计，但是在最小方差估计中需要知道 $\boldsymbol{X},\boldsymbol{Z}$ 的联合概率密度 $\varphi(\boldsymbol{x},\boldsymbol{z})$ 或条件概率密度 $p(\boldsymbol{x}|\boldsymbol{z})$，这一点在实际问题中往往很难办到。这时需对估计函数做某种限制，显然线性函数是函数族中最简单函数之一，因此令

$$\hat{\boldsymbol{X}}(\boldsymbol{Z})=\boldsymbol{a}+\boldsymbol{BZ} \tag{8.3.1}$$

式中，$\boldsymbol{a}$ 为 $\boldsymbol{X}$ 同维数的固定向量，$\boldsymbol{B}$ 为 $n\times m$ 常数矩阵，$\boldsymbol{Z}$ 为 m 维观测向量。

下面的问题是如何选择 $\boldsymbol{a}$ 和 $\boldsymbol{B}$ 使

$$\mathrm{D}\tilde{\boldsymbol{X}}=[\boldsymbol{X}-\hat{\boldsymbol{X}}(\boldsymbol{Z})][\boldsymbol{X}-\hat{\boldsymbol{X}}(\boldsymbol{Z})]^{\mathrm{T}} \tag{8.3.2}$$

的值最小。令

$$\boldsymbol{b}=\boldsymbol{a}-\mathrm{E}\boldsymbol{x}+\boldsymbol{B}\mathrm{E}\boldsymbol{Z} \tag{8.3.3}$$

则 $\boldsymbol{a}=\boldsymbol{b}+\mathrm{E}\boldsymbol{X}-\boldsymbol{B}\mathrm{E}\boldsymbol{Z}$，把它代入到式(8.3.1)得

$$\begin{aligned}\mathrm{E}[\boldsymbol{X}-\hat{\boldsymbol{X}}(\boldsymbol{Z})][\boldsymbol{X}-\hat{\boldsymbol{X}}(\boldsymbol{Z})]^{\mathrm{T}}&=\mathrm{E}[\boldsymbol{X}-\boldsymbol{a}-\boldsymbol{BZ}][\boldsymbol{X}-\boldsymbol{a}-\boldsymbol{BZ}]^{\mathrm{T}}\\&=\mathrm{E}[\boldsymbol{X}-\mathrm{E}\boldsymbol{X}-\boldsymbol{b}-\boldsymbol{B}[\boldsymbol{Z}-\mathrm{E}\boldsymbol{Z}]][\boldsymbol{X}-\mathrm{E}\boldsymbol{X}-\boldsymbol{b}-\boldsymbol{B}[\boldsymbol{Z}-\mathrm{E}\boldsymbol{Z}]]^{\mathrm{T}}\\&=\mathrm{D}\boldsymbol{X}+\boldsymbol{bb}^{\mathrm{T}}+\boldsymbol{B}\mathrm{D}(\boldsymbol{Z})\boldsymbol{B}^{\mathrm{T}}-\mathrm{cov}(\boldsymbol{X},\boldsymbol{Z})\boldsymbol{B}^{\mathrm{T}}-\boldsymbol{B}\mathrm{cov}(\boldsymbol{Z},\boldsymbol{X})\end{aligned}$$

在右边加减 $\mathrm{cov}(\boldsymbol{X},\boldsymbol{Z})(\mathrm{D}\boldsymbol{Z})^{-1}\mathrm{cov}(\boldsymbol{Z},\boldsymbol{X})$，然后再进行配方得

$$\begin{aligned}&\mathrm{E}[\boldsymbol{X}-\boldsymbol{a}-\boldsymbol{BZ}][\boldsymbol{X}-\boldsymbol{a}-\boldsymbol{BZ}]^{\mathrm{T}}\\&=\boldsymbol{bb}^{\mathrm{T}}+[\boldsymbol{B}-\mathrm{cov}(\boldsymbol{X},\boldsymbol{Z})(\mathrm{D}\boldsymbol{Z})^{-1}]\mathrm{D}\boldsymbol{Z}[\boldsymbol{B}-\mathrm{cov}(\boldsymbol{X},\boldsymbol{Z})(\mathrm{D}\boldsymbol{Z})^{-1}]^{\mathrm{T}}\\&\quad+\mathrm{D}\boldsymbol{X}-\mathrm{cov}(\boldsymbol{X},\boldsymbol{Z})(\mathrm{D}\boldsymbol{Z})^{-1}\mathrm{cov}(\boldsymbol{Z},\boldsymbol{X})\end{aligned} \tag{8.3.4}$$

由式(8.3.4)可知，要方差 $\mathrm{D}\tilde{\boldsymbol{X}}$ 最小，必须令 $\boldsymbol{b}=\boldsymbol{0}$，$\boldsymbol{B}=\mathrm{cov}(\boldsymbol{X},\boldsymbol{Z})(\mathrm{D}\boldsymbol{Z})^{-1}$。

由此推得 X 的线性最小方差估计为

$$\hat{\boldsymbol{X}}_{\mathrm{L}}(\boldsymbol{Z})=\mathrm{E}\boldsymbol{X}+\mathrm{cov}(\boldsymbol{X},\boldsymbol{Z})(\mathrm{D}\boldsymbol{Z})^{-1}(\boldsymbol{Z}-\mathrm{E}\boldsymbol{Z}) \tag{8.3.5}$$

其误差方差阵

$$\mathrm{E}[\boldsymbol{X}-\hat{\boldsymbol{X}}_{\mathrm{L}}(\boldsymbol{Z})][\boldsymbol{X}-\hat{\boldsymbol{X}}_{\mathrm{L}}(\boldsymbol{Z})]^{\mathrm{T}}=\mathrm{D}\boldsymbol{X}-\operatorname{cov}(\boldsymbol{X},\boldsymbol{Z})(\mathrm{D}\boldsymbol{Z})^{-1}\operatorname{cov}(\boldsymbol{Z},\boldsymbol{X})$$

在实际问题中，根据遍历性定理，往往可以比较容易地求得观测量 $\boldsymbol{Z}$ 和被估计量 $\boldsymbol{X}$ 的一阶矩及其二阶矩（$\mathrm{E}\boldsymbol{X},\mathrm{E}\boldsymbol{Z},\mathrm{D}\boldsymbol{X},\mathrm{D}\boldsymbol{Z},\operatorname{cov}(\boldsymbol{X},\boldsymbol{Z})$），从而线性最小方差估计 $\hat{\boldsymbol{X}}_{\mathrm{L}}$ 通常容易获得。

例 8.3.1　设被估计量 X 和观测量 Z 的联合分布如表 8.2.1 所示，试求 $\boldsymbol{X}$ 的线性最小方差估计。

解　根据表中数据可以求出：

$$\mathrm{E}X=\frac{1}{4}(2+3-2-3)=0,\quad \mathrm{E}Z=\frac{1}{4}(1+1-1-1)=0$$

$$\mathrm{D}X=\frac{1}{4}[2^2+3^2+(-2)^2+(-3)^2]=\frac{13}{2}$$

$$\mathrm{D}Z=\frac{1}{4}[1^2+1^2+(-1)^2+(-1)^2]=1$$

$$\operatorname{cov}(X,Z)=[1\times2+1\times3+(-1)(-2)+(-1)(-3)]=\frac{5}{2}$$

进而求得 $\boldsymbol{X}$ 的线性最小方差估计：

$$\hat{X}_{\mathrm{L}}(Z)=\mathrm{E}X+\operatorname{cov}(X,Z)(\mathrm{D}Z)^{-1}(Z-\mathrm{E}Z)=0+\frac{5}{2}\times1\times Z=\frac{5}{2}Z$$

例 8.3.2　已知被估计量 X 和观测量 Z 的联合分布如前面表 8.2.2 所示，试求 $\boldsymbol{X}$ 的线性最小方差估计。

解　首先求出 X 和 Z 的二阶矩，由表 8.2.2 可知

$$\mathrm{E}X=\frac{1}{10}(-1)+\frac{3}{10}\times1+\frac{1}{10}\times1+\frac{2}{10}\times2=\frac{7}{10}$$

$$\mathrm{E}Z=\left(\frac{1}{10}+\frac{2}{10}\right)(-1)+\left(\frac{1}{10}+\frac{2}{10}\right)\times1=0$$

$$\mathrm{D}X=\frac{1}{10}\left(\frac{17}{10}\right)^2+\frac{2}{10}\left(\frac{7}{10}\right)^2+\frac{1}{10}\left(\frac{7}{10}\right)^2+\frac{3}{10}\left(\frac{3}{10}\right)^2+\frac{1}{10}\left(\frac{3}{10}\right)^2+\frac{2}{10}\left(\frac{173}{10}\right)^2=\frac{81}{100}$$

$$\mathrm{D}Z=\left(\frac{1}{10}+\frac{2}{10}\right)(-1)^2+\left(\frac{1}{10}+\frac{2}{10}\right)\times1^2=\frac{3}{5}$$

$$\operatorname{cov}(X,Z)=\frac{1}{10}\left(-\frac{17}{10}\right)(-1)+\frac{2}{10}\left(-\frac{7}{10}\right)(-1)+\frac{1}{10}\times\frac{3}{10}+\frac{2}{10}\times\frac{13}{10}=\frac{3}{5}$$

X 的线性最小方差估计为

$$\hat{X}_{\mathrm{LV}}(Z)=\mathrm{E}X+\operatorname{cov}(X,Z)(\mathrm{D}Z)^{-1}(Z-\mathrm{E}Z)$$

$$=\frac{7}{10}+Z=\begin{cases}-\dfrac{3}{10}, & z=-1\\[2mm] \dfrac{7}{10}, & z=0\\[2mm] \dfrac{17}{10}, & z=1\end{cases}$$

估计误差方差为

$$D[X-\hat{X}_L(Z)]=DX-\mathrm{cov}(X,Z)(DZ)^{-1}\mathrm{cov}(Z,X)=\frac{81}{100}-\frac{3}{5}=\frac{21}{100}$$

大于前面最小方差估计时的误差方差 $D(\boldsymbol{X}-\hat{\boldsymbol{X}}_V)=\frac{5}{24}$。

线性最小方差估计$\hat{\boldsymbol{X}}_L$ 的统计性质如下：

① 线性　$\hat{\boldsymbol{X}}_L=\boldsymbol{a}+\boldsymbol{BZ}$。

② 无偏性　$E\hat{\boldsymbol{X}}_L=E[E\boldsymbol{X}+\mathrm{cov}(\boldsymbol{X},\boldsymbol{Z})(D\boldsymbol{Z})^{-1}(\boldsymbol{Z}-E\boldsymbol{Z})]=E\boldsymbol{X}$。

③ 正交性　$E(\boldsymbol{X}-\hat{\boldsymbol{X}}_L)\boldsymbol{Z}^T=0$。

这一点很易证明：由于 $E(\boldsymbol{X}-\hat{\boldsymbol{X}}_L)(E\boldsymbol{Z})^T=\boldsymbol{0}$，所以 $E(\boldsymbol{X}-\hat{\boldsymbol{X}}_L)\boldsymbol{Z}^T=E(\boldsymbol{X}-\hat{\boldsymbol{X}}_L)(\boldsymbol{Z}-E\boldsymbol{Z})^T=E[\boldsymbol{X}-E\boldsymbol{X}-\mathrm{cov}(\boldsymbol{X},\boldsymbol{Z})(D\boldsymbol{Z})^{-1}(\boldsymbol{Z}-E\boldsymbol{Z})](\boldsymbol{Z}-E\boldsymbol{Z})^T=\mathrm{cov}(\boldsymbol{X},\boldsymbol{Z})-\mathrm{cov}(\boldsymbol{X},\boldsymbol{Z})=\boldsymbol{0}$。这说明 $\boldsymbol{X}-\hat{\boldsymbol{X}}_L$ 正交于 $\boldsymbol{Z}$。

反之也可以证明，凡是具备上述三个性质的 $\boldsymbol{X}$ 估计，只能是$\hat{\boldsymbol{X}}_L$，也就是说线性最小方差估计是唯一的。即

$$\hat{E}(\boldsymbol{X}\mid\boldsymbol{Z})=E\boldsymbol{X}+\mathrm{cov}(\boldsymbol{X},\boldsymbol{Z})(D\boldsymbol{Z})^{-1}(\boldsymbol{Z}-E\boldsymbol{Z})\tag{8.3.6}$$

现在考虑一个经常出现的问题：设$\hat{x}_1$ 和$\hat{x}_2$ 是变量 x 的两个独立的无偏估计，误差方差阵分别为 σ_1^2 和 σ_2^2，如何利用$\hat{x}_1$ 和 $\hat{x}_2$ 构造 x 的线性最小方差估计

$$\hat{x}_L=(1-w)\hat{x}_1+w\hat{x}_2\tag{8.3.7}$$

下面求估计误差 $E(x-\hat{x}_L)^2$

$$\begin{aligned}E(x-\hat{x})^2&=E[(1-w)(x-x_1)+w(x-x_2)]^2\\&=E[(1-w)^2(x-x_1)^2+w^2(x-x_2)^2\\&\quad+2w(1-w)(x-x_1)(x-x_2)]^2\end{aligned}\tag{8.3.8}$$

因为$\hat{x}_1$ 和 $\hat{x}_2$ 是变量 x 的无偏估计，$\hat{x}_1$ 和$\hat{x}_2$ 是独立估计，所以 $E[(x-\hat{x}_1)(x-\hat{x}_2)]=0$。记 $E(x-\hat{x}_L)^2=\sigma^2$，由式(8.3.8)可知

$$\sigma^2=(1-w)^2\sigma_1^2+w\sigma_2^2\tag{8.3.9}$$

令

$$\frac{d\sigma^2}{dw}=-2(1-w)\sigma_1^2+2w\sigma_2^2=0$$

可解出加权因子的最优值

$$w=\frac{\sigma_1^2}{\sigma_1^2+\sigma_2^2},\quad 1-w=\frac{\sigma_2^2}{\sigma_1^2+\sigma_2^2}$$

从而得到

$$\hat{x}=\frac{\sigma_1^2}{\sigma_1^2+\sigma_2^2}\hat{x}_1+\frac{\sigma_2^2}{\sigma_1^2+\sigma_2^2}\hat{x}_2\tag{8.3.10}$$

显然，各个估计的加权因子与各估计的方差 σ_i^2 成反比。容易求得 $x-\hat{x}$的方差为

$$\hat{\sigma}^2=\frac{\sigma_1^2\sigma_2^2}{\sigma_1^2+\sigma_2^2}=(1-\hat{w})\sigma_1^2=\hat{w}\sigma_2^2\tag{8.3.11}$$

从上式可看出，修正后的估计$\hat{x}$的误差方差小于原来估计$\hat{x}_1$和$\hat{x}_2$的误差方差。

例 8.3.3　对同一电压，用精度不同的表量测两次。已知第一次测量值为10V，误差方差为 2；第二次测量值为 11V，误差方差为 1。试求出电压的线性最小方差估计值。

解　由式(8.3.11)得加权因子 $w=\dfrac{\sigma_1^2}{\sigma_1^2+\sigma_2^2}=\dfrac{2}{3}$，代入式(8.3.8)，则得电压的最小方差估计

$$\hat{x}_{\mathrm{LV}}=(1-w)\,\hat{x}_1+w\,\hat{x}_2=10\,\frac{2}{3}$$

此时的估计误差方差为

$$\hat{\sigma}^2=(1-\hat{w})\sigma_1^2=\frac{2}{3}$$

小于前面的任何一次测量误差的方差。

8.4　最小二乘估计

最小二乘估计是一种经典的估计方法，二百多年前由高斯提出来，至今仍然广泛地应用在各个科学技术领域。同时由最小二乘方法还派生出许多新的估计方法。

为了估计未知量 $\boldsymbol{X}$，对它进行 k 次量测，量测值为

$$z_i=\boldsymbol{h}_i\boldsymbol{X}+\varepsilon_i,\quad i=1,2,\cdots,k \tag{8.4.1}$$

式中，$\boldsymbol{h}_i$ 为已知量，ε_i 为第 i 次量测时的随机误差。设所得估计值为$\hat{\boldsymbol{X}}$，则第 i 次测量值与相应估计值 $\boldsymbol{h}_i\hat{\boldsymbol{X}}$之间的误差为

$$\hat{e}_i=z_i-\boldsymbol{h}_i\hat{\boldsymbol{X}}$$

将此误差的平方和记为

$$J(\hat{\boldsymbol{X}})=\sum_{i=1}^{k}(z_i-\boldsymbol{h}_i\hat{\boldsymbol{X}})^2 \tag{8.4.2}$$

使 $J(\hat{\boldsymbol{X}})$取最小值的估计值$\hat{\boldsymbol{X}}$称为未知 $\boldsymbol{X}$ 的最小二乘估计，记作$\hat{\boldsymbol{X}}_{\mathrm{LS}}$。使 $J(\hat{\boldsymbol{X}})$取最小值的准则称为最小二乘准则，根据最小二乘准则求估计值的方法称为最小二乘法。

下面来求最小二乘估计$\hat{\boldsymbol{X}}_{\mathrm{LS}}$。采用向量矩阵形式，记

$$\boldsymbol{Z}=\begin{bmatrix}z_1\\z_2\\\vdots\\z_k\end{bmatrix},\quad \boldsymbol{H}=\begin{bmatrix}\boldsymbol{h}_1\\\boldsymbol{h}_2\\\vdots\\\boldsymbol{h}_k\end{bmatrix},\quad \boldsymbol{\varepsilon}=\begin{bmatrix}\varepsilon_1\\\varepsilon_2\\\vdots\\\varepsilon_k\end{bmatrix}$$

方程式(8.4.1)和式(8.4.2)可写成

$$\boldsymbol{Z}=\boldsymbol{H}\boldsymbol{X}+\boldsymbol{\varepsilon}$$

$$J(\hat{\boldsymbol{X}})=(\boldsymbol{Z}-\boldsymbol{H}\hat{\boldsymbol{X}})^{\mathrm{T}}(\boldsymbol{Z}-\boldsymbol{H}\hat{\boldsymbol{X}})$$

令

$$\frac{\partial J(\hat{\boldsymbol{X}})}{\partial \hat{\boldsymbol{X}}} = -2\boldsymbol{H}^{\mathrm{T}}(\boldsymbol{Z}-\boldsymbol{H}\hat{\boldsymbol{X}}) = \boldsymbol{0}$$

当$(\boldsymbol{H}^{\mathrm{T}}\boldsymbol{H})^{-1}$存在时,可得到

$$\hat{\boldsymbol{X}}_{\mathrm{LS}} = (\boldsymbol{H}^{\mathrm{T}}\boldsymbol{H})^{-1}\boldsymbol{H}^{\mathrm{T}}\boldsymbol{Z} \tag{8.4.3}$$

由于$\boldsymbol{H}^{\mathrm{T}}\boldsymbol{H}>\boldsymbol{0}$,所以$\hat{\boldsymbol{X}}_{\mathrm{LS}}=(\boldsymbol{H}^{\mathrm{T}}\boldsymbol{H})^{-1}\boldsymbol{H}^{\mathrm{T}}\boldsymbol{Z}$确为最小二乘估计。

例 8.4.1 根据对二维向量 $\boldsymbol{x}$ 的两次观测:

$$\boldsymbol{z}_1 = \begin{bmatrix} 2 \\ 1 \end{bmatrix} = \begin{bmatrix} 1 & 1 \\ 0 & 1 \end{bmatrix}\boldsymbol{x} + \boldsymbol{\varepsilon}_1$$

$$z_2 = 4 = [1 \quad 2]\boldsymbol{x} + \varepsilon_2$$

求 $\boldsymbol{x}$ 的最小二乘估计。

解 采用记号

$$\boldsymbol{z} = \begin{bmatrix} \boldsymbol{z}_1 \\ z_2 \end{bmatrix} = \begin{bmatrix} 2 \\ 1 \\ 4 \end{bmatrix},\quad \boldsymbol{H} = \begin{bmatrix} \boldsymbol{H}_1 \\ \boldsymbol{H}_2 \end{bmatrix} = \begin{bmatrix} 1 & 1 \\ 0 & 1 \\ 1 & 2 \end{bmatrix},\quad \boldsymbol{\varepsilon} = \begin{bmatrix} \boldsymbol{\varepsilon}_1 \\ \varepsilon_2 \end{bmatrix}$$

则可将两个观测方程合成一个观测方程

$$\begin{bmatrix} 2 \\ 1 \\ 4 \end{bmatrix} = \begin{bmatrix} 1 & 1 \\ 0 & 1 \\ 1 & 2 \end{bmatrix}\boldsymbol{x} + \boldsymbol{\varepsilon}$$

这里,矩阵 $\boldsymbol{H}$ 的秩为 2,$(\boldsymbol{H}^{\mathrm{T}}\boldsymbol{H})^{-1}$存在。利用式(8.4.3)可求得

$$\hat{\boldsymbol{x}}_{\mathrm{LS}} = \left\{\begin{bmatrix} 1 & 0 & 1 \\ 1 & 1 & 2 \end{bmatrix}\begin{bmatrix} 1 & 1 \\ 0 & 1 \\ 1 & 2 \end{bmatrix}\right\}^{-1}\begin{bmatrix} 1 & 0 & 1 \\ 1 & 1 & 2 \end{bmatrix}\begin{bmatrix} 2 \\ 1 \\ 4 \end{bmatrix} = \begin{bmatrix} 2 & 3 \\ 3 & 6 \end{bmatrix}^{-1}\begin{bmatrix} 6 \\ 11 \end{bmatrix} = \begin{bmatrix} 1 \\ \frac{4}{3} \end{bmatrix}$$

在最小二乘估计中,既不需要知道联合概率分布,也不需要知道随机变量的二阶矩,因此方便于实际应用。但应该注意最小二乘估计属于线性估计,其误差方差阵通常大于线性最小方差估计的误差方差阵。

8.5 投影定理

在介绍投影定理前,首先引入"正交"概念。在欧氏空间中,说两个向量 $\boldsymbol{a}$ 和 $\boldsymbol{b}$ 彼此正交,通常指的是 $\sum_{i=1}^{N} a_i b_i = 0$ 或 $\boldsymbol{a}^{\mathrm{T}}\boldsymbol{b} = 0$。在随机问题中,两个随机向量 $\boldsymbol{X}$ 和 $\boldsymbol{Y}$ 正交是指 $\mathrm{E}(\boldsymbol{X}-\mathrm{E}\,\hat{\boldsymbol{X}})(\boldsymbol{Y}-\mathrm{E}\,\hat{\boldsymbol{Y}})^{\mathrm{T}}=0$,即两个随机向量的各分量之间彼此不相关。

定义 如果一个与随机向量 $\boldsymbol{X}$ 同维数的随机向量$\hat{\boldsymbol{X}}$具有性质:

① $\hat{\boldsymbol{X}}=\boldsymbol{a}+\boldsymbol{B}\boldsymbol{Z}$。

② $\mathrm{E}(\boldsymbol{X}-\hat{\boldsymbol{X}})=\boldsymbol{0}$。

③ $E(\boldsymbol{X}-\hat{\boldsymbol{X}})\boldsymbol{Z}^{T}=\mathbf{0}$。

则称$\hat{\boldsymbol{X}}$为 $\boldsymbol{X}$ 在向量 $\boldsymbol{Z}$ 上的投影。

投影定理：

(1) 设 $\boldsymbol{X},\boldsymbol{Z}_1$ 为两个随机向量，维数分别为 n 与 m_1，则

$$\hat{E}(\boldsymbol{AX} \mid \boldsymbol{Z}_1) = \boldsymbol{A}\,\hat{E}(\boldsymbol{X} \mid \boldsymbol{Z}_1) \tag{8.5.1}$$

式中 $\boldsymbol{A}$ 为 $l\times n$ 矩阵。

(2) 设 $\boldsymbol{X},\boldsymbol{Z}_1,\boldsymbol{Z}_2$ 为三个随机向量，维数分别为 n,m_1,m_2。令 $\boldsymbol{Z}=\begin{pmatrix}\boldsymbol{Z}_1\\ \boldsymbol{Z}_2\end{pmatrix}$，则

$$\hat{E}(\boldsymbol{X} \mid \boldsymbol{Z}) = \hat{E}(\boldsymbol{X} \mid \boldsymbol{Z}_1) + (E\tilde{\boldsymbol{X}}\tilde{\boldsymbol{Z}}_2^{T})(E\tilde{\boldsymbol{Z}}_2\tilde{\boldsymbol{Z}}_2^{T})^{-1}\tilde{\boldsymbol{Z}}_2 \tag{8.5.2}$$

式中

$$\tilde{\boldsymbol{X}} = \boldsymbol{X} - \hat{E}(\boldsymbol{X} \mid \boldsymbol{Z}_1) \tag{8.5.3}$$

$$\tilde{\boldsymbol{Z}}_2 = \boldsymbol{Z}_2 - \hat{E}(\boldsymbol{Z}_2 \mid \boldsymbol{Z}_1) \tag{8.5.4}$$

证　根据投影定义和投影的唯一性原理，只需证明它们满足定义中的三个性质。

① 式(8.5.1)的证明。

- 线性　因为$\hat{E}(\boldsymbol{X}|\boldsymbol{Z}_1)$是 $\boldsymbol{Z}_1$ 的线性函数，所以 $\boldsymbol{A}\,\hat{E}(\boldsymbol{X}|\boldsymbol{Z}_1)$也是 $\boldsymbol{Z}_1$ 的线性函数。
- 无偏性　$E[\boldsymbol{A}\,\hat{E}(\boldsymbol{X}|\boldsymbol{Z}_1)]=\boldsymbol{A}E[\hat{E}(\boldsymbol{X}|\boldsymbol{Z}_1)]=\boldsymbol{A}E\boldsymbol{X}=E\boldsymbol{AX}$ 无偏性得证。
- 正交性　$E[\boldsymbol{AX}-\boldsymbol{A}\,\hat{E}(\boldsymbol{X}|\boldsymbol{Z}_1)]\boldsymbol{Z}_1^{T}=\boldsymbol{A}E[\boldsymbol{X}-\hat{E}(\boldsymbol{X}|\boldsymbol{Z}_1)]\boldsymbol{Z}_1^{T}=\boldsymbol{A}\mathbf{0}=\mathbf{0}$

② 式(8.5.2)的证明。

- 线性　因为$\hat{E}(\boldsymbol{X}|\boldsymbol{Z}_1)$和$\hat{E}(\boldsymbol{Z}_2|\boldsymbol{Z}_1)$是 $\boldsymbol{Z}_1$ 的线性函数，而 $\tilde{\boldsymbol{Z}}_2=\boldsymbol{Z}_2-\hat{E}(\boldsymbol{Z}_2|\boldsymbol{Z}_1)$是 $\boldsymbol{Z}_1$ 和 $\boldsymbol{Z}_2$ 的线性函数，因此合起来是 $\boldsymbol{Z}=(\boldsymbol{Z}_1^{T},\boldsymbol{Z}_2^{T})^{T}$ 的线性函数。
- 无偏性

$$\begin{aligned}E[\hat{E}(\boldsymbol{X} \mid \boldsymbol{Z}_1)+(E\tilde{\boldsymbol{X}}\tilde{\boldsymbol{Z}}_2^{T})(E\tilde{\boldsymbol{Z}}_2\tilde{\boldsymbol{Z}}_2^{T})^{-1}\tilde{\boldsymbol{Z}}_2] &= E\boldsymbol{X}\\ &\quad + E(\tilde{\boldsymbol{X}}\tilde{\boldsymbol{Z}}_2^{T})(E\tilde{\boldsymbol{Z}}_2\tilde{\boldsymbol{Z}}_2^{T})^{-1}E\tilde{\boldsymbol{Z}}_2 = E\boldsymbol{X}+\mathbf{0} = E\boldsymbol{X}\end{aligned}$$

- 正交性

$$\begin{aligned}&E[\boldsymbol{X}-\hat{E}(\boldsymbol{X} \mid \boldsymbol{Z}_1)-(E\tilde{\boldsymbol{X}}\tilde{\boldsymbol{Z}}_2^{T})(E\tilde{\boldsymbol{Z}}_2\tilde{\boldsymbol{Z}}_2^{T})^{-1}\tilde{\boldsymbol{Z}}_2]\boldsymbol{Z}^{T}\\ &=[E\tilde{\boldsymbol{X}}\tilde{\boldsymbol{Z}}_1^{T},E\tilde{\boldsymbol{X}}\tilde{\boldsymbol{Z}}_2^{T}]-E(E\tilde{\boldsymbol{X}}\tilde{\boldsymbol{Z}}_2^{T})(E\tilde{\boldsymbol{Z}}_2\tilde{\boldsymbol{Z}}_2^{T})^{-1}\tilde{\boldsymbol{Z}}_2[\boldsymbol{Z}^{T},\boldsymbol{Z}_2^{T}]\\ &=[\mathbf{0},E\tilde{\boldsymbol{X}}\tilde{\boldsymbol{Z}}_2^{T}]-(E\tilde{\boldsymbol{X}}\tilde{\boldsymbol{Z}}_2^{T})(E\tilde{\boldsymbol{Z}}_2\tilde{\boldsymbol{Z}}_2^{T})^{-1}[E\tilde{\boldsymbol{Z}},\tilde{\boldsymbol{Z}}_1^{T},E\tilde{\boldsymbol{Z}}_2\tilde{\boldsymbol{Z}}_2^{T}]\\ &=[\mathbf{0},E\tilde{\boldsymbol{X}}\tilde{\boldsymbol{Z}}_2^{T}]-(E\tilde{\boldsymbol{X}}\tilde{\boldsymbol{Z}}_2^{T})(E\tilde{\boldsymbol{Z}}_2\tilde{\boldsymbol{Z}}_2^{T})^{-1}[\mathbf{0},E\tilde{\boldsymbol{Z}}_2\tilde{\boldsymbol{Z}}_2^{T}]=\mathbf{0}\end{aligned}$$

式(8.5.1)的几何意义为：由 n 维随机向量的分量所组成的 l 维随机向量 $\boldsymbol{AX}$ 在 $\boldsymbol{Z}_1$ 空间上的投影等于先用 n 维随机向量在 $\boldsymbol{Z}_1$ 空间上的投影，再乘上 $\boldsymbol{A}$ 矩阵所构成的随机向量。

式(8.5.2)的几何意义为：随机向量 $\boldsymbol{X}$ 在 $\boldsymbol{Z}$ 上投影等于两个分量之和。一个

分量为 $\boldsymbol{X}$ 在 $\boldsymbol{Z}_1$ 子空间中的投影，另一个分量为 $\widetilde{\boldsymbol{Z}}_2$ 子空间中的投影。其中 $\widetilde{\boldsymbol{Z}}_2$ 子空间 $\perp \boldsymbol{Z}_1$ 子空间。

当然也可以直接证明下面等式：

$$\begin{aligned}\hat{\mathrm{E}}(\boldsymbol{X} \mid \boldsymbol{Z}) &= \mathrm{E}\boldsymbol{X} + \mathrm{cov}(\boldsymbol{X},\boldsymbol{Z})(\mathrm{D}\boldsymbol{X})^{-1}(\boldsymbol{Z} - \mathrm{E}\boldsymbol{Z}) \\ &= \hat{\mathrm{E}}(\boldsymbol{X} \mid \boldsymbol{Z}_1) + (\mathrm{E}\widetilde{\boldsymbol{X}}\widetilde{\boldsymbol{Z}}_2^{\mathrm{T}})[\mathrm{E}\widetilde{\boldsymbol{Z}}_2\widetilde{\boldsymbol{Z}}_2]^{-1}\widetilde{\boldsymbol{Z}}_2\end{aligned}$$

这一点请读者自己证明。

8.6 卡尔曼滤波

在实际问题中，一般来讲，系统中观测向量的维数总是小于系统状态向量的维数。这主要基于两点：首先，系统的状态变量通常没有明确的物理意义，无法直接通过仪器设备获得；其次，即使能够直接观测，考虑到经济效益和系统的简化一般在可能的条件下，观察量也应尽量减少。同时考虑到系统运行中存在各种干扰和噪声。因此，提出了如何消除干扰和噪声，利用根据系统输出确定系统状态，以实现状态反馈控制的问题。

本节主要讨论如何通过系统的观测向量去估计系统的状态向量。

8.6.1 无控制项的线性动态系统的滤波

下面讨论无控制项的离散动态系统

$$\boldsymbol{X}_k = \boldsymbol{\phi}_{k,k-1}\boldsymbol{X}_{k-1} + \boldsymbol{\Gamma}_{k-1}\boldsymbol{W}_{k-1} \tag{8.6.1}$$

$$\boldsymbol{Z}_k = \boldsymbol{H}_k\boldsymbol{X}_k + \boldsymbol{V}_k \tag{8.6.2}$$

式(8.6.1)为系统状态方程，式(8.6.2)为观测方程。其中，$\boldsymbol{X}_k \in R^n$ 为 k 时刻的状态向量；$\boldsymbol{\phi}_{k,k-1} \in R^{n\times n}$ 为一步转移矩阵，把 $k-1$ 时刻的状态转移到 k 时刻的状态；$\boldsymbol{W}_{k-1} \in R^l$ 为模型噪声；$\boldsymbol{\Gamma}_{k-1} \in R^{n\times l}$；$\boldsymbol{Z}_k \in R^m$ 为 k 时刻的观测向量，$m \leqslant n$；$\boldsymbol{V}_k \in R^m$ 为观测噪声；$\boldsymbol{H}_k \in R^{m\times n}$ 为已知观测矩阵。

为表述方便，引入以下记号：

$\boldsymbol{Z}^k$ 表示第 k 步及其以前的全部观测值，即

$$\boldsymbol{Z}^k = \begin{bmatrix} Z_1 \\ Z_2 \\ \vdots \\ Z_k \end{bmatrix}$$

$\hat{\boldsymbol{X}}_{j|k}$ 表示利用第 k 时刻及其以前的观察向量($\boldsymbol{Z}^k$)对第 j 时刻状态的估计值。当 $j=k$ 时 $\hat{\boldsymbol{X}}_{j|k}$ 称为滤波值；$j>k$ 时 $\hat{\boldsymbol{X}}_{j|k}$ 称为外推或预报值；$j<k$ 时 $\hat{\boldsymbol{X}}_{j|k}$ 称为内插或平滑。

对模型噪声 $\boldsymbol{W}_k$ 和观测噪声 $\boldsymbol{V}_k$ 作如下假设：

① 状态噪声和观测噪声均为白噪声，且互不相关

$$\mathrm{E}\boldsymbol{W}_k=\boldsymbol{0},\quad \mathrm{cov}(\boldsymbol{W}_k,\boldsymbol{W}_j)=\mathrm{E}\boldsymbol{W}_k\boldsymbol{W}_j^{\mathrm{T}}=\boldsymbol{Q}_k\delta_{kj}$$

$$\mathrm{E}\boldsymbol{V}_k=\boldsymbol{0},\quad \mathrm{cov}(\boldsymbol{V}_k,\boldsymbol{V}_j)=\mathrm{E}\boldsymbol{V}_k\boldsymbol{V}_j^{\mathrm{T}}=\boldsymbol{R}_k\delta_{kj},\quad \mathrm{cov}(\boldsymbol{W}_k,\boldsymbol{V}_j)=\mathrm{E}\boldsymbol{W}_k\boldsymbol{V}_j^{\mathrm{T}}=\boldsymbol{0}$$

② 系统的初始状态 $\boldsymbol{X}_0$ 与噪声序列 $\{\boldsymbol{W}_k\}$，$\{\boldsymbol{V}_k\}$ 均不相关，即

$$\mathrm{cov}(\boldsymbol{X}_0,\boldsymbol{W}_k)=\boldsymbol{0},\quad \mathrm{cov}(\boldsymbol{X}_0,\boldsymbol{V}_k)=\boldsymbol{0},\quad \mathrm{E}\boldsymbol{X}_0=\boldsymbol{\mu}_0,$$

$$\mathrm{D}\boldsymbol{X}_0=\mathrm{E}(\boldsymbol{X}_0-\boldsymbol{\mu}_0)(\boldsymbol{X}_0-\boldsymbol{\mu}_0)^{\mathrm{T}}=\boldsymbol{P}_0$$

下面直接应用投影定理(式(8.5.1)和式(8.5.2))来推导状态估计递推公式。令 $\hat{\boldsymbol{X}}_{k-1|k-1}$ 表示由前 $k-1$ 次观测值 $\boldsymbol{Z}^{k-1}$ 对第 $k-1$ 时刻的状态向量的估计，以后简写为 $\hat{\boldsymbol{X}}_{k-1}$，即

$$\hat{\boldsymbol{X}}_{k-1|k-1}=\hat{\boldsymbol{X}}_{k-1}=\hat{\mathrm{E}}(\boldsymbol{X}_{k-1}\mid\boldsymbol{Z}^{k-1})$$

利用 $\boldsymbol{Z}^{k-1}$ 观测值对 $\boldsymbol{X}_k$ 进行估计

$$\hat{\boldsymbol{X}}_{k|k-1}=\hat{\mathrm{E}}(\boldsymbol{X}_k\mid\boldsymbol{Z}^{k-1})\tag{8.6.3}$$

把式(8.6.1)代入到式(8.6.3)，并利用投影定理及 W_{k-1} 的性质得

$$\begin{aligned}\hat{\boldsymbol{X}}_{k|k-1}&=\hat{\mathrm{E}}(\boldsymbol{X}_k\mid\boldsymbol{Z}^{k-1})=\hat{\mathrm{E}}(\boldsymbol{\phi}_{k,k-1}\boldsymbol{X}_{k-1}+\boldsymbol{\Gamma}_{k-1}\boldsymbol{W}_{k-1}\mid\boldsymbol{Z}^{k-1})\\&=\boldsymbol{\phi}_{k,k-1}\hat{\boldsymbol{X}}_{k-1}+\boldsymbol{\Gamma}_{k-1}\hat{\mathrm{E}}(\boldsymbol{W}_{k-1}\mid\boldsymbol{Z}^{k-1})\end{aligned}\tag{8.6.4}$$

由于 $\boldsymbol{W}_{k-1}$ 与 $\boldsymbol{Z}_1,\boldsymbol{Z}_2,\cdots,\boldsymbol{Z}_{k-1}$ 不相关(正交)，且均值为零，所以

$$\hat{\mathrm{E}}(\boldsymbol{W}_{k-1}\mid\boldsymbol{Z}^{k-1})=\mathrm{E}\boldsymbol{W}_{k-1}+\mathrm{cov}(\boldsymbol{W}_{k-1},\boldsymbol{Z}^{k-1})(\mathrm{D}\boldsymbol{Z}^{k-1})^{-1}(\boldsymbol{Z}^{k-1}-\mathrm{E}\boldsymbol{Z}^{k-1})=0$$

式(8.6.1)简化为

$$\hat{\boldsymbol{X}}_{k|k-1}=\boldsymbol{\phi}_{k,k-1}\hat{\boldsymbol{X}}_{k-1}$$

同理可得

$$\begin{aligned}\hat{\mathrm{E}}(\boldsymbol{Z}_k\mid\boldsymbol{Z}^{k-1})&=\hat{\mathrm{E}}(\boldsymbol{H}_k\boldsymbol{X}_k+\boldsymbol{V}_k\mid\boldsymbol{Z}^{k-1})=\hat{\mathrm{E}}(\boldsymbol{H}_k\boldsymbol{X}_k\mid\boldsymbol{Z}^{k-1})+\hat{\mathrm{E}}(\boldsymbol{V}_k\mid\boldsymbol{Z}^{k-1})\\&=\boldsymbol{H}_k\hat{\boldsymbol{X}}_{k|k-1}=\boldsymbol{H}_k\boldsymbol{\phi}_{k,k-1}\hat{\boldsymbol{X}}_{k-1}=\hat{\boldsymbol{Z}}_{k,k-1}\end{aligned}\tag{8.6.5}$$

令

$$\tilde{\boldsymbol{Z}}_{k|k-1}=\boldsymbol{Z}_k-\hat{\boldsymbol{Z}}_{k|k-1}\tag{8.6.6}$$

$$\tilde{\boldsymbol{X}}_{k|k-1}=\boldsymbol{X}_k-\hat{\boldsymbol{X}}_{k|k-1}\tag{8.6.7}$$

则第 k 时刻的最优估计为

$$\hat{\boldsymbol{X}}_k=\hat{\mathrm{E}}(\boldsymbol{X}_k\mid\boldsymbol{Z}^{k-1})+\boldsymbol{K}_k\tilde{\boldsymbol{Z}}_k=\boldsymbol{\phi}_{k,k-1}\hat{\boldsymbol{X}}_{k-1}+\boldsymbol{K}_k[\boldsymbol{Z}_k-\boldsymbol{H}_k\boldsymbol{\phi}_{k,k-1}\hat{\boldsymbol{X}}_{k-1}]$$

式中 $\boldsymbol{K}_k=\mathrm{E}[\tilde{\boldsymbol{X}}_{k|k-1}\tilde{\boldsymbol{Z}}_{k|k-1}^{\mathrm{T}}][\mathrm{E}(\tilde{\boldsymbol{Z}}_{k|k-1}\tilde{\boldsymbol{Z}}_{k|k-1}^{\mathrm{T}})]^{-1}$。

由于

$$\mathrm{E}[\tilde{\boldsymbol{X}}_{k|k-1}\tilde{\boldsymbol{Z}}_{k|k-1}^{\mathrm{T}}]=\boldsymbol{P}_{k|k-1}\boldsymbol{H}_k^{\mathrm{T}}\tag{8.6.8}$$

$$\mathrm{E}(\tilde{\boldsymbol{Z}}_{k|k-1}\tilde{\boldsymbol{Z}}_{k|k-1}^{\mathrm{T}})=\boldsymbol{H}_k\boldsymbol{P}_{k|k-1}\boldsymbol{H}_k^{\mathrm{T}}+\boldsymbol{R}_k\tag{8.6.9}$$

式中 $\boldsymbol{P}_{k|k-1}=\mathrm{E}[\tilde{\boldsymbol{X}}_{k|k-1}\tilde{\boldsymbol{X}}_{k|k-1}^{\mathrm{T}}]$，由此得 $\boldsymbol{K}_k=\boldsymbol{P}_{k|k-1}\boldsymbol{H}_k^{\mathrm{T}}[\boldsymbol{H}_k\boldsymbol{P}_{k|k-1}\boldsymbol{H}_k^{\mathrm{T}}+\boldsymbol{R}_k]^{-1}$，而

$$\begin{aligned}\boldsymbol{P}_{k|k-1}&=\mathrm{E}[\boldsymbol{X}_k-\hat{\boldsymbol{X}}_{k|k-1}][\boldsymbol{X}_k-\hat{\boldsymbol{X}}_{k|k-1}]^{\mathrm{T}}\\&=\mathrm{E}(\boldsymbol{\phi}_{k,k-1}\boldsymbol{X}_{k-1}+\boldsymbol{\Gamma}_{k-1}\boldsymbol{W}_{k-1}-\boldsymbol{\phi}_{k,k-1}\hat{\boldsymbol{X}}_{k-1})\\&=(\boldsymbol{\phi}_{k,k-1}\boldsymbol{X}_{k-1}+\boldsymbol{\Gamma}_{k-1}\boldsymbol{W}_{k-1}-\boldsymbol{\phi}_{k,k-1}\hat{\boldsymbol{X}}_{k-1})^{\mathrm{T}}\\&=\boldsymbol{\phi}_{k,k-1}\boldsymbol{P}_{k-1}\boldsymbol{\phi}_{k,k-1}^{\mathrm{T}}+\boldsymbol{\Gamma}_{k-1}\boldsymbol{Q}_{k-1}\boldsymbol{\Gamma}_{k-1}^{\mathrm{T}}\end{aligned}\tag{8.6.10}$$

式中 $\boldsymbol{P}_{k-1}=\mathrm{E}[\boldsymbol{X}_{k-1}-\hat{\boldsymbol{X}}_{k-1}][\boldsymbol{X}_{k-1}-\hat{\boldsymbol{X}}_{k-1}]^{\mathrm{T}}$。

进而有

$$\begin{aligned}\boldsymbol{P}_k &= \mathrm{E}[\boldsymbol{X}_k-\hat{\boldsymbol{X}}_k][\boldsymbol{X}_k-\hat{\boldsymbol{X}}_k]^{\mathrm{T}}\\ &= \mathrm{E}[\boldsymbol{X}_k-\hat{\boldsymbol{X}}_{k|k-1}-\boldsymbol{K}_k(\boldsymbol{X}_k-\boldsymbol{H}_k\hat{\boldsymbol{X}}_{k|k-1})]\\ &= [\boldsymbol{X}_k-\hat{\boldsymbol{X}}_{k|k-1}-\boldsymbol{K}_k(\boldsymbol{X}_k-\boldsymbol{H}_k\hat{\boldsymbol{X}}_{k|k-1})]^{\mathrm{T}}\\ &= (\boldsymbol{I}-\boldsymbol{K}_k\boldsymbol{H}_k)\boldsymbol{P}_{k|k-1}(\boldsymbol{I}-\boldsymbol{K}_k\boldsymbol{H}_k)^{\mathrm{T}}+\boldsymbol{K}_k\boldsymbol{R}_k\boldsymbol{K}_k^{\mathrm{T}}\end{aligned}\tag{8.6.11}$$

式(8.5.11)可进一步简化为

$$\boldsymbol{P}_k=(\boldsymbol{I}-\boldsymbol{K}_k\boldsymbol{H}_k)\boldsymbol{P}_{k|k-1}\tag{8.6.12}$$

到此已推出一整套卡尔曼滤波算式,现归纳如下:

$$\hat{\boldsymbol{X}}_k=\boldsymbol{\phi}_{k,k-1}\hat{\boldsymbol{X}}_{k-1}+\boldsymbol{K}_k[\boldsymbol{Z}_k-\boldsymbol{H}_k\boldsymbol{\phi}_{k,k-1}\hat{\boldsymbol{X}}_{k-1}]\tag{8.6.13}$$

$$\boldsymbol{K}_k=\boldsymbol{P}_{k|k-1}\boldsymbol{H}_k^{\mathrm{T}}[\boldsymbol{H}_k\boldsymbol{P}_{k|k-1}\boldsymbol{H}_k^{\mathrm{T}}+\boldsymbol{R}_k]^{-1}\tag{8.6.14}$$

$$\boldsymbol{P}_{k|k-1}=\boldsymbol{\phi}_{k,k-1}\boldsymbol{P}_{k-1}\boldsymbol{\phi}_{k,k-1}^{\mathrm{T}}+\boldsymbol{\Gamma}_{k-1}\boldsymbol{Q}_{k-1}\boldsymbol{\Gamma}_{k-1}^{\mathrm{T}}\tag{8.6.15}$$

$$\boldsymbol{P}_k=(\boldsymbol{I}-\boldsymbol{K}_k\boldsymbol{H}_k)\boldsymbol{P}_{k|k-1}\tag{8.6.16}$$

当 $\boldsymbol{P}_0,\hat{\boldsymbol{X}}_0,\boldsymbol{\phi}_{i,i-1},\boldsymbol{H}_i,\boldsymbol{\Gamma}_i,\boldsymbol{R}_i,\boldsymbol{Q}_i$ 为已知时,可以根据观测值递推估计出系统的状态变量:$\hat{\boldsymbol{X}}_1,\hat{\boldsymbol{X}}_2\cdots$。

例 8.6.1 考虑由数量方程

$$x_k=-x_{k-1},\quad k=1,2,\cdots$$

所定义的随机过程,其中 x_0 是均值为零、方差为 P_0 的正态随机变量。观测方程为

$$z_k=-x_{k-1}+v_k,\quad k=1,2,\cdots$$

式中观测噪声 $\{v_k\}$ 是均值为零、方差为 R_k 的正态白噪声序列。设 $P_0=2,R_1=1,z_1=3,R_2=2,z_2=3$,试求出 $k=1,2$ 时状态 $x(k)$ 的卡尔曼滤波值 $\hat{x}(k)$。

解 由公式可知 $P_{1/0}=P_0=2$; $K_1=\dfrac{P_0}{P_0+R_1}=\dfrac{2}{3}$。$x_1$ 的最优线性滤波

$$\hat{x}_1=(-1)\hat{x}_0+\frac{2}{3}(z_1-(-1)\hat{x}_0)=2$$

滤波误差为

$$P_1=\frac{P_0R_1}{P_0+R_1}=\frac{2}{3}$$

重复上述步骤,进一步递推,可得

$$P_{2/1}=P_1=\frac{2}{3};\quad K_1=\frac{P_1}{P_1+R_2}=\frac{1}{4}$$

x_1 的最优线性滤波

$$\hat{x}_1=(-1)\hat{x}_1+K_2(z_2-(-1)\hat{x}_1)=-2\frac{1}{4}$$

此时滤波误差为

$$P_2=\frac{P_1R_2}{P_1+R_2}=\frac{1}{2}$$

显然 P_2 小于 P_1,即第二步滤波结果比第一步滤波更准确。

就此例而论,做以下几点说明。

(1) 若对某一个 k,$R_k\to\infty$,则不难看出 $P_k=P_{k-1}$,$K_k=0$。说明观测噪声方差无穷大时,观测毫无用处,只能根据状态方程进行估计。

(2) 若对某一个 k,$R_k=0$,则 $K_k=1$,滤波方程变为$\hat{x}_k=z_k$。观测噪声方差为零,表明根本没有噪声,观测是完全准确的。自然观测值就是状态 x_k 的值。此时

$$P_k=\frac{P_{k-1}R_k}{P_{k-1}+R_k}=0$$

(3) $\{P_k\}$是一个单调递减数列,必有极限。令其极限为 $\bar{P}$,则 $\bar{P}$ 满足方程

$$\bar{P}=\left.\frac{R_k\bar{P}}{\bar{P}+R_k}\right|_{k\to\infty}$$

显然,其解为 $\bar{P}=0$,这就是本例中滤波误差方差阵的稳态解。对随机过程进行的观测与递推估计的次数越多时,零均值的观测噪声$\{v_k\}$由于相互抵消而引起的误差越来越小,滤波值就越来越准确。

(4) 并不是任何系统$\{P_k\}$都有极限 P。这个问题比较复杂,我们不加证明地指出:对于完全能控能观测的线性定常系统,极限 P 存在。

在实际问题中 P_0 往往未知,但对于完全能控能观测的线性定常系统可任取对称正定阵 $P_0>0$。根据上面说明(4),当 k 充分大时,$P_k\approx\bar{P}$,滤波结果几乎不受影响。

8.6.2 一般线性动态系统的滤波

已知状态方程与观测方程分别为

$$\boldsymbol{X}_k=\boldsymbol{\phi}_{k,k-1}\boldsymbol{X}_{k-1}+\boldsymbol{B}_{k-1}\boldsymbol{U}_{k-1}+\boldsymbol{\Gamma}_{k-1}\boldsymbol{W}_{k-1} \tag{8.6.17}$$

$$\boldsymbol{Z}_k=\boldsymbol{H}_k\boldsymbol{X}_k+\boldsymbol{Y}_k+\boldsymbol{V}_k \tag{8.6.18}$$

式中,$\boldsymbol{X}_k$ 为 n 维状态向量,$\boldsymbol{\phi}_{k,k-1}$为 $n\times n$ 一步转移矩阵,$\boldsymbol{U}_{k-1}$为 $k-1$ 时刻的 p 维控制向量,$\boldsymbol{B}_{k-1}$为 $k-1$ 时刻的 $n\times r$ 控制矩阵,$\boldsymbol{Z}_k$ 为 q 维观测向量,$\boldsymbol{Y}_k$ 为 k 时刻的 q 维已知向量,此项可以由观测系统的系统误差所产生。

$$\mathrm{E}\boldsymbol{W}_k=\boldsymbol{0},\quad \mathrm{E}\boldsymbol{W}_k\boldsymbol{W}_i^{\mathrm{T}}=\boldsymbol{Q}_k\delta_{ki},\quad \mathrm{E}\boldsymbol{V}_k=\boldsymbol{0},\quad \mathrm{E}\boldsymbol{V}_k\boldsymbol{V}_i^{\mathrm{T}}=\boldsymbol{R}_k\delta_{ki}$$

但

$$\mathrm{cov}(\boldsymbol{W}_k,\boldsymbol{V}_i)=\mathrm{E}\boldsymbol{W}_k\boldsymbol{V}_i^{\mathrm{T}}=\boldsymbol{\varphi}_{WV}(k)\delta_{ki} \tag{8.6.19}$$

即 $\boldsymbol{W}_k$ 与 $\boldsymbol{V}_k$ 相关,其中$\boldsymbol{\varphi}_{WV}(k)$序列为已知。

由于 $\boldsymbol{W}_k$,$\boldsymbol{V}_k$ 相关,就不能直接利用前面所讨论的办法去处理,为了仍然采用前面所讨论的思路,必须对式(8.6.17)和式(8.6.18)作修正。

首先在状态方程式(8.6.17)上添一个零向量。

$$\boldsymbol{Z}_{k-1}-\boldsymbol{H}_{k-1}\boldsymbol{X}_{k-1}-\boldsymbol{Y}_{k-1}-\boldsymbol{V}_{k-1}=\boldsymbol{0}$$

则

$$\boldsymbol{X}_k=\boldsymbol{\phi}_{k,k-1}\boldsymbol{X}_{k-1}+\boldsymbol{B}_{k-1}\boldsymbol{U}_{k-1}+\boldsymbol{\Gamma}_{k-1}\boldsymbol{W}_{k-1}+\boldsymbol{L}_{k-1}(\boldsymbol{Z}_{k-1}-\boldsymbol{H}_{k-1}\boldsymbol{X}_{k-1}-\boldsymbol{Y}_{k-1}-\boldsymbol{V}_{k-1}) \tag{8.6.20}$$

式中,$\boldsymbol{L}_{k-1}$为 $n\times q$ 矩阵,是个待定系数矩阵。现在式(8.6.20)可改写成

$$\boldsymbol{X}_k=\boldsymbol{\phi}^*_{k,k-1}\boldsymbol{X}_{k-1}+\boldsymbol{B}_{k-1}\boldsymbol{U}_{k-1}+\boldsymbol{W}^*_{k-1}+\boldsymbol{L}_{k-1}(\boldsymbol{Z}_{k-1}-\boldsymbol{Y}_{k-1}) \tag{8.6.21}$$

式中

$$\boldsymbol{\phi}^*_{k,k-1}=\boldsymbol{\phi}_{k,k-1}-\boldsymbol{L}_{k-1}\boldsymbol{H}_{k-1} \tag{8.6.22}$$

$$\boldsymbol{W}^*_{k-1}=\boldsymbol{\Gamma}_{k-1}\boldsymbol{W}_{k-1}-\boldsymbol{L}_{k-1}\boldsymbol{V}_{k-1} \tag{8.6.23}$$

把 $\boldsymbol{B}_{k-1}\boldsymbol{U}_{k-1}+\boldsymbol{L}_{k-1}(\boldsymbol{Z}_{k-1}-\boldsymbol{Y}_{k-1})$看成新的控制项,现在再检查系统(8.6.21)与观察方程式(8.6.21)中的随机向量之间的相关性:

$$\mathrm{E}\boldsymbol{W}^*_k\boldsymbol{V}^{\mathrm{T}}=\mathrm{E}[\boldsymbol{\Gamma}_k\boldsymbol{W}_k-\boldsymbol{L}_k\boldsymbol{V}_k]\boldsymbol{V}_i^{\mathrm{T}}=[\boldsymbol{\Gamma}_k\boldsymbol{\varphi}_{WV}(k)-\boldsymbol{L}_k\boldsymbol{R}_k]\delta_{ki}$$

要求 $\boldsymbol{W}^*_k$ 与 $\boldsymbol{V}_k$ 不相关,这时只需令

$$\boldsymbol{\Gamma}_k\boldsymbol{\varphi}_{WV}(k)-\boldsymbol{L}_k\boldsymbol{R}_k=\boldsymbol{0}$$

由于 $\boldsymbol{R}_k$ 存在逆矩阵,因此

$$\boldsymbol{L}_k=\boldsymbol{\Gamma}_k\boldsymbol{\varphi}_{WV}(k)\boldsymbol{R}_k^{-1}=\boldsymbol{K}_P(k) \tag{8.6.24}$$

式(8.6.24)说明,当$\boldsymbol{L}_k(\boldsymbol{K}_P(k))$按式(8.6.24)选择时,则状态方程式(8.5.21)与式(8.5.18)之间的关系(随机向量之间的关系)与方程式(8.6.1)和式(8.6.2)一样。先求一步预报

$$\begin{aligned}\hat{\boldsymbol{X}}_{k|k-1}&=\hat{\mathrm{E}}(\boldsymbol{X}_k\mid\boldsymbol{Z}^{k-1})=\hat{\mathrm{E}}(\boldsymbol{\phi}^*_{k,k-1}\boldsymbol{X}_{k-1}+\boldsymbol{B}_{k-1}\boldsymbol{U}_{k-1}+\boldsymbol{L}_{k-1}(\boldsymbol{Z}_{k-1}-\boldsymbol{Y}_{k-1})+\boldsymbol{W}^*_{k-1}\mid\boldsymbol{Z}^{k-1})\\&=\boldsymbol{\phi}^*_{k,k-1}\hat{\boldsymbol{X}}_{k-1}+\boldsymbol{B}_{k-1}\boldsymbol{U}_{k-1}+\boldsymbol{L}_{k-1}(\boldsymbol{Z}_{k-1}-\boldsymbol{Y}_{k-1})\end{aligned} \tag{8.6.25}$$

注意,这里应用了这样一个事实,$\hat{\mathrm{E}}(\boldsymbol{Z}_{k-1}|\boldsymbol{Z}^{k-1})=\boldsymbol{Z}_{k-1}$。

现把$\boldsymbol{\phi}^*_{k,k-1}$和$\boldsymbol{L}_{k-1}$的表达式代入式(8.6.25)得

$$\hat{\boldsymbol{X}}_{k|k-1}=\boldsymbol{\phi}_{k,k-1}\hat{\boldsymbol{X}}_{k-1}+\boldsymbol{B}_{k-1}\boldsymbol{U}_{k-1}+\boldsymbol{K}_P(k-1)[\boldsymbol{Z}_{k-1}-\boldsymbol{Y}_{k-1}-\boldsymbol{H}_{k-1}\hat{\boldsymbol{X}}_{k-1}] \tag{8.6.26}$$

而

$$\hat{\boldsymbol{X}}_k=\hat{\mathrm{E}}(\boldsymbol{X}_k\mid\boldsymbol{Z}^k)=\hat{\mathrm{E}}(\boldsymbol{X}_k\mid\boldsymbol{Z}^{k-1})+\mathrm{E}(\tilde{\boldsymbol{X}}_{k|k-1}\tilde{\boldsymbol{Z}}_{k|k-1})(\mathrm{E}\tilde{\boldsymbol{Z}}_{k|k-1}\tilde{\boldsymbol{Z}}_{k|k-1})^{-1}\tilde{\boldsymbol{Z}}_{k|k-1}$$

式中,$\tilde{\boldsymbol{Z}}_{k|k-1}=\boldsymbol{Z}_k-\hat{\boldsymbol{Z}}_{k|k-1}$,$\tilde{\boldsymbol{X}}_{k|k-1}=\boldsymbol{X}_k-\hat{\boldsymbol{X}}_{k|k-1}$。由于

$$\hat{\boldsymbol{Z}}_{k|k-1}=\hat{\mathrm{E}}(Z_k\mid\boldsymbol{Z}^{k-1})=\hat{\mathrm{E}}(\boldsymbol{H}_k\boldsymbol{X}_k+\boldsymbol{Y}_k+\boldsymbol{V}_k\mid\boldsymbol{Z}^{k-1})=\boldsymbol{H}_k\hat{\boldsymbol{X}}_{k|k-1}+\boldsymbol{Y}_k$$

可得

$$\mathrm{E}\tilde{\boldsymbol{X}}_{k|k-1}\tilde{\boldsymbol{Z}}_{k|k-1}=\boldsymbol{P}_{k|k-1}\boldsymbol{H}_k^{\mathrm{T}}$$

$$\mathrm{E}\tilde{\boldsymbol{Z}}_{k|k-1}\boldsymbol{Z}^{\mathrm{T}}_{k|k-1}=\boldsymbol{H}_k\boldsymbol{P}_{k|k-1}\boldsymbol{H}_k^{\mathrm{T}}+\boldsymbol{R}_k$$

$$\tilde{\boldsymbol{X}}_k=\hat{\boldsymbol{X}}_{k|k-1}+\boldsymbol{K}_k[\boldsymbol{Z}_k-\boldsymbol{Y}_k-\boldsymbol{H}_k\hat{\boldsymbol{X}}_{k|k-1}]$$

$$\boldsymbol{K}_k=\boldsymbol{P}_{k|k-1}\boldsymbol{H}_k^{\mathrm{T}}[\boldsymbol{H}_k\boldsymbol{P}_{k|k-1}\boldsymbol{H}_k^{\mathrm{T}}+\boldsymbol{R}_k]^{-1}$$

式中

$$\begin{aligned}\boldsymbol{P}_{k|k-1}&=\mathrm{E}[\boldsymbol{X}_k-\hat{\boldsymbol{X}}_{k|k-1}][\boldsymbol{X}_k-\hat{\boldsymbol{X}}_{k|k-1}]^{\mathrm{T}}\\&=\mathrm{E}\{[\boldsymbol{\phi}_{k|k-1}-\boldsymbol{K}_P(k-1)\boldsymbol{H}_{k-1}](\boldsymbol{X}_{k-1}-\hat{\boldsymbol{X}}_{k-1})+\boldsymbol{\Gamma}_{k-1}\boldsymbol{W}_{k-1}+\boldsymbol{K}_P(k-1)\boldsymbol{V}_{k-1}\}\\&\quad\{[\boldsymbol{\phi}_{k|k-1}-\boldsymbol{K}_P(k-1)\boldsymbol{H}_{k-1}](\boldsymbol{X}_{k-1}-\hat{\boldsymbol{X}}_{k-1})+\boldsymbol{\Gamma}_{k-1}\boldsymbol{W}_{k-1}+\boldsymbol{K}_P(k-1)\boldsymbol{V}_{k-1}\}^{\mathrm{T}}\\&=[\boldsymbol{\phi}_{k|k-1}-\boldsymbol{K}_P(k-1)\boldsymbol{H}_{k-1}]\boldsymbol{P}_{k-1}[\boldsymbol{\phi}_{k|k-1}-\boldsymbol{K}_P(k-1)\boldsymbol{H}_{k-1}]^{\mathrm{T}}\\&\quad+\boldsymbol{\Gamma}_{k-1}\boldsymbol{Q}_{k-1}\boldsymbol{\Gamma}_{k-1}^{\mathrm{T}}-\boldsymbol{K}_P(k-1)\boldsymbol{R}_{k-1}\boldsymbol{K}_P^{\mathrm{T}}(k-1)\end{aligned}$$

类似上一小节，同理可得

$$\boldsymbol{P}_k=(\boldsymbol{I}-\boldsymbol{K}_k\boldsymbol{H}_k)\boldsymbol{P}_{k|k-1}$$

至此，此类系统的滤波公式全部推导出来，具体可归纳为下面 5 个公式：

$$\boldsymbol{K}_P(k)=\boldsymbol{\Gamma}_k\boldsymbol{\varphi}_{WV}(k)\boldsymbol{R}_k^{-1}$$

$$\boldsymbol{K}_k=\boldsymbol{P}_{k|k-1}\boldsymbol{H}_k^{\mathrm{T}}[\boldsymbol{H}_k\boldsymbol{P}_{k|k-1}\boldsymbol{H}_k^{\mathrm{T}}+\boldsymbol{R}_k]^{-1}$$

$$\begin{aligned}\boldsymbol{P}_{k|k-1}=&[\boldsymbol{\phi}_{k|k-1}-\boldsymbol{K}_P(k-1)\boldsymbol{H}_{k-1}]\boldsymbol{P}_{k-1}[\boldsymbol{\phi}_{k|k-1}-\boldsymbol{K}_P(k-1)\boldsymbol{H}_{k-1}]^{\mathrm{T}}\\&+\boldsymbol{\Gamma}_{k-1}\boldsymbol{Q}_{k-1}\boldsymbol{\Gamma}_{k-1}^{\mathrm{T}}-\boldsymbol{K}_P(k-1)\boldsymbol{R}_{k-1}\boldsymbol{K}_P^{\mathrm{T}}(k-1)\end{aligned}$$

$$\boldsymbol{P}_k=(\boldsymbol{I}-\boldsymbol{K}_k\boldsymbol{H}_k)\boldsymbol{P}_{k|k-1}$$

$$\boldsymbol{P}_0=\mathrm{E}[\boldsymbol{X}_0-\mathrm{E}\boldsymbol{X}_0][\boldsymbol{X}_0-\mathrm{E}\boldsymbol{X}_0]^{\mathrm{T}}$$

下面举一个例子来说明卡尔曼滤波器的某些效果。

例 8.6.2　设一维的线性时不变系统的状态方程与观测方程分别为

$$x_k=ax_{k-1}+bw_k,\quad y_k=hx_k+v_k$$

式中，w_k 和 v_k 为零均值正态分布白噪声，彼此不相关。假设 $Dw_k=Dv_k=1$，x_0 与 W_k，V_k 不相关，同时 $x_0:N(0,P_0)$。试求此情况下的滤波公式。

解　此时滤波公式为

$$\hat{x}_k=a\hat{x}_{k-1}+K_k(y_k-ha\hat{x}_{k-1})$$

$$K_k=P_{k|k-1}h(h^2P_{k|k-1}+R)^{-1}$$

$$P_{k|k-1}=a^2P_{k-1}+b^2Q$$

$$P_k=(1-K_kh)P_{k|k-1}=\frac{R\cdot(a^2P_{k-1}+b^2Q)}{(a^2P_{k-1}+b^2Q)h^2+R}\tag{8.6.27}$$

根据题意 $Q=1,R=1$，则

$$P_k=\frac{a^2P_{k-1}+b^2}{h^2(a^2P_{k-1}+b^2)+1}$$

可以证明当 $k\to\infty$ 时 P_k 有一个极限值，显然此值满足上面方程，即

$$a^2h^2P^2+(b^2h^2+1-a^2)P-b^2=0$$

由此解得

$$P=\frac{-(b^2h^2+1-a^2)\pm\sqrt{(b^2h^2+1-a^2)^2+4a^2b^2h^2}}{2a^2h^2}$$

由于要求 P 总是大于 0 的，上式只能取正号，于是得

$$P=\frac{1}{2a^2h^2}\left[\sqrt{(b^2h^2+1-a^2)^2+4a^2b^2h^2}-(b^2h^2+1-a^2)\right]$$

假设 $a=0.5,b=1.0,h=2.0,x_0=0$，P_0 分别取 0 和 0.25，此时 $P_0,P_1,P_2\cdots$ 计算结果如表 8.6.1 所示。

表 8.6.1　例题滤波中的 P 值

P_0	P_1	P_2	P_3	…	P_∞
0	0.2	0.201 9	0.201 94	…	0.201 94
0.25	0.202 4	0.201 9	0.201 94	…	0.201 94

由表可见 P_∞ 值与初始 P_0 取值无关,但 P_k 值与 R 值密切相关。

8.6.3 带有有色噪声的线性动态系统的滤波

为了简单起见,仍然回到无控制项的系统。假设线性系统的动态方程为

$$\boldsymbol{X}_k = \boldsymbol{\phi}_{k,k-1}\boldsymbol{X}_{k-1} + \boldsymbol{\Gamma}_{k-1}\boldsymbol{W}_{k-1} \tag{8.6.28}$$

式中 $\boldsymbol{W}_{k-1}$ 为有色噪声,其谱密度为有理分式。根据第1章介绍的内容知,可把 $\boldsymbol{W}_k$ 看作某一线性系统的输出。假设噪声系统方程为

$$\boldsymbol{W}_k = \boldsymbol{F}_{k,k-1}\boldsymbol{W}_{k-1} + \boldsymbol{\mu}_{k-1} \tag{8.6.29}$$

式中,$\boldsymbol{W}_k$ 为 S 维有色噪声,$\boldsymbol{F}_{k,k-1}$ 为 $S\times S$ 维噪声系统转移矩阵,$\boldsymbol{\mu}_{k-1}$ 为 S 维白色噪声,$\mathrm{E}\boldsymbol{\mu}_k=\boldsymbol{0}$,$\mathrm{D}\boldsymbol{\mu}_k=\boldsymbol{Q}_k$。

现在把式(8.5.28)和式(8.5.29)合起来看成一个新系统,新系统的状态变量为

$$\boldsymbol{T}_k = \begin{bmatrix}\boldsymbol{X}_k\\ \boldsymbol{W}_k\end{bmatrix}$$

令

$$\boldsymbol{\phi}_{k,k-1} = \begin{bmatrix}\boldsymbol{\phi}_{k,k-1} & \boldsymbol{\Gamma}_{k-1}\\ \boldsymbol{0} & \boldsymbol{\Gamma}_{k,k-1}\end{bmatrix},\boldsymbol{G}_{k-1} = \begin{bmatrix}\boldsymbol{O}_{s\times s}\\ \boldsymbol{I}_{s\times s}\end{bmatrix}$$

则新系统的状态方程为

$$\boldsymbol{\Gamma}_k = \boldsymbol{\phi}_{k,k-1}\boldsymbol{T}_{k-1} + \boldsymbol{G}_{k-1}\,\boldsymbol{\mu}_{k-1}$$

系统中的状态噪声只是白噪声 $\boldsymbol{\mu}_{k-1}$。

由此可见,处理有色噪声的办法并不复杂,只需扩大原系统的维数即可。实际问题中噪声状态方程式(8.6.29)可经系统辨识获得,这里不作介绍。

8.7 利用MATLAB实现状态估计

尽管卡尔曼滤波递推公式在形式上比较简单,但人工计算仍然很难完成,必须借助计算机这一有力工具。在MATLAB中有专用的卡尔曼滤波函数可供使用,当然也可以自己根据滤波公式实现状态估计。

在MATLAB中有专用的卡尔曼滤波函数,是基于具有一般性的线性定常系统

$$\dot{\boldsymbol{x}}(k+1) = \boldsymbol{A}\boldsymbol{x}(k) + \boldsymbol{B}\boldsymbol{u}(k) + \boldsymbol{G}\boldsymbol{w}(k)$$
$$\boldsymbol{y}(k) = \boldsymbol{C}\boldsymbol{x}(k) + \boldsymbol{D}\boldsymbol{u}(k) + \boldsymbol{H}\boldsymbol{w}(k) + \boldsymbol{v}(k)$$

给出的。其中 $\boldsymbol{x}(k)$ 为 k 时刻的状态向量,$\boldsymbol{u}(k)$ 为 k 时刻的控制向量,$\boldsymbol{w}(k)$ 状态随机噪声,$\boldsymbol{v}(k)$ 为观测随机噪声。在编写程序时,可按下面步骤完成。

① 首先给动态方程中各矩阵 $\boldsymbol{A},\boldsymbol{B},\boldsymbol{C},\boldsymbol{D},\boldsymbol{G},\boldsymbol{H}$ 赋值。

② 给定 $\boldsymbol{A},\boldsymbol{B},\boldsymbol{C},\boldsymbol{D},\boldsymbol{G},\boldsymbol{H}$ 后利用下面语句对系统进行描述

```
SYS = SS(A,[B G],C,[D H],T)
```

语句中,T 表示该离散系统的采样间隔时间,若取 T＝－1,则表示采样间隔时间为默许值。如果系统中缺少某项,则可将相应矩阵用零阵代替。

③ 进而调用卡尔曼滤波函数进行滤波

```
[KEST,L,P,M,Z] = kalman(SYS,QN,RN,NN)
```

语句中,SYS 代表系统,QN 代表状态噪声的方差阵,RN 代表观测噪声的方差阵,NN 代表状态噪声和观测噪声的协方差阵。语句左边为输出结果:其中,KEST 代表系统输出估计值$\hat{y}$和状态估计值$\hat{x}$,L 和 M 分别代表两个增益矩阵,P 和 Z 分别代表预报误差方差阵和滤波误差方差阵。

④ 根据公式

$$\hat{\boldsymbol{x}}(k+1\mid k)=\boldsymbol{A}\hat{\boldsymbol{x}}(k\mid k-1)+\boldsymbol{L}(\boldsymbol{y}(k)-\boldsymbol{C}\hat{\boldsymbol{x}}(k\mid k-1))$$
$$\hat{\boldsymbol{x}}(k\mid k)=\hat{\boldsymbol{x}}(k\mid k-1)+\boldsymbol{M}(\boldsymbol{y}(k)-\boldsymbol{C}\hat{\boldsymbol{x}}(k\mid k-1))$$

计算出 $\boldsymbol{x}(k|k)$。

⑤ 打印所需要的结果或曲线。

为了说明滤波效果,加强对滤波的理解,下面给出一个计算机仿真数值算例。

例 8.7.1

① 给定矩阵 $\boldsymbol{A}=\begin{bmatrix}0.5 & 0.3 & 0.4\\ 0.5 & -0.4 & 0.4\\ -0.1 & 0.4 & 0.3\end{bmatrix}$,$\boldsymbol{C}=[0\quad 1\quad 0]$和状态初值$\bar{\boldsymbol{x}}_1=\begin{bmatrix}0.85\\ 1.25\\ 0.39\end{bmatrix}$构造一个模拟动态系统

$$\boldsymbol{x}_{k+1}=\boldsymbol{A}\boldsymbol{x}_k+\boldsymbol{e}_k,\quad y_k=[0\quad 1\quad 0]\boldsymbol{x}_k,\quad \bar{\boldsymbol{x}}_1=\begin{bmatrix}0.85\\ 1.25\\ 0.39\end{bmatrix}$$

式中,$\{e_i\}$和$\{v_i\}$为互不相关的正态白噪声。求出模拟系统的输出。

② 调用卡尔曼滤波函数,利用得到输出值 $y_1,y_2,\cdots,y_{20}$ 进行滤波求出模拟系统状态滤波值$\hat{\boldsymbol{x}}_1,\hat{\boldsymbol{x}}_2,\cdots,\hat{\boldsymbol{x}}_{20}$。将$\bar{x}_k(i)$和$\hat{x}_k(i)$,$k=1,2,\cdots,20$;$i=1,2,3$ 分别打印出来,并加以比较。

解

① 构造模拟系统

- 利用递推公式 $\boldsymbol{x}_{k+1}=\boldsymbol{A}\boldsymbol{x}_k$ 和状态初值$\bar{\boldsymbol{x}}_1=\begin{bmatrix}0.85\\ 1.25\\ 0.39\end{bmatrix}$,得出确定值$\bar{\boldsymbol{x}}_2,\bar{\boldsymbol{x}}_3,\cdots$,

$\bar{\boldsymbol{x}}_{20}$;

- 利用计算机生成标准正态随机噪声 $\boldsymbol{e}_1,\boldsymbol{e}_2,\cdots,\boldsymbol{e}_{20}$ 并分别与 $\bar{\boldsymbol{x}}_1,\bar{\boldsymbol{x}}_2,\cdots,\bar{\boldsymbol{x}}_{20}$ 叠加得到 $\boldsymbol{x}_i=\bar{\boldsymbol{x}}_i+\boldsymbol{e}_i,i=1,2,\cdots,20$;
- 令 $\bar{y}_k=\boldsymbol{C}\boldsymbol{x}_k=\begin{bmatrix}0 & 1 & 0\end{bmatrix}\begin{bmatrix}x_k(1)\\x_k(2)\\x_k(3)\end{bmatrix}=x_k(2)$。利用计算机生成标准正态随机噪声 $v_1,v_2,\cdots,v_{20}$,$\mathrm{E}[v(i)e(j)]=0$,并分别与 $\bar{\boldsymbol{x}}_1,\bar{\boldsymbol{x}}_2,\cdots,\bar{\boldsymbol{x}}_{20}$ 叠加得出模拟系统的输出 $y_i=\bar{y}_i+v_i,i=1,2,\cdots,20$。

相应 MATLAB 程序如下:

```
%理论初值
x(:,1) = [8.539;12.481; - 3.924];
%状态估计初值
x_e(:,1) = [15;16;17];
A = [0.5,0.3,0.4;0.5, - 0.4,0.4; - 0.1,0.4,0.3];
B = zeros(3,3);
G = eye(3,3);
C = [0,1,0];
D = [0,0,0];
H = zeros(1,3);
for i = 2:20
      %产生服从正态分布 N(0,1)的模型噪声
      w = randn(3,1);
      %产生服从正态分布 N(0,1)的观测噪声
v = randn(1,1);
x(:,i) = A * x(:,i - 1);
%加模型噪声干扰
x1(:,i) = x(:,i) + w;
QN = eye(2,2);
RN = 1;
NN = 0;
%加观测噪声干扰
z0(:,i) = C * x1(:,i) + v;
```

② 调用卡尔曼滤波函数,利用得到的输出值 $y_1,y_2,\cdots,y_{20}$ 进行滤波,求出模拟系统状态滤波值 $\hat{\boldsymbol{x}}_1,\hat{\boldsymbol{x}}_2,\cdots,\hat{\boldsymbol{x}}_{20}$。将 $\bar{x}_k(i)$ 和 $\hat{x}_k(i)$,$k=1,2,\cdots,20$;$i=1,2,3$ 分别打印出来,并加以比较。具体程序如下:

```
%描述系统
    SYS = SS(A,[B G],C,[D H], - 1);
% Kalman 滤波
```

```
    [KEST,L,P] = kalman(SYS,QN,RN,NN);
%计算滤波值
    x_e(:,i) = A*x_e(:,i-1) + L*(z0(:,i) - C*A*x_e(:,i-1));
end
%绘图说明状态理论值与滤波后最优估计值的对比
t = 1:20;
subplot(2,2,1),plot(t,x(1,:),'b',t,x_e(1,:),'r');
subplot(2,2,2),plot(t,x(2,:),'b',t,x_e(2,:),'r');
subplot(2,2,3),plot(t,x(3,:),'b',t,x_e(3,:),'r');
```

为了简洁明了，没有把$\{y_i\}$和$\{\hat{\boldsymbol{x}}_i\}$值具体打印输出，通过图 8.7.1 可以看出 10 个时间隔后滤波值$\hat{\boldsymbol{x}}_k$ 与状态真值(未加噪声值)$\bar{\boldsymbol{x}}_k$ 已经非常接近。

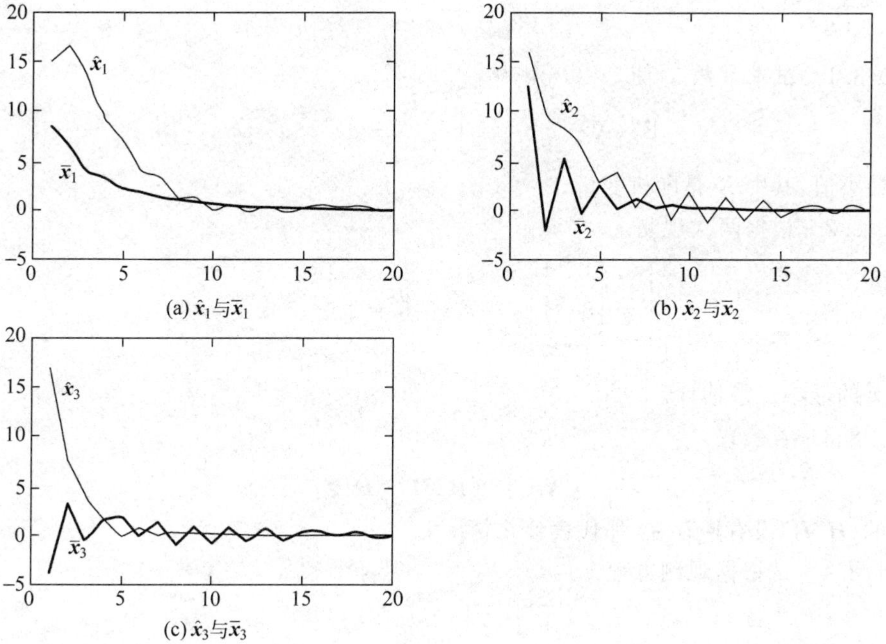

图 8.7.1　滤波效果显示图

注意，这里求得的预报误差阵 $\boldsymbol{P}$ 和滤波误差阵 $\boldsymbol{Z}$ 均为稳态常阵，当观测数据少时，滤波效果可能会受到影响。此时可以利用 MATLAB 按照前面的滤波公式自行编程估计，因篇幅所限这里不作介绍。

小结

本节主要介绍了常见的几种参数估计方法。最小方差估计是最理想的估计，但需要了解估计对象的概率分布(概率密度)。由于一般情况下，概率分布(概率密度)很难获得,因此限制了其在实际问题中的应用。线性最小方差估计只需要了解估计对象的一阶矩和二阶矩,根据遍历性定理,随机变量的一阶矩和二阶矩容易求得,所以在实际中的应用相应多一些。最小二乘方法既不需要知道随机变量的概率分布(概率密度),也不需要知道其一阶矩和二阶矩,因此最方便于实际应用。

卡尔曼滤波是现代控制理论的重要结果之一,它实质上是递推的线性最小方差估计。卡尔曼滤波不仅应用于控制问题,而且可以广泛地应用于所有随机问题,用来消除随机干扰。这里所给出的仅仅是线性系统的卡尔曼滤波,有关非线性系统的卡尔曼滤波可以查阅相关专著。

习题

8.1　试求常数 a,使

$$\mathrm{E}[(X-a)^2]=\int_{-\infty}^{+\infty}(x-a)^2 p(x)\mathrm{d}x$$

取最小值,其中 X 是随机变量。

8.2　根据两次观测

$$\begin{bmatrix}3\\2\\1\end{bmatrix}=\begin{bmatrix}1&1\\0&1\\1&0\end{bmatrix}\boldsymbol{x}+\boldsymbol{e}_1,\quad 5=[1\quad 2]\boldsymbol{x}+e_2$$

求 $\boldsymbol{x}$ 的最小二乘估计。

8.3　若公式

$$\hat{\boldsymbol{X}}_{\mathrm{LS}}=(\boldsymbol{H}^{\mathrm{T}}\boldsymbol{H})^{-1}\boldsymbol{H}^{\mathrm{T}}\boldsymbol{Z}$$

中的$(\boldsymbol{H}^{\mathrm{T}}\boldsymbol{H})$没有逆存在,那代表什么情况?

8.4　试根据观测方程

$$\begin{bmatrix}3\\1\\2\end{bmatrix}=\begin{bmatrix}1&1\\0&1\\1&0\end{bmatrix}\boldsymbol{x}+\boldsymbol{e}$$

任选一加权阵,求 $\boldsymbol{x}$ 的加权最小二乘估计,所得结果说明什么问题?

8.5　给定观测方程为

$$\boldsymbol{Z}_i=\boldsymbol{H}\boldsymbol{X}+\boldsymbol{e}_i,\quad i=1,2,\cdots$$

式中,$\boldsymbol{X}$ 是 n 维未知向量,$\boldsymbol{H}$ 是 $n\times n$ 观测矩阵,试证 $\boldsymbol{X}$ 的最小二乘估计存在如下的递推公式

$$\hat{\boldsymbol{X}}_{i+1}=\hat{\boldsymbol{X}}_i+\frac{\boldsymbol{H}^{-1}}{i+1}(\boldsymbol{Z}_{i+1}-\boldsymbol{H}\hat{\boldsymbol{X}}_i)$$

8.6　给定观测方程为

$$z=[1\quad 2]\boldsymbol{x}+e$$

式中，$Ex=\begin{bmatrix}4\\3\end{bmatrix}$，　$Dx=\begin{bmatrix}2&0\\0&1\end{bmatrix}$，$Exe=\mathbf{0}$，$Ee=0$，$Ee^2=3$。求 $\boldsymbol{x}$ 的线性最小方差估计。

8.7　对未知数量 x 进行了两次独立的观测，得观测方程

$$z_1 = 2x + e_1$$
$$z_2 = 2x + e_2$$

已知

$$Ex = 4,\quad Ee_1 = Ee_2 = 0,\quad Exe_1 = Exe_2 = 0$$
$$Dx = 3,\quad De_1 = 1,\quad De_2 = 2$$

试求 x 的线性最小方差估计，及估计误差的方差。

8.8　被估计数量 x 与观测 z 的联合分布由表 P8.1 给定，求 x 的线性最小方差估计和最小方差估计，以及估计误差的方差，所得结果说明什么问题？

表　P 8.1

z \ p \ x	1	2	3	4
1	$\frac{1}{6}$	$\frac{1}{3}$		
2			$\frac{1}{3}$	$\frac{1}{6}$

8.9　未知数量 x 与观测 z 的联合分布如表 P8.2 给定，求 x 的线性最小方差估计和最小方差估计。

表　P 8.2

z \ p \ x	1	2	3	4	6
1	$\frac{1}{6}$	$\frac{1}{4}$	$\frac{1}{6}$		
2				$\frac{1}{4}$	$\frac{1}{6}$

8.10　证明：若未知数 x 与观测 z 的联合分布如表 P8.3 所示，则 x 的线性最小方差估计与最小方差估计是一致的。

表　P 8.3

z \ p \ x	x_1	$x_2 \cdots x_m$	x_{m+1}	$x_{m+2} \cdots x_n$
z_1	p_1	$p_2 \cdots p_m$		
z_2			p_{m+1}	$p_{m+2} \cdots p_n$

表中的 $z_1,z_2,x_1,x_2,\cdots,x_n$ 都是实数,且

$$p_i>0,\quad \sum_{i=1}^{n}p_i=1$$

8.11 用精度不同的表对同一电流进行了两次测量,头一次的测量值为 I_1,误差的方差为 σ_1^2;第二次的测量值为 I_2,误差的方差为 σ_2^2,试求电流的线性最小方差估计。设误差的均值为零。

8.12 设 $\hat{\boldsymbol{x}}_1$ 和 $\hat{\boldsymbol{x}}_2$ 分别是未知二维向量 $\boldsymbol{x}$ 的两次独立无偏估计,误差的方差阵分别为 $\boldsymbol{Q}$ 和 $\boldsymbol{R}$,已知

$$\hat{\boldsymbol{x}}_1=\begin{bmatrix}\frac{5}{2}\\ \frac{5}{2}\end{bmatrix},\quad \boldsymbol{Q}=\begin{bmatrix}2&1\\1&2\end{bmatrix};\qquad \hat{\boldsymbol{x}}_2=\begin{bmatrix}2\\3\end{bmatrix},\quad \boldsymbol{R}=\begin{bmatrix}3&0\\0&3\end{bmatrix}$$

试求 $\boldsymbol{x}$ 的线性最小方差估计。

8.13 设系统的状态方程和观测方程分别为

$$\boldsymbol{X}_k=\boldsymbol{X}_{k-1}$$
$$\boldsymbol{Z}_k=\boldsymbol{X}_k+\boldsymbol{V}_k$$

式中 $\boldsymbol{X}_k$ 是 n 维向量,其初态的统计特性为

$$\mathrm{E}\boldsymbol{X}(0)=\bar{\boldsymbol{X}}_\theta,\quad \mathrm{D}\boldsymbol{X}(0)=c\cdot\boldsymbol{I}$$

观测噪声 $\boldsymbol{V}_k$ 与 $\boldsymbol{X}(0)$是不相关的,其统计特性为

$$\mathrm{E}\boldsymbol{V}_k=0,\quad \mathrm{E}\boldsymbol{V}_k\boldsymbol{V}_j^{\mathrm{T}}=\boldsymbol{R}_k\delta_{kj}$$

试求当 $c\to\infty$时的最优线性滤波 $\hat{\boldsymbol{X}}_1$ 及其滤波误差方差阵 $\boldsymbol{P}_1$。

8.14 设有数量系统

$$\boldsymbol{X}_k=\boldsymbol{X}_{k-1}+\boldsymbol{W}_{k-1}$$
$$\boldsymbol{Z}_k=\boldsymbol{X}_k+\boldsymbol{V}_k$$

其中,

$$\mathrm{E}W_k=0,\quad \mathrm{cov}(W_k,W_j)=\mathrm{E}W_kW_j=Q_k\delta_{kj};$$
$$\mathrm{E}V_k=0,\quad \mathrm{cov}(V_k,V_j)=\mathrm{E}V_kV_j=R_k\delta_{kj},\quad \mathrm{cov}(W_k,V_j)=\mathrm{E}W_kV_j=0$$
$$\mathrm{cov}(X_0,W_k)=0,\quad \mathrm{cov}(X_0,V_k)=0,\quad \mathrm{E}X_0=\mu_0,$$
$$\mathrm{D}X_0=\mathrm{E}(X_0-\mu_0)(X_0-\mu_0)^{\mathrm{T}}=P_0$$

并已知 $P_0=20,Q_k=5,R_k=3$。试求在稳态下的滤波方程,并说明其代表的实际意义。

8.15 设有数量系统

$$x_k=\frac{1}{2}x_{k-1}+w_{k-1}$$
$$z_k=x_k+v_k$$

满足题8.14中条件,并已知 $\bar{x}_0=0,P_0=1,Q_k=1,R_k=2$,及头两次的观测值 $z_1=2,z_2=1$,试求最优线性滤波 $\hat{x}_1$ 和 $\hat{x}_2$。

8.16 给定二阶系统

$$x_1(k) = 0.9x_1(k-1) + 0.1x_2(k-1) + w(k-1)$$
$$x_2(k) = -0.1x_1(k-1) + 0.8x_2(k-1)$$
$$z(k) = x_2(k) + v(k)$$

它满足题 8.14 中条件，并已知

$$\mathrm{E}\begin{bmatrix} x_1(0) \\ x_2(0) \end{bmatrix} = \begin{bmatrix} 3 \\ -3 \end{bmatrix},\quad \boldsymbol{P}_0 = \begin{bmatrix} 4 & 0 \\ 0 & 1 \end{bmatrix},\quad \boldsymbol{Q}(k) = \begin{bmatrix} 1 & 0 \\ 0 & 0 \end{bmatrix}$$
$$R(k) = 1, z(1) = -2$$

试求最优线性滤波 $\hat{x}_1(1)$、$\hat{x}_2(1)$ 和滤波误差方差阵 $\boldsymbol{P}_1$。

8.17　给定 n 阶系统

$$\boldsymbol{X}_k = \boldsymbol{A}\boldsymbol{X}_{k-1} + \boldsymbol{W}_{k-1}$$
$$\boldsymbol{Z}_k = \boldsymbol{H}\boldsymbol{X}_k + \boldsymbol{V}_k$$

满足题 8.14 中假设条件，且

$$\boldsymbol{Q}_k = \boldsymbol{Q},\quad \boldsymbol{R}_k = \boldsymbol{R}$$

都是与 k 无关的常数矩阵，设系统是完全能控与能观测的，试证当 $\boldsymbol{P}_{k|k-1}$ 中 $k\to\infty$ 时的极限值 $\boldsymbol{P}'$ 满足方程

$$\boldsymbol{P}' = \boldsymbol{A}\boldsymbol{P}'\boldsymbol{A}^{\mathrm{T}} - \boldsymbol{A}\boldsymbol{P}'\boldsymbol{H}^{\mathrm{T}}[\boldsymbol{H}\boldsymbol{P}'\boldsymbol{H}^{\mathrm{T}} + \boldsymbol{R}]^{-1}\boldsymbol{H}\boldsymbol{P}'\boldsymbol{A}^{\mathrm{T}} + \boldsymbol{Q}$$

8.18　在第 8.16 题中设

$$\boldsymbol{P}_0 = \begin{bmatrix} 3.06 & -0.52 \\ -0.52 & 0.19 \end{bmatrix}$$

其余数据不变，试计算 $\boldsymbol{P}_{1|0}$ 和 $\boldsymbol{P}_1$，并说明计算结果的含义。

8.19　试利用矩阵恒等式证明

$$\boldsymbol{K}_k = (\boldsymbol{P}_{k|k-1}^{-1} + \boldsymbol{H}_k^{\mathrm{T}}\boldsymbol{R}_k^{-1}\boldsymbol{H}_k)^{-1}\boldsymbol{H}_k^{\mathrm{T}}\boldsymbol{R}_k^{-1} = \boldsymbol{P}_k\boldsymbol{H}_k^{\mathrm{T}}\boldsymbol{R}_k^{-1}$$

8.20　试证明

$$\boldsymbol{P}_k = (\boldsymbol{P}_{k|k-1}^{-1} + \boldsymbol{H}_k^{\mathrm{T}}\boldsymbol{R}_k^{-1}\boldsymbol{H}_k)^{-1} = (\boldsymbol{I} - \boldsymbol{K}_k\boldsymbol{H}_k)\boldsymbol{P}_{k|k-1}$$

8.21　给定二阶系统

$$\boldsymbol{X}_k = \boldsymbol{\Phi}_{k,k-1}\boldsymbol{X}_{k-1} + \boldsymbol{W}_{k-1}$$
$$\boldsymbol{Z}_k = \boldsymbol{X}_k + \boldsymbol{V}_k$$

并已知

$$\hat{\boldsymbol{X}}_{1|0} = \begin{bmatrix} \dfrac{8}{3} \\ -\dfrac{1}{2} \end{bmatrix},\quad \boldsymbol{Z}_1 = \begin{bmatrix} \dfrac{9}{4} \\ -\dfrac{1}{3} \end{bmatrix}$$

现计算出估计值

$$\hat{\boldsymbol{X}}_1 = \begin{bmatrix} \dfrac{11}{5} \\ -\dfrac{2}{5} \end{bmatrix}$$

问是否合理？

参考文献

1 谢绪恺. 现代控制理论基础. 沈阳：辽宁人民出版社，1980.

2 王照林. 现代控制理论基础. 北京：国防工业出版社，1981.

3 郑大钟. 线性系统理论(第 2 版). 北京：清华大学出版社，2002.

4 张嗣瀛. 现代控制理论. 北京：冶金工业出版社，1994.

5 申铁龙. H_∞ 控制理论及应用. 北京：清华大学出版社，1995.

6 王贞祥. 系统辨识与参数估计. 沈阳：东北大学出版社，1983.

7 尤昌德. 现代控制理论基础. 北京：电子工业出版社，1996.

8 王积伟. 现代控制理论与工程. 北京：高等教育出版社，2003.

9 薛定宇，陈阳泉. 基于 MATLAB/Simulink 的系统仿真技术与应用. 北京：清华大学出版社，2003.

10 Brogan W L. Modern control theory. NJ：Prentice Hall，2000.

附录 A　MATLAB 软件包简介

A.1　MATLAB 介绍

MATLAB 名字是由 matrix 和 laboratory 两个词的前三个字母组合而成的。它是 MathWorks 公司于 1982 年推出的一套高性能的数值计算和可视化数学软件。被誉为"巨人肩上的工具"。由于使用 MATLAB 编程运算与人进行的科学计算的思路和表达方式完全一致，所以不像学习其他高级语言，如 BASIC、FORTRAN 和 C 语言等那样难以掌握，用 MATLAB 语言编写程序犹如在演算纸上排列出公式与求解问题，所以又被称为演算纸式科学算法语言。MATLAB 集应用程序和图形于一个便于使用的集成环境中。在这个环境下，对所要求解的问题，用户只需简单地列出数学表达式，其结果便以数值或图形方式显示出来。

MATLAB 的含义是矩阵实验室(matrix laboratory)，主要用于方便矩阵的存取，其基本元素是无须定义维数的矩阵。MATLAB 自问世以来，就是以数值计算称雄。MATLAB 进行数值计算的基本单位是复数数组(或称阵列)，这使得 MATLAB 高度"向量化"。经过十几年的完善和扩充，现已发展成为线性代数课程的标准工具。由于它不需定义数组的维数，并给出矩阵函数、特殊矩阵专门的库函数，使之在求解诸如信号处理、建模、系统识别、控制、优化等领域的问题时，显得大为简捷、高效、方便，这是其他高级语言所不能比拟的。美国许多大学的实验室都安装有 MATLAB 软件包供学习和研究之用。在那里，MATLAB 语言是攻读学位的大学生、硕士生、博士生必须掌握的基本工具。

MATLAB 中包括了被称作工具箱(toolbox)的各类应用问题的求解工具。工具箱实际上是对 MATLAB 进行扩展应用的一系列 MATLAB 函数(称为 M 文件)，它可用来求解各类学科的问题，包括信号处理、图像处理、控制系统辨识、神经网络等。随着 MATLAB 版本的不断升级，其所含的工具箱的功能也越来越丰富，因此，应用范围也越来越广泛，成为涉及数值分析的各类工程师最常用的工具之一。

A.2　MATLAB 工作环境

MATLAB 的默认开发环境如图 A.2.1 所示，其中包括以下部分：

Command Window(命令)窗口、Command History(命令历史)窗口、Launch Pad(发射台)窗口、Current Directory(当前目录)浏览器、Help(帮助)浏览器、Workspace(工作空间)浏览器、Array Editor(数组编辑器)窗口和 Editor/

Debugger(编辑器/调试器)窗口。

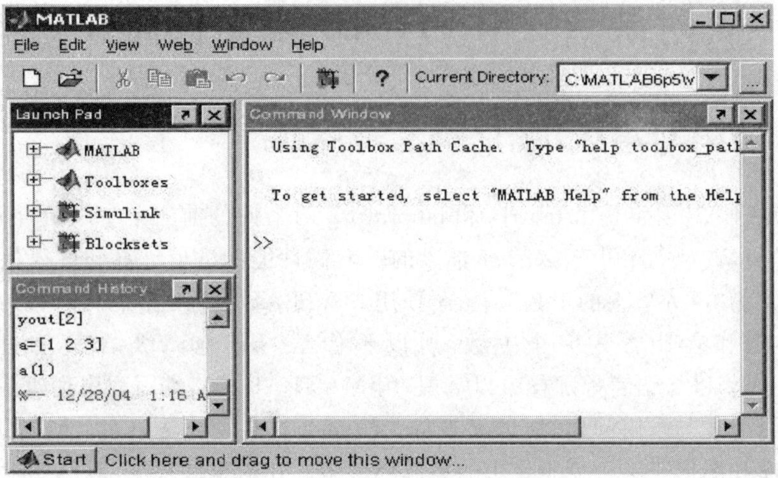

图 A.2.1 MATLAB程序界面

1. Command Window 窗口

Command Window 窗口是用户和 MATLAB 交互的主要方式。用户可以在 Command Window 窗口中运行函数和执行 MATLAB 操作。

2. Command History 窗口

用户可以在 Command History 窗口里查看曾经在 Command Window 窗口里输入的命令,并可在 Command Window 窗口里运行它们。运行 Command History 窗口里的命令有如下几种方式:

① 在 Command Window 窗口里,利用键盘上的上下移动键选定 Command History 窗口里的命令,然后按 Enter 键。

② 用鼠标选定它们,然后复制到 Command Window 窗口,最后按 Enter 键。

③ 用鼠标在 Command History 窗口里双击要执行的命令。

3. Launch Pad 窗口

Launch Pad 窗口是用户可以启动 MathWorks 各种工具和访问各种技术文档的窗口。Launch Pad 窗口为用户提供了一条更简便地使用各种工具(tool)、演示(demo nstration)和文档(documentation)的途径。

4. Current Directory 浏览器

在 Current Directory 浏览器里可以查看 MATLAB 文件和与 MATLAB 有关

的文件，并可以进行一些文件操作。

在 Current Directory 浏览器里能够进行的主要操作为：查看和改变目录，创建、重命名、复制和移动文件夹或文件，打开、运行文件和查看文件的内容，查找和替换文件的内容。

5. Help 浏览器

用户可以在 Help 浏览器里面查找和查看 MATLAB 大家族里所有产品的帮助文档，也可以按不同的方式来查找需要的帮助，从而以最快的速度获得最有用的帮助。

6. Workspace 浏览器

用户可以在 Workspace 浏览器里查看和改变工作空间的内容。在 Workspace 浏览器里，用户可以进行以下操作：查看当前的工作空间，保存当前的工作空间，装载一个保存好的工作空间，清除工作空间的变量，查看基本函数的工作空间，用工作空间里的数据创建不同的图形，用 Array Editor 窗口来查看和编辑工作空间里的变量。

7. Array Editor 窗口

在 Array Editor 窗口里，用户可以用表格的方式来查看数组的内容和编辑数组的值。

打开 Array Editor 窗口有如下几种方式：

① 在 Workspace 浏览器里双击要打开的变量。

② 选定要打开的变量后单击按钮。

③ 右击要打开的变量，从快捷菜单里选择 Open Selection 命令。

④ 在 Command Window 窗口里输入 openvar('z')，其中 z 是要打开的变量的名字。

在 Array Editor 窗口里可以进行如下操作：改变数组元素的值，方法为双击要改变的元素，输入新值，然后按 Enter 键；改变数组的显示格式，方法为单击 Numeric format 下拉列表，选择要显示的数值格式；改变数组的大小，方法为在 Size 文本框里输入数组的大小。

8. 编辑器/调试器

顾名思义，编辑器/调试器的作用就是用来创建、编辑和调试 MATLAB 文件。它和一般的编辑器调试器有相似的地方。

以上只是对 MATLAB 工作环境的基本内容作了简单介绍，读者可以在使用和学习 MATLAB 过程中不断熟练。

A.3 MATLAB语言的程序设计

MATLAB设有全屏幕编辑器,让用户编写完程序后再运行。文件有统一的扩展名.m。在执行M文件时可以根据程序中的语句完成复杂的功能,而且,用户还可以自编函数文件,这些文件可以被调用,这就为用户的使用提供了便利。根据用途的不同,M文件分为两类:即命令文件和函数文件,这两种文件的扩展名都是.m。

1. M文件编程

MATLAB是一种高效的编程语言,用户可以用普通的文本编辑器把一系列MATLAB语句写进一个文件里,这些文件都是由纯ASCII字符构成的,然后给定文件名存储,由于文件的扩展名为.m,因此称之为M文件。在运行M文件时只需在MATLAB命令窗口下输入该文件名即可。

虽然M文件是普通的文本文件,在任何的文本编辑器中都可以编辑,但MATLAB系统提供了一个更方便的编辑器/调试器,提供了很多编辑/调试的功能,建议读者在MATLAB的编辑器中编辑M文件。

建立M文件的一般步骤如下:

① 打开文件编辑器　这里指的是MATLAB的内部编辑调试器,可以有几种不同的方法打开文件编辑器,最简单的方法是在操作桌面的工具栏上选择建立新文件或选择打开已有的文件,也可以在命令窗口输入命令edit建立新文件或输入命令edit filename,打开名为filename的M文件。如果已经打开了文件编辑器后需要再建立新文件或打开其他的文件,可以用编辑器工具栏上相应的图标进行选择。

② 编写程序内容　可以编写新的文件内容,也可以修改已有的文件。

③ 保存文件　M文件在运行之前必须先保存,可以选择编辑器工具栏上的保存图标进行保存,也可以在file菜单下选择Save或Save as完成保存。

④ 运行文件　在命令窗口输入要运行的文件名即可开始运行。如果在编辑器中完成编辑后需要直接运行,可以在编辑器的Debug菜单下选择Save and Run选项(如果文件已经保存过,该选项则变为Run),一种更快捷的方法是按F5键执行运行。

M文件有两种形式:命令文件和函数文件。命令文件通常用于执行一系列简单的MATLAB命令,运行时只需输入文件名字,MATLAB就会自动按顺序执行文件中的命令。和命令文件不同,函数文件可以接受参数,也可以返回参数,在一般情况下用户不能靠单独输入其文件名来运行函数文件,而必须由其他语句来调用。MATLAB的大多数应用程序都是由函数文件的形式给出的,例如求矩阵特征多项式的函数 poly()和求友矩阵的函数 compan()等。

2. 字符串及其处理

1）字符串及其存储方法

所谓字符串是指排成序列的有效字符，所谓有效字符是指系统允许使用的字符。不同的软件中，有效字符的范围是不一样的。MATLAB语言中，字符串可以包括字母、数字、专用字符等。

MATLAB中字符串的存放是以矩阵元素的形式进行的。对于编程语言而言，字符处理是必不可少的。在定义和存放字符串时有以下规则：

- 在 MATLAB 中所有字符串都是先用单引号界定后输入，即采用以下格式。

```
变量名='字符串'
```

- 字符串以矩阵形式存放。
- 字符以 ASCII 码存放。用 abs(s)指令可查看 ASCII 码的值。
- 指令 setstr 可实现 ASCII 码值向字符的转换。

2）对字符串的运算指令

(1) 从一个字符串中寻找另一个字符串。

指令格式：

```
findstr(s1,s2)
```

执行该指令的结果是显示两个字符串 s1,s2 中较短的一个处于较长的一个字符串的第几个字符位置。

(2) 字符串比较。

指令格式：

```
strcmp(s1,s2)
```

这一指令用于比较两个字符串 sl 和 s2，相同则显示 1，否则为 0，但要注意：空格也是一个字符，因此仅字母相同其空格数不同也会被认为是不同，得出的结果就会是 0 而不是 l。

(3) 字符串替换。

指令格式：

```
strrep(s1,s2,s3)
```

这一指令的作用是用字符串 s3 代换字符串 s1 中的字符串 s2。

(4) 字符串复制。

指令格式：

```
strcat(s1,s2)
```

这一指令的执行结果是复制字符串 s2 并紧接在字符串 s1 之后。

(5) 把两个字符串合成用一个矩阵表示的一组。

指令格式:

```
char(s1,s2)
```

这一指令执行后使两字符串成为同一矩阵的两行,等效于[s1; s2]。

(6) 对空白字符的操作。

对空白字符的操作有以下两条指令:

```
s = deblank(c)
s = blanks(n)
```

前一指令用于将字符串后面的所有空格都删除,后一指令用于输出 n 个空格数。

3. MATLAB 赋值语句

MATLAB 的赋值语句有下面两种结构:

1) 直接赋值语句

直接赋值语句的基本结构如下:

```
赋值变量 = 赋值表达式
```

这一过程把等号右边的表达式直接赋给左边的赋值变量,并返回到 MATLAB 的工作空间。

2) 函数调用语句

函数调用语句的基本结构为:

```
[返回变量列表] = 函数名(输入变量列表)
```

其中函数名的要求和变量名的要求是一致的,一般函数名应该对应在 MATLAB 路径下的一个文件,例如,函数名 mine 应该对应于"mine. m"文件。

4. MATLAB 判断与控制流语句

1) 程序流程及表达方法

程序是对计算机要执行的一组操作序列的描述,是由一行行的语句构成的。仔细分析这些语句就不难发现,语句可以划分为两大类:一类用以描述计算机要执行的操作运算;另一类是控制上一类语句的执行次序。应用程序是用于分析和处理学习或工作中具体问题的。这些问题不可能凭着简单的若干条语句按一个规定的顺序去依次执行,在处理问题时必定是按照不同的具体情况采用不同的处理方法。例如我们要编制一个求出二次函数曲线极小值点坐标的程序可以这样处理:在指定的自变量取值范围内按小于允许误差的步长依次取一个个的自变量值,计算相应的因变量值,每取一个自变量依次算出因变量相应的值并和上一次计算的值比较，如果这次的值更小就选这次的值，否则的话仍保留上次的计算值，如此反复下去就可以取到极小值点。从这个算法不难看出：在程序中要有比较和逻辑判断语句，并且要能反复循环。

计算机的算法含有两大要素，一是操作（如算术运算、逻辑运算、关系运算、函数运算等），二是控制结构，即如何控制组成算法的各操作的执行顺序。现代计算机理论认为：一个程序可以由三种基本结构组成。

（1）**顺序结构** 结构中各个操作严格按书写的顺序。

（2）**选择结构** 根据指定的条件判断并根据判断结果在两条分支路径中选择执行。

（3）**循环结构** 根据给定条件是否满足，决定是否继续执行循环体内的操作。

2）MATLAB语言中的关系运算与逻辑运算

（1）**关系运算** MATLAB中有6种关系运算符用于进行矩阵的关系运算，见表A.3.1。

关系运算的结果会返回“1”和“0”两种值，1为真，表明运算关系成立；0为假，表明运算关系不成立。

表A.3.1 关系运算符

指 令	含 义	指 令	含 义
<	小于	>=	大于等于
<=	小于等于	==	等于
>	大于	~=	不等

（2）**逻辑运算** 在MATLAB中，有三种逻辑运算符用于逻辑运算，见表A.3.2。

表A.3.2 逻辑运算符

<table>
<tr><th>指 令</th><th>含 义</th><th>指 令</th><th>含 义</th></tr>
<tr><td>&</td><td>逻辑 and</td><td>~</td><td>逻辑 not</td></tr>
<tr><td>|</td><td>逻辑 or</td><td></td><td></td></tr>
</table>

逻辑运算的方法与关系运算相类似，都是对同阶矩阵（或数组）中的对应元素进行逻辑运算，如果其中一个是标量，则标量逐个与矩阵（或数组）中的每一个元素进行逻辑运算。

“&”和“|”运算符可以对两个矢量或两个同阶矩阵（或数组）进行逻辑运算，例如a，b是0或1矩阵，那么a&b是表示a，b中相应元素间进行“逻辑与”运算所得到的另一个0或1矩阵。逻辑运算结果信息也用“0”和“1”表示，逻辑运算符认定任何非零元素都表示为真，例如对于a=[1 0 −7 0.2 4 0]，逻辑运算时会认为a=[1 0 1 1 1 0]。运算结果给出“1”为真（TRUE），“0”为假（FALSE）。

“～”（非）是一元运算符，当a非零时，“～a”返回信息为0；当a为零时，返回

信息为1。因而就有:

- p|(~p)返回值为1;
- p&(~p)返回值为0。

(3) **关系函数和逻辑函数** 除了关系运算符和逻辑运算符外,MATLAB还提供了更为方便的关系函数和逻辑函数,见表A.3.3。

表A.3.3 关系函数和逻辑函数

指 令	含 义
xor	不相同就取1,否则取0
any	只要有非0就取1,否则取0
all	全为1取1,否则为0
isnan	为数NaN取1,否则为0
isinf	为数inf取1,否则为0
isfinite	有限大小元素取1,否则为0
ischar	是字符串取1,否则为0
isequal	相等取1,否则取0
ismember	两个矩阵是属于关系取1,否则取0
isempty	矩阵为空取1,否则取0
isletter	是字母取1,否则取0(可以是字符串)
isstudent	学生版取1
isprime	质数取1,否则取0
isreal	实数取1,否则取0
isspace	空格位置取1,否则取0

3) for循环语句

MATLAB的for-end循环语句是把一条或一组语句按某个变量值的增长反复执行多次。其格式为

```
for s = s1: st: s2
反复执行的语句
end
```

语句中,s为变量名,s1为变量初值,st为变量变化的步长(每次增量,默认值为1),s2为变量终值。

循环语句可以嵌套使用,外层变量取每一个值时,内层变量完成全部循环过程,随后外层变量再取下一个值,如此反复循环。跳出循环可用break语句。

4) while语句

while语句的功能是重复地执行一条或一组语句,直至给定的逻辑或关系运算条件不满足为止。其格式为

```
while 逻辑条件
```

```
        反复执行的语句
    end
```

5) if 分支语句

if 语句的功能是：如果满足某个条件则执行一条或一组语句，否则就不执行或执行 else 后面的语句。其格式为

```
if   条件 1
     满足条件 1 时执行的语句
end
```

或

```
if   条件 1
     满足条件 1 时所执行的语句
else
     不满足条件 1 时执行的语句
end
```

在使用中特别要注意：if 和 end 的数量必定一样多，要配对使用。

5. 常量与变量

1）常量

MATLAB 中使用的数据有常量与变量。常量有实数常量与复数常量两类，复数由实部与虚部组成，当然可以把实数常量当作复数常量的虚部为零的特例。常量可以使用传统的十进制计数法表示，也可以使用科学计数法来表示。

2）变量

MATLAB 里的变量无须事先定义。一个程序中的变量，以其名称在语句命令中第一次合法出现而定义。请注意 MATLAB 变量名称的命名不是任意的，其命名规则如下：

① 变量名可以由英语字母、数字和下划线组成。

② 变量名应以英语字母开头。

③ 组成变量名的字符长度不大于 31 个。

④ MATLAB 区分大小写英语字母。

MATLAB 中还可以设置一种特殊的变量——全局变量。这是因为在 MATLAB 里进行编程的过程中，有时会需要某个变量既作用在主程序里又作用在调用的子程序里，或者需要某个变量作用在多个函数中，这时就可以将该变量设置成全局变量。

只要在该变量前添加 MATLAB 的关键字“global”就可将该变量设定为全局变量了。全局变量必须在使用前声明，即这个声明必须放在主程序的首行；而且作为一个惯用的规则，在 MATLAB 程序中应尽量用大写字母书写全局变量。

6. MATLAB 常用数学函数

MATLAB所提供的数学函数主要有指数函数、三角函数、双曲函数、复数函数、圆整函数、求余函数、矩阵变换函数和其他函数。详见表A.3.4～表A.3.9。

表 A.3.4 指数函数

名 称	含 义	名 称	含 义	名 称	含 义
exp	E为底的指数	log10	常用对数	pow2	2的幂
log	自然对数	log2	2为底的对数	sqrt	平方根

表 A.3.5 三角函数和双曲函数

名 称	含 义	名 称	含 义	名 称	含 义
sin	正弦	csc	余割	atanh	反双曲正切
cos	余弦	asec	反正割	acoth	反双曲余切
tan	正切	acsc	反余割	sech	双曲正割
cot	余切	sinh	双曲正弦	csch	双曲余割
asin	反正弦	cosh	双曲余弦	asech	反双曲正割
acos	反余弦	tanh	双曲正切	acsch	反双曲余割
atan	反正切	coth	双曲余切	atan2	四象限反正切
acot	反余切	asinh	反双曲正弦		
sec	正割	acosh	反双曲余弦		

表 A.3.6 复数函数

名 称	含 义	名 称	含 义	名 称	含 义
abs	绝对值	conj	复数共轭	real	复数实部
angle	相角	imag	复数虚部		

表 A.3.7 圆整函数和求余函数

名 称	含 义	名 称	含 义
ceil	向+∞取整	rem	求余数
fix	向0取整	round	向靠近整数取整
floor	向-∞取整	sign	符号函数
mod	模除求余		

表 A.3.8 矩阵变换函数

名 称	含 义	名 称	含 义
fiplr	矩阵左右翻转	diag	产生或提取对角阵
fipud	矩阵上下翻转	tril	产生下三角
fipdim	矩阵特定维翻转	triu	产生上三角
Rot90	矩阵反时针90°翻转		

表 A.3.9　其他函数

名　称	含　义	名　称	含　义
min	最小值	max	最大值
mean	平均值	median	中位数
std	标准差	diff	相邻元素的差
sort	排序	length	个数
norm	欧几里德(Euclid)长度	sum	总和
prod	总乘积	dot	内积
cumsum	累计元素总和	cumprod	累计元素总乘积
cross	外积		

A.4　利用 MATLAB 语言解决初等数学问题

1. 多项式运算

1）多项式乘积

调用函数格式：

```
C = Conv (a,b)
```

语句中，a 为多项式字母按降幂排列的系数向量，b 为另一多项式字母按降幂排列的系数向量。

2）多项式的除运算

调用函数格式：

```
[q,r] = decony(b,a)
```

语句中，q 为商，r 为余子式，b 为分子多项式按降幂排列后的各项系数向量，a 为分母多项式按降幂排列后的各项系数向量。

2. 方程求解

求解方程和方程组在数学中占有很大的比重，在求解方程时应先用符号表达式定义方程，再用以下函数求解。

```
solve (s)
solve (s,v)
solve (s1,s2, … ,sn)
solve (s1,s2, … ,sn,v1,v2, … ,vn)
[x1,x2, … ,xn] = solve (s1,s2, … ,sn)
[x1,x2, … ,xn] = solve (s1,s2, … ,sn,v1,v2, … ,vn)
```

语句中，s 为代表方程表达式的变量名，v 为待求未知量，x 为待求未知量的值(方程的根)。

3. 向量的产生及运算

向量可以由冒号与数字生成,其格式为

```
x = N1: s: N2
```

语句中,N1 为初值,s 为步长(每次增量),N2 为终值。

此外,向量还可以用中括号以及其中的数字产生。例如:[2,3,5]。向量间可以进行和、差、点、差积运算,指令格式为

```
dot (x1,x2)      %点积
cross (xl,x2)    %差积
xl + x2          %向量和
xl - x2          %向量差
```

4. 单变量函数的极值与零点的求法

求极小值的函数格式为

```
fmin (s,x1,x2,tol)
```

语句中,s 为函数表达式或变量名,x1 为自变量取值范围的边界值,x2 为自变量取值范围的边界值,tol 为相对误差值。

MATLAB 可以计算出函数在自变量的指定区间内的零点,这只需调用特定的函数文件即可。我们不妨用求解方程的办法求出零点。当然,要求解一个函数的极大值所在的位置,也不是什么困难的事情,只要取函数表达式的倒数为极小就可以求出。也就是说:欲求函数 $f(x)$的极大值,可利用 fmin 指令,但其中的函数式要改为 $1/f(x)$。

A.5 利用 MATLAB 语言解决高等数学问题

1. 用 MATLAB 语言进行求导运算

使用 MATLAB 语言可方便地进行各种求导运算,其指令的具体格式为

```
diff (s,v)      %计算式 s 对变量 v 的一阶导数
diff (s,v,n)    %计算式 s 对变量 v 的 n 阶导数
```

在求函数图形在某定点的切线斜率等常见问题时,往往要计算函数在某点的导数值,这时首先要采用变量代换代入数值,再对符号表达式求值。变量代换的指令格式为

```
subs (s,'old','new')
```

语句中，s 为符号表达式，old 为被替换变量名，new 为新的变量名。

对符号表达式代入数值后的计算用 vpa 指令，其格式为

```
vpa (s)
```

2. 用 MATLAB 语言进行积分运算

使用 MATLAB 语言计算积分的指令格式为

```
int (s,'v','a','b')
```

语句中，s 为被积分的表达式，v 为指定变量，a 为积分下限，b 为积分上限。

以上为求定积分运算的指令，若要计算不定积分就不写积分限 a，b 这两项即可。

3. 用 MATLAB 语言解微分方程

用 MATLAB 语言可以求解微分方程并获得符号解，具体的指令格式为

```
[y1,y2, … ] = dsolve(a1,a2, … )
```

说明：

(1) 输入的 a1，a2，…包括三方面内容：微分方程、初始条件和指定的独立变量。

(2) 指定变量要写在最后，使用默认值时系统把 x、t 视为度量。

(3) 微分方程的表达有如下约定：

① Dy 是形如 dy/dx 或 dy/dt 的一阶导数。

② Dny 是形如 $d^n y/dx^n$ 或 $d^n y/dt^n$ 的 n 阶导数。

(4) 初始条件用：y(a)＝b、Dy(c)＝d 等形式表达。

(5) 输出参量 yl，y2 等可使用默认值。

A.6　MATLAB 语言在线性代数中的应用

1. 矩阵的输入

MATLAB 语言的控制与操作对象是矩阵。如果输入一个标量则被视为一个 1×1 的矩阵，向量则被视为 $1\times n$ 或 $n\times 1$ 的矩阵。图像处理也是如此。

在 MATLAB 中产生矩阵有以下几种方式：

① 直接输入矩阵的元素。

② 利用内部语句或函数创建。

③ 利用 M 文件创建。

④ 利用数据文件装入。

⑤ 利用矩阵编辑器创建。

输入矩阵最直观便捷的方法是直接输入矩阵的元素。其规则如下：

① 元素按行输入，先输第一列，再依次输入第一行中处于各列的元素。

② 用中括号表示矩阵。

③ 行与行之间用分号隔开。

2. 矩阵元素的操作

选中矩阵中某些元素由以下语句完成。

```
c = a (il: i2,j1: j 2)
c = a (: ,j1: j2)或 c = a (il: i2,: )
c = a (i,j)
```

语句中，il,i2 为被选中的是 i1 到 i2 行之间各行；j1,j2 为被选中的是 j1 到 j2 列之间各列；c,a 为矩阵及其变量名(可任意选用)；i,j 为处于第 i 行、第 j 列的那个元素被选中。

如果逗号前仅有一冒号，则所有行均被选中，而如果逗号之后仅有一冒号，则所有列均被选中。

上述语句指令的运行结果将是从矩阵 a 中抽出相应元素构成的新矩阵 c。

3. 矩阵操作与运算

1) 矩阵的转置

用符号“’”可进行矩阵的转置运算，对于复数元素的矩阵，符号“’”可完成共轭转置。如果要完成非共轭转置则应使用 conj(a’)。

2) 矩阵的加减运算及乘、乘方运算

对已存在的两个矩阵进行运算时，只要输入运算符号即可，例如：a＋b、a－b、a * b。

乘方运算稍复杂些，会有以下几种不同的情况和结果：

(1) 当 a 为一个方阵而 P 为一个大于 1 的整数时，则有 a^P 为 a 的 P 次方，也就是把矩阵 a 自乘 P 次。

(2) 当 a 为一个方阵而 P 非一个整数时，不是 a 自乘 P 次，而是与 a 的特征向量 v 和特征值矩阵 d 有关。

(3) 当 a 为一个标量而 P 为矩阵时，a^P 为标量 a 的矩阵幂。

(4) 当 a 和 P 都是矩阵时是不能计算的。

3) 矩阵的左除与右除运算

设 $\boldsymbol{a},\boldsymbol{b}$ 均为矩阵，则在求解方程 $\boldsymbol{ax}=\boldsymbol{b}$ 与 $\boldsymbol{xa}=\boldsymbol{b}$ 时要用到左除和右除指令：

```
a\b = inv (a) * b
a/b = b * inv (a)
```

语句中,inv 是矩阵求逆指令,a\b 是方程 $\boldsymbol{ax}=\boldsymbol{b}$ 的解,而 b/a 是方程 $\boldsymbol{xa}=\boldsymbol{b}$ 的解,这里的 $\boldsymbol{x}$ 是一组向量。

4. 矩阵的特征值和特征向量

在线性代数中,对于一个 n 阶方阵 $\boldsymbol{a}$,若存在可逆矩阵 $\boldsymbol{u}$,使得 $\boldsymbol{u}^{-1}\boldsymbol{au}$ 为对角矩阵,即 $\boldsymbol{a}$ 相似于对角矩阵,则称 $\boldsymbol{a}$ 可化为对角阵,或称 $\boldsymbol{a}$ 可对角化。

关于方阵 $\boldsymbol{a}$ 是否可对角化就要用到特征值和特征向量的概念。特征值与特征向量的定义如下:

设 $\boldsymbol{a}$ 是 n 阶方阵,如果存在数 λ_0 和非零的 n 维列向量 $\boldsymbol{\alpha}$,使得 $\boldsymbol{a\alpha}=\lambda_0\boldsymbol{\alpha}$,则称 λ_0 为矩阵 $\boldsymbol{a}$ 的特征值,$\boldsymbol{\alpha}$ 称为 $\boldsymbol{a}$ 的属于特征值 λ_0 的特征向量。

在线性代数的解题过程中,首先要求出特征多项式,解出全部的根(即特征值),对于每一个特征值还要求出齐次线性方程组 $(\lambda_0\boldsymbol{I}-\boldsymbol{a})\boldsymbol{x}=\boldsymbol{0}$ 的基础解系,随后再求出特征向量。如此过程必定花费不少时间,而在矩阵较大且较复杂时,就要在计算上耗费不少精力,对工程应用中的问题就更不可想象了。而采用MATLAB 语言就可以以极快的速度轻而易举地解决这一问题。用 MATLAB 语言求特征值的指令格式为

```
d = eig (a)
[x,d] = eig (a)
```

语句中,x 为矩阵,每一列是一个特征向量; d 为矩阵,对角线上元素就是特征值;a 为 n 阶方阵。

5. 矩阵函数

MATLAB 提供的矩阵函数包括矩阵分析、线性方程组、特征值和特征矢量、矩阵函数、因式分解 5 个部分,表 A.6.1 中列出部分常用的矩阵函数。

表 A.6.1 MATLAB 的矩阵函数

函数命令	功 能	函数命令	功 能
cond	矩阵的条件数	rank	矩阵的秩
condest	1-范数条件数	svd	矩阵的奇异值分解
rcond	矩阵的倒条件数	trace	矩阵的迹
det	方阵的行列式	exmp	矩阵指数 e^A
inv	矩阵的逆	logm	矩阵对数
norm	矩阵或矢量的范数	sqrtm	矩阵平方根
normest	矩阵的 2-范数	Funm	矩阵的一般矩阵函数

6. 化二次型为标准形

如果二次型 $f(x_1,x_2,\cdots,x_n)$经过非退化的线性变换 $x=cy$ 变成平方和

$$d_1 y_1^2 + d_2 y_2^2 + \cdots + d_n y_n^2$$

的形式,则称上式为原二次形式的标准形。事实上,数域 P 上任意一个二次型都可以经过非退化的线性替换变成二次型。对于实二次型 $f(x_1,x_2,\cdots,x_n)=\boldsymbol{x}'\boldsymbol{a}\boldsymbol{x}$,一定能找到一个正交变换 $x=ty$,把它变成标准形。

$$\lambda_1 y_1^2 + \lambda_2 y_2^2 + \cdots + \lambda_n y_n^2$$

而 $\lambda_1,\lambda_2,\cdots,\lambda_n$ 正是实二次型 $f(x_1,x_2,\cdots,x_n)$的矩阵 $\boldsymbol{a}$ 的全部特征值。求正交矩阵 $\boldsymbol{t}$ 的语句格式为

```
t = orth (a)
```

语句中,t 为正交矩阵,a 为已知实二次型 $f(x_1,x_2,\cdots,x_n)$的矩阵。

此外,用前面求特征向量的方法求出的矩阵 $\boldsymbol{d}$ 也是正交矩阵。

7. 矩阵的秩以及由矩阵元素构成的行列式的值

在线性代数中,关于秩的概念是这样描述的:在 $s\times n$ 型矩阵中,任意选取 k 行和 k 列位于这些行列相交处的元素,按原来的次序组成一个 k 阶行列式称为 k 阶子式。不等于零的子式的最高阶数称为矩阵的秩。

在 MATLAB 中求秩运算由以下指令完成。

```
r = rank (a,tol)
```

语句中,r 为矩阵 a 的秩,a 为已知矩阵,tol 为公差值(可用默认值)。

而计算行列式的值时,应先用矩阵定义各行列元素:再用指令 det (a) 计算。

8. 矩阵的操作

MATLAB 中提供了矩阵操作的函数,常用的有以下几个函数:

(1) rot90　矩阵旋转 90°。

(2) fliplr　矩阵作左右翻转。

(3) fliqud　矩阵作上下翻转。

(4) diag　产生或提取对角阵。

(5) tril　产生或提取下三角阵。

(6) triu　产生或提取上三角阵。

(7) reshape　矩阵重建。

(8) size　矩阵尺寸。

(9) length　向量长度。

A.7 MATLAB 语言在控制工程中的应用

1. MATLAB 语言在积分变换中的应用

积分变换是处理数学模型的主要手段，无论在机械振动学等工程力学领域还是在自动控制工程中都有广泛应用。MATLAB 语言为积分变换和反变换都提供了最为方便的工具。对于傅里叶变换、拉普拉斯变换以及 z 变换，在 MATLAB 中都有专门的函数可供调用。以下主要讨论这三种变换的方法。

拉普拉斯变换的指令格式为

```
laplace (s)
```

语句中 s 为用 sym 指令定义的符号表达式。

而拉普拉斯反变换的指令格式为

```
ilaplace (s)
```

与此相似，傅里叶变换的指令格式为

```
fourier (s)
```

傅里叶反变换的指令格式为

```
ifourier (s)
```

2. 控制系统频率响应的求法

在线性控制系统的输入端输入正弦信号，则输出也是同频率的正弦信号，但幅值与相位随频率的变化而有所变化。所谓频率特性是指输出量的稳态量与输入量之比。表达频率特性的方法有奈奎斯特图和伯德图。

凡是学习过或正在学习控制理论的读者，都知道这两个图在控制理论中的重要作用，也一定知道绘图的烦琐。在 MATLAB 中提供了绘制奈奎斯特图和伯德图的函数，为用户提供了仅用数条很简单的语句就绘出这两幅图的函数指令。

奈奎斯特图的绘制指令为

```
nyquist (b,a)
```

语句中，b 为传递函数的分子多项式按降幂排列后各项的系数，a 为传递函数的分母多项式按降幂排列后各项的系数。

绘制伯德图也比较方便，其指令为

```
bode (b,a)
```

用法与 nyquist(b,a)相同。

3. 根轨迹的求法

根轨迹图反映了控制系统某个参数由零到无穷大变化时,闭环特征根在[s]平面上移动的轨迹。用 MATLAB 绘制根轨迹图的指令为

```
rlocus (b,a)
```

用法与 nyquist 和 bode 基本相同。

4. 系统的时域响应的求取

系统的时域响应中用的最多的输入信号为阶跃信号和脉冲信号,其求取指令为

```
step (b,a)
impulse (b,a)
```

以上两条指令可分别求出系统的阶跃响应曲线和脉冲响应曲线。用法与本章前面介绍的指令相同,在此不再详述。

由于输入信号可以是多种类型,如谐波输入的输出响应可采用自编程序求取的方法,其过程并不复杂。只需利用 plot 语句自制二维函数图形即可。

5. 用赫尔维茨判据判定系统的稳定性

在控制理论中可以用多种方法判定系统的稳定性,但鉴于计算机在处理行列式运算中独特的优越性,使用赫尔维茨判据判别一个控制系统的稳定性最便于编程。

根据赫尔维茨判据,系统的特征方程可写为

$$a_n s^n + a_{n-1} s^{n-1} + \cdots + a_1 s + a_0 = 0$$

系统稳定的充分必要条件是:

- 系统特征方程的各项系数全部大于 0,即 $a_i > 0$, $i = 0,1,2,\cdots,n$。
- 由各项系数组成的赫尔维茨 n 阶行列式 $\Delta_1, \Delta_2, \cdots, \Delta_n$ 均大于零。

显然,前一条件可由用户目视决定,而各阶行列式计算却较麻烦。而用 MATLAB 却十分便利。可用以下步骤计算:

① 把赫尔维茨行列式作为一个矩阵输入。

② 利用以下语句计算出各阶行列式的值:

```
[m,n] = size (a)
for i = 1: n
      b = a (1: i,1: i)
      h (i) = det (b)
end
```

在以上程序中,a 为赫尔维茨行列式各系数所构成的矩阵,det 指令用于求行列式的值,而 size 指令用于求出矩阵 a 是 m×n 的矩阵。

《全国高等学校自动化专业系列教材》丛书书目

教材类型	编号	教材名称	主编/主审	主编单位	备注
本科生教材					
控制理论与工程	Auto-2-(1+2)-V01	自动控制原理(研究型)	吴麒、王诗宓	清华大学	
	Auto-2-1-V01	自动控制原理(研究型)	王建辉、顾树生/杨自厚	东北大学	
	Auto-2-1-V02	自动控制原理(应用型)	张爱民/黄永宣	西安交通大学	
	Auto-2-2-V01	现代控制理论(研究型)	张嗣瀛、高立群	东北大学	
	Auto-2-2-V02	现代控制理论(应用型)	谢克明、李国勇/郑大钟	太原理工大学	
	Auto-2-3-V01	控制理论 CAI 教程	吴晓蓓、徐志良/施颂椒	南京理工大学	
	Auto-2-4-V01	控制系统计算机辅助设计	薛定宇/张晓华	东北大学	
	Auto-2-5-V01	工程控制基础	田作华、陈学中/施颂椒	上海交通大学	
	Auto-2-6-V01	控制系统设计	王广雄、何朕/陈新海	哈尔滨工业大学	
	Auto-2-8-V01	控制系统分析与设计	廖晓钟、刘向东/胡佑德	北京理工大学	
	Auto-2-9-V01	控制论导引	万百五、韩崇昭、蔡远利	西安交通大学	
	Auto-2-10-V01	控制数学问题的MATLAB 求解	薛定宇、陈阳泉/张庆灵	东北大学	
控制系统与技术	Auto-3-1-V01	计算机控制系统(面向过程控制)	王锦标/徐用懋	清华大学	
	Auto-3-1-V02	计算机控制系统(面向自动控制)	高金源、夏洁/张宇河	北京航空航天大学	
	Auto-3-2-V01	电力电子技术基础	洪乃刚/陈坚	安徽工业大学	
	Auto-3-3-V01	电机与运动控制系统	杨耕、罗应立/陈伯时	清华大学、华北电力大学	
	Auto-3-4-V01	电机与拖动	刘锦波、张承慧/陈伯时	山东大学	
	Auto-3-5-V01	运动控制系统	阮毅、陈维钧/陈伯时	上海大学	
	Auto-3-6-V01	运动体控制系统	史震、姚绪梁/谈振藩	哈尔滨工程大学	
	Auto-3-7-V01	过程控制系统(研究型)	金以慧、王京春、黄德先	清华大学	
	Auto-3-7-V02	过程控制系统(应用型)	郑辑光、韩九强/韩崇昭	西安交通大学	
	Auto-3-8-V01	系统建模与仿真	吴重光、夏涛/吕崇德	北京化工大学	
	Auto-3-8-V01	系统建模与仿真	张晓华/薛定宇	哈尔滨工业大学	
	Auto-3-9-V01	传感器与检测技术	王俊杰/王家祯	清华大学	
	Auto-3-9-V02	传感器与检测技术	周杏鹏、孙永荣/韩九强	东南大学	
	Auto-3-10-V01	嵌入式控制系统	孙鹤旭、林涛/袁著祉	河北工业大学	
	Auto-3-13-V01	现代测控技术与系统	韩九强、张新曼/田作华	西安交通大学	
	Auto-3-14-V01	建筑智能化系统	章云、许锦标/胥布工	广东工业大学	
	Auto-3-15-V01	智能交通系统概论	张毅、姚丹亚/史其信	清华大学	
	Auto-3-16-V01	智能现代物流技术	柴跃廷、申金升/吴耀华	清华大学	

续表

教材类型	编　　号	教材名称	主编/主审	主编单位	备注
本科生教材					
信号处理与分析	Auto-5-1-V01	信号与系统	王文渊/阎平凡	清华大学	
	Auto-5-2-V01	信号分析与处理	徐科军/胡广书	合肥工业大学	
	Auto-5-3-V01	数字信号处理	郑南宁/马远良	西安交通大学	
计算机与网络	Auto-6-1-V01	单片机原理与接口技术	杨天怡、黄勤	重庆大学	
	Auto-6-2-V01	计算机网络	张曾科、阳宪惠/吴秋峰	清华大学	
	Auto-6-4-V01	嵌入式系统设计	慕春棣/汤志忠	清华大学	
	Auto-6-5-V01	数字多媒体基础与应用	戴琼海、丁贵广/林闯	清华大学	
软件基础与工程	Auto-7-1-V01	软件工程基础	金尊和/肖创柏	杭州电子科技大学	
	Auto-7-2-V01	应用软件系统分析与设计	周纯杰、何顶新/卢炎生	华中科技大学	
实验课程	Auto-8-1-V01	自动控制原理实验教程	程鹏、孙丹/王诗宓	北京航空航天大学	
	Auto-8-3-V01	运动控制实验教程	綦慧、杨玉珍/杨耕	北京工业大学	
	Auto-8-4-V01	过程控制实验教程	李国勇、何小刚/谢克明	太原理工大学	
	Auto-8-5-V01	检测技术实验教程	周杏鹏、仇国富/韩九强	东南大学	
研究生教材					
	Auto(＊)-1-1-V01	系统与控制中的近代数学基础	程代展/冯德兴	中科院系统所	
	Auto(＊)-2-1-V01	最优控制	钟宜生/秦化淑	清华大学	
	Auto(＊)-2-2-V01	智能控制基础	韦巍、何衍/王耀南	浙江大学	
	Auto(＊)-2-3-V01	线性系统理论	郑大钟	清华大学	
	Auto(＊)-2-4-V01	非线性系统理论	方勇纯/袁著祉	南开大学	
	Auto(＊)-2-6-V01	模式识别	张长水/边肇祺	清华大学	
	Auto(＊)-2-7-V01	系统辨识理论及应用	萧德云/方崇智	清华大学	
	Auto(＊)-2-8-V01	自适应控制理论及应用	柴天佑、岳恒/吴宏鑫	东北大学	
	Auto(＊)-3-1-V01	多源信息融合理论与应用	潘泉、程咏梅/韩崇昭	西北工业大学	
	Auto(＊)-4-1-V01	供应链协调及动态分析	李平、杨春节/桂卫华	浙江大学	

教师反馈表

感谢您购买本书！清华大学出版社计算机与信息分社专心致力于为广大院校电子信息类及相关专业师生提供优质的教学用书及辅助教学资源。

我们十分重视对广大教师的服务，如果您确认将本书作为指定教材，请您务必填好以下表格并经系主任签字盖章后寄回我们的联系地址，我们将免费向您提供有关本书的其他教学资源。

您需要教辅的教材：			
您的姓名：			
院系：			
院/校：			
您所教的课程名称：			
学生人数/所在年级：	______人/ 1 2 3 4 硕士 博士		
学时/学期	______学时/______学期		
您目前采用的教材：	作者：______ 书名：______ 出版社：______		
您准备何时用此书授课：			
通信地址：			
邮政编码：		联系电话	
E-mail：			
您对本书的意见/建议：		系主任签字 盖章	

我们的联系地址：

清华大学出版社　学研大厦 A701 室

邮编：100084

Tel：010-62770175-4409，3208

Fax：010-62770278

E-mail：liuli@tup.tsinghua.edu.cn；hanbh@tup.tsinghua.edu.cn